# 桃園捷運公司新進職員招考

## 壹 應考資格

(一) 國籍：具有中華民國國籍者，且不得兼具外國國籍。不限年齡。

(二) 招募人員體格須符合簡章要求。

(三) 國內外高中(職)以上學校畢業，並已取得畢業證書者即可報名。

(四) 原住民類職別，須具原住民身分者。

(五) 身心障礙類職別，須領有舊制身心障礙手冊或新制身心障礙證明者。

桃捷考情資訊

https://goo.gl/FD1mBt

## 貳 應試資訊

(一) 筆試 (50%)：共同科目佔第一試(筆試)成績 40%、專業科目佔第一試(筆試)成績 60%。其中一科目零分或缺考者，不得參加第二試(口試)。

(二) 口試 (50%)：口試成績以 100 分計，並依與工作相關之構面及當日繳交各項資料進行綜合評分(職涯發展測驗成績不列入口試成績計算)。

(三) 共同科目：1.國文、2.英文、3.邏輯分析

(四) 專業科目：

| 類組 | 專業科目 |
|---|---|
| 技術員(維修機械類) | 機械概論 |
| 技術員(維修電機類) | 電機概論 |
| 技術員(維修電子類) | 電子概論 |
| 技術員(維修軌道類) | 機械工程 |
| 技術員(維修土木類) | 土木概論 |
| 司機員(運務車務類) | 大眾捷運概論 |

| 類組 | 專業科目 |
|---|---|
| 站務員(運務站務類) | 大眾捷運概論 |
| 工程員(運務票務類)B103 | 1.程式語言<br>2.資料庫應用(50%) |
| 工程員(運務票務類)B104 | 1.網路概論(50%)<br>2.Linux作業系統(50%) |
| 助理工程員(運務票務類) | 大眾捷運概論 |
| 助理工程員(企劃資訊) | 1.計算機概論(50%)<br>2.程式設計(50%) |
| 副管理師(會計類) | 1.內部控制之理論與實務<br>2.會計審計法規與實務 |
| 副管理師(人力資源類) | 1.人力資源管理實務<br>2.勞工法令與實務 |
| 技術員(運務票務類) | 電子學概要 |

詳細資訊以正式簡章為準

歡迎至千華官網(http://www.chienhua.com.tw/)查詢最新考情資訊

千華數位文化股份有限公司
新北市中和區中山路三段136巷10弄17號
TEL: 02-22289070   FAX: 02-22289076

# 經濟部所屬事業機構
# 新進職員甄試

一、報名方式：一律採「網路報名」。

二、學歷資格：教育部認可之國內外公私立專科以上學校畢業，並符合各甄試類別所訂之學歷科系者，學歷證書載有輔系者得依輔系報考。

**完整考試資訊**

https://reurl.cc/bX0Qz6

三、應試資訊：

    (一)甄試類別：各類別考試科目及錄取名額：

| 類別 | 專業科目A(30%) | 專業科目B(50%) |
|---|---|---|
| 企管 | 企業概論<br>法學緒論 | 管理學<br>經濟學 |
| 人資 | 企業概論<br>法學緒論 | 人力資源管理<br>勞工法令 |
| 財會 | 政府採購法規<br>會計審計法規 | 中級會計學<br>財務管理 |
| 資訊 | 計算機原理<br>網路概論 | 資訊管理<br>程式設計 |
| 統計資訊 | 統計學<br>巨量資料概論 | 資料庫及資料探勘<br>程式設計 |
| 政風 | 政府採購法規<br>民法 | 刑法<br>刑事訴訟法 |
| 法務 | 商事法<br>行政法 | 民法<br>民事訴訟法 |
| 地政 | 政府採購法規<br>民法 | 土地法規與土地登記<br>土地利用 |
| 土地開發 | 政府採購法規<br>環境規劃與都市設計 | 土地使用計畫及管制<br>土地開發及利用 |

| 類別 | 專業科目A(30%) | 專業科目B(50%) |
|---|---|---|
| 土木 | 應用力學<br>材料力學 | 大地工程學<br>結構設計 |
| 建築 | 建築結構、構造與施工<br>建築環境控制 | 營建法規與實務<br>建築計畫與設計 |
| 機械 | 應用力學<br>材料力學 | 熱力學與熱機學<br>流體力學與流體機械 |
| 電機(一) | 電路學<br>電子學 | 電力系統與電機機械<br>電磁學 |
| 電機(二) | 電路學<br>電子學 | 電力系統<br>電機機械 |
| 儀電 | 電路學<br>電子學 | 計算機概論<br>自動控制 |
| 環工 | 環化及環微<br>廢棄物清理工程 | 環境管理與空污防制<br>水處理技術 |
| 職業安全衛生 | 職業安全衛生法規<br>職業安全衛生管理 | 風險評估與管理<br>人因工程 |
| 畜牧獸醫 | 家畜各論(豬學)<br>豬病學 | 家畜解剖生理學<br>免疫學 |
| 農業 | 民法概要<br>作物學 | 農場經營管理學<br>土壤學 |
| 化學 | 普通化學<br>無機化學 | 分析化學<br>儀器分析 |
| 化工製程 | 化工熱力學<br>化學反應工程學 | 單元操作<br>輸送現象 |
| 地質 | 普通地質學<br>地球物理概論 | 石油地質學<br>沉積學 |

(二)初(筆)試科目：

1. 共同科目：分國文、英文2科(合併1節考試)，國文為論文寫作，英文採測驗式試題，各占初(筆)試成績10%，合計20%。

2. 專業科目：占初(筆)試成績80%。除法務類之專業科目A及專業科目B均採非測驗式試題外，其餘各類別之專業科目A採測驗式試題，專業科目B採非測驗式試題。

3. 測驗式試題均為選擇題（單選題，答錯不倒扣）；非測驗式試題可為問答、計算、申論或其他非屬選擇題或是非題之試題。

(三)複試(含查驗證件、複評測試、現場測試、口試)。

四、待遇：人員到職後起薪及晉薪依各所用人之機構規定辦理，目前各機構起薪約為新臺幣4萬2仟元至4萬5仟元間。本甄試進用人員如有兼任車輛駕駛及初級保養者，屬業務上、職務上之所需，不另支給兼任司機加給。

※詳細資訊請以正式簡章為準！

 千華數位文化股份有限公司　■新北市中和區中山路三段136巷10弄17號
■TEL: 02-22289070　FAX: 02-22289076

# 目 次

## 第十五章　網路應用

## 第十六章　資通安全

## 第十七章　其他電腦相關常識

## 第十八章　模擬試題

# 第十九章　近年試題及解析

# 作者的話

計算機概論是一門包羅萬象的學科，從電腦內最基本的邏輯元件、數字系統、資料結構等，到整體的電腦軟體應用的程式設計、網路、資安等等。如此龐大範疇準備起來如無預先好好規劃時間的分配以掌握重點方向加強，必定難以爭取到最佳的分數。

首先，觀察歷年來考題必定涵蓋的基本分數，此部分出題方向如下：

1. 數字系統：bit、byte、KB、MB的應用計算、也包括2進位、10進位、16進位的轉換，IEEE 754表示法等幾乎都是必考題目。
2. 硬體基本觀念，此部分包含記憶體階層的速度比較、記憶體元件的特性比較（RAM、ROM）、基本的邏輯元件運算（AND、OR、NOT、XOR）、系統的中斷類型，電腦的周邊介面特性（USB、IEEE 1394、藍芽）。
3. 資料結構與演算法，基本的資料結構特性（Stack、Queue、List、Tree、Graph）、前序中序後序追蹤的轉換、搜尋與排序的基本演算法與速度比較。而程式設計部分須熟悉基本控制語法，尤其是迴圈的控制運算；另外，物件導向程式設計中的基本定義亦是常見的試題。
4. 網路與資訊安全，在網路部份對於基本的IPv4與IPv6比較，無線網路類型比較，子網路遮罩的計算與分割、OSI與TCP/IP的分層與主要功用都是幾乎必出之考題。另外，資訊安全中對稱與非對稱加密、數位簽章、網路攻擊的類型、電腦病毒類型、資訊安全的基本定義亦是每年必出試題。

除了基本分數一定要掌握外，掌握命題趨勢則是更上一層樓的關鍵。從今年題目來分析，可以發現目前主流的雲端運算亦影響出題方向，所以對於雲端運算的基本定義、服務類型等必須熟記，另外隨之而來的資料庫、資訊安全、網路等考題比重亦比往常提升。

近年在資訊安全相關題目比重較往常提升，另外除了基本的資安定義、攻擊類型外，亦有針對攻擊的細部運作與新型攻擊的類型涵蓋入考題中，因此除了以往認識資安的基本攻擊名詞外，未來這些攻擊的基本運作方式亦要特別留意。此外，連資安的認證規範（ISO 27001、ISO 27002）亦開始出現在考題中，這部分是在準備資訊考科時基本教科書比較難涵蓋的範圍。因此，除了在基本教科書的熟讀外，亦要分配部分時間掌握目前資訊流行議題的方向，方能更上一層樓。

編者　謹識

# 計算機概論高分策略

計算機概論的考題，大體上不脫三個大範圍：

## 一、（狹義的）電腦概論

關於電腦的基本知識，舉凡數字系統、補數表示法、浮點數表示法、程式語言、資料結構、Microsoft Office系列、電腦硬體架構、作業系統等等皆包含其中。

這一部分通常牽連廣泛，難以一一舉出，每年出題的比例相當重，是準備上的一大重點。

這一類考題範圍雖廣，但考得也不會難，因此首要目標是將傳統電腦概論的每一單元加以熟習，觀念正確，大抵就能掌握了。

## 二、網路概論

關於網路的考題每年考得不多，但每年也總有那麼幾題。因為網路部分考得難度較淺，因此也需特別注意，以免失去應該穩拿的分數。

IP的相關規定、各式通訊協定、網路架構、電子商務、網路所需硬體等都屬於網路概論的範圍。甚至HTML、XML等也必須熟習。

這一類的考題比起電腦概論在準備上需要多一點留意，因為網路的範圍較電腦概論靈活許多，也更容易出現新考題，所以除了熟悉考古題，平日的多看多記也是十分重要。

## 三、其他

還有這一類考題是決勝關鍵。

資料庫、SQL語言，還有一些較新的概念，諸如ERP（Enterprise Resource Planning）、數位憑證、密碼系統、資安等題目，也會不時出現。

可以的話，在準備時建議以廣入手，多多接觸新知。

有些考試每年的題目變化較大，因此考古題的功能有限，所以除了熟練歷屆考題，鞏固傳統的基本分數以外，亦因多多涉獵各方面的趨勢，以因應出題方向的不同。

此書對於資料庫系統有基本的介紹，資訊系統也著墨不少，由於篇幅問題本書沒有辦法完整解釋UML、XML等等較深的內容，但是應付考試綽綽有餘，請不必擔心，有這本就萬事妥當了。如果想要精進再精進，建議把考古題做一做，上Google查詢不熟的知識。最後，預祝各位金榜題名。

# 近年考題趨勢分析

| 章主題 | 近年出題數目 | 占比（總題數238） |
|---|---|---|
| 第一章 計算機基礎 | 22 | 9% |
| 第二章 邏輯設計與布林代數 | 6 | 2% |
| 第三章 CPU與記憶體概論 | 24 | 10% |
| 第四章 作業系統與系統程式概論 | 11 | 5% |
| 第五章 電腦資料處理與電腦通訊 | 4 | 2% |
| 第六章 算術式表示法與陣列 | 8 | 3% |
| 第七章 資料結構導論 | 3 | 1% |
| 第八章 資料結構之樹狀結構 | 5 | 2% |
| 第九章 圖形理論 | 4 | 2% |
| 第十章 資料排序搜尋法 | 3 | 1% |
| 第十一章 程式設計概論 | 11 | 5% |
| 第十二章 資料庫系統概論 | 9 | 4% |
| 第十三章 網路概論 | 35 | 15% |
| 第十四章 無線網路概論 | 20 | 8% |
| 第十五章 網路應用 | 11 | 5% |
| 第十六章 資通安全 | 49 | 21% |
| 第十七章 其他電腦相關常識 | 13 | 5% |

從近年的出題方向可以得出，主要著重在本書的網路及資安相關的硬核知識，此類科目，目前也是電腦應用的主要核心，不僅內容龐大且與時俱進，因此務必首重在這類章節做學習與知識點的鞏固，至於其他章節，可以依照不同考試的類型作比例上的分配，例如：中央集保及銀行相關，考題會特別著重資通安全，因此，根據自身要考取的單位，大致了解一下考古題的著重項目，進行加強；另外，其他資訊方面，可以關心近期的一些資訊時事，例如，病情的紛擾，以及虛擬貨幣和人工智慧的新發展等訊息，考題中時不時亦會參雜此類相關內容，由於不是很困難的知識，因此這類考題的分數亦必須拿到手，才能輕鬆獲取高分。

## 重點速攻

1. 電腦的基本組成單元
2. 電腦在用途、型態上之分類
3. 電腦記憶體之演進和類型
4. 演算法在資料結構之角色
5. 電腦專用之科學符號意義
6. Internet觀念
7. 數字系統基底表示法之意義
8. 不同基底之數字轉換
9. 補數及其用途
10. 特殊文字碼字元集之意義,及其種類
11. ASCII碼之意義
12. 同位元檢查意義及方式

這一章可以幫助你了解電腦大概的模樣,而考試的重點不外是:
1. 不同基底表示法的意義(包括求二補數,可表示的最大最小數字)
2. 不同基底表示法的互換(二進位、十進位、十六進位等等的互換)
3. 同位元檢查的意義與方式

美國社會學家杜佛勒(A. Toffler),曾經將歷史上震撼人類的變遷形容為「波」,第一波是「農業革命」,第二波是「工業革命」,第三波則是「資訊革命」。而電腦(計算機)的出現和演進,就是資訊革命中重要的一環。

# 1-1 ▸ 基本常識

## 一、電腦(計算機)之簡介

電腦與人腦最大的不同在於電腦具有速度快、容量大、高準確性、長時間工作的能力,因此繁瑣的問題經過分析轉換成固定的思考方式(有時我們稱此為演算法),就可以放心的交給電腦執行。電子計算機的特性為:儲存量大、速度快、準確性高。

## 二、電腦的組成

1. **硬體**:指電腦看得見的部分,也就是所謂的電子電路以及機械結構等設備,例如中央處理機(Central Processing Unit;CPU)、記憶儲存體、輸入/輸出裝置等,都是屬於電腦硬體的一部分。

2. **軟體**：程式的總稱，包括電腦廠商所提供，用來方便使用電腦的系統程式（System Program），以及使用者自行開發的應用程式（Application Program）。

   (1) **系統程式**：系統為維持正常運作或開發應用程式所不可缺少的軟體。例如作業系統（Operating System）、公用程式、程式語言處理器（組譯程式、編譯程式、直譯程式、前置處理程式和巨集處理程式）、載入程式、鏈結程式等。

   (2) **應用程式**：為了處理某個特定問題而開發的程式，又可分為使用者自行撰寫的程式和套裝軟體。例如會計程式、電玩、文書處理程式等，皆為應用程式。

3. **韌體**：在高速控制儲存體執行的微碼程式（microcode program）稱為韌體，有時候把經常使用之目的程式（object program）燒入唯讀記憶體（Read Only Memory；ROM）也稱為韌體。

## 三、電腦五大單元

電腦可以分成五大基本單元，經由其間的訊號傳輸以及控制命令的下達，就可以完成基本的電腦運作。

1. **輸入單元**（Input unit）：由外界提供資料給電腦，而由電腦接收，因此外在訊號是經由輸入單元傳送至電腦記憶體。例如鍵盤、磁碟機等都是典型的輸入單元。

2. **輸出單元**（Output unit）：電腦將外在資料接收，並且經過處理之後，將所得到的結果由電腦向外傳輸，而由輸出單元接收，因此訊號線是由電腦記憶體指向輸出單元。例如螢幕、印表機是典型的輸出單元。

3. **記憶單元**（Memory unit）：記憶單元可以視為電腦的記憶中樞，舉凡由外界進入之資料，或是要輸出之結果，都必須以記憶體為中心。對電腦來說，RAM就是主記憶體，而磁碟、磁帶等就稱為輔助記憶體。

4. **算術邏輯運算單元**（Arithmetic and logical unit，ALU）：本單元掌管電腦之算術運算以及邏輯運算之任務，訊號流程是由記憶體將待運算資料送至ALU，運算完成之後再回送至記憶體，因此其間之訊號流程是雙向的。

5. **控制單元（Control unit）**：控制單元為控制命令下達之中樞，其控制命令會送至其他四項單元，而且是單向的控制命令。

---

**小教室**

有時會以CPU（中央處理單元）的方式進行命題，例如ALU＋CU合稱為CPU，且CPU依位元數目可以描述成6502 8位元，Z-80 8位元，8086 16位元，80286 16位元，80386 32位元，80486 32位元，80586 64位元。（第一代酷睿～第十四代酷睿）

1. 常見的輸入設備：鍵盤、滑鼠、光筆、磁碟機、磁帶機、條碼掃瞄機、光學字元閱讀機、光學記號閱讀機、讀卡機、掃瞄器、搖桿、數位板、麥克風、影像處理機。
2. 常見的輸出設備：螢幕、磁碟機、磁帶機、印表機。

---

## 四、電腦之發展

1. **如果依電腦的組成元件之特性來分別電腦的時代，可以分成：**

| | |
|---|---|
| **第一代電腦** | 真空管時期，此時期的ENIAC為世界上第一部可變程式的電子計算機，其基本設計的雛形還是沿用機械與電機計算機的概念，只是將所有的機械元件換成真空管以換取更快的速度。 |
| **第二代電腦** | 電晶體時期。 |
| **第三代電腦** | 積體電路（Small-Scale Integration Circuit, SSI）時期。 |
| **第四代電腦** | 超大型積體電路（Very-Large Scale Integration Circuit, VLSI），及超特大型積體電路（Ultra-Large Scale Integration Circuit, ULSI）時期。 |
| **第五代電腦** | 智慧型電腦時期，亦即具有人工智慧（Artificial Intelligence, AI）能力之電腦；具有學習、推論及自我改善等功能。所謂的專家系統（Expert System），即為早期人工智慧的一個重要分支。 |
| **第六代電腦** | 量子電腦，使用量子邏輯進行計算的計算機；與電腦（統稱傳統電腦）不同，量子計算用來儲存數據的對象是量子位元，使用量子演算法來操作數據資料。 |

2. **積體電路之分級**：依每顆積體電路晶片（chip）內所含電子元件（例如：電晶體、電阻及二極體等）之個數作分級依據，可分為下列四級：

| 等級 | 名稱 | 電子元件個數 |
|------|------|-------------|
| 一 | 小型積體電路（SSI） | 2個～99個 |
| 二 | 中型積體電路（MSI） | 100個～999個 |
| 三 | 大型積體電路（LSI） | 1,000個～99,999個 |
| 四 | 超大型積體電路（VLSI） | 十萬（含）個以上 |
| | 超特大型積體電路（ULSI） | 一百萬（含）個以上 |

事實上，這個分級沒什麼意義，因為現今電腦電子元件個數早就不只一百萬個，甚至是千萬個，萬萬個。上面的表看看就可以了。

## 五、記憶體組成之演進

以前的電腦大部分都採用所謂的磁蕊記憶體（Magnetic Core Memory），之後即逐漸被半導體記憶體（Semiconductor Memory）所取代（半導體就是導電性介於導體和絕緣體之間的物質）。

半導體記憶體可分為隨機讀寫記憶體（Random Access Memory, RAM）及唯讀記憶體（Read Only Memory, ROM）等二大類，分述如下：

1. **隨機讀寫記憶體**：又稱隨意存取記憶體，是電腦中能夠存入以及讀出資料的元件。當電源存在時，儲存的資料才存在，而電源一消失其資料隨即消失。使用者程式及資料通常都存放在RAM中。

2. **唯讀記憶體**：唯讀記憶體只能讀出資料而無法寫入資料，當電源關掉時，所儲存的資料不會消失；因此ROM內通常存放電腦廠商提供的一些較常用的系統程式，例如開機程式、BIOS等。唯讀記憶體可分為下列四種類型：
   (1)光罩譜入唯讀記憶體（Mask Programmable ROM）。
   (2)可規劃的唯讀記憶體（Programmable ROM, PROM）。
   (3)可抹除的唯讀記憶體（Erasable Programmable ROM, EPROM）。
   (4)電子式可抹除的唯讀記憶體（Electronic Erasable Programmable ROM, EEPROM）。

# 1-2 ▸ 演算法（Algorithms）

1. 演算法是由能完成某一特定工作之有限個指令所構成，長得有點像程式，卻又不完全符合某一程式語言的規範，如果從超語言的角度來看，就可以了解這些程式片段的意義；algorithm還必須符合下列原則：

| 輸入（input） | 從外界所提供之輸入的個數可以是零個或一個或一個以上。 |
|---|---|
| 輸出（output） | 至少須產生一個輸出。 |
| 明確度（definiteness） | 每一個指令必須很清楚而且不含糊。 |
| 有限性（finiteness） | 若沿著演算法的指令去執行，所有條件都將在有限個步驟執行之後結束。 |
| 有效性（effectiveness） | 每個指令必須可執行，而且必須簡單到能夠只用一枝筆及一張紙，就可以將其實現。 |
| 可攜性（portable） | 任何一種演算法可適用於任何不同的程式語言。 |
| 簡潔性（simplicity） | 圖表、文字敘述要有條不紊、簡單明瞭。 |

2. **演算法與程式的區別**：演算法的所有情況都將在執行有限個步驟後結束，而程式不一定能在執行有限個步驟後結束；以電腦的作業系統為例，一開機後就處ready的狀態，當執行完一個指令之後，又再度回到ready，等後下一個指令的進入，除非電腦損壞或關機，否則作業系統將永無休止地運轉。

# 1-3 ▸ 電腦科學常用的計量單位及縮寫

由於電腦有容量大、速度快的特性，因此常常會用到很大和很小的計量單位，這些單位在日常生活用到的機會不大，因此顯得有些陌生，自然也就成為考試的重點之一，而且題型變化小，容易掌握，我們將以幾題歷屆考題為範例，進行說明。

| 英文全名 | Tera | Giga | Mega | Kilo | Milli | Micro | Nano | Pico |
|---|---|---|---|---|---|---|---|---|
| 縮寫 | T | G | M | K | m | μ | n | p |
| 中文 | 兆 | 十億 | 百萬 | 千 | 毫 | 微 | 奈 | 皮（微微） |
| 一般用法 | $10^{12}$ | $10^{9}$ | $10^{6}$ | $10^{3}$ | $10^{-3}$ | $10^{-6}$ | $10^{-9}$ | $10^{-12}$ |
| 電腦用法 | $2^{40}$ | $2^{30}$ | $2^{20}$ | $2^{10}$ | - | - | - | - |

電腦數據單位表示：

| 8bits | 1Byte | | |
|---|---|---|---|
| 1KB | $10^{3}$Bytes | 1024Bytes | $2^{10}$Bytes |
| 1MB | $10^{6}$Bytes | 1024KB | $2^{20}$Bytes |
| 1GM | $10^{9}$Bytes | 1024MB | $2^{30}$Bytes |
| 1TB | $10^{12}$Bytes | 1024GB | $2^{40}$Bytes |
| 1PB | $12^{15}$Bytes | 1024TB | $2^{50}$Bytes |
| 1EB | $10^{18}$Bytes | 1024PB | $2^{60}$Bytes |
| 1ZB | $10^{21}$Bytes | 1024EB | $2^{70}$Bytes |
| 1YB | $10^{24}$Bytes | 1024ZB | $2^{80}$Bytes |

## 一、記憶容量的用法

電腦最基本的元素是所謂的位元（bit），也就是一個只能表示1或0的最小單位，8個位元則構成一個位元組（byte），而我們一般稱呼電腦記憶容量就是以byte為單位。譬如說某個電腦配有8MB的記憶體，這就是說有8M byte的記憶容量，講到記憶容量請比對上表中電腦用法欄的數字，其中M是$2^{20}$，因此就有$8 \times 2^{20} = 2^{23}$ byte，也就有$8 \times 2^{23} = 2^{3} \times 2^{23} = 2^{26}$ bit。總而言之，談到容量，也就是數字很大時，請用電腦用法欄內之說明。

## 二、執行時間之用法

電腦是一種快速的計算工具，因此一般用來描述時間的單位都會有不夠小的感覺，因此必須用更小的數字單位來描述電腦執行的時間，如上表之m、μ、n、p即是相當小的數量單位，一律以一般用法欄為參考依據。

另外對於電腦CPU速度的描述是以Hz為單位，用來表示CPU工作的頻率，例如66MHz，100MHz等，雖然使用的代號同樣是M（Mega），但是此時必須以一般用法欄內之說明為依據（$10^6$）；我們以下面的例子來說明：

> 有一台電腦CPU的速度是100MHz，則一個脈衝（clock cycle）的時間是多少？

**答**：本題主要是考你100MHz和clock是什麼東西，所謂100MHz就是說：CPU每一秒可以產生100M（也就是$10^8$）個cycle，因此一個cycle的時間就是$1/100M＝1/10^8＝10^{-8}$秒。

# 1-4 ▶ 數字系統之基底

## 一、何謂基底（base）

基底就是數字系統的進位根據，舉例來說，我們一般使用的基底是十，也就是說當數到9，99，⋯⋯時必須採取進位成為10，100，⋯⋯。

## 二、常見之數字系統

1. **二進位數字**：數值之字元由0和1組成，逢二必須進一。
   例如：$101_{(2)}$，$11111_{(2)}$。

2. **十六進位**：數字由0、1、2、⋯⋯、9表示，若超過時以A表10、B表11、C表12、D表13、E表14、F表15，依此類推。
   例如：$3ABF_{(16)}$、$21CD.F34_{(16)}$、$ACD.4_{(H)}$。

3. **八進位**：由0、1、2、⋯⋯、7組成，例如：36(8)、13.75(8)、36（O）。

**小教室**

· 十六進制之英文為hexadecimal，因此有時將下標標示為H或h。

· 八進制之英文為Octal，因此有時將下標標示為O或o。

## 三、不同進制下之正整數表示

| 十進位 | 0 | 1 | 2 | 3 | 4 | 5 | 6 | 7 | 8 | 9 |
|---|---|---|---|---|---|---|---|---|---|---|
| 二進位 | 0 | 1 | 10 | 11 | 100 | 101 | 110 | 111 | 1000 | 1001 |
| 八進位 | 0 | 1 | 2 | 3 | 4 | 5 | 6 | 7 | 10 | 11 |
| 十六進位 | 0 | 1 | 2 | 3 | 4 | 5 | 6 | 7 | 8 | 9 |
| 十進位 | 10 | 11 | 12 | 13 | 14 | 15 | 16 | 17 | 18 | 19 |
| 二進位 | 1010 | 1011 | 1100 | 1101 | 1110 | 1111 | 10000 | 10001 | 10010 | 10011 |
| 八進位 | 12 | 13 | 14 | 15 | 16 | 17 | 20 | 21 | 22 | 23 |
| 十六進位 | A | B | C | D | E | F | 10 | 11 | 12 | 13 |

## 四、再談非十進制數值之意義

1. 假設有一個十進制數值1234.56，其原始意義可以表示成：

$$1234.56_{10}$$
$$= \{1\times10^3+2\times10^2+3\times10^1+4\times10^0+5\times10^{-1}+6\times10^{-2}\}_{10}$$

將上式推廣到任何進位數就可以得到非十進制數值在十進制下的意義，例如$1234.56_{(8)}$就為：

$$1234.56_8$$
$$= \{1\times8^3+2\times8^2+3\times8^1+4\times8^0+5\times8^{-1}+6\times8^{-2}\}_{10}$$

而二進位數之意義就如同下例：

$$1011.11_2$$
$$= \{1\times2^3+0\times2^2+1\times2^1+1\times2^0+1\times2^{-1}+1\times2^{-2}\}_{10}$$

2. 當進位數在十以下時，例如八進位、九進位、二進位，其表示法較為直接，當進位數在十以上時，例如常用的十六進位，就可能須要多一些的理解，例如：

$$A9C.F4_{16}$$
$$= \{10\times16^2+9\times16^1+12\times16^0+15\times16^{-1}+4\times16^{-2}\}_{10}$$

# 1-5 ▸ 不同進位數間之互換

## 一、十進位化成N進位

假設N為任意之自然數，要將十進位化成N進位前必須將整數與小數分開（若為分數須先化成小數型態），然後分別處理，至於前置負號予以照抄即可。

1. **整數部分**：原整數除以N，將餘數列出，並將商再除以N，取其餘數，直到商數等於0為止，最後將所列出之餘數由下往上列成一列，即為所求。例如將$234_{(10)}$化成二進位，其過程如下：

   $234 \div 2 = 117$　　　　餘0

   $117 \div 2 = 58$　　　　餘1

   $58 \div 2 = 29$　　　　餘0

   $29 \div 2 = 14$　　　　餘1

   $14 \div 2 = 7$　　　　餘0

   $7 \div 2 = 3$　　　　餘1

   $3 \div 2 = 1$　　　　餘1

   $1 \div 2 = 0$　　　　餘1

   > 整數：
   > $10^n$、$10^{n-1}$、$10^{n-2}$……$10^3$、$10^2$、$10^1$、$10^0$

   > **小教室**
   > 整數部分須採除法。

   由下往上列出餘數可以得到$234_{(10)} = 11101010$

2. **小數部分**：將小數乘以N，若有進位至個位數者，將個位數捨去，並將其進位數列出；若無進位數則列0；依序往下計算直到乘積完全等於0時為止；若無法達到，則視題目給定的位數而決定N進位之小數位數。最後將所列出之進位數由上往下列成一列，並在前端加上小數點即得。例如將$0.375(10)$化成二進位，其過程如下：

   > 小數：$10^{-1}$、$10^{-2}$……$10^{-m+1}$、$10^{-m}$

   $0.375 \times 2 = 0.75$　　　　進位0

   $0.75 \times 2 = 1.5$　　　　進位1，原乘積捨去1

   $0.5 \times 2 = 1.0$　　　　進位1，原乘積捨去1

   $0.0 \times 2 = 0$　　　　停止

   由上往下列出進位數可以得到$0.375_{(10)} = 0.011$

   現在我們再考慮無法停止的例子，例如$0.633_{(10)}$化成二進位，其過程如下：

   $0.633 \times 2 = 1.266$　　　　進位1，原乘積捨去1

   $0.266 \times 2 = 0.532$　　　　進位0

| | |
|---|---|
| $0.532 \times 2 = 1.064$ | 進位1，原乘積捨去1 |
| $0.064 \times 2 = 0.128$ | 進位0 |
| $0.128 \times 2 = 0.256$ | 進位0 |
| $0.256 \times 2 = 0.512$ | 進位0 |
| $0.512 \times 2 = 1.024$ | 進位1 |

由於無法使得乘積為0，因此原數值只可寫成$0.633_{(10)} = 0.1010001\cdots\cdots$，若題目只要求算到小數點以下三位，則寫成$0.633_{(10)} = 0.101$即可。

## 二、N進位化為十進位

如同前述之說法，將非十進位數想像成十進位之算術方法即可。

> $11011.101_{(2)}$化為十進位數

答：最高次方項為$2^4$，因此

$11011.101_2$

$= \{1 \times 2^4 + 1 \times 2^3 + 0 \times 2^2 + 1 \times 2^1 + 1 \times 2^0 + 1 \times 2^{-1} + 0 \times 2^{-2} + 1 \times 2^{-3}\}$

$= 16 + 8 + 0 + 2 + 1 + 0.5 + 0 + 0.125$

$= 27.625_{(10)}$

## 三、任意進制間數值之互換

前面我們已經學會由十進位轉至N進位，以及由N進位轉回十進位的方法，因此任意進制間的互換都可以藉由十進位數的幫助而完成。此外，二進位、四進位、八進位、十六進位都是屬於2的冪次方，彼此之間有著相當密切的關係，更是考試的重點所在。

1. **四進位、八進位、十六進位至二進位之轉換**：由於上述進位都可以化成2的冪次方，也就是說四進位（$2^2$）的每一個位數（digit）都可以用2個二進位的位數表示，同理可以用3個二進位的位數表示一個八進位（$2^3$）的一個位數，用4個二進位的位數表示一個十六進位（$2^4$）的一個位數。例如

$345_8 = 011\ 100\ 101$

$12.32_4 = 01\ 10.\ 11\ 10$

$1A.FC_{16} = 0001\ 1010.\ 1111\ 1100$

**小教室**

· 二進位前後多餘的 0可以省略，例如：00011010.11111100 = 11010.111111

· 在十六進位下須注意 以A代替10、B代替 11、……

2. **二進位至四進位、八進位、十六進位之轉換**：將 二進位數依小數點為分界，整數部分往左，小 數部分往右延伸，視所要轉換之進位數而決定 是以2個（四進位）、3個（八進位）、還是4個 （十六進位）為一組，將二進位化成十進位數， 且前後不足的位數予以補0。例如

$11100101 = \underline{011}\ \underline{100}\ \underline{101} = 345_8$

$110.111 = \underline{01}\ \underline{10}.\ \underline{11}\ \underline{10} = 12.32_4$

$11010.111111 = \underline{0001}\ \underline{1010}.\ \underline{1111}\ \underline{1100} = 1A.FC_{16}$

3. **四進位、八進位、十六進位之互換**：先轉換成二進位，再轉成想要的進位 型式，例如$1A.FC_{16}$轉成四進位

$1A.FC_{16} = 0001\ 1010.\ 1111\ 1100$

$= 11010.111111$

$= 01\ 10\ 10.\ 11\ 11\ 11$

$= 122.333_4$

# 1-6 ▸ N進制數值之補數

## 一、何謂補數（complement）

假設k為N進制之數值，且k具有n個位數，則

1. k之N's補數 $= N^n - k$
2. k之（N−1）'s補數 $= (N^n - 1) - k$

**小教室**

1. 由上式可以得知某數之N's補數＝某數之（N－1）'s補數加1。

2. 在實際應考時並不須要死記上述公式，可以改用較為簡單好記的作法，我們應用下例來說明：試求（2563）$_{10}$之10's補數以及9's補數。先從（N－1）'s補數做起，亦即先算9's補數，因為原數總共有4位，因此可以採用4個9，也就是9999減去原數即得，（9999）$_{10}$－（2563）$_{10}$＝（7436）$_{10}$，而10's補數＝9's補數＋1＝（7437）$_{10}$。

3. 由於一個n位數之二進位數值，其1's補數必須用n位個1來減去原數，但因為1－1＝0，1－0＝1，其結果好像是將原二進位數取反相（1變0，0變1）一般，在實際做法可以直接採用反相即可，而2's補數即為1's補數加1。例如110111之1's補數＝001000；2's補數＝1's補數＋1＝001001。

## 二、計算機內之整數表示法

一般而言，整數通常以一個word，也就是16個bit來表示，若是在宣告時以長整數（long int）宣告，則可以擴充成32個bit，當然bit數目愈多，所能表示的整數數值自然就愈大。此外，負數的表示法除了前述的補數法之外，還有所謂符號大小法，這只是一種方法而已，真正計算機內還是以補數表示負數，而且是採用2's補數法。

1. **正數**：16個bit存在$2^{16}$（十進位數值為65536）種組合（每個bit可以為0或1），但因為需要分出正負數，因此利用左邊第一個bit做為區分位元，若為0則表示正數；若為1則表示負數，但負數的值會隨所採用之表示法而有所差異。

   以16個bit表示整數時，其最小正數應為0000000000000001，或寫成十六進位表示（0001）$_{16}$，最大正數應為0111111111111111，或為（7FFF）$_{16}$。如果以n個bit表示整數，則整數之範圍為0～（$2^{n-1}-1$）。

2. **負數表示法之一（符號大小法）**：將左邊第一個bit和其後之所有bits分開，先計算其後之正數，再配上第一個bit，若為0，直接將其後之正數表示；若為1，則加一負號即得。例如0000000000001111＝15，而1000000000001111＝-15。

   考慮以n個bit表示整數的情況，符號大小法所能表示之正數範圍與前述相同，均為0～（$2^{n-1}-1$），而負數範圍則從-（$2^{n-1}-1$）～-1。值得注意的是0000000000000000和1000000000000000，雖然二進位表示法不同，但都表示0，也就是正0和負0。若以16個bit來看，所能表示之整數範圍應為（-32767～32767）。

3. **負數表示法之二（1's補數法）**：本方法類似代數中負數的原理，例如-9的意義就是9取負號，只不過在此是採用取1's補數的方式。例如對一個16個bit的整數而言，-15就是15取1's補數，即0000000000001111之1's補數為1111111111110000，亦即為-15的表示法。

> **小教室**
>
> 0000000000000000表示正0，1000000000000000表示負0，兩者之意義皆為0。

本方法和符號大小法一樣都會有正0和負0的表示方式，因此若以n個bit表示整數，則範圍為 $-(2^{n-1}-1) \sim (2^{n-1}-1)$。

4. **負數表示法之三（2's補數法）**：與1's補數之原理相同，只不過以2's補數表示負數。例如-15就是15取2's補數，因此-15可以表示成1111111111110001（15之1's補數＋1）。☆重要☆

本方法與前述之負數表示法有所不同，2's補數法中只有一個0，因此表示範圍可以達到$-2^{n-1} \sim (2^{n-1}-1)$。若以16個bit表示整數時，其整數範圍就變成-32768～32767；且-32768之二進位表示式為1000000000000000。

> **小教室**
>
> 此乃因為在無號數的情況下1000000000000000之十進位值為32768，將其取2's補數，0111111111111111＋1＝1000000000000000，寫成十六進位即得（8000）$_{16}$。

> 若有一微算機，其內部是以8個bit表示一個整數，若給定數值-61，當以下列之表示法表示時，其二進位值為何？
> 1. 符號大小法？
> 2. 1's補數法？
> 3. 2's補數法？

答：1. -61之絕對值為61，以8個bit表示成00111101
　　　符號大小法之-61＝10111101
　　2. 61以8個bit表示成00111101，取1's補數即為-61
　　　1's補數法之-61＝11000010

3. 61以8個bit表示成00111101，取2's補數即為-61

2's補數法之-61＝11000010＋1＝11000011

## 三、補數二進制整數之加法

1. **1's補數之加法**：以1's補數表示整數之負數時，無論兩相加整數是否同號或
   異號，都是直接進行加法運算，然後將其符號位元和最大位元之進位情形
   納入研判，以便決定是否產生超溢，進而判斷運算是否正確。
   (1)符號位元不進位，最大位元不進位
      此為最簡單的狀況，得到的結果即為解答，且必為正確。
   (2)符號位元進位，最大位元進位
      本情況下必須將符號位元所得之進位數迴加至原數字和（sum）末端位
      元上，方可求得正確答案。
   (3)符號位元不進位，最大位元進位
      本情況下所產生的結果必為錯誤。
   (4)符號位元進位，最大位元不進位
      本情況下所產生的結果亦為錯誤。

### 小教室

1's補數計算要點：將兩個整數直接相加，首先檢查最大位元和符號位元，若同時進位
或同時不進位，只須將符號位元之進位數迴加至末端位元上即可求得解答； 若進位情
形不相同，則表示計算結果為錯誤。

2. **2's補數之加法**：與1's補數之做法相類似，將兩相加整數直接進行加法運
   算，然後將其符號位元和最大位元之進位情形納入研判，以便決定是否產
   生超溢，進而判斷運算是否正確。
   (1)符號位元不進位，最大位元不進位：此為最簡單的狀況，得到的結果即
      為解答，且必為正確。
   (2)符號位元進位，最大位元進位：與1's補數有所不同，本情況下不須將符
      號位元所得之進位數迴加至末端位元上，只須直接捨去進位數即可求得
      正確答案。

(3)符號位元不進位，最大位元進位：本情況下所產生的結果必為錯誤。

(4)符號位元進位，最大位元不進位：本情況下所產生的結果亦為錯誤。

**小教室**

2's補數計算原則：首先將兩個整數直接相加，檢查最大位元和符號位元是否同時具有進位或同時不具進位，若是，則將符號位元之進位數捨去即可。若進位情形相異，則表示計算會有錯誤。

# 1-7 ▸ 定點數與浮點數

除了前述的整數表示法之外，另外有實數（real number）的資料形態，在計算機內一般都是以定點數或是浮點數表示，其中浮點數更是考試的重點，請務必了解。

## 一、定點數（fixed point number）

所謂實數可以簡單的想像成是帶有小數點的數字，而定點數顧名思義就是小數點固定在某個位置上。假設利用一個n位元的二進位數表示定點數，其最左位元視為符號位元（0表正數；1表負數），小數點固定在某個位置上。由於位元數目為固定，而且

**小教室**

若未宣示者以truncation為準。

並非每個實數都能恰好（exact）化成二進位數，因此必須將超過位元長度的部分予以捨去，在此我們介紹兩種截位的方式。

1. **截尾誤差**：將超過定點數格式長度的部分直接捨去，稱為截尾，因此所產生的誤差稱為截尾誤差（truncation error）。

2. **捨位誤差**：將超過定點數格式長度的部分以類似「四捨五入」的方式截去，稱為捨位，因此所產生的誤差稱為捨位誤差（rounding error）。

> 假設以8個位元儲存一個定點數，其中bit 0表示符號位元，bit 1～bit 3表示整數部分，bit 4～bit 7表示小數部分，試求下列數值之定點表示法？
> 0.1　-0.1　3.3　-3.3

**答**：由於小數部分佔4個位元，因此將每個數值之小數部分化成小數點後有5位，再視截位或捨位而決定其值。

1. $0.1_{10} = 0.00011_2$，truncation 得到$0.0001_2$，且整數部分為0。由於bit 0表示符號位元，bit 1～bit 3表示整數部分，bit 4～bit 7表示小數部分，因此截尾式定點數＝00000001
   若採rounding，則$0.1_{10} = 0.0010$（有進位），捨位式定點數＝00000010

2. $-0.1_{10}$只和$0.1_{10}$差一個負號，因此
   截尾式定點數＝10000001；捨位式定點數＝10000010

3. $3.3_{10} = 11.01001_2$，符號為正，整數為11，小數為0.01001
   截尾式定點數＝00110100；捨位式定點數＝00110100

4. $-3.3_{10} = -11.01001_2$，符號為負，整數為11，小數為0.01001
   截尾式定點數＝10110100；捨位式定點數＝10110100

## 二、浮點數（floating point number）

此為目前計算機內表示實數的方式，通常以32個位元表示，就是所謂的浮點數（或稱單精數）；有時也採用64個位元，稱為倍準數（double precision），不論是很大或是很小的數都可以利用浮點數表示，而且簡單、方便。在介紹本節內容之前，我們先回憶所謂的科學符號表示法，例如十進制下：$123.45 = 1.2345 \times 10^2 = 0.12345 \times 10^3 = 12345 \times 10^{-2}$

由上式可以得知小數點若往左移n位，必須乘上$10^n$；小數點往右移n位，必須乘上$10^{-n}$。這是以十為進位基底的情形，而在進位基底不為十的情形下，其表示方式也相當類似，例如在二進制下：

$10011.101 = 0.10011101 \times 2^5 = 1001110.1 \times 2^{-2} = 10011101 \times 2^{-3}$

而在十六進制下

$A3CF.C2 = 0.A3CFC2 \times 16^4 = A3CFC2 \times 16^{-2}$

有了上述的觀念之後我們就可以來了解什麼叫做浮點表示法。

1. **浮點表示法之格式**：一般實數都可以轉換成科學記號表示，其一般格式如下：

　　　　$N = \pm 0.M \times B^E$

　　其中

　　　　N：number，所要儲存之實數（以十進位表示）

　　　　M：mantissa，尾數

　　　　B：base，採用之基底

　　　　E：exponent，指數

　　以二進制為基底之範例

　　　　$33.84375_{10} = 100001.11011_2$

　　　　$= 0.10000111011 \times 2^6$（因為小數點向左移6位）

　　以十六進制為基底時

　　　　$33.84375_{10} = 21.D8_{16}$

　　　　$= 0.21D8 \times 16^2$（因為小數點向左移2位）

　　上述的過程又稱標準化（normalized），也就是說將整數調整為0，而小數點後之第一位不為0。

---

將下列數值分別以2和16為基底進行標準化。
$0.1125_{10}$

---

**答**：以2為基底

　　　　$0.1125_{10} = 0.000111001\cdots\cdots$，由於小數為無限，

　　　　假設我們只取小數8位，

　　　　因此$0.1125_{10} = 0.00011100$，取標準化後為

　　　　$0.00011100_2 = 0.11100 \times 2^{-3}$（小數點向右移3位）

　　以16為基底

　　　　$0.1125_{10} = 0.00011100 = 0.1C_{16}$，取標準化後為

　　　　$0.1C_{16} = 0.1C_{16} \times 16^0$（小數點不動）

2. **浮點格式之內容研究**：一般而言都是以32個位元來表示一個浮點數，其格式如下

| 0 | 1-8 | 9-31 |
|---|---|---|
| S | Exponent | Mantissa（Fraction） |
| 符號 | 指數（特性數） | 真數（小數） |

(1) **符號位元**：表示數值之正負號，以0表正數，1表負數。

(2) **指數或特性數**：由8個位元構成，用來表示正規化後數字之指數（形態為整數），有時會在此標示其標準化基底。指數之表示法又可分為

> **小教室**
>
> 標準之出題類型為宣告特性數（指數）為"base B excess-N"，意思即為基底為B，超-N表示。

| | |
|---|---|
| **2's補數法** | 我們知道8個位元之2's補數可以表示-128～127之整數，例如bit1～bit8為11110101，減1再反相得到00001011，可以得知原數為-13；若以2為基底，則為$2^{-13}$；以16為基底，則為$16^{-13}$。 |
| **抵補法（offset）** | 將8個位元之整數視為無號數，也就是說整數範圍為0～255（不再將最左邊位元視為符號位元，而以一般位元視之，稱為無號數表示法），此外題目會指出其為超多少之形式，例如指數為10000111（此處為無號數，等於$135_{10}$），且為超64（excess-64），即表示真正的指數為實際無號數減去64之值＝135－64＝71。若以2為基底，則為$2^{71}$；以16為基底，則為$16^{71}$。 |

(3) **小數或真數**：由23個位元構成，用來表示正規化小數部分，若位數不足則於其後補0；若位數超過，則直接將超過部分截去。

> 浮點數格式如前所述，將下列數值以2為基底表示成浮點數格式。（分別採2's補數及超128表示）
> $-3.625_{10}$

**答**：-3.625為負數，符號位元為1

$3.625_{10} = 11.101_2 = 0.11101 \times 2^2$（小數點向左移2位）

指數以2's補數表示，$2_{10} = 00000010$

小數部分取23位＝11101000000000000000000

Ans：10000001011101000000000000000000

指數以超128表示，（指數-128）＝2，則指數＝130

130以8位元無號數表示＝10000010

小數部分如前

Ans：11000001011101000000000000000000

---

**小教室**

任意基底、任意位元數之浮點數在研究所考試、插大轉學考或是高考題目，有時會考基底不為2、位元數目亦不為32的情形，通常比較會考基底為4、8、16的題目，而位元數目為12、14和24。實際上無論基底和位元數為何，只須將所給定的數值化成所給定的進位基底表示，再將指數和小數部分分別轉換成二進位即可。

---

假設以16個位元表示一個浮點數，其格式為bit 0：符號位元；bit 1～5：base 2 excess 16；bit 6～15：真數；將下列浮點數內碼分別轉換成10進制之數值。

1.0 10011 1101000000

2.1 01011 1111000000

**答**：1. sign bit＝0，正數

指數＝10011＝無號整數之$19_{10}$，實際指數為$19-16＝3_{10}$

小數＝$0.1101000000_2$

原數＝$0.1101000000 \times 2^3＝110.1_2＝6.5_{10}$

2. sign bit＝1，負數

指數＝01011＝無號整數之$11_{10}$，實際指數為$11-16＝-5_{10}$

小數＝$0.1111000000_2$

原數＝$0.1111000000 \times 2^{-5}＝0.000001111_2$（小數點向左移5位）

　　　＝$0.029296875_{10}$

**3. 浮點數之有效位數及所能表示之極大極小值**

(1)**十進位有效位數**：假設以n個位元表示真數部分，因此最多有2n種表示方式，利用對數原理可以寫成$2^n＝10^x$，因此$x＝n \cdot \log_{10}2＝n \cdot 0.301$，以十進位的觀點來看有效位數可以達到$[n \cdot 0.301]$，其中$[\cdot]$表示將小數直接捨去之高斯符號。例如以23個位元表示真數，有效位數可達$[23 \times 0.301]＝6$位。

(2)**最大值**：以一般之浮點格式而言（1個位元表示符號；8個位元表示指數；23個位元表示真數），其最大值必然發生下列狀況：本身為正數、指數最大、真數所有位元皆為1，如果考慮指數採2's補數（offset之情形將於下例中說明），指數之最大值為127，因此最大之浮點數格式為

0 01111111 11111111111111111111111

其意義即為

$0.11111111111111111111111_2 \times 2^{127} = (1 - 2^{-23}) \times 2^{127}$

（因為$0.11111111111111111111111_2 + 2^{-23} = 1$）

(3)**最小正數**：如前之浮點格式，最小正數會發生在下列狀況：正數、指數最小（為負數），真數最小（0.10000000000000000000000，因為小數點後第一位必須不為0），因此最小正數之浮點數格式為

0 10000000 10000000000000000000000

其意義即為

$0.10000000000000000000000_2 \times 2^{-128} = 2^{-129}$

(4)**最小負數**：最小負數即為最大負數之負號，因此最小負數之浮點數格式為

1 01111111 11111111111111111111111

其意義即為

$-0.11111111111111111111111_2 \times 2^{127} = -(1 - 2^{-23}) \times 2^{127}$

---

假設以36個位元表示一個浮點數，其中符號位元佔1個位元，指數部分佔8個位元，分數部分佔27個位元，則此計算機所能表示之大小範圍有有效位數各約為多少？（高考）

---

**答**：題目未標示基底以及指數之型態，因此以2為基底，指數以2's補數視之。

1. 最大正數：正數、指數為127，小數為0.11……1（27個1），數值為

$0.11 \cdots\cdots 1（27個1）_2 \times 2^{127} = (1 - 2^{-27}) \times 2^{127}$

2. 最小負數＝$-(1 - 2^{-27}) \times 2^{127}$

3. 分數部分佔27個位元，因此有效位數為[27×0.301]＝8位

**小教室**

IEEE 488之浮點格式：

除了前述的浮點格式之外，尚有一派稱為IEEE 488派，其格式為±1.M×BE，很明顯的可以看出主要是在真數的認定上有所不同，其他部分可以說是完全一樣，若試題未特別指定，則一律以本章剛開始即定義的格式為準。

---

**試以IEEE 488之floating point format表示$17.6875_{10}$，其中**

| 0 | 1-8 | 9-31 |
|---|-----|------|
| S | Exponent | Mantissa（Fraction） |
| 符號 | 指數（特性數） | 真數（小數） |

**且指數為超128形式。**

答：$17.6875_{10} = 10001.1011_2 = 1.00011001_2 \times 2^4$，則

bit 0：0

bit 1～8：128＋4＝10000100

bit 9～31：00011001 000000000000000

二進位內碼即為

0 10000100 00011001 000000000000000

# 1-8 ▸ 字元碼系統

## 一、ASCII碼

本字元碼是前最流行的字元標準碼，其原意是American Standard Code for Information Interchange，也就是「美國資訊交換標準碼」，是由7個位元組成（請特別注意是7個而不是8個位元），因此能夠表示128個不同的字元。

因為ASCII碼共使用7位元二進位碼來編組，故又稱為ASCII-7碼，其中共有3個區域位元，4個數字位元。

## ASCII碼對照表

| 符號 | 內碼數值 | 符號 | 內碼數值 | 符號 | 內碼數值 | 符號 | 內碼數值 |
|---|---|---|---|---|---|---|---|
| ESC | 27 | SPACE | 32 | ! | 33 | 「 | 34 |
| # | 35 | $ | 36 | % | 37 | & | 38 |
| ‘ | 39 | ( | 40 | ) | 41 | * | 42 |
| + | 43 | ‘ | 44 | - | 45 | . | 46 |
| / | 47 | 0 | 48 | 1 | 49 | 2 | 50 |
| 3 | 51 | 4 | 52 | 5 | 53 | 6 | 54 |
| 7 | 55 | 8 | 56 | 9 | 57 | : | 58 |
| ; | 59 | < | 60 | = | 61 | > | 62 |
| ? | 63 | @ | 64 | A | 65 | B | 66 |
| C | 67 | D | 68 | E | 69 | F | 70 |
| G | 71 | H | 72 | I | 73 | J | 74 |
| K | 75 | L | 76 | M | 77 | N | 78 |
| O | 79 | P | 80 | Q | 81 | R | 82 |
| S | 83 | T | 84 | U | 85 | V | 86 |
| W | 87 | X | 88 | Y | 89 | Z | 90 |
| [ | 91 | \ | 92 | ] | 93 | ^ | 94 |
| _ | 95 | ` | 96 | a | 97 | b | 98 |
| c | 99 | d | 100 | e | 101 | f | 102 |
| g | 103 | h | 104 | i | 105 | j | 106 |
| k | 107 | l | 108 | m | 109 | n | 110 |
| o | 111 | p | 112 | q | 113 | r | 114 |
| s | 115 | t | 116 | u | 117 | v | 118 |

| 符號 | 內碼數值 | 符號 | 內碼數值 | 符號 | 內碼數值 | 符號 | 內碼數值 |
|---|---|---|---|---|---|---|---|
| w | 119 | x | 120 | y | 121 | z | 122 |
| { | 123 | \| | 124 | } | 125 | ~ | 126 |

大致上，有一部分ASCII編碼的順序為：

**阿拉伯數字＜英文大寫字母＜英文小寫字母**

如果對照表記不起來的話，請務必至少牢記這個順序。

---

**小教室**

本內容之可能題型為

1.目前最流行之字元集為何？

2.試說明A，a，1等字元之ASCII碼為何？

解：題目1.之答案相當明顯，不再贅敘；題目2.之解題重點在於是否熟記重要字元之代
　　碼，因此請務必背誦以下之字元代碼：'A'：65；'a'：97；'1'：49，至於其他數字
　　和字母可以用差距的方式計算之。

---

## 二、擴充型ASCII碼

由於1個位元組（byte）包含8個位元，而一個ASCII碼只用了7個位元，因此在
某些應用上，我們會把ASCII碼擴充為8個位元，稱為擴充型ASCII碼。其應用
範圍大概有兩類：

1. **資料傳輸時之同位檢查（parity check）**：所謂同位檢查是指在資料代碼之
   後額外加上一個位元，稱為同位位元，而使得該資料碼具有偶數個（或奇
   數個）位元為1，稱為偶同位（或是奇同位），以便在傳輸過程中偵查是否
   有通訊錯誤的情況發生。

   同位檢查之應用並不限定在ASCII碼之傳輸，任何位元數目的資料都可以加
   上同位位元，而進行同位檢查。

2. **擴充字元集**：計算機做為單機使用時，比較沒有通訊的問題，因此廠商利
   用第8個位元使得總字元組合達到256，可以用來擴充一些特殊符號。

## 三、Unicode

Unicode中每個字都是由兩個位元組（bytes）組成的。簡單的說，Unicode是一個超大的文字庫，它包含了世界上所有語言的大部分文字，而收錄在同一個文字庫裡，包括繁／簡體中文、日文、韓文，以及許多想不到的語文。在過去的歲月裡，因為ASCII碼頂多只能表示128個字元，導致其他非英語系的文字，必須在ASCII碼的基礎上，再去設計新的編碼方式，像是台灣（繁體中文）的BIG-5，日本的JIS。現在只要透過Unicode的機制，就可以達到各國文字都可以通的目標。

例如說現在有一個字：「字」，BIG-5碼是A672，經過Unicode的轉換，變成U＋5B57，接著就可以轉成JIS碼的8E9A，這樣一來繁體中文與日文就可以互通了。

---

### 小教室

1. ISBN：國際標準書號（International Standard Book Number，簡稱ISBN），是為因應圖書出版、管理的需要，並便於國際間出版品的交流與統計所發展的一套國際統一的編號制度，由一組冠有「ISBN」代號的十位數碼所組成，用以識別出版品所屬國別地區語言、出版機構、書名、版本及裝訂方式。這組號碼也可以說是圖書的代表號碼。
2. EAN：EAN（European Article Number）於1977年以歐洲各國為中心制定的統一商品代碼，此後成為國際性統一商品代碼，包括前置碼1位元數位及國別碼2－3位元數位的13位元數位構成。

ISBN碼中，國際是由ISBN總部核定，至於我國的ISBN碼管理單位則是國家圖書館。
EAN-8條碼中，產品號碼是由廠商自訂的，至於EAN-13碼中的廠商號碼，則是要向CAN申請。
EAN碼中，台灣的國碼是471。ISBN碼中，台灣的國碼是957。
書籍的ISBN碼轉換為EAN碼時左邊加978，EAN-13碼若前三碼為977表示讀碼為期刊號碼。

1.若資料為11001101，於其後加上一同位位元。當分別採用奇同位和偶同位時，求此同位位元應分別為何？

2.下列何者不符合偶同位：(A)11111111 (B)00000000 (C)10101010 (D)01001001

答：1. 原數值有5個位元為1，採取奇同位時，所外加之同位位元應為0，才可使得位元為1之個數為奇數；同理，採取偶同位時，所外加之同位位元應為1，才可使得位元為1之個數為偶數。

2. Ans：(D)
偶同位的意義：「有偶數個1」
(A)8個1：偶 (B)0個1：偶 (C)4個1：偶
(D)3個1：奇。

**小教室**

電腦常見名稱補充：
CAI：電腦輔助教學；
CAM：電腦輔助製造；
CAD：電腦輔助設計；
CAE：電腦輔助工程。

## 精選測驗題

( ) **1** 標準的ASCII Code是由幾個位元所組成： (A)8 (B)7 (C)6 (D)5。

( ) **2** 計算機中最常使用的是哪一種文字碼系統： (A)BCDIC (B)EBCDIC (C)BCD (D)ASCII。

( ) **3** 以ASCII（American Standard Code for Information Interchange）編碼來儲存字串"FRED"須使用多少位元組： (A)3 (B)4 (C)5 (D)6。

( ) **4** 同位檢查（Parity checking）是一項常用的查錯方法，下列哪個字元的代碼是錯誤的奇數同位碼： (A)01100001 (B)1100011 (C)01010100 (D)10101011。

( ) **5** 電腦所使用的字元（Character），就ASCII碼而言，下列何者其內碼之數值為最大： (A)! (B)9 (C)A (D)a。

( ) **6** 使用美國標準資訊交換碼（ASCII）來表示英文字母A時，其內碼數值等於下列何者： (A)$(1010001)_2$ (B)$(201)_8$ (C)$(65)_{10}$ (D)$(61)_{16}$。

( 　 ) 　**7** 下列轉換何者為正確： (A)（42）$_8$＝（114）$_5$　(B)（B3）$_{16}$
＝（243）$_8$　(C)（1437）$_8$的8's complement為（7340）$_8$　(D)
（311）$_4$的4's complement為（133）$_4$。

( 　 ) 　**8** 依電腦的演進過程，下列順序何者正確？ A.電晶體；B.積體
電路；C.真空管；D.大型積體電路 (A)A.B.C.D.　(B)C.B.A.D.
(C)C.A.B.D.　(D)C.D.A.B.。

( 　 ) 　**9** 人工智慧（AI）是哪一代電腦的特色？ (A)第三代　(B)第四代
(C)第五代　(D)第六代。

( 　 ) 　**10** 下列的表示式中何者有誤： (A)101.11$_2$　(B)234$_5$　(C)432.1$_4$
(D)EBB$_{16}$。

( 　 ) 　**11** 二進位數1100101的2's complement為： (A)0001010　(B)
0001011　(C)0011011　(D)0011010。

( 　 ) 　**12** 六進位（23450）$_6$的6's complement為： (A)32110　(B)32101
(C)43210　(D)43211。

( 　 ) 　**13** 十進位（278）$_{10}$的9's complement為： (A)721　(B)722　(C)832
(D)833。

( 　 ) 　**14** 教師為提昇教學品質，利用電腦從事輔助教學，簡稱： (A)CAD
(B)CAI　(C)CAN　(D)CNC。

( 　 ) 　**15** 電腦中減法運算常用何種方式來處理： (A)減數減上被減數
(B)被減數減上減數　(C)減數加上被減數的補數　(D)被減數加
上減數的補數。

( 　 ) 　**16** 若你買了一個5T的外接硬碟，請問約等於下列何種容量？
(A)4096KB　(B)5000000000KB　(C)5000YB　(D)4096000B。

( 　 ) 　**17** 「電腦輔助製造」的英文縮寫為： (A)CAI　(B)CAM　(C)CAD
(D)CAC。

( ) **18** 下列實數的表示法,何者為floating point form: (A)123.45 (B)$1.2345 \times 10^2$ (C)1.2345E2 (D)以上皆非。

( ) **19** 一微秒(microsecond, μs)是指多少秒: (A)$10^{-3}$ (B)$10^{-6}$ (C)$10^{-9}$ (D)$10^{-12}$秒。

( ) **20** 一毫微秒(nanosecond, ns)是指多少秒: (A)$10^{-3}$ (B)$10^{-6}$ (C)$10^{-9}$ (D)$10^{-12}$秒。

( ) **21** 一毫秒(millisecond, ms)是指多少秒: (A)$10^{-3}$ (B)$10^{-6}$ (C)$10^{-9}$ (D)$10^{-12}$秒。

( ) **22** 超大型積體電路(VLSI)是指: (A)晶片特別大 (B)速度特別快 (C)電晶體數目多 (D)記憶體容量特別大。

( ) **23** 將電路中許多的電阻、電容、電晶體、二極體等元件置放在一個矽晶片上的電子元件稱為: (A)真空管 (B)迷你電腦 (C)積體電路 (D)硬體。

( ) **24** 計算機的電子元件稱為: (A)硬體 (B)軟體 (C)韌體 (D)以上皆非。

( ) **25** 由二進位碼組成的程式或語言稱為: (A)硬體 (B)軟體 (C)韌體 (D)以上皆非。

( ) **26** 將控制用的微程式碼燒在唯讀記憶體(ROM)中,稱為: (A)硬體 (B)軟體 (C)韌體 (D)以上皆非。

( ) **27** 下列何者是電子計算機的特性: (A)儲存量大 (B)速度快 (C)準確性高 (D)以上皆是。

( ) **28** 下列各項中,何者為軟體(software): (A)作業系統(operating system) (B)記憶體(memory) (C)中央處理單元(CPU) (D)磁碟機(disk drive)。

( 　 ) **29** 由輸入單元（input unit）輸入的程式被送往何處：　(A)輸出單元
(B)記憶單元　(C)控制單元　(D)中央處理單元。

( 　 ) **30** 電腦的硬體架構，包含輸入裝置，輸出裝置，以及哪一個單
元：　(A)輔助儲存單元　(B)作業系統　(C)中央處理單元
(D)資料庫單元。

( 　 ) **31** 有關計算機的描述何者為非？　(A)處理資料的工具　(B)俗稱電腦
(C)亦稱資訊工程　(D)具有計算能力。

( 　 ) **32** 計算機系統中，有關ALU作用的描述，何者為正確：　(A)只做算
術運算，不做邏輯運算　(B)只做加法　(C)只存加法的結果，不
能存其他算術運算的結果　(D)以上各答案皆非。

( 　 ) **33** 1940年代ENIAC所用的主要元件是：　(A)積體電路　(B)電晶體
(C)真空管　(D)以上各答案皆非。

( 　 ) **34** 下列描述何者為是：　(A)一計算機系統包含輸入、輸出、控制、
記憶、算術及邏輯運算等五個單元　(B)控制單元能理解，並且翻
譯及執行所有的指令及儲存結果　(C)所有的資料運算都是在CPU
的控制單元中完成　(D)以上各答案皆是。

( 　 ) **35** 0.1001的二進制浮點數，以10進制表示為：　(A)0.0625
(B)0.5125　(C)0.5625　(D)0.625。

( 　 ) **36** 十進位的"14"在十六進位中是以：　(A)C　(B)D　(C)E　(D)F
來表示。

( 　 ) **37** 二進位數字11011等於十進制之：　(A)25　(B)27　(C)26
(D)33。

( 　 ) **38** $(20.8125)_{10}=$　(A)$(1010.1101)_2$　(B)$(10100.1011)_2$　(C)
$(10100.1101)_2$　(D)$(1010.1011)_2$。

(　)　**39**　12位元資料3AE（16進制），以二進制表示應為：
(A)111010111000　　　　　　(B)001101011110
(C)011101011100　　　　　　(D)001110101110。

(　)　**40**　下列何者無法用二進制作準確的表示？　(A)5/128　(B)13/16
(C)27/8　(D)11/12。

(　)　**41**　2's補數10110110代表的十進位負數是：　(A)-74　(B)-54　(C)-68
(D)-48。

(　)　**42**　兩個二進制的數字（11101）$_2$＋（10010）$_2$，其值為：　(A)
（11111）$_2$　(B)（11101）$_2$　(C)（110111）$_2$　(D)（101111）$_2$。

(　)　**43**　將（305）$_8$轉成十六進位值為：　(A)（A5）$_{16}$　(B)（B5）$_{16}$　(C)
（C5）$_{16}$　(D)（D5）$_{16}$　(E)以上皆非。

(　)　**44**　下列敘述，何者為正確：　(A)1KB＝1024×1024 Bytes　(B) 1KB
＝1024 MB　(C)1MB＝1024×1024 Bytes　(D)1MB＝1024 Bytes
(E)以上皆非。

(　)　**45**　影像處理機是屬於電子計算機的？　(A)輸入部門　(B)輸出部門
(C)記憶部門　(D)控制部門。

(　)　**46**　二進位制（1101.101）$_2$轉換成十進位制的值為：　(A)26.35
(B)26.625　(C)13.35　(D)13.625　(E)以上皆非。

(　)　**47**　電腦儲存資料的單位中，1GB（Giga Bytes）等於多少？　(A)
1024MB　(B)1024KB　(C)1024B　(D)240Bytes。

(　)　**48**　ASCII－7碼的區域位元有幾個？　(A)3　(B)4　(C)7　(D)8。

(　)　**49**　數位系統中，以5個位元求解二進位數系（01011）$_2$之1的補數（1's
complement）應為何？　(A)（10100）$_2$　(B)（10101）$_2$　(C)
（00100）$_2$　(D)（00101）$_2$。

( ) **50** 把（5AB）$_{16}$轉換成二進位值為： (A)（10110111010）$_2$ (B)（10110101011）$_2$ (C)（101010110101）$_2$ (D)（101110100101）$_2$。

( ) **51** 某一電腦系統以8位元表示整數，負數以2的補數表示，則-78應為下列何者？ (A)11010101 (B)10110010 (C)10110001 (D)10010011。

( ) **52** 二進位的10101101和11101100之值做AND運算後，其值以十六進位表示法為： (A)ED (B)AC (C)41 (D)EC。

( ) **53** 二進位數系中，1＋1＝？ (A)2 (B)1 (C)10 (D)0。

( ) **54** 目前微電腦所使用的內碼是： (A)BCD (B)BCDIC (C)EBCDIC (D)ASCII。

( ) **55** 十進位的"13"在十六進位中是以： (A)C (B)D (C)E (D)F表示。

( ) **56** 電腦的硬體結構可分為五大單元，其中負責算術和邏輯運算的單元簡稱為： (A)CU (B)DOS (C)ALU (D)CMOS。

( ) **57** 美國標準資訊交換碼為： (A)EBCDIC碼 (B)ASCII碼 (C)BCD碼 (D)Hollerith碼。

( ) **58** 語文數字資料表示法中，下列哪一編碼，目前最普遍使用於個人電腦？ (A)ASCII碼 (B)BCD碼 (C)EBCDIC碼 (D) TCA碼。

( ) **59** 假設使用8位元來表示正負數，請問-96採用2'補數（2's complement）來表示的話，其二進位數值為： (A)10011111$_2$ (B)10100000$_2$ (C)01100000$_2$ (D)10100000$_2$。

( ) **60** 下列哪一個數值和六進位數值（110.3）$_6$不相等？ (A)（2A.8）$_{16}$ (B)（42.5）$_{10}$ (C)（52.4）$_8$ (D)（101010.11）$_2$。

( ) **61** 下列數位系統表示法中何者錯誤？ (A)（1010101）$_2$ (B)（243）$_8$ (C)（2AC）$_{16}$ (D)（1243）$_4$。

( ) **62** 八位元不帶號二進制數字資料可表示的最大位數為多少？
(A)128　(B)255　(C)256　(D)512。

( ) **63** 下列何筆資料會被檢測出奇同位元錯誤？　(A)101010100
(B)100100001　(C)101000111　(D)111111111。

( ) **64** 十六進位數2B其二的補數（2's）表示法的值為下列何者？　(A)
E4　(B)D5　(C)E5　(D)F4。

( ) **65** 下列何數值與其他三個數值不同？　(A)$(9D.4)_{16}$　(B)
$(157.25)_{10}$　(C)$(235.12)_8$　(D)$(10011101.01)_2$。

( ) **66** 關於二的補數（2's complement），下列敘述何者正確？　(A)可
以加速傳輸效率　(B)可以將減法轉成加法　(C)可以節省記憶體
(D)可以防止病毒感染。

( ) **67** 關於文字與數字的表示法，下列敘述何者錯誤？　(A)英文字母
一般是查表來決定表示的內容，如ASCII表　(B)數字一般是轉換
成二進位方式存入記憶體　(C)數字25與25.0的表示法是一樣的
(D)一個中文字一般是佔用2 bytes。

( ) **68** 若有一組300種不同的符號要存放在電腦中，則每種符號至少需要
幾個位元組（byte）？　(A)1　(B)2　(C)3　(D)4。

( ) **69** 下列何者可以在資料傳輸時，進行偵錯？　(A)同位位元（parity
bit）　(B)同步位元（synchronization bit）　(C)溢位位元（over-
flow bit）　(D)正負位元（sign bit）。

( ) **70** 第一代電腦主要採用何種零件技術？　(A)真空管　(B)電晶體
(C)積體電路　(D)超大型積體電路。

( ) **71** ASCII是一種：　(A)CGI程式　(B)網站軟體　(C)英文編碼方式
(D)中文編碼方式。

( ) **72** 十進位123相當於下列何數？　(A)八進位123　(B)六進位443　(C)
五進位443　(D)十六進位63。

（　　） **73** 張三說他的電腦是800MHz，他的意思是： (A)他的電腦價值800萬 (B)他的電腦CPU運作時脈是每秒800百萬赫（Hz） (C)他的電腦記憶體有800 Mega (D)他的電腦硬碟轉速是每秒800轉。

（　　） **74** 最廣泛用於微電腦上的二進位碼是美國國家標準交換碼，它的縮寫是： (A)ISO (B)EBCDIC (C)ANSI (D)ASCII。

（　　） **75** 一個十進位數目14，若轉換為八進位的數目為： (A)10 (B)11 (C)12 (D)16。

（　　） **76** 下列何者為繁體中文的編碼方式？ (A)GB碼 (B)BIG-5碼 (C)HZ碼 (D)Shift-JIS碼。

（　　） **77** 一個十六位元（bits）之整數，其最左邊一個位元為正負號，則二的補數1000000000000000表示為： (A)0 (B)-0 (C)-32767 (D)-32768。

（　　） **78** 十進位之-10以十六位元二的補數法表示為： (A)0000000000001010 (B)0000000000001001 (C)1111111111110101 (D)1111111111110110。

（　　） **79** 設若我們將某二進位數往左位移（shift）三個位元，並在右邊補三個零，這相當於將此數： (A)乘以3 (B)乘以$2^3$ (C)除以3 (D)除以$2^3$。

（　　） **80** 下列計量單位之比較，何者正確？ (A)KG>GB>MB>TB (B)TB>GB>MB>KB (C)TB>GB>KB>MB (D)KB>MB>GB>TB。

（　　） **81** 將十進制數12放進一個位元組（Byte）內，此位元組被左移了2個位元（Bit），之後加上十進制數4，最後此位元組被右移了1個位元，結果此位元組的十進制數值是： (A)20 (B)22 (C)24 (D)26。

（　　） **82** 二進制數0110與其2的補數相加等於： (A)1001 (B)0000 (C)1111 (D)0111。

（　）**83** 如果資料只需輸入英文大小寫字母與阿拉伯數字，那麼最少以幾個位元即可表示所有這些字母與數字？　(A)5　(B)6　(C)7　(D)8。

（　）**84** 1GB（Giga Bytes）是多少個Bytes？　(A)$2^{40}$　(B)$2^{30}$　(C)$2^{20}$　(D)$2^{10}$。

（　）**85** 下列何者在美國資訊交換標準碼（ASCII）中表示字元"3"？　(A)0000011　(B)0110011　(C)1000011　(D)1100011。

（　）**86** 一個2位元組（2 bytes）可表示正負號整數的最大值為：　(A)255　(B)1023　(C)32767　(D)65535。

（　）**87** 當採用四個位元的二進位和2's補數（2's complement）表示法時，十進位數-3可表示成下列哪一種二進位表示法？　(A)0011　(B)1011　(C)1100　(D)1101。

（　）**88** 下列何者為十進位數字123的二進位表示法？　(A)01111011　(B)10101011　(C)01101101　(D)01110111。

（　）**89** 將二進位數值101101001010化為十六進位數值後，其值為？　(A)A4B　(B)B8A　(C)BBF　(D)B4A。

（　）**90** 在二的互補法中，以8位元表示-2，下列何者表示正確？　(A)11101110　(B)11111111　(C)11111110　(D)10000000。

（　）**91** 1KB等於多少個Byte？　(A)8　(B)1000　(C)1024　(D) 8*1024。

（　）**92** 若 $(111)_x = (43)_{10}$，請問x的值為多少？　(A)2　(B)4　(C)6　(D)8。

（　）**93** 下列何者是錯誤的表示法？　(A)$(1001.01)_2$　(B)$(255.3)_5$　(C)$(CDE.DEF)_{16}$　(D)$(743.6)_8$。

## 解答與解析

**1 (B)**。ASCII碼由七個位元組成，可表示$2^7$=128個符號。

**2 (D)**。ASCII碼是電腦最常用的編碼系統。

**3 (B)**。ASCII延用早期的編碼系統規格，當時一個位元組為7個位元，一個符號由一個位元組組成。所以「FRED」須使用4個位元組。

**4 (B)**。檢查方式就是數「1」的個數，奇數個就是對的，偶數個就是錯的，此為現今熱門的考題，不可不會。

**5 (D)**。!的內碼數值為：33
9的內碼數值：57
A的內碼數值：65
a的內碼數值：97
所以a的內碼之數值為最大。

**6 (C)**。A的內碼數值為（65）$_{10}$。

**7 (A)**。（42）$_8$=（34）$_{10}$=（114）$_5$。

**8 (C)**。電腦的演進過程，依序為真空管、電晶體、積體電路、大型積體電路。

**9 (C)**。人工智慧（AI）是第五代電腦的特色。

**10 (C)**。一個N進位表示法，數字只可能是0到N-1。

**11 (C)**。計算2's complement的方式可以分兩步：
【第一步】把0變成1，1變成0（也就是變成：0011010）；
【第二步】把第一步的結果加1（也就是0011011，此為解答）。
這種考題也是很熱門的考題，不會就虧到了。

**12 (A)**。此為上一題的進階題，也是分兩步：
【第一步】把0變成5，1變成4，2變成3，3變成2，4變成1，5變成0（也就是（32105）$_6$）；
【第二步】把第一步的結果加1（也就是（32110）$_6$，此為解答）。

**13 (A)**。也是類似題，只要求9's complement的話，就算到第一步就可以了，也就是721。補充：10's complement是722。

**14 (B)**。電腦輔助教學簡稱CAI。

**15 (D)**。電腦中的減法運算，常用「被減數加上減數的補數」方式處理。

**16 (B)**

**17 (B)**。「電腦輔助製造」的英文縮寫為CAM。

**18 (D)**。floating point form為：符號＋指數＋真數，共32位元的0與1之組合。

**19 (B)**。一微秒（μs）＝$10^{-6}$秒。

**20 (C)**。一奈秒（ns）＝$10^{-9}$秒。

**21 (A)**。一毫秒（ms）＝$10^{-3}$秒。

**22 (C)**。超大型積體電路是指電晶體數目多。

**23 (C)**。積體電路為將電路中許多的電阻、電容、電晶體、二極體等元件置放在一個矽晶片上的電子元件。

**24 (A)**。計算機的電子元件稱為硬體。

**25 (B)**。由二進位碼組成的程式或語言稱為軟體。

**26 (C)**。將控制用的微程式碼燒在唯讀記憶體中，稱為韌體。

**27 (D)**。儲存量大、速度快、準確性高皆是電子計算機的特性。

**28 (A)**。作業系統是軟體。記憶體、中央處理單元、磁碟機都是硬體。

**29 (B)**。程式由輸入單元輸入後，會被送往記憶單元。

**30 (C)**。電腦的硬體架構，包含輸入裝置、輸出裝置及中央處理單元。

**31 (C)**。資訊工程是一種透過工程手段去處理資訊的技能，屬於電腦科學的一個分支。

**32 (D)**。ALU能做算術及邏輯運算，且能做加法以外的算術運算並儲存其計算結果。

**33 (C)**。ENIAC所用的主要元件是真空管。

**34 (A)**。計算機系統包含輸入、輸出、控制、記憶、算術及邏輯運算等五個單元。

**35 (C)**。$(0.1001)_2 = (0.5625)_{10}$。

**36 (C)**。十進位的「14」在十六進位中是以「E」來表示。

**37 (B)**。$11011_2 = (2^4+2^3+2^1+2^0)_{10} = 16_{10}+8_{10}+2_{10}+1_{10} = 27_{10}$。

解答與解析

**38 (C)**。$20_{10}=16_{10}+4_{10}=10100_2$，要看0.8125是什麼，就不斷的乘以2：
$0.8125\times2=1.625$（$0.1_2$），$0.625\times2=1.25$（$0.11_2$），
$0.25\times2=0.5$（$0.110_2$），$0.5\times2=1$（$0.1101_2$），
所以答案是（$10100.1101$）$_2$。

**39 (D)**。（$3AE$）$_{16}$＝（0011 1010 1110）$_2$。

**40 (D)**。$5/128=$（$0.0100001$）$_2$
$13/16=$（$0.1101$）$_2$
$27/8=$（$11.011$）$_2$

**41 (A)**。10110110是（$01001010$）$_2$＝（$74$）$_{10}$取2's補數的結果，所以代表的十進位負數是-74。

**42 (D)**。（$11101$）$_2$＋（$10010$）$_2$＝（$101111$）$_2$。

**43 (C)**。（$305$）$_8$＝（011 000 101）$_2$＝（0000 1100 0101）$_2$＝（$0C5$）$_2$。

**44 (C)**。1KB＝1024 Bytes
1MB＝1024 KB＝1024*1024 Bytes

**45 (A)**。影像處理機是屬於電子計算機的輸入部門。

**46 (D)**。（$1101.101$）$_2$＝（$13.625$）$_{10}$。

**47 (A)**。1GB＝1024MB。

**48 (A)**。ASCII碼共使用7位元二進位碼來編組，故又稱為ASCII-7碼，其中共有3個區域位元，4個數字位元。

**49 (A)**。（$01011$）$_2$之1的補數為（$10100$）$_2$。

**50 (B)**。（$5AB$）$_{16}$＝（0101 1010 1011）$_2$＝（$10110101011$）$_2$。

**51 (B)**。（$78$）$_{10}$＝（$64+8+4+2$）$_{10}$＝（$01001110$）$_2$
（$01001110$）$_2$之2的補數為（$10110010$）$_2$。

**52 (B)**。（$10101101$）$_2$ AND（$11101100$）$_2$＝（$10101100$）$_2$＝（$AC$）$_{16}$。

**53 (C)**。二進位數系中，1＋1＝10。

**54 (D)**。目前微電腦所使用的內碼是ASCII。

**55 (B)**。（$13$）$_{10}$＝$(D)_{16}$。

**56 (C)**。ALU為算術邏輯運算單元，當然負責算術和邏輯運算。

**57 (B)**。美國標準資訊交換碼為ASCII碼。

**58 (A)**。語文數字資料表示法中，ASCII碼目前最普遍使用於個人電腦。

**59 (B)**。（96）$_{10}$＝（01100000）$_2$ →（0變成1，1變成0）（10011111）$_2$ →（把上一步的結果加1）（10100000）$_2$

**60 (D)**。（110.3）$_6$＝（42.5）$_{10}$
（101010.11）$_2$＝（42.75）$_{10}$。

**61 (D)**。4進位表示法，最大的數值為3，(4)$_{10}$的表示法則為(10)$_4$。

**62 (B)**。八位元不帶號二進制數字資料可表示的最大值為（11111111）$_2$＝（255）$_{10}$

**63 (A)**。101010100含4（偶數）個1，所以為奇同位元錯誤。

**64 (B)**。（2B）$_{16}$＝（0010 1011）$_2$ →（0變成1，1變成0）（1101 0100）$_2$ →（把上一步的結果加1）（1101 0101）$_2$＝（D5）$_{16}$

**65 (C)**。（235.12）$_8$ ＝（010 011 101.001 010）$_2$＝（10011101.00101）$_2$ ＝（0000 1001 1101.0010 1000）$_{16}$＝（9D.28）$_{16}$ ＝（157.15625）$_{10}$

**66 (B)**。二的補數（2's complement）可以將減法轉成加法。

**67 (C)**。25的表示法是整數，而25.0的表示法卻是浮點數。

**68 (B)**。一個位元組可存255種不同符號，所以300種不同的符號需要二個位元組來存放。

**69 (A)**。同位元（parity bit）可以在資料傳輸時，進行偵錯。

**70 (A)**。第一代電腦主要採用真空管。

**71 (C)**。ASCII是一種英文編碼方式。

**72 (C)**。十進位123相當於五進位443。

**73 (B)**。800MHz的意思是電腦CPU運作時脈是每秒800百萬赫（Hz）。

**74 (D)**。美國國家標準交換碼的縮寫是ASCII。

**75 (D)**。十進位的14，相當於八進位的16。

解答與解析

**76 (B)**。 BIG-5碼為繁體中文的編碼方式。

**77 (D)**。 因為(1)最左邊一個位元為正負號,所以此數為負數。
(2)(1000000000000000)的2's補數仍為(1000000000000000)$_2$
=(32768)$_{10}$。
所以此數表示為-32768。

**78 (D)**。 $(10)_{10}$=(0000 0000 0000 1010)$_2$
→(把0變成1,1變成0)(1111 1111 1111 0101)$_2$
→(把上一步的結果加1)(1111 1111 1111 0110)$_2$=(1111111111110110)$_2$

**79 (B)**。 將某二進位數往左位移(shift)三個位元,並在右邊補三個零,相當於將此數乘以$2^3$=8。

**80 (B)**。 TB > GB > MB > KB。

**81 (D)**。 左移1位×2,右移1位則÷2。
12×4=48(左移2位)
48+4=52(加上十進制數4)
52÷2=26(右移1位)

**82 (B)**。 任何數與其2的補數相加,皆等於0。

**83 (B)**。 英文字母26個,阿拉伯數字10個,所以英文大寫+英文小寫+阿拉伯數字共62個符號,最少以6個位元即可表示所有這些字母與數字($2^6$=64 > 62)。

**84 (B)**。 1GB(Giga Bytes)是$2^{30}$個Bytes。

**85 (B)**。 美國資訊交換標準碼(ASCII)中,字元「3」的表示法為0110011。

**86 (C)**。 一個2位元組=2 bytes=16bits,若要表示正負號整數需一bit,則剩下的15bits能表示出的最大數值為32767。

**87 (D)**。 $(-3)_{10}$的四位元二進位2'S補數表示法,為$(3)_{10}$的2補數。
$(3)_{10}$=(0011)$_2$
→(1變成0,0變成1)(1100)$_2$
→(把上一步的結果加1)→(1101)$_2$。

**88 (A)**。 $(123)_{10}$=(01111011)$_2$。

**89 (D)**。（101101001010）$_2$＝（1011 0100 1010）$_2$＝（B4A）$_{16}$。

**90 (C)**。（0000 0010）$_2$
　　　　→（把1變成0，0變成1）（1111 1101）$_2$
　　　　→（把上一步的結果加1）（1111 1110）$_2$。

**91 (C)**。1KB＝$2^{10}$ Bytes＝1024 Bytes。

**92 (C)**。（43）$_{10}$＝（111）$_6$。

**93 (B)**。5進位表示法，最大的數值為4，(5)$_{10}$的表示法則為(10)$_5$。

解答與解析

# 邏輯設計與布林代數

**重點速攻**

1.各項基本邏輯閘定義　　　　　　2.布林代數與算術代數
3.卡諾圖、真值表與布林代數之關係　4.邏輯函數表示法
5.組合電路設計　　　　　　　　　6.序向電路設計

這一章重點只有一個：布林函數（Boolean function）的計算，其他的部分稍微了解一下即可，不會也不用緊張。

布林代數（Boolean algebra）簡單的說，就是有加有乘，外加0與1所組成的，加的意思就是OR（或），乘的意思就是AND（且），0就是FALSE（假），1就是TRUE（真）。在資料庫查詢語言裡，或是寫程式的時候，或多或少都會用到布林代數的觀念喔。

# 2-1 ▸ 基本邏輯閘與布林代數

## 一、邏輯閘概論

電腦之基本單位為位元（bit），位元最直接的定義就是用來表示1或0的一個小單位，簡單的說，邏輯就是一種用來代表對與錯，真與假的表示方法，其間也蘊藏著如同一般代數的邏輯運算方法。電腦內部的數位電子電路之輸出只可為低電壓或高電壓，將之應用在邏輯電路上就具有「真」或「偽」、「0」或「1」的特性。而邏輯閘就是指邏輯輸入經由某種特殊的電路組合而得到特定的邏輯輸出，此種數位電路就稱為邏輯閘。

---

**小教室**

以下所談邏輯的0或1與一般算術的0或1是完全不同的東西，前者只是用來表示「對錯」、「真假」的符號，不可以進行算術運算；而後者是真正的數字。

1. **反閘（NOT gate）**：此邏輯閘為單一輸入單一輸出之型態，用來執行反相的功能，也就是說若輸入為0，則輸出為1；若輸入為1，則輸出為0。NOT閘之符號表示法以及其輸出入之對應關係如下：

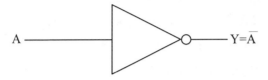

2. **且（AND）閘**：此邏輯閘為多輸入（可以不止一個的輸入），單一輸出之型態，當所有輸入均為1時，則輸出為1；若有一輸入為0，則輸出為0。AND閘之符號表示法以及其輸出入之對應關係如下：

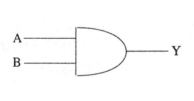

| 輸入 | 輸出 |
|---|---|
| A　B | $Y=A{\times}B$ |
| 0　0 | 0 |
| 0　1 | 0 |
| 1　0 | 0 |
| 1　1 | 1 |

3. **或（OR）閘**：此邏輯閘為多輸入（可以不止一個的輸入）單一輸出之型態，當輸入中至少有一個為1時，則輸出為1；若全部輸入為0輸出才會為0。OR閘之符號表示法以及其輸出入之對應關係如下：

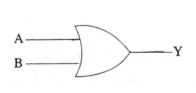

| 輸入 | 輸出 |
|---|---|
| A　B | $Y=A+B$ |
| 0　0 | 0 |
| 0　1 | 1 |
| 1　0 | 1 |
| 1　1 | 1 |

## 二、布林代數

以數學家Boolean為名之布林代數就是將傳統代數稍加修改，用來做為邏輯代數運算之規則，布林代數中有變數是唯一性。

1. **布林代數「加」之定義**：用來表示前述之OR閘，而以「＋」表示。

2. **布林代數「乘」之定義**：用來表示前述之AND閘，而以「‧」表示。

3. **補數運算**：用來表示前述之NOT閘，可以視為反相運算

　(1)若A為邏輯變數（0或1），則以$\overline{A}$ 或A'表示反相運算。

　(2)0' = 1；1' = 0。

　(3)若A為邏輯型態（0或1），則 A'' = A；0'' = 0；1'' = 1。

## 三、真值表

真值表是用來顯示邏輯運算所得輸出狀態的列表，本表格分為兩大部分：輸入以及輸出，輸入部分必須涵蓋所有輸入變數不同的組合，以n個輸入做為例子，由於每一輸入都可能為0或1，因此n個輸入就有$2^n$個不同的輸入組合，而且每一種輸入組合都必須對應一個輸出。

### 1. 布林代數與真值表

| 輸入 | 輸出 |
|---|---|
| A　B | A＋B |
| 0　0 | 0 |
| 0　1 | 1 |
| 1　0 | 1 |
| 1　1 | 1 |

| 輸入 | 輸出 |
|---|---|
| A　B | A‧B |
| 0　0 | 0 |
| 0　1 | 0 |
| 1　0 | 0 |
| 1　1 | 1 |

| 輸入 | 輸出 |
|---|---|
| A | $\overline{A}$ |
| 0 | 1 |
| 1 | 0 |

2. **真值表之等效對應**：有時不同的邏輯結構，或是說不同的邏輯函數，其對應的真值表可能會完全相同，此時我們稱兩邏輯函數為等效，可以視為兩個完全相同的邏輯運算。

## 四、布林代數之基本定理

如同傳統代數一般，布林代數也有基本引伸定理存在，這些定理都可以藉由真值表加以證明。

1. **單一律**（Idempotent Law）

$A+0=A$　　　$A \cdot 1=A$

$A+1=1$　　　$A \cdot 0=0$

$A+A=A$　　　$A \cdot A=A$

我們用真值表證明上述定理為真。

| A | A+0 | A+1 | A+A | A·1 | A·0 | A·A |
|---|-----|-----|-----|-----|-----|-----|
| 0 | 0 | 1 | 0 | 0 | 0 | 0 |
| 1 | 1 | 1 | 1 | 1 | 0 | 1 |

2. **交換律**（Commutative Law）

$A+B=B+A$

$A \cdot B=B \cdot A$

3. **結合律**（Associative Law）

$(A+B)+C=A+(B+C)$

$(A \cdot B) \cdot C=A \cdot (B \cdot C)$

4. **分配律（有時可以將「・」省略）**（Distributive Law）

$A \cdot (B+C)=AB+AC$（乘對加之分配律）

$A+(B \cdot C)=(A+B)(A+C)$（加對乘之分配律）

---

**小教室**

如同一般代數，採取先「乘」後「加」之優先度。

--------------------------------------------------------------------------------

加對乘之分配律相當重要，我們由反向加以證明

$(A+B)(A+C)=AA+AC+AB+BC$（乘對加之分配律）

$=A+AC+AB+BC$（單一律：$AA=A$）

$=A(1+C)+AB+BC$（$1+C=1$；$A \cdot 1=A$）

$= A + AB + BC$

$= A（1+B）+ BC$

$= A + BC（1+B=1；A·1=A）$

---

下式為恆等式：$A + AB + ABC + ABCD = A$

**5. 補數運算**

$A" = A；A+A' = 1；A·A' = 0$

(1)某一邏輯變數和其反相之間必有一個為1，因此兩者相加（取OR）必為1。

(2)某一邏輯變數和其反相之間必有一個為0，兩者相乘（取AND）必為0。

**6. 狄莫根（De Morgan）定理**：假設A，B為邏輯變數，必滿足

$（A+B）' = A'·B'$

$（AB）' = A'+B'$

本定理相當重要，用途亦廣，請務必牢記。若是考證明題可以列出真值表加以證明即可，而且可以推廣到多個輸入，例如

$（A+B+C+D）' = A'·B'·C'·D'$

$（ABCD）' = A'+B'+C'+D'$

## 五、邏輯閘之二

除了前述之NOT、AND、OR之外，本節再介紹一些較複雜之邏輯閘。

**1. 反且（NAND）閘（即邏輯乘法）**：NAND的意義是「NOT-AND」，先執行AND功能之後，再取NOT（反相）。NAND和AND一樣也是多輸入、單一輸出的邏輯閘，以下僅就雙輸入之NAND介紹其符號以及真值表。

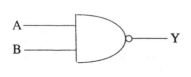

| 輸入 | | 輸出 | |
|---|---|---|---|
| A | B | AB | Y |
| 0 | 0 | 0 | 1 |
| 0 | 1 | 0 | 1 |
| 1 | 0 | 0 | 1 |
| 1 | 1 | 1 | 0 |

2. **反或（NOR）閘（即邏輯互補）**：NOR的意義是「NOT-OR」，先執行OR功能之後，再取NOT（反相）。NOR和OR一樣也是多輸入、單一輸出的邏輯閘，以下僅就雙輸入之NOR介紹其符號以及真值表。

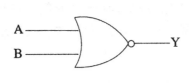

| 輸入 | | 輸出 | |
|---|---|---|---|
| A | B | A＋B | Y |
| 0 | 0 | 0 | 1 |
| 0 | 1 | 1 | 0 |
| 1 | 0 | 1 | 0 |
| 1 | 1 | 1 | 0 |

3. **互斥或（Exclusive OR；XOR）閘（又稱單位運算）**：XOR閘一般都用⊕來表示，當輸入端之資料均相同時，輸出為0；輸入端資料相異時輸出為1，因此稱為互斥或閘。其符號及真值表如下所示：

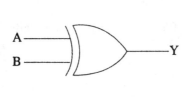

| 輸入 | | 輸出 |
|---|---|---|
| A | B | Y |
| 0 | 0 | 0 |
| 0 | 1 | 1 |
| 1 | 0 | 1 |
| 1 | 1 | 0 |

4. **XNOR閘**：XNOR是Exclusive NOR的意思，以⊙表示，當輸入端之資料均相同時，輸出為1，否則為0，也可以視為XOR之反相。其符號及真值表如下所示：

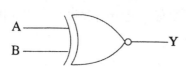

| 輸入 | | 輸出 |
|---|---|---|
| A | B | Y |
| 0 | 0 | 1 |
| 0 | 1 | 0 |
| 1 | 0 | 0 |
| 1 | 1 | 1 |

# 2-2 ▸ 邏輯函數與布林代數

不同的邏輯結構會得到不同的邏輯函數，但是不同的邏輯函數有可能得到相同等效的邏輯功能，因此有些看似複雜的邏輯結構卻可能等效於一個非常簡單的邏輯功能。本章節的目的就是在介紹如何將給定的邏輯函數加以化簡，在此之前，先介紹邏輯函數之標準形，而所謂的標準形自然是由三種基本邏輯NOT、AND、OR所構成。

## 一、邏輯標準形

1. **積之和（sum of product）**：顧名思義就是將邏輯函數化為一連串邏輯變數乘積的累加，這些乘積又稱為最小項，我們用m表示，當把各個邏輯變數用1代入時，所得到二進位之十進值即為最小項的編號。例如假設有一邏輯函數包含三個邏輯變數A、B、C，其標準積之和為

   $f(A，B，C) = A'BC' + AB'C + A'BC + A'B'C'$

   將各個邏輯變數以1代入，可以得到

   $f(1，1，1) = \Sigma m(010，101，011，000) = m2 + m5 + m3 + m0$

   ---
   **小教室**

   從另一個角度來看，假設有三個邏輯變數A、B、C，且其具有 $\Sigma m(1，3，7)$ 之形式，即表示其積之和為

   $f(A，B，C) = \Sigma m(001，011，111) = A'B'C + A'BC + ABC$

2. **和之積（product of sum）**：與前述積之和正好成對偶，也就是說將原來的乘改為加，原來的加改為乘即可，而和之積稱為最大項，以大寫M表示。此處最大項之表示法與最小項有所不同，必須將邏輯變數以0代入（反相者代1），而得到其對應的十進位值。例如有一邏輯函數包含三個邏輯變數A、B、C，假設化為標準和之積形式為

   $f(A，B，C)$

   $= (A+B+C)(A+B'+C')(A'+B'+C)$

   $= M000 \cdot M011 \cdot M110$

   $= M0 \cdot M3 \cdot M6 = \prod M(0，3，6)$

> **小教室**
>
> 從另一個角度看這個問題，假設有三個邏輯變數A、B、C，且其具有 $\prod M$（1，3，7）之形式，即表示其和之積為
>
> $$f(A，B，C) = \prod M(1，3，7) = M001 \times M011 \times M111$$
> $$= (A+B+C')(A+B'+C')(A'+B'+C')$$

## 二、邏輯標準形與真值表

1.  **由真值表獲得最小積之和**：由給定之邏輯關係，列出輸入變數組合與其輸出間之對應，由真值表中尋找輸出為1之列（此輸出為1之列就代表積之和表示法之一項），若輸入為0則取變數之反相，若為1則取變數本身，不論一列有多少元素（即變數之個數），取其連乘積，再把每列之連乘積相加，即得可最小積之和表示法。例如求互斥或閘之積之和表示法：

    (1)先列出真值表

    | A | B | A$\oplus$B |
    |---|---|---|
    | 1 | 0 | 1 |
    | 0 | 1 | 1 |
    | 1 | 1 | 0 |
    | 0 | 0 | 0 |

    (2)取輸出為1之列，即第1、2列，若輸入為0則取變數之反相，若為1則取變數本身，取其連乘積，再將每列之連乘積相加，則互斥或之最小積之和表示法為A'B＋AB'。

    (3)取其最小項表示法即為
    $$\sum m（01，10）= \sum m（1，2）$$

2.  **由真值表獲得最大積之和**：由真值表中尋找輸出為0之列（此輸出為0之列就代表和之積表示法之一項），若輸入為1則取變數之反相，若為0則取變數本身，不論一列有多少元素（即變數之個數），取其連加，再把每列之連加相乘，即得可最大和之積表示法。例如求互斥反閘之「和之積」表示法：

(1)先列出真值表

| A | B | A⊕B |
|---|---|---|
| 1 | 0 | 1 |
| 0 | 1 | 1 |
| 1 | 1 | 0 |
| 0 | 0 | 0 |

(2)取輸出為0之列，即第3、4列，若輸入為1則取變數之反相，若為0則取變數本身，取其連加，再將每列之連加相乘，則互斥或之最大和之積表示法為（A'＋B'）（A＋B）。

(3)取其最大項表示法即為

$$\Pi M（11，00）＝\Pi M（3，0）$$

---

**小教室**

由以上的例題可以發現最大項與最小項之數字必為互補形式，例如三個變數共有8種組合，則最大項與最小項之數字聯集就是這8種組合。

---

# 2-3 ▸ 邏輯設計：組合邏輯電路

純粹以單純的邏輯閘組成的logical電路稱為組合邏輯電路，重要之組合邏輯電路分述如下。

## 一、半加器（half-adder）

所謂半加器之功能是在執行一個位元與一個位元的加法，而其輸出有「和（sum）」以及「進位數（carry）」，請注意這裡的加是指真正的數學加法，也就是$1_2＋1_2＝10_2$的加法，而非邏輯式的$1＋1＝1$；半加器的目的即是在以邏輯閘的組合來實現兩個位元的算數加法。

1. 以真值表分析加法在邏輯上的表示：已知輸入為A、B兩個變數，其狀態可能為1，也可能為0，希望經過一個組合邏輯電路，使得輸出為其「和（以S

表示）」以及「進位數（以C表示）」。首先列出輸入A、B以及輸出C、S之間的邏輯關係真值表。

| A　B | S　C | 算術結果 |
|---|---|---|
| 0　0 | 0　0 | $0+0=0$進$0$ |
| 0　1 | 1　0 | $0+1=1$進$0$ |
| 1　0 | 1　0 | $1+0=1$進$0$ |
| 1　1 | 0　1 | $1+1=0$進$1$ |

**2.** 以S、C為輸出，A、B為輸入分別列出以A、B為輸入變數之積之和表示式，例如

$S=A\overline{B}+\overline{A}B$

$C=AB$

## 二、全加器（full adder）

半加器只能進行一個位元的加法，如果將前一個位元之加法的進位數也納入考慮，就成為全加器的形態，因此可以稱全加器為具有處理前一位元進位數之能力的半加器。除$A_iB_i$二位元相加外，另外加上$i$-$1$位元的進位$C_i$。

## 三、編碼器（Encoder）

假設你是一個大廈管理員，大廈中共有16個住戶，每個住戶與管理員之間有連線相通，16個住戶的訊息如果以一對一的方式拉到管理員處，當住戶按下聯絡鍵，則管理員處16個燈當中對應的燈號就會亮；如果管理員控制區地方有限，只放得下4個燈，如果你是設計者該怎麼辦？想到了吧！用二進位來看待這些燈號的明滅，不就可以了解是哪個住戶在call管理員了嗎？這就是所謂的編碼器：

「由多輸入至少輸出的轉換方式，通常是$2^n$條信號轉成$n$條信號」

## 四、解碼器（Decoder）

與編碼器剛好相反：

「由少輸入至多輸出的轉換方式，通常是$n$條信號轉成$2^n$條信號」

## 五、多工器（Multiplexer）

如果傳輸線路只有一條，卻同時有數條輸入信號需要同時傳輸，此時就採取類似選擇器的方式，每次只在眾多輸入中選出一條做為傳輸的對象，這就是多工器。

## 六、解多工器（De-multiplexer）

與多工器相反，由所得的訊號還原成原輸入信號。解多工器必須與多工器同步使用，當在輸入端選取某一個初做為輸入時，其相同的選擇必須出現在該輸入所對應之輸出上；解多工器之形態可以視為1對多。

## 七、位元比較器

輸入為A、B兩個位元，判斷A與B之大小。

真值表

| A | B | A=B | A<B | A>B |
|---|---|-----|-----|-----|
| 0 | 0 | 1 | 0 | 0 |
| 0 | 1 | 0 | 1 | 0 |
| 1 | 0 | 0 | 0 | 1 |
| 1 | 1 | 1 | 0 | 0 |

## 八、同位元核對器

1. **檢查資料是否滿足奇同位或是偶同位**：給定一個n位元之資料，假設以偶同位為依據，只需將所有位元做加法，只考慮和（sum）的部分即可，換言之，就是用XOR串接，若總輸出為0表示有偶數個位元為1；總輸出為1表示有奇數個位元為1。

2. **同位位元產生器**：若採偶同位，將XOR串接之結果與0再做一次XOR，所得之位元即為外加之同位元；若採奇同位，將XOR串接之結果與1再做一次XOR，所得之位元即為外加之同位元；例如採奇同位時，1001110之XOR串接結果為0，再與1取XOR得到1，所以外加之同位元即為1。

**小教室**

位元之XOR串接也可以採配對的方式,也就是説兩兩取XOR,再兩兩取XOR,直到只剩一個輸出為止,此法可以省下XOR的元件數目。

## 精選測驗題

( )　**1** 在電腦的計算及邏輯單位（ALU）中,最基本的計算方法是: (A)加法 (B)加法及減法 (C)加法,減法及乘法 (D)加法,減法,乘法及除法。

( )　**2** 4個輸入的解碼器最多有幾個輸出: (A)4個 (B)5個 (C)16個 (D)8個。

( )　**3** 全加器（full-adder）有幾個輸出: (A)1 (B)2 (C)3 (D)4。

( )　**4** 半加器（Half-adder）有幾個輸入和輸出: (A)2,2 (B)3,2 (C)1,2 (D)2,1。

( )　**5** 若A,B是輸入,C是進位,則全加器的和: (A)$A\overline{B}\overline{C} + \overline{A}B\overline{C} + \overline{A}\overline{B}C + ABC$ (B)AB+BC+CA (C)$\overline{A}BC + A\overline{B}C + AB\overline{C}$ (D)A+B+C。

( )　**6** 下列電路中,哪一個的輸出是選自輸入中的某一個: (A)多工器 (B)解多工器 (C)編碼器 (D)解碼器。

( )　**7** 全減器有幾個輸入、輸出: (A)2,3 (B)2,1 (C)2,2 (D)3,2。

( )　**8** 真值表中,4個輸入變數,最多存在幾種不同的變化: (A)16 (B)32 (C)8 (D)4。

( )　**9** 下列布林函數何者不成立: (A)A+B=AB (B)A+1=1 (C)A·0=0 (D)A=A+AB+AC。

（　）**10** 在布林代數（Boolean Algebra）的基本定理中，A＋A＝A稱為：
(A)單一律　(B)結合率　(C)交換律　(D)分配律。

（　）**11** 在布林代數中，A＋A等於多少？　(A)2A　(B)A　(C)1　(D)0。

（　）**12** 下列的布林運算中，何者正確：　(A)0＋0＝1　(B)1＋1＝0　(C)1
＋0＝1　(D)1・1＝0。

（　）**13** 下列邏輯閘中，何者當輸入中有奇數個1時輸出為1：　(A)XNOR
閘　(B)XOR閘　(C)NAND閘　(D)NOT閘。

（　）**14** 下列何種閘又稱Universal Gate：　(A)AND閘　(B)OR閘　(C)
NAND閘　(D)NOT閘。

（　）**15** A⊕B的運算結果為：　(A)$\overline{A}B + A\overline{B}$　(B)AB＋$\overline{A}\overline{B}$　(C)（$\overline{A}$
＋B）・（A＋$\overline{B}$）　(D)A＋B。

（　）**16** 下列四種邏輯閘示意圖中，何者正確：

(A)$\begin{smallmatrix}1\\1\end{smallmatrix}$ ⊐o 0　　(B)$\begin{smallmatrix}1\\1\end{smallmatrix}$ ⊐o 1

(C)$\begin{smallmatrix}1\\1\end{smallmatrix}$ ⊐ 1　　(D)$\begin{smallmatrix}1\\1\end{smallmatrix}$ ⊐o 0

（　）**17** 三個輸入的邏輯閘中，若輸入均為1時，下列邏輯閘中，何者輸
出為0：　(A)OR gate　(B)NOR gate　(C)AND gate　(D) XOR
gate。

（　）**18** ⊐>o─── 相當於下列哪一種閘的功能：

(A) ⊐D─　　(B) ⊐>─

(C) ⊐>o─　　(D) ⊐Do─

（　）**19** 在布林代數中，A・A等於多少？　(A)$A^2$　(B)2A　(C)A　(D)1。

（　）**20** 下圖中，Y＝：　(A)$\overline{AB}$　(B)$\overline{A}+\overline{B}$　(C)$\overline{A+B}$　(D)A＋B。

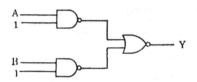

（　）**21** 在布林代數中，A＋A'等於多少？　(A)2A　(B)A　(C)1　(D)0。

（　）**22** 下圖中，輸出Y＝：　(A)$\overline{A}+B$　(B)A＋B　(C)AB　(D)$\overline{AB}$。

（　）**23** 左圖為：　(A)OR gate　(B)AND gate　(C)NOR gate　(D)NAND gate。

（　）**24** 左圖為：　(A)NAND gate　(B)NOR gate　(C)AND gate　(D)OR gate。

（　）**25** 下列哪一種操作屬於邏輯運算：　(A)比較　(B)加法　(C)取SIN值　(D)乘法。

（　）**26** 設X，Y之值為0或1，「＋」代表OR，「·」代表AND，「'」代表NOT，則X＋X'·Y＝：　(A)X'·Y'　(B)X'＋Y　(C)X'＋Y'　(D)X＋Y。

（　）**27** 一個NOT閘最少可用幾個NAND門閘來建造：　(A)1　(B)2　(C)3　(D)4。

（　）**28** 下列何種閘稱為完全閘：　(A)AND　(B)OR　(C)NOR　(D)NOT。

（　）**29** 在布林代數中，$\overline{AB}=\overline{A}+\overline{B}$稱什麼律：　(A)交換律　(B)迪摩根定律　(C)結合律　(D)分配律。

（　）**30** F（X,Y,Z）＝XYZ'＋（XZ'）（Y＋Z）為一布林函數（Boolean function），請問下列哪一種條件下，F（X,Y,Z）值等於1？　(A) X＝1，Y＝1，Z＝0　(B)X＝0，Y＝0，Z＝0　(C)X＝1，Y＝1，Z＝1　(D)X＝1，Y＝0，Z＝1。

（　）**31** 何種邏輯閘（logic gate）具有右列真值表？其中A, B代表輸入，F代表輸出　(A)OR閘　(B)AND閘　(C)NOR閘　(D)XOR閘。

| A | B | F |
|---|---|---|
| 0 | 0 | 0 |
| 0 | 1 | 1 |
| 1 | 0 | 1 |
| 1 | 1 | 0 |

（　）**32** 邏輯運算以「＋」代表「或」（OR），「‧」代表「且」（AND），以「－」代表「非」（NOT），下列何者正確？

(A)$\overline{A}＋\overline{B}＋\overline{C}＝\overline{A‧B‧C}$

(B)$A＋B＋C＝\overline{A‧B‧C}$

(C)（A＋B）‧C＝A＋（B‧C）

(D)$A‧\overline{B}＝\overline{A}‧B$。

（　）**33** 假如我們將電燈開關各裝在樓下及樓上，以控制同一個電燈。當我們在樓下按壓開，則電燈亮，上樓後將樓上的開關按壓開，則電燈滅；由樓上欲下樓時按壓關，則電燈亮，到樓下時按壓關，則電燈滅。這是屬於哪一種邏輯功能？　(A)OR　(B)AND　(C)NOT　(D)XOR。

（　）**34** 如果輸入二個信號，以決定從另外4個輸入信號中取其一為輸出信號，那麼可以直接使用下列哪一個元件設計？　(A)編碼器　(B)解碼器　(C)選擇器　(D)多工器。

（　）**35** 下列布林運算式何者為非？　(A)$X+0=X$　(B)$X \cdot 0 = X \cdot (1+X)$　(C)$X \cdot 1 = X+0$　(D)$X+1=1+X$。

（　）**36** 下列布林運算式何者為非？　(A)$X+(\sim X)Y=X+Y$　(B)$XY+X(\sim Y)=X$　(C)$X(X+Y)=Y$　(D)$X+YZ=(X+Y)(X+Z)$。

（　）**37** 假設運算符號＃具有下列功能：$1 \# 0 = 0$、$1 \# 1 = 1$、$0 \# 0 = 1$、$0 \# 1 = 0$；假設運算符號＆具有AND功能：$1 \& 0 = 0$、$1 \& 1 = 1$、$0 \& 0 = 0$、$0 \& 1 = 0$；假設運算符號※具有OR功能：$1 ※ 0 = 1$、$1 ※ 1 = 1$、$0 ※ 0 = 0$、$0 ※ 1 = 1$。那麼，下列何者為真？　(A)（$1 \# 0$）※（$0 ※ 1$）＝（$0 \& 1$）＃（$0 ※ 0$）　(B)（$0 ※ 1$）＆（$1 ※ 1$）＝（$1 \# 1$）＃（$1 \& 0$）　(C)（$1 ※ 1$）＆（$0 \# 1$）＝（$0 \& 0$）※（$0 \# 0$）　(D)（$1 ※ 0$）＃（$1 \& 1$）＝（$0 \# 0$）＆（$0 \# 1$）。

（　）**38** 布林代數式 $x\overline{y}+\overline{x}y$ 恆等於：　(A)$\overline{\overline{x} \cdot \overline{y} + xy}$　(B)$\overline{x} \cdot \overline{y} + xy$　(C)$\overline{(x+y)}$　(D)$\overline{(\overline{x}+\overline{y})(x+y)}$

（　）**39** 若邏輯運算1111與0001的結果為1110，則運算子應為：　(A)AND　(B)NAND　(C)OR　(D)NOR。

（　）**40** 0101 AND 1101的結果為何？　(A)1101　(B)1001　(C)0101　(D)1010。

（　）**41** 若輸入端有一個以上為0，則輸出恆為1的邏輯閘為：　(A)NAND　(B)NOR　(C)AND　(D)OR。

（　）**42** $z = x$ op $y$，且x, y, z均為1位元的資料。若z只有在x＝1, y＝1時的值為0，其它的x, y值下z值均為1，op應為何種邏輯運算？　(A)AND　(B)OR　(C)NOR　(D)NAND。

（　）**43** 下列哪組邏輯閘無法組合出所有組合電路？　(A)AND, OR　(B)NOR, NOT　(C)NOT, NAND　(D)NOR, NAND。

## 解答與解析

**1 (A)**。在電腦的計算及邏輯單位（ALU）中，最基本的計算方法是加法。

**2 (C)**。$2^4 = 16$，所以最多有16個輸出。

**3 (B)**。全加器（full-adder）有2個輸出：(1)和（sum）。(2)進位數（carry）。和半加器的不同在於有3個輸入。

**4 (A)**。半加器（Half-adder）有2個輸入，2個輸出。

**5 (A)**。AB' C' ＋A' BC' ＋A' B' C＋ABC。

**6 (A)**。多工器的輸出是選自輸入中的某一個。

**7 (D)**。全減器有3個輸入，2個輸出。

**8 (A)**。$2^4 = 16$，所以真值表中，4個輸入變數最多存在16種不同的變化。

**9 (A)**。(A)A＋B是A OR B，AB是A AND B，兩者當然會不一樣。(B)A＋1是A OR 1，也就是1，所以A＋1＝1，這就是所謂的單一律（idem-potent law）。(C)也是單一律（idempotent）。(D)假設A＝0，那麼A＝AB＝AC＝0，所以 A＋AB＋AC＝0＋0＋0＝0＝A；假設A＝1，那麼A＝AB＝AC＝1，所以A＋AB＋AC＝1＋1＋1＝1＝A。如果是遇到一般的式子，只要把所有的可能代一代，就可以知道式子是不是對的。

**10 (A)**。A＋A＝A稱為單一律。

**11 (B)**。A＋A＝A。

**12 (C)**。0＋0＝0
　　　　　1＋1＝1
　　　　　1 · 1＝1

**13 (B)**。1 XOR 0＝1

**14 (C)**。NAND閘又稱Universal Gate。

**15 (A)**。A⊕B＝A' B＋AB'

**16 (A)**。1 NOR 1＝0

**17 (B)**。NOR gate的輸入有1時，輸出均為0。

**18 (D)**。在OR閘後面加一NOT閘，相當於輸入皆先NOT後再進行AND閘運算。

**19 (C)**。A · A＝A

**20 (D)**。NOT閘互相抵消後，Y＝A＋B

**21 (C)**。A＋A' ＝1

**22 (C)**。NOT閘互相抵消後，Y＝AB

**23 (C)**。此圖為NOR gate。

**24 (A)**。此圖為NAND gate。

**25 (A)**。除了比較屬於邏輯運算，其他屬於算術運算。

**26 (D)**。我們看下面的表：

| X | Y | X＋X'Y | X'Y' | X'＋Y | X'＋Y' | X＋Y |
|---|---|--------|------|-------|--------|------|
| 0 | 0 | 0 | 1 | 1 | 1 | 0 |
| 0 | 1 | 1 | 0 | 1 | 1 | 1 |
| 1 | 0 | 1 | 0 | 0 | 1 | 1 |
| 1 | 1 | 1 | 0 | 1 | 0 | 1 |

所以 X＋X'Y＝X＋Y。

**27 (A)**。一個NOT閘最少可用一個NAND門閘來建造。

**28 (C)**。NAND閘和NOR閘又稱為完全閘。

**29 (B)**。此為迪摩根定律。

**30 (A)**。

| X | Y | Z | XYZ' | XZ' | Y＋Z | XYZ'＋（XZ'）（Y＋Z） |
|---|---|---|------|-----|------|---------------------|
| 0 | 0 | 0 | 0 | 0 | 0 | 0 |
| 0 | 0 | 1 | 0 | 0 | 1 | 0 |
| 0 | 1 | 0 | 0 | 0 | 1 | 0 |
| 0 | 1 | 1 | 0 | 0 | 1 | 0 |
| 1 | 0 | 0 | 0 | 1 | 0 | 0 |
| 1 | 0 | 1 | 0 | 0 | 1 | 0 |
| 1 | 1 | 0 | 1 | 1 | 1 | 1 |
| 1 | 1 | 1 | 0 | 0 | 1 | 0 |

解答與解析

**31 (D)**。

| OR閘真值表： | | |
|:---:|:---:|:---:|
| A | B | F |
| 0 | 0 | 0 |
| 0 | 1 | 1 |
| 1 | 0 | 1 |
| 1 | 1 | 1 |

| AND閘真值表： | | |
|:---:|:---:|:---:|
| A | B | F |
| 0 | 0 | 0 |
| 0 | 1 | 0 |
| 1 | 0 | 0 |
| 1 | 1 | 1 |

| NOR閘真值表： | | |
|:---:|:---:|:---:|
| A | B | F |
| 0 | 0 | 1 |
| 0 | 1 | 0 |
| 1 | 0 | 0 |
| 1 | 1 | 0 |

| XOR閘真值表： | | |
|:---:|:---:|:---:|
| A | B | F |
| 0 | 0 | 0 |
| 0 | 1 | 1 |
| 1 | 0 | 1 |
| 1 | 1 | 0 |

**32 (A)**。$A' + B' + C' = (A \cdot B \cdot C)'$

**33 (D)**。XOR閘真值表：

| 樓上 | 樓下 | 燈 |
|:---:|:---:|:---:|
| 0 | 0 | 0 |
| 0 | 1 | 1 |
| 1 | 0 | 1 |
| 1 | 1 | 0 |

**34 (D)**。如果傳輸線路只有一條，卻同時有數條輸入信號需要同時傳輸，此時就採取類似選擇器的方式，每次只在眾多輸入中選出一條做為傳輸的對象，這就是多工器。

**35 (B)**。

| X | X · 0 | X · (1+X) |
|:---:|:---:|:---:|
| 0 | 0 | 0 |
| 1 | 0 | 1 |

**36 (C)**。

| X | Y | X+Y | X（X+Y） |
|---|---|-----|---------|
| 0 | 0 | 0 | 0 |
| 0 | 1 | 1 | 0 |
| 1 | 0 | 1 | 0 |
| 1 | 1 | 1 | 1 |

**37 (A)**。（1#0）※（0※1）＝1＝（0&1）#（0※0）

**38 (A)**。

| x | y | x' | y' | xy' | x'y | x'·y' | xy | xy'+x'y | （x'·y'+xy）' |
|---|---|----|----|-----|-----|-------|----|---------|-------------|
| 0 | 0 | 1 | 1 | 0 | 0 | 1 | 0 | 0 | 0 |
| 0 | 1 | 1 | 0 | 0 | 1 | 0 | 0 | 1 | 1 |
| 1 | 0 | 0 | 1 | 1 | 0 | 0 | 0 | 1 | 1 |
| 1 | 1 | 0 | 0 | 0 | 0 | 0 | 1 | 0 | 0 |

**39 (B)**。NAND閘真值表：

| X | Y | OUTPUT |
|---|---|--------|
| 0 | 0 | 1 |
| 0 | 1 | 1 |
| 1 | 0 | 1 |
| 1 | 1 | 0 |

**40 (C)**。AND閘真值表：

| X | Y | OUTPUT |
|---|---|--------|
| 0 | 0 | 0 |
| 0 | 1 | 0 |
| 1 | 0 | 0 |
| 1 | 1 | 1 |

所以0101 AND 1101＝0101

解答與解析

**41 (A)**。NAND閘真值表：

| X | Y | OUTPUT |
|---|---|--------|
| 0 | 0 | 1 |
| 0 | 1 | 1 |
| 1 | 0 | 1 |
| 1 | 1 | 0 |

**42 (D)**。NAND閘真值表：

| X | Y | OUTPUT |
|---|---|--------|
| 0 | 0 | 1 |
| 0 | 1 | 1 |
| 1 | 0 | 1 |
| 1 | 1 | 0 |

**43 (A)**。AND、OR還要再加上NOT才能組合出所有組合電路。

# CPU與記憶體概論

## 重點速攻

1. CPU之結構、CPU內暫存器之性質和功能
2. 各種指令格式之意義、程式設計之關係
3. 各種定址模式之意義、實際之應用情形
4. CPU之I/O方式、DMA、Virtual memory、Cache memory
5. 電腦周邊硬體

這一章會跟你講CPU是什麼東西,以及CPU是在電腦使用時的運作模式及流程狀況,另外還有介紹一些簡單的定址模式,CPU怎麼做Input/Output,虛擬記憶體是什麼,考試會考一些觀念,把本章看過一次,觀念題就不用害怕拿不到分數了。

## 3-1 ▶ CPU架構研究

### 一、CPU之組成(中樞神經)

1. **架構**:在前面章節曾經提過CPU是由電腦五大單元中之CU和ALU組合而成,而其主要的架構大多是依據大數學家馮·紐曼(John Von Neumann)所提出之觀念而設計的,因而近代CPU又稱為馮·紐曼機器(Von Neumann Machine)。

2. **暫存器種類(Register)**:暫存器是一種極為快速的記憶體,主要做CPU處理資料時暫時儲存資料以及處理後狀態之memory裝置,可以分成

   (1)**程式計數器(Program Counter, PC)**:本暫存器有時又稱指令計數器(Instruction Counter, IC),或稱位置計數器(Location Counter, LC),其作用是用來儲存目前CPU欲執行指令內容所在之記憶體的位址,也就是說CPU要執行命令前要先到這個記憶體位址查看指令的內容。

**小教室**

PC存放的是「儲存指令的位址」,IR存放的是指令真正內容的copy。

(2) **指令暫存器**（Instruction Register, IR）用來存放運算碼：根據PC（IC，LC）所存放的位址，至此尋找資料，此資料即為真正之指令內容。找到之後再將此指令資料copy至指令暫存器之內。

(3) **指令解碼器**（Instruction Interpreter, II）：放在IR內的指令copy也只是一組二進位的數字而已，需要藉由解碼才能得知指令動作，而CPU是由II（此為一組電子電路）執行上述工作。

(4) **Memory位址暫存器**（Memory Address Register, MAR）：本register主要是用來做為CPU與memory之間的介面工具，從名字上可以看出MAR必然是屬於pointer性質的register（因為裡面放的是address），此位址就代表即將和CPU發生關係之memory的address。如果再予以細分，又可以分成「從MAR內的位址資料讀出data交由CPU使用」，或是「將CPU處理後之data置於MAR存放之位址」。主要是用來儲存位址。

(5) **記憶體緩衝暫存器**（Memory Buffer Register, MBR）：此一register有時又稱Memory Data Register（MDR），雖然名稱不同，但從字面上都可以看出此一register存放的必然是data，而非如MAR存放的是address。MAR內的位址代表即將和CPU發生關係之memory的address，自然的MBR之內容就代表即將和CPU發生關係之data，如果同樣的再加以細分，又可以分成「memory準備送至CPU之data」，或是「CPU處理後欲存至memory之data」。

(6) **索引暫存器**（Index Register）：方便存取記憶體中循序的資料值。

(7) **累加器**（Accumulator）：做為ALU存放運算元，在沒有累加器之微處理中，可用一般暫存器來取代，在算術處理邏輯運算中它有雙重作用。

## 二、微指令與指令

1. **微指令**（microinstruction）：

   微指令是指CPU內部的指令操作命令，例如register與memory間之資料移動運作就是microinstruction的一種。

2. **微程式**（microprogram）：

   由一連串之microinstruction組合而成，用來控制CPU之微型作業。

**小教室**

實際用組合邏輯構成的稱為hard-wire，速度較快，但是設計彈性較差。

3. **微流程（micro-flowchart）：**

執行一條指令時計算機內部所執行一連串硬體操作之流程圖，稱為微流程圖。

## 三、CPU指令之執行過程

1. **指令擷取（Instruction Fetch）**

   (1)由PC決定指令存放之位址，並將此位址資料copy到MAR。

   (2)由MAR所儲存之位址得到指令內容，並copy到MBR。

   (3)將MBR之內容copy到指令暫存器（IR）。

2. **解碼**：利用指令解碼器將IR之內容解碼。

3. **提取運算元（operand）內容**：一個指令是由運算子與運算元構成（有時還會加上定址模式之註解），其中運算子是指運算動作，運算元就是指運算對象。我們可以從指令格式內所附之運算元欄得到運算元之位址（有時直接提供data），再將此位址copy到MAR，將data copy到MBR，以便利CPU使用。

4. **執行（Execution）**：將operator與operand一起執行。

5. **儲存（storage）**：儲存運算結果。

# 3-2 ▸ CPU指令格式研究

CPU指令是指可以指揮CPU執行一項基本工作之命令，指令集自然就是指所有指令的集合，而且不同的機器會有不同的CPU指令集。

## 一、指令基本格式

指令就好像下命令一樣，必須要指明命令的內容（動作為何），必要時還須要特別指出動作的對象（可以不止一個，也可以為0個），因此一般的指令格式都可以分成兩個欄位（有時會有第三欄，用來說明定址模式，詳後述）：一為operator，另一為operand，因此我們可以簡單的說「指令格式就是operator和operand之組合」。

## 二、三位址指令（Three address instruction）

1. 此一指令格式是由最原始的想法轉變而來，與基本的算術運算式相當類似，例如運算式為A＝B＋C，如果我們把operator提示在指令前端，就有如以下的指令型式：

ADD　　A，B，C　（A＝B＋C）

SUB　　A，B，C　（A＝B - C）

MUL　　A，B，C　（A＝B * C）

DIV　　A，B，C　（A＝B／C）

> **小教室**
>
> 有的書上標示之三位址指令格式為儲存位址在第三個位置上，例如
>
> 　ADD　A，B，C　（C＝A＋B）
>
> 這只是定義的問題，沒有什麼特別意義。若題目有特別指出所依據之格式，則依給定之格式操作；若沒有限定，我們還是希望以本書之格式做為基本格式之設定。

2. 討論：Three-address指令之格式相當明確，撰寫起來可讀性較高，但是我們觀察式中之指令

　DIV　T，T，E

其中變數T重複兩次，顯得稍嫌浪費，因此有二位址指令之格式出現。

## 三、二位址指令（Two address）

1. 本格式為Operator在前，其後為兩個Operand，第一個Operand兼具儲存體變數的功用，亦即

ADD　　A，B　　（A＝A＋B）

SUB　　A，B　　（A＝A－B）

MUL　　A，B　　（A＝A * B）

DIV　　A，B　　（A＝A／B）

2. 本格式似乎可完全取代三位址指令之功能，但是對於儲存變數和operand不為同一變數之情況下，可能會有些微的不同，例如

H＝A＋B之兩種格式為

Three-address：

ADD　　　H，A，B

Two-address：

ADD　　　A，B

SUB　　　H，H　　（H＝H　H＝0，這是預防H變數原來不為零）

ADD　　　H，A　　（H＝H＋A → H＝A）

從上面式子可以看出三位址指令還是有其方便性，而對於二位址指令在做變數轉移時會稍嫌麻煩，因此我們另外定義了Move的指令，例如

MOVE A，B　　（A←B）

請注意，這是將B的值送到變數A，請特別注意資料複製的方向。

## 四、單位址指令（Single address）

1. 在電腦裡我們可以特別定義出一個固定的運算暫存器，稱之為累積器（Accumulator，簡稱ACC），如果將前述二位址指令之第一個Operand刪除，然後在心中假想第一個Operand改採ACC代替，也就是說所有運算都以ACC為操作中心，例如

ADD　　　A　　　（ACC＝ACC＋A）

SUB　　　A　　　（ACC＝ACC－A）

MUL　　　A　　　（ACC＝ACC＊A）

DIV　　　A　　　（ACC＝ACC／A）

2. 由於一切操作都是以ACC為中心，必須先讓待處理之Operand與ACC發生關係，因而引出兩個新指令：

LOAD　A（將A之內容複製到ACC，但A仍然保持原來數值）

STORE　A（將ACC之現值複製到變數A，但ACC仍保持原值）

**小教室**

LOAD　A可以想像成把A的值copy到ACC。

STORE　A可以想成把ACC之值copy到變數A。

其間之資料流向請多留意。

## 五、零位址指令（Zero-address instruction）

**1.** Zero-address也就是說指令只有operator，一個operand都沒有，這要如何是好呢？如果我們引進一個類似ACC的虛擬結構，藉此結構做為operator之虛擬的運算對象，就可以達到指令的動作要求，這個結構就是所謂的堆疊（stack）。Stack是一種先進後出的資料序列，就好像汽油桶一樣，先丟下去的東西必須在前面的東西皆已取出的情形下才能拿到，因此叫做先進後出（First In Last Out - FILO）。

**2.** Stack之操作：Stack主要的操作方式有二種，一為Push（壓入），就是將資料放入stack；另一為Pop（彈出），也就是將資料由stack中取出。有關push、pop之演算法將在後面章節描述。

**3.** Zero-address指令之格式：所有zero-address指令都是以stack為操作對象，在此我們定義TL（top level）為stack之最上層元素資料，而SL（second level）定義為第二層之元素資料。指令格式及意義如下：

> ADD （由stack中pop二個元素，執行SL＝SL＋TL，push SL）
>
> SUB （由stack中pop二個元素，執行SL＝SL－TL，push SL）
>
> MUL （由stack中pop二個元素，執行SL＝SL＊TL，push SL）
>
> DIV （由stack中pop二個元素，執行SL＝SL／TL，push SL）

---

**小教室**

由於zero-address指令是以stack為操作中心，因此凡是zero-address指令型式之CPU通稱為stack machine。而前述以暫存器（ACC）為中心之CPU就稱為register machine。

---

**4.** 如同one-address指令一樣，zero-address指令也需要LOAD及STORE之功能，例如：

> LOAD A（將變數A加以push）
>
> STORE A（對stack進行pop，並將資料儲存在變數A）

# 3-3 ▸ 定址模式研究

## 一、立即定址（immediate addressing）模式

此模式之運算元已經是數值，因此operand欄放的不再是位址。立即模式指令對於暫存器初值的設定極為有用。其典型格式為

OPCODE　DATA

## 二、暫存器定址（register addressing）模式

此模式又稱暫存器直接模式，運算元為CPU內之register，也就是說將register之內容做為運算的對象。其典型格式為

OPCODE　Register_Variable（DATA）

## 三、暫存器間接（register indirect addressing）模式

與暫存器直接模式之不同點在於register內放置的是address，也就是說register是扮演pointer變數的角色，因此真正的運算元是存放在register內之位址上。其典型格式為

OPCODE　Register_Variable（ADDRESS）→ DATA
其中Register_Variable中存放著實際運算元之儲存位址。

## 四、直接定址（direct addressing）模式

此模式下之運算元欄所給定的就是實際運算元所在的位址，此模式通常應用在微型計算機內。其典型格式為

OPCODE　ADDRESS → DATA

## 五、間接定址（indirect addressing）模式

如同暫存器間接定址模式一般，此模式會先從運算元欄所給定之位址去尋找真正存放運算元之位址。其典型格式為

OPCODE　ADDRESS → ADDRESS → DATA

## 六、相對定址（relative addressing）模式

運算元欄給定的是一個相對於某一個數值的位址，也就是說真正的運算元所在的位址，是由運算元欄之值和程式計數器（PC）之內容相加而得到（PC內存放的也是一個位址）。其典型格式為

OPCODE　　{Relative address＋PC} → DATA

## 七、索引暫存器定址（index register addressing）模式

運算元欄給定的是一個相對於索引暫存器之值的相對位址，也就是說真正的運算元所在的位址，是由運算元欄之值和索引暫存器（SI）之內容相加而得到。其典型格式為

OPCODE　　{Relative address＋SI} → DATA

## 八、堆疊定址（stack addressing）模式

又稱隱藏模式，也就是說運算元欄之內容從缺，一切自然以stack為操作對象，如同前述之zero address指令一般。

# 3-4　CPU與周邊之I/O方式

## 一、CPU與周邊之關係

1. 通道（channel）：CPU之速度極快，如果必須和速度很慢的機械性周邊做同步的工作，對於CPU而言是極為浪費的事情，因而在CPU與周邊之間建立一種稱為channel controller的東西，由它做為CPU與機械周邊之緩衝，CPU只做愛做的事，與周邊的關係則由channel controller負責。channel又可細分為

| 多工式通道<br>（multiplexer channel） | 用來連接低速的周邊，例如印表機、讀卡機等，且可以同時進行。 |
|---|---|
| 選擇器通道<br>（selector channel） | 用來連接高速的周邊，例如磁碟機、磁帶機等，但不可以同時進行，須待前一件事做完，才可以做下一件。 |

| 多段多工<br>（block multiplexer channel） | 具有multiplexer channel與selector channel之優點。 |
|---|---|

**2.** CPU與周邊之IO

(1)程式輸出入法（PIO, programmed input/output method）：又稱polling method（輪流詢問），事先以程式將所有的周邊排好順序，CPU輪流詢問，若周邊有需求，則將控制權交給它，若無則輪到下一個。

(2)中斷法（interrupt）：為了改進PIO的缺點，採取周邊若有需求則自己提出要求的方式，稱為中斷或插斷法。

(3)DMA（direct memory access）：避免浪費CPU的時間，以DMA controller直接管理記憶體與周邊之IO動作，稱為直接記憶體存取法。

# 二、電腦周邊簡介

**1. 磁帶機**：磁帶與日常生活所用之錄音帶或錄影帶類似，由磁帶機的讀寫頭將磁帶磁化來記錄資料；反之，從磁帶讀出資料的作法是由磁帶感應讀寫頭的線圈產生感應電流，轉換成供電腦處理的資料。磁帶依形狀可分為捲式或稱盤式（Reel）、卡式（Cassette）及匣式（Cartridge）等三種。

| 優點 | 缺點 |
|---|---|
| 1. 容量大。　　4. 成本低。<br>2. 可重複使用。　5. 具有共通性。<br>3. 處理的速度快。　6. 記錄長度無限制。 | 1. 只能循序處理，無法隨機處理（Random Processing），因此不適用於即時作業之資料處理方式。<br>2. 同一卷磁帶無法同時供輸入及輸出使用。 |

**2. 磁碟機**：磁碟是由表面上覆蓋可磁化材料的圓盤所製成，可分為硬式磁碟（Hard Disk）及軟式磁碟（Floppy Disk）兩種。磁碟機系統是由磁碟、存取臂（Access Arms）及附著於存取臂上之讀寫頭（Read/Write Heads）組成的，可以透過存取臂的伸縮直接存取磁碟上的資料。

(1)磁碟的資料存放方式是採取同心圓的方式，而唱片是以螺旋的方式存放資料。

(2) **硬式磁碟**

 A. 與軟式磁碟作比較，硬式磁碟的容量大而且存取資料的速度快。

 B. 硬碟是由許多碟片組成，其中最上面及最下面一片的磁碟各有一面供保護使用，只有一面可存資料，其餘各片兩面都可儲存資料，因此磁碟組若有10片磁碟，則共有18個面可供儲存資料。

 C. 磁碟的表面上有許多不同半徑的同心圓，一個同心圓稱為磁軌（Track），不論內外圈磁軌所能儲存的資料量都是相同的。

 D. 每個磁軌被分成數個磁段（Sector），磁段則是磁碟資料輸入／輸出的基本單位。

 E. 半徑相同的磁軌（承上述，共有18個磁軌）之集合稱為磁柱（cylinder），請以立體的觀念稍微想像一下。

| 優點 | 缺點 |
|---|---|
| 1. 容量大，可重複使用。<br>2. 存取資料的速度比磁帶快。<br>3. 除了能儲存循序式檔案（SAM File）供循序處理外，亦能儲存索引循序式檔案（ISAM File）及直接式檔案（DAM File）供循序處理或隨機處理。<br>4. 同一時間可以作輸入及輸出。<br>5. 若發現磁碟內的資料不正確，可以直接更正。<br>6. 安全性高。 | 1. 磁碟的成本比磁帶高。<br>2. 存放磁碟的環境要求比較嚴格。 |

(3) **軟式磁碟（磁片）**

磁片是由裝在紙質或塑膠硬殼封套內的軟式圓盤所製成，其中

 A. 磁片上資料之儲存方式和硬碟相同。

 B. 依磁片直徑而分，較常見的有3.5吋、5.25吋二種。

 C. 依磁片的規格而分，較常見的有下列幾種，其中所謂的高密度和低密度之密度差為兩倍。

 D. 1S：單面，單密度（Single Sided, Single Density）

  1D：單面，雙密度（Single Sided, Double Density）

  2S：雙面，單密度（Double Sided, Single Density）

  2D：雙面，雙密度（Double Sided, Double Density）

2DD：雙面，雙密度，雙磁軌（Double Sided, Double Density, Double Track）

2HD或2HC：雙面，高密度（Double Sided, High Density）或 雙面，高容量（Double Sided, High Capacity）

| 優點 | 缺點 |
|---|---|
| 1. 可重複使用。<br>2. 價格便宜，儲存較多。<br>3. 體積小、質量輕、攜帶方便，易保存。 | 1. 磁片本身單薄，容易毀損。<br>2. 磁片本身部分暴露於封套外，容易沾染灰塵，導致磁片毀損。<br>3. 資料的容量比硬式磁碟小。<br>4. 不能接近磁性之物質。 |

(4) 磁碟之存取時間（access time）：磁碟機從收到讀寫命令開始，直到讀取或存入資料為止的時間，稱為磁碟的access time。

| | |
|---|---|
| 搜尋時間<br>（seek time） | 將讀寫頭移到欲存取之資料所在的track所需的時間。 |
| 迴轉時間<br>（turning time） | 走到track目的地之後，迴轉碟片，使得欲存取之sector轉至讀寫頭之下；最佳情況下之turning time＝0（不必迴轉），最差情況下之turning time＝迴轉一圈的時間。 |
| 資料轉換時間<br>（data transfer time） | 將資料寫入，或將資料讀進主記憶體所需之時間。 |
| 安置時間<br>（settling time） | 指讀寫頭接觸到磁片的時間。 |

**小教室**

1. 前三種時間以搜尋時間最長，此乃因為此動作屬於機械性動作。
2. 由於turning time之時間有長有短，如果真的要比較前述三種時間之長短，一般都視為seek time > turning time > data transfer time

有一由10片碟片構成之硬式磁碟機，若每面有800條track，每個track有20個sector，每個sector可以儲存640個byte，讀寫頭由最外圈的track移到最內圈的track約需50ms，磁碟轉速3600rpm。求
1.最大資料儲存量。
2.最大資料傳送速度。
3.平均存取時間。

**答：** 1. 由於硬碟之上下兩片各有一面做為保護之用，因此可用磁碟面為

$$8 \times 2 + 2 = 18$$

最大容量＝$18 \times 800 \times 20 \times 640 = 184320000$（bytes）

2. 3600rpm＝60Hz

20track×（640bytes/track）×60圈/sec＝768000（bytes/sec）

3. access time＝seek time＋truning time＋data transfer time

平均seek time＝（50＋0）/2＝0.025 sec

平均turning time＝（1/60＋0）/2＝0.0083 sec

平均data transfer time＝1/（20×60）

＝0.0000067

平均access time＝0.025＋0.0083＋0.00000067

＝0.0333

> **小教室**
>
> 平均data transfer time是定義成碟片旋轉過一個sector所需之時間。

**3.** **光碟機**：光碟（Compact Disk；CD）是透過雷射光（Laser）照射光碟來存取資料，詳述如下：

(1) 儲存資料的作法是利用高能量雷射光束照射在光碟的表面上，使其表面的物質產生變化，即可將資料儲存。

(2) 讀取資料的作法是利用低能量雷射光束照射在光碟的表面上，從產生的反射光強度來判斷資料的內容是0或1。

(3) 光碟之分類

A. 唯讀型光碟（Compact Disk Read Only Memory；CD-ROM）：使用者只能讀取資料，而不能寫入或抹除資料。

B. 一次型光碟（Write Once Read Memory；WORM）：這類型光碟只允許使用者將資料寫入光碟一次，寫入之後只能讀取資料，而不能再寫入或抹除資料，但是需要特殊的錄製機器，稱為Compact Disk Recorder（CDR）。

　　C. 可抹除型光碟（Erasable or Write Many Read Always；WMRA）：功能與磁碟類似，可不限次數地讀出、寫入及刪除。

(4)光碟的優點

　　A. 儲存密度高、容量大。　　　B. 唯讀式光碟成本低。

　　C. 有隨機存取的功能。　　　　D. 體積小、質量輕、攜帶方便。

　　E. 不易損壞，易於保存。

**4. 印表機**：印表機可以分成撞擊式印表機（Impact Printer）及非撞擊式印表機（Non-impact Printer）兩種。

| 撞擊式<br>印表機 | 分成字體式（Character）、菊輪式（Daisy Wheel）、鏈條式（Chain）、圓柱式（Cylinder）及點陣式（Dot Matrix）等類型。 |
|---|---|
| 非撞擊式<br>印表機 | 分成噴墨式（Ink-jet）、雷射式（Laser）、熱感應式（Thermal）等。 |

**兩者之比較**

(1)撞擊式印表機列印資料的聲音比較大。

(2)撞擊式印表機的字模或鋼針容易磨損，而非撞擊式印表機的零件較無磨損之虞。

(3)非撞擊式印表機印表的速度比撞擊式印表機快。

(4)撞擊式印表機一次能印出數份資料，而大部分的非撞擊式印表機只能一次印出一份資料。

(5)撞擊式可靠性較高。

**5. 磁性墨水字元閱讀機**：原文為Magnetic Ink Character Recogni-tion（MICR），主要是用於銀行的MICR支票之處理，被讀入的資料必須按照規定的形狀及大小表示，否則MICR設備無法閱讀，只能閱讀數字資料，而無法閱讀英文字母及特殊符號。

**小教室**

優點：精確性高、自動化、具親和力。

缺點：磁性日久會減弱。

**6. 光學閱讀機**：光學閱讀機可分為光學記號閱讀機（Optical Mark Recognition, OMR）及光學字元閱讀機（Optical Character Recognition, OCR）兩種。

| 光學記號閱讀機（OMR） | 利用光學原理辨識記號，例如指考答案卡及志願卡是以OMR來閱讀。 |
|---|---|
| 光學字元閱讀機（OCR） | 利用光學原理辨識字元（Character）。包括輸送器（Transport unit）、掃描器（Scanning unit）、識別器（Recognition unit）。 |

7. **條碼掃瞄器**：條碼（Bar Code）是利用線條的條數及寬窄之組合來表示0至9，目前大多應用在標明商品編號，條碼必須透過條碼掃瞄器（Bar Code Scanner）來閱讀，而條碼所代表的代碼稱為通用產品碼（Universal Product Code, UPC）。有讀卡式、光筆式等。

8. **固態硬碟**：以快閃記憶體作為儲存裝置，跟傳統硬碟使用圓形碟片不同，SSD不需要旋轉碟片來搜尋資料的位置及讀取，因此大幅降低讀取速度。

| 優點 | 缺點（與傳統硬碟的對比） |
|---|---|
| 1. 讀寫速度大幅勝出傳統硬碟，因此大部分使用者，都會將開機的系統程式優先安裝於固態硬碟中，以提升開機速度。<br>2. 功耗需求較傳統硬碟低，且因為沒有旋轉碟片，同時達到無噪音及低熱能。<br>3. 另一個無旋轉碟片的優點是對抗震動性強，並且相對於傳統硬碟較不容易損壞。 | 1. 目前價格已經降到一般消費級水平，但相比傳統硬碟，同樣的儲存容量，價格依然比較高。<br>2. 壽命方面具有一定的寫入次數限制，且隨著寫入次數的增多，速度也會下降，而達到寫入上限後則會變成唯讀狀態。<br>3. 前面說道其中一個優點是較不容易損壞，但這也是另一個缺點，就是如果損壞後，已存入的資料完全不能挽救。<br>4. 長時間斷電靜置會導致原寫入的資料消失，並且隨著存放位置的溫度提高，資料消失的速度會越快，目前消費級標準是，不通電存放在30度的溫度下，資料可儲存52週，約一仟時間。 |

## 三、直接記憶體存取（DMA）

承前述，DMA是目前流行的IO方式之一，主要是藉由DMA controller之管理，使得記憶體和周邊可以不經過CPU而直接做IO的動作。其工作方式說明如下：

1. DMA controller：是一種較為特別的處理機（processor），主要功能在於控制記憶體與周邊之間做高速的資料傳輸，當DMA controller需要用到資料匯流排（bus）和位址匯流排時，CPU會將控制權交給DMA controller，等做完IO之後，再將控制權交還給CPU。

2. 周邊裝置欲傳送資料時會送出中斷信號給DMA controller，然後DMA controller產生hold信號告知CPU，CPU指令執行告一段落之後，暫時釋出對資料與位址bus之控制權，然後送出hold ack信號給DMA controller。此時DMA controller則將資料傳送時所需之記憶體位址送至位址bus，然後指定是「讀」或「寫」的動作，讓周邊送出資料至記憶體，或是記憶體送出資料至周邊設備。

## 四、插斷模式（interrupt）研究

Interrupt是導致電腦變換其正常指令執行順序的信號，一旦插斷產生之後，系統會將控制權轉移給所謂的「插斷處理常式（interrupt processing routine）」或稱「插斷處理程式（interrupt handler）」，這種服務程式通常都放在作業系統當中。等到插斷處理完畢後，再將控制權釋出，回到原來被插斷的執行點上繼續執行。

| 監督程式形插斷 | 當CPU執行監督程式時所產生的插斷，通常是用來要求作業系統功能。 |
|---|---|
| 程式形插斷 | 當程式執行到如下列所述之情形時會發生程式形插斷：<br>1. 企圖執行除以0之運算。<br>2. 執行到不合法的CPU命令。<br>3. 運算時發生overflow。<br>4. 參考到不存在或是受保護的位址。 |
| 間隔計時器插斷<br>（interval timer interrupt） | CPU內部之間隔計時器當時間到達時，會自動產生插斷訊號。 |
| I/O形插斷 | 由I/O通道或是設備產生，大部分是由於I/O作業正常完成而發出，也有可能是因為I/O作業錯誤而發生。 |
| 機器核對形插斷 | 偵測到硬體可能有故障發生時產生。 |

**小教室**

採用DMA方式執行I/O時，周邊與記憶體之間直接做資料傳輸，一次傳送過程（內有許多資料）只需一次插斷信號即可；而interrupt I/O每傳送一次資料就需插斷一次，因此採用DMA做I/O會比interrupt做I/O動作要來得快速。

# 3-5 ▶ 虛擬記憶體（Virtual memory）

## 一、緣起

虛擬記憶體的觀念使得程式設計者可以用近乎無限大的記憶空間來設計程式，而所謂無限大的記憶空間實際上是由輔助記憶體之空間做為限制條件。當CPU要使用的位址要經由一項位址映射程序，才能由虛擬的位址得到主記憶體中實際的位址，此一位址轉換過程是以動態的方式進行。

## 二、需求分頁（demand paging）

製作虛擬記憶體最常使用的方法就是所謂的需求分頁法，此方法將虛擬記憶體分割成數個固定長度的頁（page）記憶體，而實際記憶體則被分成數個和頁之長度相同的頁框（page frame），來自處理單元的頁都可以被載入頁框之中，而分頁與頁框的映射情形則記錄在所謂的分頁對映表（page map table）中，也就是用來將虛擬記憶體位址轉換至實際記憶體位址，而且是動態式的位址轉換。

1. **頁切換作業**：當所需參考之記憶體位址不在實際記憶體內，則由page map table尋得該位址於虛擬記憶體之位址，將原來的頁由記憶體中移走，然後將虛擬記憶體以一整頁的方式載入實際記憶體中繼續執行。

2. 如果採用之策略不當，可能會有剛移走的頁記憶體，會成為下一次被要求的頁記憶體，因此會有頁記憶體進進出出的現象。由於分頁失誤是以interrupt的形式通知CPU，所需之時間對CPU之

**小教室**

如果要參考之記憶體分頁不在實際記憶體中，稱為分頁失誤（page fault），發生分頁失誤時系統會產生分頁失誤形插斷。

運算速度而言相當長，因此可能會使得CPU大部分的時間都在換頁，而真正工作時間卻很短的現象發生，稱為震盪（thrashing）。

**3. 實際記憶體移走分頁資料方式**

(1)**FIFO（先進先出法）**：最先放置於實際記憶體的分頁最先被移走，優點是管理方式簡單，但是可能會有常用的頁移進移出的現象發生。

(2)**最近最不常用法**（least recently used, LRU）：移走的標準是以最近不常被用到的先被移走，是較為理想的方法，但是程序稍微複雜一點。首先必須對每一頁做一個計數器，每隔一段時間所有的counter都加一，但是如果有被參考到的頁則counter歸零，當有需要移走某一分頁時，則以計數器值最高的為優先。

# 三、分段（segmented）方式

**1.** 段（segment）是資訊在邏輯上的組合，例如副程式、陣列等，因此可以想成位址空間是由許多段構成。

**2.** 如同page map table一般，建立segment map table來儲存每個segment的訊息，其中包含此段是否在主記憶體、存放之起始位址及段的長度、此段位於輔助記憶體之起始位址及段的長度等。

**3.** 工作方式與分頁需求法類似。

# 四、分頁法與分段法之優缺點

## 1. 分頁法

| 優點 | 缺點 |
|---|---|
| 由於是以頁為單位，系統因外部斷裂（external fragmentation）而產生零碎記憶體空間的問題不會發生。 | 1. 必需增加額外的硬體來執行分頁的位址轉換。<br>2. 主記憶體需預留空間儲存page map table、頁框表格等，同時須由CPU加以維護，增加CPU的工作負荷。<br>3. 如果採用之策略不當，可能會發生震盪。<br>4. 每頁之記憶空間可能無法全部用完，會有內部斷裂的現象。 |

**小教室**

外部斷裂是指會有記憶區塊因空間太小無法使用，卻又佔據記憶體妨礙可用空間區塊的尋找。

**2. 分段法**

| 優點 | 缺點 |
|---|---|
| 1. 由於段的長度可以視需要彈性增減，因此沒有內部斷裂的問題。<br><br>2. 可以允許動態的進行段的連結（dynamic linking），例如一開始只載入主程式，當需要用到副程式時，才把副程式叫入主記憶體。 | 1. 記憶體須對欲載入之段尋找合適大小的區塊，會造成外部斷裂的現象；雖然可以透過記憶體擠壓的程式消除外部斷裂，但將會耗費許多的時間。<br><br>2. 主記憶體仍需預留空間儲存segment map table及其他相關資訊，同時須由CPU加以維護，增加CPU的工作負荷。<br><br>3. 必須增加額外的硬體來執行分段的位址轉換。 |

**小教室**

內部斷裂（internal fragmentation）是指分配的記憶體區塊使用率不高時，區塊內部會有浪費的空間。

# 3-6 ▸ 高速記憶體（Cache memory）

## 一、緣起

CPU在執行運作時所參考到的字組通常會侷限在某一個局部區域之內，若將程式中正被參考的部分放在較RAM還要快的記憶體中，就可以提高程式的執行速度，此一速度較快、體積較小之記憶體就稱為高速記憶體或稱快取記憶體（cache memroy）。Cache memory之存取時間約與CPU之速度相同，但是比一般的RAM要快5～10倍，當然價格會較高。

## 二、操作概念

1. CPU要拿取字組資料時，先到cache memory找找看，若有，則直接取用；若找不到，則至主記憶體中存取，同時將包含此一字組及其附近的一段區域資料一併放入cache memory。

2. 虛擬記憶體系統是在管理輔助記憶體與主記憶體之間資料的傳送，而cache memory則是在處理主記憶體和CPU間的資料傳送；虛擬記憶體所存的是目前CPU暫且不用的資訊，而cache memory所存的是CPU最近常用到的資訊。

3. cache memory之功效常以命中率（hit ratio）做為評估的標準，所謂命中率之定義為：

$$\frac{\text{CPU參考位址的次數中可以在cache memory中找到的次數}}{\text{CPU參考位址的總次數}}$$

| CPU種類 | 位元數目 | 備註 |
|---|---|---|
| Intel4004 | 匯流排寬度4位元<br>（由於針腳數量限制，混合位址和資料） | 第一個單晶片µP |
| 4040 | 匯流排寬度4位元<br>（由於針腳數量限制，混合位址和資料） | － |
| 8008 | 匯流排寬度8位元<br>（由於針腳數量限制，位址和資料混合使用針腳） | － |
| 8080、8085 | 匯流排寬度8位元資料，16位元位址 | － |
| 8086 | 16 位元處理器 | － |
| 80286 | 16 位元處理器 | － |
| 80386系列 | 32 位元處理器 | － |
| 80486系列 | 32 位元處理器 | － |
| Pentium（"I"）系列 | 32 位元處理器 | 即80586 |
| Pentium Pro, II, Celeron, III, M | 32 位元處理器 | － |

| CPU種類 | 位元數目 | 備註 |
|---|---|---|
| NetBrust系列（Pentium 4、Pentium D、Celeron、Celeron D等） | 32 位元處理器 | — |
| Intel Core系列 | 32/64 位元相容處理器 | — |
| Itanium系列 | 64 位元處理器 | — |
| Xeon系列 | 32及64位元處理器 | — |

## 三、記憶及儲存元件的運作速度比較

**快** ➤➤➤➤➤➤➤➤➤➤➤➤➤➤➤➤➤➤➤➤➤➤➤➤➤➤➤➤➤➤➤➤➤➤ **慢**

Register（暫存器）＞Cache＞SRAM＞DRAM＞固態硬碟＞傳統硬碟＞光碟
＞軟碟＞磁帶

# 3-7 ▶ 其他硬體概述

## 一、顯示卡、音效卡及電源供應

1. **顯示卡**：主要用於影像輸出，使顯示畫面畫質效果提升，特別是沒有內建顯示的CPU，需要額外配置顯示卡才能看到畫面；另外，近年電子競技的盛行，CPU內建的顯示卡，不一定能完全支援遊戲的進行，因此額外配置顯示卡也越發興盛，且因技術的發展，顯示卡也增加各種新的影像顯示技術，如光影追蹤等。

---

**小教室**

光影追蹤：模擬光線的技術，使光線照射在不同物體表面時，因不同的環境所呈現的效果，能更加真實；例如：在遊戲中看日月潭的景色，沒有光追技術，則只會看到周邊的山景，開啟光追後，則不只看到山景，還可看到日月潭水面的周邊綠樹倒影。

**顯示卡規格**

| 顯示卡系列 | 世代 | 層級 | 額外規格 | 廠商等級 | 廠商功能代號 | 記憶體大小 |
|---|---|---|---|---|---|---|
| **RTX** | 40 | 70 | Ti | GAMING | OC | 12G |

2. **音效卡**：主要用於輸出聲音及聲音訊號做數位及類比的轉換，目前大部分主機板都會內建音效卡，但如果需要更好的聲音品質，則需要另外配置能輸出不同聲道的高階音效卡。

3. **電源供應**：整台電腦主機的電源供應核心，電源的瓦數大小選擇，需要就個別主機的配備做調整，有無獨立顯卡或配置多顆硬碟等，設備越多，需要的瓦數就越高。

## 二、Ｉ／Ｏ連接埠

1. 主要功用為電腦主機與周邊設備的連結接口，以下是接口的介紹：

| 連接埠名稱 | 概述 |
|---|---|
| **串列埠**<br>（**COM1、COM2**） | 早年用於將數據機、滑鼠等裝置與主機連接，現在已被USB接口取代。 |
| **並列埠**（**LPT1**） | 早年用於將印表機、掃描器等裝置與主機連接，現在已被USB接口取代。 |
| **PS／2** | 一般有兩個顏色，紫色接鍵盤，綠色接滑鼠，不支援熱插拔，現在逐漸被USB接口取代。 |
| **IEEE1394**<br>（**Firewire火線**） | 1. 由蘋果公司與德州儀器共同開發的高速傳輸介面。<br>2. 有供電功能，支援隨插即用及熱插拔。<br>3. 具有點對點傳輸功能，可用於平行設備的傳輸。<br>4. 包含主機端在內，最多可連接64台設備。<br>5. 接口規格分為三種，IEEE1394a、IEEE1394b及IEEE1394c，其中IEEE1394b較為常見，最高傳輸速率可達每秒100MB。 |

| 連接埠名稱 | 概述 |
|---|---|
| D-Sub（VGA） | 類比訊號的傳輸介面，主要用於螢幕與主機的連接，有逐漸被數位訊號傳輸的HDMI取代的趨勢。 |
| SATA及eSATA | 1. eSATA為SATA的外接接口，eSATA用於外接硬碟，SATA用於主機內部硬碟。<br>2. 另有mSATA（mini-SATA）的規格，大多用於固態硬碟。<br>3. 支援熱插拔，最高傳輸速率可達每秒300MB。 |
| RJ-45 | 1. 網路設備的有線傳輸，用於電腦、數據機、交換器及路由器等網路設備。<br>2. 因應最高可傳輸速率的不同，使用的線材具有不同規格，例如：CAT5、CAT6等。<br>3. 目前超薄型筆電的網路接口，已被USB接口取代。 |
| HDMI | 1. 全名為高畫質多媒體介面，可同時傳輸聲音及影像訊號。<br>2. 分為四種介面，分別為HDMI Type A到HDMI Type D。<br>3. 支援8K傳輸的最高速率可達每秒6GB，另外也支援熱插拔。 |
| DisplayPort | 功能與HDMI相似，都具有高畫質影音傳輸，可連接多台影像設備，有兩個接口版本；DisplayPort及mini DisplayPort。 |
| Lightning | 蘋果公司開發的傳輸規格，8 Pin的針腳設置，主要用於iPhone、iPad等蘋果設備，未來可能被USB Type-C所取代。 |
| Thunderbolt | 早年由Intel公司研發，之後加入蘋果公司共同研發，目前最新版本為Thunderbolt 4，從Thunderbolt 3開始便與USB的Type-C接口相容，但Thunderbolt的最高傳輸速率可達每秒5GB。 |

| 連接埠名稱 | 概述 |
|---|---|
| DVI | 直接將數位訊號傳輸進螢幕展示，省去類比轉數位訊號的麻煩，畫質也較好，不過為了有更大的相容性，滿足每一種螢幕的規格，因而設計出三種版本與五種不同的接口；分別是類比訊號的DVI-A、類比與數位訊號皆支援的DVI-I（Single Link）、DVI-I（Dual Link）及數位訊號的DVI-D（Single Link）、DVI-D（Dual Link）。 |

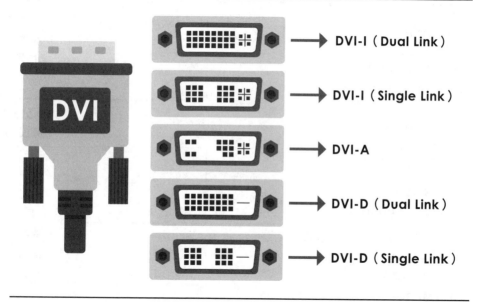

## 2. 通用序列匯流排（USB）介紹

全名為Universal Serial Bus；簡稱USB，支援隨插即用及熱插拔，最初由Intel及微軟共同召集開發，集合當時幾家具有領導地位的公司，成立USB標準化組織，用以制定USB的規格標準，目前最新發展為USB4；版本1.0，USB的發展分為兩個方向，一個是規格的發展，就是傳輸速率的快慢及通電的大小，另一個是接口的類型，下表將詳細說明版本的差異：

| 接口<br>版本規格 | USB 2.0 | USB 3.2Gen2x1 | USB 3.2 Gen2x2 | USB4 | 常用設備 |
|---|---|---|---|---|---|
| 理論速度 | 達60MB/s | 達1.2GB/s | 達2.4GB/s | 達5GB/s | |
| Type-A | 相容 | 相容但不達速 | 不相容 | | 電腦、筆電、行動電源 |
| Type-A Super speed | | 相容 | | | |
| Type-B | | 相容但不達速 | | | 印表機、掃描器 |
| Type-B Super speed | | 相容 | | | |
| Type-C | 相容 | | | | 大部分3C周邊設備 |
| Micro-B | 相容 | 相容但不達速 | 不相容 | | 平板電腦、讀卡機、外接硬碟 |
| Micro-B Super speed | | | | | |
| Mini-A、Mini-B、Mini-AB、Micro-A、Micro-AB | 相容 | 不相容 | | | |

**3.** USB Type-A接口顏色

| 顏色 | 規格 | 備註 |
|---|---|---|
| 白色 | USB1.X，Type-A或B接口 | － |
| 黑色 | USB2.0，Type-A或B接口 | － |
| 藍色 | USB3.0（USB 3.2Gen1x1），Type-A或B接口 | － |
| 淺藍色 | USB 3.2Gen2x1，Type-A或B接口 | |

| 顏色 | 規格 | 備註 |
|------|------|------|
| 紅色 | USB 3.2Gen2x2，Type-A接口 | 支援休眠充電 |
| 黃色 | USB2.0或USB3.0，Type-A接口 | 高輸出及支援休眠充電 |
| 橘色 | USB3.0，Type-A接口 | 只有充電功能 |
| 綠色 | Type-A接口 | 支援QC快充 |
| 紫色 | Type-A接口 | 支援華為快充 |

**4.** USB Type-C**接口顏色**

| 顏色 | 規格 |
|------|------|
| 白及黑色 | 電流最大輸出2～3A |
| 紫色 | 支援快充，電流最大輸出5A |
| 橘色 | 支援快充，電流最大輸出6A |

**5.** HDMI**的代數差異**

| HDMI 版本 | | | | | |
|------|------|------|------|------|------|
| | 1.0–1.2a | 1.3–1.3a | 1.4–1.4b | 2.0–2.0b | 2.1 |
| 發布日期 | 2002年12月（1.0）<br>2004年5月（1.1）<br>2005年8月（1.2）<br>2005年12月（1.2a） | 2006年6月（1.3）<br>2006年11月（1.3a） | 2009年6月（1.4）<br>2010年3月（1.4a）<br>2011年10月（1.4b） | 2013年9月（2.0）<br>2015年4月（2.0a）<br>2016年3月（2.0b） | 2017年11月 |
| 實驗傳輸頻寬 | 4.95Gbit/s | 10.2Gbit/s | 10.2Gbit/s | 18.0Gbit/s | 48.0Gbit/s |

| HDMI 版本 | | | | | |
|---|---|---|---|---|---|
| | 1.0–1.2a | 1.3–1.3a | 1.4–1.4b | 2.0–2.0b | 2.1 |
| 最大實際傳輸速率 | 3.96Gbit/s | 8.16Gbit/s | 8.16Gbit/s | 14.4Gbit/s | 42.6Gbit/s |
| 最大通道的採樣率 | 192kHz | 192kHz | 192kHz | 192kHz | 192kHz |
| 最大音訊通道 | 8 | 8 | 8 | 32 | 32 |
| 最高支援解析格式 | 1920×1200p 60Hz | 2560×1600p 75Hz | 4096×2160p 24Hz | 3840×2160p 60Hz （4K） | 7680×4320 （8K） |

（資料來源：維基百科）

## 精選測驗題

( ) **1** 磁帶（Tape）是採用何種存取方式： (A)隨機存取 (B)索引存取 (C)循序存取 (D)直接存取。

( ) **2** 磁片的磁面係由很多個半徑不同的同心圓所構成，這些同心圓稱為： (A)磁區（Sector） (B)磁軌（Track） (C)磁柱（Cylinder） (D)以上皆非。

( ) **3** 磁碟機將讀寫頭移到指定的磁柱上所需的時間稱為： (A)存取時間（Access Time） (B)搜尋時間（Seek Time） (C)迴轉延遲時間（Rotational Time） (D)資料傳送時間（Date Transfer Time）。

( ) **4** 下列何者不屬於周邊設備（peripheral devices）： (A)輸入／輸出單元 (B)輔助記憶體 (C)通信設備 (D)主記憶體。

( ) **5** 下列各種輸入裝置，何者速度最快： (A)磁帶 (B)軟式磁碟 (C)硬式磁碟 (D)磁卡。

( ) **6** 磁碟機將讀寫頭移動到指定的磁軌，所需的時間稱為： (A)存取時間（access-time） (B)資料傳送時間（data transfer time） (C)旋轉時間（rotation time） (D)搜尋時間（search time）。

( ) **7** 磁片的基本儲存單位是： (A)磁區（sector） (B)磁軌（track） (C)磁柱（cylinder） (D)讀寫頭（Read/Write Head）。

( ) **8** 磁帶依形式可分為： (A)匣式磁帶（cartridge tape） (B)卡式磁帶（cassette tape） (C)盤式磁帶（open reel tape） (D)以上皆是。

( ) **9** 一磁帶長1000呎，密度是960bpi，若不考慮間隙造成的空白磁帶，則此磁帶可存放多少個bit： (A)11520000 (B)8640000 (C)960000 (D)480000。

（　）**10** 某一雙面軟式磁碟片含有60磁軌（track），16磁區（sector），每磁區內含有256Bytes，問其容量為：　(A)240K　(B)360K　(C)480K　(D)1.2MBytes。

（　）**11** 一般CPU算術運算指令不會影響下列何種旗標（flag）：　(A)溢位　(B)負號　(C)零　(D)中斷　旗標。

（　）**12** 下列何種記憶體不具直接存取（direct access）的功能：　(A)硬碟　(B)RAM　(C)軟式磁碟（floppy disk）　(D)磁帶（tape）。

（　）**13** 從硬碟機讀取資料時，若從放在不同磁柱（cylinder）內的10個檔案各讀取一位元組（byte）之資料，則所花的時間與從一個檔案中讀10位元組所花時間相比，通常：　(A)前者較大　(B)前者較小　(C)二者相等　(D)前者與後者，各有一半機會較大。

（　）**14** 下列何者不是中央處理單元（CPU）的內部結構之一：　(A)算術與邏輯單元（CPU）　(B)暫存器　(C)控制單元（control unit）　(D)主記憶體（main memeory）。

（　）**15** 磁碟中設定地址最小的單位是：　(A)位元（bit）　(B)位元組（byte）　(C)磁軌（track）　(D)以上皆非。

（　）**16** 下列有關虛擬儲存體的敘述，何者是錯誤的：
(A)有虛擬儲存體的電腦可以執行較大的程式
(B)虛擬儲存體是主記憶體的一部分
(C)在有虛擬儲存體的電腦中，正在執行的程式都放在主記憶體中
(D)對於同一程式而言，在有虛擬儲存體的電腦上的執行時間可能較長。

（　）**17** 一個用來儲存將被讀取指令碼之記憶字組位址的暫存器，稱為：
(A)程式計數器　(B)累積器　(C)指令暫存器　(D)資料計數器。

（　）**18** 有一軟式磁碟片經格式化（Format）後為雙面40磁軌（Track），每一磁軌9個磁區（Sector），一個磁區512 Byte，則其總容量為：　(A)368640 Byte　(B)327680 Byte　(C)92160 Byte　(D)184320 Byte。

（　）**19** 下列敘述何者為是？
(A)所謂「GIGO」（Garbage in、Garbage out）即指輸入資料不
正確，輸出的結果正確
(B)計算機的記憶體，可分為主記憶體及輔助記憶體
(C)算術及邏輯運算部門（簡稱ALU）專門做資料的輸出工作
(D)ROM記憶體的資料只能寫入不能讀出。

（　）**20** 將部分程式先存放於磁碟，等到需要使用時才讀入記憶體中，讓
使用者感覺使用的記憶體多於實際的記憶體，這種處理方式稱
為：　(A)虛擬實境　(B)虛擬程式　(C)虛擬磁碟　(D)執行程式
覆疊。

（　）**21** 某電腦CPU具有500MHz之規格，若Move指令需使用5個震盪
週期（clock cycle），則執行此一指令的時間為：　(A)10ns
(B)2.5ns　(C)1ns　(D)25ns。

（　）**22** 中央處理器（CPU）是由何者所構成？
(A)控制單元（control unit）與算數邏輯運算單元（ALU）
(B)控制單元（control unit）與記憶體（memory）
(C)算數邏輯運算單元（ALU）與記憶體（memory）
(D)輸入單元（input unit）與輸出單元（output unit）。

（　）**23** 下列何種技術是為了讓電腦能執行比隨機存取記憶體（RAM）
更大的程式？　(A)虛擬記憶體（virtual memory）　(B)多重程
式（multi-programming）　(C)分時系統（time-sharing system）
(D)平行處理（parallel processing）。

（　）**24** 所謂電腦硬體升級，主要是提昇下列哪一項硬體設備？　(A)記憶
體（memory）　(B)中央處理器（CPU）　(C)螢幕（monitor）
(D)數位相機（digital camera）。

（　）**25** CPU執行指令可分為Fetch, Decode, Execute三步驟，把程式計數
器加上該指令長度的動作在何時完成？　(A)Execute之時　(B)Ex-
ecute之前已完成　(C)Execute之後才做　(D)不會增加。

( )  **26** 機器語言指令中用來表示要做何事的部分稱作：　(A)Operand
(B)OP code　(C)Instruction　(D)Parameter。

( )  **27** 若是一個應用程式比內部記憶體（RAM）大時，Computer必須要
具有何種能力才能執行？　(A)Virtual Memory　(B)Multi-tasking
(C)Multi-programming　(D)Networking。

( )  **28** Cache是一種高速記憶體，它一般是放置在哪裡？　(A)Disk與
Disk之間　(B)RAM與Processor之間　(C)鍵盤與主機之間　(D)
ALU與Register之間。

( )  **29** 下列何種記憶體是非揮發性（non-volatile）記憶體？　(A)磁帶
(B)快取記憶體（cache）　(C)隨機存取記憶體（RAM）　(D)暫
存器（register）。

( )  **30** 通常中央處理器與輸出／輸入設備之間傳送資料時，都會有什麼
元件配合？　(A)磁區　(B)累加器　(C)緩衝區　(D)磁柱。

( )  **31** 下列何者為虛擬記憶體結構？　(A)線性定址式記憶結構　(B)分頁
的區段結構　(C)非線性定址式記憶結構　(D)多模組式記憶結構。

( )  **32** 使用下列哪種技術是用來平衡CPU執行速度與主記憶體資料取存速
度以達到Cost/Performance的設計考量？　(A)Associ-ative memory
(B)Virtual memory　(C)Cache memory　(D) Interleaved memory。

( )  **33** 下列何者不是中央處理機（CPU）的主要基本工作？　(A)抓取指
令　(B)執行指令　(C)回存結果　(D)列印資料。

( )  **34** 下列何者不屬於CPU執行的動作？　(A)擷取　(B)解碼　(C)執行
(D)編譯。

( )  **35** 中央處理單元（CPU）是由下列哪兩個單元所組成？　(A)記憶單
元與控制單元　(B)輸入單元與輸出單元　(C)控制單元與算術邏
輯單元　(D)算術邏輯單元與記憶單元。

( 　 ) **36** 下列何者是CPU執行指令時最先的動作？　(A)解碼　(B)取運算元資料　(C)提取指令　(D)決定運算種類。

( 　 ) **37** 整個電腦的心臟為：　(A)記憶體　(B)中央處理單元　(C)算術與邏輯單元　(D)輸入單元。

( 　 ) **38** 電子計算機的算術／邏輯單元，控制單元及記憶單元合稱為：(A)UP　(B)ALU　(C)CPU　(D)CAD。

( 　 ) **39** 下列各種I／O連接埠可用來傳輸影音訊號的有幾種？HDMI、DVI、RJ-45、PS／2、DisplayPort　(A)2種　(B)3種　(C)4種(D)5種。

( 　 ) **40** 近年影音傳播的方式越趨多元，因此各種設備都需具備至少一種方式，提供影音資料的儲存，儲存設備主要仰賴記憶裝置設備的應用，所以下列有關電腦記憶體的敘述，何者正確？　(A)暫存器是一種主記憶體　(B)記憶卡通常使用快取記憶體儲存資料　(C)固態硬碟是一種輔助記憶體　(D)ROM屬於揮發性記憶體。

( 　 ) **41** 下列儲存裝置何者最不可能在目前的大數據時代被大型機構所使用？　(A)固態硬碟　(B)磁帶　(C)軟式磁碟　(D)傳統硬碟。

( 　 ) **42** 電腦之中央處理器對固態硬碟（SSD）、快取記憶體（SRAM）、主記憶體（DRAM）、Register（暫存器）與傳統硬碟（HD）之讀取速度，由快至慢排列，依序應為？
(A)HD>SRAM>DRAM>SSD>HD
(B)Register>SRAM>DRAM>SSD>HD
(C)Register>SSD>HD>DRAM>SRAM
(D)HD>DRAM>Register>SSD>SRAM。

( 　 ) **43** 小藍藍的媽媽非常重視環保，因此要求電腦使用完一定要關機，但小藍藍總是需要使用電腦的USB來將手機充電，因此小藍藍的電腦一定具有下列哪種顏色的USB接口？　(A)黑色　(B)紅色(C)藍色　(D)淺藍色。

## 解答與解析

**1 (C)**。磁帶是採用循序存取的方式。

**2 (B)**。組成磁片的磁面的眾多不同半徑之同心圓，稱之為磁軌（Track）。

**3 (B)**。磁碟機將讀寫頭移到指定的磁柱上所需的時間稱為搜尋時間（Seek Time）。

**4 (D)**。主記憶體不是周邊設備。

**5 (C)**。四個選項中，硬式磁碟的速度最快。

**6 (D)**。磁碟機將讀寫頭移動到指定的磁軌，所需的時間稱為搜尋時間（search time）。

**7 (A)**。磁片的基本儲存單位是磁區（sector）。

**8 (D)**。磁帶依形式可分為：匣式磁帶（cartridge tape）、卡式磁帶（cassette tape）、盤式磁帶（open reel tape）。

**9 (A)**。960×12×1000=1152000。

**10 (C)**。2（面）×60（軌）×16（磁區）×256（密度）= 491520Bytes，約等於480K Bytes。

**11 (D)**。一般CPU算術運算指令不會影響中斷旗標。

**12 (D)**。磁帶不具直接存取的功能，僅具循序存取的功能。

**13 (A)**。前者較大。

**14 (D)**。主記憶體不屬於中央處理單元（CPU）。

**15 (D)**。磁碟中設定地址最小的單位為磁集（Cluster）也稱磁叢。

**16 (B)**。所謂的虛擬記憶體，是利用硬碟的空間作為暫存記憶體用，並非主記憶體的一部分。

**17 (A)**。程式計數器為用來儲存將被讀取指令碼之記憶字組位址的暫存器。

**18 (A)**。40×2×9×512＝368640。

**19 (B)**

**20 (D)**。執行程式覆疊即為將部分程式先存放於磁碟，等到需要使用時才讀入記憶體中。

**21 (A)**。$5/(500*10^6)＝10^{-8}$（s）＝10ns

**22 (A)**。中央處理器（CPU）是由控制單元（control unit）與算數邏輯運算單元（ALU）所構成。

**23 (A)**。虛擬記憶體即利用硬碟的空間作為暫存記憶體用，是為了讓電腦能執行比隨機存取記憶體（RAM）更大的程式。

**24 (B)**。所謂電腦硬體升級，主要是提昇中央處理器（CPU）。

**25 (B)**。把程式計數器加上該指令長度的動作，在Execute之前已完成。

**26 (B)**。OP code，即運算元，是機器語言指令中用來表示要做何事的部分。

**27 (A)**。虛擬記憶體即利用硬碟的空間作為暫存記憶體用。所以若是一個應用程式比內部記憶體（RAM）大時，Computer必須要具有虛擬記憶體（Virtual Memory）能力才能執行。

**28 (B)**。Cache是一種高速記憶體，一般是放置在RAM與Processor之間。

**29 (A)**。磁帶是非揮發性（non-volatile）記憶體。

**30 (C)**。通常中央處理器與輸出／輸入設備之間傳送資料時，都會有緩衝區配合，因中央處理器的處理速度遠高於輸出／輸入設備的速度。

**31 (B)**。分頁的區段結構為虛擬記憶體之結構。

**32 (C)**。Cache memory是用來平衡CPU執行速度與主記憶體資料取存速度以達到Cost/Performance的設計考量。

**33 (D)**。中央處理機（CPU）的主要基本工作為抓取指令（Fetch）、解碼（Decode）、執行指令（Execute）、回存結果。

**34 (D)**。CPU執行的動作為擷取（Fetch）、解碼（Decode）、執行（Execute）、回存結果。

**35 (C)**。中央處理單元(CPU)主要是由控制單元與算術邏輯單元所組成。

**36 (C)**。CPU執行指令時會進行提取指令（Fetch）、解碼（Decode）、執行指令（Execute），所以最先的動作是提取指令。

**37 (B)**。中央處理單元相當於電腦的心臟部分。

**38 (C)**。電子計算機的算術／邏輯單元，控制單元，記憶單元合稱為CPU。

**39 (B)　40 (C)　41 (C)　42 (B)　43 (B)**

解答與解析

## 重點速攻

1.系統程式之定義及常見之系統程式　　2.編譯器之編譯階段（phase）

3.載入器之用途及載入方式　　　　　　4.作業系統之功能

5.記憶體管理方式

這一章的題目不常在基礎的考試中出現，不過在比較高階的考試會出現2～3題，主要會考的部分是電腦運作時，作業系統所扮演的角色及資源如何分配，另外就是死結狀況的發生及解決方法，因此如果要考取比較高階的考試，這一章的內容還是必須要稍微了解。

# 4-1 ▸ 系統程式

## 一、編譯程式（complier）

具能接收以高階語言撰寫的程式。功能在將高階語言程式之原始碼（source code），轉換並產生等效的機器語言，所得之機器語言稱為目的碼（object code）。程式編譯之過程可以分成七個階段，分述如下：

1. **語彙分析階段**（lexical analysis phase）：將原始程式分解成記號串列。

2. **語法分析階段**（syntax analysis phase）：辨認語言結構。

3. **解釋階段**（interpretation phase）：經分析後，轉換成實際數碼形式。

4. **與機器無關之最佳化**（machine-independent optimization）。

5. **儲存位置分配階段**（storage assignment）：指定位置給有用的變數。

6. **數碼產生階段**（code generation phase）：此階段產生適當的目的碼。

7. 組譯及輸出階段（assembly and output phase）。

## 二、組譯程式（assembler）

將組合語言撰寫之程式轉換成機器碼。接受組合語言程式（Assembly language），產生等效之機器語言，以及載入程式（loader）所需之資訊（loader於後面章節介紹）。

1. 組合語言之原始程式被組譯程式（assembler）讀過一次的動作就稱為一個 pass，而assembler組譯的形式可以分成One-pass、Two-pass以及Multi-pass。

2. One-pass組譯：僅掃瞄原始程式一次，組譯速度快，但是最佳化不足，且程式設計時須自行定義所有引用的文字及符號。

3. Two-pass組譯：Scan原始程式兩次，第一次定義引用符號及文字，第二次才產生目的程式；程式設計較為簡單，但是最佳化依然不足。

4. Multi-pass組譯：Scan原始程式兩次以上，程式設計較為簡單，富有彈性，而且已是最佳化的目的碼；其缺點是組譯時間較長，速度較慢。

## 三、巨集處理程式

將程式中所出現之巨集呼叫（Macro Call）全部以所對應之程式片段取代。

## 四、載入程式

載入程式的目的是由輔助記憶體中將object program載入主記憶體內，而其主要功能可以分成載入（將目的程式載入主記憶體）、分配（安排程式在記憶體的存放位置）、連結（處理目的疊（object deck）間的符號參考）、重定位（重新安排和位址有關的儲存位置）。

1. 絕對式載入程式（absolute loader）。

2. 直接連結式載入程式（direct-linking loader）。

3. 繫結程式（binder）與模組載入程式（module loader）。

4. 動態載入。

# 4-2　作業系統簡介

## 一、作業系統是什麼？（OS, Operating System）

剛接觸電腦的時候，一定都會碰到所謂的Microsoft Windows之類的東西（如果年紀夠大的話，DOS應該也會聽過），這就是所謂的作業系統（operation system）。現在最新的作業系統是Windows 11作業系統。

當然,除了Windows之外,還有供多人使用的作業系統,例如以Unix為基礎的
Linux及FreeBSD。

---

**小教室**

★**硬體需求低**(Windows在等級低的電腦會跑很慢)。

★**完整網路功能**(Windows做得也不錯)。

★**多人多工**(Windows無法給多人使用)。

★**安裝容易**(Windows安裝也很容易)。

★**FREE**:自由,或者解釋成免費(Windows為商業付費軟體)。

★**軟體眾多,程式碼公開**(Windows軟體很多,但許多程式碼不公開)。

---

1. **用途**
   (1)對使用者而言可以提供便利快捷的服務程式,以及提供良好而有效的應
      用程式發展環境。
   (2)對電腦而言,作業系統是廠商所提供的一種系統程式,用來管理
      memory、processor,以及提供行程管理、I/O及通道管理。

2. **提供的服務**
   (1)程式的執行。　　　　　　　　(2)I/O的動作。
   (3)檔案系統管理。　　　　　　　(4)錯誤偵查及提供訊息。
   (5)電腦資源的分配。　　　　　　(6)資料的保護。

3. **內含程式**
   (1)啟動程式。　　　　　　　　　(2)監督程式。
   (3)工作控制程式。　　　　　　　(4)輸出入控制程式。

4. **競賽(race)**:多元程式下之資源為共享,例如在報表輸出時,會有第一段
   是工作1的輸出,接下來卻是工作2的輸出,此情形稱為競賽或競爭。

5. **死結(deadlock)**
   (1)在多元程式下,若一個process一直在等待某一個絕對不會發生的事件,
      整個process就會停止,此情況稱為死結。舉個最簡單的例子,如果
      process 1正在使用resource 1,而在等待對方釋放resource 2;而process 2
      正在使用resource 2,而在等待對方釋放resource 1,這種情形就是循環
      等待(circular wait),也就造成了死結。

(2)以下為形成死結的四個缺一不可的條件

| | |
|---|---|
| **相互排斥**<br>（mutual exclusion） | process擁有之控制權為獨暫性質。 |
| **等待**<br>（wait） | 在等待其他resource時仍然霸佔屬於該process之resource的控制權。 |
| **不能搶先**<br>（non-preemptive） | 除非所佔用的resource已經用完，否則不會中途讓出。 |
| **循環等待**<br>（circular wait） | 類似process 1正在使用resource 1，而在等待對方釋放resource 2；而process 2正在使用resource 2，而在等待對方釋放resource 1。 |

(3)死結防止：只要將上述四個要件打破一個，就可以避免死結發生。

## 二、Windows作業系統年表

| 系統名稱 | 發售（表）年 | 備註 |
|---|---|---|
| **MS-DOS** | 1981年 | 微軟買下86-DOS（QDOS）著作權，1981年7月，成為IBM PC上第一個作業系統；同時微軟為IBM PC開發專用版PC-DOS。 |
| **Windows 3.1** | 1992年 | 微軟第一個有圖形化介面的作業系統，主要運行在MS-DOS上。 |
| **Windows 95** | 1995年 | 微軟強力發布，面向商業運用性質的作業系統。 |
| **Windows 98** | 1998年 | ─ |
| **Windows 2000** | 2000年 | ─ |
| **Windows ME** | 2000年 | 底層基於Windows 98撰寫而成的作業系統，系統內多處可見Windows 98標籤。 |
| **Windows XP** | 2001年 | 首個微軟作業系統支援64位元。 |
| **Windows Vista** | 2007年 | ─ |
| **Windows 7** | 2009年 | ─ |

| 系統名稱 | 發售（表）年 | 備註 |
|---|---|---|
| Windows 8/8.1 | 2012/2013年 | 微軟作業系統首次結合智慧型手機平板介面。 |
| Windows 10 | 2015年 | — |
| Windows 11 | 2021年 | 首個微軟作業系統只有64位元版本。 |

## 三、作業系統的主要功用

| 功能 | 概述 |
|---|---|
| 程序管理 | 由於CPU的執行速度比其他周邊設備快，因此作業系統需要對執行的程式做順序的管控，使CPU運作順暢。 |
| 記憶體管理 | 對於執行中的程式所需要的記憶體，進行分配管控。 |
| 周邊裝置管理 | 周邊輸入及輸出設備的運作管理。 |
| 使用者管理 | 對於系統安全管理及使用者權限的管理。 |
| 網路通訊管理 | 提供資料傳輸及網路服務管理。 |
| 檔案管理 | 提供使用者方便且安全的檔案系統。 |

## 精選測驗題

(　　) **1** 下列有關作業系統（Operating System）的敘述何者有誤：　(A)主要目的是使計算機系統方便使用　(B)具備有文書處理的功能　(C)是計算機使用與計算機硬體之間的介面程式　(D)MS-DOS是一種作業系統。

(　　) **2** 下列何者不屬於程式語言編譯器的功能：　(A)可偵測語句（syntax）錯誤　(B)可偵測邏輯錯誤　(C)它是機器相關（maschine dependent）的　(D)它能將原始程式轉換為目的程式。

(　　) **3** 下列何者不為系統軟體：　(A)作業系統（Operating System）　(B)編譯程式（compiler）　(C)公用程式（Utility）　(D)會計系統（Accounting system）。

(　　) **4** 通用作業系統（O.S.）為一個資源管理者，以下哪個不在其管轄範圍內：　(A)處理機資源　(B)網路資源　(C)輸出入通道資源　(D)記憶體及檔案資源。

(　　) **5** 下列何者是載入程式的功能：　(A)重新定位（Relocation）　(B)連結（Linking）　(C)配置（Allocation）　(D)以上皆是。

(　　) **6** 程式若使用縮寫來代表一再重複的程式片段，以減少程式設計師負擔的程式叫做：　(A)巨集程式（Macro）　(B)組合程式（Assembler）　(C)編譯程式（Compiler）　(D)載入程式（Loader）。

(　　) **7** 下列程式何者是系統程式：　(A)組合程式（Assembler）　(B)編譯程式（Compiler）　(C)載入程式（Loader）　(D)以上皆是。

(　　) **8** 目前相當受歡迎，且可供多人使用（multiuser）的作業系統是：　(A)UNIX　(B)MS-DOS　(C)CPM　(D)以上皆非。

(　　) **9** 下列資源中，何者是作業系統的主要管理對象：　(A)設備　(B)處理機（processor）　(C)記憶體（memory）　(D)以上皆是。

(　　) **10** 計算機中負責資源管理與作業管理的軟體是：　(A)服務程式　(B)公用程式　(C)應用程式　(D)作業系統。

(　　) **11** 下列何者不屬於作業系統（OS）的工作範圍：　(A)編譯程式　(B)分配電腦資源　(C)管理記憶體　(D)保護記憶體。

(　　) **12** 一個能將高階語言轉成機器語言的程式，稱為：　(A)編輯程式　(B)編譯程式　(C)載入程式　(D)驅動程式。

(　　) **13** 針對作業系統的敘述，何者錯誤？　(A)作業系統一般是第一個在RAM中執行的軟體　(B)作業系統可以協助使用者運用軟硬體資源　(C)作業系統都能提供多人多工的處理方式　(D)作業系統的核心部分都是常駐在記憶體中。

( )　**14** 與DOS相較，下列何者並非Windows受歡迎的原因？　(A)圖形化使用者介面　(B)兼顧初學者與常用者的需求　(C)較能支援多媒體的特性　(D)Windows所佔的記憶體比DOS少。

( )　**15** 下列何者不屬於作業系統？　(A)Linux　(B)Windows 98　(C)MS Office系列　(D)Unix。

( )　**16** 系統中兩個程式因為搶用資源互不相讓造成兩程式都無法完成工作的現象稱作：　(A)Critical Region　(B)SPOOL　(C)QUEUE　(D)Deadlock。

( )　**17** 下列何者不屬於作業系統的一部分？　(A)Memory manager　(B)Scheduler　(C)Compiler　(D)File manager。

( )　**18** 下列何者不是一個作業系統？　(A)OS/2　(B)DOS　(C)Linux　(D)Explorer。

( )　**19** 下列哪一種錯誤可由編譯程式檢出？　(A)語法錯誤　(B)傳輸錯誤　(C)邏輯錯誤　(D)執行錯誤。

( )　**20** Linux是一個：　(A)電腦遊戲　(B)作業系統　(C)套裝軟體　(D)程式語言。

( )　**21** 近年電腦的硬體設備越來越精良，並行的軟體發展也持續蓬勃成長，因此新的設備或程式也越來越無法支援舊的型號或功能，請問下列何者作業系統無法支援16及32位元的電腦？　(A)Windows 3.1　(B)Windows 11　(C)Windows 10　(D)Windows XP。

## 解答與解析

**1 (B)**。文書處理是文書處理軟體所提供的功能，作業系統並不具備。

**2 (B)**。程式語言編譯器無法偵測邏輯錯誤，僅能偵測語句（syntax）錯誤。

**3 (D)**。會計系統為應用軟體，並非系統軟體。

**4 (B)**。網路資源不在作業系統管理資源的範圍之內。

**5 (D)**。載入程式的功能為：重新定位（Relocation）、連結（Linking）、配置
（Allocation）。

**6 (A)**。巨集程式（Macro）通常為一再重複的程式片段，需要時再行呼叫，可
減少程式設計師負擔。

**7 (D)**。組合程式（Assembler）、編譯程式（Compiler）、載入程式（Loader）
三者皆為系統程式。

**8 (A)**。MS-DOS和CPM是單人作業系統，CPM作業系統是DOS的前身。

**9 (D)**。設備、處理機（processor）、記憶體（memory）都是作業系統的主要管
理對象。

**10 (D)**。作業系統是負責資源管理與作業管理的軟體。

**11 (A)**。編譯程式是編譯器的工作。

**12 (B)**。能將高階語言轉成機器語言的程式，稱為編譯程式。

**13 (C)**。作業系統的類型有三種：(1)單人單工；(2)單人多工；(3)多人多工。

**14 (D)**。Windows所佔的記憶體和資源都比DOS多。

**15 (C)**。MS Office系列是應用軟體，不是作業系統。

**16 (D)**。Deadlock，死結，即程式之間因為搶用資源互不相讓，造成每個程式都
無法完成工作。

**17 (C)**。編譯器（Compiler）不屬於作業系統的一部分。

**18 (D)**。Explorer是應用程式，不是作業系統。

**19 (A)**。只有語法錯誤可由編譯程式檢出。

**20 (B)**。Linux是一個作業系統。

**21 (B)**。

解答與解析

# 第五章 電腦資料處理與電腦通信

## 重點速攻

1.資訊與資料之差別、資料成為資訊之過程

2.physical record和logical record之意義

3.各種檔案存取方法及應用場合

4.管理資訊系統概念與應用（ERP, DFD, UML）

5.電腦通信之種類、型態、方式

6.XML

7.資料保密的概念與應用

8.pc Anywhere介紹

本章內容比較重要，各類考題都時常出現，主要探討的方向是資料的運作模式，還有資料儲存的方式及資料庫系統運作的樣貌，資料庫的正規化也是出題的方向，不過大部分都是以記憶性的內容居多，只需多花點時間閱讀，即可面對考試的挑戰！

# 5-1 資料處理簡介

## 一、資料與資訊

1. **資料的定義（Data）**：資料是未經處理之代表現象、事件之原始的文字、數字及符號。

2. **資訊的定義（Information）**：資訊就是經過處理的資料，而且能夠提供決策參考之輔助。

## 二、資料與檔案

資料表示階層

(1) 資料庫（Data base）　　　　　(2) 檔案（file）

(3) 資料（資料紀錄，data record）　(4) 欄位（field）

(5) 字元（character）

## 三、電腦輸出／輸入與檔案處理

1. **邏輯資料錄**（logical data record）：程式一次能夠處理的資料錄的筆數定義成一個logical record，即一次只能處理一筆資料。

2. **實體資料錄**（physical record）：輸出入單元一次所能處理的資料錄筆數，一個physical record可以只包含一個logical record，也可以包含一個以上的logical records，即輸出入單元一次所能處理資料筆錄。

# 5-2 ▶ 資料檔案研究

## 一、主檔與轉換檔

在常見的資料處理過程中，經常將一些具有恆久性，且不易變動之資料合併成為一個file，稱之為主檔（master file）；而將另外一些會隨時間或狀況之變化而變動的資料組成另一檔，稱之為轉換檔（transaction file，或稱異動檔、明細檔）。

## 二、檔案資料格式

1. **單一錄檔案與多重錄檔案**：在同一檔案之內並沒有要求一定要所有的資料都具有相同的格式，如果資料內部之格式完全相同，稱之為單一錄檔案（single-record file）；反之，如果一個檔案內之資料格式有所不同，則稱之為多重錄檔案（multiple-record file）。

2. **檔案型態**：檔案內之紀錄型態並不必然為固定型態，實際運作上有下列三種不同的紀錄型態。

   (1)固定型態（fixed type）：檔案中所有的紀錄都具有單一相同的長度。

   (2)變動型態（variable type）：檔案中的紀錄可以具有不同的資料長度。

   (3)未定型態（undefined type）：檔案中紀錄的長度並未事先設定，而是在處理過程當中由外界告之，並交由user所使用的程式決定其紀錄長度。

## 三、檔案之特性

在設計檔案之前必須先考慮以下之檔案特性：

1. **活動性**：在單一電腦的作業中，檔案中記錄被處理的平均數。
2. **揮發性**：檔案中資料增加（insert）與刪除（delete）等更新作業之頻率。
3. **記錄大小（size）**：除了記錄之固定長度之外，還須考慮其成長性。

---

### 小教室

活動性愈高，表示在一次更新的作業中，大部分的資料都會被動到；揮發性愈高，表示這個檔案經常會被更新。

以綜合的角度來看，例如高活動性、低揮發性的檔案就是指檔案不常被更新，但是只要一更新，大部分的資料都必須做update；同理，高活動性、高揮發性的檔案就是指檔案經常被更新，而且只要一更新，大部分的資料都必須做update；剩下的組合狀況就交給你自行搞定了。

---

## 四、檔案存取方法（access method）研究

1. **循序型檔案**（Sequential Access Method File；SAM File）：循序型檔案是一種最簡單的檔案結構，其資料錄的儲存方式是按照輸入的順序依序存放，若要讀取資料，也是按照儲存的順序逐筆讀取，循序型檔案儲存媒體可以採用卡片、磁帶、磁片及磁碟等。

| 優點 | 缺點 |
|---|---|
| 1. 資料連續存放，儲存體可以發揮最大的利用率。<br>2. 處理的對象若為檔案中全部或大部分資料時，可以獲得最高的執行效率，也就是說較適合活動性高的檔案。<br>3. 能以成塊方式處理。<br>4. 作業方式單純。 | 1. 無法即時取得檔案中的資料，不適用於線上即時作業系統。<br>2. 從事更新作業時，必須重新抄錄舊的檔案資料。 |

**適用場合**
1. 不需要提供線上即時處理的功能時。
2. 檔案活動性高。
3. 希望作業的方式單純時。

2. **索引循序型檔案**（Index Sequential Access Method File；ISAM File）：索引循序型檔案是由索引區（Index Area）、主要資料區（Prime Data Area）以及超溢區（Overflow Area）等三個部分組成，其中索引區是用來存放記錄儲存位址之索引，主要資料區用來存放實際之資料，而超溢區則用來存放新增資料時被擠出來的記錄。本方法除了能順序處理外，亦能隨機處理，但是循序時速度會比SAM File稍慢；隨機處理時，速度又比直接型檔案稍慢。

**小教室**

索引循序型檔案必須以能隨機出入的媒體（磁碟或磁鼓）儲存。

實際上索引循序檔之「循序」二字只是在說明此種檔案存取法可以用循序的方式處理，而非其儲存媒體為循序型媒體。

**工作方式**：存取索引循序型檔案時，首先依據資料的鍵值由索引區找出該記錄的儲存位址，然後才存取該筆記錄。

| 優點 | 缺點 |
|---|---|
| 1. 當大部分的資料都要處理時可以選擇採用循序處理；只有少部分資料要需處理時才採用隨機處理，處理方式較具彈性。<br>2. 具有新增資料用之超溢區，資料之insert或delete都很便利。 | 1. 被刪除的資料只是在其位址上作一個記號，實際上仍然佔用儲存體，故儲存體的利用率不高。<br>2. 為了防止檔案的處理效率退化，必須定期重組（reorganization）。 |

**適用場合**

1. 須提供線上即時處理的功能。
2. 有時候大部分的資料都需要處理，而有時候卻只有少許資料需要處理時。

**小教室**

假設在新增一筆資料時，其對應之主資料區已經滿額，因此必有一個資料被擠到overflow area。被擠出去的資料是該區域位置在最後的資料，而不是原來放在新增資料所放置位址之原資料。

3. **直接型檔案**（Direct Access Method File；DAM File）：直接型檔案資料錄的儲存位置，是經由程式管理者利用某種algorithm將鍵值直接計算求得，是一種以計算方式求取存放位址的方法，而在搜尋資料錄時，是按照儲存資料時同一個algorithm來計算儲存的位置，然後到該位址直接讀取對應的資料錄。直接型檔案必須以能隨機出入的媒體（例如磁碟或磁鼓）儲存。

| 優點 | 缺點 |
|---|---|
| 1. 隨機尋找檔案中的資料速度最快。 | 1. 位址的計算方式選取困難，不易獲得最佳的存取方法。 |
| 2. 在沒有兩個鍵值被轉到相同的位址的情形下，搜尋任意資料所需的時間幾乎相同。 | 2. 隨機檔案資料量愈大，不同鍵值產生相同位址的資料必定愈來愈多，使得處理效率愈來愈差（這就稱為碰撞，解決碰撞的方法將在「搜尋排序」的章節中詳述）。 |
| 3. 新增或刪除都很容易。 | 3. 容易產生空白區域，降低儲存體之利用率。 |

**適用場合**

1. 儲存體需要夠大，而且鍵值散布須相當平均。

2. 須提供線上即時處理的功能時。

4. **VSAM File（Virtual Storage Access Method）簡介**：VSAM File是由能快速存取磁碟資料檔的一套程式所建立的檔案，是由IBM公司所研發。一個VSAM File是由許多個長度固定的儲存體，稱為控制區間（Control Interval，CI）所組成，每一個控制區間由一個或數個資料記錄及一個用來描述其儲存資料記錄之訊息所構成。控制區間是虛擬儲存體與輔助儲存體之間傳輸資料的基本單位。

5. **RAID磁碟陣列**：RAID磁碟陣列可以用來避免硬碟故障造成的資料庫損毀，RAID等級有分很多種，比較常見的有RAID 0，RAID 1，RAID 3，RAID 5四種，介紹如下：

   (1) **RAID 0**：將許多個磁碟合併成一個大的磁碟，存放資料時，其將資料按磁片的個數來進行分段，然後同時將資料寫進這些磁碟機裡面。所以，在所有的級別中，RAID 0的速度是最快的，但是RAID 0沒有多餘的功能，如果一個磁片損壞，則所有的資料都無法使用。

(2) **RAID 1**：把磁碟陣列中的硬碟分成相同的兩組，互為鏡射，當任一磁片出現故障時，可以利用其鏡像上的資料恢復，從而提高系統的可利用能力，對資料的操作仍採用分塊後平行傳輸方式。RAID 1不僅提高了讀寫速度，也加強系統的可靠性。但其缺點是硬碟的利用率只有50%。

(3) **RAID 3**：RAID 3存放資料的原理和RAID 0、RAID 1不同。RAID 3是以一個硬碟來存放資料的奇偶校驗位元，資料則分段存在其他的硬碟，它像RAID 0一樣以並行的方式來存放，但速度沒有RAID 0快，如果資料硬碟損壞，只要將壞的硬碟換掉，控制系統則會根據校驗硬碟的資料校驗位元在新硬碟中重建壞硬碟上的數據。不過如果校驗硬碟損壞，對不起，全部資料都無法使用，利用單獨的校驗硬碟來保護資料，雖然沒有鏡像的安全性高，但是硬碟利用提高到全部少一台。

(4) **RAID 5**：向陣列中的磁片寫資料，奇偶校驗資料存放在陣列中的各個硬碟上，允許單個磁片出錯。RAID 5也是以資料的校驗位元來保證資料的安全，但不是以單獨硬碟來存放資料的校驗位元，而是將資料段的校驗位元交互存放於各個硬碟上。這樣任何一個硬碟損壞，都可以根據其他硬碟上的校驗位元來重建損壞的資料。硬碟的利用為全部少一台。

上面字太多了，不如看下表的整理：

| RAID 模式 | 說明 | 最少硬碟組成數 | 組成容量（硬碟個數=N） | 順序執行效能 | 亂數執行效能 |
|---|---|---|---|---|---|
| RAID 0 | 條狀分布 | 2 | N | R：最好<br>W：最好 | R：高<br>W：最好 |
| RAID 1 | 鏡射 | 2 | N/2 | R：高<br>W：中等 | R：中等<br>W：低 |
| RAID 3 | 獨立硬碟儲存同位元資料 | 3 | N-1 | R：高<br>W：中等 | R：中等<br>W：低 |
| RAID 5 | 同位元資料分布於組成硬碟中 | 3 | N-1 | R：高<br>W：中等 | R：高<br>W：低 |

# 5-3 ▸ 電腦資料處理型態

利用電子計算機將原始資料（Data）給予有系統的處理後，產生有用的資訊，上述過程稱為電子資料處理（Electronic Data Processing, EDP）。電子資料處理依其收集資料的方式、遠程近程的區分以及CPU的組合型態為分類依據，可以分成下列數種型態：

## 一、批次處理系統（Batch Processing System）

將所欲處理的資料先收集成批，以定時或定量的方式，一次處理完所有的資料作業，此型態即稱為批次（或整批）處理系統。其特性分述如下：

1. 對象為不須即時反應之週期性資料作業，例如週報表、月工時、水電費等作業。
2. 由於只輸入資料但不即時處理，因此可以提高單位時間內電腦的工作量。（還記得Blocked file之情形吧！有空時比較一下）
3. 程式設計及電腦操作比較簡單。
4. 將造成資訊週期性落後。

批次處理系統具有下列特性：

| | |
|---|---|
| 週期性 | 資料之處理按一定週期處理，如日記帳每日處理一次；學生曠缺課每週處理一次；水電、電費及瓦斯費每兩個月處理一次；所得稅每年處理一次。 |
| 非急件性 | 定期處理，無急迫得到資料之結果如保險費、水電費。 |
| 分散性 | 輸入的原始資料，經常是分散在各個地區，必須利用專人、郵寄或由終端機將資料傳送到資訊中心。 |
| 離線性 | 資料大都以離線（Off Line）方式轉錄於輸入媒體，如磁碟、磁帶、磁片等，再行輸入計算機處理。當然亦有透過終端機將資料傳達到資訊中心，此乃屬連線性。 |

整批處理系統之處理步驟如下：

| 蒐集原始資料 | 可由專人、郵件或終端機傳送原始資料。 |
|---|---|
| 彙整原始資料 | 將蒐集之原始資料，鍵入磁碟或磁帶中。 |
| 資料之檢核 | 利用程式檢核原始資料之正確性。 |
| 輸入 | 將資料輸入主記憶體內。 |
| 處理 | 計算機執行處理工作。 |
| 輸出 | 將處理結果輸出，以便應用。 |

## 二、連線處理系統（On-line Processing System）

將電腦主機系統藉由終端機的架設，得以處理散布在資料發生地或使用者所在地之資料作業，此型態稱為連線處理系統。目前所謂的連線處理系統，通常指遠程連線系統，如電腦主機先將數位資料送至數據機（modem），經過調變（modulation）動作後傳送到遠方終端機，並由其數據機接收，解調變（demodulation）之後，再將類比訊號轉換成數位訊號。

1. **遠程即時處理系統**：遠方終端機每輸入一筆資料，主機立即處理。
2. **遠程批次處理系統**：資料隨時由終端機以連線方式送到電腦主機，暫時儲存於磁碟機或磁帶等媒體上而先不予處理，然後以定時或定量的方式整批處理。
3. **即時處理系統**：電腦系統在收到輸入資料後，立即予以處理，並且迅速反應結果，這種作業方式就稱為即時處理系統。其特性分述如下：

   小教室
   自動櫃員機之原文為 Automated Teller Machine，簡稱ATM。

   (1) 反應時間（Response Time）的要求通常為資訊系統的重要性能之一，例如銀行之自動櫃員機、航空公司訂位系統、鐵公路訂位系統等，其反應時間通常為系統的重要參數。
   (2) 即時處理系統必定是連線處理系統，而連線處理系統不一定是即時處理系統。

## 三、分時處理系統

若許多user能分別利用個別的終端機，卻能近乎同時的與主機進行溝通，而即時得到處理的結果，這種作業方式稱為分時處理系統。分時處理系統必須具備下列的特性：

1. 必須為連線系統型態。

2. 必須為即時系統型態，以便能快速的反應user的需求。

3. CPU之運算能量須足夠，能使各個user近乎使用單獨的一個主機。

4. 必須能對程式及資料提供保護措施，具privacy（私密性），以防止未經授權者接觸權利範圍以外的程式或資料。

5. 每一終端機有獨立功能。

## 四、分散式處理系統（Distributed Processing System）

為減輕主電腦處理機的負荷，在這些分散各地區之據點裝設中小型電腦主機，再與中心主電腦相連接，以便將收集到或處理過的資料送到主電腦作進一步處理，這種作業方式稱為分散式處理系統。分散式處理系統具有下列的特性：

1. 資源充分利用，可以分享與主電腦連線的其它電腦之資源。

2. 可以提高整體的執行效率。

3. 許多資料在資料產生地處理，降低通信成本。

4. 一旦某部電腦發生故障，仍可局部處理或交由其它電腦處理，此種型態可提高系統的可用度（Availability）及可靠度（Reliability）。

5. 容易擴充系統的規模。

# 5-4 ▶ 資料庫系統簡介

資料庫系統在現今的電腦應用，可說是非常的廣泛，小至坊間聯誼社的男女資料建立，大至線上遊戲伺服器玩家ID的資料，都必須要用到資料庫系統，底下將會簡單說明資料庫系統的概念，在後面第12章將會有更完整的介紹。

## 一、資料庫系統概念

1. **定義**：資料庫系統是電腦化檔案管理系統的一部分，可以視為電子式的檔案整理箱，其意義可以簡單的解釋成：「由一群相關且不重複的資料檔案構成，藉由資料庫管理系統（Database management system，DBMS）進行檔案管理的工作。」

2. **資料庫系統之特性**

| | |
|---|---|
| **共享性** | 資料庫內之資料可以在授權範圍內由多人共享。 |
| **完整性（一致性）** | 經由資料完整性的檢查程序確保資料之完整性。 |
| **安全性（保密性）** | 由資料庫管理師（database administrator，DBA）設定資料存取之權限，進而保障資料庫之安全性。 |
| **獨立性** | 為資料庫之重要特性，使用者無須了解資料庫內部構造即可方便的使用，也就是說資料庫結構和資料庫程式之間具有獨立的特性，在使用上彈性較大。 |
| **關聯性** | 資料庫內之資料是以關聯的形式存在，藉由不同關聯之間的運算，進行資料庫之管理工作。 |
| **標準化** | 資料標準化可簡化資料的維持與不同機構間資料的交換。 |
| **準確性** | 資料納入資料庫必須經過嚴格的檢查與核對。 |

3. **資料庫管理架構遵循美國標準局ANSI所訂架構**：為了能夠方便的使用資料庫，user只須了解資料庫的使用方法，並無須了解資料庫管理系統之內部運作情形，因而資料庫是採用三層次的架構，分述如下：

(1)**內部層**（Internal Level）：最接近實際儲存體安排的層次。

(2)**外部層**（Exterend Level）：最接近user的層次。

(3)**觀念層**（Conceptual Level）：做為內、外部層之溝通介面。

小教室

另有一縮寫為JCL（Job Control Language），如果一次丟入計算機之程式不止一個，則必須以JCL告訴系統各個JOB之處理順序。

4. **資料庫查詢**：查詢資料庫所使用的語言稱為結構化查詢語言（Struc-tured Query Language，SQL），即是指由終端機所下達的資料庫操作語言；SQL可以分成下列三種型態：

(1)**資料定義語言**（Data definition language，DDL）：定義資料庫資料型態之語言。

(2)**資料操作語言**（Data manipulation language，DML）：操作已定義之資料庫資料，包含更新、增加、刪除等動作。

(3)**資料控制語言**（Data control language，DCL）：控制資料庫資料之使用權。

## 二、資料庫系統之觀念

1. **重要名詞解釋**

(1)**Schema（總覽、綱目）**：DBA於建立資料庫時，用來定義每一個資料集合之邏輯結構的語言，也就是用來描述資料庫邏輯概念的語言。

(2)**Subschema（次總覽、次綱目）**：描述所建立資料庫之外觀或稱景象（view），即定義資料庫之次邏輯集合和其存取結構。

(3)**關係**：資料庫內不同資料間之關係，此為關聯式資料庫之基礎。

2. **資料庫邏輯組織**

(1)**樹狀組織**（Tree Structure）：只能由上而下表示資料間之關係。

(2)**網狀組織**：以網路模式連接資料。

(3)**關聯組織**：將資料間建立成表格，再針對表格做類似交集、聯集等運算，求取資料間的關聯，此為目前最流行的資料庫架構。

3. **關聯式資料庫簡介**：表格是關聯式資料庫的基本，所有的資料關聯都由表格出發，藉由所定義的表格操作方式，獲得所需的資料，而此種表格操作方式稱為關聯代數。

# 5-5 ▸ 資訊系統分析

## 一、系統發展的生命週期

就像是人有生老病死一樣，資訊系統也有它的生命週期（system development life cycle），大略有六個主要步驟：

1. **確認需求**（recognition of need）：建立新資訊系統最基本的要求就是要滿足資料需求。

2. **研究可行性**（feasibility study）：所謂的研究，就是定義，描述與評估資訊系統，並且選出一套可以滿足上需求的資訊系統。

3. **分析系統**（system analysis）：目的是要解決最終使用者的問題，而這是最主要的步驟。

4. **設計系統**（system design）：系統分析完畢之後，下一步就要設計系統，包括所有操作使用上的細節、程式撰寫、測試，以及資訊系統中所有的系統程式相融性調整。

5. **實行系統**（system implementation）：使用者的訓練，舊系統的資料該怎麼轉移到新系統，遠端連線該怎麼操作，將會在這個步驟完成。

6. **實行系統後以及維護**（post-implementation and maintenance）：如果使用者需求再有改變，就必須做一些補強的功能上去，使系統可以滿足這些需求；如果系統不敷使用或是過氣時，該怎麼維護它？這是這一步驟的議題。

## 二、企業導入（ERP）

企業導入（Enterprise Resource Planning，簡稱EPR），這是Gartner Group在1990年所提出的概念。ERP是描述下一代製造商業系統和製造資源計畫的軟體。它包含客戶與服務架構、使用者圖形介面、應用開放系統製作。除此之外，它還包含其他特性，例如品質、過程運作管理，以及調整報告等等。特別的是，ERP把軟體和硬體切割出來，使ERP更容易升級，更容易依用戶需求來調整軟體功能。

---

### 小教室

**ERP與企業的關係**：ERP是借用一種新的管理模式來改造原企業舊的管理模式，是先進又有效的管理思想。聽起來ERP有很多優點，但是在實際應用上，大多數的企業效果並不明顯。因為ERP要能夠好好運作，要有四個認知：

1. ERP是企業管理全面的變革。　　2. 企業管理階層要取得共識。
3. 投入ERP是一個系統工程。　　　4. 實施ERP需要複合型人才。

因此，條件具備的企業必須要取得先機來使用ERP管理系統，首先整理好內部管理基本資料，選定或開發適合的ERP軟體，條件成熟了就使用。

---

# 三、資料流程圖（DFD, data flow diagram）

一般的資訊系統基本上可以分為輸入、處理、輸出三個部分；資料流程圖的精神就在於資料流程的規劃、各處理單元的動作並且可以作更深一步的切割。

**DFD的各種圖形意義**

| 外部實體 | 外部實體 | 系統輸入的起點或輸出的終點 |
|---|---|---|
| 處理 | 處理 | 執行輸入資料處理轉換成輸出資料的單元 |
| 資料流 → | 資料流 | 連接不同的程序，用來表示資料傳送的方向 |
| → 資料儲存體 → | 資料儲存體 | 資料儲存的地方，箭頭表示資料來源及輸出方向 |

(1) **第0層DFD**：又稱環境背景圖，通常用來呈現系統與環境的資料流向關係。

(2) **第1層DFD**：把處理元件內的任務再細分，並分別呈現出各細部元件的資料流程圖。當然第1層可以繼續依處理元件內的任務再細分，產生第2層DFD、第3層DFD等等。

## 四、統一模型化語言（UML）

統一模型化語言（UML）是為軟體資訊系統產品進行詳述（specifying）形象化（visualizing），建構（constructing）與文件化（documenting）的一種語言。不只在軟體資訊系統上面，對於其他商業模型或者是非軟體系統，統一模型化語言（UML）也是一個很棒的模型化語言。

1. UML設計目標

    (1)提供視覺化的模型化語言給客戶，讓他們能夠發展與改變模型。

    (2)提供易於擴充的方式來發展軟體。

    (3)支援現今的開發觀念，例如：物件導向（OO）、協作、建構、範本與元件等。

2. UML九個模式圖：類別圖（class diagram）、使用個案圖（use case diagram）、物件圖（object diagram）、狀態圖（state diagram）、元件圖（component diagram）、合作圖（collaboration diagram）、循序圖（sequence diagram）、活動圖（activity diagram）以及部署圖（deployment diagram）。

3. UML概觀

| 主要區域 | 觀點 | 圖 | 主要概念 |
|---|---|---|---|
| 結構 | 靜態觀點 | 類別圖 | 類別、關聯、推廣、相依性、實際化、介面 |
| | 使用個案觀點 | 使用個案圖 | 使用個案、演員、關聯、延伸、包括、使用個案推廣 |
| | 實施觀點 | 元件圖 | 元件、介面、相依性、位置 |
| | | 部署圖 | 節點、元件、相依性、位置 |
| 動態 | 靜態機器觀點 | 狀態圖 | 狀態、事件、傳送、動作 |
| | 活動觀點 | 活動圖 | 狀態、活動、完整傳送、開始執行、合併 |
| | 互動觀點 | 循序圖 | 互動、物件、訊息、活動 |
| | | 合作圖 | 合作、互動、合作角色、訊息 |

| 主要區域 | 觀點 | 圖 | 主要概念 |
|---|---|---|---|
| 模型管理 | 模型化語言觀點 | 類別圖 | 包裹、子系統、模型 |
| 延伸性 | 全部 | 全部 | 限制、虛擬形態、標籤值 |

4. **UML的現狀和未來**：UML沒有版權問題，所有使用者都可以隨意的使用它。經過許多人的努力，UML的符號與含意變的相當的簡單。UML的優點有：

(1)解決以前建模語言複雜、不合邏輯的問題。

(2)統一許多不同系統的觀點，發展階段（需求分析，設計和執行）和內部觀點。雖然UML定義了一個精確的語言，但它並不會阻礙建模觀念未來的發展。未來UML將會越來越成熟，並且與其他工具融合得更親密。

# 5-6 ▸ XML

當我們在瀏覽網頁的時候，通常都是透過HTML來展現整個網頁的內容，不過因為HTML是早期的標籤語言，想當然功能會比較陽春。而且網頁的內容與結構過份親密，使得網頁原始碼不易更新、閱讀。

XML（extensible markup language），本身也是標籤語言，XML主要的功能是描述資料，沒有先定義好的標籤，因此使用者必須自己定義標籤，也就是說，我們可以根據網頁內容來定義標籤名稱，讓網頁更容易閱讀。XML不僅應用在網頁上，也可以應用在醫學資料系統上，與即時醫學技術資訊等等。

## 1. XML與HTML的差別

| XML | HTML |
|---|---|
| XML是用來描述資料的<br>XML不是來取代HTML<br>XML把重心放在資料是什麼<br>XML是描述資訊 | HTML把重心放在資料如何呈現<br>HTML是呈現資訊 |

（補充說明：資訊就是有額外訊息的資料）

## 2. 一個簡單的例子

```
<?xml version="1.0"?>
<note>
  <to>聰明女孩</to>
  <from>小根根</from>
  <heading>提醒事項</heading>
  <body>別忘記你明天下午六點要去打工喔!</body>
</note>
```

不同於HTML的某些標籤（<HR>、<BR>等等），XML的標籤必須有頭有尾，有<note>就要有</note>。

# 5-7 ▸ pcAnywhere軟體介紹

pcAnywhere，顧名思義，就是到處都是你的電腦，也就是一個遠程遙控軟體，它可以讓你安全地連接到主控端電腦，傳送檔案時不會打斷你手邊的工作，功能強大，多樣化的遠端支援工具，在國外，這一類的軟體已經非常普遍了，它的特點有：

1. 功能強大，多樣化的遠端支援工具：不需要複雜的網路架構，不需花費額外的網路設備。

2. 有效率排除遠端系統問題：MIS工程師不需要花任何往返的時間，便能更快速地解決問題。

3. 保護企業的資源與資料：提供限定磁碟機的存取、檔案傳送權限限制、被控端呼叫回應、被控端螢幕、鍵盤鎖定及其他功能。在檔案傳送期間，使用Norton AntiVirus自動進行掃毒。

4. 檔案傳送順暢無礙：檔案於背景傳送時，還可以讓你遠程遙控一台電腦。

## 精選測驗題

( 　 )　**1** 在資料處理作業中，基本資料結構，由小至大可分為五個階層，下列敘述中，何者正確：　(A)字元－欄－錄－檔案－資料庫　(B)字元－檔案－錄－欄－資料庫　(C)欄－字元－資料庫－錄－檔案　(D)錄－欄－字元－資料庫－檔案。

( 　 )　**2** 下列何種是錯誤的：　(A)即時（Real Time）系統一定是連線（On-line）系統　(B)連線系統一定是即時系統　(C)即時作業即資料一旦被輸入電腦，就立即被處理，並立即將結果送回　(D)整批作業（Batch Processing）較適用於非急迫資料之處理。

( 　 )　**3** 檔案是由多個相關的：　(A)資料欄　(B)紀錄　(C)資料項　(D)資料庫　組成。

( 　 )　**4** 將紀錄依順序儲存，需要取用時也必須依照順序讀取的檔案為：　(A)直接存取檔案　(B)循序檔案　(C)隨機檔案　(D)以上各答案皆非。

( 　 )　**5** 依資料的性質加以歸納的過程稱為：　(A)計算　(B)合併　(C)排序　(D)分類。

( 　 )　**6** 下列哪一句敘述不是有關於資料庫系統（Data Base System）之優點的說法：　(A)減少資料的重複　(B)提高資料之安全及保密性　(C)節省程式設計的時間　(D)節省程式執行時所佔用主記憶體時間。

( 　 )　**7** 資料檔的組織係指資料記錄在資料檔儲存方式，則下列何種檔案組織最節省記憶空間：　(A)直接式（Direct）　(B)相關式（Relative）　(C)循序式（Sequential）　(D)索引式（Index）。

( 　 )　**8** 資料經由處理過程而產生：　(A)排序　(B)分類　(C)成品　(D)資訊。

( 　 )　**9** 資料庫管理系統簡稱：　(A)DB　(B)DBMS　(C)LOTUS 1-2-3　(D)AUTOEXEC。

（　　）10 資料檔之每一筆紀錄均為固定長度，存入或取出資料時，只要指明第幾筆記錄（即Record Number），則該資料檔是為：　(A)循序型檔案　(B)程式型檔案　(C)隨機型檔案　(D)以上皆非。

（　　）11 有關資料庫優點的描述，下列何者為是：　(A)避免資料的重複性　(B)提供資料的一致性　(C)方便於資料的集中管理及分享　(D)以上各答案皆是。

（　　）12 對講機的傳輸方式是屬於：　(A)單工　(B)全雙工　(C)半雙工　(D)以上皆非。

（　　）13 通訊線路一般傳送何種訊號：　(A)數位和類比訊號　(B)類比訊號　(C)數位訊號　(D)以上皆非。

（　　）14 提款機之資料處理作業不屬於下列哪一種電腦作業？　(A)即時處理　(B)連線處理　(C)整批處理　(D)分散處理。

（　　）15 電視節目的傳輸方式是：　(A)單工（Simplex）　(B)半雙工（Half-duplex）　(C)全雙工（Full-duplex）　(D)倍雙工（Double-duplex）。

（　　）16 有關資料處理型態的敘述，下列何者正確？　(A)航空公司的訂位系統是即時（Real Time）系統　(B)分時（Time Sharing）系統必是離線（off line）處理　(C)多元程式（Multiprogramming）系統必是多人使用　(D)連線處理必是即時系統。

（　　）17 以下何者不是隨機檔（random access file，或稱直接檔）之優點：　(A)可有效運用儲存空間　(B)適用於連線上之即時處理　(C)寫入與更新可不依特定順序處理　(D)搜尋檔內任一資料之時間接近相同。

（　　）18 下列何種資料檔案最容易建立，但存取資料卻較費時：　(A)直接存取檔　(B)循序存取檔　(C)索引循序存取檔　(D)隨機存取檔。

（　　）19 適合連線查詢作業的資料檔為：　(A)輸入檔　(B)輸出檔　(C)循序檔案　(D)隨機檔案。

( 　) **20** 檔案（File）是由多個性質相關的：　(A)資料欄（data field）
(B)紀錄（record）　(C)位元組（byte）　(D)資料庫（data base）
所組成。

( 　) **21** (A)位元組　(B)資料檔　(C)資料庫　(D)資料紀錄　是幾個相關的
資料欄所組合而成一筆完整的資料。

( 　) **22** 下列何種方法是資料處理的方式：　(A)記錄（recording）　(B)分
類（classifying）　(C)排序（sorting）　(D)以上皆是。

( 　) **23** 資料處理過程中，最小的單位是：　(A)位元　(B)欄　(C)記錄
(D)檔案。

( 　) **24** 資料處理過程中，最高的階層是：　(A)欄　(B)記錄　(C)檔案
(D)資料庫。

( 　) **25** 圖書館內圖書的查詢大部分是採用何種存取方式：　(A)索引存取
(B)循序存取　(C)直接存取　(D)隨機存取。

( 　) **26** 下列儲存媒體中，何者不適用於索引檔：　(A)磁片　(B)磁碟
(C)磁鼓　(D)磁帶。

( 　) **27** 下列何種資料存取方式的速度最慢：　(A)直接存取　(B)循序存取
(C)索引存取　(D)以上三種方法速度一樣。

( 　) **28** 下列何者不屬於即時作業系統？　(A)飛航資料分析　(B)銀行存提
款作業　(C)飛彈系統　(D)處理水費、電話費系統。

( 　) **29** 一般而言，下列何種電腦資料存取方法的平均速度為最快？
(A)循序存取法　(B)索引存取法　(C)隨機存取法　(D)三者存
取速度相同。

( 　) **30** 當一個實體記錄（Physical Record）包含有多個邏輯記錄（Logical
Record）時，稱為：　(A)順序化（Sequenced）檔　(B)碼化（Cod-
ed）檔　(C)整批化（Batched）檔　(D)編塊（Blocked）檔。

( ) **31** (A)位元組 (B)資料檔 (C)資料庫 (D)資料錄 是幾個相關的資料欄所組合而成一筆完整的資料。

( ) **32** 磁帶（Tape）是採用何種存取方式： (A)隨機存取 (B)索引存取 (C)循序存取 (D)直接存取。

( ) **33** 所謂n位元的CPU，n是指： (A)位址線數 (B)資料線數 (C)控制線數 (D)I/O線數。

( ) **34** 應用在飛機的導航系統上的電腦是屬於什麼類型？ (A)超級電腦 (B)平行電腦 (C)特殊用途電腦 (D)一般用途電腦。

( ) **35** 個人電腦（PC）是屬於哪一類型電腦？ (A)數位電腦 (B)微電腦 (C)一般用途電腦 (D)以上皆是。

( ) **36** 下列何者是衡量數據機（modem）傳輸速度的單位？ (A)mps (B)bps (C)byte (D)cycle。

( ) **37** 在軟體發展各階段中，何者是為了瞭解系統的需求（requirement）？ (A)系統分析 (B)系統設計 (C)系統測試 (D)系統建置。

( ) **38** 一個半雙工（half-duplex）傳輸系統是： (A)同時雙向傳輸 (B)不同時雙向傳輸 (C)單向傳輸 (D)同時單向傳輸。

( ) **39** 下列何者可轉換數位（Digital）訊號為類比（Analog）訊號？ (A)路由器（Router） (B)橋徑器（Brouter） (C)數據機（Modem） (D)顧客／伺服系統（Client Server）。

( ) **40** 當資料輸入電腦之後必須在很短限時之內輸出結果的系統稱之為： (A)分散式處理系統 (B)即時處理系統 (C)分時處理系統 (D)多工處理系統。

( ) **41** 軟體生命週期包含下列步驟：A.需求分析；B.實作；C.系統測試；D.系統設計；E.系統規格說明；F.維護。請問從電腦化的角度，應該依循下列哪個次序開發軟體？ (A)A.B.C.D.E.F. (B)A.E.D.B.C.F. (C)A.D.E.B.C.F. (D)A.E.D.C.B.F.。

(　　)　**42** RAID是用來：　(A)儲存資料　(B)傳輸資料　(C)播放音樂　(D)播放影片。

(　　)　**43** 如果你希望每兩台網路主機之間都有一條網路線直接相連，那麼6台網路主機之間需要多少條網路線？　(A)15條　(B)12條　(C)10條　(D)5條。

(　　)　**44** 如果要保證當網路線只斷掉一條時，還能讓任意兩台網路主機之間保持暢通，那麼10台網路主機之間最少需要多少條網路線？(A)20條　(B)18條　(C)10條　(D)9條。

(　　)　**45** 下列何者不是無線區域網路應用的優點？　(A)安全性　(B)機動性(C)不需布線　(D)擴充性。

(　　)　**46** 當二台電腦在通訊狀態下，資料可由二個方向傳送，但是一次只能有一個傳送方向的通訊方式稱為：　(A)半雙工傳輸　(B)單工傳輸　(C)全雙工傳輸　(D)多工傳輸。

(　　)　**47** 循序檔和直接存取檔是依檔案的何種特性來作分類？　(A)輸入或輸出　(B)儲存媒體　(C)檔案之性質　(D)檔案之存取結構。

(　　)　**48** 將資料於傳輸過程中進行數位信號與類比信號轉換者為：　(A)編譯器　(B)直譯器　(C)數據機　(D)轉譯器。

(　　)　**49** 下列何者不是微軟瀏覽器IE的功能？　(A)文書處理　(B)瀏覽網頁(C)網頁存檔　(D)列印網頁。

(　　)　**50** 下列哪一種儲存媒體只能使用循序方式存取資料？　(A)軟式磁碟片　(B)硬式磁碟　(C)光碟片　(D)磁帶。

(　　)　**51** 資訊系統生命週期（System Life Cycle）大略可分為五個階段，下列何者非屬五個階段之一？　(A)企業需求（Business Need）階段(B)系統發展（System Development）階段　(C)系統荒蕪（System Obsolescence）階段　(D)訪談（Interview）階段。

(　　)　**52** 一群原始數字、文字或符號，經過處理後所得到具有意義的結果，稱為：　(A)資料　(B)資訊　(C)檔案　(D)記錄。

## 解答與解析

**1 (A)**。在資料處理作業中，基本資料結構由小至大的五個階層為：字元－欄－錄－檔案－資料庫。

**2 (B)**。即時系統一定是連線系統，但連線系統不一定是即時系統。

**3 (B)**。檔案是由多個相關的紀錄組成的。

**4 (B)**。將紀錄依順序儲存，需要取用時也必須依照順序讀取的檔案為循序檔案。

**5 (D)**。依資料的性質加以歸納的過程稱為分類。

**6 (D)**。節省程式執行時所佔用主記憶體時間不是資料庫系統的優點之一。

**7 (C)**。循序存取最節省記憶空間。

**8 (D)**。資料經由處理過程後，產生的是資訊。

**9 (B)**。資料庫管理系統簡稱為DBMS。

**10 (C)**。只要指明第幾筆紀錄即可存入或取出資料，是隨機型檔案的特性。

**11 (D)**。資料庫的優點包括：避免資料的重複性、提供資料的一致性、方便於資料的集中管理及分享。

**12 (C)**。對講機的傳輸方式是屬於半雙工。

**13 (B)**。通訊線路一般傳送類比訊號。

**14 (C)**。提款機之資料處理作業不屬於整批處理。

**15 (A)**。電視節目的傳輸方式是：單工（Simplex）。

**16 (A)**。訂位系統必定是即時系統。

**17 (A)**。可有效運用儲存空間為循序檔之優點。

**18 (B)**。循序存取檔最容易建立，但存取資料卻較費時，因存取資料的方式必為循序。

**19 (D)**。適合連線查詢作業的資料檔為隨機檔案，因為能較快找到資料。

**20 (B)**。檔案是由多個性質相關的紀錄所組成。

**21 (D)**。資料紀錄是幾個相關的資料欄所組合而成一筆完整的資料。

**22 (D)**。記錄、分類、排序都是資料處理的方式。

**23 (A)**。資料處理過程中，最小的單位是位元。

**24 (D)**。資料處理過程中，最高的階層是資料庫。

**25 (A)**。圖書館內圖書的查詢大部分是採用索引存取的方式。

**26 (D)**。磁帶只適於循序檔，不適用於索引檔或隨機檔。

**27 (B)**。循序存取的資料存取速度最慢。

**28 (D)**。水費、電話費的處理不需即時。

**29 (C)**。一般而言，隨機存取法的平均速度為最快，但最佔空間。

**30 (D)**。一個實體記錄包含有多個邏輯記錄時，稱為編塊檔。

**31 (D)**。資料錄是幾個相關的資料欄所組合而成一筆完整的資料。

**32 (C)**。磁帶是採用循序存取。

**33 (B)**。n位元的CPU，n指的是資料線數。

**34 (C)**。應用在飛機的導航系統上的電腦是屬於特殊用途電腦。

**35 (D)**。個人電腦是數位電腦、微電腦，也是一般用途電腦。

**36 (B)**。衡量數據機傳輸速度的單位是bps（bits per second）。

**37 (A)**。在軟體發展各階段中，系統分析是為了瞭解系統的需求。

**38 (B)**。一個半雙工傳輸系統是不同時雙向傳輸。

**39 (C)**。數據機可轉換數位訊號為類比訊號。

**40 (B)**。即時處理系統，就是資料輸入之後必須立即輸出結果的系統。

**41 (B)**。軟體生命週期包含(1)需求分析；(2)系統規格說明；(3)系統設計；(4)實作；(5)系統測試；(6)維護。

**42 (A)**。RAID是用來儲存資料的。

**43 (A)**。$C_2^6 = 15$

**44 (C)**。要保證當網路線只斷掉一條時，還能讓任意兩台網路主機之間保持暢通，10台網路主機之間最少需要10條網路線。

**45 (A)**。無線區域網路的安全性較低。

**46 (A)**。可雙向傳輸，但一次只能有一個傳送方向是半雙工傳輸的特徵。

**47 (D)**。循序檔和直接存取檔是依檔案的存取結構來作分類的。

**48 (C)**。將資料於傳輸過程中進行數位信號與類比信號轉換者為數據機。

**49 (A)**。微軟瀏覽器IE不具文書處理功能。

**50 (D)**。磁帶只能使用循序方式存取資料。

**51 (D)**。資訊系統的生命週期（system development life cycle）大略有六個步驟：
(1)確認需求（recognition of need）。
(2)研究可行性（feasibility study）。
(3)分析系統（system analysis）。
(4)設計系統（system design）。
(5)實行系統（system implementation）。
(6)實行系統後以及維護（post-implementation and maintenance）。
選一個最不相關的答案，就是(D)。

**52 (B)**。原始的數字、文字或符號，經過處理後所得到具有意義的結果稱為資訊。

## 重點速攻

這一章重要的考題主要集中在：

1. 前置式、中置式及後置式的轉換
2. 陣列在電腦中的運算方式
3. 記憶體與陣列的表示計算

其中第一項最為重要，在高階的考試中，最少都會有一題出現，因此必須學會這個部分。

# 6-1 ▶ 算術式表示法

## 一、運算符號在算術式內之優先性

1. 一般常用的算術符號有6大類，依其在算術式之優先順序可以排列成括號（愈內層愈優先）、指數、前導負號、乘與除、加與減、等號。

---

### 小教室

代表符號為（ ）、↑或$或^、-、×÷（/）、＋－、＝

-------------------------------------------------------------------------------

考試時可能會用↑或$或^代表指數運算。

---

2. 運算優先順序不同時，當然依照順序高低進行運算。若優先順序相同，採以下之原則：

   (1)指數：例如$2^{3^2}$，一般皆視為$2^9$而非$8^2$。因此，指數採由右至左之順序。

   (2)其他運算採由左至右，例如A*B/C，先做A*B得到結果後再做/C的動作。

## 二、算術表示式之轉換

一般來說，中置式的表示法最為大家所熟悉，要將中置式轉換成前置式或是後置式，剛開始可能會有些不太習慣。事實上只要依據下面的程序，加以熟練，可以保證這類考題將變成送分題。

1. 將中置式之優先順序標出，例如：

A*B↑C/D

其運算順序必為↑*/，也就是說先做B↑C，將所得到的結果視為一個新的組合變數，再做A*此變數，又可得到新的組合變數，再做此組合變數/D。

2. 依序寫出各組合變數之形式即得，例如：

將A*B↑C/D化為前置式（即A＋B化成＋AB）

先做B↑C ⇒ ↑BC　　//將↑BC視為一個新的組合變數

再做A*↑BC ⇒ *A↑BC

再做*A↑BC /D ⇒ /*A↑BCD

3. 若寫成後置式，其結果類似，A＋B ⇒ AB＋

先做B↑C ⇒ BC↑

再做A*BC↑ ⇒ ABC↑*

再做ABC↑* /D ⇒ ABC↑*D/

4. 值得特別注意的，運算元之順序在變換表示式時是必須保持，而不可任意交換的，例如，A＋B應化為＋AB，而不可化成＋BA。

## 三、例題說明

1. **中置變前置**：H=A＋B*（C＋D*（E＋F））

由最內層括號做起 E＋F ⇒ ＋EF

再做D* ＋FE ⇒ *D＋EF

再做C＋ *D＋EF ⇒ ＋C*D＋EF

再做B* ＋C*D＋EF ⇒ *B＋C*D＋EF

再做A＋ *B＋C*D＋EF ⇒ ＋A*B＋C*D＋EF

再做H=＋A*B＋C*D＋EF ⇒ ＝H＋A*B＋C*D＋EF

**2.** **中置變前置**：（A＋B）＊（C＋D）

　　　此題之特色在於兵分兩路的計算

　　　先做A＋B ⇒ ＋AB

　　　再做C＋D ⇒ ＋CD

　　　再做$\underline{＋AB}$ ＊ $\underline{＋CD}$ ⇒ ＊＋AB＋CD

**3.** **中置變前置**：A＋B＋C\$D\$E

　　　先做D\$E ⇒ \$DE

　　　再做C\$ $\underline{\$DE}$ ⇒ \$C\$DE

　　　再做A＋B ⇒ ＋AB

　　　再做 $\underline{＋AB}$＋$\underline{\$C\$DE}$ ⇒ ＋＋AB\$C\$DE

---

**小教室**

前面式子內之底線表示將字元集合視為一個新的組合變數。

--------------------------------------------------------------------------------

\$（次方）之優先順序為由右至左。

---

**4.** **中置式變後置式**：（A＋B）＊（C/（D-E）＋F）-G

　　　先做D-E ⇒ DE-

　　　再做C/ $\underline{DE-}$ ⇒ CDE-/

　　　再做$\underline{CDE-/}$＋F ⇒ CDE-/F＋

　　　再做A＋B ⇒ AB＋

　　　再做$\underline{AB＋}$ ＊ $\underline{CDE-/F＋}$ ⇒ AB＋CDE-/F＋＊

　　　再做$\underline{AB＋CDE-/F＋＊}$ -G ⇒ AB＋CDE-/F＋＊G-

## 四、較難之轉換題型

**1.** **前置變中置**：前置變中置主要的特性在於必須先找到原始中置式之優先順序，這可能比較難，因此我們以尋找「一個運算符號而其後緊跟著兩個運算元」之情形，依次加以化簡，例如：將↑a＋＊bcd 化為中置式。

此題由↑帶頭很明顯應為前式。我們依序由左至右尋找滿足前述性質之表式示。第一看到的將是*bc，因此：

先將*bc還原成b*c

將b*c視為一個新的組合體

接下來將是＋ <u>b*c</u> d ⇒ b*c＋d

然後是↑<u>ab*c＋d</u> ⇒ a↑b*c＋d

如果你的答案如上所述，那將一分都得不到，因為你忽略了括號的添加，a↑（b*c＋d）才是答案。

---

**小教室**

由前面的分析大家應該有這樣的概念，如果我們問，中置式與前（後）置式之最大的不同點為何？答案應是在前（後）置式中將看不到括號的存在。因此由前（後）置轉為中置式時必須注意到適當的添加括號。

---

2. **前置變中置練習：**＊＋ab＋cd

先做 ＋ab ⇒ a＋b

再做 ＋cd ⇒ c＋d

再做 * <u>a＋b</u> <u>c＋d</u> ⇒ （a＋b）*（c＋d）

適當的加上括號是本題的重點。

3. **後置變中置：**化簡程序與前置變中置相同，只是須注意「2個運算元之後追隨一個運算符號」的特性，例如將xyz*w＋↑化為中置：

先做 yz* ⇒ y*z

再做 <u>y*z</u> w＋ ⇒ y*z＋w

再做 x <u>y*z＋w</u>↑ ⇒ x↑（y*z＋w）

同樣須注意適當的加入括號。

4. 若題目要求將前置轉後置，或是後置轉前置，則必須以中置為媒介，先轉成中置後，再轉至所要的表示式。

1.將下式轉為前置及後置
(1)A＋B－C
(2)（A＋B）＊（C－D）＋E*F
2.將下式轉為後置及前置
　　A＋B*（mC）－D／E↑F
　　其中mC表示（－C）

答：1. (1) 前置：－＋ABC
　　　　　後置：AB＋C－
　　　(2) 前置：＋*＋AB－CD*EF
　　　　　後置：AB＋CD－*EF*＋
　　2. (1) 後置：
　　　　　先做 mC ⇒ Cm
　　　　　再做 E↑F ⇒ EF↑
　　　　　再做 B*Cm ⇒ BCm*
　　　　　再做 D／EF↑ ⇒ DEF↑／
　　　　　再做 A＋BCm* ⇒ ABCm*＋
　　　　　再做 ABCm*＋－DEF↑／ ⇒ ABCm*＋DEF↑／－
　　　(2) 前置：－＋A*BmC／D↑EF

# 6-2 ▸ 陣列與記憶體

## 一、陣列介紹

1. **資料形態**：資料形態通常可以分成1個byte、2個byte、4個byte及8個byte等長度，而且陣列中每個元素都具有相同的長度。若題目未給定長度，則一律以1個byte視之。

2. **陣列維次**：通常考試都以一維和二維陣列為對象，三維以上的陣列幾乎沒有考過。所謂一維就是說陣列的註標只有一個，例如A（20）；而二維陣列就有二個註標，例如A（10，20）。一維陣列較容易了解，就如同排成一隊一樣；而二維陣列就要想像成一個棋盤，A（10，20）就表示在第十列第二十行交點的位置，其中列表示橫的，而行表示直的，例如

$$\begin{bmatrix} 1 & 2 & 3 & 10 \\ 4 & 5 & 6 & 11 \\ 7 & 8 & 9 & 12 \end{bmatrix}$$

有三個橫列和四個縱行，因此這個陣列為3×4（念做3乘4）。

## 二、一維陣列之計算題型

1. **範例**：若A（20）之位置在120，則A（100）之位置為何？

   本題未註明資料形態因此以1個byte視之，而此類考題我們都建議用距離的觀念來計算，公式為

   終端位置＝起始位置＋距離*長度

   本題中長度為1，而距離為100-20＝80

   所以終端位置＝120＋80*1＝200

2. 有時題目會把不同的進位數放在一起，考考各位的細心程度，例如：假設A為具1000個元素之陣列，每一元素為佔有4個byte之實數，若A[500]之位址為$1000_{16}$，請問A[1000]之位址為何？

   本題中須注意$1000_{16}$這個數字，因為並非10進位數，所以必須加以轉換後才可代入上面的公式。

   終端位置＝$1000_{16}$＋（1000-500）×4

   ＝$1000_{16}$＋$2000_{10}$＝$1000_{16}$＋$7D0_{16}$＝$17D0_{16}$

## 三、二維陣列

1. **二維陣列與記憶體**：二維陣列有列與行的觀念，但其在記憶體內卻是以直線的方式排列，因此必須確認到底是先排列還是先排行，才能決定記憶體之放置情形，例如：

$$\begin{bmatrix} 1 & 2 & 3 & 4 \\ 5 & 6 & 7 & 8 \\ 9 & 10 & 11 & 12 \end{bmatrix}_{3 \times 4}$$

此為3列4行的陣列，若以列為優先（by row），則放置順序將成為1，2，3，4，5，6，7，8，9，10，11，12；若以行為優先則放置順序會變成1，5，9，2，6，10，3，7，11，4，8，12。因此在計算二維陣列元素之存放位址時，須特別注意到底是by row還是by column。

以下我們做一個練習：假設A為3×4之陣列，A（1，1）之位址在150，若分別採列為主，和行為主之方式，求A（3，2）之位址？

先談以列為主，首先分析上面的例子，要從（1，1）走到（3，2），若以列為主，則必須先往右走，一直到撞牆為止，然後才往下一列前進，直到位置走到（3，2）為止，因此我們可以看出A（3，2）至A（1，1）之距離為：

　　（4-1）＋（3-1-1）×4＋2＝9

　　其中4-1為橫走撞到牆之距離

　　（3-1-1）×4表示完整的列有1個，共有1×4步

　　2表示從第3列開始走到（3，2）之距離

　　因此終端距離＝150＋9＝159

如果以行為主，則距離將變成：

　　（3-1）＋（2-1-1）×3＋3＝5

　　其中（3-1）表示由（1，1）走到（3，1）之距離

　　（2-1-1）×3表示完整的行數距離

　　3表示從第2行走到（3，2）之距離

　　因此終端距離＝150＋5＝155

2. **公式介紹**：假設陣列為m×n，則由A（a，b）走至A（c，d）之距離為

(1)by row

　　（n-b）＋（c-a-1）×n＋d

(2)by cloumn

　　（m-a）＋（d-b-1）×m＋c

**小教室**

請和前述例題比對，可以得到更多的理解。考試時請盡量以圖形幫助解答，會比代公式要來得方便。

## 四、特殊陣列：以方陣為對象（n×n）

**1. 上三角陣列**：對角線以下之元素均為0之矩陣稱為上三角陣列，例如：

$$\begin{bmatrix} 1 & 2 & 3 \\ 0 & 4 & 5 \\ 0 & 0 & 6 \end{bmatrix}$$

**2. 下三角陣列**：對角線以下之元素均為0之矩陣稱為下三角陣列，例如：

$$\begin{bmatrix} 1 & 0 & 0 \\ 2 & 3 & 0 \\ 4 & 5 & 6 \end{bmatrix}$$

**3. 儲存方式**：假設有一方陣，其大小為n×n，若為上三角陣列，扣去為0的元素不予儲存，則須儲存空間多大？

從圖上可以看出，若為3×3則需1＋2＋3＝6

若為4×4則需1＋2＋3＋4＝10

若為n×n則需1＋2＋3＋……＋n＝n（n＋1）/2

**4.** 由於儲存方式與一般陣列不甚相同，又有以列為主和以行為主兩種不同的儲存方式，因此計算就顯得相當複雜。一般來說這種題型出現的機率不高，若真的出現，建議用圖示的方式來計算位置之間的距離。

## 精選測驗題

（　）**1** 考慮下列的宣告Var A：array[100……1000]of integer：假設一個integer佔一個memory，A[100]在memory位址1156的地方。問A[344]在位址多少的地方：　(A)1400　(B)1401　(C)1402　(D)1403。

（　）**2** 將中序（infix）運算式（A＋B）/C-D*E轉換成後序式（postfix），其結果為：　(A)AB＋C/DE*-　(B)ABC/＋DE*-　(C)-＋AB/C* DE　(D)-/＋ABC*DE。

（　　）　**3** 將後序運算式AB-C/DE*＋轉換成中序式，其結果為：　(A)
（A-B）/（C＋D）*E　(B)（A-B）/C＋D*E　(C)（A＋B）-
（C*E）/D　(D)（A＋B）*（C-E）/D。

（　　）　**4** 將A-B*（C＋D）＋E/F數學式子，化為Prefix（前序）之表示法
為：　(A)ABCD＋*-EF/＋　(B)＋-A*B＋CD/EF　(C)AB＋CD*-
EF/＋　(D)＋-A*＋BCD/EF。

（　　）　**5** 運算式（A*B＋C）＋D*E之後置（postfix）表示法為：　(A)AB*＋C＋
*DE　(B)ABCDE*＋＋*　(C)ABC*＋DE*＋　(D)AB*C＋DE*＋。

（　　）　**6** 假設某一個陣列（array）元素A[1, 1]所在位置為1，A[3, 4]的位
置為14，A[4, 3]的位置為18，請問A[6, 4]的位置為何？　(A)27
(B)28　(C)29　(D)30。

（　　）　**7** 有一個二維矩陣M（1:5, 1:10），每一元素需佔用一個位元組，且
存放在記憶體內的順序是M（1,1）、M（1,2）、M（1,10）、M
（2,1）、……、M（5,10）。如果M（1,1）存放的位址為1011，
那麼M（5,5）存放的位址為何？　(A)1050　(B)1055　(C)1060
(D)1065。

（　　）　**8** 運算式A×B-C/D的前置式為-×AB/CD，那麼運算式A＋B×C
-D的前置式為何？　(A)＋×AB-CD　(B)-＋A×BCD　(C)＋
A×-BCD　(D)-A×＋BCD。

（　　）　**9** 運算式A×B-C/D的後置式為AB×CD/-，那麼運算式A＋B×C
-D的後置式為何？　(A)AB＋C×D-　(B)ABC×＋D-　(C)
A×BCD＋-　(D)A＋BC×D-。

（　　）　**10** 令A[100]是一個專門用來儲存4位元組實數之一維陣列，若A[1]
的位址為256，則A[90]的位址為何？　(A)612　(B)616　(C)345
(D)346。

## 解答與解析

**1 (A)**。A[344]＝A[100]＋244＝1156＋244＝1400。

**2 (A)**。（A＋B）/C-D*E的後序式為AB＋C/DE*-。

**3 (B)**。AB-C/DE*＋的中序式為（A-B）/C＋D*E。

**4 (B)**。A-B*（C＋D）＋E/F的前序式為＋-A*B＋CD/EF。

**5 (D)**。（A*B＋C）＋D*E的後置表示法（後序式）為AB*C＋DE*＋。

**6 (C)**。A[3,4]＝A[1,1]＋（2*5＋3）＝14；A[4,3]＝A[1,1]＋（3*5＋2）＝18
所以A[6,4]＝A[1,1]＋（5*5＋3）＝29。

**7 (B)**。M（5,5）＝M（1,1）＋（4*10＋4）＝1055。

**8 (B)**。A＋B×C－D的前置式為－＋A×BCD。

**9 (B)**。A＋B×C－D的後置式為ABC×＋D－。

**10 (A)**。A[90]＝A[1]＋89*4＝612。

# 資料結構導論

## 7-1 ▸ 串列基本架構

### 一、基本架構

1. **串列（list）**：有序串列（ordered list）、線性串列（linear list）這三種說法指的都是同一樣東西，其定義為：「一串具有順序性的資料列」，其標準形式如下

$$S = \{a_1 , a_2 , a_3 , \cdots\cdots a_n\}$$

所謂順序性就是指$a_2$前面的元素一定是$a_1$，後面的元素一定是$a_3$，就好像Tuesday之前必為Monday，其後必為Wednesday一樣的道理。

2. **堆疊（stack）**：在前面章節曾經提過堆疊是一種類似汽油桶的東西，把東西丟進去，跟拿出來都必須由汽油桶的頂端進行，也因此先丟進去的東西，必然是最後才能取出，因此又稱Stack為先進後出（First in last out）串列。其特性及行為如下所述：

(1)插入與刪除之動作都在同一端進行，此端稱為頂端（top）。

(2)Stack使用場合通常是在處理副程式之呼叫以及做為程式返迴（return）位址之儲存體。

(3)Push（壓入）：由外界丟入一個資料至stack。

(4)Pop（彈出）：由stack中取出一個資料。

(5)深度：stack所能承載資料之最大個數。

(6)插入時須先檢查stack是否已滿，若否方可插入，若已滿則須回報溢位
（overflow）錯誤。

(7)刪除時須先檢查stack是否為空，若否方可刪除；若為空，則須回報無法
刪除。

**3.　佇列（Queue）**

(1)與stack不同之處在於其插入動作在一端執行，稱為後端（rear）；而刪
除動作則在另一端進行，稱為前端（front）。這就好像將汽油桶兩端打
通，橫置於地，從一端塞入東西，而從另一端取出物品。很明顯的，先
進去的東西將會優先從另一端取出，因此又稱Queue為先進先出（First
in first out），且適用場合為安排工作之執行順序。

(2)插入資料時須先確認後端（rear）是否已經為Queue之末端，即檢查是否
已沒有插入資料之空間。

(3)刪除時須確認是否為空的Queue。

**4.　雙向佇列（Deque）**：如佇列一般，但兩端均可插入資料，也可取出資料。

## 二、與串列有關之演算法

**1.　以陣列儲存stack**：假設S為具有m個元素之陣列，宣告成S（1..m），現以S
做為stack之儲存體。給定一個變數top，此變數永遠指向stack之頂端，也就
是說top存放的是stack中元素之數目，因此當top＝m則表示stack已滿；若新
插入一項資料則top＝top＋1；同理，刪去一項資料，則top＝top-1。

(1)push（S，item）：將item變數推入stack S內

　　　　if top＝m then return stack full

　　　　else top＝top＋1；S（top）＝item

(2)pop（S，item）：從S彈出一項資料，並儲存
於item變數

　　　　if top＝0　then return stack empty

　　　　else　item＝S（top）；top＝top-1；

**小教室**

前面所述之原則必須先
予確認，即插入前先檢
查是否已滿；刪除前先
檢查是否為空。

2. **以陣列描述Queue**：假設Q為一個Queue，且宣告為Q（1..m）之陣列，今賦予兩個變數，front變數是指前端，rear變數指後端，其間必須注意到front是指向待取出資料之前一個，而rear是指向最後一個存在的資料。很明顯的，front所在的位置沒有資料，而rear所指的位置有資料，如下圖所示：

| 註標 | 9 | 8 | 7 | 6 | 5 | 4 | 3 | 2 | 1 |
|------|---|----|----|---|---|---|---|---|---|
| 內容 |   | 23 | 12 | 9 | 7 | 5 | 8 |   |   |

　　　　　　↑　　　　　　　　　　　　　　　　　↑<br>　　　　　rear　　　　　　　　　　　　　　　front

(1)由上圖可以看出，當資料陸續加入時，rear會逐步後退，即rear之數值會逐步加1，直到rear＝m時表示已無空間可供插入；當資料陸續刪除時front之數值亦逐步加1，因此當front追上rear，也就是front＝rear時表示Queue中已無任何資料。

---

**小教室**

當資料經過某些插入及刪除動作之後，會有rear＝m的情況，但Queue卻產生未滿的狀態，這時雖然前面還有多的空間可以使用，不過因為rea是等於m的值，所以依然無法送入資料，這也就是用陣列來執行Queue的缺點，使記憶體無法做最有效的運用。

---

(2)插入資料

　　if rear＝m then return Queue full

　　else rear＝rear＋1；Q（rear）＝item；

(3)刪除資料

　　if front＝rear then return Queue empty

　　else front＝front＋1；item＝Q（front）

(4)改善記憶體使用效率之Queue：改採環形Queue，且宣告陣列為Q（0..
m-1），長度同樣為m。首先假設其環狀排列如下圖：假設m=8

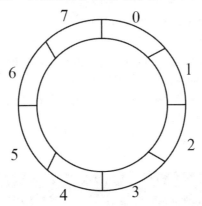

當rear或是front之值大過7時，下次會自然的跳至0，然後繼續開始，這
樣就不會有rear＝m但Queue實際不為full之情形發生。

(5)環形Queue插入資料之演算法

    if（rear＋1） mod m＝front， then return full

    else rear＝（rear＋1） mod m；Q（rear）＝item

(6)環形Queue刪除資料之演算法

    if front＝rear， then return empty

    else front＝（front＋1） mod m；item＝Q（front）

## 小教室

説明：

1. 與線形Queue相同，front指向待刪資料之前端（實際上並無資料），rear指向資料之
   最後端（實際上有資料），由於是環形式的追趕，在插入時可能會有rear追上front之
   情形，因為front之位置事實上是沒有放資料，理論上還是可以再插入一個資料，但
   是我們寧可放棄此一空位，而視為Queue已滿。

2. 放棄前述空位之理由在於假如我們在上述的條件下依然插入資料，使得Queue全滿，
   亦即令rear追上front（rear＝front）。但是這個狀況卻又是判斷Queue是否為空之依
   據，因此會造成到底Queue是全滿還是全空的混淆。（如果是front追上rear表示全
   空，若rear追上front表示全滿，但其結果都是front＝rear。）

3. 上述的缺點並非不能修正，只要我們加一個旗標來表示到底Queue是全滿還是全空（依誰追上誰之情形設定此旗標），例如

insert such that front＝rear， then full-tag＝1

delete such that front＝rear， then full-tag＝0

經由full-tag之判斷就可以分辨Queue之實際狀況，而達成100%的位置使用率。

4. 再回歸到資料結構的原意「空間與時間的折衷」，從此例就可以更明白的了解，為了多利用一個空間，必須在程式中多加一個旗標，且須判斷該旗標之內容，因此我們通常採取犧牲一個空間的做法。

# 7-2 鏈結結構概論

「鏈結」，顧名思義就是以鏈（link）連結資料，而鏈結串列自然就是以「鏈」來連結串列中的資料。從前我們是用陣列來儲存串列，其連結工具是記憶體位址的順序，如果我們把資料分散在不連續或是沒有一定順序但是連續的記憶體，那就必須要用類似箭頭的工具，依此指向順序來表示串列資料的順序，如下圖之資料順序即為A → C → E → D → B。

1. 以陣列為儲存的串列，其順序自然是由其註標所表示；而鏈結串列之資料順序必須借助類似箭頭的鏈結，自然需要額外的記憶空間來儲存所謂的鏈結變數。

2. 陣列串列在取用資料時可以直接存取，只要改變註標號碼即可；而鏈結串列的資料必須由起點開始，走過數個箭頭後才能找到想要的資料。

3. 鏈結串列的優點：

| 資料插入 | 如果需要插入資料，對於陣列串列而言，必須從此資料之後進行一連串的搬動，方能滿足註標的順序性；但是對鏈結串列而言，只不過是變更箭頭的指向而已。 |
|---|---|
| 資料刪除 | 對於陣列串列而言，如同插入資料一般，仍須搬動相當數量的資料。對於鏈結串列而言，又只不過是搬動一些箭頭罷了。 |

## ★ 4. 陣列串列與鏈結串列之比較

（試題重點！）

**小教室**

陣列串列有時又稱循序串列。

| 空間 | 鏈結串列需要額外空間儲存鏈結，陣列中則不需要。 |
|---|---|
| 共用 | 不同的鏈結串列可以共用相同鏈結串列的部分，陣列結構則無此功能。 |
| 資料處理 | 鏈結串列作業相當快速，而陣列串列則需要移動大量資料。 |
| 存取 | 存取特定資料時，陣列串列可以直接引用，而鏈結串列則需從頭找起。 |
| 串列結合與分割 | 鏈結串列可以輕易的結合成一個組合串列，或是分割成兩個獨立的串列，而陣列串列則需大費周章。 |
| 長度 | 每一鏈結串列的長度可以任意調整，而陣列串列之長度須事先宣告。 |

# 精選測驗題

(　　) **1** 若有一堆疊（stack），其內的資料為ABCDEFG，其中堆疊頂端的資料是G。假定S（H）代表將資料H壓入堆疊中，而X代表從堆疊頂端取出資料，試問當堆疊的操作順序是S（H），S（H），X，X，X，S（H），X，X，S（H），X時，完成此序列操作後，堆疊頂端的資料應為何？　(A)H　(B)G　(C)F　(D)E。

(　　) **2** 下列何者不是一種資料結構（Data structure）？　(A)佇列（Queue）　(B)堆疊（Stack）　(C)資料庫（Data base）　(D)連結串列（Linked list）。

(　　) **3** 如果我們用Array A〔1..100〕來製作一個大小為100的stack，並且用variable top來指示Stack中最高（新）的一個元素，一開始用top:=0來表示Stack是空的。請問在top:=100時還要push，這是一種：　(A)正常動作　(B)溢位（overflow）　(C)欠位（underflow）　(D)同位（synchronous）。

(　　) **4** 如果我們用Array A〔1……100〕來製作一個大小為100的Stack，並且用Yariable top來指示stack中最高（新）的一個元素，一開始用Top:0=來表示Stack是空的。請問在Top:=0時還要push，這是一種：　(A)正常動作　(B)溢位（over-flow）　(C)欠位（underflow）　(D)同位（synchronous）。

(　　) **5** 堆疊和佇列兩種資料結構，其最大的差異在於：
(A)堆疊為先進先出，佇列為先進後出
(B)堆疊為先進後出，佇列為先進先出
(C)堆疊為後進先出，佇列為先進後出
(D)堆疊為後進後出，佇列為先進先出。

(　　) **6** 下列敘述何者不正確？
(A)堆疊（stacks）為先進後出（first-in last-out）之結構
(B)佇列（queues）為先進先出（first-in first-out）之結構
(C)用於製作（implement）副程式呼叫應使用堆疊
(D)佇列必需用陣列（arrays）來表示。

(　　) **7** 下列哪一種資料結構有FIFO（先進先出）之特性？　(A)堆疊（Stack）　(B)佇列（Queue）　(C)樹狀（Tree）　(D)陣列（Array）。

(　　) **8** 下列哪一類指令不會直接或間接隱含指令的位址（address）？
(A)jump　(B)call　(C)return　(D)push。

(　　) **9** 算術式F=A*B-（D-C）/E＋G/H中哪部分先被執行：　(A)D-C　(B)A*B　(C)E＋G　(D)B/H。

( )　**10** 有序串列中，有先進後出（或後進先出）的特性者，稱為：　(A)
佇列　(B)陣列　(C)排序　(D)堆疊。

( )　**11** 有一堆疊（Stack），依序push a, push b, pop, push c, push d, pop,
push e後，此堆疊由底端至頂端依序排列之資料為何？　(A)a c e
(B)a e c　(C)a c b　(D)a b c。

( )　**12** 假設指令PUTQ X的動作是將暫存器X的內容放入貯列（queue），
指令GETQ X的動作是貯從列中取出一個PUTQ A, PUTQ B, GETQ
C, GETQ D, PUTQ C, PUTQ B, GETQ A, GETQ B後，暫存器A的
內容將為：　(A)18　(B)19　(C)20　(D)21。

( )　**13** 考慮下面這個連結串列（link list），f是它的指標頭每個node有
data和link兩個field；

$$f \rightarrow \boxed{d\ |\ } \rightarrow \boxed{a\ |\ } \rightarrow \boxed{t\ |\ } \rightarrow \boxed{a\ |\ }$$

請問t這個字可以如何表示？（註：其中x↑表示x所指的資料）：
(A)（（f↑.link）↑.link）↑.link
(B)（（f↑.link）↑.link）↑.data
(C)（（（f↑.link）↑.link）↑.link）↑.data
(D)以上皆非。

( )　**14** 欲使用一個單向串列（single link list）所形成的環（ring），用
來製作一個有效率的佇列（queue），假設queue為一個pointer，
指向佇列的一個節點（node），若要從佇列取出一個節點（即佇
列的頭），並令ptr指向該節點。下列哪一個敘述才正確：　(A)
ptr=queue　(B)ptr=queue→next　(C)ptr=queue→next→next　(D)
ptr=queue→next→next→next。

( )　**15** 下列有關鍵結串列（linked list）之敘述，何者錯誤？
(A)是一種資料結構，以指標（pointer）指資料節串聯在一起
(B)和陣列（array）都是表現堆疊（stack）、佇列（queue）等的
資料結構工具
(C)是一種動態節點，要求每個資料節點必須都是相同的結構
(D)有單向鍵結串列，也有雙向鍵結串列，甚至於也可以有環狀鍵
結串列。

(    ) **16** 如果把雙向佇列（double-ended queue）的一端堵住，則變成：
(A)佇列（Queue） (B)串列（List） (C)樹（Tree） (D)堆疊
（Stack）。

(    ) **17** 使用一個陣列和一個整數，可以用來製作出何種資料結構？ (A)
堆疊（Stack） (B)堆積（Heap） (C)佇列（Queue） (D)樹
（Tree）。

(    ) **18** 佇列（Queue）的運作方式是： (A)先進後出 (B)先進先出 (C)
隨意進出 (D)後進後出。

(    ) **19** 具有「先進後出」特性的資料結構為？ (A)陣列 (B)樹狀結構
(C)堆疊 (D)佇列。

(    ) **20** 排隊買票是屬於哪一種資料結構？ (A)堆疊 (B)佇列 (C)記錄
(D)參數傳遞。

## 解答與解析

**1 (D)**。完成操作後，堆疊頂端的資料應為E。

**2 (C)**。資料庫不是一種資料結構。

**3 (B)**。當指定超出目標的限制時就會發生溢位。

**4 (A)**。Stack為空時進行push，是正常動作。

**5 (B)**。堆疊為先進後出，佇列為先進先出。

**6 (D)**。佇列不一定要用陣列（array）來表示。

**7 (B)**。FIFO（先進先出）為佇列之特性。

**8 (D)**。push指令不會直接或間接隱含指令的位址。

**9 (A)**。D-C在括號內，優先權最高，所以會先被執行。

**10 (D)**。先進後出（或後進先出）為堆疊之特性。

**11 (A)**。此堆疊由底端至頂端依序排列之資料為a c e。

**12 (A)**。執行後，暫存器A的內容為18。

**13 (B)**。t可以用（（f↑.link）↑.link）↑.data表示。

**14 (B)**。若要從佇列取出一個節點（即佇列的頭），並令ptr指向該節點：ptr＝queue → next。

**15 (C)**。鍵結串列（linked list）是一種動態資料結構。

**16 (D)**。把雙向佇列的一端堵住，則變成堆疊。

**17 (A)**。使用一個陣列和一個整數，可以作出堆疊（因只有一個整數）。

**18 (B)**。佇列的運作方式是先進先出。

**19 (C)**。堆疊的特性為先進後出。

**20 (B)**。排隊買票為先進先出，所以是佇列。

解答與解析

**重點速攻**

1. 樹與二元樹　　　　　　　2. 二元樹之走訪意義
3. 引線二元樹

主要的重點在學習「樹」的內容，包含各種樹的形式及相關性，當然最重要的還是binary tree，其中二元樹的走訪必須要熟悉，只要是中高階一點的考試必定會至少出一題跟二元樹的走訪有關，而且因為走訪的問題有時會需要畫圖，會消耗不少時間，所以在考試前需要非常熟悉這部分。

# 8-1 ▶ 樹狀結構概論

## 一、什麼是樹（Tree）？

首先介紹tree的定義：

1. **定義**：樹是由一個或一個以上之節點構成的有限集合，而且具有下列性質
   (1)具有一個，而且只有一個特定的node稱為樹根（root）。
   (2)其餘node分成互斥的集合。

2. **說明**
   (1)有限。
   (2)根：一個樹只可有一個根。
   (3)互斥：代表不可近親繁衍，也就是說同一個根所衍生出的後代，不可互相結合而產生下一代。

3. **名詞解釋**
   (1)Parent and Child：在上者為父點，其下為子點。
   (2)如(1)，亦可往上或往下推廣至祖父點，孫子點，……。
   (3)終端節點或稱葉：樹之最末端，也就是沒有後代的節點。
   (4)兄弟點（Sibling）：屬於同一個Parent之節點。
   (5)分支度（degree）：某一節點其子點的個數，若為葉，則degree＝0。

(6)深度或高度（Depth or Height）：由根出發，所有分支中階層數最大的數目。

(7)階度（level）：將根之階度視為1，往下一層則階度加一。

---

**小教室**

深度與階度之關係，就好像住在大樓中的某一層樓一樣，比如我家住在一棟18樓大廈的第12樓，則18為此樓房之深度，而12為我家所在的階度。也就是說深度是來描述一棵樹，而階度是來描述樹中的節點。

-------------------------------------------------------------------------

節點階度之最大值即為樹之深度。

---

(8)森林（forest）：樹的集合稱做森林。

# 二、二元樹（Binary tree）

**1. 定義**：二元樹是樹的一種，但可以為空集合，且其子點數目只能為0或1或2。

**2. 性質**

(1)樹須為非空集合，但二元樹可以為空。

(2)樹只講求父子關係，但二元樹之子點有順序之分（左子樹，右子樹）。

**3. 特殊二元樹**

(1)**滿二元樹**（Full Binary Tree）

　A. 若二元樹中階度為i之節點數目皆為$2^{i-1}$（i＝1，2，……，K），其中K為樹之深度，如下圖：

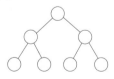

　B. 深度為K之滿二元樹，其節點總數為：

$$\sum_{i=1}^{K} 2^{i-1} = 2^0 + 2^1 + 2^2 + \cdots\cdots + 2^{K-1}$$

$$= \frac{1(2^K - 1)}{2-1} = 2^K - 1$$

**小教室**

若為full之m元樹，則節點總數為：

$$\sum_{i=1}^{K} m^{i-1} = m^0 + m + m^2 + \cdots\cdots + m^{K-1}$$

$$= \frac{1(m^K - 1)}{m - 1}$$

$$= \frac{(m^K - 1)}{m - 1}$$

(2) **完整二元樹**（complete binary tree）：一般的書籍都採如下的解釋：「一個具有n個node且深度為K之二元樹，若每個節點和深度為K的滿二元樹其編號1到n的節點成一一對應，則稱此二元樹為complete binary tree。」這樣的說法有點太學院派，我們寧願採用下面的說法：「完整二元樹是滿二元樹的部分集合，將滿二元樹從最下層節點開始，由右往左刪除節點，只要刪除之節點為連續點，所得到的滿二元樹的部分集合就是完整二元樹。」

如下圖所示

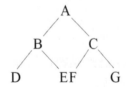

刪去G

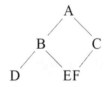

再刪去F

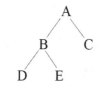

**小教室**

full binary tree 必為 complete binary tree，但complete binary tree 不一定為full binary tree。

4. **完整樹之陣列儲存方式**：依據完整樹由上而下，由左而右之順序，將各個節點依序編號，再以陣列儲存；例如編號為i之node儲存在A（i），則
   (1)若i=1表示A（i）存放的是root。
   (2)若i≠1，則編號為[i/2]之節點，必為節點i之父點，其中[ ]為下高斯符號。
   (3)若i之子點存在，則其左子點編號為2i，右子點編號為2i＋1。

## 三、樹的表示方法

1. **以陣列存放一般樹**：將節點編號並依順序存入陣列中。
   (1)優點：有效、方式單純。
   (2)缺點：無法看出原樹之階層結構。
   (3)改進方式：以m元樹之形態設計陣列，其中m為所有節點分支度的最大值，若節點之分支度不足m，則以空元素表示，此方法可以表示原樹之階層結構，但會浪費許多儲存體。

2. **以鏈結存放一般樹**：採用固定欄位數目的方式，每個節點指向子點的鏈節欄的個數由最大之分支度值決定；此法與前述1.之(3)有相同的缺點。

3. **二元樹之存放**：若樹為二元樹結構，則浪費的情形將大為減少，對陣列而言，可以便利的存取樹之節點；對鏈結而言，只需二個鏈節欄，一個指向左子節點，另一個指向右子節點，再賦予一個資料欄即可。

# 8-2 ▸ 二元樹之走訪

## 一、走訪（Traversal）之意義

走訪又可稱為追蹤或是拜訪，其原文為travesal，意思就是走過一遍，也就是對樹內的節點依某種順序全部拜訪過一次的意思。

1. **簡單二元樹之走訪**：如下圖之最簡二元樹，僅含一個根及左、右子點。

若不限定原則，其排列順序共有3！＝6種（ABC、ACB、BAC、BCA、CAB、CBA），這6種都是走訪的可能結果。如果我們規定左子點（B）必須在右子點（C）的前面拜訪，則走訪的可能結果只剩下ABC、BCA、BAC三種。若以「中」稱呼根，以「左」稱呼左子樹，以「右」稱呼右子樹，則又可叫做「中左右」，「左中右」，「左右中」，此三種走訪方式就是本章節的重點，也是考試的重點，請多注意！

2. **較複雜樹之走訪**：如果走訪的對象沒有前述簡單二元樹那麼單純，我們一樣可以把樹由最底層之簡單二元樹開始走訪，走訪後之順序即視為一個新的複合式節點，然後擴展到整棵樹，例如：

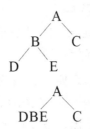

3. **中左右**：前序走訪，首先以「中」所在的位置作為走訪名稱之識別，以「中左右」而言，「中」在前面，故而稱為「前序（preorder）走訪」，其走訪方式為：

   (1)先由最下層之簡單二元樹開始，以中左右的順序組成一個新節點，然後往上結合，最後之順序即為所求。

(2)範例

先求得

再求得ABCDE即為所求

---

**小教室**

前序走訪之第一個被拜訪的點必為根。

---

若二元樹之左（或右）子樹有缺項，則將該子樹視為空。

---

4. **左中右**：中序走訪，「中」字在中間稱為中序，其化簡方式與前序相同，只需把握「左中右」即可，例如：

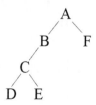

先做

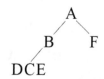

再做

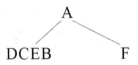

最後得到

DCEBAF

5. **左右中**：後序走訪，「中」字在後因而成為後序走訪，化簡方式如下之
介紹：

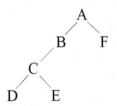

先做

再做

**小教室**

後序走訪之最末一點必
為根節點。

最後得到

DECBFA

# 二、算術二元樹

## 1. 算術式化成二元樹

(1)如同中置轉前置（或後置）的程序一般，先
決定運算式內運算符號之優先順序，從最優
先的算術式開始建立一個最簡單的二元樹。
例如A＋B就可化成如下之簡單二元樹

**小教室**

以根表示operator，兩旁的operands分別為左子樹及右子樹。

(2)一旦化成簡單二元樹之後，就將此二元樹視為一個複合節點，繼續與其
他運算元和運算子構成完整的二元樹。

(3)範例 H=A＋B-C*D↑E，分析上式可得其運算執行之順序為

先做 D↑E，可得

再做C*D↑E，可得

再做A＋B，可得

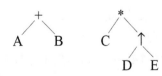

再做A＋B - C*D↑E，可得

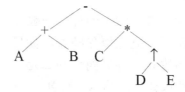

再做H＝A＋B-C*D↑E，可得最終之算術二元樹為

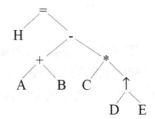

上述程序中附有底線之部分，表示在此視為一個單元。

## 2. 走訪與算術式表示法之關係

(1)上圖為H=A＋B-C*D↑E化成之二元樹，原本為中置表示式，現在以上
圖為對象，採用中序（左中右）走訪，其結果為

H= A＋B-C*D↑E

由此可知對算術二元樹採中序走訪，則結果必為原式之中置表示法。

(2)同理，對上圖採前序（中左右）走訪，結果為

=H－＋AB*C↑DE

為了驗證此一結果，我們再複習一下中置轉前置之程序。

H=A＋B-C*D↑E

先做D↑E→↑DE

再做C*↑DE→*C↑DE

再做 A＋B→＋AB

再做 ＋AB - *C↑DE→－＋AB*C↑DE

再做 H= -＋AB*C↑DE→＝H-＋AB*C↑DE

果然前序走訪與前置式表示法成對應。

(3)再同理，對上圖採後序（左右中）走訪，結果為

　　　HAB＋CDE↑*-＝

　　以後置式之表示法請自行驗證。

## 三、二元樹之組合數目

如果題目為給定n個點，則可以排出多少不同的二元樹？這個題目可以轉成假設有一個stack，外面有n個不同的東西，現在以stack為對象，將這n個東西依序經由stack的push和pop處理，放至另一邊，則其輸出組合有幾種？

n個節點可以排成之不同二元樹的數目為

$$\frac{1}{n+1}\binom{2n}{n}$$

若 n＝5，則

$$\frac{1}{5+1}\binom{10}{5}=42$$

因此5個節點可以組成42種不同的二元樹。

# 8-3 ▶ 其他重要之二元樹

## 一、引線二元樹

1. 引線二元樹（Threaded Binary Tree）是在原來二元樹中，若節點欠缺左子節點或欠缺右子節點或兩者皆缺的情況，則可以應用空的子樹鏈結做為引線鏈結，而成為引線二元樹，有時又稱加索二元樹。其緣起為當以鏈結表示二元樹時，每一node之型態均為1個data欄＋2個link欄之形式，其中兩個link欄分別指向其左子點及右子點。若該點沒有左子節點，則其左link必須指到nil；同理若缺右子節點則其右link會指到nil，若兩者皆缺，則2個link

欄都會指到nil。引線二元樹即是在利用上述之空的鏈結，使其不再指向nil，而改指到其走訪結果之前（或後）的節點，一方面可以減少記憶體的浪費，另一方面可以增加走訪演算法之速度。

**2. 優缺點**

| 優點 | 缺點 |
|---|---|
| 引線樹可以幫助走訪演算法加快速度，而且可以省下stack之儲存體；其演算法後附。 | 由於引線會隨著子樹之增減而改變，因此在樹之操作上較為複雜。 |

# 二、累堆二元樹（Heap Binary Tree）

定義：有時又稱堆積二元樹，其格式如下所述：

1. Heap tree必為完整樹。
2. 父點之值必大於或等於其子點之值。

# 三、高度平衡樹

1. **定義**：高度平衡樹又稱AVL樹，這是為了紀念兩位蘇聯科學家Adelson-Velskii及Landies（於1962年提出AVL樹之觀念），其意義是指一個二元樹，其每一個節點之左右子樹的高度差均不超過1，而其正式之定義如下所述：假設T是一個非空的二元樹，TL及TR表示其左子樹及右子樹，若符合下列條件，則稱此二元樹為AVL樹。

   (1)TL及TR分別也是一個AVL樹。

   (2)| height（TL）- hight（TR）|$\leq$ 1。

2. **平衡因子（Balance Factor）**：Balance Factor之定義是某節點之左子樹高度減去其右子樹高度之值，若為AVL樹，則B.F.只能為{-1，0，1}；若非上述數字，則此樹不可稱為AVL樹。

**小教室**

· 若子點之值皆大或等於其父點之值，則稱最小累堆樹（minimum heap tree）。

· 所謂父點或子點之值是指其data欄存放的數字，而非其節點之編號。

**小教室**

只要樹中有一個節點之B.F.不為-1或0或1，則此樹不能稱為AVL樹。

### 3. AVL樹之討論

(1) 一個高度為h之AVL樹，其最多與最少的節點數目如下所述

最多點：$2^n-1$（此為full二元樹）

最少點：$F_{n+2}-1$，其中F表示費氏級數，其定義為

$F_0=0$，$F_1=1$，$F_2=F_0+F_1=1$，$F_3=F_2+F_1=2$，$F_4=F_3+F_2=3$，……

由註標0開始寫起，其數值為

0，1，1，2，3，5，8，13，21，34，……

(2) 若給定n個點，且所形成的二元樹為AVL樹，則此AVL樹之高度必介於如上所述之高度。

## 精選測驗題

（　）**1** 考慮下面這一段Pascal程式的描述：

```
type Ptn=↑Rec;
     Rec=record
             Lson：Ptn；
             Data：integer；
             Rson：Ptn；
         end；
```

它不可能用來描述哪一種資料結構？　(A)雙連結串列（double linked list）　(B)二元樹（binary search tree）　(C)樹（tree）(D)堆疊（stack）。

（　）**2** 令一個樹（tree）的樹葉節點（leaf node）的個數為X，中間節點（Internal node）的個數為Y，則X與Y的關係是：　(A)X與Y沒有關係　(B)X=Y＋1　(C)X=Y　(D)X=Y-1。

（　）**3** ＜圖一＞所示之二元樹（Binary tree）的後序（postorder）追蹤（traversal）為何？　(A)FDHGIBEAC　(B)ABDFGHIEC　(C)FHIGDEBCA　(D)FDHIGEBCA。

＜圖一＞

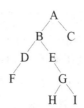

(　　) **4** 如＜圖二＞所示之樹，將其二元化後做後序追蹤（inorder traversal），則所拜訪的節點順序為：　(A)ABCDEFGHI　(B)EFBCGHIDA　(C)EBFACGDHI　(D)EBFCAGHDI。

＜圖二＞

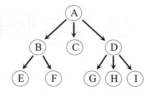

(　　) **5** 一棵二元樹（binary tree）以中序追蹤（inorder traversal）拜訪的順序為ECFBDAHG，另以後序追蹤（postorder traversal）拜訪的順序為EFBCHGAD，則以前序追蹤（preorder traversal）拜訪順序為：　(A)ABDGCEHF　(B)ABCDEFGH　(C)DECFBAHG　(D)DCEBFAHG。

(　　) **6** 一個具有15個node的高度平衡樹中，欲搜尋任一node所需要最大的比較次數為：　(A)4　(B)5　(C)6　(D)7。

(　　) **7** 到二元樹（binary tree）搜尋，其時間與哪一個成比？　(A)n　(B)$\frac{n}{2}$　(C)$\log_2(n)$　(D)$\log_2(2n)$。

(　　) **8** 下列何者為圖中的二元樹（binary tree）的前序（preorder）：　(A)ABEFDGCHI　(B)ABEDGFCHI　(C)ABEDFGCHI　(D)ABEDFGCIH。

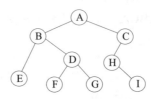

（　　）　**9**　若有三個節點（node），最多可以組成多少不同的二元樹：
　　　　　(A)5　(B)4　(C)3　(D)2。

（　　）　**10**　下列何者不是正確的二元搜尋樹（binary search tree）：

(A)

(B)
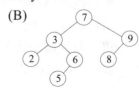

(C)
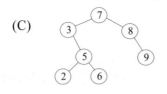

(D)
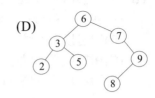

（　　）　**11**　當一個式子表示成Polish前置式（prefix ecpression）為＋*A-BC/
　　　　　DE，若其中A=3，B=8，C=3，D=9，E=3，則運算結果為何：
　　　　　(A)8　(B)10　(C)18　(D)24。

（　　）　**12**　MS-DOS的檔案系統是由節點（Node）與葉（Leaf）構成，節點
　　　　　可衍生出其他節點與葉，而葉則否：這種結構稱為：　(A)星狀
　　　　　(B)環狀　(C)網狀　(D)樹狀結構。

（　　）　**13**　在平衡二元樹，AVL Tree之中，任何一個節點的左，右子樹的高
　　　　　度差最大可以是：　(A)0　(B)1　(C)2　(D)3。

（　　）　**14**　一個有N個節點的二元樹會：　(A)有N＋1個邊（edge）　(B)有
　　　　　N-1個邊　(C)有N/2個邊　(D)有2N個邊。

（　　）　**15**　有一個二元樹，用preorder追蹤得BCDXY，用postorder追蹤得DX-
　　　　　CYB，則用inorder追蹤為：
　　　　　(A)XYBCD　(B) BCDXY　(C)YBXCD　(D)DCXBY。

（　　）　**16**　在資料結構中，某一個樹狀結構的高度是4，每個節點若有子樹，
　　　　　其分支度最大為2，那麼這一個樹最多有幾個節點？　(A)8　(B)7
　　　　　(C)16　(D)15。

( ) **17** 有16個資料是大小不同的數字，可以用一種稱為二元樹的方法來找出最大的數，最下層將16個資料以兩個為一組互相比較，取出每一組較大的資料，共得到8個資料，接著用同樣方法，以4次互相比較得出4個資料，依此類推。最後，最上層以1次互相比較得出1個資料，此即為最大的數。在剩下的15個資料中要找出最大的數，最少還要幾次的互相比較（當然你必須利用前面已經互相比較過的結果）？　(A)3次　(B)4次　(C)5次　(D)6次。

( ) **18** 下列有關樹（tree）的敘述，何者為非？
(A)樹是一種資料結構
(B)樹可以有迴圈
(C)樹的任兩節點中只存在一條路徑（path）
(D)若將任意一邊（edge）移除，則此樹會出現不相連的情形。

( ) **19** 有一樹狀結構（Tree）共含有A, B, C, D四個節點，節點間的關係敘述如下：A為根節點（Root），B, C為A之子節點（Children），D則為B之子節點。請問此樹共有幾個葉節點（Leaf）？
(A)1　(B)2　(C)3　(D)4。

## 解答與解析

**1 (D)**。堆疊只需一個指標。

**2 (A)**。如果只是「樹」的話，X與Y沒有關係。

**3 (D)**。此二元樹之後序追蹤為FDHIGEBCA。

**4 (B)**。此二元樹的後序追蹤為EFBCGHIDA。

**5 (D)**。此二元樹的前序追蹤為DCEBFAHG。

**6 (A)**。$2^4 > 15$，所以最大為4次。

**7 (C)**。二元樹搜尋，時間與$\log_2(n)$成正比。

**8 (C)**。此二元樹的前序為ABEDFGCHI。

**9 (A)**。因為二元樹可以為空，所以最多有5種可能。

**10 (C)**。二元搜尋樹（binary search tree）是一種二元樹。它可能是空的，若不是空的，它具有下列特性：

　　(1)每一個元素有一鍵值，而且每一元素的鍵值都不相同，即每一個鍵值都是唯一的。

　　(2)在非空的左子樹上的鍵值，必小於在該子樹的根節點中的鍵值。

　　(3)在非空的右子樹上的鍵值，必大於在該子樹的根節點中的鍵值。

　　(4)左子樹和右子樹也都是二元搜尋樹。

**11 (C)**。還原此式為A*（B-C）+（D/E），則可計算出結果為18。

**12 (D)**。此為樹狀結構之特徵。

**13 (B)**。任何一個節點的左，右子樹的高度差小於或等於1，此為AVL Tree之定義。

**14 (B)**。二元樹中，N個節點會有N-1個邊。

**15 (D)**。inorder為DCXBY。

**16 (D)**。分支度最大為2，節點最多→考慮二元樹。所以最多有15個節點。

**17 (A)**。最少還要3次的互相比較。

**18 (B)**。樹不能有迴圈。

**19 (B)**。
```
      A
     / \
    B   C
   /
  D
```
所以共有2個葉節點：C、D。

# 第九章　圖形理論

## 重點速攻

1.圖形的基本定義　　　　2.圖形之表示法
3.圖形之走訪

這個章節不是考試的出題重點,但對於研究或研發相關領域,確有舉足輕重的位置,因此對於知識的完整性方面,還是保留這一章提供閱讀了解。而之所以放在第九章這個中間章節的位置,也是一種休息的用意,以輕鬆的心情閱讀本章。

## 9-1 ▶ 圖形基本概念

### 一、尤拉七橋問題

尤拉當時居住於東普魯士區域,其間有一肯尼茲堡,由於河流與小島的分割,將肯尼茲堡分成四大區域,為了交通的關係,在此四大區域之間分別建立了七座橋樑加以連結,如下圖所示:

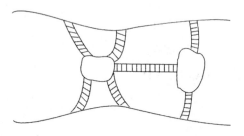

1. **圖形的簡化**:首先我們將此圖改以較簡單的「點圖」加以表示,以頂點(vertex)代替陸地,以邊代替橋樑,並將相連的陸地視為一點,簡化後之圖形如下:

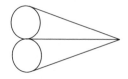

2. **分支度定義與尤拉循環（Euler Cycle）**：從圖形上可以看出，每一個頂點都有好幾個邊集結在一起，這些邊的總數目就是該頂點的分支度（degree）。現在我們來討論以下的問題：若由某一頂點出發，所有的邊只能經過一次（當然，通過頂點的次數不限），是否可以回到原出發點，為了紀念尤拉的貢獻，我們稱上述的路徑為尤拉循環（Euler Cycle），以下之定理可以來說明存在尤拉循環的條件：

「若一圖形之各個頂點之分支度均為偶數，則此圖形必存在Euler Cycle」

由於尤拉七橋問題的圖形之各頂點的分支度均為奇數，自然不存在所謂的Euler Cycle。

3. **一筆畫圖形**：小時候同學之間常會拿一個奇奇怪怪的圖形，問你有沒有辦法一筆畫畫出，要是當時你已經學過Euler Cycle定理，以及下面要介紹的Euler Chain（尤拉鏈）定理，那麼任何圖形你都可以一眼看出是否存在一筆畫的路徑。

   (1) 一筆畫完，但是出發點與結束點為同一個頂點：很明顯，這是屬於Euler Cycle的問題，檢查一下所有頂點之分支度是否均為偶數吧！

   (2) 一筆畫完，但是出發點與結束點可以不為同一個頂點：還記得下面這個圖形吧！依A-B-C-E-A-C-D-E-B之順序，可以由A點出發，一筆畫完此圖形之後，結束在B點。

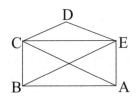

觀察上圖各頂點之分支度可以看出除了最下面兩個頂點之分支度為奇數之外，其餘各頂點之分支度均為偶數。在此我們引出Euler Chain之定理：

「給定一個圖形，若只有兩個頂點之分支度為奇數，其餘各頂點之分支度均為偶數，則此圖形存在Euler Chain」

## 二、圖形之基本定義及名詞解釋

1. **圖形定義**：圖形是由二個非空集合所組成，其一稱為頂點（vertex，V）集合，另一稱為邊（edge，E）集合，其中

    $V = \{v_1, v_2, \cdots\cdots, v_n\}$　　　　　表示此圖形含有n個頂點

    $E = \{e_1, e_2, \cdots\cdots, e_m\}$　　　　　表示此圖形含有m個邊

| | |
|---|---|
| **無向圖** | 若連接頂點之邊沒有方向性（即邊上沒有箭頭），我們稱此圖形為無向圖，以$e_i$（$v_m$，$v_n$）之形式表示第i個邊是鄰接$v_m$，$v_n$兩個頂點。 |
| **有向圖** | 若連接頂點之邊具有方向性（即邊上附有箭頭），我們稱此圖形為有向圖，以$e_i$[$v_m$，$v_n$]之形式表示第i個有向邊是從頂點$v_m$射至頂點$v_n$。 |

**小教室**

- 對無向邊而言，必有（$v_m$，$v_n$）＝（$v_n$，$v_m$）；對有向邊而言，則不必然有[$v_m$，$v_n$]＝[$v_n$，$v_m$]之關係。
- 若點i和點j之間存在一個鄰接邊，則稱點i和點j互為鄰接點。
- 有向邊之起始頂點稱為頭部（head），終端頂點稱為尾端（tail）。

2. **重要名詞解釋**

    (1) **分支度**（degree）

    　　A. 對無向圖而言，任一頂點之分支度即為鄰接至此點之邊的總數。

    　　B. 對有向圖而言，由於有射出與被射到之分，因此又細分為內分支度（in-degree）和外分支度（out-degree）。其中in-degree表示該頂點被射到的次數；而out-degree則表示由該頂點出發之有向邊的總數。

    (2) **路徑**（path）：由某一頂點出發，經由某些中繼點而到達另一頂點，途中所經過的邊稱為路徑；路徑通過之邊數目稱為路徑之長度。

    (3) **循環**（cycle）：若路徑之起點與終點相同時，稱為cycle。

**小教室**

有時也可以用所經過頂點的順序來描述路徑。

(4) **簡單路徑**（simple）：若路徑除了起點和終點可以為同一點之外，其餘路徑中的節點均只能經過一次。

(5) **無向圖之相連**（undirected）

　A. 頂點的相連：若兩頂點間存在路徑。

　B. 圖形的相連：若圖形之全部頂點之間均存在路徑。

(6) **有向圖之相連**（directed）

　A. 頂點的相連：若兩頂點間存在有向的路徑（由一點出發，沿著箭頭可以走到另一點），稱為強相連（strongly connected）。

　B. 有向圖形之強相連：若圖形之全部頂點之間均存在有向路徑（即強相連），稱為強相連圖形。

## 三、電腦儲存圖形之表示法

圖形是由頂點和鄰接邊所構成，而且點與邊之間存在某一種特定的關係，在考慮電腦也能夠處理圖形之前提下，我們利用陣列和鏈結串列做為描述圖形的工具，以便利電腦程式的處理。

1. **鄰接矩陣法**（adjacency matrix method）：本方法是以矩陣（即二維陣列）來表示圖形，利用矩陣元素來描述圖形中頂點與鄰接邊之特定關係。由圖形結構獲取adjacency matrix之程序如下：

　(1) 針對圖形之所有頂點由1開始，加以編號。例如圖形有n個點，則由1編到n。

　(2) 建立一個n×n的矩陣（二維陣列），並於其「列」以及「行」上標示編號。

　(3) 以列為起始參考點，以行為終點，依序判斷點i與點j之間是否有鄰接邊存在。若有，則在矩陣A第i列第j行的位置（Aij）填入1；若否，則填入0。

　(4) 範例：如下圖，求其鄰接矩陣之表示。

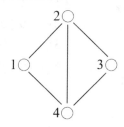

由於此圖形之頂點數目為4，所建立之鄰接矩陣如下

$$
\begin{array}{cc}
& \begin{array}{cccc} 1 & 2 & 3 & 4 \end{array} \\
\begin{array}{c} 1 \\ 2 \\ 3 \\ 4 \end{array} &
\left[\begin{array}{cccc}
0 & 1 & 0 & 1 \\
1 & 0 & 1 & 1 \\
0 & 1 & 0 & 1 \\
1 & 1 & 1 & 0
\end{array}\right]
\end{array}
$$

**小教室**

・ 通常我們會限定圖形中不存在由某一點出發，而又回到該點之鄰接邊，因此鄰接矩陣之對角線元素必為0。如果題目特別指出沒有限制，則視實際狀況修訂對角線元素之值。

・ 前述圖形屬於無向圖（邊上無箭頭存在），因而鄰接矩陣必為對稱（這是因為若i點至j點存在鄰接邊，自然而然j點到i點也會存在鄰接邊）。

(5) 對有向圖而言，獲取鄰接矩陣的程序與無向圖相類似，只是在元素的填寫時必須注意邊上的箭頭方向。我們可以定義若i點存在一個射至j點的有向邊，則在Aij的位置上填入一個1，若否則填0。如下圖所示：

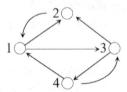

其鄰接矩陣為

$$
\begin{array}{cc}
& \begin{array}{cccc} 1 & 2 & 3 & 4 \end{array} \\
\begin{array}{c} 1 \\ 2 \\ 3 \\ 4 \end{array} &
\left[\begin{array}{cccc}
0 & 1 & 1 & 0 \\
1 & 0 & 0 & 0 \\
0 & 1 & 0 & 1 \\
1 & 0 & 1 & 0
\end{array}\right]
\end{array}
$$

**小教室**

・有向圖中若無由某一點出發，而又回到該點之有向邊，則此鄰接矩陣之對角線元素
　必為0；但是有向圖之鄰接矩陣已無對稱性，這是因為若i點存在一個射至j點的有向
　邊，我們無法確認j點必然存在一個射至i點的有向邊。
・無向圖之鄰接矩陣中元素內容為1之總數目，會等於其鄰接邊數目的二倍；對有向圖
　而言，其鄰接矩陣中元素內容為1之總數，即等於其鄰接邊的個數。

(6)有向圖形需要$n^2$個儲存位置；無向圖僅需n（n＋1）/2個；若再扣除對角
　線必為0而不予儲存的位置，有向圖需要（$n^2$ - n）個儲存位置，而無向
　圖需要n（n＋1）/2 - n＝n（n - 1）/2個儲存位置。

**小教室**

對無向圖而言，各頂點之分支度等於對應列中元素為1之個數；對有向圖而言，由於有
in-degree（被射到）和out-degree（射別人）之分，茲分述如下：
1. 各頂點之out-degree等於對應列中元素為1之個數。
2. 各頂點之in-degree等於對應行中元素為1之個數。

**以下圖為例，分別求出各頂點之in-degree和out-degree。**

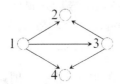

**答**：此圖形之鄰接矩陣為

$$
\begin{array}{c} \\ 1 \\ 2 \\ 3 \\ 4 \end{array}
\begin{array}{cccc} 1 & 2 & 3 & 4 \end{array}
\left[
\begin{array}{cccc}
0 & 1 & 1 & 1 \\
0 & 0 & 0 & 0 \\
0 & 1 & 0 & 1 \\
0 & 0 & 0 & 0
\end{array}
\right]
$$

　可得點1、點2、點3、點4之out-degree分別為3、0、2、0。
　可得點1、點2、點3、點4之in-degree分別為0、2、1、2。

2. **鄰接串列（adjacency list）**：詳細名稱應為 Adjacency Linked List，即為鄰接鏈結串列，這 是一種以各頂點做為linked list中的起始節點（node），而將與此頂點有相鄰接之所有頂點依序串接於後，而得到一個鄰接鏈結串列。其程序敘述如下：

**小教室**

頂點是指圖形上之ver-tex，節點是指廣義的鏈結串列之元素，因此節點可以是一個頂點，也可以是一個邊。

(1)首先觀察圖形之頂點的數目，此數目即為所需串列之數目，例如下圖有四個頂點，那就需要4個鏈結串列來描述此圖形。

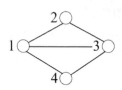

(2)先以頂點1為例，將頂點1視為第一個串列之起始節點，並將與頂點1有鄰接之頂點以節點的型態依序串接在節點1之後，例如

**小教室**

此串列之意義表示連接至頂點1之頂點有頂點2、頂點3、頂點4。其中頂點2、3、4之串接順序並無硬性規定，不過一般都採由小而大的順序。

(3)同(2)之程序，依序完成頂點2、頂點3、頂點4之串列

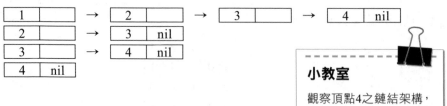

**小教室**

觀察頂點4之鏈結架構，其意義表示不存在被頂點4射到的頂點。

(4)對有向圖而言、則以被該頂點射到的頂點為串列之節點，例如下圖之 adjacency list即為

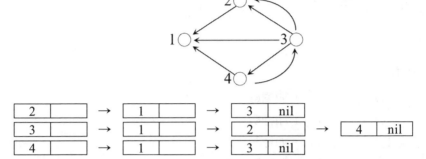

(5)對無向圖而言，本方法需要（n＋2e）個串列節點，其中n為頂點數目，e 為鄰接邊數目。對有向圖而言只需（n＋e）個串列節點。

(6)對無向圖而言，各頂點之分支度就等於其後串列節點之總數；對有向圖 而言，我們分成兩部分來說明：

| out-degree | 與無向圖之分支度相同，各頂點之outdegree就等於其後串列節點之總數。 |
|---|---|
| in-degree | 如果某一頂點在串列之「非起始節點」的位置出現，則表示此點被射到一次，因此各頂點在所有串列之「非起始節點」位置出現的總數，即為其in-degree。 |

3. **具有加權（weighting）邊之圖形**：所謂weighting是指在圖形的每一個邊上都附有一個數字，此數字可以用來代表時間、成本或是距離，而以加權數字做為統稱。簡單的說，加權圖形就是邊上附有數字的圖形。

(1)加權圖形之鄰接矩陣表示法：直接在原來為1之元素位置上，改填入其對應邊之加權數字。

(2)加權圖形之鄰接串列表示法：將各個節點之欄位增加一個加權欄，用來表示加權數字。

(3)加權圖形之多重鄰接串列表示法：與(2)相同，將代表邊之節點增加一個加權欄位，用來表示加權數字。

(4)範例：如下圖，以三種方式表示此一加權圖形。

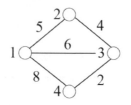

其中

　　N1＝（1，2），加權數字5
　　N2＝（2，3），加權數字4
　　N3＝（1，3），加權數字6
　　N4＝（1，4），加權數字8
　　N4＝（3，4），加權數字2

A. Adjacency matrix：

$$\begin{array}{c@{}c}
 & \begin{array}{cccc}1 & 2 & 3 & 4\end{array} \\
\begin{array}{c}1\\2\\3\\4\end{array} &
\left[\begin{array}{cccc}
0 & 5 & 6 & 8 \\
5 & 0 & 4 & 0 \\
6 & 4 & 0 & 2 \\
8 & 0 & 2 & 0
\end{array}\right]
\end{array}$$

B. Adjacency list：其中非起始節點之第一個欄位為新增之weighting field。

| - | 1 | | → | 5 | 2 | | → | 6 | 3 | | → | 8 | 4 | nil |
| - | 2 | | → | 5 | 1 | | → | 4 | 3 | nil |
| - | 3 | | → | 6 | 1 | | → | 4 | 2 | | → | 2 | 4 | nil |
| - | 4 | | → | 8 | 1 | | → | 2 | 3 | nil |

# 9-2 ▶ 圖形理論之應用

## 一、圖形走訪

對一個無向圖而言，如果圖形是相連的，理論上來說由任意一個頂點出發，沿著鄰接邊（每邊可以不止經過一次）前進或後退，一定可以把所有的頂點走完一遍。這些頂點被拜訪（或稱被記錄）的順序就稱為走訪。

## 二、圖形走訪之原理

1. **深先搜尋**（Depth First Search - DFS）：請注意這個「深」字，意思是由某一個頂點出發，沿著其鄰接邊往下前進或後退，直到全部頂點都被走訪過一遍。此演算法之過程如下：

   (1)由任一點出發，若此點之鄰接點不止一個，則選擇編號較小之頂點前進（這只是慣例而已），並將走訪過之頂點記錄下來。

   (2)重複(1)之原則，若所抵達之頂點已經走訪過，則退後一步，將走訪過之頂點剔除，再依(1)之原則前進。

   (3)若所有的頂點都已經走訪過，表示已完成。

   (4)範例：如下圖，求DFS之走訪結果。

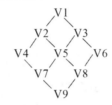

   假設由V1出發，與V1相鄰之點有V2、V3，選擇V2

   由V2出發，與V2相鄰之點有V4、V5，選擇V4

   由V4出發，與V4相鄰之點有V7，選擇V7

   由V7出發，與V7相鄰之點有V5、V9，選擇V5

   由V5出發，與V5相鄰之點有V2、V3、V8，選擇V3

   由V3出發，與V3相鄰之點有V1、V6，選擇V6

   由V6出發，與V6相鄰之點有V8，選擇V8

   由V8出發，與V8相鄰之點有V5、V9，選擇V9

   答案即為V1-V2-V4-V7-V5-V3-V6-V8-V9

2. **廣先搜尋**（Breadth First Search - BFS）：與DFS之不同點在於若由V1出發，則先將所有與V1有鄰接之頂點全部記錄（視為已走訪），再由此組鄰接頂點分別往下做BFS，以上例做為說明，其BFS之結果為

   由V1開始，與V1相鄰之點有V2、V3

   由V2開始，與V2相鄰之點有V4、V5

   由V3開始，與V3相鄰之點有V6

由V4開始，與V4相鄰之點有V7

由V5開始，與V5相鄰之點有V8

由V7開始，與V7相鄰之點有V9

答案即為V1-V2-V3-V4-V5-V6-V7-V8-V9

**3.** DFS與BFS在樹狀圖走訪之應用

(1)給定一個二元樹，則其DFS會和其前序走訪之結果相同，例如

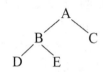

Preorder：ABDEC

DFS：ABDEC

(2)如上題，其BFS之結果為ABCDE

**小教室**

1. DFS和Preorder走訪常是試題重點。

2. 圖形走訪之目的在於尋找圖形之相連單元（若不相連，則無法在一次走訪中將所有頂點都走過一遍）。

3. 由BFS或是DFS走出之邊的集合，稱為擴展樹（spanning tree，意思是由此樹可以長出原來完整之圖形），且經由觀察可以得到以下的定理：

「spanning tree之邊的數目，必為頂點數目減一」

# 精選測驗題

( )　**1** 一條簡單路徑（simple path），若其起點與終點為同一頂點時稱為：　(A)樹　(B)循環　(C)相連路徑　(D)平衡路徑。

( )　**2** 以圖所示之鄰接矩陣（adjacency matrix）代表一有向圖（directed graph）。在矩陣中，如果第i列（row）第j行（column）的值為1，則代表第i個節點（node）有一向邊（directed edge）指向第j個節點，在此有向圖中，節點3的內分支度（in-degree）為：　(A)1　(B)2　(C)3　(D)4。

$$\begin{array}{c c c c c} & 1 & 2 & 3 & 4 \\ 1 & \begin{bmatrix} 0 & 1 & 1 & 0 \\ 2 & 1 & 0 & 0 & 0 \\ 3 & 1 & 1 & 0 & 1 \\ 4 & 0 & 1 & 1 & 0 \end{bmatrix} \end{array}$$

( )　**3** 續前題之有向圖，節點3到節點1的有向路徑（directed path）長度為3的共有幾條？　(A)1　(B)2　(C)3　(D)4。

( )　**4** 圖二之樹狀結構其深先搜尋（depth-first search）順序為：　(A)ABDHIECFG　(B)ABCDEFGHI　(C)ABDEHICFG　(D)ACFGBDEHI。

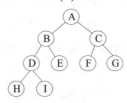

## 解答與解析

**1 (B)**。 一條簡單路徑，若其起點與終點為同一頂點時稱為循環。

**2 (B)**。 在此有向圖中，節點3的內分支度（in-degree）為2。

**3 (D)**。 節點3到節點1的有向路徑長度為3的共有4條。

**4 (A)**。 此樹狀結構的深先搜尋為ABDHIECFG。

**重點速攻**

1.排序的意義及種類　　　　2.各項排序方法之特性

3.搜尋法的種類與意義

對於這個主題的學習宗旨，主要是不同排序及搜尋法的執行方式及過程，而這過程所衍生出的時間複雜度也是考試的重點，因此時間複雜度的表示及長短對比，這些都需要稍微記憶。另外一個要知道的點就是，唯一一個使用到加減法的搜尋是哪一個？

# 10-1 ▶ 排序（或稱分類：sort）

## 一、何謂排序

1. 排序最簡單的解釋就是把資料排成有順序的狀態，以便利資料的分析和處理。排序的依據當然是比大小，而在電腦當中的大小就是指數字，但是有人會問到如果是對字串的排序該怎麼辦？聰明的你一定可以馬上想到，把它們轉成ASCII碼所代表的數字不就得了！

2. 排序所依據的欄位：一筆資料通常不是單純的數字或是字串，而是由數個欄位構成，例如學生的資料包含姓名、地址、國文分數、數學分數、總分……，要將這樣的資料加以排序，如果比較的依據不同，所得到的結果必然不同。例如以國文分數或是以數學分數為排序依據，所得到的排列順序當然會有所不同。因此我們定義被選定做為排序依據的欄位就稱為鍵欄（key field），而每筆資料中對應的field之值就稱為鍵值（key value），或簡稱鍵（key）。

## 二、排序之分類

由於記憶體有先天上長度的限制，若資料量過大，必然無法一次將所有的資料都load到記憶體加以處理，因此我們依據是否一次將所有資料load到記憶體的情形，將sort methods分成兩大類。

| 內部排序法 | 又稱陣列排序法，也就是説將所有資料全部放在記憶體內執行。 |
|---|---|
| 外部排序法 | 輔助記憶體（disk）有時又稱外部記憶體，如果無法一次將所有資料全部放在記憶體內執行，就必須借助外部記憶體做為輔助，因此稱為外部排序法。 |

## 三、排序演算法之特性

排序之方法種類相當多，在評估演算法之利弊時通常以其演算法複雜度、穩定度，以及額外的暫存空間需求等做為評估項目，茲分述如下：

1. **複雜度（O-函數）**：如前面章節所述，演算法複雜度事實上就是在衡量一個演算法在待處理資料之個數有變化時，對於演算法指令之執行次數的影響，在此我們假設待處理資料之個數為n，探討不同排序演算法之O-函數，進而比較其處理速度。

2. **穩定度（stable）**：穩定度的定義是指在正常的情況下（不刻意去製造），若原來兩個鍵值為相等，則其相對位置不會因演算的過程而改變。

   在這裡我們特別指出必須在不刻意的情況下，如果我們刻意的去製造（修改演算法的比較依據，例如將大於改為大或等於），原來是穩定的演算法會變成不穩定；但是反過來說，原為不穩定的排序法，在必須達到排序效果的前提下，永遠無法變成穩定。

3. **額外空間需求**：排序的過程中最常看到的是資料的互換，互換的程序必須有第三者，也就是額外的空間做為暫存的媒介，這就是所謂的額外空間。當然，排序法所需的額外空間並不侷限在單一的記憶空間，有時需要stack做為副程式暫存結果的地方。總而言之，只要是除了原始資料之外，要能夠完成此一演算法所需的空間皆稱為額外空間。

   說明：簡單的資料互換之程式片段如下：

   ```
   swap（a，b）    /*交換a，b之值*/
   T＝a；/*T即為暫存空間*/
   a＝b；
   b＝T；
   ```

**小教室**

也許有同學會說這是call-by-address，還是call-by-value，如果是call-by-value，那麼上面的演算法並無法達成資料互換的目的。的確，副程式呼叫的性質會影響整個副程式回傳的結果，但在這裡我們只是單純的借用此一程式片段，並不去探討副程式呼叫的性質。有關副程式的呼叫我們會在往後章節做介紹。

---

常見的時間複雜度：

$$O（2^n）＞O（n^3）＞O（n^2）＞O（nlogn）＞O（n）＞O（logn）＞O(1)$$

---

(1)穩定的排序法：

　　A.氣泡排序（bubble sort）— $O（n^2）$。

　　B.插入排序（insertion sort）— $O（n^2）$。

　　C.二元樹排序（Binary tree sort）— $O（n \log n）$，需要$O（n）$額外記憶體。

(2)不穩定的排序法：

　　A.選擇排序（selection sort）— $O（n^2）$。

　　B.堆排序（heapsort）— $O（n \log n）$。

　　C.快速排序（quicksort）— $O（n \log n）$期望時間，$O（n^2）$最壞情況；對於大的、亂數串列一般相信是最快的已知排序。

# 10-2 ▶ 內部排序法

## 一、插入排序法

給定一個具有n個資料的檔案進行排序，根據某個鍵欄為依據，依鍵值的大小，採由小到大的順序排列。假設有資料記錄包含R(1)，R(2)，……，R（n），而其對應鍵欄之鍵值分別為K(1)，K(2)，……，K（n）。

1. **原理說明**：假設有一虛擬的第0項記錄R（0），且其鍵值設為K（0）＝－∞。將K（0）放在第0個位置，然後依序將K（i）進行處理。假設K(1)，K(2)，……，K（i-1）已經排序完成，現在要插入K（i），方法是將K(1)，K(2)，……，K（i-1）和K（i）一一比較，若較小則依序放入數列串中，然後換下一個，直到有一個鍵值比K（i）為大時，則將K（i）放入此串列之末端，然後將剩餘的資料依序放入串列即完成。

2. 討論
   (1)複雜度：本法每個新鍵加入時，須比較$O(n)$次，且須比較n個新鍵，因此複雜度為$O(n^2)$。
   (2)最差狀況：若原順序與要求之順序相反時。
   (3)穩定度：本方法為穩定。
   (4)額外空間需求：一筆資料的空間。

## 二、選擇排序法

1. **原理說明**：從第一筆資料開始直到第n筆資料都找尋一遍，選出一個鍵值最小的資料與第一筆資料互換，然後再從第二筆資料開始重做一遍，直到所有資料都定位為止。

2. 討論
   (1)複雜度：$O(n^2)$。
   (2)最差狀況：若原順序與要求之順序相反時。
   (3)穩定度：本方法為穩定。
   (4)額外空間需求：一筆資料的空間。

## 三、氣泡排序法

1. **原理說明**：先兩兩比較，若前者大於後者則予以互換，否則保持不變。依此方式往後延伸直到所有資料皆比對過為止，第一輪迴結束後必然是最大的數值在最下面；扣除最後一數，再從頭兩兩比對，又可得到最大之數，並且存放於末端。本方式有如氣泡一樣，最大值往下沉，而最小值往上浮，就如同氣泡一般。

2. 討論
   (1)複雜度：$O(n^2)$。
   (2)最差狀況：若原順序與要求之順序相反時。
   (3)穩定度：本方法為穩定。
   (4)額外空間需求：一筆資料的空間。

## 四、快速排序法（Quick Sort）

一般情形下以快速排序法之平均執行時間為最快，但是演算法較為複雜且需要堆疊做為暫存空間。本方法需要多做練習才能熟練，最重要的是必須了解本方法之穩定度問題，以及在什麼情況下會有不穩定的情形發生。

1. **原理說明：** 假設欲排序為R（m），R（m+1），……，R（n），其對應之鍵值為K（m），K（m+1），……，K（n），由於本方法有呼叫副程式的需求，因此程式的寫法以m，n表示欲排序之起始和結束之註標。

   本方法除了m，n兩個註標之外，還須引入兩個輔助註標，稱為up和dn，用來做為數列前進和後退的註腳。

   (1)令up = n+1，dn = m，K = K（m），且

    A. 註標dn持續加1，直到K（dn）大或等於K為止，記錄此時dn之值。

    B. 註標up持續減1，直到K（up）小或等於K為止，記錄此時up之值。

    C. 若此時之dn < up，則swap（K（dn），K（up）），然後跳到(1)繼續執行；若否，則執行(2)之敘述。

   (2)swap（R（m），R（j）），此時原來R（m）的資料定位在註標j的位置，而且在左邊的數字都比K小或等於，而右邊都比K大或等於。

   (3)將左右兩邊的資料之上、下註標分別代入下一層的副程式，直到副程式之處理個數縮小到1個為止。

2. **討論**

   (1)本副程式在過程中不斷的呼叫自己，此類副程式稱為遞迴（recursive）。

   (2)快速法最佳的情況為所有的鍵值呈現近乎「亂得很平均」的狀態，在每一次調整基準值之定位時都能大約的將數列分成兩個部分，如此一來每呼叫一次副程式所需處理的資料數量就減半，呈現O（$\log_2 n$）的複雜度。

   (3)如果原數列之順序已和所要求之順序相反，甚至於相同時，都會是快速法效率最差的case，因為在一次的定位程序後只能將原數列分成一邊一個，另一邊有很多個的情況，此時之複雜度將是O（$n^2$）。

   (4)請注意演算法中

      repeat dn = dn + 1 until K（dn）>= K

   在K為最大值的情況下，無法找到一個K（dn）>= K，因此演算法將會出現錯誤。為了克服這項困難，我們通常會在數列的最後加上一個虛擬

的資料,且其鍵值為無限大,這樣一來前述的問題就可以獲得解決。例如,若原數列為

　　　　　25　10　9　17　8

其中K(m)= 25為基準值,當註標dn持續往右時卻無法找到一個大或等於基準值的數字,因此程式將無法停止。若於數列尾端外加一個虛擬的大數資料,註標就會停在此大數之上。

(5)穩定度:本方法為不穩定之排序法,例如將下列數列以快速法加以排序

　　　　　$14_1$　13　15　$14_2$

其中在兩個鍵值為14的下方各加一個下標1和2,當排序完成後我們再來觀察其相對位置是否有變。排序過程如下

　　　　　　dn　　up
　　　　　　$14_1$　　　　13　　　　　15　　　　$14_2$
交換　　　$14_1$　　　　13　　　　　$14_2$　　　15
dnup(同一位置)
　　　　　　$14_1$　　　　13　　　　　$14_2$　　　15
交換　　　$[14_2$　　　13]　　　　$14_1$　　　[15]　　　$14_1$已定位
　　　　　　[13]　　　$[14_2]$　　　$[14_1]$　　　[15]

由排序結果可以明顯看出相對位置已經改變,本法是為不穩定。

(6)額外記憶體需求:由於本方法會用到遞迴式的副程式呼叫,自然會用到stack來儲存暫存的結果。現在我們來討論所需stack之深度:

　A. 最差情況:每次定位後只有一個鍵值歸位,因此丟到副程式的資料會有n-1個,循環的層次需要O(n-1)= O(n),因此我們用O(n)來表示額外空間需求的複雜度。

　B. 最佳狀況:每次定位後可以分成同樣大小的二大部分,因此丟到副程式的資料只會有n/2個,循環的層次只需O($\log_2 n$),額外空間需求的複雜度即為O($\log_2 n$)。

## 五、雙向合併法(Two-way Merge)

1. **原理說明**:雙向合併法首先將輸入視為有n個長度為1的子數列,先兩兩依大小合併,得到約一半個數的具有兩個已排序元素之子數列,然後再兩兩合併直到成為一個單一數列為止。

2. **演算法說明**：本方法之觀念非常簡單，在小時候玩遊戲還有電視上的無聊綜藝節目裡，都可以看到本演算法之原理，可見科學是無所不在的。

從演算法的角度來看，本法的目的就是要將兩個各具有m，n個已完成排序元素之數列，利用某種合併方式使其成為一個單一且完成排序之數列。

3. **討論**

(1) 複雜度：每經過一次合併需要比較O（n）次，總共需要O（$\log_2 n$）次合併，因此本方法複雜度為O（$n\log_2 n$）。

(2) 穩定度：本方法為穩定。

(3) 額外空間需求：由於需要一個暫存空間做為排隊區，因此本法需要一個與原檔案相同大小的額外空間。

(4) Pass的定義：假設檔案有5個元素，請問需要幾次的合併才可以完成排序？本題中合併的過程有時定義成Pass，因此題目可以改問需要幾個Pass，這是一個相當重要的名詞。很明顯的若n = 5，則需要3次，因此公式為Pass數目 = [$\log_2 n$]，其中高斯符號為上高斯，也就是說若有小數點則無條件進一。

## 六、基數排序法

1. **原理說明**：一般我們處理排序的對象都是所謂的數字，當然如果不是數字也可以經由某種轉換而到數字。數字從外表來看可以明顯的分成個位數、十位數、百位數……，事實上所謂的數字大小就是先比最高位數，若不分勝負再比下一位，一直到分出大小為止，如果我們先對個位數排序，完成後再依十位、百位、……的順序進行個別位數的排序，就可以得到排序完成的結果。值得注意的是應用在個別位數的排序法必須是所謂穩定的排序，只要滿足此要求即可，並不限定是何種排序法。還有一點要注意的是先從個位數排起，大家一定和作者一樣，剛開始會覺得怪怪的，不過只要看完下面的例子就可以明白原因何在。

2. **範例說明**

將　125　327　149　　416進行排序。

先依個位數排序得　125　416　327　149

再依十位數排序得　416　125　327　149

再依百位數排序得　125　149　327　416

至此已完成排序。

## 七、累堆排序法（Heap sort）

如前所述，heap tree是一個父點鍵值永遠比子點之鍵值大或等於的完整樹，由此可以推論得到根之鍵值必為所有鍵值之最大，因此若給定一列待排序之數字，可以利用heap tree之特性加以排序。

**1. heap sort之程序**

(1)先將此數列排成heap tree，其根之鍵值必為最大，將根與完整樹之最後一項鍵值交換，並將此節點剔除。

(2)重複(1)之動作，直到所有之節點都已經過處理之後即完成。

(3)範例：有一數列，其值分別為

　　6　8　23　19　15　7

則第一次排成heap tree時，其根之值為23

則第二次排成heap tree時，其根之值為19

則第三次排成heap tree時，其根之值為15

其餘類推。

**小教室**

請注意，每次排成heap tree時，當時之最大值必會出現在根的位置。

**2. 討論**

(1)複雜度：根與完整樹之最末點交換需要O（n）次，每次排成一個heap tree需要O（$\log_2 n$）次，因此複雜度為O（$n\log_2 n$）。

(2)穩定度：本方法為不穩定。

(3)額外空間需求：僅需一筆暫存資料的空間。

**小教室**

所有討論過的排序法只有Quick sort和Heap sort為不穩定排序法。

# 10-3 ▸ 外部排序法

## 一、外部排序法之定義

外部排序法是針對大筆資料之檔案型態的排序方法，所謂大檔案是指整個檔案資料太大而無法一次全部放入主記憶體內，也因此無法在一次內部排序的過程就能將整個file排好。通常做外部排序時，會把檔案分作若干個片段（segment，也可以視為部分的資料），先利用很好的內部排序法將輸入檔的各Segment先行排好，再將排序過的Segment寫回外部儲存體（external storage）中，我們稱這些已排好序的segment為RUN。最後將這些RUN用類似Merge sort（差異是外部Merge sort的input data並未全部讀入記憶體中，而是分別存放在external storage的RUN中）法合併而得唯一的一個RUN。例如：

設有一檔案包括4500個records，今欲利用最多750 records之memory來做sorting。檔案存於磁碟中且每一區段含250個records，同時我們假設有另外一個磁碟可以運用，而輸入磁碟中之資料保持不動，則可以將排序之過程表示如下：

1. 將4500 records分成6組750 records，分別以內部排序法完成排序，此時獲得6個RUN。

2. 以內部記憶體及輔助記憶體為對象，將所有的RUN以兩兩的方式合併，直到排成一個RUN為止。

### 小教室

外部排序與雙向合併法相當類似，只不過其暫存空間是外部之輔助記憶體。資料進入memory的數目有限，因此每個RUN只能取出適合長度的一部分加以執行，而將輸出陸續送到外部記憶體。

## 二、多向合併法

前述是採用二路合併法，也就是說Input Run的數目為二。如果我們將Input Run的數目增加，比如說三路合併法、四路合併法，其排列方式也是一樣。

# 10-4 ▸ 搜尋法

## 一、何謂搜尋（search）

假設有一個檔案是由許多筆資料組合而成，每筆資料都包含了數個欄位。若我們選定一個欄位（稱為鍵欄），並由外在輸入一個值，並且與檔案內所有資料的對應鍵欄之鍵值相比對，若相同則找出其資料所在的位置；若沒有相同者，則宣告找不到，這樣的過程就稱為搜尋。

1. **與搜尋速度有關之參數**：搜尋速度除了與本身演算法之複雜度有關外，還和資料的性質（是否已排序完成），資料的數目（數量多時也許甲搜尋法較好，數量少時也許乙搜尋法較好）有關。

2. **平均搜尋次數**：除了用複雜度來評斷搜尋演算法的好壞之外，有時我們也會用所謂的平均搜尋次數來衡量演算法的價值。通常這樣的評估都是發生在資料結構不同，而演算法相同的時候，換句話說，檔案內資料的結構也會影響平均的搜尋次數。

---

### 小教室

平均搜尋次數之定義為給定一群鍵值，將每個鍵值所需之搜尋次數（包括找到以及宣告找不到之情形）相加，求得總和後，除以該群鍵值的個數即為平均搜尋次數。

---

## 二、搜尋的分類

現在我們依據搜尋法處理的對象、處理的場合以及鍵值的性質，將搜尋法則大致上分成下列幾種：

1. **內部與外部**：以處理的場合分類

| | |
|---|---|
| **內部搜尋** | 搜尋表格（小檔案）可直接置於主記憶體之搜尋。 |
| **外部搜尋** | 搜尋檔案（大表格）儲存於次記憶體（Secondary memory）之搜尋法。 |

**2. 靜態與動態：** 以處理之對象分類

| 靜態搜尋 | 指搜尋的表格或檔案，其內容不會再更動。 |
| :---: | :--- |
| 動態搜尋 | 指搜尋的表格或檔案，其內容可能再更動。 |

**3. 完全與部分：** 以鍵欄之含蓋率分類

| 完全關鍵項搜尋 | 指搜尋所用的關鍵項為表格或檔案中某完整之欄位。 |
| :---: | :--- |
| 部分關鍵項搜尋 | 指搜尋所用的關鍵項為表格或檔案中某欄位之部分。 |

**4. 實質與轉換：** 以鍵值之直接性分類

| 實質關鍵項搜尋 | 指搜尋所用的關鍵項不需轉換，即可直接搜尋。 |
| :---: | :--- |
| 轉換關鍵項搜尋 | 指搜尋所用的關鍵項需經過特殊轉換，才可達成搜尋工作。 |

# 三、循序搜尋法（Sequential Search）

又稱線性搜尋（linear search），簡單的說就是從頭找起，一個接著一個比對，直到找到資料，或是全部找過而宣告找不到為止，以搜尋所要之資料是否存在的一種搜尋法。

1. 最好的情況是一次就找到，最差的是比了n次都不對而宣告找不到，因此平均比較次數為$O((n+1)/2) = O(n)$。

2. 本法常考的主要是平均搜尋次數的問題，例如假設有一個含有10個不相等鍵值（key）的file，每個key都有對應的使用頻率，如下表：

| Key | k1 | k2 | k3 | k4 | k5 | k6 | k7 | k8 | k9 | k10 |
| :---: | :---: | :---: | :---: | :---: | :---: | :---: | :---: | :---: | :---: | :---: |
| 使用頻率（%） | 5 | 10 | 5 | 25 | 20 | 5 | 10 | 10 | 5 | 5 |

(1)若在sequential search下，試問搜尋一個key的平均比較次數（average number of comparisions）為多少次？

(2)若要減少平均比較次數，這些key應如何安排（arrangement）？經過這樣安排之後，試問其平均比較次數為多少？

本題的意思如果能夠瞭解，那麼解題的過程會顯得相當簡單。題意的重點在於每個鍵值的使用比率有所不同，又是採用sequential search，因此排在愈前面的鍵之搜尋成功所需的次數愈小，反之排在後面的鍵所須的搜尋次數就愈多。因此我們可以定義一群鍵值之平均搜尋次數即為「在sequential search下，搜尋一個key的平均比較次數」。

$1 \times 0.05 + 2 \times 0.10 + 3 \times 0.05 + 4 \times 0.25 + 5 \times 0.20 + 6 \times 0.05 + 7 \times 0.10 + 8 \times 0.10 + 9 \times 0.05 + 10 \times 0.05 = 5.15$（次）

如果上述的說法可以接受，那麼把比率愈高的鍵排在愈前面自然可以得到較小的平均搜尋次數。例如

| key | k4 | k5 | k2 | k7 | k8 | k1 | k3 | k6 | k9 | k10 |
|---|---|---|---|---|---|---|---|---|---|---|
| 使用freq（%） | 25 | 20 | 10 | 10 | 10 | 5 | 5 | 5 | 5 | 5 |

經過這樣的安排之後，搜尋一個key的平均比較次數即為

$1 \times 0.25 + 2 \times 0.20 + 3 \times 0.10 + 4 \times 0.10 + 5 \times 0.10 + 6 \times 0.05 + 7 \times 0.05 + 8 \times 0.05 + 9 \times 0.05 + 10 \times 0.05 = 3.85$（次）

## 四、二分搜尋法（Binary search或稱二元搜尋法）

其有順序性之資料列，採一半一半搜尋。

Binary Search與Sequential Search在使用上有所不同，Sequential Search之資料不須先行排序，但是Binary Search則須先將資料排好，才能使用，它最多次數為$[\log_2 n]$（$[\log_2 n]$表示大於$\log_2 n$之最小整數，亦即有$2^n$筆資料時，最多比較次數為n次。）

1. **原理說明**：假設被搜尋的檔案之鍵值已從小到大排列，二分搜尋法的搜尋方式敘述於下：

   (1)將欲搜尋的鍵值K與檔案的中間記錄之鍵值Km作比較。

   (2)比較的結果有下列三種情形：

   A. 若K<Km，且檔案中有所要搜尋的記錄，則該記錄必在檔案的前半部，繼續搜尋檔案的前半部。

   B. 若K＝Km，則Km就是所要找的。

   C. 若K>Km，且檔案中有所要搜尋的記錄，則該記錄必在檔案的後半部，繼續搜尋檔案的後半部。

## 2. 討論

(1)很明顯的可以看出每次搜尋都會將範圍縮小一半,因此最差在$\log_2 n$次
搜尋之後一定可以宣告找到或找不到。我們舉從前之普考試題為例:有
一群資料共有4096個,最差在多少次之內必能搜尋完成?答案即為$\log_2$
4096=12。

(2)經過統計試驗後還可得到以下結果:
一般的情況下,當n>15時二分搜尋法比循序搜尋法好。
最差的情況下,當n>4時二分搜尋法比循序搜尋法好。

# 五、插補搜尋法

本法與二元搜尋法相類似,只不過在選擇比對註標之計算方式有所不同。二元
法是固定的取一半,而插補法會根據鍵值之大小稍做調整,就好像在查字典
時,若給定單字之頭一個字母為d,我們會從前面一點來翻字典;若給的是t,
自然要翻後面一點,因此插補法的行為就有如查字典一般。

1. 假設被搜尋檔案的資料之鍵值已從小到大排列,插補搜尋法的搜尋方式敘
述於下:

(1)將欲搜尋的鍵值K與檔案的對應插補記錄之鍵值Km作比較。

(2)比較結果有下列三種情形:

　　A. 若K<Km,且檔案中有所要搜尋的記錄,則該記錄必在鍵為Km之記
錄的前面部分檔案中,繼續搜尋該部分的記錄。

　　B. 若K=Km則找到鍵值為K的記錄。

　　C. 若K>Km且檔案中有所要搜尋的記錄,則該記錄必在鍵為Km之記錄
的後面部分檔案中,繼續搜尋該部分的記錄。

(3)上式註標m之計算方式很像所謂的加權數(不是股票的加權指數),即

$$m = [ (K-K_l) / (K_u - K_l) * (u-l+1) ]$$

## 2. 討論

(1)插補法必須在鍵值為均勻分布下才有良好的效果,若分布不夠均勻,有
時無法有效的執行,例如下列的鍵值序列:

　　5　7　9　12　35

假設要尋找鍵值為7之資料，則

$$m＝[（7–5）／（35–5）*（5–1＋1）]＝[1/3]＝0$$

註標為0，故搜尋無法展開。

(2) 在n > 500，且鍵值平均分布時，插補搜尋法的平均比較次數比二分搜尋法要少。

## 六、費氏搜尋法

本方法常考之題型都是問「只用到加減法之搜尋法為何？」答案就是所謂的費氏搜尋法。本方法與二分法和插補法一樣，都是採計算註標的方式，來決定搜尋的位置，只不過註標的產生只會用到加減法而沒有用到乘除法。

1. **費氏級數定義**：費氏級數事實上是一串數列，數列之前後元素都有著固定的算術關係，且其關係為

   $$F_0＝0，F_1＝1，且F_i＝F_{i-1}+F_{i-2}，i＝2，3，4，……$$

   也就是說此數列之起始值為$F_0=0$、$F_1=1$，而從$F_2$開始，其值都是其前二個數列數值之和，所以

   $$F_2＝F_0+F_1＝1$$

   $$F_3＝F_2+F_1＝2$$

   $$……$$

   因此整體數列值由$F_0$開始即為

   $$0，1，1，2，3，5，8，13，21，34，……$$

2. **討論**：費氏搜尋法的平均比較次數比二分搜尋法少，但最差情形卻比二分搜尋法稍多。

## 七、散置搜尋法（Hashing）

有時又稱雜湊搜尋，其特性就如同資料處理單元之DAM法（Direct Access Method），經由某種Algorithm將鍵值轉換為儲存位址加以儲存，而在搜尋時將給定之鍵值依同樣之Algorithm計算後得到一個位址，若此位址上為所要找的鍵值則search成功，若否則宣告找不到。

**1.** Hashing Search**之特點**

(1)被搜尋的資料不需要按鍵值順序排列，即可利用雜湊搜尋法搜尋。

(2)雜湊搜尋法的搜尋方式是較快的直接搜尋，而不是較慢的循序搜尋。

(3)欲有效利用有限的記憶空間，並使資料的插入、刪除及搜尋等操作快速，可利用雜湊搜尋法。

**2. 常用之**Hashing Algorithm

(1)**除法**（Division Method）：除法是最早採用且最為簡易的鍵值與位址轉換法，就是將鍵值除以某一常數，取它的餘數來當位址，敘述如下：

　　　H（K）＝T＋K MOD N

其中

　　　H（K）：代表位址（Address）

　　　K：代表資料的鍵值

　　　T：代表存放在記憶體的啟始位址

　　　N：代表除數常數

除數常數的取法可以根據許多專家的建議，選取略大於位址空間的質數（Prime number）當作除數常數最為理想。以下為計算練習：

用散置法（Hash method）將下列七數存入0，1，……，6七個位置：

　　　101，186，16，315，202，572，463

如欲將此七數存入1000開始的十一個位置，又如何存法？

解答分述如下：

先利用散置法中的除法，將七數存入0，1，……，6七個位置。

A MOD B表示將A除以B，並取其餘數；令除數常數N等於7，起始位址T等於0。

利用轉換公式H（K）＝T＋K MOD N求取位置於下：

　　　H（101）＝0＋101 MOD 7＝3

　　　H（186）＝0＋186 MOD 7＝4

　　　H（16）＝0＋16 MOD 7＝2

　　　H（315）＝0＋315 MOD 7＝0

　　　H（202）＝0＋202 MOD 7＝6

　　　H（572）＝0＋572 MOD 7＝5

　　　H（463）＝0＋463 MOD 7＝1

再利用散置法中的除法，將七數存入1000開始的十一個位置

令除法常數等於11，起始位置T等於1000

H（101）＝1000＋101 MOD 11＝1002

H（186）＝1000＋186 MOD 11＝1010

H（16）＝1000＋16 MOD 11＝1005

H（315）＝1000＋315 MOD 11＝1007

H（202）＝1000＋202 MOD 11＝1004

H（572）＝1000＋572 MOD 11＝1000

H（463）＝1000＋463 MOD 11＝1001

(2) **中間位數平方法**：將鍵值乘上自己或其他常數後，再從中間取適當的位元（bit）數目所形成之數值當作位址，若所選取的位元數為N，則對應的位址空間大小為$2^N$，以公式敘述於下：

H（K）＝MID（K*K，I，J），其中J - I＋1＝N

其中之符號說明如下：

H（K）：代表位址

K*K：代表鍵值K的平方

I，J：代表取鍵值平方欄的位置I到位置J

例如鍵值為$1010_2$，取其平方後為$1100100_2$，若位址要求為4個位元，我們就可以定義I＝2，J＝5，因此公式即成為

H（K）＝MID（K*K，2，5）

且位址空間為$2^4＝16$

(3) **數位分析法**：本方法是從統計的角度出發，對象是數位較多的鍵值（比如電話號碼），基本想法是在某一個數位上觀察其數字分布形態，如果數字重複的情形很多，就將此位數刪除，以避免轉換成位址時會出現重複的現象。

A. 使用數位分析法的先決條件：鍵值必須是十進位系統，位址須以十進位數字為定址方式，且鍵值位數比可用的記憶體空間的位數多。

B. 數位分析法的作法：首先一位一位刪除分布不均勻的數位，直到剩下的位數滿足所需為止，而比較精確的作法是利用統計的方法找出分配較平均的數位當作位址。

C. 利用數位分析法將鍵值轉成位址的例子：假設可供使用的記憶體空間有1000個位置（即Hash table可放1000個項次的資料），已知有下列十個電話號碼樣本：

 02-982-5876
 02-982-7860
 02-982-6551
 02-653-4840
 02-653-8532
 02-653-3814
 02-421-9013
 02-421-2823
 02-421-0535
 02-328-1896

先將這些電話號碼中重複性高的數位刪除，電話號碼最前面兩位為區域號碼，從樣本知第一位全為0，第二位全為2，將這兩個重複性高的數位予以刪除；第三位至第五位為局碼，局碼變化不大，再將這三個數位刪除；因此只剩下四個數位。因為可用的記憶體空間只有1000個位置，亦即相對位置只能有三個數位（000至999），故須再從這四個數位中刪除一位，吾人可發現第七位的數字集中在5和8，因此再將第七位刪除。
將重複性高的數位刪除後，鍵欄與位址的轉換列表於下

| 電話號碼為鍵欄 | 位址 |
|---|---|
| 02-982-5876 | 576 |
| 02-982-7860 | 760 |
| 02-982-6551 | 651 |
| 02-653-4840 | 440 |
| 02-653-8532 | 832 |
| 02-653-3814 | 314 |
| 02-421-9013 | 913 |
| 02-421-2823 | 223 |
| 02-421-0535 | 035 |
| 02-328-1896 | 196 |

(4) **數字疊合法**（folding method）：從鍵欄中任選若干連續數位作為基數（基數位數等於可使用記憶體空間大小的位數），將基數數位左右兩側的數位於跟基數數位接縫的地方作折疊；然後三組數字向左側（或右側）對齊作相加（略去進位），即為所求的位址數。假設某八個數位統一編號的每一數位都均勻分布，已知可供使用的記憶體空間有1000個位置，即位址可從000到999。

我們以數字疊合法將35752511轉換為位址數做為範例，來說明取疊合處方法，首先觀察鍵值發現為8位數，可以取成3，3，2的疊合方式，折疊後有兩種作法：

A. 向左側對齊，然後相加（通常將進位略去），所得即為位址數

$$
\begin{array}{r}
511 \\
752 \\
+ \quad 035 \\
\hline
298
\end{array}
$$
（各位數相加之進位數省略）

B. 向右側對齊，然後相加，所得即為位址數

$$
\begin{array}{r}
357 \\
525 \\
+ \quad 011 \\
\hline
883
\end{array}
$$
（各位數相加之進位數省略）

3. **碰撞現象及其解決方法**：所謂碰撞（又稱同義synonym）是指不同的鍵值經由相同的Algorithm運算後，卻得到同樣的位址，如此一來在後面處理的鍵值就沒有地方可以放置。為了解決這個問題，我們介紹下列數種解決碰撞的方法。

| | |
|---|---|
| **循序法**<br>（**Linear Method**） | 若經雜湊轉換出來的位置已被佔用，則檢查下一位址是否被佔用；如果仍被佔用再檢查下一位址，以此類推，直到找到未被佔用的位置時，將新的紀錄存入。 |
| **開放位址法**<br>（**Open Addressing Method**）<br>**或掛籃法**<br>（**Bucket Method**） | 將每一位置的空間加大，使同一位置可存放數筆紀錄，有如數個桶子（Bucket）掛在同一位置的後面一般。當碰撞發生時，可將其存放在後面的Bucket中，但若Bucket放滿了時，則再建一個Bucket使之相連並且繼續存放在超溢區（Overflow Area）。 |

| 串列法<br>（List Method） | 當碰撞發生時，將紀錄存放在自由儲存區域（Free Storage Area），再以指標鏈結將具有相同位置的紀錄串連起來。 |
|---|---|
| 多次法<br>（Quadratic Method）<br>或新雜湊法<br>（New Hashing Method） | 當碰撞發生時，改用其他的雜湊法求出不同的位址；若仍然發生碰撞，則再改用另一種雜湊法求之，以此類推。 |

4. Hashing與其他搜尋法之比較

Hashing和其他Search比較有以下優點：

(1)利用Hashing搜尋，被搜尋的資料不需要按鍵值排列。

(2)Hashing的搜尋方式是較快的直接搜尋，而不是較慢的循序搜尋。

(3)Hashing能有效利用有限的記憶體空間，並使資料的搜尋、插入及刪除等操作快速進行。

(4)資料保密性極高，因其函數，只有設計人才知道。

## 精選測驗題

( )　**1** 一般資料搜尋可分成循序搜尋法與二分搜尋法，如果搜尋資料總共有4096個，則循序搜尋法最差情況下需搜尋4096次，試問二分搜尋法最差情況下需搜尋幾次？　(A)4096次　(B)2048次　(C)12次　(D)40次。

( )　**2** 資料排序（sorting）中常使用一系列的資料值比較，而得到排列好的資料結果。若現有N個資料，試問在各資料排序方法中，最快的平均比較次數為何？　(A)$\log_2 N$　(B)$N \log_2 N$　(C)$N$　(D)$N^2$。

( )　**3** 關於雜湊搜尋法（Hashing）的敘述，下列哪一項是錯誤的？　(A)又稱鍵值轉換法或位址計算法　(B)被搜尋的資料不需要按鍵值順序排列　(C)是採較快的直接搜尋方式　(D)需佔極大的記憶體空間。

( )　**4** 設欲排序（sort）的資料為：5，1，10，2，15，3，若採用累堆排序法（Heap sort），則當累堆樹（Heap tree）第三次建成時，其樹根節點資料內容是：　(A)3　(B)10　(C)15　(D)5。

( )　**5** 利用雜湊函數（hashing）來推算資料錄在磁碟中之真實儲存位址的檔案組織是：　(A)索引存取檔　(B)直接存取檔　(C)相對檔　(D)順序檔。

( )　**6** 下列哪一種搜尋法（searching）的搜尋過程中只用到加減法？(A)二分搜尋法（Binary searching）　(B)循序搜尋法（Sequential searching）　(C)雜湊搜尋法（Hashing）　(D)費氏搜尋法（Fibonacci searching）。

( )　**7** 設欲排序（Sort）的資料為：89，98，77，59，107，21，若採用二路合併排序法（Two-way merge sort），則總共需要經過幾個過程（Pass），才能完成排序：　(A)2　(B)3　(C)4　(D)1。

( )　**8** 若n代表被排序資料的個數，則選擇排序法（Selection sort）所需要的CPU時間與下列哪一個量成正比（在平均情況下）：　(A)$\log n$　(B)$n \log n$　(C)$n$　(D)$n^2$。

( )　**9** 將資料的鍵值按照某種特定的技巧或數學公式計算法則，將原來的鍵值轉換成新的鍵值或位址；上述搜尋方式稱為：　(A)費氏搜尋法（Fibonacci searching）　(B)二分搜尋法（Binary searching）　(C)雜湊搜尋法（Hashing）　(D)循序搜尋法（sequential searching）。

( )　**10** 在200個名字中，使用二分搜尋（Binary Search）尋找某一特定名字時，最多需比對多少次？　(A)4　(B)6　(C)8　(D)10。

( )　**11** 二元找尋（binary search）最適何於下列何種資料？　(A)已排序（ordered）且為循序存取（sequential access）　(B)已排序且為隨機存取（random access）　(C)未排序且為循序存取　(D)未排序且為隨機存取。

( ) **12** 外在排序（external sorting）和內在排序（internal sorting）使用方法不同的主要因素為何？ (A)外在儲存設備（external storage devices）存取速度較慢 (B)資料編碼方式不同 (C)外在儲存設備是隨機存取（random access） (D)資料量太大無法一起放入主記憶體。

( ) **13** 將陣列中的元素重新依其大小順序排列，稱為： (A)歸類 (B)搜尋 (C)排序 (D)處理。

( ) **14** 在n筆資料的二元搜尋樹上搜尋一筆資料，在最差情況下，其時間複雜度為： (A)$O(\log n)$ (B)$O(n)$ (C)$O(n \log n)$ (D)$O(n^2)$。

( ) **15** 下列何者用heap處理，較有效率： (A)priority queue (B)k-way merge (C)depth first search (D)breadth first search。

( ) **16** 令n代表資料筆數，則heap sort的時間複雜度為 (A)$O(\log n)$ (B)$O(n)$ (C)$O(n \log n)$ (D)$O(n^2)$。

( ) **17** 從已建立好的資料中，逐筆的檢查，直到尋找到所指定的資料為止，此種方法稱為： (A)雜湊搜尋法 (B)費氏搜尋法 (C)循序搜尋法 (D)二分搜尋法。

( ) **18** 適用於在排序好的資料中查詢的是： (A)二分搜尋 (B)循序搜尋 (C)雜湊搜尋 (D)二分樹搜尋。

( ) **19** 假設被排序的資料量夠大，下列何種排序（sorting）法最快速： (A)bubble-sort (B)insertion-sort (C)selection-sort (D)quick-sort。

( ) **20** 令n為被搜尋檔的大小，則二分搜尋（binary search）演算法的比較次數最多約為幾次： (A)n (B)$n^2$ (C)$\log_2 n$ (D)$n^3$。

( ) **21** 排序（sort）及合併（merge）的功能是屬於系統軟體中的哪一類： (A)操作系統 (B)程式語言 (C)共用程式 (D)通訊程式。

（　　）**22** 陣列A中，若含有31筆資料，且已事先由小至大排序妥當，若要尋找此31筆資料中的某一筆，試問以二元搜尋法最多需比較幾次：(A)5次　(B)4次　(C)3次　(D)31次。

（　　）**23** 若有n個資料存於某一維陣列中，現欲搜尋某一資料X，若使用線性搜尋（lindar search），則所需時間約為：　(A)O（n）　(B)O（log n）　(C)O（$n^2$）　(D)O（n log n）。

（　　）**24** 下列排序法中，何者有最佳的time complexity：　(A)quick sort　(B)bubble sort　(C)heap sort　(D)insertion sort。

（　　）**25** 一維陣列A中含有n項資料，使用最佳的排序（sorting）法時，其平均比較次數約為：　(A)O（n）　(B)O（$n^2$）　(C)O（log n）　(D)O（n log n）。

（　　）**26** 下列敘述何者錯誤？　(A)二分搜尋法所需的比較次數最多為$\log_2 N$次　(B)二分搜尋法只能應用在已排序的資料　(C)循序搜尋法平均所需的比較次數為N／2次　(D)循序搜尋法可應用在未排序的資料。

（　　）**27** 使用二元搜尋法（binary search）的條件是：　(A)資料數量須為偶數筆　(B)資料一定要以二元樹結構（binary tree）存放　(C)資料中不能有中文資料　(D)資料必須先經過排序處理。

（　　）**28** 有關循序搜尋法（sequential search）的敘述何者錯誤？　(A)資料不必先排序　(B)搜尋磁碟之資料通常利用此法　(C)搜尋之時間複雜度為O（n）　(D)搜尋資料時，採一筆一筆逐一比對。

（　　）**29** 下列何者不是穩定的（Stable）排序方法？　(A)快速排序法（Quick Sort）　(B)選擇排序法（Selection Sort）　(C)插入排序法（Insertion Sort）　(D)合併排序法（Merge Sort）。

(　) **30** 下列有關資料搜尋之敘述，何者錯誤？
(A)循序搜尋法資料必須儲存在磁碟上
(B)二元搜尋法必須使用已排序的資料
(C)若欲從大量的資料中搜尋少量資料，使用循序搜尋的平均搜尋
速度較二元搜尋慢
(D)循序搜尋是用逐筆搜尋的方式以尋找指定資料。

(　) **31** 所謂排序（sort）是指：　(A)將相同的資料集中在一起　(B)將資
料依代碼由大至小或由小至大排列　(C)將每一筆資料均給予一個
代碼　(D)依某種條件找尋資料。

(　) **32** 陣列A中，由小而大存放了1，4，8，11，15，21，34，45等8個
數值，若以二元搜尋法（binary search）來找尋數值4，需比較多
少次？　(A)8次　(B)4次　(C)2次　(D)1次。

## 解答與解析

**1 (C)**。$2^{12}=4096$。

**2 (B)**。每筆資料最快$\log_2 N$，共有N筆資料，所以共為$N \log_2 N$。

**3 (D)**。雜湊搜尋法並不需佔極大的記憶體空間。

**4 (D)**。第三大者。

**5 (B)**。直接存取檔才會利用雜湊函數來推算資料錄在磁碟中之真實儲存位址。

**6 (D)**。費氏搜尋法的搜尋過程中只用到加減法。

**7 (B)**。$\log_2 6 \leqq 3$。

**8 (D)**。選擇排序法所需要的CPU時間，在平均情況下與$n^2$成正比。

**9 (C)**。此為雜湊搜尋法之定義。

**10 (C)**。$200 \leqq 2^8=256$。

**11 (A)**。binary search最適合已排序且為循序存取的資料。

**12 (D)**。外部排序用於資料量太大無法一起放入主記憶體的時候。內在排序反
之，是將資料一起放入主記憶體處理。

**13 (C)**。此為排序之定義。

**14 (B)**。在n筆資料的二元搜尋樹搜尋，最差的時間複雜度為O（n）。

**15 (B)**。選項中，k-way merge用heap處理較有效率。

**16 (C)**。Heap sort的時間複雜度為O（n log n）。

**17 (C)**。從已建立好的資料中，逐筆的檢查，直到尋找到所指定的資料為止為循序搜尋法之作法。

**18 (A)**。二分搜尋適用於在排序好的資料中查詢。

**19 (D)**。資料夠多時，quick-sort是最快的排序法。

**20 (C)**。二分搜尋演算法的比較次數最多$\log_2 n$次。

**21 (C)**。排序及合併的功能是屬於共用程式。

**22 (A)**。$31 \leqq 2^5 = 32$。

**23 (A)**。線性搜尋的時間複雜度為O（n）。

**24 (C)**。時間複雜度：
(A)quick sort：O（n logn），資料夠大時才是最快的排序法。
(B)bubble sort：O（$n^2$）。
(C)heap sort：O（n logn）。
(D)insertion sort：O（$n^2$）。

**25 (D)**。排序法中，最短的比較次數為O（n log n）。

**26 (C)**。循序搜尋法平均所需的比較次數為（n＋1）/2次。

**27 (D)**。使用二元搜尋法的條件是資料必須先經過排序處理。

**28 (B)**。搜尋磁碟之資料不會用此法，因為太慢了。

**29 (A)**。快速排序法是不穩定的搜尋法。

**30 (A)**。循序搜尋法資料必須儲存在記憶體中。

**31 (B)**。排序是指將資料依代碼由大至小或由小至大排列。

**32 (C)**。11 → 4（找到），例如找34：11 → 21 → 34。

解答與解析

重點速攻

1.程式語言名稱及內涵　　　2.副程式呼叫之處理方式

3.軟體發展程序　　　　　　4.程式編譯方式

這一章最喜歡考你call by value, call by address, call by name的觀念，也就是主程式與副程式如何傳參數的觀念，雖然現在程式語言不太分call by的問題，例如：Java是call by value還是call by address？在實務上比較不會特別再作區分，不過考試如果出現這樣的題目還是需要注意。

# 11-1 ▸ 程式設計方式

## 一、由上而下設計法（top-down）

又稱逐步細分法，是由程式需求功能的最高層開始，分解成數個主要功能，每一個主要功能再往下細分成數個較小的次要功能；此一細分過程一直重複到每一個最簡功能都可以被實現為止。

## 二、模組化設計

如同由上而下設計法一般，都是以細分的方式做功能分解的動作，但是與top down設計法不同的是以小的模組來實現最簡單的功能需求，而且模組間互為獨立，只靠參數之傳遞做為介面工具。

## 三、結構化設計

既是top down設計，也是模組化設計，其重要特性為：

1. 循序之指令執行架構。

2. **選擇執行架構**

　(1)if 判斷。　　　　　　　(2)case 判斷。

**3. 迴圈執行架構**

(1)while loop。　　　　　　(2)repeat until。

**4. 少用GOTO指令。**

**5. 結構化程式之優點**

(1)可讀性高。　　　　　　(2)可測試性高。

(3)開發成本較低。　　　　(4)維護容易。

**6. 結構化程式之缺點**

(1)敘述較多。　　　　　　(2)程式執行時間較長。

## 四、流程圖符號介紹

流程圖是以圖形的方式，將程式之處理順序、處理條件以箭頭指向的方式描述，藉由流程圖的幫助，無論是撰寫程式或是幫助閱讀都有很大的功效；flowchart之優點為簡單易讀，而且可以協助設計者不致於忽略程式之細節。

## 五、軟體發展過程

**1. 功能需求分析**：由所給定之任務要求轉化為條列式的功能需求，經過分析模擬後，確認所分析得到的功能需求可以滿足給定之任務。

**2. 軟體規格制定**：將需求分析階段所得到的結果轉為更實際的軟體規格，包含將功能需求以由上而下和模組化之設計方式，細分為小單位；而每一個小單位都有其軟體規格定義。

**3. 軟體設計**：選定程式語言，將前述之規格轉為實際之程式。

**4. 軟體測試**：根據所訂定之規格設計不同層次的測試條件，驗證所設計之軟體是否存在錯誤，或是有功能不足的地方。

**5. 軟體實施**：交由客戶做實地之運作。

**6. 軟體維護**：經過測試驗證核可後即可正式運作，在軟體系統運作期間也許陸續有新功能的需求，或是激發出軟體測試沒有找出來的潛伏性錯誤，此時需要軟體維護人員進行軟體功能更新，或是軟體除錯的工作。

# 11-2 ▶ 演算法技巧

## 一、切割征服法（divide and conquer）

將問題一分為二個較小問題，再遞迴式的往下細分，直到最終被分割的小問題小到可以被簡單的解決。例如二元搜尋法、合併排序法、快速排序法。

## 二、貪婪法（greed method）

採用步級（step）的方式，一次只解決一個輸入所造成的問題，直到所有輸入都處理過為止。例如最小成本擴張樹演算法、赫夫曼演算法。

## 三、動態規劃法（dynamic programming）

如同尋找圖形間各點之最短路徑演算法，以所謂的「最佳原則」做為處理的依據，「最佳原則」之意義為

「全部的最佳，是舊狀態下之最佳，與新狀態下之結果間的較佳者」。

## 四、Non-Deterministic

無法以定量的方式描述程式之複雜度，例如圍棋、象棋等程式。

# 11-3 ▶ 程式語言介紹

## 一、語言之階層

1. **機器語言**：為一連串之0與1的組合所構成的指令，由硬體直接執行，速度最快，但是可讀性最差，故是一種低階語言。

**小教室**

機器語言和組合語言均為低階語言。

2. **組合語言**（assembly）：以助記憶符號取代機器語言，提升可讀性，速度雖較機器語言為慢，但已經是很快的語言。

3. **高階語言**（high level）：指令語法與人類日常說話之語法相近之程式語言，例如

| BASIC（Basic All-purpose Symbolic Instruction Code） | 初學者之入門語言。 |
|---|---|
| FORTRAN（FORmula TRANslator） | 適合數學、工程問題之語言，具可攜性、標準化。 |
| COBOL（COmmon Business Oriented Language） | 商業導向語言。 |
| PASCAL（人名） | 多用途語言，一般用在資料結構之應用程式，記憶體效率高，編譯程式小。 |
| C語言 | 目前最流行之語言，一般用在系統程式及應用軟體之發展。 |
| ADA（人名） | 結構非常嚴謹，做為軍事、國防、武器用途。 |
| LISP（LISt Processing language） | 人工智慧語言。 |
| PROLOG（PROgramming LOgic） | 人工智慧語言，有逐漸取代LISP之趨勢。 |

4. **4GL語言（第四代語言）**：又稱查詢語言（Query Language），只須下達簡單的指令，即可指揮電腦做許多工作，通常用於資料庫系統。

5. **自然語言（Natural Language）**：又稱知識庫語言，是用來處理以某特定領域為基礎的語言，目前主要用於人工智慧研究領域。

## 二、直譯與編譯之比較

編譯程式（Compiler）是電腦廠商提供的系統程式之一，功能是將高階語言（例如：FORTRAN、COBOL、PASCAL等程式語言）所寫之程式轉換成能被機器接受之等效的目的程式（Object Program）（也就是機器語言）。而直譯程式（Interpreter）也是廠商提供的系統程式之一，其功能是按照高階語言（雖然目前的BASIC語言也有編譯程式版，但是通常還是舉BASIC語言為直譯程式的例子）所寫的程式執行時敘述的邏輯順序，一個指令一個指令逐步翻譯，轉換為機器語言並且立刻執行。其重要比較事項如下：

## 1. 輸入與輸出

(1)編譯程式和直譯程式的輸入都是高階語言程式，經由compiler翻譯之後產生等效的目的程式，但是不會馬上執行。

(2)直譯程式按照輸入程式執行時敘述（statement）的邏輯順序逐一地解碼並且執行。

## 2. 處理順序

(1)編譯程式依照程式實體上指令敘述的順序進行處理，完全採取由上而下式的編譯，不會有迴圈式或是GOTO式的翻譯順序。

**小教室**

編譯程式對於程式中每個敘述都只處理一次。

(2)直譯程式依照程式執行時敘述的邏輯順序進行處理，因而有時是由上而下，有時又會跳回到前面的指令敘述。

**小教室**

直譯程式依照執行時敘述的邏輯順序進行處理，因此會發生某些敘述被重複處理許多次（當這些敘述形成迴圈而且被執行到時），而某些敘述沒有被處理（當這些敘述沒有被執行時，例如當錯誤發生時才執行的程式片段可能不會被執行）。

## 3. 優缺點之比較

(1)**編譯程式**

| 優點 | 缺點 |
|---|---|
| 1. 節省執行的時間：每次執行時只要把已編譯完成之目的程式載入記憶體直接執行即可，而不必再進行原始程式的解碼程序，因此可以節省下相當可觀的執行時間。<br>2. 節省解碼的時間：編譯程式按照原始程式實體上的輸入順序進行解碼，每個敘述都只解碼一次，執行時則直接 | 1. 執行時需要比較大的記憶體空間：原始程式中單一個敘述經過編譯程式解碼轉換後可能產生成千上百個機器語言指令，編譯程式將原始程式內所有的指令都給予轉換產生目的程式存放到輔助儲存體（例如：磁碟）中；欲執行該程式時，由載入程式將目的程式載入記憶體後執行之，因此執行時需要比較大的記憶體空間。 |

| 優點 | 缺點 |
|---|---|
| 執行產生之目的程式，因此即使某些敘述重複執行許多次也不須要再解碼，所以節省了許多的解碼時間。 | 2. 儲存時需要比較大的輔助儲存空間：將原始程式及目的程式一併儲存，因此需要比較大的輔助儲存空間。<br>3. 執行階段發生錯誤之處理比較費時及麻煩：先將原始程式修改，然後重新編譯產生目的程式，再重新執行。 |

**(2)直譯程式的優點**

| 優點 | 缺點 |
|---|---|
| 1. 執行時所需要的記憶體空間比較小：直譯程式按照原始程式執行時敘述的邏輯順序逐一地解碼轉換並且執行，而非等到原始程式中所有指令都轉換後才執行，因此需要的記憶體空間比較小。<br>2. 儲存時需要的輔助儲存空間比較小：只要將原始程式儲存即可。<br>3. 執行階段發生錯誤之處理比較簡單而且節省時間：可直接修改敘述或資料後繼續轉換及執行。 | 1. 執行所需要的時間比較長：每執行一次直譯程式都將原始程式直接輸入，再依照敘述執行的邏輯順序逐一地解碼轉換並且執行，因而花費許多時間在敘述的解碼上，因此執行所需要的時間比較長。<br>2. 解碼所需要的時間比較長：直譯程式將原始程式直接輸入，然後依照執行時敘述的邏輯順序逐一地解碼轉換並且執行，若某些敘述執行許多次，則每次都需先進行解碼轉換才執行，因此需要比較長的解碼時間。 |

**小教室**

來一段繞口令吧！「編譯的優點就是直譯的缺點；直譯的優點就是編譯的缺點；編譯的缺點就是直譯的優點；直譯的缺點就是編譯的優點」。

## 三、程式語言副程式呼叫

程式語言若用到含參數之副程式呼叫時，副程式執行結果經過回傳（return）後之數值，會因語言參數傳遞方式的不同而有不同的結果；以下為副程式參數呼叫時應注意之重點。

1. **參數之分類**：擺在呼叫副程式之敘述中的參數串列稱為實際參數串列（Actual parameter list）；被呼叫之程式（called program）的對應參數串列稱為形式參數串列（Formal parameter list）。以下例說明：

```
main（）
{
    int a, b, c;
    c＝add（a, b）;
}
add（x, y）
{
    int x, y;
    return x＋y;
}
```

說明：

(1)這是一個簡單的C語言程式，主程式中c＝add（a，b）就是在做呼叫副程式的動作，因而此處的a，b就稱為實際參數（或稱引數），也就是說a，b實際上是存有數值在裡面。

(2)副程式add（x, y）中之x，y就是形式參數，因為它們就像一個垃圾桶，原來什麼都沒有，當人家丟進來什麼，它就放什麼。

2. **實際參數串列與形式參數串列注意事項**

(1)參數的個數上必須相同。

(2)所對應參數的次序應一致。

(3)所對應參數的資料型態應一致。

(4)所對應參數名稱可以相同，也可以不相同。

**3. 主副程式之間常見的參數傳遞方式**

(1) **傳址呼叫**（Call by Address or Reference）

A. 主程式呼叫副程式時，將主程式的參數之位址（address）傳給副程式參數串列中所對應的參數。此時主程式之參數和對應的副程式之參數（也許名稱不同）會佔用相同的記憶體位置。

B. 副程式執行時，若副程式之參數值改變，則對應主程式之參數值也會跟著改變。

C. 副程式執行完畢，則主副程式的參數之間關係結束，亦即副程式的參數又變為形式參數，等著別人再丟東西進來。

D. FORTRAN語言的參數（大部分的compiler版本）及PASCAL語言中跟在VAR之後的參數都是利用call by address作傳輸。

(2) **傳值呼叫**（Call by Value）

A. 主程式呼叫副程式時，將主程式的參數之值（value）傳給副程式對應的參數。請注意，只是將數值copy一份丟進去，主程式中的變數在副程式結束後不會改變儲存內容。

B. 副程式執行時，系統會配置額外的記憶體給副程式的參數，而這些位址是以主程式傳過來的對應參數之值為初始值。

C. 副程式執行完畢後，主程式的參數值不變。

D. C語言是以call by value作參數傳輸，除非另做手腳才會變成call by address；PASCAL語言之副程式中，若沒有VAR帶頭的變數也是採call by value。

(3) **傳名呼叫**（Call by Name）

A. 主程式呼叫副程式時，將主程式的參數之名稱（name）傳給副程式對應的參數，並且以這些名稱取代整個副程式所有對應的參數名稱。本方式有點像macro（巨集定義），先將副程式中所有的參數全部換成丟進去的引數，而且將之視為call by reference。

B. 取代後名稱相同的主副程式變數占用相同的記憶體位置，因此副程式執行時若這些變數的值改變，則主程式對應的變數之值也跟著改變。

C. ALGOL60之參數除非指定為call by value，通常以call by name作傳輸。

### (4)傳值兼傳結果呼叫（Call by Value-Result）

A. 主程式呼叫副程式時，將主程式的參數之值（value）傳給副程式對應的參數。

B. 副程式執行時，作業系統分配額外的記憶體位置給副程式的參數，而這些位置以主程式傳過來的對應參數之值為起始值。

C. 副程式執行完畢後，再計算主程式的參數位址，然後將副程式的參數之結果值（result）傳回對應的主程式參數。也就是說傳進來時採call by value，傳回去時則採將形式參數列之值，以對應的方式回傳至實際參數列。

D. 少許的FORTRAN compiler版本中，非陣列變數以call by value-result作傳輸，而陣列變數以call by address作傳輸。

### (5)範例練習

---

**(1)有一副程式如下**
```
procedure p（a, b, c）
b＝c
return（a＋c）
end
```
若x=1，y=2，試問執行「r＝p（x，x，x＋y）」敘述之後，對於call by value、call by address、call by name不同方式傳遞下，r之結果各為何？

---

**答**：call by value：此方式較為簡單，先將傳進去之數值算出

　　　$\{x，x，x＋y\} \rightarrow \{1，1，3\}$

　　傳進去後，對應參數之接收情形為

　　　$\{1，1，3\} \rightarrow \{a，b，c\}$

　　副程式執行結果為

　　　b＝c　// b＝3 //

　　　return（a＋c）　// return（1＋3）//

　　　所以r＝p（x，x，x＋y）＝4

　　call by address：

在此先考慮x＋y如何做為傳遞之參數，由於x＋y無法以一個單一位址表示，因此若遇到這種情形則不論是否為call by address，還是以其數值傳入副程式。再回到call by address之問題，首先建立變數位址表，因為

　　　$\{x，x，x＋y\} \rightarrow \{a，b，c\}$

所以共位址之變數群有

{x，a，b}（初值為1）、{y}（初值為2）、{c}（初值為1＋2＝3）

請注意，若共位址變數其中有一個改變數值，則全部的共位址變數會一起改變。執行副程式之結果如下：

b＝c　//b＝3//

return（a＋c）　　//此時a隨b著變成3，所以a＋c＝6

所以r＝p（x，x，x＋y）＝6

call by name

由於參數對應情況為

{x，x，x＋y} → {a，b，c}

以巨集的方式取代副程式之參數名，可得

b＝c　//x＝x＋y//

return（a＋c）　// return（x＋x＋y）//

以註解欄之內容做為新的副程式內容，其中x、y之初值分別為1、2，再視為call by address，可得

x＝x＋y　　　//x＝3//

return（x＋x＋y）　// return（3＋3＋2）//

所以r＝p（x，x，x＋y）＝8

---

**(2)求出下列程式片段以call by value、address、name、value-result之方式呼叫時，輸出結果為何（a＝?）**

```
procedure p（x, y, z）
begin
    y＝y＋1
    z＝x＋x
end
    :
    :
begin                // 主程式 //
    a＝1
    b＝2
    call p（a＋b, a, a）
    print a
end
```

**答**：call by value：將傳進去之數值算出

　　　{a＋b，a，a} → {3，1，1}

　　傳進去後，對應參數之接收情形為

　　　{3，1，1} → {x，y，z}

　　副程式執行結果為

　　　y＝y＋1　　// y＝2 //

　　　z＝x＋x　　// z＝3＋3 //

　　由於為call by value，所以a之值不會因呼叫副程式而變化，a依然為1。

　　　call by value-result

　　利用call by value之結果，得到形式參數列之最後結果為

　　　{x，y，z}＝{1，2，6}

　　再將此數值回傳到實際參數列

　　　{1，2，6} → {a＋b，a，a}

　　複合形式的變數不管，因此2 → a，6 → a

　　　a之值最後為a＝6

　　　call by address：

　　首先建立變數位址表，因為

　　　{a＋b，a，a} → {x，y，z}

　　所以共位址之變數群有

　　　{a，y，z}（初值為1）、{x}（初值為3）

　　請注意，若共位址變數其中有一個改變數值，則全部的共位址變數會一起改變。執行副程式之結果如下：

　　　y＝y＋1　　// y＝2 //

　　　z＝x＋x　　// z＝3＋3 //

　　由於{a，y，z}共位址，因此a＝z＝6

　　　call by name

　　由於參數對應情況為

　　　{a＋b，a，a} → {x，y，z}

　　以巨集的方式取代副程式之參數名，可得

　　　y＝y＋1　　// a＝a＋1 //

　　　z＝x＋x　　// a＝a＋b＋a＋b //

　　以註解欄之內容做為新的副程式內容，其中a、b之初值分別為1、2，再視為call by address，可得

a＝a＋1  // a＝1＋1 //
a＝a＋b＋a＋b  // a＝2＋2＋2＋2 //
所以a＝8

---

(3) **下列PASCAL程式執行後之結果為何？**

```
program exam（output）
var
    a,b : integer;
    procedure p（var x:integer; y:integer）;
    begin
            x:=x＋1;
            y:=y＋1;
            writeln（x,y）;
    end;
begin
    a:=1;
    b:=1;
    p（a,b）;
    writeln（a, b）;
end
```

**答：** 注意副程式中x為傳址呼叫，y為傳值呼叫，因而a和x具有相同的位址，程式
之trace過程如下：

x:=x＋1  // x=2 //
y:=y＋1  // y=2 //

因而

x＝2    y＝2
a＝2    b＝1

# 11-4 ▸ 物件導向程式語言（Object-Oriented Language）

電腦程式的發展需要良好的程式語言做為工具，通常會考慮選用一個較為適合的電腦語言，其目的就是在縮短軟體系統發展時間，降低維護成本，簡化修改的工作，以及加強系統的延展性與再使用性。物件導向語言，便是這樣的趨勢所在，目前以Ada、Smalltalk、C＋＋、Visual Basic為代表語言。

## 一、物件導向語言之意義

1. **Wiener & Sincovec之定義**：系統設計者無須將問題的領域映射到使用語言的預先定義的資料和運算結構，而是設計者可以產生自己的抽象資料型態和功能性的抽象概念。

2. 物件就是被映射到軟體領域中的一個真實環境的成份，物件導向就是以物件為思考的方向，設計軟體程式時，不須要刻意的配合電腦原有的功能來解決問題，反而要求電腦來適應解決問題的方式。這樣的思考方向，可以使得程式中所定義的資料結構能更接近問題的事實，對問題本身也容易作個別的考量，卻又不失與其他問題之間的關係。

3. 由於物件導向是以個體為考慮的方向，因此可以很容易針對各個個體建立函數或程式庫。具有豐富Library的語言在發展程式時便可直接取用已存在的程式資源，而縮短發展的時間。

4. 物件導向語言將資料的定義盡量接近事實，因此容易使人了解，維護起來自然容易許多。

## 二、物件導向程式語言之特性

1. **提供萃取資料型態（Abstract data type），或稱為資料抽象化**：資料摘要化（或稱抽象化Abstraction）是以有序的、結構的安排方式，將資料與作用於這些資料的運算（通常以函數表示）結合在一起，而產生新的萃取資料型態。這類資料型態並不是由語言本身所提供，而是由設計者自行設定，萃取資料型態在程式中稱為類別（Class）型態。物件導向程式設計最重要的工作便是定義類別，以及宣告各類別型態的物件（Objects），就好像在傳統程式語言中定義某種資料型態及屬於該型態的變數一般。

2. **提供屬性繼承的功能（Inheritence of attributes）**：繼承的特性可以由三種方式來達成：程式碼共享或再使用，變數的繼承以及函數的繼承。由於這三項功能，使得繼承的觀念為物件導向語言造就了三個優點：隨時可用舊的程式碼；最多作些小幅度的修正；可以節省不少時間，增加了程式的延展性。當類別定義完成後，程式設計師可任意利用這些基礎類別（Base class）、發展子類別（subclass）或衍生類別（Derived Class）。衍生類別擁有自己的函數與資料，但仍具有基礎類別的特性，並且可使用基礎類別的資料。

3. **有多元的特性（Polymorphism）**：多元的特性可以使程式避免寫出過大的程式，或者說可以減小程式的大小。在傳統程式中，同樣地工作可能因為為了接受不同型態的資料而必須以不同的函數名稱作重複的定義，會增加撰寫程式的負擔。物件導向程式是以訊息判斷，因此可以使用諸如虛擬函數、函數重載等方式來解決這個問題。

## 精選測驗題

(　　) **1** 高階語言由下列哪一項來處理？　(A)Assembler　(B)Compiler　(C)Generator　(D)Monitor。

(　　) **2** 流程圖（Flow Chart）可視為：　(A)系統的輸入／輸出（I/O）之一種描述　(B)以封閉式次常式來描述系統的方法　(C)追蹤資料庫（Data Base）資料元件之方法　(D)演繹邏輯的圖形化以描述操作順序之方法。

(　　) **3** 程式語言之語法（Syntax）與語意（Semantics）均相近於人類之語言者，謂之：　(A)組合語言　(B)低階語言　(C)高階語言　(D)機械語言。

(　　) **4** 下列何者不是直譯程式（interpreter）的優點？　(A)程式執行時所需的記憶體空間較小　(B)程式儲存時所需的輔助記憶體空間較少　(C)較適合在微電腦上做交談式的工作　(D)程式執行速度較快。

(　　)　**5** 編譯程式是一種：　(A)應用程式　(B)系統程式　(C)前置處理程式　(D)商用程式。

(　　)　**6** 當主程式呼叫副程式，其間參數的傳遞方式下列何者錯誤？　(A)Call by name速度快於Call by value　(B)Call by address速度快於Call by value　(C)Call by address速度快於Call by name　(D)Call by name速度最快。

(　　)　**7** 下列四種程式語言中，何者之階（level）最低？　(A)Pascal　(B)C＋＋　(C)組合語言　(D)機器語言。

(　　)　**8** 整個程式全由0與1組成的語言，為：　(A)機器語言　(B)組合語言　(C)BASIC　(D)COBOL。

(　　)　**9** 下列何者不是高階語言相較於低階語言的優點？　(A)執行速度快　(B)可讀性高　(C)可攜性（portability）高　(D)容易使用。

(　　)　**10** 下列何者為物件導向程式（Object-oriented programming）語言？　(A)FORTRAN　(B)COBOL　(C)QBASIC　(D)Visual Basic。

(　　)　**11** 下述何種程式語言最適於系統軟體之發展？　(A)COBOL　(B)FORTRAN　(C)Pascal　(D)C。

(　　)　**12** 下列何者為真？　(A)在發展一大系統時，寫程式（coding）所花的時間最多　(B)直譯程式（interpreter）執行時不會產生目的碼（object program）　(C)常要一再執行之較大程式最好使用解釋（interpretation）　(D)組合語言是物件導向式語言（object-oriented language）。

(　　)　**13** 下列何種程式語言較適合於商業資料處理？　(A)BASIC　(B)FORTRAN　(C)COBOL　(D)C。

(　　)　**14** 下列何種不屬於高階語言？　(A)Assembly Language　(B)BASIC　(C)FORTRAN　(D)COBOL。

(　　) **15** 下面的電腦語言中，哪一種語言最適合當做人工智慧語言？　(A)BASIC　(B)COBOL　(C)LISP　(D)ASSEMBLY　語言。

(　　) **16** 下列哪一項不屬於高階語言編譯程式（compiler）的功能？　(A)語句分析（lexical analysis）　(B)語法解析（parsing）　(C)產生目的碼（object code generation）　(D)程式執行（program execution）。

(　　) **17** 在系統分析中，所採取的步驟順序是：　(A)問題定義、系統分析、程式撰寫、系統實施、績效與評估　(B)問題定義、系統分析、程式撰寫、系統設計、系統實施、績效與評估　(C)系統分析、問題定義、系統設計、程式撰寫、系統實施、績效與評估　(D)問題定義、系統分析、系統設計、程式撰寫、系統實施、績效與評估。

(　　) **18** 具有最佳可攜性，適合撰寫系統的電腦程式語言是：　(A)BASIC　(B)C　(C)COBOL　(D)FORTRAN。

(　　) **19** 如果我們要解決一個問題，使用標準圖形來表示其處理步驟，這種方法稱為：　(A)決策表　(B)虛擬碼　(C)運算法則　(D)流程圖。

(　　) **20** 下列何者可將高階語言撰寫的原始程式檔轉成目的程式檔？　(A)直譯器（interpreter）　(B)編譯器（compiler）　(C)連結器（linker）　(D)載入器（loader）。

(　　) **21** 下列何種語言不支援物件導向（Object Oriented；個體導向）程式設計？　(A)C＋＋　(B)Java　(C)C　(D)Small Talk。

(　　) **22** 下列何者為用來存取資料庫的第4代電腦語言？　(A)組合語言　(B)查詢語言　(C)機器語言　(D)資料庫描述語言。

(　　) **23** 為了解決一個應用問題，分別由甲、乙兩程式設計師寫了二支程序，一為程式A，一為程式B，程式A比程式B大：　(A)程式A執行起來較程式B快　(B)程式A執行起來較程式B慢　(C)程式A將用到較多的中央處理器時間　(D)程式A將用到較多的硬碟空間儲存自己。

( ) **24** 有關副程式的敘述，下列何者為非？ (A)副程式可以讓主程式多次呼叫使用 (B)副程式可以呼叫其他的副程式 (C)副程式可以呼叫自己本身 (D)副程式須有結果傳回主程式。

( ) **25** 下列C語言程式片段result=0；for（i=1; i<=10; i＋＋）{result=result＋i;}執行後的結果result為： (A)10 (B)11 (C)45 (D)55。

( ) **26** 有一個遞迴公式，f（n）=n＋f（n－1）且f(1)=0，其中n是正整數，那麼f(10)等於： (A)54 (B)55 (C)11 (D)10。

( ) **27** 定義一個遞迴公式如下：
f（0）=1, f(1)=1
f（n）=f（n－1）＋f（n－2）, if n＞1
請問f(4)的值是多少？ (A)2 (B)3 (C)4 (D)5。

( ) **28** 下列何者會將高階語言程式轉換成機器語言的目的檔（Object File）？ (A)載入器（Loader） (B)直譯器（Interpreter） (C)組合器（Assembler） (D)編譯器（Compiler）。

( ) **29** C語言中要判斷a不等於b是否成立應寫成： (A)if（a && b） (B)if（a<>b） (C)if（a .neq. b） (D)if（a != b）。

( ) **30** 下列C程式會印出何值？
```
#include<stdio.h>
void main（void）{
   int  i, n＝0;
   for（i＝1; n <＝10; i＋＋）
     n ＋＝i*i;
   printf（"%d\n", n）;
```
(A)10 (B)55 (C)14 (D)5050。

( ) **31** 下列C程式會印出何值？

```
#include<stdio.h>
void main（void）{
  int  n=0;
  switch（n）{
    case 0;
      n=3;
    case 1：
      n=4;
      break;
    case 2：
      n=2;
    default;
      n=1;
  }
  printf（"%d\n",n）;
}
```

(A)1　(B)2　(C)3　(D)4。

( ) **32** 靜態空間配置（Static Storage Allocation）是指空間的配置時間在：　(A)程式編譯前　(B)程式執行前　(C)程式執行中　(D)程式執行後。

( ) **33** 下列何者為設計人工智慧相關應用時，較具代表性的程式語言？(A)LISP　(B)ASP　(C)Delphi　(D)FORTRAN。

( ) **34** 由副程式返回主程式執行是以何種資料結構來完成？　(A)堆疊　(B)佇列　(C)記錄　(D)參數傳遞。

( ) **35** 參考以下程式片段，假設s陣列為具有50個元素的整數陣列（註標由0至49），並且已經由使用者輸入50位同學的分數。請問程式執行完畢後，變數n的值為何？（程式分別以C與Visual Basic撰寫，二者功能相同，請擇一參考作答）

| （C 版本） | （Visual Basic 版本） |
|---|---|
| m = 42;<br>n = -1;<br>for（I = 0; I < = 49; I++）{<br>　　if（s[I] = = m）{<br>　　　　n = I;<br>　　　　break;<br>　　}<br>} | m = 42<br>n = -1<br>For I = 0 To 49<br>　　If s（I）= m Then<br>　　　　n = I<br>　　　　Exit For<br>　　End If<br>Next I |

(A)s陣列中註標（Index）為42的元素的值
(B)-1或是s陣列中註標為42的元素的值
(C)-1或是s陣列中第一個值為42的元素註標
(D)s陣列中最大值的註標。

( 　 ) **36** 利用高階語言（如C，C＋＋等）開發軟體時，以下何者不是常用的工具？ (A)文字編輯器（Text Editor） (B)資料壓縮工具（Data Compression Tools） (C)編譯器（Compiler） (D)除錯器（De-bugger）。

( 　 ) **37** 假設以下程式中變數h的值須由使用者事先輸入，並假設在三次執行中，使用者分別輸入0, 7, 18。請問各次執行完畢後，x的值應為多少？（程式分別以C與Visual Basic撰寫，二者功能相同，請擇一參考作答）

| （C 版本） | （Visual Basic 版本） |
|---|---|
| x = h;<br>if（h > 12）{<br>　　x = h - 12;<br>} else {<br>　　if（h = = 0）　x = 12;<br>} | x = h<br>If（h > 12）Then<br>　　x = h - 12<br>Else<br>　　If h = 0 Then x = 12<br>End If |

(A)0, 7, 18　(B)0, 7, 6　(C)12, 7, 6　(D)12, 19, 18。

( ) **38** 下列何者非為物件導向程式設計之特性？ (A)Polymorphism (B)Inheritance (C)Encapsulation (D)Enumeration。

( ) **39** 在參數呼叫方法中，下列何者於副程式內修改參數之值時，會同時影響主程式呼叫該副程式所傳遞之參數值？ (A)call by reference (B)call by object (C)call by value (D)call by variable。

( ) **40** 下列何者可將組合語言撰寫原始程式轉換成目的程式檔？ (A)編譯器 (B)直譯器 (C)連結器 (D)組譯器。

( ) **41** 主程式呼叫函式時，將實際參數串列名稱傳給副程式，並取代整個副程式所對應的名稱，此種參數的傳遞方式稱為下列何者？ (A)Call by Value (B)Call by Name (C)Call by Address (D)Call by System。

( ) **42** 程式中能夠具有遞迴呼叫，主要是因為呼叫程式的返回位址是儲存於下列何者？ (A)檔案 (B)堆疊 (C)佇列 (D)記錄。

( ) **43** 在Visual Basic程式語言中，PUT指令的作用為何？ (A)設定變數 (B)繪圖 (C)將資料寫入隨機檔 (D)由隨機檔讀取資料。

## 解答與解析

**1 (B)**。高階語言由Compiler處理。

**2 (D)**。流程圖可視為演繹邏輯的圖形化以描述操作順序之方法。

**3 (C)**。程式語言之語法（Syntax）與語意（Semantics）均相近於人類之語言者，謂之高階語言。

**4 (D)**。因為直譯程式不產生目的檔，每次都需要從頭執行一次，所以程式執行速度較慢。

**5 (B)**。編譯程式是一種系統程式。

**6 (D)**。Call by name的速度不是最快。Call by address才是最快的。

**7 (D)**。機器語言的level最低。

**8 (A)**。機器語言是全由0與1組成的語言。

**9 (A)**。低階語言的執行速度較快。

**10 (D)**。Visual Basic為物件導向程式語言。

**11 (D)**。C語言最適於系統軟體之發展。

**12 (B)**。直譯程式（interpreter）執行時不會產生目的碼。

**13 (C)**。COBOL較適合於商業資料處理。

**14 (A)**。Assembly Language不屬於高階語言。

**15 (C)**。LISP最適合當做人工智慧語言。

**16 (D)**。程式執行（program execution）不屬於高階語言編譯程式（compiler）的功能。

**17 (D)**。系統分析採取的步驟順序是：問題定義、系統分析、系統設計、程式撰寫、系統實施、績效與評估。

**18 (B)**。C語言具有最佳可攜性，適合撰寫系統程式。

**19 (D)**。使用標準圖形來表示解決問題的處理步驟，稱為流程圖。

**20 (B)**。編譯器（compiler）可將高階語言撰寫的原始程式檔轉成目的程式檔。

**21 (C)**。C語言不支援物件導向程式設計。

**22 (B)**。查詢語言為用來存取資料庫的第4代電腦語言。

**23 (D)**。所謂「比較大」的程式，即佔用的空間較多。

**24 (D)**。副程式不一定要有結果傳回主程式。

**25 (D)**。

| I | result |
|---|--------|
| 1 | 1 |
| 2 | 3 |
| 3 | 6 |
| …… | …… |
| 10 | $1+2+3……10=55$ |

**26 (A)**。f(10)＝10＋f(9)＝10＋（9＋f(8)）＝……＝10＋9＋8……＋2＋f(1)＝54

**27 (D)**。f(4)＝f(3)＋f(2)＝（f(2)＋f(1)）＋（f(1)＋f(0)）＝5

**28 (D)**。編譯器（Compiler）會將高階語言程式轉換成機器語言的目的檔。

**29 (D)**。C語言中要判斷a不等於b是否成立應寫成if（a！＝b）。

**30 (C)**。最後n值為14，所以印出14。

**31 (D)**。最後n值為4，所以印出4。

**32 (B)**。靜態空間配置，是指空間的配置時間在程式執行前。

**33 (A)**。LISP為設計人工智慧相關應用時，較具代表性的程式語言。

**34 (A)**。由副程式返回主程式執行是用到了堆疊。

**35 (C)**。程式執行完後，n的值為-1或是s陣列中第一個值為42的元素註標。

**36 (B)**。資料壓縮工具和開發軟體無關。

**37 (C)**。x的值應各為12, 7, 6。

**38 (D)**。(D)Enumeration是傳統程式語言的特點（缺點？），把一群資料的型態強制規定成整數，雖然有抽象的感覺，但不滿足物件導向的精神。

**39 (A)**。一起變的就選call by reference（或是call by address）。

**40 (D)**。編譯器：將中高階語言程式的原始碼（source code），轉換並產生等效的機器語言，稱為目的檔（object code）。直譯器：將高階語言程式的原始碼直接轉成機器語言，可以直接執行。連接器：把一個個目的檔連接成一個可以執行的程式。

**41 (B)**。Call by value：主程式呼叫副程式時，將主程式的參數之值（value）傳給副程式對應的參數。Call by address：主程式呼叫副程式時，將主程式的參數之位址（address）傳給副程式參數串列中所對應的參數。

**42 (B)**。只要碰到主程式呼叫副程式（包括遞迴呼叫），我們都必須要用堆疊，把返回位址給記起來。檔案與記錄只能存死的資料，佇列雖可存活的資料，但是他無法存最新的返回位址。

**43 (C)**。(A)設定變數是用Dim；(B)繪圖可以用PaintPicture，或是用Print指令畫簡單的圖；(D)由隨機檔讀取資料是用Get，這題其實不難，可以直接從英文字義「Put」猜得解答。

解答與解析

## 重點速攻

1.資料庫系統的概念與架構　　　　2.SQL關聯式資料庫語言
3.資料庫系統細部技術

資料庫系統在現今的電腦應用，可說是非常的廣泛，小至網站的會員資料建立，大至購物網站的所有購買紀錄，都必須要用到資料庫系統，就考試的層面來說，資料庫系統的題目占了快一半，不過大家請放心準備，考試只是考你簡單的常識，不會考你複雜的知識。

# 12-1 ▸ 資料庫系統的概念與架構

資料庫是一大堆資料的集合，彼此之間是有含意的，資料庫可大可小，例如監理所擁有的資料庫，可能擁有2000萬筆的汽機車資料，一個好的資料庫，應該要有底下的特點：(1)正確性與完整性；(2)獨立性；(3)安全性；(4)關連性；(5)標準化。

資料庫管理系統（DBMS）是一組程式，它可以讓使用者真正的去建立與維護整個資料庫。

# 12-2 ▸ 關聯式資料模型的概念

## 一、實體關係（Entity Relationship, ER）模型概念

介紹高階概念資料模型的模型化概念，也就是標題講的實體關係模型。

### 1. 實體關係模型描述資料三要素

(1)實體（entity）：基本的東西。

(2)屬性（attribute）：東西的性質。

(3)值（value）：把性質數量化。

## 2. 屬性型態

(1)簡單屬性和複合屬性：複合屬性是由更小的屬性所組成的，例如立委資料庫的實體屬性是地址，而地址是由郵遞區號、縣市、鄉鎮市、街路等等所組成的，我們就把地址稱為複合屬性，郵遞區號、縣市、鄉鎮市、街路等等的屬性就稱為簡單屬性。

(2)單值屬性和多值屬性：大部分的屬性都是單值的，但是有時候有可能是多值的，例如立委實體屬性是「地址」，而他家可能有五處，這樣住址就是五個值的屬性。

(3)儲存屬性和衍生屬性：例如一個人的「年齡」屬性，可以從「出生日期」屬性計算出來，我們就把年齡叫做是儲存屬性，而把年齡屬性叫做是衍生屬性。

## 3. 弱實體：

沒有任何鍵值屬性的實體，那該怎麼去辨認這些弱實體呢？透過辨認擁有者（identifying owner）來辨認它們！這樣一來，這些弱實體與辨認擁有者建立起辨認關係（identifying relationship），弱實體總是有一個完全參與限制（存在相依性）來與它的辨認關係產生關連，在正常的情況下，弱實體會有一個部分鍵值（partial key），來分辨弱實體與辨認擁有者。

## 4. 實體關係圖

| 符號 | 意義 |
|---|---|
| ▭ | 實體 |
| ◯ | 屬性 |
| ◇ | 關聯 |

# 二、關聯式資料庫－正規化（Normalization）

關聯式資料庫，兩兩資料表間是靠共通屬性來建立相互關聯的，正規化的目的，可以處理掉重複的資料，或者是不一致的現象，常見的有3NF, Boyce-Code Normal Form（BCNF）等等。

| 第一階正規化<br>（First Normal Form, 1NF） | 只能允許屬性質是單一的基元（或是不可分割的值），不允許複合屬性的存在，因為複合屬性本身就是多值的。 |
|---|---|
| 第二階正規化<br>（Second Normal Form, 2NF） | 以完全功能相依為基礎，他的要求是滿足第一階正規化，與「非主鍵的屬性完全功能相依於主鍵」。 |
| 第三階正規化<br>（Third Normal Form, 3NF） | 以遞移相依性的概念為基礎，他的要求是滿足第二階正規化，與「沒有任何的非主要屬性是遞移相依於主鍵」。 |

## 三、物件導向式資料庫管理系統

物件導向式資料庫：資料庫＋物件導向（object-oriented, OO），特徵：

1. 以物件為主，保持物件的完整性與代表性，並且可以很容易的操控物件，因此物件導向式資料庫提供每個物件唯一的物件識別碼。

2. 物件可以變得十分複雜，這樣才能夠真正的描繪出物件的樣子，因此以前的關聯式資料庫玩的那套正規化（處理掉重複的資料，或者是不一致的現象），在這邊是沒有意義的！

3. 物件擁有適當的封裝，封裝可以提供資料型態與運算的獨立性。

4. 繼承概念：允許新的資料型態與類別繼承舊有的資料型態與類別。

5. 多態性概念：根據不同的物件型態，相同的運算可以隨之改變，例如：

| 動作 ＼ 物件 | Smartgirl | Plover |
|---|---|---|
| 吃 | 吃早餐 | 吃二筒 |
| 聽 | 聽音樂 | 聽二筒 |
| 碰 | 碰運氣 | 碰二筒 |
| 打 | 打電話 | 打二筒 |

## 四、分散式資料庫

分散式資料庫（Distributed Database System, DDBS）：邏輯上是一個大型的資料庫，實際上卻是分布在網路上各個不同的主機裡頭，優點是：

| | |
|---|---|
| 自然分散性 | 許多資料庫很自然的就會分布在不同的地方，例如各地監理所的汽機車資料，很符合直覺。 |
| 可靠性與可用性 | 這是DDBS最常被提起的兩個優點，分散式系統的哲學就是把雞蛋放在不同的籃子，因此當某個主機壞掉或是沒開機的時候，還可以使用其他主機的資料庫。 |
| 執行效果佳 | 因為DDBS有自然分散性，當使用者在當地查詢當地資料的時候，會增快查詢的速度。 |

為了達到上面的優點，分散式資料庫管理系統必須提供額外的功能，例如維持資料的一致性，把損毀的資料回復等等，都是有意思的課題。

既然我們要把資料庫分散，那麼我們該怎麼分散資料呢？常見的方式有：

| | |
|---|---|
| 水平分段 | 將紀錄（列）切割出來，這種分散資料方式比較直覺，把同一地點，同一特性的資料分在一起，重組的時候比較簡單。 |
| 垂直分段 | 將欄切割出來，這種分散方式比較怪，因此每一個切割的欄，必須包含一個主鍵以上，之後重組才不會有問題。 |
| 混合分段 | 混合兩個分段方式。 |

## 五、資料庫的回復

回復資料庫代表必須要被還原到以前某個狀態，為什麼我們需要關心這個問題？假設現在有一筆銀行交易正在處理中，但是全台突然大停電，交易到一半錢還沒領出來，那該怎麼辦？因此系統在交易的時候，除了本身資料庫的資料外，還要記錄交易的相關資訊，而這一類的資訊都會存在系統日誌裡頭。

那資料庫系統是如何做這件事呢？

1. 預先記錄交易行為：在讀資料或是寫資料之前，先把交易行為記錄起來，學術術語是Write-Ahead Log, WAL。

2. 在固定的時間內，把這些WAL寫到可靠的硬體裡面。

3. 資料庫系統本身也要定時做備份，做備份也是有技巧的！首先先把整個資料庫備份起來（完整備份），然後定時把變更的資料再備份起來（差異備份）。

OK！現在都準備好了，現在不幸銀行整間電腦爆掉，我們回復的動作是：1.先把整個資料庫回復（基礎先打好）；2.接著再把變更的資料回復（開始建大樓）；3.讀取WAL資料，還原正確的交易資料（裝潢內部）。

# 12-3 ▸ SQL的概念

SQL（Structured Query Language，結構化查詢語言）是一套有系統的資料庫語言，它包含了三要素：(1)資料定義語言（Data Definition Language, DDL）；(2)資料處理語言（Data Manipulation Language, DML）；(3)資料控制語言（Data Control Language, DCL），下面會介紹這三種要素的指令內容：

## 一、資料定義語言（DDL）

SQL的資料定義指令有CREATE，ALTER，以及DROP。

1. CREATE

　　(1)**CREATE DATABASE**：建立一個使用者資料庫，例如：

```
CREATE DATABASE ntu
```

　　(2)**CREATE TABLE**：建立一個資料表，例如：

```
CREATE TABLE GRADE (
    SID          VARCHAR（80）NOT NULL,
    CNAME        VARCHAR（80）,
    GR           INT,
    PRIMARY KEY（SID, CNAME）
    FOREIGN KEY（SID）REFERENCES STUDENT（SID）
    ON DELETE CASCADE
    ON UPDATE CASCADE
)
```

PRIMARY KEY確保了實體完整性；FOREIGN KEY，ON DELETE CASCADE與ON UPDATE CASCADE確保了參考完整性，FOREIGN KEY主要的功能就是作為資料表間互相連接的依據。

(3)**CREATE INDEX**：建立一個索引，例如：

> CREATE INDEX SID_INDEX **ON** GRADE（SID）

這意思就是說在GRADE資料表的SID欄位建立索引，索引的目的就是增快資料的擷取，但是過多的索引，反而會降低速度，過猶不及都是不好的。

(4)**CREATE SCHEMA**：建立一個綱要，綱要就是定義每一個資料集合的邏輯結構語言，也就是說，描述資料庫邏輯概念的語言，因此，綱要不可以經常修改！

(5)**CREATE DOMAIN**：建立一個值域，在建立新綱要的時候，如果我們可以用值域來指定綱要內許多資料的資料型態，那麼以後要修改資料型態，就會變得很簡單，他的使用方式是：

> **CREATE DOMAIN** <資料名稱>
> （AS） <資料型態>
> （<限制>）

<限制>的內容可以是CONSTRAINT、NOT NULL，NULL，或是CHECK。

(6)**CREATE VIEW**：建立一個檢視（view）、有關檢視的知識，可以看§ 12-5 SQL的檢視（view）。

**2**. ALTER

(1)**ALTER DATABASE**：改變一個資料庫的空間大小。

(2)**ALTER TABLE**：改變一個資料表的空間大小，例如增加欄位：

> ALTER TABLE GRADE ADD CREDIT INT NULL

這樣就可以在原先的GRADE資料表再增加一欄CREDIT（中文意思是學分），例如原先的資料表是：

| SID | CNAME | GR |
|---|---|---|
| B89902089 | Linear Algebra | 69 |

| SID | CNAME | GR |
|---|---|---|
| B89902078 | Algorithms | 40 |
| B89902001 | Operation System | 100 |

執行ALTER後：

| SID | CNAME | GR | CREDIT |
|---|---|---|---|
| B89902089 | Linear Algebra | 69 | **NULL** |
| B89902078 | Algorithms | 40 | **NULL** |
| B89902001 | Operation System | 100 | **NULL** |

**3**. DROP

(1)**DROP DATABASE**：丟掉一個資料庫。

(2)**DROP TABLE**：丟掉一個資料表。

(3)**DROP INDEX**：丟掉一個索引。

## 二、資料處理語言（DML）

資料處理語言大致分成三類：1.查詢；2.更新；3.刪除資料。

**1**. 查詢－SELECT：看 §12-4 SQL的查詢。

**2**. 更新－INSERT, UPDATE

(1)INSERT：加入新的列，例如：

> **INSERT INTO GRADE**（SID, CNAME, GR, CREDIT）
> **VALUES**（'B89902088'，'Algorithms'，8，3）

這個動作可以把新的一筆資料加進去GRADE資料表裡面，承上，新的表是：

| SID | CNAME | GR | CREDIT |
|---|---|---|---|
| B89902089 | Linear Algebra | 69 | NULL |
| B89902078 | Algorithms | 40 | NULL |

| SID | CNAME | GR | CREDIT |
|---|---|---|---|
| B89902001 | Operation System | 100 | NULL |
| **B89902088** | **Algorithms** | **8** | **3** |

(2)**UPDATE**：更新已經存在的資料，UPDATE可以更新單一列、某些列，或是所有列的資料，但不會馬上寫回去實際的資料庫裡頭（會先放在記憶體裡頭），如果要真的寫回去，就要使用COMMIT <資料表> 這個指令！那我們來看個例子吧：

> **UPDATE** GRADE
> 　**SET** GR＝98
> 　**WHERE** SID＝'B89902089' AND CNAME＝'Algorithms'

這個動作可以把學號（SID）是B89902089，課名（CNAME）是Algorithms的成績做更正，把之前的八分改成九十八分，承上，新的表是：

| SID | CNAME | GR | CREDIT |
|---|---|---|---|
| B89902089 | Linear Algebra | 69 | NULL |
| B89902078 | Algorithms | 40 | NULL |
| B89902001 | Operation System | 100 | NULL |
| B89902088 | Algorithms | **98** | 3 |

最後再提醒一點，INSERT, DELETE, UPDATE很容易與資料定義指令（CREATE, ALTER, DROP）搞混，要小心留意。

(3)**DELETE**：刪除資料

# 三、資料控制語言（DLC）

主要功能：使用於管理資料庫的安全性及權限設定，包含提供授權權限及撤銷權限。

**1.** 授權權限：GRANT

**2.** 撤銷權限：REVOKE

詳細說明看§12-6 SQL的權限。

# 12-4 ▸ SQL的查詢

假設現在有兩個資料表：

1. **學生資料表**（STUDENT），裡面有學號（SID）與姓名（SNAME）兩個欄位。
2. **成績資料表**（GRADE），裡面有學號（SID）、課號（CNAME），與成績（GR）三個欄位。

**學生資料表**（STUDENT）

| SID | SNAME |
|-----|-------|
| B89902089 | Plover |
| B89902100 | Anncy |
| B89902078 | Burgi |
| B89902037 | Pheno |

**成績資料表**（GRADE）

| SID | CNAME | GR |
|-----|-------|-----|
| B89902088 | Operation System | 78 |
| B89902088 | Algorithms | 98 |
| B89902100 | Algorithms | 90 |
| B89902100 | Network | 59 |
| B89902089 | Linear Algebra | 69 |
| B89902089 | Real Analysis | 92 |
| B89902089 | Operation System | 20 |
| B89902078 | Linear Algebra | 87 |
| B89902078 | Algorithms | 40 |
| B89902001 | Operation System | 100 |

現在開始要來查詢裡面的資料，首先我們要用USE指令來選擇我們將要使用的資料庫，然後才可以開始我們的查詢動作。

## 一、查詢基本的語法－SELECT

【LEVEL 1】找出Plover的學號（SID）

查詢基本的語法是：

```
SELECT <欄位>
FROM <資料表>
WHERE <查詢的條件>
```

所以答案應該是：

```
SELECT SID
FROM STUDENT
WHERE SNAME＝'Plover'
```

底下SNAME＝'Plover'是指SNAME與Plover一模一樣，如果是這樣的話，就把SID列出來，所以結果是：

| SID |
| --- |
| B89902089 |

1. SELECT <欄位>

    (1) SELECT SID：選擇SID這個欄位。

    (2) SELECT＊：選擇所有的欄位。

    (3) SELECT SID, CNAME：選擇SID, CNAME一些欄位，如果要改變順序，直接改成：SELECT CNAME, SID就可以了。

    (4) SELECT StudentID＝SID，CourseName＝CNAME：在查詢結果中改變欄位名稱，把SID名稱換成StudentID，CNAME名稱換成CourseName。

    (5) SELECT OldGrade＝GR，NewGrade＝GR＋10。

(6) **去除重複項**：DISTINCT：加上DISTINCT，可以去除查詢結果中重複的列，例如：SELECT DISTINCT CNAME FROM GRADE，查詢所有的課名，結果會是：

| CNAME |
| --- |
| Operation System |
| Algorithms |
| Network |
| Linear Algebra |
| Real Analysis |

如果不加DISTINCT，就只是SELECT CNAME FROM GRADE的話，結果是：

| CNAME |
| --- |
| Operation System |
| Algorithms |
| Algorithms |
| Network |
| Linear Algebra |
| Real Analysis |
| Operation System |
| Linear Algebra |
| Algorithms |
| Operation System |

多了很多重複的課名

2. FROM <**資料表**>

(1) FROM STUDENT：選擇STUDENT這個資料表。

(2) FROM STUDENT, GRADE：選擇STUDENT, GRADE一些資料表。

3. WHERE <**查詢的條件**>

<查詢的條件> 包括底下六種可能，考試有考過，請小心看：

(1) 比較運算子（＝，＞，＜等等）

WHERE GR < 60。

(2)範圍（BETWEEN與NOT BETWEEN）

WHERE GR BETWEEN 60 AND 100（分數在60與100之間）。

(3)列式（IN與NOT IN）

WHERE CNAME IN（「Linear Algebra」，「Real Analysis」）（科目是Linear Algebra或是Real Analysis）。

(4)**符合字元**（LIKE**與**NOT LIKE）

WHERE SNAME LIKE '%r'（含有r這個英文字的名字）。

當資料型態是文字類的話，一定要用LIKE來比對符合字元！

(5)未知值（IS NULL與IS NOT NULL）

WHERE SNAME IS NULL。

(6)AND，OR 與上面五個的組合

WHERE CNAME IN（「Linear Algebra」，「Real Analysis」） AND GR < 60。

## 【LEVEL 2】找出所有修Operation System的學生學號以及分數

答案很簡單，是：

```
SELECT SID, GR

FROM GRADE

WHERE CNAME = 'Operation System'
```

執行的結果是：

| SID | GR |
|---|---|
| B89902088 | 78 |
| B89902089 | 20 |
| B89902001 | 100 |

## 【LEVEL 3】找出所有被當學生的學號，科目與分數

這一關有點變化，我們必須找分數不到六十分的學生，因此<查詢的條件>是GR < 60，答案是：

```
SELECT SID, CNAME, GR

FROM GRADE

WHERE GR < 60
```

或是

```
SELECT *

FROM GRADE

WHERE GR < 60
```

執行的結果是：

| SID | CNAME | GR |
|---|---|---|
| B89902100 | Network | 59 |
| B89902089 | Operation System | 20 |
| B89902078 | Algorithms | 40 |

## 二、GROUP BY與HAVING

### 【LEVEL 4】查詢各科的平均

現在我們有Operation System、Algorithms、Network、Linear Algebra、Real Analysis這五個科目，現在我們要分別依科目來計算平均，我們先介紹什麼是總合函數：

| 總合函數 | 結果 |
|---|---|
| **SUM**（表示式） | 數字欄上值的總和 |
| **AVE**（表示式） | 數字欄上值的平均 |
| **COUNT**（表示式） | 數字欄上不是NULL的個數 |
| **COUNT**（*） | 選擇列的個數 |
| **MAX**（表示式） | 表示式中最大的值 |
| **MIN**（表示式） | 表示式中最小的值 |

這些總合函數，常常與GROUP BY, HAVING合在一起使用！因此答案是：

```
SELECT CNAME, average＝AVE（GR）
FROM GRADE
GROUP BY CNAME
```

執行的結果是：

| CNAME | average |
|---|---|
| Operation System | 66 |
| Algorithms | 76 |
| Network | 59 |
| Linear Algebra | 78 |
| Real Analysis | 92 |

注意：如果你還希望對平均分數從小到大排列的話，可以使用ORDER BY的指令：

```
SELECT CNAME, average＝AVE（GR）
FROM GRADE
GROUP BY CNAME
ORDER BY average
```

執行的結果是：

| CNAME | average |
|---|---|
| Network | 59 |
| Operation System | 66 |
| Algorithms | 76 |
| Linear Algebra | 78 |
| Real Analysis | 92 |

## 【LEVEL 5】查詢各科的平均，且修課人數大於一人

與上面類似，但是對科目修課人數做了一點限制（人數要多過一人），那我們就要使用HAVING，來對GROUP BY中的群設定查詢條件，複習一

下：WHERE對SELECT設定查詢條件；HAVING對GROUP BY中的群設定查詢條件，兩者不能搞混，答案是：

```
SELECT CNAME, average＝AVE（GR）
FROM GRADE
GROUP BY CNAME
HAVING COUNT（＊）＞1
```

執行的結果是：

| CNAME |
|---|
| Operation System |
| Algorithms |
| Linear Algebra |

| average |
|---|
| 66 |
| 76 |
| 78 |

## 三、合併（join）－由兩個或多個資料表中擷取資料

為什麼我們要考慮這個問題呢？在【LEVEL 3】的時候，我們可以找出所有被當的學生學號，但是學生名字卻在另一個資料表（STUDENT資料表），因此資料庫系統必須要有合併資料表的功能，一般常見的合併方式有自然合併（natural join）與全外部合併（full outer join）。

1. **自然合併**（natural join）：舉例來說，STUDENT與GRADE資料表都具有共同的欄位SID，現在我們要來進行自然合併，我們要把「有一樣的學號（SID）」的資料合併起來，結果會是：

| SID | SNAME | CNAME | GR |
|---|---|---|---|
| B89902100 | Anncy | Algorithms | 90 |
| B89902100 | Anncy | Network | 59 |
| B89902089 | Plover | Linear Algebra | 69 |
| B89902089 | Plover | Real Analysis | 92 |
| B89902089 | Plover | Operation System | 20 |
| B89902078 | Burgi | Linear Algebra | 87 |
| B89902078 | Burgi | Algorithms | 40 |

2. **全外部合併**（full outer join）：承上，全外部合併是比自然合併還要強的合併方式，把「所有」的資料一起合併起來，結果會是：

| SID | SNAME | CNAME | GR |
|---|---|---|---|
| B89902100 | Anncy | Algorithms | 90 |
| B89902100 | Anncy | Network | 59 |
| B89902089 | Plover | Linear Algebra | 69 |
| B89902089 | Plover | Real Analysis | 92 |
| B89902089 | Plover | Operation System | 20 |
| B89902088 | **NULL** | Operation System | 78 |
| B89902088 | **NULL** | Algorithms | 98 |
| B89902078 | Burgi | Linear Algebra | 87 |
| B89902078 | Burgi | Algorithms | 40 |
| B89902037 | Pheno | **NULL** | **NULL** |
| B89902001 | **NULL** | Operation System | 100 |

總共會有五個NULL值，上面的都是資料庫自己會做的事，我們不必操心，但不代表不會考。OK，那我們繼續查詢吧！

### 【LEVEL 6】找出所有被當學生的名字，科目與分數

我們要透過STUDENT資料表來找學生的名字，而連接STUDENT與GRADE兩個資料表的橋樑就是SID，因此我們會有STUDENT.SID＝GRADE.SID精妙的查詢條件在裡頭，答案是：

```
SELECT SNAME, CNAME, GR
FROM STUDENT, GRADE
WHERE STUDENT.SID＝GRADE.SID AND GRADE.GR < 60
```

查詢的結果是：

| SNAME |
|---|
| Anncy |
| Plover |
| Burgi |

| CNAME |
|---|
| Network |
| Operation System |
| Algorithms |

| GR |
|---|
| 59 |
| 20 |
| 40 |

## 四、巢狀查詢（nested query）

歷屆考試中，考到巢狀查詢就已經是極限了，所以好好搞懂這邊，就可以拿到
關鍵性的分數。

**【LEVEL 7】在Operation System這科中，找出分數大於此科平均分數的學生
名字與分數**

這個查詢要分成兩階段來思考：(1)找出Operation System這科分數的平均；
(2)找出分數大於平均的學生。

SELECT StudentName＝SNAME, Grade＝GR
FROM STUDENT, GRADE
WHERE STUDENT.SID＝GRADE.SID AND
　　　　GRADE.GR >（SELECT AVE（GR）
　　　　　　　　　FROM GRADE
　　　　　　　　　WHERE CNAME＝'Operation System'）

結果是：

| StudentName |
| --- |
| B89902088 |
| B89902001 |

| Grade |
| --- |
| 78 |
| 100 |

# 12-5 ▶ SQL的檢視（view）

檢視是查看資料表的另一種方法，只看我們感興趣的部分，我們可以透過檢視
來修改資料（實際上可以修改原本資料表的資料），有趣的是，當你修改到原
本資料表資料時，我們感興趣的部分也會跟著改變。

## 一、檢視的優點

1. **集中**：檢視允許使用者只看感興趣的部分，或是工作所需要的資料，不需
　要的資料可以先不看。

2. **輕鬆處理資料**：不只是資料變得集中，連帶對資料的處理方式，也可以變的簡單輕鬆，經常使用的JOIN, SELECT指令可以定義成檢視，如此一來使用者就不必規範出所有的限制條件。

3. **規則化**：檢視允許不同的使用者以不同的方式來看相同的資料，甚至是同一時間使用同樣的資料，當有不同偏好或是不同技巧的使用者使用相同的資料時，規則化的優點會更明顯。

4. **安全性**：藉由檢視，使用者只能對看得到的資料進行查詢或是修改，其他看不到的資料看也看不到，改也改不到，因此資料庫最高管理者必須給使用者CREATE VIEW的權限，使用者也要有適當的權限來使用檢視內的資料。

5. **邏輯資料的獨立性**：檢視可以保護資料遭到結構上改變的破壞。

## 二、由檢視修改資料的限制

雖然由檢視存取資料，SQL沒有設定限制，但是有許多修改資料的動作是不被允許的：

1. 引用到計算所得的欄位的UPDATE、INSERT或DELETE指令是不可以的。

2. 引用到總合或是列總合（總合函數，JOIN，AGGREGATE，GROUP BY等等）的檢視的UPDATE、INSERT或DELETE指令是不行的。

3. 除非原本的資料表內的NOT NULL欄位都在你的檢視中，否則INSERT指令是不能用的。

4. 除非想要修改的欄位都在同一個原資料表內，否則UPDATE與INSERT指令是不能用的。

# 12-6 ▶ SQL的權限

資料庫安全是很廣泛的領域，在許多人使用的資料庫系統裡，資料庫管理系統（DBMS）必須提供底下這個功能：

> 某些使用者或使用者群組使用資料庫的特定部分，其他部分則不可以使用

這個功能是很重要的，敏感的資料，例如員工薪水，對大部分資料庫使用者來說，應該不可以隨便碰觸的，對於一個資料庫系統最高管理者（DBA）來說，可以使用SQL資料處理語言中的GRANT與REVOKE，來達到上面的功能，底下是基本的介紹。

## 一、GRANT OPTION－給予權限

GRANT基本的語法是：

```
GRANT <權限>

ON <資料>

TO <人>
```

那我們來看點例子吧！假設DBA底下有Plover與Smartgirl兩個帳號：

【LEVEL 8】把GRADE資料表的DELETE權限給Smartgirl

```
GRANT DELETE

ON GRADE

TO Smartgirl
```

【LEVEL 9】允許Plover可以更新學生（STUDENT）資料表學號（SID）欄位值的權限

```
GRANT UPDATE

ON STUDENT（SID）

TO Plover
```

【LEVEL 10】給予Smartgirl對於學生（STUDENT）資料表有INSERT, UPDATE, DELETE, SELECT等權限

```
GRANT ALL

ON STUDENT

TO Smartgirl
```

ALL的意思就是把全部的權限，例如INSERT, UPDATE, DELETE, SELECT給某人或是某群組的人。

【LEVEL 11】給予Smartgirl對於學生（STUDENT）資料表有INSERT, UPDATE, DELETE, SELECT等權限，並且可以將所取得的權限再給別人使用

```
GRANT ALL

ON STUDENT

TO Smartgirl

WITH GRANT OPTION
```

看到了嗎？這邊與【LEVEL 10】是不一樣的，如果沒有加WITH GRANT OPTION 的話，Smartgirl所取得的權限，只可以自己使用，不能再把權限給別人使用。

## 二、REVOKE－拿回權限

簡單的例子：

```
REVOKE SELECT

ON STUDENT

FROM Smartgirl
```

這會把Smartgirl在學生（STUDENT）資料表SELECT的權限給拿回。（承上）如果之前管理者給Smartgirl的權限是WITH GRANT OPTION, Smartgirl給Plover SELECT的權限，一旦被拿回，連帶Plover的SELECT權限也會被拿回。

# 12-7 ▸ 共時控制的鎖定技術

當很多使用者同時使用資料庫系統，不免會發生資料不一致的現象，例如：遺失新的更新、不正確的總和、Dirty Write、不可重複讀取等等，但透過共時控制，可以避免資料不一致的現象，並且使用者可以一起使用資料庫，因此我們必須要發展一些共時控制的鎖定技術。

## 一、兩階段鎖定協定（Two-Phase Locking Protocol）

兩階段鎖定協定是共時控制技術。

1. **兩階段鎖定協定定義**：兩階段鎖定協定就是限制每次交易中，全部的鎖定動作（含讀鎖read-lock）及寫鎖（write-lock）必須置於解鎖（unlock）之前，此種交易分為兩階段：(1)擴展階段；(2)收縮階段。
   (1)**擴展階段**：可以加入資料庫項目的新鎖定，但不允許解除任何鎖定，此階段容許升級，如讀鎖狀態升至寫鎖狀態。
   (2)**收縮階段**：可以解除任何鎖定，但不允許取得新的鎖定，此階段通常壓縮成交易結束時的單一指令COMMIT或是ROLLBACK指令，此階段容許降級，如寫鎖狀態降為讀鎖狀態。

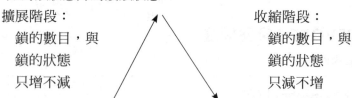

擴展階段：　　　　　　　　　　　　　收縮階段：
　鎖的數目，與　　　　　　　　　　　　鎖的數目，與
　鎖的狀態　　　　　　　　　　　　　　鎖的狀態
　只增不減　　　　　　　　　　　　　　只減不增

2. **兩階段鎖定協定保證可序列化性**：假設排程S'滿足兩階段鎖定協定，必定滿足可視序列的：若T1 , T2 , …… , Tn交易的排程滿足兩階段鎖定協定，則所有資料項目X1 , X2 , …… , Xn皆最多只有一個寫鎖，沒有讀鎖，或只有讀

鎖的情形，白話是：最多一個人可以寫，寫的時候不能被讀，阿不然就一起讀，因此存在T1，T2，……，Tn有一個串列排程S，滿足：

(1)S與S'有相同交易及相同的交易動作。

(2)因為對任一資料項目最多存在一個寫的動作，故S與S'存在相同寫的動作。

(3)兩階段鎖定協定因為讀之後不可能有寫動作，故S與S'存在相同的資料項讀的動作之後的寫的動作。

## 精選測驗題

(　　) **1** 在SQL語法中，要列出所有銀行名稱含有「銀行」二字的資料，使用以下指令SELECT * FROM Bank WHERE Bank-name□□%銀行'，其中空格□□應該填入什麼關鍵字？　(A)EQUAL　(B)LIKE　(C)NEAR　(D)SIMILAR。

(　　) **2** 在SQL語法中，要由選取的資料裡，讓每組重複的記錄（Record）僅顯示一筆，應使用下列何者關鍵字？　(A)SINGLE　(B)MERGE　(C)DISTINCT　(D)DELETE。

(　　) **3** 下列哪一個選項正確說明以下SQL指令？

```
GRANT ALL
ON    Emp
TO    User
WITH  GRANT OPTION
```

(A)授予User對於Emp資料表有INSERT、UPDATE等權限

(B)授予User對於Emp資料表有INSERT、UPDATE、DELETE等權限

(C)User對於Emp資料表有INSERT、UPDATE、DELETE、SELECT等權限，User不可將所取得之權限再授予他人

(D)User對於Emp資料表有INSERT、UPDATE、DELETE、SELECT等權限，User可將所取得之權限再授予他人。

( )　**4** 在下列SQL語法的空格 [____] 中，應填入什麼關鍵字？

> UPDATE Account
> [____] Balance＝Balance * 1.05

(A)LET　(B)GET　(C)PUT　(D)SET。

( )　**5** 在SQL語法中，下列關鍵字何者屬於「資料定義語言」（DDL）？
(A)CREATE　(B)UPDATE　(C)SELECT　(D)INSERT。

( )　**6** 在SQL語法中，下列何者為搭配GROUP BY使用之條件篩選關鍵字？　(A)WITH　(B)HAVING　(C)INCLUDE　(D) FILTER。

( )　**7** 對關聯式資料庫系統（RDBMS）而言，下列敘述何者正確？
(A)檢視表（View Table）是構成資料庫的最基本單位
(B)建立資料表索引可以加快查詢速度，索引越多越好
(C)主鍵之值應唯一（Unique），且不能重複
(D)建立資料表時，必需宣告最大資料錄（Record）數目。

( )　**8** 有關於觸發程序（Trigger），下列敘述何者錯誤？
(A)觸發程序是一種特殊的預存程序（Stored Procedure）
(B)INSTEAD OF所表示之觸發程序在異動資料後被觸發
(C)當某種條件成立時觸發程序會自動地執行
(D)觸發程序也可以做為一種條件約束。

( )　**9** 定義檢視表（View Table）時，若使用到下列哪個關鍵字，該檢視表不能異動資料？　(A)ORDER　(B)GROUP BY　(C)WHERE　(D)任何函數。

( )　**10** 資料庫系統的回復是以下列哪一類備份資料為基礎？
(A)完整備份（Full Backup）
(B)差異備份（Differential Backup）
(C)事件備份（Event Backup）
(D)異動日誌檔備份（Transaction Log Backup）。

(　　) **11** 為了增加單位時間的交易個數，一般關聯式資料庫系統（RD-BMS）都會提供數種交易隔離等級，其中滿足「下達COMMIT前的資料都可再被其他交易讀取」條件之交易隔離等級為何？
(A)Repeatable Read　　　　(B)Serializable
(C)Read Committed　　　　(D)Read Uncommitted。

(　　) **12** 除「一階正規化」之要求外，「二階正規化」的要求是：
(A)非主鍵之屬性完全功能相依於主鍵
(B)資料表與資料表之間外部鍵的相依性必須完整
(C)建立資料表屬性的完整性
(D)主鍵之值應唯一（Unique），且不能為虛值（Null）。

(　　) **13** 關聯式資料庫（RDBMS）之資料表間，以何種方式建立關聯？
(A)使用資料庫的樹狀結構建立關聯
(B)使用兩個資料表的共通屬性相互關聯
(C)使用特殊的檔名來建立關聯
(D)使用物件導向的觀念來建立關聯。

(　　) **14** 一旦資料庫遇到特殊原因造成毀損，必須進行下列哪一動作？
(A)BACKUP（備份）　(B)RECOVERY（回復）　(C)UPDATE（更新）　(D)FORMAT（格式化）。

(　　) **15** 磁碟陣列（RAID）可以用來避免硬碟故障造成資料庫的毀損，下列哪一種RAID等級使用之後，該磁碟可使用的儲存空間只剩下實體儲存空間的一半？　(A)RAID 0　(B)RAID 1　(C)RAID 3　(D)RAID 5。

(　　) **16** 關於資料表的綱要（Schema）與資料內容，下列何者正確？　(A)綱要與資料內容都會經常修改　(B)綱要會經常修改、資料內容不會　(C)資料內容會經常修改、綱要不會　(D)綱要與資料內容都不會經常修改。

(　　) **17** 「參照完整性限制（Referential Integrity）」是被應用在下列哪一種鍵值上？　(A)主鍵（primary key）　(B)外部鍵（foreign key）
(C)次要鍵（secondary key）　(D)候選鍵（candidate key）。

(  ) **18** 下列有關「同步存取控制（Concurrency Control）」之敘述何者正確？ (A)同一時間禁止發生一個以上的存取命令 (B)多人同時存取同一資料時，須先進行鎖定（Lock） (C)資料分享時應先指定個別的存取優先順序 (D)同步存取管理最重要的是資料的正確性。

(  ) **19** 資料表內的「外部鍵（foreign key）」，主要的功用是： (A)提供外來使用者進行資料表記錄之查詢 (B)作為資料表之間互相連結的依據 (C)用來處理資料表內資料的輸出指向 (D)標示出哪些屬性可以進行外部運用。

(  ) **20** 繪製實體關聯圖（ER Diagram）時，「菱形」代表的是： (A)實體（Entity） (B)關聯（Relationship） (C)屬性（Attribute） (D)條件（Condition）。

(  ) **21** 設計資料表結構時，避免或降低資料重複的過程稱之為： (A)模組化 (B)合併化 (C)正規化 (D)結構化。

(  ) **22** 在資料庫中，當讀取某資料後，該筆資料就被鎖定，其他程式可讀取該資料但無法更改，這種鎖定稱之為： (A)共用鎖定 (B)獨占鎖定 (C)資料表鎖定 (D)記錄鎖定。

(  ) **23** 由於「年齡」屬性可以從「出生日期」屬性計算出來，因此應該屬於： (A)簡單屬性 (B)複合屬性 (C)衍生屬性 (D)多值屬性。

(  ) **24** 銀行存款帳戶內有5000元，現在有兩筆交易幾乎同時進行，其中一筆提款1000元，另一筆提款2000元，若是讓這兩筆交易在沒有鎖定（lock）機制下交雜進行，交易完成後存款數字不可能是多少元？ (A)2000元 (B)3000元 (C)4000元 (D)5000元。

(  ) **25** 在SQL之語法中，SELECT……FROM……WHERE之SELECT，其用途為何？ (A)選擇資料庫 (B)選擇資料表 (C)選擇資料欄位 (D)選擇資料記錄。

( ) **26** 資料庫安全之授權（Authorization）作業中，要允許帳號為AA的使用者具有更新員工資料表（EMPLOYEE）薪資（SALARY）欄位值權限的指令句，下列何者正確？
(A)GRANT UPDATE TO AA ON（SELECT SALARY FROM EMPLOYEE）
(B)GRANT UPDATE ON SALARY FROM EMPLOYEE TO AA
(C)GRANT UPDATE ON EMPLOYEE（SALARY）TO AA
(D)GRANT UPDATE（EMPLOYEE）ON SALARY TO AA。

( ) **27** GROUP BY須與下列何類功能指令一起使用？ (A)ORDER，COUNT (B)SUM，AVE (C)SET，GET (D)COMMIT，ROLLBACK。

( ) **28** 關聯模式（Relational Model）之正規化（Normalization）過程，第三正規化表格（3NF）係在排除下列何種性質？ (A)重複群組（Repeating Groups） (B)部分相依（Partial Dependencies）(C)遞移相依（Transitive Dependencies） (D)多值相依（Multi-value Dependencies）。

( ) **29** 欲建立資料庫之SQL指令，下列何者正確？ (A)CREATE DATABASE (B)CREATE TABLE (C)CREATE DOMAIN (D)CREATE VIEW。

( ) **30** 當定義資料屬性（欄位）之值域（Domain）時，要規範屬性值的範圍，在CREATE DOMAIN指令句後，應接下列何指令子句？(A)DEFAULT (B)CHECK (C)SET (D)VALUES。

( ) **31** 在產品資料表PRODUCT進行資料異動後，SQL語法中要實際儲存異動後資料至磁碟，應使用下列何指令句？ (A)SAVE PRODUCT (B)STORE PRODUCT (C)COMMIT PRODUCT (D)INPUT PRODUCT。

( ) **32** 要更動資料表中某一欄位符合特定條件的資料記錄值，應使用下列何SQL指令？ (A)INSERT INTO/VALUES (B)UPDATE/SET (C)ALTER/MODIFY (D)CREATE/CHECK。

( ) **33** 要從員工資料表STAFF中列出薪資SALARY大於平均薪資值的員工,下列WHERE語句何者正確?
(A)WHERE A=AVE(SALARY) AND SALARY>A;
(B)WHERE SALARY>AVE(SALARY);
(C)WHERE SALARY>(SELECT AVE(SALARY) FROM STAFF);
(D)WHERE SELECT AVE(SALARY) FROM STAFF AND SALARY>AVE(SALARY)。

( ) **34** 要將銷售資料表SALE中各商店代號(STID)及其銷售量SV加總列出,應使用下列何指令語句?
(A)SELECT STID, SV FROM SALE;
(B)SELECT STID, SUM(SV) FROM SALE;
(C)GROUP BY STID SELECT STID, SUM(SV) FROM SALE;
(D)SELECT STID, SUM(SV) GROUP BY STID FROM SALE 。

( ) **35** 學生資料表STUDENT有學號SID、姓名SNAME二個欄位,成績資料表GRADE有學號SID、課號CID及成績GR三個欄位,要列出成績大於80的學生之姓名、課號及成績,除SELECT SNAME,CID,GR FROM STUDENT,GRADE外,尚需下列何指令語句?
(A)WHERE GR > 80;
(B)WHERE GR > 80,OREDER BY GR;
(C)WHERE STUDENT.SID=GRADE.SID AND GR > 80;
(D)WHERE STUDENT.SID=GRADE.SID AND GR > 80,GROUP BY SID 。

( ) **36** 在訂單資料表ORDER之訂單代號OID上建立索引OIDX,在CRE-ATE INDEX OIDX指令後應接之指令語句,下列何者正確?
(A)AT OID FROM ORDER
(B)AT ORDER(OID)
(C)IN OID FROM ORDER
(D)ON ORDER(OID)。

( ) **37** 在標準SQL語法中，CREATE TABLE指令句中的ON UPDATE CAS-CADE是在確保下列何種資料庫之性質？ (A)安全性 (B)完整性 (C)通透性 (D)獨立性。

( ) **38** 實體－關係（Entity-Relationship，ER）模式中之弱實體（Weak Entity）與其擁有者實體（Owner Entity）間之相依性（Depend-encies）關係，下列何者正確？ (A)聯結相依 (B)部分相依 (C)遞移相依 (D)存在相依。

( ) **39** 針對共時控制（Concurrency Control）中兩階段鎖定協定（Two-Phase Locking Protocol），有關讀鎖（read-lock）、寫鎖（write-lock）及解鎖（unlock）關係之敘述，下列何者正確？
(A)所有讀鎖、寫鎖必須置於解鎖之前
(B)所有讀鎖、寫鎖必須置於解鎖之後
(C)讀鎖必須置於解鎖之前，而寫鎖必須置於解鎖之後
(D)寫鎖必須置於解鎖之前，而讀鎖必須置於解鎖之後。

( ) **40** 在SQL語法中，下列何者關鍵字屬於「資料定義語言」（DDL）？
(A)SELECT (B)UPDATE (C)ALTER (D)GRANT。

( ) **41** 有關檢視表格（View）之敘述，下列何者正確？
(A)經過JOIN所產生的VIEW不可以進行UPDATE
(B)經過JOIN所產生的VIEW可以進行UPDATE
(C)經過GROUP BY所產生的VIEW可以進行UPDATE
(D)經過AGGREGATE所產生的VIEW可以進行UPDATE。

( ) **42** 下列何者不是物件導向式資料庫管理系統（OODBMS）與關聯式資料庫管理系統（RDBMS）主要之相異處？ (A)繼承 (B)封裝 (C)組合 (D)參考。

( ) **43** ANSI/SPARC架構分為下列何種層次？ (A)僅外層及內層 (B)外層、內層及概念層 (C)外層、內層及結構層 (D)外層、內層及檢索層。

( ) **44** 下列何者不是分散式關聯資料庫系統中，中介軟體（Middle-ware）的功能？　(A)轉換資料模式　(B)轉換資料格式　(C)轉換硬體規格　(D)轉換查詢語法。

( ) **45** 有關反正規化與正規化的關係，下列敘述何者正確？
(A)反正規化是執行運算SELECT
(B)反正規化是執行運算JOIN
(C)正規化是執行運算SELECT
(D)正規化是執行運算JOIN。

( ) **46** 有關實體關係圖（Entity Relationship Diagram）中關係的種類，下列何者正確？
(A)完全參與度、實體正確性
(B)完全參與度、參考正確性
(C)完全參與度、多元程度
(D)完全參與度、二元程度及一對多基度。

( ) **47** 有關資料庫資料鎖之敘述，下列何者正確？
(A)資料鎖是使用於系統回復
(B)資料鎖是在資料庫交易所要使用的資料項目上面作紀錄，表示這個交易有優先使用權
(C)兩階段資料鎖協定的第一階段為取得資料鎖，第二階段為升級資料鎖
(D)資料庫系統透過時間郵戳決定資料鎖的兩階段協定。

( ) **48** 分散式關聯資料庫系統中的水平式切割是指下列何者？
(A)將欄位切割出來　　　　(B)將紀錄切割出來
(C)將表格切割出來　　　　(D)將主要鍵切割出來。

( ) **49** 有關物件導向式資料庫管理系統之敘述，下列何者正確？
(A)不具備資料獨立性　　　(B)不需要經過正規化
(C)不需要定義屬性　　　　(D)不具備物件封裝性。

( ) **50** 請依據下列資料表回答，下列敘述哪一項是錯誤的？

| SCP 供應商零件資料表 | | | |
|---|---|---|---|
| 供應商編號<br>S# | 供應商所在城市<br>CITY | 零件編號<br>P# | 供應商提供的零件數<br>量 QTY |
| S1 | London | P1 | 300 |
| S1 | London | P2 | 200 |
| S2 | Paris | P1 | 300 |
| S2 | Paris | P2 | 400 |
| S3 | Paris | P2 | 200 |

(A)資料重複（redundancy）
(B)經更新運算後可能產生資料不一致的情形
(C)必須進一步的正規化（Normalization）
(D)主鍵（primary key）為S#。

( ) **51** 對於景觀（View）的用途而言，下列哪一項敘述是錯誤的？
(A)提供邏輯資料獨立性
(B)對於隱藏資料自動提供安全性
(C)提供類似程式語言中的巨集（macro）功能
(D)不允許不同使用者在同一時間以不同方式來看相同的資料庫。

【52～54題請依據下列資料表回答：】

Employee **資料表**

| Name | City |
|---|---|
| Coyote | Hollywood |
| Rabbit | Carrotville |
| Smith | Death Valley |
| Williams | Seattle |

Salary **資料表**

| Name | Salary |
|---|---|
| Coyote | 1500 |
| Rabbit | 1300 |
| Gates | 5300 |
| Williams | 1500 |

( 　　 ) **52** Employee 和Salary 資料表針對共同欄位Name，進行自然合併
（natural join）後，產生之資料表為：

(A)

| Name | City | Salary |
|---|---|---|
| Coyote | Hollywood | 1500 |
| Rabbit | Carrotville | 1300 |
| Williams | Seattle | 1500 |

(B)

| Name | City | Salary |
|---|---|---|
| Coyote | Hollywood | 1500 |
| Rabbit | Carrotville | 1300 |
| Smith | Seattle | 1300 |

(C)

| Name | City | Salary |
|---|---|---|
| Coyote | Hollywood | 1500 |
| Rabbit | Carrotville | 1300 |
| Williams | Seattle | 1200 |
| Smith | Death Valley | NULL |

(D)無法產生資料表。

( 　　 ) **53** Employee和Salary資料表針對共同欄位Name，進行全外部合併
（full outer join）後，所產生之資料表，其資料筆數有幾筆？
(A)1　(B)3　(C)5　(D)6。

( 　　 ) **54** 承上題，所產生的資料表中會有幾個未知資料（或Null）？　(A)0
(B)1　(C)2　(D)3。

（　） **55** 有關索引（index）的敘述，何者正確？
(A)必須使用額外的記憶體空間
(B)是為了避免搜尋資料時發生錯誤
(C)索引的記錄（record）數目通常比檔案資料的記錄數目大
(D)索引通常不需排序。

（　） **56** 資料庫正規化（normalization）的主要目的為何？
(A)合併不同類型之資料庫
(B)使資料庫可分散式儲存
(C)避免因資料重複（data redundancy）所產生的異常
(D)避免資料庫的錯誤回應。

（　） **57** 下列何者不是使用資料庫的優點？　(A)減少不一致的資料　(B)資料得以共享　(C)資料較具整合性　(D)不需處理備份與回復。

（　） **58** 分散式資料庫（distributed database）是為：　(A)資料分布在不同的電腦　(B)使用者分布在各地　(C)資料由多個CPU處理　(D)資料分別儲存在不同磁碟機。

（　） **59** 下列何者用於資料庫查詢語言？　(A)SQL　(B)C　(C)VB　(D)Java。

（　） **60** SQL語言之SELECT指令用途為何？　(A)新增表格資料　(B)查詢表格資料　(C)修改表格資料　(D)刪除表格資料。

（　） **61** Oracle、DB2、SQL Server等，屬於哪一種軟體？　(A)作業系統軟體　(B)資訊處理系統　(C)資料庫管理系統　(D)試算表。

（　） **62** 對關聯式資料庫而言，下列敘述何者錯誤？
(A)資料記錄（record）是構成資料庫的基本單位
(B)每一張表格至少應有一個主鍵
(C)主鍵之鍵值應唯一
(D)建立索引的目的在加快查詢速度。

（　） **63** 關連式資料庫管理系統的英文簡稱是：　(A)SQL　(B)MIS　(C)GDSS　(D)RDBMS。

( ) **64** SQL（Structured Query Language）是一種：

(A)撰寫網頁專用的語言

(B)操作資料庫時常用的語言

(C)建購資料庫視覺化介面的專用語言

(D)微軟公司為配合NET平台所發展的一種新程式語言。

## 解答與解析

**1 (B)**。當資料型態是文字類的話，一定要用LIKE來比對符合字元！

**2 (C)**。DISTINCT可以去除查詢結果中重複的列，列就是所謂的記錄。

**3 (D)**。(A)GRANT INSERT, UPDATE ON Emp TO User；(B)GRANT IN-SERT, UPDATE, DELETE ON Emp TO User；(C)GRANT ALL ON Emp TO User。

**4 (D)**。UPDATE …… SET …… 是一組更新已經存在的資料的指令，詳細可以看書本的例子。

**5 (A)**。SELECT, UPDATE, INSERT都是資料處理語言（DML）, CREATE, ALTER, DROP是資料定義語言（DDL）。

**6 (B)**。WHERE對SELECT設定查詢條件；HAVING對GROUP BY中的群設定查詢條件，所以HAVING專門搭配GROUP BY來使用。

**7 (C)**。(A)資料表（Table）才是構成資料庫的最基本單位；(B)索引固然可以增快資料的擷取，但是太多反而會降低速度；(D)要宣告最大資料錄的欄位數。

**8 (B)**。(B)SET。

**9 (B)**。引用到總合或是列總合（總合函數, JOIN, AGGREGATE, GROUP BY等等）的檢視的UPDATE, INSERT或DELETE指令是不行的。

**10 (A)**。回復順序：(A)→(B)→(C)→(D)。

**11 (C)**。(A)(B)無關；(D)剛好與(C)相反。

**12 (A)**。以完全功能相依為基礎。

**13 (B)**。關聯式資料庫，兩兩資料表間是靠共通屬性來建立相互關聯的。

**14 (B)**。(A)backup（備份），在固定時間把整個資料庫做備份，一旦資料庫遇到特殊原因毀損，就可以recover（回復）；(C)update（更新），SQL中更新一個資料表中的單一列，某些列，或是所有列的資料；(D)format（格式化），把整個資料庫消除，資料庫毀損已經夠慘了，不需要再把整個資料庫消除吧。

**15 (B)**。 RAID 0：全部；RAID 1：一半；RAID 3，RAID 5：全部少一台。

**16 (C)**。 綱要就是定義每一個資料集合的邏輯結構語言，也就是說，描述資料庫邏輯概念的語言，因此，綱要不可以經常修改！而資料內容就可以經常修改。

**17 (B)**。 PRIMARY KEY確保了實體完整性；FOREIGN KEY, ON DELETE CASCADE與ON UPDATE CASCADE確保了參考完整性。

**18 (D)**。 (A)可以允許同一時間發生一個以上的存取命令，例如同時間很多使用者讀同一筆資料；(B)當資料只有被讀的時候，不一定要先行鎖定；(C)資料分享最好不要指定存取優先順序，每個使用者都要公平。

**19 (B)**。 關聯式資料庫，兩兩資料表間是靠共通屬性來建立相互關聯的，而共通屬性是要靠FOREIGN KEY當依據。

**20 (B)**。 (A)長方形；(C)橢圓形；(D)直線。

**21 (C)**。 正規化的目的，可以處理掉重複的資料，或者是不一致的現象，常見的有3NF, Boyce-Code Normal Form（BCNF）等等。

**22 (A)**。 例子是兩階段鎖定協定（Two-Phase Locking Protocol）。

**23 (C)**。 (A)依題意不會要你選這個，雖然它的確是簡單屬性；(B)不可能；(D)不可能。要考的是儲存屬性和衍生屬性的觀念。

**24 (D)**。 (A)2000元可能是這樣產生的：

| 某一筆 | 5000 | 4000 | 寫回去 | | |
|---|---|---|---|---|---|
| 另一筆 | | | | 4000 | 2000 |

(B)3000元可能是這樣產生的：

| 某一筆 | 5000 | 4000 | 沒寫回去 | | |
|---|---|---|---|---|---|
| 另一筆 | | | 5000 | 3000 | 寫回去 |

(C)4000元可能是這樣產生的：

| 某一筆 | 5000 | | 4000 | 寫回去 | |
|---|---|---|---|---|---|
| 另一筆 | 5000 | 3000 | 沒寫回去 | | |

(D)在沒有鎖定機制底下，提錢一定會少錢，只是少多少的問題，所以銀行一定有鎖定機制，不然銀行就虧大了。

**25 (C)**。複習：SELECT <欄位> FROM <資料表> WHERE <查詢的條件>，選擇資料庫是用USE。

**26 (C)**。複習：GRANT <權限> ON <資料> TO <人>，其他格式都是不合法的。

**27 (B)**。SUM, AVE, COUNT, COUNT（＊）, MAX, MIN這些總合函數，常常與GROUP BY, HAVING合在一起使用！

**28 (C)**。3NF是以遞移相依性的概念為基礎，要求是滿足第二階正規化，與「沒有任何的非主要屬性是遞移相依於主鍵」。

**29 (A)**。(B)建立資料表；(C)建立值域；(D)建立景觀。

**30 (B)**。CREATE DOMAIN …… CHECK ……：加入新的值域範圍。

**31 (C)**。要把資料做實際儲存的動作，必須使用COMMIT指令。

**32 (B)**。(A)INSERT INTO …… VALUES ……：加入新的列。
(C)ALTER …… MODIFY ……：改變空間大小。
(D)CREATE DOMAIN …… CHECK ……：加入新的值域。

**33 (C)**。查詢要分成兩階段來思考：(A)找出薪資SALARY的平均；(B)找出薪資大於平均薪資的員工，所以很自然的會採用巢狀查詢（nested query），也就是有兩個SELECT查詢基本語法。

**34 (D)**。題目要列出兩個資料：商店代號（STID）與其總銷售量（SV），所以前面應該是SELECT STID, SUM（SV），然後我們要個別計算每一家商店的總銷售量，所以自然會用GROUP BY的指令，因此答案是SELECT STID SUM（SV） GROUP BY STID FROM SALE。SELECT一定要擺在查詢的最前面；(C)長得跟(D)很像，但是GROUP BY在前頭，不可選(C)。

**35 (C)**。成績大於80：GR＞80；列出學生姓名：STUDENT.SID＝GRADE. SID；因此答案是：WHERE STUDENT.SID＝GRADE.SID AND GR＞80。

**36 (D)**。書本範例是CREATE INDEX SID_INDEX ON GRADE（SID），因此答案可以類推：CREATE INDEX OIDX ON ORDER（OID）。

**37 (B)**。PRIMARY KEY 確保了實體完整性；FOREIGN KEY, ON DELETE CASCADE與ON UPDATE CASCADE確保了參考完整性。

**38 (D)**。弱實體有一個完全參與限制（存在相依性）來與它的辨認關係產生關連。

**39 (A)**。複習一下兩階段鎖定協定。

**40 (C)**。SELECT, UPDATE, GRANT都是資料處理語言。（DML），CREATE, ALTER, DROP是資料定義語言（DDL）。

**41 (A)**。引用到總合或是列總合（總合函數, JOIN, AGGREGATE, GROUP BY等等）的檢視的UPDATE, INSERT或DELETE指令是不行的。

**42 (D)**。繼承、封裝、組合都是物件導向（OO）的觀念。

**43 (B)**。ANSI/SPARC資料庫模型的三層架構：外部架構（external）、內部架構（internal）、概念架構（conceptual）。

**44 (C)**。中介軟體（middleware）的功能是轉換資料模式、格式與查詢語法。

**45 (B)**。正規化的目的，可以處理掉重複的資料，或者是不一致的現象，所以執行JOIN運算的時候，剛好是反正規化的動作。

**46 (D)**。書本上沒有講，這邊做補充：關係分為三大類：完全參與度，二元程度與一對多基度。

**47 (B)**。(A)系統回復用的是備份（BACKUP）資料；(C)擴展階段：鎖的數目↗鎖的狀態↗，收縮階段：鎖的數目↘鎖的狀態↘；(D)鎖（lock），不是時間戳。

**48 (B)**。水平分段：將紀錄（列）切割出來，垂直分段：將欄切割出來，混合分段：混合兩個分段方式。

**49 (B)**。正規化的目的：可以處理掉重複的資料，或者是不一致的現象。但是物件導向式資料庫並不需要處理掉重複的資料。

**50 (D)**。(D)主值要看打#的欄位，因此是S#與P#，少一個都不可以！

**51 (D)**。看資料的話，可以允許不同使用者在同一時間內以不同的方式來看相同的資料。

**52 (A)**。自然合併（natural join）：把「同時有」的資料一起合併起來，Employee資料表與Salary資料表同時有Coyote, Rabbit, Williams因此自然合併起來，就是答案的那個表。

**53 (C)**。全外部合併（full outer join）：比自然合併還要強的合併方式，把「所有」的資料一起合併起來：

| Name | City | Salary |
|---|---|---|
| Coyote | Hollywood | 1500 |
| Rabbit | Carrotville | 1300 |
| Smith | Death Valley | NULL |
| Williams | Seattle | 1500 |
| Gates | NULL | 5300 |

因此總共有五筆資料。

**54 (C)**。承上表，有兩個未知資料（就是NULL的意思）。

**55 (A)**。索引必須使用額外的記憶體空間。

**56 (C)**。資料庫正規化的主要目的為避免資料重複，進而減少因資料重複所產生的異常。

**57 (D)**。資料庫當然需要處理備份與回復。資料庫的備份和回復十分重要。

**58 (A)**。分散式資料庫即資料分布在不同的電腦。

**59 (A)**。SQL是關聯式資料庫的通用語，為資料庫查詢語言。

**60 (B)**。SQL語言之SELECT指令是用來查詢表格資料。

**61 (C)**。Oracle、DB2、SQL Server都是資料庫管理系統。

**62 (A)**。構成資料庫的基本單位是檔案（file）。

**63 (D)**。關連式資料庫管理系統的英文簡稱是RDBMS，全名是Relational DataBase Management System。

**64 (B)**。SQL是一種操作資料庫時常用的語言。

## 重點速攻

1.上網的方式　　　　　　2.網路的分類
3.網路七層協定　　　　　4.網路通訊協定
5.網域名稱　　　　　　　6.網路的傳輸媒介
7.資料通信方式　　　　　8.網路的幾何型態

此章節說明了網路的前世今生，乃至於未來會持續應用到的技術，所以內容相比其他主題更加龐雜與繁瑣，比較需要花費多一些時間來了解及記憶，不過結果絕對會值回票價，因為此章節是出題的重點項目，學好這一章，考試的成績絕對OK。

# 13-1 ▶ 網路簡介

Internet是由散布於全球各地之資訊網路所構成，因此稱為「網際網路」，其特色是具有多向快速溝通資訊的能力，已達成資源共享，設備共享，資訊共用之目標。

## 一、網路的分類

1. **區域網路（Local Area Network，簡稱為LAN）**：涵蓋的範圍通常在數公里內，像實驗室、辦公大樓、校園網路等。

2. **都會網路（Metropolitan Area Network，簡稱為MAN）**：涵蓋的範圍通常在數十公里至數百公里內。

3. **廣域網路（Wide Area Network，簡稱為WAN）**：涵蓋的範圍通常在數百公里以上，如國際間的網際網路（Internet）。

## 二、區域網路（Local Area Network）

1. LAN是用來連接各種不同獨立裝置，如電腦、終端機、文書處理機、印表機、磁碟儲存裝置等的數據通訊網路。

2. LAN主要在作區域通訊，通常是指建築物內或建築物組區內。

3. LAN不是公眾網路，通常被一個組織或機構使用、擁有和控制。

4. LAN可從硬體或軟體發展出某方面的交換、選擇或定址能力。

5. 它們通常經由數位介質而非類比介質來傳輸，不需要數據機。

6. LAN通常具有連接不同終端機、其它周邊設備和電腦的能力，因此它可以在一個網路連接不同廠牌的設備。

7. 兩個以上的LAN可以利用閘道（gateway）連接在一起，而提供更大或更多元性的通訊網路。

---

**小教室**

1. Intranet：企業內部網（intranet）是一個使用與網際網路同樣技術的電腦網路，通常建立在一個企業或組織的內部，為其成員提供信息的共享和交流等服務。不過在辦公室裡，最適合共用電腦資源的連線方式還是區域網路（LAN）。

2. ISP：Internet Service Provider，簡稱ISP，中文為「網際網路服務提供商」，指的是提供網際網路服務的公司，規模可以是地方性的，也可以是全國性的公司。

3. 全球資訊網的英文全名為World Wide Web，因此簡稱為WWW或W3。WWW近年來流通極為快速，最主要原因是由於超連結的功能，網網相連。

4. 網路連線的速度基本單位為BPS（bits per second）。

---

## 三、主從式網路及對等式網路

| | |
|---|---|
| 主從式網路 | 由一台伺服器儲存整合所有資料及資源，其他外部裝置向伺服器索取資料或資源。 |
| 對等式網路 | 所有電腦都為同等級，且可以共享電腦上的資源，不需要專門的伺服器整合所有資源。 |

## 四、網路拓樸

| 名稱 | 說明 |
|---|---|
| 星狀拓樸<br>（star） | 以一個網路設備為核心，呈現放射狀的方式，使用獨立纜線連接各台電腦，所有訊息傳送都會經由核心設備，來決定路徑。 |
| 環狀拓樸<br>（ring） | 使用每一台的電腦連接埠，串起所有電腦及周邊設備，連成一個環狀，訊息傳送時，會判讀此訊息是否由該設備接收，如果不是就往下一個設備遞送。 |
| 匯流排拓樸<br>（bus） | 所有電腦及設備都連接到一條主幹線上，傳送資料時，會先判讀主幹線是否被占用，因為一次只能有一台設備傳送，且只有接收方會收到訊息。 |
| 樹狀拓樸<br>（tree） | 使用分層的方式建構連線，方便分級管理及控制，但由於次級設備連結於上級設備，且只有一線連接，如果上級設備故障或被癱瘓，則連接整條連線的上下級皆無法使用。 |
| 網狀拓樸<br>（mesh） | 透過動態路由的方式，連結所有的電腦設備，並進行訊息傳送的管理，如果有某設備節點故障，此架構能使用跳躍的方式，建立新的連線來傳送訊息。 |

# 13-2 ▸ OSI網路七層協定

## 一、ISO（International Standard Organization，國際標準組織）

一直努力在建立網路間之通訊標準，提供通訊業者一個公認之標準，可以有所依據，得以發展相關軟體，使不同廠商之電腦系統均能很方便的連接，達成相互交談、傳遞資訊與資源共享等目的。目前為止，由ISO所訂定的「開放系統連結參考模式（open system interconnection，OSI）」已受到絕大多數電腦與通信設備廠商之支持。OSI參考模式主要畫分成7個不同的層次，每一層都有其各自的硬體和軟體，共同構成完整的網路系統。

## 二、OSI規範的七層網路架構

1. **第一層：實體層**（Physical layer）

   負責資料在實體傳輸媒介上的傳輸，例如同軸電纜（coaxial cable）、光纖（optical fiber），或者是雙絞線（twister-pair），使得電子訊號可以在兩個裝置間交換。

   實體層主要包括網路的電器規格、種類，傳輸速度與傳輸距離。

2. **第二層：資料連結層**（Data link layer）

   確保實體層連結資料正確，方式是偵測傳輸資料錯誤，以及更正錯誤。資料連結層可以建立一個可靠的通訊介面，使網路層可以正確存取實體層的資料。

3. **第三層：網路層**（Network layer）

   管理網路節點到另一個節點的傳輸路徑，負責建立，維護與中止兩個連結端之間的連結，使資料依理想路徑傳輸。因此網路層必須要有定址的能力。資料是用封包（packet）或是datagram的模式來傳輸。TCP/IP的IP就是在網路層。

4. **第四層：傳輸層**（Transport layer）

   傳輸層可以提升datagram的傳輸品質，方式是把datagram轉成data segment，而TCP/IP的TCP就是在傳輸層。

5. **第五層：會議層**（Session layer）

   管理各程序（process）之間的資料交換，把資料包裝成最簡單資料流（data stream）的形式。

6. **第六層：展示層**（Presentation layer）

   將傳輸的資料以有意義的形式呈現給網路上使用者看，包含了資料壓縮與解壓縮，字碼轉換，編碼與轉碼。

7. **第七層：應用層**（Application layer）

   提供網路使用者網路服務，例如WWW（World Wide Web）、檔案交換（FTP）、電子郵件（E-mail）與遠端連線（Telnet）等等。

### 三、OSI的各階層的功能是具有階層性（Hierarchical）

每一層次在執行一連串和其它系統傳輸時所須之功能時，必須藉由較低一層次來進行更深入的工作；同理，也為較高一層次提供服務。在理想狀況下，每一層次的修改必須是獨立的，也就是說，某一層次有所改變的話，並不會造成其它層次的改變。

## 13-3 ▸ 網路通訊協定

網路通訊協定，或簡稱為通訊協定（Communications Protocol），是指電腦通信的共同語言，如：TCP/IP等。掌管了通訊網路中一連串軟硬體之間的資料轉換標準規範。

**小教室**

目前全球網際網路通用的通訊協定是TCP/IP。

常見的通訊協定有以下幾種：

| 名稱 | 說明 |
|------|------|
| 超文本傳輸協定<br>（HTTP） | 全名：HyperText Transfer Protocol，網際網路上應用最為廣泛的網路傳輸協定；所有的網頁都必須遵守此協定；在應用層運作。 |
| 郵件協定<br>（POP3） | 全名：Post Office Protocol - Version 3，提供客戶端能在遠端對伺服器上的電子郵件進行管理；在應用層運作。 |
| 簡單郵件傳輸協定<br>（SMTP） | 全名：Simple Mail Transfer Protocol，在網路上傳輸電子郵件的標準，使用在主機之間針對電子郵件訊息的協定；在應用層運作。 |
| 簡單網路管理協定<br>（SNMP） | 全名：Simple Network Management Protocol，用來監測連結到網路上的設備，是否對於網路運作出現不正常狀況（當機或資料洩漏）；在應用層運作。 |
| Telnet | 提供遠端連結的功能；在應用層運作。 |
| 傳輸控制協定<br>（TCP） | 全名：Transmission Control Protocol，建立網路傳輸連線，紀錄傳送端及接收端的設備埠號；在傳輸層運作。 |

| 名稱 | 說明 |
|---|---|
| 用戶資料報協定（UDP） | 全名：User Datagram Protocol，提供資料的不可靠傳輸，傳輸效率較高，在傳輸的資料不太重要的狀況下，遺失封包比等待重傳所花費的時間更有效率；在傳輸層運作。 |
| 網際網路協定（IP） | 全名：Internet Protocol，封包交換的網路協定，紀錄傳送端及接收端的IP位址；在網路層運作。 |
| 無線應用通訊協定（WAP） | 全名：Wireless Application Protocol，使用行動裝置時的網路通訊協定，使行動裝置也能有網頁瀏覽的功能。 |
| 動態位址控制協定（DHCP） | 全名：Dynamic Host Configuration Protocol，提供有用並且動態的IP位址給用戶端使用；在網路層運作。 |

# 13-4 ▸ 網路相關硬體裝置

## 一、傳輸媒介之種類

1. **雙絞線（Twisted Pair）**：兩銅線用絕緣體隔開併成。穩定性佳，可用於類比或數位傳輸。

| 名稱 | 概述 |
|---|---|
| CAT-1 | 使用在語音傳輸，目前已淘汰。 |
| CAT-2 | 同樣用在語音傳輸，最高速率為4Mbps，常見於Token Ring網路架構，目前已淘汰。 |
| CAT-3 | 最高速率為10Mbps，目前使用在一般電話線。 |
| CAT-4 | 最高速率為16Mbps，目前已淘汰。 |
| CAT-5 | 最高速率為100Mbps，常用於100Mbps以下傳輸使用，大多數被CAT-5e取代。 |
| CAT-5e | 最高速率為1Gbps，網速超過100M都至少要用到此規格的線材。 |
| CAT-6 | 最高速率為10Gbps，加強抗干擾及雜訊防護。 |

| 名稱 | 概述 |
|------|------|
| CAT-6A | 最高速率為10Gbps，比CAT-6提升更高的傳輸頻率，在較長距離都能保持高傳輸（100公尺）。 |
| CAT-7 | 最高速率為100Gbps（15公尺內），但連接設備是GigaGate45（CG45），不是一般的RJ-45。 |

2. **同軸電纜（Coaxial Cable）**：軸心為銅線，銅線外包一層絕緣物質，在此絕緣物質上再繞一層導體（銅線），最外層再包上塑膠。頻寬高、抗雜訊特性佳。

3. **光纖（Optical Fiber）**：利用光的全反射原理來傳送訊號。頻寬很大，雜訊免疫性強，但成本較高。

4. **衛星（Satellites）**：在空中的大型中繼放大器，可接收並放大地面上發射的信號，再送回到地面。通訊面積廣，經濟效益高。

5. **三種線材比較**

|  | 雙絞線 | 同軸電纜 | 光纖 |
|------|------|------|------|
| 價格 | 最低 | 次之 | 最高 |
| 傳輸速度 | 次之（10Mbps～40Gbps） | 最慢（10Mbps） | 最快（100Mbps～400Gbps） |
| 傳輸距離 | 最短（15～100M） | 次之（200～500M） | 最長（100KM內） |
| 抗干擾能力 | 最差 | 次之 | 最好 |

## 二、連線設備

| 名稱 | 說明 |
|------|------|
| 訊號加強器（Repeater） | 如同字面意思，就是將線路上接收到的訊號，放大後再進行送出到其他設備。 |

| 名稱 | 說明 |
|---|---|
| 集線器（Hub） | 使用在區域網路中，連接多個設備上網，以半工模式傳輸，因此如果多台設備同時傳輸，會有延遲的狀況產生。 |
| 交換器（Switch） | 運作模式與集線器相同，但支援全雙工模式，每台連接的設備，都有專屬的頻寬，因此傳輸時不會有延遲的狀況。 |
| 橋接器（Bridge） | 將兩個獨立的區域網路接起來，使之如同單一網路一樣。 |
| 路由器（Router） | 負責決定訊息由發送端到接收端的傳輸路徑，由於行動裝置崛起，一般家用產品都會與無線結合成無線路由器；路由工作在網路層運作。 |
| 閘道器（Gateway） | 可以連結兩個網路的設備，傳輸資料時可以在不同協定中傳輸。 |
| 數據機（Modem） | Modem主要做為類比信號和數位信號轉換之工具，將電腦送出的數位化脈波（pulse）轉換成類比式信號，而以電話線為媒介進行傳輸；同理在接收端則將類比信號再轉回數位信號，提供本地之電腦使用。數據機之性能通常以bps為單位，即為每秒所傳送之位元數目（bits per second），數字愈大表示效率愈高。 |

## 三、資料通信方式（依通信能力區分）

| 單向單工（simplex） | 為單向之傳輸方式，例如收音機、電視機等。 |
|---|---|
| 半雙工（half-duplex） | 在不同的時間週期下可以做雙向的傳輸，但是無法一方面送、一方面同時收資料，例如某些對講機，必須等對方說over（結束），讓出使用權後才可以由另一方發話，即是屬於半雙工型態。 |
| 全雙工（full-duplex） | 可以在同一時間互相傳輸信號，例如電話。 |

## 精選測驗題

( 　) 1 下列哪個網路系統是指企業內部的系統？　(A)Intranet　(B)Entranet　(C)Quternet　(D)Internet。

( 　) 2 下列何者特色在於上／下行頻寬不對稱，ISP到用戶端（下行）頻寬較高，符合一般使用者接收資料（下行）高於送出（上行）資料量？　(A)DSL　(B)ADSL　(C)ISDN　(D)ATM。

( 　) 3 下列何者不為電腦網路的優點？　(A)可共用周邊設備　(B)共用程式和資料　(C)可連結資料庫　(D)可快速發布不實的訊息。

( 　) 4 全球資訊網的英文簡稱為：　(A)Gopher　(B)BBS　(C)CAD　(D)WWW。

( 　) 5 WWW快速流通的最主要原因是：　(A)超連結的功能　(B)傳輸多媒體資料　(C)豐富的網路資源　(D)可以收發電子郵件。

( 　) 6 在辦公室裡我們可以透過哪種最佳方式共用電腦資源（例如：印表機）？　(A)區域網路（LAN）　(B)廣域網路（WAN）　(C)大樓網路（BAN）　(D)電路網路（CAN）。

( 　) 7 有關ADSL，下列何種敘述是正確的：　(A)利用傳統電話線提供高速網際網路上網服務的技術　(B)可提供在家上班者存取公司內部網路資源　(C)可提供高速資料傳輸與互動式視訊服務　(D)以上皆是。

( 　) 8 電腦網路：　(A)能共用硬體資源　(B)能更容易共享資料　(C)能藉由如電子郵件和即時傳訊等工具促進分工合作　(D)以上皆是。

( 　) 9 資料傳輸速度的單位為：　(A)BPI　(B)CPI　(C)BPS　(D)UPS。

( 　) 10 目前全球網際網路通用的通訊協定是哪一種？　(A)IPX/SPX　(B)NetBIOS　(C)TCP/IP　(D)HUB。

（　　）**11** 下列何者是手機上網之協定？　(A)TCP／IP　(B)GSM　(C)HTTP　(D)WAP。

（　　）**12** Internet上SMTP協定的用途是：　(A)傳送電子郵件　(B)超文件傳輸　(C)簡易網路管理　(D)網路電話。

（　　）**13** 下列何者掌管通訊網路中一連串軟硬體之間的資料轉換標準規範？(A)運輸協定　(B)外貿協定　(C)互惠協定　(D)通訊協定。

（　　）**14** 網際網路代表政府單位的網址類別是下列何者？　(A).gov　(B).edu　(C).com　(D).org。

（　　）**15** 在網域命名中，下列何者代表政府行政單位？　(A)com　(B)edu　(C)gov　(D)org。

（　　）**16** TANET是屬於哪個單位的網路系統？　(A)中華電信　(B)教育部　(C)資策會　(D)遠傳。

（　　）**17** 下列何者將發送端通過電話線的數位訊號轉換成類比訊號，而接收端再將類比訊號轉換成數位訊號？　(A)收音機　(B)數據機　(C)電話機　(D)發報機。

（　　）**18** 下列哪一種網路傳輸媒介是由細玻璃纖維所構成的，具有高速及不易受外界干擾的優點？　(A)光纖　(B)微波　(C)同軸電纜　(D)通訊衛星。

（　　）**19** 在計算機通訊中，可將數位訊號與類比訊號作相互轉換的裝置為(A)通訊道（Communicaton Channel）　(B)前端處理機（Front-end Processor）　(C)調變解調器（MODEM）　(D)終端機。

（　　）**20** 數據機：　(A)能讓電腦與周邊裝置溝通　(B)能提升電腦透過電話線路進行通訊的速度　(C)是一種轉換數位訊號和類比訊號的裝置(D)能讓Windows PC可以執行Macintosh應用程式。

（　　）**21** 下列何者是由成千上萬的玻璃線所纏繞在一起，資料的傳送並不是以數位形式，而比較像是以光的脈動來傳送？　(A)雙絞線(B)銅軸纜線　(C)燈號　(D)光纖纜線。

（　）22 下列何種資料通訊網路，若任何一部電腦故障，即造成網路功能全部喪失？　(A)匯流排網路　(B)樹狀網路　(C)網狀網路　(D)環形網路。

（　）23 對於雙絞線、同軸電纜和光纖作為有線傳輸媒介的比較，下列敘述，何者不正確？　(A)同軸電纜抗雜訊力較雙絞線為佳　(B)雙絞線傳輸距離最短　(C)光纖的頻寬最寬，但抗雜訊力最差　(D)光纖是以光脈衝信號的形式傳輸訊號。

（　）24 下列環境，何者較適合使用同軸電纜數據機（cable modem）上網？　(A)傳統電話線　(B)有線電視纜線　(C)無線電視天線　(D)網路雙絞線。

（　）25 網路頻寬（bandwidth）指的是同一時間內，網路資料傳輸的速率，下列何者是其常用的單位？　(A)BPS　(B)CPS　(C)FPS　(D)GPS。

（　）26 在網際網路的網域組織中，下列機構類別代碼，何者正確？　(A)com代表教育機構　(B)idv代表個人　(C)mil代表政府機構　(D)org代表軍事單位。

（　）27 商業性公司的網站，通常在其網址中包括有：　(A).org　(B).net　(C).com　(D).edu。

（　）28 OSI協定中最高一層（第七層）為：　(A)應用層（Application layer）　(B)展示層（Presentation Layer）　(C)網路層（Network Layer）　(D)傳輸層（Transport Layer）。

（　）29 開放式系統連接模式（Open system interconnection）共提供七個網路層次，其第一層是：　(A)實體層（physical layer）　(B)實用層（application layer）　(C)連接層（session layer）　(D)資料層（data layer）。

（　）30 在電腦網路的通訊協定中，國際標準組織（ISO）所訂定的通訊協定（OSI）分為幾層：　(A)4　(B)5　(C)6　(D)7。

( ) **31** 在TCP/IP協定架構中，ftp是屬於應用層；請問http是屬於哪一層？ (A)應用層 (B)傳輸層 (C)網路層 (D)實體層。

( ) **32** 下列哪一種網路結構方式不是電腦網路的架構？ (A)星狀架構（Star） (B)匯流排架構（Bus） (C)環狀架構（Token Ring） (D)關聯式架構（Relational）。

( ) **33** 一般使用瀏覽器觀看網頁所使用的主要通訊協定為何？ (A)HTTP (B)FTP (C)Telnet (D)NNTP。

( ) **34** ISO/OSI 通訊標準中哪一層提供電子郵件（E-mail） 的服務？ (A)表達層（Presentation Layer） (B)實體層（Physical Layer） (C)網路層（Network Layer） (D)應用層（Application Layer）。

( ) **35** 下列敘述何者正確？ (A)衛星傳輸是一種有線傳輸的方式 (B)光纖網路是一種有線網路 (C)使用手機上網一定是衛星傳輸 (D)使用電話撥接上網是利用聲音傳輸。

( ) **36** 下列上網的方式哪一個是企業需要大量的資料傳輸而選擇使用？ (A)非對稱數位用戶線路（ADSL） (B)纜線數據機（cable modem） (C)數據機（modem）撥接 (D)專線固接。

## 解答與解析

**1 (A)**。Intranet是指企業內部的系統。

**2 (B)**。ADSL的特色在於上／下行頻寬不對稱，ISP 到用戶端（下行）頻寬較高，符合一般使用者接收資料（下行）高於送出（上行）資料量。

**3 (D)**。可快速發布不實的訊息不為電腦網路的優點。

**4 (D)**。全球資訊網的英文全名為World Wide Web，因此簡稱為WWW或W3。

**5 (A)**。WWW快速流通的最主要原因是超連結的功能，可以一個網頁連到另一個網頁。

**6 (A)**。辦公室裡，最適合共用電腦資源的連線方式是區域網路（LAN）。

**7 (D)**。(A)、(B)、(C)等三種服務，ADSL皆有提供。

**8 (D)**。電腦網路能共用硬體資源、能更容易共享資料、能藉由如電子郵件和即時傳訊等工具促進分工合作。

**9 (C)**。資料傳輸速度的單位為BPS。

**10 (C)**。目前全球網際網路通用的通訊協定是TCP/IP。

**11 (D)**。手機上網之協定為WAP。

**12 (A)**。SMTP是簡單的郵件傳輸協定的簡稱，它是一組在主機之間針對傳送電子郵件訊息的協定。

**13 (D)**。通訊協定掌管通訊網路中一連串軟硬體之間的資料轉換標準規範。

**14 (A)**。.gov的網址類別代表政府單位。

**15 (C)**。gov在網域命名中代表政府行政單位。

**16 (B)**。TANET是台灣學術網路，屬於教育部。

**17 (B)**。數據機的功能是將數位訊號轉換成類比訊號，及將類比訊號轉換成數位訊號。

**18 (A)**。光纖是由細玻璃纖維所構成的,具有高速及不易受外界干擾的優點。

**19 (C)**。調變解調器（MODEM），即數據機，可將數位訊號與類訊號作相互轉換。

**20 (C)**。數據機（MODEM）是一種轉換數位訊號和類比訊號的裝置。

**21 (D)**。光纖纜線是由成千上萬的玻璃線所纏繞在一起，資料的傳送並不是以數位形式，而比較像是以光的脈動來傳送。

**22 (D)**。環形網路若有一部電腦故障，則網路無法建立。

**23 (C)**。光纖抗雜訊力佳，但成本高。

**24 (B)**。有線電視纜線較適合同軸電纜數據機上網。

**25 (A)**。BPS是網路頻寬常用的單位。

**26 (B)**。idv代表個人，gov代表政府機構。

**27 (C)**。商業性公司的網站，通常在其網址中包括有.com。

**28 (A)**。OSI協定中的最高一層（第七層）為應用層。

解答與解析

**29 (A)**。OSI的第一層是實體層。

**30 (D)**。OSI共有7層。

**31 (A)**。http是屬於應用層。

**32 (D)**。關聯式架構是資料庫的架構，而非網路架構。

**33 (A)**。一般使用瀏覽器觀看網頁所使用的主要通訊協定為HTTP。

**34 (D)**。(A)字碼轉換，編碼與解碼；(B)同軸電纜或是雙絞線；(C)IP。

**35 (B)**

**36 (D)**

# 第十四章 無線網路概論

**重點速攻**

由於近年無線3C電子產品的發展迅速,因此有必要了解在無線領域的相關知識,所以特別在既有的網際網路章節下,分出無線網網路的章節進行探究。本章主要介紹無線網路通訊的相關內容,乃至於手機通訊及其周邊相關的無線通訊應用,考試的重點在於無線網路的標準協定與應用,因此將無絲網路相關聯的標準熟知後,便可進考場輕鬆破敵(題)。

## 14-1 ▶ 認識無線網路

### 一、無線網路通訊的發展

無線網路就是指不需要使用到實體線材的網路通訊,主要是使用無線電波等方式,作為傳輸的媒介,而依照無線通訊的範圍大小,可以分為無線區域網路、無線都會網路及無線廣域網路。

### 二、無線網路的型態

**1. 無線區域網路**

全名:Wireless Local Area Network/WLAN,是使用無線射頻技術,將各種區域網路設備進行串接,能夠避免線材架設的麻煩,也可以使用在不方便架設有線網路的區域,目前的無線區域網路技術,大致使用微波、紅外線及展頻,其中展頻的應用最為廣泛。

**2. 無線都會網路**

全名:Wireless Metropolitan Area Network/WMAN,主要應用於範圍較廣的城市或鄉鎮使用,其所採用的傳輸標準為IEEE 802.16,這個標準是針對微波及毫米波段所提出的通訊標準,能提供較高的頻寬75Mbps,並且距離可達方圓50公里的範圍,達到跨區的無線傳輸應用。

**3. 無線廣域網路**

全名:Wireless Wide Area Network/WWAN,主要用於範圍廣大,可橫跨都市及國家的無線網路應用。

## 三、個人無線網路

全名：Wireless Personal Area Network／WPAN，主要用於無線網路的最後一哩路，目標是讓各種設備之間，都使用無線技術來進行資料傳輸，目前WPAN所使用的標準是IEEE 802.15，而藍牙就是常見的無線個人網路技術之一。

### 1. 藍牙的認識

藍牙是由藍牙技術聯盟組織（Bluetooth Special Interest Group）所進行管理，使用的通訊標準為IEEE802.15，利用無線電波來進行傳輸，適用於短距離的無線傳輸，目前最新版本為藍牙5.3於2021發表。

### 2. 藍牙的規格

| 藍牙版本 | 發布年份 | 最大傳輸速率 | 傳輸距離 | 概述 |
|---|---|---|---|---|
| **Bluetooth1.0** | 1998 | 723.1 Kbit／S | 10公尺 | 只能在有效範圍內才能夠連線。 |
| **Bluetooth1.1** | 2002 | 801 Kbit／S | 10公尺 | 使用eSCO（Extended Synchronize Connection Oriented）技術，使連線效率增加。 |
| **Bluetooth1.2** | 2003 | 1 Mbit／S | 10公尺 | 增快搜尋裝置及連線的速度，稍微提升傳輸速率。 |
| **Bluetooth2.0 +EDR** | 2004 | 2.1 Mbit／S | 10公尺 | 增加EDR的附加規格，提升傳輸效率到2.1Mbps。 |
| **Bluetooth2.1 +EDR** | 2007 | 3 Mbit／S | 10公尺 | 加強安全配對機制。 |
| **Bluetooth3.0 +HS** | 2009 | 24 Mbit／S | 10公尺 | 增加使用802.11技術的ＡＭＰ規格，讓傳輸速率達到24 Mbps。 |

| 藍牙版本 | 發布年份 | 最大傳輸速率 | 傳輸距離 | 概述 |
|---|---|---|---|---|
| Bluetooth4.0 | 2010 | 24 Mbit／S | 50公尺 | 提升省電能力並且提高傳輸距離達50公尺。 |
| Bluetooth4.1 | 2013 | 24 Mbit／S | 50公尺 | 讓藍牙成為物聯網發展的核心，支援更多裝置可進行連結。 |
| Bluetooth4.2 | 2014 | 24 Mbit／S | 50公尺 | 增加使用AES加密，提升安全性。 |
| Bluetooth5.0 | 2016 | 48 Mbit／S | 300公尺 | 傳輸速率達到48Mbps，距離可達300公尺並且提高室內定位的準確性。 |
| Bluetooth5.1 | 2019 | 48 Mbit／S | 300公尺 | 增加了Direction Finding的功能，提升裝置被偵測到的機率。 |
| Bluetooth5.2 | 2020 | 48 Mbit／S | 300公尺 | 低功耗藍牙版本，增強 ATT（Attribute Protocol，屬性協議）、LE（Low Energy，低功耗）功率控制、LE同步通道等技術。 |
| Bluetooth5.3 | 2021 | 48 Mbit／S | 300公尺 | 提升資安防護，確定加密密鑰必須具有一定的大小，節省需要運算的時間和所需電量，以便與另一台設備連接，相反也就是說，如果相關設備密鑰長度不夠則無法連結。 |

## 3. 一般藍牙與低耗電藍牙BLE（Bluetooth Low Energy）比較

| 技術規範 | 傳統藍牙 | 低耗電藍牙 |
|---|---|---|
| 無線電頻率 | 2.4 GHz | 2.4 GHz |
| 距離 | 10公尺/100公尺 | 30公尺 |
| 空中數據速率 | 1-3 Mb/s | 1 Mb/s |
| 應用吞吐量 | 0.7-2.1 Mb/s | 0.2 Mb/s |
| 節點／單元 | 7-16,777,184 | 未定義（理論最大值為2^32） |
| 安全 | 64/128-bit及使用者自訂的應用層 | 128-bit AES及使用者自訂的應用層 |
| 強健性 | 自動適應快速跳頻、FEC、快速ACK | 自動適應快速跳頻 |
| 延遲（非連接狀態） | 100 ms | <6 ms |
| 發送數據的總時間 | 0.625 ms | 3 ms |
| 政府監管 | 全球 | 全球 |
| 認證機構 | 藍牙技術聯盟（Bluetooth SIG） | 藍牙技術聯盟（Bluetooth SIG） |
| 語音能力 | 有 | 沒有 |
| 網路拓撲 | 分散網 | 星狀拓撲（Star）、匯流排拓撲（Bus）、網狀拓撲（Mesh） |
| 耗電量 | 1（作為參考） | 0.01至0.5（視使用情況） |
| 最大操作電流 | <30 mA | <15 mA（最高運行時為15 mA） |
| 服務探索 | 有 | 有 |
| 簡介概念 | 有 | 有 |
| 主要用途 | 手機、遊戲機、耳機、立體聲音訊串流、汽車和PC等。 | 手機、遊戲機、PC、錶、體育、健身、醫療保健、汽車、家用電子、自動化和工業等。 |

（資料來源：維基百科）

**小教室**

1. Li-Fi：使用光線來傳遞網路訊號，透過LED燈的光線，來將網路訊號傳遞給裝置。
2. 藍牙規格中出現的EDR：指資料傳輸的加速與否，有加速可達到3 Mbps，如果沒有則只有1 Mbps。
3. 藍牙規格中出現的HS：表示高速傳輸最高可達24 Mbps，但傳輸距離僅在10公尺以內。

# 14-2 ▸ 無線網路標準

IEEE 802是由電機電子工程師協會（Institute of Electrical and Electronics Engineers），所發展推動的網路標準，主要是定義，網路OSI七層中的實體層與資料鏈結層相關的網路資料存取標準。

## 一、IEEE 802無線網路標準

| 標準 | 說明 |
|------|------|
| IEEE 802.1 | 高層區域網路協定，運作中。 |
| IEEE 802.2 | 邏輯鏈路控制標準，暫停運作。 |
| IEEE 802.3 | 乙太網路標準，運作中。 |
| IEEE 802.4 | 權杖匯流排網路，已解散。 |
| IEEE 802.5 | 權杖環網路，暫停運作。 |
| IEEE 802.6 | 都會網路運作，已解散。 |
| IEEE 802.7 | 寬頻TAG，已解散。 |
| IEEE 802.8 | 光纖分散式資料介面，已解散。 |
| IEEE 802.9 | 聲音及資料整合傳輸的區域網路，已解散。 |
| IEEE 802.10 | 區域網路安全標準，已解散。 |
| IEEE 802.11 | 無線區域網路標準，運作中。 |
| IEEE 802.12 | 100VG-AnyLAN區域網路標準，已解散。 |

| 標準 | 說明 |
|---|---|
| IEEE 802.13 | 並無使用 |
| IEEE 802.14 | 纜線數據機標準，已解散。 |
| IEEE 802.15 | 無線個人區域網路標準，運作中。 |
| IEEE 802.15.1 | 藍牙技術標準，運作中。 |
| IEEE 802.15.4 | ZigBee無線網路技術標準，運作中。 |
| IEEE 802.16 | 寬頻無線網路標準，運作中。 |
| IEEE 802.16e | 寬頻無線網路及行動通訊標準，運作中。 |
| IEEE 802.17 | 彈性封包環傳輸技術標準，運作中。 |
| IEEE 802.18 | 無線電管制技術標準，運作中。 |
| IEEE 802.19 | 共存標籤（Coexistence TAG）技術標準，運作中。 |
| IEEE 802.20 | 行動寬頻無線存取技術標準，運作中。 |
| IEEE 802.21 | 網路自動交換技術標準，訂定通訊設備在不同網路中進行漫遊，運作中。 |
| IEEE 802.22 | 無線區域網路，特別使用電視頻段閒置的無線區域網路標準，運作中。 |
| IEEE 802.23 | 緊急服務工作群組，運作中。 |

## 二、IEEE 802.11無線網路標準

1997年發表第一個版本，傳輸速率為2 Mbps，至今已二十多年，無線網路技術持續穩定發展當中，下面會介紹比較重要的標準。

| 標準 | 傳輸速率 | 傳輸距離 | 使用頻率 | 說明 |
|---|---|---|---|---|
| 802.11a | 54Mbps | 約50公尺 | 5GHz | 最原始標準。 |
| 802.11b | 11Mbps | 約100公尺 | 2.4GHz | 無線區域網路標準。 |
| 802.11g | 54Mbps | 約100公尺 | 2.4GHz | 802.11b的次版標準。 |

| 標準 | 傳輸速率 | 傳輸距離 | 使用頻率 | 說明 |
|---|---|---|---|---|
| 802.11n | 600Mbps | 約250公尺 | 2.4GHz、5GHz | 提升傳輸速率，支援MIMO技術。 |
| 802.11p | 27Mbps | 約1000公尺 | 5.9GHz | 主要運用在自駕車技術。 |
| 802.11ac | 1Gbps | 約30公尺 | 5GHz | 使用擴展綁定的頻道、增加更多的MIMO空間串流。 |
| 802.11af | 35Mbps | — | 2.4GHz、5.8GHz | 歐美有在使用，台灣則沒使用此波段。 |
| 802.11ah | 347Kbps | 超過1公里 | 2.4GHz、5GHz | 支援物聯網、智慧手錶等相關硬體。 |
| 802.11ax | 10Gbps | 約305公尺 | 2.4GHz、5GHz | 可稱為高效率無線區域網路，支援MU-MIMO及OFDMA技術。 |
| 802.11be | 46Gbps | — | 2.4GHz、5GHz、6GHz | 草稿於2021年3月公布，預計將在2024年發表。 |

**小教室**

無線Wi-Fi的2.4G及5G差異：

1. 2.4GHz能用的範圍2.4～2.462 GHz，以5MHz區分一個頻道，共有11個頻道；2.4GHz雖然有11個頻道可用，但若以802.11b為例，所需頻寬為22MHz，因此只有三個頻道不會互相干擾。

2. 5GHz能用的範圍5.180～5.850GHz，以5MHz區分一個頻道，可用的頻道有36～165個，因此才能容納802.11ac最高160 MHz的頻寬要求。但因為頻率越高，波長越短，繞射（diffraction）程度也越低，也就是遇到障礙不易穿越，因此在相同功率上的有效傳輸距離會比 2.4GHz來的短。

（資料來源：華碩官方網站）

## 三、Wi-Fi標準

是由無線乙太網相容聯盟（Wireless Ethernet compatibility Alliance）所發表的認證標誌，使用802.11無線區域網路通訊標準，只要是有這樣認證標誌的產品，就是符合Wi-Fi認證的無線網路設備。

由於無線網路802.11a、b、g等太過複雜，因此Wi-Fi聯盟轉為使用數字，代替Wi-Fi認證標準的編號。

| 原有版本 | 新版編號 |
|---|---|
| 802.11a | Wi-Fi 1 |
| 802.11b | Wi-Fi 2 |
| 802.11g | Wi-Fi 3 |
| 802.11n | Wi-Fi 4 |
| 802.11ac | Wi-Fi 5 |
| 802.11ax | Wi-Fi 6 |
| 802.11be | Wi-Fi 7 |

### 小教室

無線Wi-Fi路由器4、5、6的比較：

| 原版本 | 802.11n | 802.11ac | 802.11ax |
|---|---|---|---|
| 新版編號 | Wi-Fi 4 | Wi-Fi 5 | Wi-Fi 6 |
| 發布時間 | 2009 | 2013 | 2019 |
| 頻段 | 2.4 GHz | 5 GHz | 2.4 GHz & 5GHz<br>未來可支援1～7GHz |
| 最大頻寬 | 40 MHz | 80 MHz～160 MHz | 160 MHz |
| MCS範圍 | 0～7 | 0～9 | 0～11 |
| 傳輸分類多工 | OFDM | OFDM | OFDMA |

（資料來源：台灣大哥大官方部落格）

## 四、IEEE 802.15無線網路標準

使用在個人的區域網路，專門制定個人或是家庭內小範圍的無線網路標準。

| 標準 | 說明 |
|---|---|
| 802.15.1 | 專門做為藍牙無線技術所提出的通訊標準。 |
| 802.15.2 | 主要用於整合其他802.15的無線通訊技術，使同樣是802.15的標準具有互通性。 |
| 802.15.3 | 專門為隨身的電子產品，例如：穿戴裝置、筆電、平板電腦、藍牙耳機、手機等設備，提供高速寬頻無線傳輸標準，傳輸距離為10～100公尺。 |
| 802.15.4 | 可稱為ZigBee標準，主要用於物聯網方面的各種設備應用，提供短距離在50公尺以內，低耗電、低速率及低成本的無線感測網路。 |
| 802.15.5 | 提供WPAN設備可以具有互通性，穩定與擴展的無線網狀網路架構。 |
| 802.15.6 | 人體區域網路的標準，規範在3公尺內，提供10Mbps的傳輸速率，廣泛使用在人體穿戴感測器、生物植入裝置，以及健身器材等設備當中。 |

# 14-3 ▶ 行動通訊

## 一、1G

全名：1st Generation／1G，從1970年代開始發展，主要是使用類比式訊號的FM廣播無線電，來建構移動通訊，早期中華電信的090開頭手機號碼，都是這樣的類型。

## 二、2G、2.5G及2.75G

第二代的行動通訊技術，因為第一代的通訊傳輸，只能傳輸語音而無法傳輸其他資料，因此第二代的數位訊號發展為，可以傳輸簡單的文字內容，或是收發電子郵件等網路應用，但由於依然無法與3G的寬頻服務做連結，因此研發出很多不同的進階版本，因此稱之為2.5G及2.75G；台灣已於2017年6月終止所有的2G行動業務服務。

| 版本 | 應用技術 |
|------|----------|
| 2G | GSM、CDMA及PHS。 |
| 2.5G | WAP及GPRS。 |
| 2.75G | CDMA2000 1xRTT及EDGE。 |

## 三、3G、3.5G及3.75G

第三代行動通訊，為了因應智慧型手機的到來，更進一步的將行動通訊網路，提升傳輸速率，3G系統不只具有2G的收發郵件功能，更可以瀏覽網頁、下載音樂，甚至於可以做到視訊電話的服務，因此在3G標準的應用上，傳輸速率在不同的室內外環境中，都可以至少達到144 kbps的能力，大大的超過2G及2.75G的傳輸標準；台灣已於2018年12月31日停止所有3G行動業務服務。

| 版本 | 應用技術 |
|------|----------|
| 3G | W-CDMA、CDMA2000及TD-SCDMA。 |
| 3.5G | HSDPA。 |
| 3.75G | HSUPA及HSPA+。 |

## 四、4G及4.5G

第四代行動電話網路通訊，不僅提供手機或平板電腦等行動裝置，由於速率及頻寬的提升，讓筆記型電腦及個人桌上型電腦，也都可以透過支援4G的無線網卡，進行網路連結，其中4G的進階版又可稱為4.5G。

| 版本 | 應用技術 |
|------|----------|
| 4G | TDD-LTE、FDD-LTE及WiMAX。 |
| 4.5G | LTE Advance Pro。 |

## 五、5G

第五代行動網路通訊，是4G的延伸，主要先進國家都投入龐大的資源進行研發，5G的網路資料傳輸可達10Gbps以上，並且可大幅降低延遲，因此適合用於發展，人工智慧、大數據、物聯網及自駕車等先進自動化技術，但由於5G基地台的架設成本高昂，並且傳輸距離比4G縮短許多，因此在5G基地台的架設上，需要一段時間的建設才可完善應用。

台灣的電信商，已陸續在2020年將5G進行商用化；中華電信2020年6月30日、台灣大哥大2020年7月1日、遠傳電信2020年7月3日、臺灣之星2020年8月4日、亞太電信2020年10月22日。

## 六、B5G／6G

第六代行動通訊技術，是5G系統後的延伸（也有朝B5G的方向發展）。目前仍在開發階段，預計6G會使用到太赫茲（THz）頻段的傳輸能力，比5G提升1000倍的bps，網路延遲會從毫秒（1ms）降到微秒（100μs），預計將在2030年左右上市。

# 14-4 ▶ 無線射頻與近場通訊

## 一、RFID及其應用

全名：Radio Frequency Identification，無線射頻辨識系統，是指運用無線電波傳輸的辨識技術，可應用在產品辨識條碼上面，在使用方面，標籤會有電路迴圈的電子標籤，透過專門的感應器，進行讀取偵測，將資料記錄到後端資料庫當中，進行整合紀錄與分析。

### 1. 電子標籤及感應器

電子標籤主要是存放資料的元件，儲存該產品的價格、特徵、使用期限等數據資料，標籤內含有電子迴路的天線及米粒大小的晶片，透過電池供電的特性，分為主動式、半被動式及被動式的標籤類型。

感應器是用來讀取電子標籤上的資料，或是將資料寫入電子標籤的晶片當中，讀取到的資料一般都會先傳到後端資料庫，進行記錄，感應器的辨識速度最高可達每秒50組以上，RFID電子標籤的工作頻段，經常使用到的有，低頻、高頻、超高頻及微波等四種模式。

2. RFID的應用

| 相關應用 | 說明 |
|---|---|
| 電子票證 | 主要分為兩種，單次性或是重複使用的卡片，例如：悠遊卡及一卡通等智慧卡，其中會儲存款項資料，使用時會進行扣款或加值等應用。 |
| 圖書借閱紀錄 | 將RFID的電子標籤，黏貼於書本中，借閱時透過感應器，進行借閱資料的紀錄，能減少人力的辨識，提高作業效率。 |
| 動物監控 | 將晶片置入動物的皮下組織，可用於記錄動物的健康狀況、醫療紀錄或預防走失，只需要透過感應器掃描，就可以快速知道相關紀錄，提高管理效率，節省人力資源。 |
| 長照醫療 | 依據電子標籤可以記錄資料的優點，因此對於年長者的照護及醫療方面，可以進行病人的識別，並且確認藥物服用的紀錄及病情的管理，醫院可以追蹤病人的狀況，隨時將資料回傳後端資料庫，使用這些數據進行治療，可以提升醫療的執行效率，以及提升人力資源的效率。 |
| 學生門禁 | 使用RFID的晶片記錄學生或是員工的資料，協助進行人員的管理，順便可以達成更有效率的出入管制，增加學校或公司的安全管理。 |
| 物流管理 | 利用RFID的晶片，對於產品的運送進行物流管理，提升配送商品的效率及程序，避免貨物遺失，以及包裹的追蹤，也可節省人力，進行重複的檢查工作。 |
| 醫藥管理 | 應用RFID紀錄資料的功能，將藥品資訊記錄在其中，可辨別藥品的內容成份及使用期限，避免藥物在配送時所造成的意外錯誤產生。 |

## 二、NFC及其應用

全名：Near Field Communication，中文為近場通訊或近距離無線通訊，利用短距離的無線通訊技術，從RFID演變而來，最初由飛利浦與索尼公司，在2002年9月發表，並在2004年成立NFC論壇；NFC使用的頻率為13.56 MHz，傳輸距離為10公分內，傳輸速率為424 Kbps，可以使用在不同的電子設備之間，利用非接觸式的點對點進行傳輸。

**1. NFC的運作**

| 運作模式 | 說明 |
|---|---|
| **讀卡機模式** | 讀卡機模式，是讓手機變成可以進行讀寫智慧卡的讀卡機，例如：在產品資訊上使用NFC晶片，手機可以直接開啟NFC功能，讀取晶片上的資料，了解產品資訊或進行訂購。 |
| **模擬卡片模式** | 將NFC與RFID晶片卡做技術的結合，讓手機裝置可以模擬晶片卡的功能，將多種智慧卡整合在手機當中使用，例如：使用具有NFC功能的手機，結合悠遊卡功能，便可在搭捷運時，直接刷手機進入。 |
| **點對點模式** | 利用類似紅外線傳輸的方式，進行資料傳輸，將兩台NFC的裝置，靠近便可進行資料傳輸或同步裝置。 |

**2. NFC的應用**

目前NFC的應用依然在發展當中，大部分可見的應用，像是信用卡支付、門禁管控及儲值卡等功能，也有車商將此功能與鑰匙結合，成為汽車的數位鑰匙，利用手機的NFC功能，與汽車上的NFC感應器進行偵測，便可將車門打開或是發動引擎。

## 三、微波、紅外線及雷射的應用

微波是使用2～40 Ghz的波段，透過微波基地台跟通訊衛星進行資料傳輸，適合較長距離和跨國或跨洋的無線通訊，但微波只能直線傳輸因此會受到障礙物的阻擋，距離過長時需設置中繼訊號站，將訊號放大後再送出，一般常見應用於GPS定位，以及新聞轉播的SNG車上。

雷射是使用頻率較窄的光波輻射線，來進行資料傳輸，好處是傳輸距離長、頻寬也大，在無障礙物阻擋的狀況下可進行點對點傳輸，但無法穿透障礙物，而且天氣因素也會影響傳輸的狀況。

紅外線是利用紅外線光波來傳輸資料，優點是方便使用並且傳輸效率快，但會受到距離50公尺的限制，傳輸角度的也會限制其傳輸，也無法穿越障礙物，並且容易受到光線過強的干擾，常見應用在電視遙控器。

## 四、星鏈（Starlink）

美國太空探索技術公司SpaceX所開發的衛星無線網服務，主要是透過在低地球軌道（LEO）部屬大規模的小型衛星群，為全球提供高速、低延遲的無線網路服務；目前此項技術運用廣泛，例如：海上郵輪、偏遠鄉鎮地區、基礎建設較低的區域及戰爭或政治軍事敏感區域。

## 精選測驗題

(　　) **1** 下列何者無法使用藍牙傳輸技術？　(A)手機　(B)物聯網　(C)衛星電話　(D)無線耳機。

(　　) **2** 我們使用的手機行動通訊傳輸，符合下列哪一種網路傳輸模式？(A)無線廣域網路　(B)無線都會網路　(C)無線區域網路　(D)以上皆非。

(　　) **3** 下列敘述何者正確？　(A)可以使用藍牙4.0讓兩個裝置距離超過60公尺　(B)藍牙5.0發表於西元2010年前後　(C)近年有越來越多物聯網裝置可以使用藍牙應用　(D)我們可以使用藍牙設備連線遠在美國的朋友聊天。

(　　) **4** 行動電話所使用的無線耳機，最常採用下列哪一種通訊技術？(A)Bluetooth　(B)RFID　(C)WiFi　(D)WiMax。

( 　 ) **5** 我們日常使用的智慧型手機,適用於下列何種行動網路通訊世代?　(A)3G　(B)4G　(C)5G　(D)以上皆是。

( 　 ) **6** 下列何種無線網路及通訊技術,最不可能在捷運站或公共場所使用到?　(A)5G　(B)4G　(C)WiMAX　(D)Wi-Fi。

( 　 ) **7** 下列何者是藍牙的無線網路標準?　(A)802.11ah　(B)802.15.1　(C)802.15.4　(D)802.11ax。

( 　 ) **8** 下列何者不是無線網路通訊技術的名稱?　(A)Bluetooth　(B)ZigBee　(C)LTE Advance Pro　(D)CSMA／CD。

( 　 ) **9** 下列何者是一種無線網路的傳輸媒介?　(A)光纖　(B)紅外線　(C)雙絞線　(D)同軸電纜。

( 　 ) **10** 下列何者應用,不是使用RFID技術?　(A)動物監控　(B)電視遙控器　(C)學生門禁　(D)物流管理。

( 　 ) **11** 下列何者不是無線通訊技術的應用?　(A)RJ-45　(B)微波　(C)NFC　(D)雷射。

( 　 ) **12** 下列敘述何者並無使用到無線通訊網路技術?　(A)小學生使用Apple Watch能提升個人的安全性　(B)使用手機在回家前先打該家中的冷氣　(C)與朋友相約到網咖打線上遊戲　(D)與朋友相約到手遊店使用各自的手機在遊戲中打怪。

( 　 ) **13** 下列何者是RFID無法取代一維條碼的原因?　(A)一維條碼的安全性比RFID高　(B)RFID的使用成本比一維條碼高　(C)政府組織厭惡RFID技術　(D)以上皆是。

( 　 ) **14** 某些手機APP使用語音輸入功能前須先連上網路才能進行,下列何者是最可能的原因?　(A)為了在雲端進行語音辨識運算　(B)連上網路後麥克風才能啟動　(C)為了在雲端將語音資料加密　(D)為了在雲端將語音資料壓縮。

(　　) **15** WiFi技術指的是下列哪一種？　(A)影像處理技術　(B)數位音樂技術　(C)虛擬實境技術　(D)無線通訊技術。

(　　) **16** 下列何者錯誤？　(A)衛星傳輸是一種無線傳輸的方式　(B)光纖網路是一種無線網路　(C)使用手機上網是利用無線網路　(D)使用電話撥接上網是利用有線網路。

(　　) **17** 下列何者不屬於無線網路技術？　(A)藍牙　(B)WiFi　(C)RFID　(D)光纖寬頻。

(　　) **18** 下列哪一種傳輸媒體的有效距離最短，且易受地形地物之干擾？　(A)光纖　(B)紅外線　(C)雙絞線　(D)同軸電纜。

(　　) **19** 下列敘述何者錯誤？　(A)RFID全名為Radio Frequency Identification　(B)5G的意思代表無線傳輸速率下載能達到5Gigabyte　(C)NFC技術主要應用在交通儲值、門禁識別、行動支付等方面　(D)藍牙傳輸技術不具備無線上網能力。

## 解答與解析

**1 (C)**。藍牙是一種短距離無線通信技術，通常用於手機、物聯網設備和無線耳機等設備之間的通信。衛星電話則主要透過衛星網絡進行通信，並不依賴於藍牙技術，故選(C)。

**2 (A)**。行動通訊網路（如4G、5G）提供的廣域網路服務使我們能夠在大範圍內進行通訊，這包括跨城市、跨國界的網絡連接。而無線區域網路（WLAN）和無線都會網路（WMN）則是針對較小範圍的網絡連接，例如家庭或辦公室內的網絡，故選(A)。

**3 (C)**。(A)藍牙4.0的標準中，通常最大有效距離在10到30公尺左右，實際距離取決於環境和設備。60公尺距離對藍牙4.0來説比較困難。
　　(B)藍牙5.0實際上是在2016年發布的，因此這個描述不正確。
　　(D)藍牙的設計主要針對短距離通信，通常在幾米到幾十米內。因此，無法用藍牙設備進行遠距離（如跨國）通信。
　　故選(C)。

**4 (A)**。藍牙技術（Bluetooth）是無線耳機中最常用的通訊技術，它適用於短距離的無線傳輸，適合用於行動電話和耳機之間的連接。其他選項如RFID、WiFi和WiMAX則不適合用於這種用途，故選(A)。

**5 (D)**。3G：較舊的行動網路標準，仍然在一些地區使用。
4G：即LTE，是目前廣泛使用的標準，提供更高的數據傳輸速度。
5G：最新的標準，提供更高的速度和更低的延遲，逐漸在全球範圍內推廣。
故選(D)。

**6 (C)**。5G：現代的公共場所和捷運站越來越多地開始部署5G網路，以提供更快的數據傳輸速度和更低的延遲。
4G：也廣泛應用於公共場所和捷運站，提供穩定的行動網路連接。
WiFi：公共場所和捷站通常提供Wi-Fi熱點，方便使用者連接網路。

**7 (B)**　　**8 (D)**　　**9 (B)**　　**10 (B)**　　**11 (A)**　　**12 (C)**　　**13 (B)**
**14 (A)**　　**15 (D)**　　**16 (B)**　　**17 (D)**　　**18 (B)**　　**19 (B)**

## 重點速攻

1.網頁　　　　　　2.檔案傳輸

3.電子郵件　　　　4.其他網路相關軟體

這個篇章是資訊時代重要的主題，尤其是5G及物聯網時代的來臨，各種傳統家電都與網路結合，新的應用顛覆過去的想像，自然也就會成為近年考試的出題重點，所以對於這個章節的主題內容不可輕易放掉，否則會失去能拿高分的機會。

## 15-1 ▶ 網頁

### 一、網頁

一種文件，由網路傳送後透過瀏覽器解釋網頁的內容，再展示到使用者面前。

### 二、網頁瀏覽器

顯示網頁，並讓用戶能與網頁互動的一種軟體，說得更簡單些，就是將網頁文件轉換成人類看得懂的文字。例如：微軟的Internet Explorer及Edge、Mozilla的Firefox、Opera、Google的Chrome。

### 三、網頁編輯軟體

編輯網頁用的軟體。常見的有FrontPage、DreamWeaver等等。其實，用純文字也可以直接編輯HTML文件。

### 四、網頁語言

即編輯網頁文件使用的語法和格式。常見的網頁語言，有HTML、JavaScript、DHTML/CSS、ASP等等。

## 五、網頁中常見的網址類別

| | |
|---|---|
| **.htm、.html** | Hyper Text Markup Language的縮寫，為使用HTML所寫網頁的標準格式。 |
| **.asp** | 為Microsoft所開發廣泛使用在網頁上的script語言格式。 |
| **.php** | 一種伺服器端嵌入式HTML語言，用於撰寫CGI（Common Gateway Interface）使網頁能透過CGI執行程式碼。 |
| **.cgi** | 一種網頁溝通的閘道介面，透過cgi可產生相對應的HTML語言來製作網頁。除了php外，C、Perl也可以撰寫CGI。 |
| **ASP、NET** | 由微軟在.NET Framework框架中所提供的網頁開發平台，繼承ASP的技術，提供動態網頁開發。 |

## 六、RWD響應式網頁

一種網頁前端設定，可以讓伺服器對所有裝置（手機、平板、桌機）使用相同的HTML程式碼，透過CSS來調整網頁在裝置上的呈現樣貌。

# 15-2 ▶ 檔案傳輸

## 一、FTP

全名為File Transfer Protocol，為麻省理工學院所開發的網路檔案傳輸通訊協定。將公布於Internet上之共享軟體（shareware）或是公開性之檔案，透過檔案傳輸協定（File Transmission Protocol，FTP）取得所需之檔案。

## 二、FTP軟體

能透過FTP進行檔案傳輸的軟體。例如：CuteFTP、Filezilla、WS FTP。

# 15-3 ▸ 電子郵件

## 一、電子郵件

通過網際網路進行書寫、發送和接收的信件（信件內含文字、圖案、聲音等等的電子檔），是網際網路上最受歡迎且最常用到的功能之一。Windows系統／IE內定的電子郵件系統是Outlook Express。

## 二、網域名稱及電子郵件域名

網域名稱（Domain Name），是由一串用點分隔的名字所組成，Internet上某一臺電腦或電腦組的名稱，用於在資料傳輸時標識電腦的所在。

網域名稱可反應在網址上，也就是說，有時候，從網址可以看得出來該網頁屬於什麼樣的單位。常見的網址類別有：

| | |
|---|---|
| **.com** | 供商業機構使用，但因為沒有強制的限制，所以最常被大部分人熟悉和使用。 |
| **.net** | 原為供網路服務供應商使用。 |
| **.org** | 代表機構或組織。 |
| **.edu** | 供教育機構使用。 |
| **.gov** | 供政府機關使用 |
| **.mil** | 供美國軍事機構使用。 |
| **.tw** | 代表網頁在台灣。 |

## 三、電子郵件帳號中的@符號讀作at

## 四、副本（CC）

如果想把電子郵件寄送給許多人，可使用副本功能。但所有的收件人都會顯示在信上。

密件副本（BCC）：想把電子郵件寄送給許多人，卻又不想讓收件者之間知道寄件人有寄給彼此，可以利用密件副本。

## 五、伺服器

收信時使用的伺服器為POP3伺服器，外寄郵件時使用的伺服器為SMTP伺服器。

## 15-4 ▶ 即時通訊軟體

## 一、即時通訊

即時通訊的英文全名是Instant messaging，簡稱為IM，是一種允許兩人或多人使用網路即時傳遞文字訊息、語音、視訊、檔案來交流的服務。即時通訊和E-mail不同的是，它的交談是立即的。

在西元2003年後，即時通訊與WWW、e-mail一同成為網際網路使用上的主流。

## 二、常見的即時通訊軟體

1. ICQ：最早的即時通訊軟體。只能在Windows、Mac OS（蘋果電腦的作業系統）等作業系統下使用。

2. Skype：一種支援語音通訊的即時通訊軟體，可以進行高品質的語音聊天，音質不輸普通電話。Skype能在Windows、Mac OS、Linux等作業系統下使用。
   Skype的優點：
   (1)音質佳，低回音。　　　　　　　　(2)全球都能通用。
   (3)能跨平臺（在不同的作業系統上）使用。　(4)能進行多方通話。
   (5)使用簡單方便，且全球都能使用。　(6)具有高保密性。

**3**. QQ：中國大陸佔有率最高的即時通訊軟體。只能在Windows作業系統下使用。

**4**. **智慧型手機IM**：近年來智慧型手機開始流行，其上主要IM有LINE、What's App、Tango、Viber、Telegram等。

## 三、視訊會議軟體

| 視訊會議軟體名稱 | 概述 |
|---|---|
| Microsoft Teams | 整合在Microsoft 365中的協作平台，用意在支援企業內的團隊協作和通訊；功能有提供視訊會議、即時聊天、文件共享、日曆整合、共同編輯文件等多種協作功能。 |
| ZOOM | 廣泛用於視訊會議和線上協作的平台，適用於企業、教育和個人用戶；功能有提供視訊會議、螢幕共享、聊天、虛擬背景、錄製會議記錄等多種功能，另外Zoom也支援大型網絡研討會和教育培訓等領域。 |
| Google Meet | 由Google提供的視訊會議平台，適用於企業和教育應用等場域；功能有提供高畫質的視訊會議、即時字幕、螢幕共享、虛擬背景等功能，並與Google Calendar和其他Google應用程式整合，使紀錄及預約加入會議變得更簡單。 |
| VOOV | 由騰訊推出的影片直播和社交平台，主要提供年輕用戶；功能有提供直播、短影片創作、視訊通話、即時聊天等功能，其用戶可以透過直播分享生活、才藝或與粉絲互動。 |

## 四、通訊軟體

| 通訊軟體名稱 | 概述 |
|---|---|
| LINE | 提供即時聊天、語音通話、影片通話、貼圖、表情符號、遊戲等功能；LINE還具有社交媒體元素，用戶可以分享動態、訊息、照片和影片。 |
| What'sApp | Meta（FB）公司旗下一款用於智慧型手機的跨平台加密即時通訊應用程式，其加密通信和用戶友好的介面始之聞名。 |

| 通訊軟體名稱 | 概述 |
|---|---|
| Telegram | 強調安全性，提供點到點加密聊天、自毀訊息、頻道和群組聊天、機器人API 等功能；另外，Telegram還允許用戶傳送大型文件。 |
| Clubhouse | 提供用戶創建和參與虛擬「房間」，在這些房間中進行即時語音交流；用戶可以進入不同的房間參與對話，類似一個即時的聽眾和講者互動之體驗模式。 |
| 微信 | 由中國科技公司騰訊（Tencent）開發的多功能通訊應用程式，結合了即時通訊、社交媒體、支付、遊戲和其他多種功能。 |

# 15-5 ▸ 行動應用

| 名稱 | 應用說明 |
|---|---|
| 手機（手錶）定位 | 利用行動裝置內建的GPS，對行動裝置進行定位追蹤，同時可以追蹤持有人的所在位置，適用於年長者的醫療照護。 |
| 身體數據監測 | 行動裝置中嵌入多種感應器，隨時監測配戴者的身體狀況，如發生緊急情況，立刻通知救護單位前往，適用於運動選手訓練監測及長者醫療照護。 |
| 電子票券 | 因應環保去紙化的趨勢，使用行動裝置顯示票券，各類型展覽、需門票入場之活動及電影票等皆適用。 |
| 行動轉帳匯款 | 運用數位銀行的便利，只要登入擁有帳戶的銀行APP，即可在有行動網路連線的地方，即時進行轉帳匯款或是查看帳戶狀況。 |
| 卡片整合 | 使用APP的服務，整合各家的會員卡及電子發票，能有效的減少隨身攜帶卡片的數量，更快速的使用電子發票功能。 |
| 行動叫車 | 出租車結合APP的便利性，可在不同的地方隨時進行叫車服務，並且可以在上車前知道旅程所需要的費用，避免糾紛及時間的浪費。 |
| 會員平台 | 提供商家行銷活動的集點功能，並宣傳介紹店家的資料，另外提供消費者，方便歸納會員集點，能夠多重集點以及消費折抵。 |

# 15-6 ▸ 物聯網

## 一、感知層

感知層分為感測應用及辨識技術，感測應用主要就是讓物聯網的產品，具有對所處環境的變化或是相對位置的移動，具有感知的能力，在這樣的應用當中，主要透過嵌入產品的感測裝置，進行偵測。

## 二、網路層

網路層的主要功用，就在於將各種物聯網的商品，在感測與辨識到各種資料訊息後，將這些資料訊息，透過網路連線的方式，將資料集中傳輸到後端的資料庫當中。

## 三、應用層

應用層就是物聯網的各種應用技術，使用在日常生活當中，例如：智慧公車、智慧電網、智慧水錶、智慧節能等多種應用層面，對於這些應用，物聯網的重點在於，將資料收集後進行資料分析，最終產出有用的結果，才能使用在實務上，因此各種資訊系統的使用，就會是這個階段的重點。

# 15-7 ▸ 雲端應用

## 一、雲端運算的服務類型

**1. 軟體即服務**（Software as a Service, SaaS）

指提供應用軟體的服務內容，透過網路提供軟體的使用，讓使用者隨時都可以執行工作，只要向軟體服務供應商訂購或租賃即可，亦或是由供應商免費提供。

**2. 平台即服務**（Platform as a Service, PaaS）

指提供平台為主的服務，讓公司的開發人員，可以在平台上直接進行開發與執行，好處是提供服務的平台供應商，可以對平台的環境做管控，維持基本該有的品質。

**3**. **基礎架構即服務**（Infrastructure as a Service, IaaS）

指提供基礎運算資源的服務，將儲存空間、資訊安全、實體資料中心等設備資源整合，提供給一般企業進行軟體開發，例如：中華電信的HiCloud、Amazon的AWS等。

## 二、雲端運算的部署模型

| 類型 | 概述 |
|---|---|
| 公有雲 | 由第三方所建設或提供的雲端設施，能提供給一般大眾或產業聯盟使用。 |
| 私有雲 | 由私人企業或是特定組織所建設的雲端設施，一般由建設方管理。 |
| 社群雲 | 主要因事件而串聯的幾個組織，共同建設或共享的雲端設施，會支持相同理念的特定族群。 |
| 混和雲 | 由多個雲端設備及系統所組合而成的雲端設施，這類雲端系統可以包含公有雲、私有雲等不同團體。 |

# 15-8 ▶ 其他網路相關知識

## 一、討論區、論壇

提供發表文章、聊天、交友的天地。是世界性電子討論區。例如批踢踢。

## 二、知識網站

| 網站名稱 | 說明 |
|---|---|
| 維基百科 | 由網友們共同撰寫及維護的知識網站，以系統化的整理分類將資料內容完整的呈現，非常適合資訊的獲取及閱讀，但由於是網友主觀的進行資料提供，無官方審核，因此有時會有偏頗的主觀意見，夾雜在資料當中，在使用該網站資料時，需要稍微查證後較為適當。 |
| Yahoo奇摩知識+ | 由入口網站Yahoo奇摩，所提供的知識平台網站，可以在上面進行問題發問，由網友提出答案，可藉由網友投票選擇最佳答案，或是由提問方進行最佳答案的選擇，該網站已於2021年5月4日關閉。 |

## 三、網路相簿

提供網路空間，讓使用者能夠將數位化的相片，存放於網路相簿當中，常見的網路相簿網站有Flickr、 Google＋相簿、PChome相簿等，另外也可將相片放置於網路上的雲端硬碟中作為大量儲存照片的方法。

## 四、電子競技

電子競技，主要是指電腦遊戲來進行類似體育活動的比賽，其中包含選手的訓練及比賽場地的維護，甚至於遊戲比賽的行銷推廣等，都是電子競技產業的一環。

## 五、影音網站

| | |
|---|---|
| YouTube | 影音分享平台，讓使用者能上傳、觀看、分享及評論影片，上傳的影片如果達到一定觀看數量，可以收取廣告分潤，因此近年將拍攝影片上傳YouTube成為一種職業，稱呼從事此工作的人為YouTuber；現在母公司為Google，於2006年收購。 |
| TikTok | 中文名稱抖音，短影發布平台，主要使用者為20歲左右的人群，由於使用人數眾多，時常有某些產品或事件，因抖音的傳播而流行。 |
| Bilibili | 在中國內部使用的影音平台，簡稱B站，功能基本跟YouTube相似，唯一不同之處在於彈幕功能，看影片時可將文字評論，直接打在影片螢幕上。 |
| Podcast | 一種數位媒體，可將影片、音訊及文字檔用列表形式發布，聽眾可以下載到終端裝置，離線收聽。 |
| Clubhouse | 多人線上語音聊天軟體，使用者可在平台內開設公開或私密的聊天室，無法傳送影片及文字，聊天室內有三種權限，決定誰發言的主持人、參與對話的來賓及使用舉手功能提出申請發言的聽眾。 |

## 精選測驗題

( ) **1** 下列何者是一套軟體，主要是將HTML文件轉換成人類看得懂的文字？ (A)試算表 (B)翻譯器 (C)網路瀏覽器 (D)網頁伺服器。

( ) **2** 在Windows 10中，可從遠端的主機下載檔案到自己電腦的程式是： (A)FTP (B)Ping (C)Hinet (D)Winzip。

( ) **3** E-mail不可以傳送下列哪些物件？ (A)文字資料 (B)圖片 (C)實物 (D)聲音。

( ) **4** 電子郵件帳號manager@nsc.gov.tw中的@符號讀作什麼？ (A)at (B)in (C)of (D)on。

( ) **5** 如果想把電子郵件寄送給許多人，卻又不想讓收件者彼此之間知道您寄給哪些人，可以利用哪項功能做到？ (A)副本 (B)加密 (C)密件副本 (D)無此功能。

( ) **6** 在設定網路連線時，POP3伺服器是指？ (A)收信伺服器 (B)寄信伺服器 (C)檔案伺服器 (D)網站伺服器。

( ) **7** 請參考下列情境後回答問題：
老李每天一到公司，進辦公室後立即啟動電腦，螢幕上慢慢的出現Windows作業系統的開機畫面；接著電腦要求老李輸入使用者帳號及密碼，老李隨意敲下了鍵盤的Enter鍵之後，立即進入Windows的桌面。老李接著點選「郵件」圖示，在進入「郵件」視窗之後，點選其中的「傳送／接收」動作，很快的郵件清單一一呈現在老李的眼前。
上述老李使用電腦收信的習慣，可能會引發下列何種安全的問題？
(A)任何人均可不經老李同意，開機讀取老李的郵件
(B)郵件程式不明，無法閱讀清單中的郵件
(C)電腦使用者不明，無法登入郵件伺服器
(D)電腦使用者不明，無法正確下載郵件。

(　　) **8** （承上題）考量第7題的安全問題，最經濟的改善方法為何？
(A)裝設自行管理的郵件伺服器
(B)設定個人使用帳號及密碼，並且經常更改密碼
(C)購買不斷電電源供應器，以免停電發生資料損失
(D)加裝遠端遙控軟體，隨時監控辦公室。

(　　) **9** 如果您想連上市政府的網站，但是不知道網址，採用下列哪一項
服務最快知道？　(A)電子郵件　(B)文書處理　(C)電子試算表
(D)搜尋引擎。

(　　) **10** 當銀行行員轉帳到你的帳戶時，真正的交易可能是儲存在哪裡？
(A)某個網頁　(B)某台大型主機　(C)某台工作站　(D)某台嵌入
式電腦。

(　　) **11** 下列何者是預防電腦犯罪急需應做的事項？　(A)資料備份　(B)與
警局保持連線　(C)禁止電腦上網　(D)建立資訊安全管制系統。

(　　) **12** 在網路上傳輸資料，下列通訊協定，何者可傳送電子郵件？　(A)
HTTP　(B)NetBEUI　(C)SMTP　(D)SNMP。

(　　) **13** 下列何者的功用和ICQ（I Seek You）最雷同，皆提供線上傳送訊
息與線上語音通話的功能？　(A)BBS（Bulletin Board System）
(B)LINE　(C)Outlook Ex-press　(D)以上皆是。

(　　) **14** 下列哪一種網際網路的服務最適合用來上傳和下載檔案？　(A)
BBS　(B)FTP　(C)Telnet　(D)WWW。

(　　) **15** 若某同學的電子郵件位址為cat@ms26.hinet.net，則下列何者為提
供服務的郵件伺服器位址？　(A)cat　(B)hinet　(C)ms26　(D)
ms26.hinet.net。

(　　) **16** 網址裡含有下列哪一種資訊的網頁，代表是政府機關的網頁？
(A)com　(B)edu　(C)gov　(D)org。

(　　) **17** 通常商業性公司的網站，網址中會包括：　(A).org　(B).net　(C)
.com　(D).edu。

( ) **18** 所謂的即時通訊軟體，功能是： (A)文書處理 (B)即時通訊 (C)編輯網頁 (D)製作多媒體。

( ) **19** 目前在WWW（world wide web）上的網頁所用的文件格式為哪一種？ (A).DOC (B).HTML (C).TXT (D).MDB。

( ) **20** 以下列何種電子郵件系統是Microsoft Internet Explorer所內定的？ (A)elm (B)mail (C)Outlook Express (D)Me-ssenger。

( ) **21** 下列哪一項軟體是Microsoft所出版的網頁編輯軟體？ (A)Word (B)FrontPage (C)PowerPoint (D)Excel。

( ) **22** 下列哪一項程式是可用在網路作檔案傳輸的程式？ (A)Leechftp (B)Acrobat (C)PhotoImpact (D)WinZip。

( ) **23** 網路的應用不包含下列何者？ (A)電子競技 (B)網路影音 (C)視訊電話 (D)飛鴿傳書。

( ) **24** 歐洲電信標準協會（European Telecommunications Standards Institute, ETSI）將物聯網劃分為三個階層，不包含下列哪一層？ (A)網路層 (B)應用層 (C)感知層 (D)實體層。

( ) **25** 架設物聯網的環境時，下列何種問題最需要被注意？ (A)不同的網路媒介 (B)使用者的體驗 (C)資料的傳輸流量 (D)設備的更新。

( ) **26** 下列關於雲端運算以及服務的敘述，何者不適當？ (A)雲端運算是一種分散式運算技術的運用，由多部伺服器進行運算和分析 (B)Gmail是由Google公司提供的一種郵件服務，它會自動將網際網路中的郵件快速儲存到個人電腦中，以提供使用者離線（Off-line）瀏覽所有郵件內容 (C)雲端服務可以提供一些便利的服務，這些服務包含多人可以透過瀏覽器同時進行文書編輯工作 (D)使用智慧型手機在臉書上發布多媒體訊息時，會使用到雲端服務。

（　　）**27** 近來「雲端運算」（Cloud Computing），是成為科技界熱門的話題，而下列相關敘述，何者是不正確的？　(A)大規模分散式運算（distributed computing）技術即為「雲端運算」的概念起源　(B)由「用戶者端」進行運算分析，構成龐大的「雲端」　(C)最簡單的雲端運算技術在網路服務中已經隨處可見，例如搜尋引擎、網路信箱等，使用者只要輸入簡單指令即能得到大量資訊　(D)未來如手機、PDA等行動裝置都可以透過雲端運算技術，發展出更多的應用服務。

（　　）**28** 雲端技術是目前最新的網路應用及平台技術，電腦科學家最常將雲端技術分成三層，請問下列哪一層不是在這三層之中？　(A)DaaS（Data as a Service）—資料即服務　(B)SaaS（Software as a Service）—軟體即服務　(C)PaaS（Platform as a Service）—平台即服務　(D)IaaS（Infrastructure as a Service）—基礎設施即服務。

（　　）**29** 消費者自己掌控運作的應用程式，由雲端供應商提供應用程式運作時所需的執行環境、作業系統及硬體，是下列何種雲端運算的服務模式？　(A)基礎架構即服務　(B)平台即服務　(C)軟體即服務　(D)資料即服務。

## 解答與解析

**1 (C)**。網路瀏覽器主要是將HTML文件轉換成人類看得懂的文字。

**2 (A)**。FTP為文件傳輸協議，是用於在網路上進行文件傳輸的一套標準協議，FTP軟體可從遠端的主機下載檔案到自己電腦。

**3 (C)**。E-mail無法傳送實物。

**4 (A)**。@符號讀作at。

**5 (C)**。想把電子郵件寄送給許多人，卻又不想讓收件者之間知道寄件人有寄給彼此，可以利用密件副本。

**6 (A)**。POP3伺服器為收信伺服器。

**7 (A)**。公用電腦若沒設定使用者帳號及密碼，且郵件軟體已自動記憶帳號及密碼，不再要求輸入資料，則任何人均可不經老李同意，開機讀取老李的郵件。

8 **(B)**。最經濟、最簡單的改善方法為設定個人使用帳號及密碼,並且經常更改密碼。

9 **(D)**。欲得知網站的網址,採用搜尋引擎進行關鍵字的搜尋最快知道。

10 **(B)**。轉帳時的交易會儲存在大型主機裡。

11 **(D)**。建立資訊安全管制系統,才是預防電腦犯罪的有效方法。

12 **(C)**。SMTP通訊協定可傳送電子郵件。

13 **(B)**。LINE和ICQ皆提供線上傳送訊息和語音通話功能。

14 **(B)**。FTP為檔案傳輸協定。

15 **(D)**。@後面的ms26.hinet.net為郵件伺服器位址。

16 **(C)**。網址裡若有.gov,則表示是供政府機關使用的網域。

17 **(C)**。商業性公司的網站,通常網址裡會有.com。

18 **(B)**。即時通訊軟體的功能,是提供即時通訊的服務。

19 **(B)**。網頁上的文件格式為HTML文件。

20 **(C)**。Outlook Express是Microsoft Internet Explorer內定的電子郵件系統。

21 **(B)**。Microsoft 所出版的網頁編輯軟體為FrontPage。

22 **(A)**。Leechftp為FTP軟體。

23 **(D)**　24 **(D)**　25 **(A)**　26 **(B)**　27 **(B)**　28 **(A)**　29 **(B)**

解答與解析

## 重點速攻

1.電腦病毒的定義　　　2.電腦病毒的特徵
3.常見病毒類型　　　　4.防毒軟體
5.防火牆　　　　　　　6.電腦保密的觀念和對策
7.加密解密的技術

這一篇雖然主題是資通安全，不過還包含了密碼學等相關知識，因此內容不少，考生絕對要有耐心的閱讀，不可偏廢，畢竟近年來政府公家機關，對於資訊安全的重視越來越高，而駭客攻擊屢見不鮮，所以在出題方面是一個很大的項目，不少題目都會圍繞在資安上面，把握住這些題目，想要高分就不會是難事。

# 16-1　資訊安全的特性

主要探討資訊安全三要素的重要，分別為機密性、完整性及可用性，其他衍伸出的特性，還包含不可否認性、身分鑑定及權限控制，下面會說明資安三要素的內容。

| 機密性（Confidentiality） | 資料傳輸的過程中，必須確保不被第三方得知內容，重點在於加密的重要性。 |
| --- | --- |
| 完整性（Integrity） | 保證資料從甲方傳出，而乙方得到的是完整的資料內容，沒有被竄改過，透過數位簽章的方式，保持資料的完整性。 |
| 可用性（Availability） | 對於需要資料的使用者，能快速地確認身分，透過身分認證的方式，確保資料不會落入他人之手。 |

# 16-2 ▸ 電腦病毒簡介

## 一、定義

電腦病毒，是指編製或者在電腦程式中插入的破壞電腦功能或者毀壞數據，影響電腦使用，並能自我複製的一組電腦指令或者程式代碼。換句話說，病毒是附著在應用程式上的一組程式碼，會在該應用程式執行時傳播的程式。

## 二、病毒的主要特徵

1. **傳播性**：某些病毒會自動複製，並發群組信給電子郵件軟體中的通訊錄成員。

2. **隱蔽性**：病毒的檔案大小通常不大，因此除了傳播快速之外，隱蔽性也極強，不易被發現。

3. **感染性**：某些病毒具有感染性，比如感染中毒用戶電腦上的可執行文件，如exe、bat、scr、com格式，透過這種方法達到自我複製的功能。

4. **潛伏性**：部分病毒有一定的「潛伏期」，在特定的日子，如某個節日或者星期幾按時爆發。

5. **可激發性**：根據病毒作者的「需求」，設置觸發病毒攻擊的「玄機」。一旦觸發後，就中毒了。

6. **表現性**：病毒運行後，會按照作者的設計，產生一定的表現特徵。

7. **破壞性**：某些威力強大的病毒，運行後會直接格式化用戶的硬碟，或造成BIOS的毀損。

## 三、常見的病毒類型

1. **開機型病毒**：顧名思義，就是透過開機而傳染的病毒。它會感染磁碟的開機區，當使用者用有毒的磁片或是硬碟開機，那麼整個作業系統將會處於病毒控制之下，以後只要使用者放入新的磁片使用，磁片就會中毒，再把這張磁片拿到其他電腦A槽開機時，硬碟也會中毒。

   中了開機型病毒的話，較容易殺掉，不過它所造成的災害卻比檔案型來得嚴重，一次很可能就毀掉整個硬碟。

2. **檔案型病毒**：純粹感染檔案的病毒。所感染的檔案類型大部分是可執行檔，如.COM、.EXE、.SYS、.BAT、.OVL等等。當使用者的電腦中毒之後，只要再執行其他的程式，病毒就會把自己複製到程式之中，如此不斷的複製與感染，病毒便可以永久生存下去。而且，一個檔案有可能會中很多個病毒。

檔案型的病毒較難加以清除，因為檔案型病毒的感染方式有千百種，而且很可能一次就有好幾百個檔案中毒。

3. **開機與檔案複合型病毒**：就是綜合開機型以及檔案型特性的病毒，此種病毒透過這兩種方式來感染，更加速了病毒的傳染性以及存活率，也較難殺掉。

4. **千面人病毒**：千面人病毒，乃指具有「自我編碼」能力的病毒，其目的在使其感染的每一個檔案，看起來皆不一樣，以干擾掃毒軟體的偵測。

5. **巨集型病毒**：這一種病毒是可以跨平台感染的病毒，與一般的執行檔病毒不同。巨集型病毒主要利用軟體本身所提供的巨集能力來設計，所以凡是具有寫巨集能力的軟體都有巨集病毒存在的可能，如Word、Excel等軟體。

6. **勒索病毒**：算是病毒的一種變化形式，跟一般病毒不同，它不會癱瘓電腦的運作，只是將所有電腦中存放的資料，都加密包裝，讓資料無法讀取及使用，而解決的方法有兩種，第一是付給駭客所提出的贖金，請駭客解密，但這種方法不保證駭客一定會進行解密，第二種是定期將電腦中的資料做異地備份或將重要資料自行加密後存放在雲端空間，以確保中勒索病毒後重灌電腦能自行將原有資料找回使用。

# 16-3 ▸ 常見的網路攻擊類型

| 攻擊類型 | 入侵方式 | 如何防範 |
|---|---|---|
| 阻斷式服務攻擊／分散式阻斷服務 | 攻擊目的是癱瘓伺服器或主機系統的運作，在短時間內對特定網站或伺服器，傳送大量封包，使該網站處理大量資料而癱瘓，讓其他使用者無法連結進去，分散式阻斷則是透過殭屍電腦進行上述攻擊。 | 定期更新作業系統，避免漏洞被攻擊，以及使用防火牆對封包進行過濾。 |
| 特洛伊木馬 | 以E-mail的附件檔為傳播途徑，啟動附件檔後，會在電腦中設置「後門」，此後門會與遠端的伺服器連結，將使用者的資料傳送過去，或是入侵者由此後門進入電腦，來竊取資料並且破壞使用者的電腦。 | 避免開啟來路不明的檔案，E-mail的附件檔在開啟時先用防毒軟體進行檢查。 |
| 零時差攻擊 | 指應用程式或是系統出現漏洞及危險時，修補程式尚未發布或更新，亦或是工程師還在撰寫補丁的這段空窗時間，所進行惡意攻擊的行為。 | 工程師隨時監控系統狀態；即時更新軟體及系統；或是在發現危險漏洞時，先暫停系統運作。 |
| 邏輯炸彈 | 程式中加入惡意指令，在一般情況下不會發作，遇到特殊狀況或日期，才會進行資料及檔案的破壞。 | 使用防火牆進行系統防護，或是對程式進行檢查及監控。 |
| 郵件炸彈 | 在短時間內向同一郵件地址，發送大量電子信件，使該地址的網路或郵件系統被癱瘓。 | 對收發信件進行過濾。 |
| 作業系統或伺服器漏洞 | 專門針對作業系統的漏洞進行攻擊。 | 隨時進行系統更新，加裝防毒軟體及防火牆彌補漏洞。 |

| 攻擊類型 | 入侵方式 | 如何防範 |
|---|---|---|
| 網路釣魚 | 使用E-mail或是網路廣告，發布假冒的知名網站連結，誘使不知道的使用者進入後，騙取輸入帳號密碼或是信用卡號碼等重要資料。 | 瀏覽器加裝安全監控，不要點擊來路不明的E-mail附件及網路廣告。 |
| 間諜程式 | 跟木馬有點類似，都是會竊取使用者資料到遠端伺服器，不過間諜程式則會偽裝，讓使用者以為是正常的應用程式，而對該程式放鬆警戒。 | 避免安裝來路不明的應用程式，使用防毒軟體對程式進行監控。 |
| 資料竄改 | 電腦中的檔案被攻擊者任意竄改，甚至竄改電子商務及銀行等交易紀錄。 | 使用防火牆進行系統防護，或是將重要資料，存放在無法立即連線的空間。 |
| 臘腸術攻擊 | 每次攻擊都只有一小部分，長久累積造成大規模的侵害。 | 使用防火牆進行系統防護。 |
| 殭屍電腦 | 被遠端控制程式所挾持的電腦，攻擊者透過殭屍電腦做為跳板，進行其他的攻擊行為，使追查難度增高。 | 使用防毒軟體加強防護。 |
| 社交工程 | 利用網路上人與人之間的交流，騙取個人重要資料，或是公司內的機密資料。 | 避免在網路上公開及傳送重要資料，公司定期對員工做教育訓練，對詐騙及話術有所警覺。 |

# 16-4 ▸ 防毒軟體

防毒軟體，是一種用來清除電腦病毒、特洛伊木馬程式和惡意軟體的軟體。

防毒軟體通常包含了監控識別、病毒掃瞄、清除和自動升級等等功能，執行時則是會時時監控和掃瞄磁碟，部分的防毒軟體還具有防火牆的功能。

知名的防毒軟體，有Norton AntiVirus（賽門鐵克）、PC-cillin（趨勢科技）、Kaspersky Anti-Virus（卡巴斯基）、Avast等等，在網路上也可以找到不少免費掃毒的軟體。

# 16-5 ▸ 防火牆

## 一、防火牆

就是一個位於電腦和它所連接的網路之間的軟體，而該電腦流入、流出的所有網路通信均要經過此防火牆，由防火牆進行過濾。

## 二、防火牆的功能

防火牆對流經它的網路通信進行掃瞄來過濾掉一些攻擊，以免這些攻擊成功。防火牆還可以關閉不使用的網路埠，並禁止特定埠的流出通信，封鎖特洛伊木馬。最後，它還可以禁止來自特殊網站的來訪，從而避免來自不明入侵者的所有通信。

以比較專業的術語來說，防火牆可以防止封包從Internet（網際網路）進入到LAN（區域網路）、防止封包從LAN進入Internet、防止服務請求從Internet到達LAN上的某台電腦。

## 三、防火牆有許多不同的類型

一個防火牆可以是硬體的一部分，也可以在一個獨立的機器上運行，該機器作為它背後網絡中所有電腦的代理和防火牆。如果是直接連上網路的電腦，通常是使用個人防火牆。

# 16-6 ▸ 電腦資料保密

## 一、保密的觀念

網路交易充斥各式各樣的危機，大致上可以分為四種：

1. 被他人冒名傳送訊息。
2. 被他人竄改訊息內容。
3. 送方否認送出訊息、收方否認收到訊息。
4. 被他人監看訊息內容。

其對策是：

1. 身分需要確認（Authentication）。
2. 資料需要完整（Integrity）。
3. 交易需要不可否認（Non-repudiation）。
4. 資料需要隱密（Confidentiality）。

在討論對策該怎麼實行前，最基本的技術就是：要有一套保密的措施，除了要避免被別人偷看外，還要做到就算是被偷看到，對方也看不懂，這就有賴「加密」的技術了！

加密最簡單的觀念就是把要傳送的檔案裡的每一個字元替換成別的字元，甚至還變更字元的次序，加入新的字元，或是壓縮字元，使得整份文件變成不知所云，別人想要看也看不懂。

## 二、加密解密的技術

最簡單的加密技術是把字元移位，舉例來說，我們可以把「SMART-GIRL」加密變成「VPDUWJLUO」，加密的方式就是把每個英文字往後移三個字母。這種加密方式雖然很簡單，但是與原始文件關連性太強，乍看「VPDUWJLUO」是沒有什麼意義的文字，但是多試幾次，這種加密方式很容易被破解。類似的技術還有使用混雜加密技術（字元對照表加密）來加密，在電腦那麼進步的時代，破解此加密技術絕非難事。

進入電腦時代之後，文件加密和解密的工作變的簡單許多，我們可以使用位元邏輯運算XOR（互斥或，可以參考第2章）來進行加密解密的動作。

## 三、XOR加密解密的原理

現在有一個想要加密的字串（string）T，一把與T同樣長度的鑰匙（或者稱金鑰）K，我們就把T XOR K稱為加密後的密文，舉例來說：T＝01010010，K＝11001110，那把T加密的結果就是T XOR K＝10011100，那要怎麼解密呢？我們只要注意到一件事：T XOR K XOR K＝T！也就是T XOR K XOR K＝10011100 XOR 11001110＝01010010，把密文與鑰匙XOR就可以了。如果我們的鑰匙夠長，電腦就要花幾年的功夫才能解密。

## 四、對稱金鑰密碼系統

廣泛應用的DES（Data Encryption Standard），就是以XOR加解密技術為基礎所發展出來的。雖然DES很好用，但卻有一個致命的缺點：加密與解密都用一樣的鑰匙，也就是說，當你把密文傳給對方的時候，連帶的也要把鑰匙給對方，不然對方沒有辦法解密。像DES這種系統，加密與解密都是用同一把鑰匙，我們就把這種系統稱為對稱金鑰密碼系統，把DES加解密技術稱為對稱加密演算法（Symmetric Cryptographic Algorithms）。這個密碼系統最重要的課題就是如何安全無虞的把鑰匙送交對方解密。

## 五、非對稱金鑰密碼系統

1976年Diffie和Hellman提出公鑰加密系統（Public Key Crypto-systems）的想法：讓加密用的鑰匙與解密用的鑰匙不一樣，這樣就可以解決對稱金鑰密碼系統的麻煩。在1978年，Rivest，Shamir和Adleman共同發表了第一個公鑰加密系統：RSA系統，這是一個使用非對稱加密演算法（Asymmetric Cryptographic Algorithm）的密碼系統，每一個使用者都有兩個不同的金鑰：

**1**. 私密金鑰（Private Key）：由使用者自行保管。

**2**. 公開金鑰（Public Key）：公諸大眾。

兩個金鑰彼此配對使用，稱為金鑰對（Key Pair）。那加解密的流程是什麼呢？假設你要傳送一個加密音樂給smartgirl，你必須要先知道smartgirl的公開金鑰（Public Key），用她的公開金鑰進行加密。因為檔案是用smartgirl的公開金鑰加密的，因此只有smartgirl的私密金鑰才能夠解密。

# 六、公開金鑰架構（PKI）

公開金鑰架構（Public Key Infrastructure，PKI）技術是說：以非對稱金鑰密碼系統來進行電子簽章，在執行交易的過程中，提供一個安全又嚴密的服務平台。

**1. 公開金鑰密碼系統**

(1)**數位簽章**：概念就是日常生活中的手寫簽名蓋印章。做法是把文件經過雜湊函數（hash function）產生文件摘要（message digest），接著以送件者的私鑰對文件摘要產生簽章。收件人收到附有簽章的文件，可以用送件者的公鑰解開簽章，即產生原先的文件摘要，如果解開的文件摘要與用雜湊函數產生的文件摘要是一樣的，表示這份文件的確是送信人所送的，因為私鑰只有送信人有。

(2)**數位信封**：概念就是把經過數位簽章的文件加密一次，使有心人士沒有辦法由加密的文件移去數位簽章。此外加上自己的簽章，確保了交易的不可否認性，防止有心人士偽造文件。數位信封與數位簽章一起使用的步驟如下：A.送文者先用自己的私鑰對文件簽署數位簽章；B.利用收文者的公鑰製作數位信封，再傳送給收文者；C.收文者收到密文後，先用自己的私鑰將信封解密，得到文件的原文和文件的數位簽章；D.利用送文者的公鑰來檢驗數位簽章。這樣一起使用的優點是：可以保證文件的機密性、真確性、身分認證與不可否認性。

(3)**數位憑證**（Digital Certificate）：數位憑證又稱為電子憑證，由憑證中心（CA）發出，用來跟別人保證你的身分。憑證含有資訊，可以保護資料或在對其他電腦連線時建立安全保護，使資料傳送達到資料之隱密性、身份確認及不可否認性等安全需求。除了可以增加資料傳送的安全之外，更可以確保文件不會被篡改、不法者無法冒名送文件，資料傳送有糾紛時，也可以有相關證據資料做為仲裁的依據。

**2. 憑證中心**（Certification Authority, CA）：憑證中心可以產生、簽署與管理數位憑證，服務對象包括使用者與軟體。為了減少成本，通常憑證中心只是台電腦伺服器，它可以自動產生憑證來回應註冊中心的合法請求。若使用者憑證或軟體憑證失效的時候，憑證中心就會廢止該憑證。

(1)**註冊中心**（Registration Authority, RA）：註冊中心負責檢查憑證申請人的身分，授權憑證中心來簽發憑證，同時把憑證請求安全地給憑證中心。

(2) **憑證政策與憑證實做準則**（Certificate Policy & Certification Practice Statement, CP & CPS）：憑證政策定義規則給憑證中心遵循來簽發憑證。而憑證實做準則是書面說明憑證中心簽發憑證的實際過程。

## 精選測驗題

( )　**1** 附著在應用程式上的一組程式碼，會在該應用程式執行時傳播的程式被稱為？　(A)病毒　(B)蠕蟲　(C)特洛依木馬　(D)間諜軟體。

( )　**2** 為防止電腦中毒，下列何者為正確的作法？　(A)使用來路不明的軟體　(B)接收及開啟來路不明的電子郵件　(C)任意上網下載軟體　(D)定期備份資料。

( )　**3** 電腦病毒在什麼情況下可以快速散播？　(A)在磁碟和檔案可以自由流通傳遞的環境中　(B)在於被當作電子郵件附件檔案的文件中　(C)在感染的共享軟體或免費軟體被下載到PC時　(D)以上皆是。

( )　**4** 防火牆的功能？　(A)防止封包從Internet進入到LAN　(B)防止封包從LAN進入Internet　(C)防止服務請求從Internet到達LAN上的某台電腦　(D)以上皆是。

( )　**5** 在病毒猖狂的網路世界中，除了不使用來路不明的軟體外，下列何種方法對防止病毒最為有效？　(A)不用硬碟開機　(B)不接收垃圾電子郵件　(C)不上違法網站　(D)經常更新防毒軟體，啟動防毒軟體掃瞄病毒。

( )　**6** 潛藏在.COM或.EXE檔案中，並且會感染其他檔案的病毒屬於哪一種型式？　(A)巨集型　(B)檔案型　(C)特洛依木馬　(D)混合型。

( )　**7** 為了防止天災人禍對資訊系統的損害，應該做怎樣的防護措施？　(A)定期將資訊系統備份　(B)將資訊系統的備份另存其他安全的地點　(C)管制作業人員　(D)以上皆是。

（　） **8** 以下何者不是電腦犯罪行為？　(A)郵件炸彈　(B)在E-mail中附加病毒　(C)下載共享軟體（shareware）　(D)任意複製與散播付費軟體。

（　） **9** 病毒隱藏在以EXE或COM為延伸檔名的檔案是哪一種病毒？　(A)開機型病毒　(B)檔案型病毒　(C)混合型病毒　(D)巨集型病毒。

（　） **10** 下列哪一種延伸檔名的檔案是安全，比較不可能含有病毒的？　(A)DOC　(B)TXT　(C)EXE　(D)COM。

（　） **11** 下列何者可能使病毒透過網路感染電腦？　(A)讀取電子郵件　(B)瀏覽網頁　(C)執行下載的檔案　(D)以上皆是。

（　） **12** 下列何者最主要的用途是作為資訊安全防護設備？　(A)防火牆（Firewall）　(B)代理伺服器（Proxy Server）　(C)瀏覽器（Browser）　(D)交換器（Switch）。

（　） **13** 下列哪一種身分驗證方法的安全性（Security）最高？　(A)查驗國民身分證　(B)查驗生物特徵　(C)使用通行碼系統　(D)簽字。

（　） **14** 下列何者之功能是網路防火牆（Firewall）所無法提供的？　(A)流量管理稽核　(B)集中安全控管　(C)用戶身分管理　(D)阻絕異常存取。

（　） **15** 下列何種運算可以用相同的key做簡單加密解密？　(A)AND　(B)OR　(C)XOR　(D)NOT。

（　） **16** 下列哪一項技術需憑證管理中心支援？　(A)CRC驗證　(B) DES加密　(C)對稱式加解密技術　(D)非對稱式加解密技術。

（　） **17** 在資料通訊系統中，進行資料傳輸時，為了避免因資料被竊取使得資料外洩，應做何種防範措施？　(A)將資料進行錯誤檢查　(B)將資料進行加密　(C)將資料以磁碟片儲存起來　(D)將資料解密。

（　）**18** 下列何種公開鑰匙分送機制，並未牽涉到第三者？　(A)公開聲明（Public announcement）　(B)公用目錄（Publicly available directory）　(C)公開鑰匙管理中心（Public-key authority）　(D)公開鑰匙憑證（Public-key certificate）。

（　）**19** 在公開金鑰密碼系統中，若A所送出的文件只希望讓B可以讀取，他人皆無法讀取，則要使用下列何項作加密？　(A)A的公開金鑰　(B)A的秘密金鑰　(C)B的公開金鑰　(D)B的秘密金鑰。

（　）**20** 下列何者非為網際網路上常用的通訊協定？　(A)HTTP　(B)FTP　(C)SMTP　(D)ISBN。

（　）**21** 在公開金鑰密碼系統中，要讓資料在網路上傳送的過程中是以亂碼呈現，其他人員無法竊看到資料內容（即秘密通訊），而且還要讓傳送者無法否認曾經傳送過此訊息（即數位簽章），需要下列何金鑰協助才能達成？　(A)使用傳送者及接收者的公鑰加密　(B)使用接收者的私鑰及傳送者的公鑰加密　(C)使用傳送者及接收者的私鑰加密　(D)使用接收者的公鑰及傳送者的私鑰加密。

（　）**22** 下列何者不是公開金鑰基礎建設（Public Key Infrastructure，PKI）基本參與角色？　(A)憑證機構（Certification Authority）　(B)註冊機構（Registration Authority）　(C)憑證IC卡製發中心（IC Cards Issuing Center）　(D)憑證伺服器（Certificate Server）／憑證儲存庫（Certificate Repository）。

（　）**23** 下列何者不是資訊安全的目的？　(A)完整性　(B)可否認性　(C)隱密性　(D)鑑別性。

（　）**24** 下列何者不是防毒軟體？　(A)kaspersky Anti-Virus　(B)Avira Antivirus　(C)Nero Antivirus　(D)ESET NOD32 Antivirus。

（　）**25** 為了保護網路上的資訊安全通常我們都利用何種方式來達成？　(A)將傳輸的速度加快　(B)將傳輸的距離縮短　(C)將傳輸的資料加密　(D)將傳輸的資料壓縮。

(　　) **26** 網路資料取得容易，下列何種方式無法阻止個人資料遭到外洩？
(A)學校公布榜單時，應避免公布完整姓名　(B)只要是網站申請
會員有需要，我們都可以將身分證影本上傳　(C)經營網站時，必
須遵守隱私權政策　(D)工程師在建置有資料庫的網站時，應避免
將會員本名及身分證字號，與會員帳號密碼存放在同一個區域。

(　　) **27** 由於近年來詐騙活動頻傳，因此政府成立數位發展部，對於網路
電信相關的詐騙活動予以監視及糾舉，但成效尚不明顯，因此多
家私人企業，皆希望提升公司內部的資訊安全管理，企業資訊部
門也都相繼提出眾多想法與意見，試問以下何者對於資訊安全沒
有助益？　(A)影印列印事務機，使用門禁卡進行刷卡管制，單一
員工卡對應單一電腦使用列印傳輸功能　(B)提升公司內部防火牆
等級，並重視公司內部的資料傳輸管道　(C)定期舉辦員工資訊安
全教育訓練　(D)員工因為記不住眾多的公司軟體及系統的密碼，
因此讓員工將密碼寫在便利貼上黏貼於螢幕邊框。

## 解答與解析

**1 (A)**。附著在應用程式上的一組程式碼，會在該應用程式執行時傳播的程式為
病毒。

**2 (D)**。為防止電腦中毒，應避免(A)(B)(C)項的行為，且應(D)定期備份資料。

**3 (D)**。在(A)(B)(C)等選項所描述的情況下，電腦病毒皆可快速散播。

**4 (D)**。防火牆可防止封包從Internet進入到LAN、防止封包從LAN進入
Internet、防止服務請求從Internet到達LAN上的某台電腦。

**5 (D)**。經常更新防毒軟體，啟動防毒軟體掃瞄病毒，對防止病毒最為有效。

**6 (B)**。潛藏在.COM或.EXE檔案中，並且會感染其他檔案的是檔案型病毒。

**7 (D)**。定期將資訊系統備份、將資訊系統的備份另存其他安全的地點、管制作
業人員，都是應該採取的防護措施。

**8 (C)**。四個選項中，只有下載共享軟體不是電腦犯罪行為。
共享軟體是指有免費提供試用版的軟體（試用版是對正式版進行限制後
的版本，至於限制在哪，則依軟體的不同而各有不同，有的軟體是限制

使用期限，有的軟體則是鎖住部分功能），下載共享軟體指的即是免費試用版，並不會造成犯罪行為。

**9 (B)**。檔案型病毒會隱藏在以EXE或COM為延伸檔名的檔案。

**10 (B)**。以TXT為延伸檔名的檔案是比較安全的。

**11 (D)**。讀取電子郵件、瀏覽網頁、執行下載的檔案，均可能使病毒透過網路感染電腦。

**12 (A)**。防火牆的主要用途是作為資訊安全防護設備，其餘三者都是網路設備。

**13 (B)**。查驗生物特徵的安全性最高。

**14 (C)**。網路防火牆無法提供用戶身分管理。

**15 (C)**。XOR可以用相同的key做簡單的加密解密。

**16 (D)**。非對稱式加解密技術需憑證管理中心支援。

**17 (B)**。進行資料傳輸時，為了避免因資料被竊取使得資料外洩，應將資料進行加密。

**18 (A)**。公開聲明機制並未牽涉到第三者。

**19 (C)**。複習公開金鑰密碼系統。

**20 (D)**。(A)網頁傳送的通訊協定，除了有HTTP，還有加密的協定HTTPS。
(B)檔案傳送的通訊協定。
(C)E-mail的通訊協定，常見的還有POP3。
(D)ISBN是國際標準書號，圖書才會有的東西，例如你把這本書合起來看封底，你就會看到此書的ISBN。

**21 (D)**。複習數位信封與數位簽章一起使用的步驟：
(1) 送文者先用自己的私鑰對文件簽署數位簽章。
(2) 利用收文者的公鑰製作數位信封，再傳送給收文者。
(3) 收文者收到密文後，先用自己的私鑰將信封解密，得到文件的原文和文件的數位簽章。
(4) 利用送文者的公鑰來檢驗數位簽章。

**22 (C)**。PKI基本參與角色有CA, RA, CS, CR。

**23 (B)**　**24 (C)**　**25 (C)**　**26 (B)**　**27 (D)**

1.電子商務　　　　　　　　　　　2.電子商務交易方式

3.考題常出現的一些名詞簡介

這一個單元是做為資訊創新的補充之用，一些新的科技技術應用都會在這一章做介紹，畢竟資訊的功用其中之一就是對未來的憧憬，雖然過去的題目不常看到這些內容，但未來的考試，這些都是可能的出題選項，所以在最後一章增加一些新的資訊，讓各位更有信心進入考場面對挑戰。

# 17-1 ▸電子商務

## 一、電子商務

所謂的「電子商務」（E-Business），是指整個商業活動的電子化。

## 二、電子商務的4流

| 架構 | 概述 |
|---|---|
| 物流 | 指實際商品從生產者運送到購買者手中，其中包含將產品從自家倉儲進行包裝後，送至物流公司的倉儲，再由物流公司，將商品配送到消費者指定的地方進行收貨；而數位商品則較簡單，只需在付款後進行下載安裝即可。 |
| 金流 | 泛指在電子商務中資金的移轉過程，及移轉過程的安全規範，以下列舉常見的付款方式：1.線上刷卡或轉帳。2.貨到付款。3.第三方支付。4.電子錢包。5.匯款或劃撥。6.ATM轉帳。 |
| 商流 | 指購買行為中，商品所有權的移轉過程及商業策略，其中包含商品的研發、行銷策略、各種進銷存管理等。 |
| 資訊流 | 主要指電子商務中，所有的訊息流通，例如：商品資訊、消費者的購買過程、訂單資訊、商品的物流資料等。 |

## 三、電子商務的交易方式

| | |
|---|---|
| B2B | 企業對企業透過電子商務的方式進行交易。 |
| B2C | 一種網路交易的方式，是公司對個人的交易形式。 |
| C2C | 一種網路交易的方式，是個人對個人的交易形式。例如露天拍賣、奇摩拍賣、蝦皮拍賣和其他網上拍賣網站。 |
| O2O | 全名：Online to Offline，線上對線下的交易模式，泛指消費者在網路上進行購物，但會在實體店面進行取貨的行為，或是利用線上的優惠進行訂購，之後再到實體店面進行付款，此為一種線上客戶轉換為實體客戶的商業操作，例如：服飾店提供線上下單，之後到店試穿購買或是修改、EZTABLE餐廳訂位等等。 |

## 四、電子商務常見的付費方式

| 付費方式 | 運作說明 | 範例 |
|---|---|---|
| 信用卡 | 一般實體信用卡可以直接於線下消費，線上則是使用信用卡的卡號進行支付，雖然不需要帳戶或憑證，但需要注意被盜刷的風險。 | 郵政Visa金融卡 |
| 第三方支付 | 透過獨立的第三方進行帳款確認，在收到商品後將款項撥付給賣方，好處是可以確保買方免於被賣方詐騙，也可確保賣方可以確實收到帳款。 | 歐付寶、PChomePay支付連 |
| 行動支付 | 運用手機的無線技術或是綁定信用卡進行付款。 | LINE Pay、Apple Pay、Google Pay等 |

## 五、電子商務採用SET協議，是為了確保交易的安全

## 六、在電子商務中，確認訊息來源的服務機制是數位簽章

# 17-2 ▸常用名詞簡介

## 一、人工智慧（Artificial Intelligence）

目前及未來的電腦發展方向，視為第五代電腦的開端，具有類神經網路、模糊邏輯、基因演算法及自然語言的溝通思考等能力。

| 代表技術 | 概述 |
|---|---|
| 類神經網路<br>（Artificial Neural Network） | 模仿生物神經網路的數學模型，具有記憶、高速運算、學習及容錯等能力，可使用於預測、判斷及決策等相關應用，透過大量的訓練學習可以產生有效的成果；代表應用：AI圍棋程式AlphaGo。 |
| 模糊邏輯<br>（Fuzzy Logic） | 將人類解決問題的模式或方法，以0和1之間的數值來表示，其中產生的模糊概念，交由電腦來處理；代表應用：冷氣的Fuzzy模式、Fuzzy智慧型洗衣機。 |
| 基因演算法<br>（Genetic Algorithm） | 依照生物學的遺傳演化所發展出的演算法，適合處理多變數及非線性的問題；代表應用：Google Map路線的選擇、自動化機器的工作排程。 |

## 二、自動駕駛汽車

就如同字面意思，但是其自動程度有不同分級，從L0～L5共分六級，L0為無自駕功能、L1電腦對車輛操作只有一到兩項功能、L2電腦對車輛進行多項功能控制、L3大部分的車輛操作都可由電腦控制、L4還需要人類進行一定機率的介入操控、L5完全不需要人類進行操作。

## 三、虛擬貨幣

一種財務金融網路化的技術，運用演算法及對等連接的方式做到去中心化的貨幣系統，讓連接到的用戶端不只是一個節點也是一個伺服器，用以記錄貨幣的產生及使用狀況。

## 四、區塊鏈

藉由密碼學串接及保護串聯在一起的資料紀錄，每一個區塊皆包含前一個區塊的加密函數、交易訊息及時間，因此紀錄在區塊中的資料具有難以篡改的特性且紀錄永久皆可查驗，此技術目前主要運用於虛擬貨幣。

## 五、GPS

全名為Global Positioning System（全球定位系統），使用衛星對訊號源進行經緯度及時間的定位，適用於車輛、飛行物及人煙罕至區域的搜尋。

## 六、OTP及3-D驗證

| OTP（One-Time Password，一次性密碼） | OTP是用於身份驗證的安全機制，一般由系統產生，只能使用一次，用來確保在特定交易或登入過程中的安全性；使用者在需要身份驗證的情況下，系統生成一組獨特的一次性密碼，通常以簡訊、APP應用程式或電子郵件等方式發送給使用者，使用者在一定時間內必須輸入這組密碼，以完成身份驗證。 |
|---|---|
| 3D驗證（3D Secure） | 3D驗證是用於信用卡交易的安全標準，目的是提高在線交易的安全性，降低信用卡被盜刷的風險；在進行線上交易時，如果店家使用3D驗證，持卡人需要在交易過程中進行額外的身份驗證，通常涉及向發卡銀行發送一次性密碼或需要輸入預先設定的密碼。 |

## 七、ETC

全名為Electronic Toll Collection（電子道路收費系統），將被動感應標籤（eTag）置於非金屬阻隔區域，由感應器發射無線電波，觸發一定範圍內的eTag，eTag受到感應後會回傳電波資料，使之進行付費資料的交換；此為較大範圍的RFID技術。

## 八、電腦輔助設計（CAD）

使用電腦軟體進行實物設計，同時可進行結構的測試及分析，用以開發出新的商品。

## 九、電腦輔助製造（CAM）

使用電腦對生產設備運作過程的管理、控制及操作，可提升生產數量及降低成本。

## 十、電腦輔助工程（CAE）

將產品製造過程中所有的環節，做有組織性的結合，包含成本控管、計劃管理、品質控制、訊息的流通及監督。

## 十一、電腦輔助教學（CAI）

運用電腦來輔助提升學生對學習的興趣，學習過程中透過不同的模式進行教學，可以交談互動或是模擬操作，也可以在線上做測試，多種方式達到學習的目標。

## 十二、虛擬辦公室

使用視訊及線上會議等溝通工具，打破空間及距離的限制，讓員工的工作地點不侷限於同一區域，同時可降低過於密集的面對面接觸。

## 十三、虛擬實境的發展與比較

| 名稱 | 應用說明 |
|---|---|
| 虛擬實境（VR） | 使用影像技術的方式，模擬出三維空間，透過穿戴裝置接受到視覺、聽覺及觸覺，讓人有身歷其境的感受；目前此項技術運用在飛行模擬、教育訓練、醫療及建築工程等領域。 |
| 擴增實境（AR） | 運用手機或其他攝影鏡頭的位置進行圖像分析，將虛擬影像結合現實場景並與虛擬影像互動的技術；目前常運用在服飾業、家俱裝潢業及遊戲產業。 |
| 混和實境（MR） | 同樣是在實際的環境顯示虛擬的影像，但MR增加可與虛擬影像互動的技術，例如：在MR環境下玩精靈寶可夢，可以直接對神奇寶貝丟寶貝球捕捉，而不是點擊手機螢幕。 |
| 延展實境（XR） | 虛實影像技術的整合統稱，簡言之XR包含以上所有影像實境的技術及功能。 |

## 十四、3D列印

指可以列印三維物體的技術，又稱積層製造，列印過程就是不停地添加原料進行堆積，原料包含熱塑性塑料、橡膠、金屬合金及石膏等。

## 十五、電子好球帶

使用高速攝影機及電腦模擬對快速移動的球體進行拍攝追蹤，能夠準確定位球的行進軌跡及位置，讓觀眾知道棒球比賽中，投手投出的球是否有進入好球帶。

## 十六、ESG

ESG代表環境（Environment）、社會（Social）、和治理（Governance）三個方面，是一種用於評估企業綜合表現的框架和指標；這些概念強調企業在環境、社會和治理方面的責任，並體現可持續發展的經營原則。

## 十七、NFT

全名為非同質化代幣（英文：Non-Fungible Token），是指區塊鏈數位帳本的資料單位，每個代幣都可代表為一個特殊單一的數位資料，用於數位商品或是虛擬商品的所有權電子認證；因為具有不可互換的特性，NFT可以作為數位資產的代表認證，例如：藝術品、影像、遊戲創作等創意作品，只要將作品使用區塊鏈技術紀錄後，就可以在區塊鏈上被完整追蹤，可以有效地提供作品所有權的證明。

## 十八、元宇宙

泛指在虛擬世界中所創造的社交環境，主要探討虛擬世界的持久性及去中心化，可以透過擴增實境裝置、手機、電腦及電子遊戲機進入虛擬世界；此技術在房地產、飛行教學、遊戲及商業等領域，都是具有未來的發展潛力；在電影駭客任務中的「母體」，就是元宇宙的典型應用之一。

## 十九、ChatGPT

全名為聊天生成預訓練轉換器（英文：Chat Generative Pre-trained Transformer），由OpenAI公司所開發，專用於文字聊天的人工智慧程式，在2022年11月發行，目前大眾所能使用的免費版本是GPT-3.5，而4.0版本是封閉系統，提供ChatGPT Plus會員使用，每三個小時以內，能提出50條訊息。

# 精選測驗題

( )　**1** 企業與消費者之間的電子商務簡稱為： (A)B2B (B)C2C (C)B2C (D)C2B。

( )　**2** 人工智慧最重要的兩個研究項目： (A)自然語言、專家系統 (B)自動控制、專家系統 (C)機器人、專家系統 (D)機器人、自然語言。

( )　**3** 教師為提昇教學品質，利用電腦從事輔助教學，簡稱： (A) CAD (B)CAI (C)CAN (D)CNC。

( )　**4** 下列何者為辦公室自動化的縮寫？ (A)CAM (B)OA (C)CAD (D)AI。

( )　**5** 以電腦為基礎，提供分析結果、並協助管理者掌握未來的互動系統稱之為： (A)辦公室軟體 (B)資料庫 (C)作業系統 (D)決策支援系統。

( )　**6** 利用相互連結的電腦和通訊科技互相通訊，團體工作將不再受限於具體的牆壁或是物理上的空間，以此技術應用於辦公室稱之為： (A)虛擬辦公室 (B)角色扮演 (C)模擬城市 (D)辦公室自動化。

( )　**7** 「電腦輔助製造」的英文縮寫為： (A)CAI (B)CAM (C) CAD (D)CAC。

( )　**8** 下列何者用來確認所在位置，也可以用來標示地圖位置？ (A) GSM (B)GPS (C)PHS (D)ISP。

( )　**9** 電子商務C2C（Consumer to Consumer）興起的主要因素為何？ (A)網際網路的便捷 (B)ATM自動轉帳的快速 (C)數位簽章的保證 (D)Skype的普及。

( )　**10** 下列何者最主要是利用電腦軟硬體來模擬一個三維空間？ (A)視訊會議（Video Conference） (B)遠距教學（Distance Learning） (C)資訊家電（Information Appliances） (D)虛擬實境（Virtual Reality）。

（　）**11** 下列哪一種電子商務的安全機制，是由Visa、Master等信用卡公司與某些網路軟硬體廠商所共同制訂？　(A)ATM（Automated Teller Machine）　(B)DS（Digital Signature）　(C)SET（Secure Electronic Transaction）　(D)SSL（Secure Socket Layer）。

（　）**12** 電子商務採用SET最主要的原因是：　(A)備份資料　(B)確保交易安全　(C)防止病毒　(D)確保資料庫的正確性。

（　）**13** 下列有關電子商務（E-commerce）的敘述何者有誤？　(A)它必須透過無線網路進行　(B)它是將網際網路與全球資訊網應用至商務　(C)它的資料傳輸、處理及儲存均應重視安全（Security）　(D)它可以縮短交易時程。

（　）**14** 企業對企業的投標下單是屬於哪一種類型的電子商務：　(A)B2B　(B)B2C　(C)C2B　(D)C2C。

（　）**15** 在電子商務中，欲確認訊息來源，所使用的是：　(A)對稱式加密　(B)數位簽章　(C)Unicode　(D)資料採礦（Data Mining）。

（　）**16** 電腦輔助設計的簡稱為：　(A)CAI　(B)CAD　(C)CAU　(D)CTD。

（　）**17** 公司對個人的交易方式，簡稱為：　(A)C2C　(B)C2B　(C)B2C　(D)B2B。

（　）**18** F1一級方程式賽車為了避免駕駛及車輛的危險及損失，會使用下列何種電腦科技進行訓練？　(A)電腦輔助教學（CAI）　(B)虛擬實境（VR）　(C)GPS　(D)自駕車系統（Autonomous cars）。

（　）**19** 小瑜在放學後，到手搖飲料店購買飲料，看到前面的顧客拿著手機螢幕給店員操作，請問下列敘述行為何者最不可能？　(A)請店員掃取手機電子發票條碼　(B)使用行動支付條碼給店員確認　(C)使用店家的電子優惠券　(D)手機壞掉請店員修理。

（　）**20** 下列哪一個選項與虛擬實境完全沒有關係？　(A)HR　(B)XR　(C)AR　(D)MR。

## 解答與解析

**1 (C)**。企業與消費者之間的電子商務簡稱為B2C。

**2 (A)**。人工智慧最重要的兩個研究項目為自然語言和專家系統。

**3 (B)**。電腦輔助教學簡稱CAI。

**4 (B)**。OA為辦公室自動化的縮寫。

**5 (D)**。以電腦為基礎，提供分析結果並協助管理者掌握未來的互動系統稱之為決策支援系統。

**6 (A)**。題目所述之技術應用於辦公室稱之為虛擬辦公室。

**7 (B)**。「電腦輔助製造」的英文縮寫為CAM。

**8 (B)**。全球衛星定位系統（GPS）的功能是用來確認所在位置，也可以用來標示地圖位置。

**9 (A)**。電子商務C2C興起的主要因素是由於網際網路的便捷。

**10 (D)**。虛擬實境主要利用電腦軟硬體來摸擬真實世界。

**11 (C)**。SET是由Visa、Master等信用卡公司和網路軟硬體廠商共同制訂的電子商務安全機制。

**12 (B)**。電子商務採用SET最主要的原因是確保交易安全。

**13 (A)**。電子商務不一定得透過無線網路進行。

**14 (A)**。企業對企業的交易是屬於B2B。

**15 (B)**。在電子商務中，使用數位簽章來確認訊息來源。

**16 (B)**。電腦輔助設計簡稱為CAD。

**17 (C)**。公司對個人的交易方式簡稱為B2C。

**18 (B)**　**19 (D)**　**20 (A)**

# 第一回

( ) **1** 資訊安全為保護資訊的：　(A)機密性　(B)完整性　(C)可用性　(D)以上皆是。

( ) **2** 美國聯邦政府採用的一種區塊加密標準稱為：　(A)RSA　(B)ElGa-mal　(C)AES　(D)PlayFair。

( ) **3** 公開金鑰密碼系統特性：　(A)公鑰跟私鑰必需是同一把　(B)公鑰跟私鑰必需是不同把　(C)一般來說，執行速度會比對稱（Sym-metric-key)密碼系統快　(D)以上皆非。

( ) **4** 使用中國餘式定理找尋下列線性同餘系統中X的解為何？　$X \equiv 1 \pmod 2$, $X \equiv 2 \pmod 3$, $X \equiv 3 \pmod 5$　(A)21　(B)30　(C)23　(D)31。

( ) **5** 請計算$(13)^{23}$ mod 23的結果為何？　(A)1　(B)23　(C)13　(D)7。

( ) **6** n個未排序的數字中找出中位數（第n/2大的數），時間複雜度為？　(A)$\theta(n^2)$　(B)$\theta(n^3)$　(C)$\theta(n)$　(D)$\theta(n\log n)$。

( ) **7** 資訊安全中，下列哪個機制可達到不可否認性（Non-repudiation）？　(A)加密　(B)數位簽章　(C)路由控制　(D)流量填充。

( ) **8** 雜湊函數（Hashing function）哪可用在資訊安全中的訊息摘要，下列哪一個不是雜湊演算法？　(A)MD5　(B)SHA1　(C)RC4　(D)SHA2。

( ) **9** 資訊安全的備援機制中，異地端與本地端要距離至少多少公里？　(A)30　(B)20　(C)10　(D)5。

(　　) **10** 同位元檢查（parity checking）是一種資料錯誤檢查技術，下列何者不具有奇同位性？　(A)111111111　(B)101110000　(C)011110100　(D)011100000。

(　　) **11** 電腦感染病毒的可能症狀？　(A)檔案變大　(B)執行變慢　(C)日期被改　(D)以上皆是。

(　　) **12** 電腦病毒主要的傳染途徑為：　(A)網際網路下載及安裝檔案　(B)感冒病人使用過的鍵盤　(C)使用原版光碟安裝　(D)以上皆非。

(　　) **13** 網路路由（Routing）會在OSI模型七層中的哪一層完成？　(A)1　(B)2　(C)3　(D)4。

(　　) **14** 下列哪一個協定屬於網際網路中的傳輸層協定？　(A)UDP　(B)IP　(C)ICMP　(D)ARP。

(　　) **15** 網頁（HTTP）伺服器（Web server）的網路通訊埠（port）預設編號為：　(A)80　(B)21　(C)25　(D)23。

(　　) **16** 電腦網路可依其所涵蓋的地理範圍大約分三類，下列何者為非？　(A)區域網路　(B)高速網路　(C)廣域網路　(D)都會網路。

(　　) **17** 下列何者為ISO所提出的OSI模型中的七層網路架構？　(A)內層　(B)概念層　(C)應用層　(D)外層。

(　　) **18** OSI模型中實體層的傳輸媒介包括有：　(A)光纖　(B)雙絞線　(C)同軸電纜線　(D)以上皆是。

(　　) **19** 下列何者不是網際網路的瀏覽器？　(A)Chrome　(B)Opera　(C)Firefox　(D)Sunflower。

(　　) **20** (IPV4,IPV6)分別用多少位元定址？　(A)(32,128)　(B)(48,144)　(C)(16,64)　(D)(40,136)。

(　　) **21** Microsoft Excel中，RANK函數是傳回數字在一數列內的排名，order引數若是任何非零值，則表示：　(A)遞增排序　(B)遞減排序　(C)隨意排序　(D)以上皆非。

(　　) **22** 若檔案名稱為"excel.mdb"，請問用下列哪個軟體最適合來開啟以及編輯此檔案？　(A)Excel　(B)Access　(C)PowerPoint　(D)OneNote。

(　　) **23** Microsoft PowerPoint中在撥放投影片時，要跳到第一頁放映需按下列哪一個鍵？　(A)ESC 鍵　(B)Enter鍵　(C)Home鍵　(D)End鍵。

(　　) **24** 哪個軟體不包含在Microsoft Office 2010 Standard版的套裝軟體中？　(A)OneNote　(B)Excel　(C)PowerPoint　(D)Access。

(　　) **25** Microsoft Excel中，使用下列何項函數能一次就找出第二大值的數字，在一個至少有三個數字以上的數列中？　(A)MAX　(B)MIN　(C)AVERAGE　(D)LARGE。

(　　) **26** Microsoft Excel中，RANK函數是傳回數字在一數列中的排名，在一個以遞增順序排序的整數數列中，若數字10出現3次，並且排名為5，則11的排名為？　(A)6　(B)7　(C)8　(D)9。

(　　) **27** Microsoft Word中，要編輯複雜的數學公式最適合插入哪種物件？(A)方程式編輯器3.0　(B)Adobe Acrobat Reader文件　(C)文字藝術師　(D)圖表。

(　　) **28** Microsoft Word中，在建立目標的交互參照後，若要更新文件中的交互參照，可使用兩種方法：第一種為選取要更新的交互參照，滑鼠右鍵按一下選取範圍，然後按一下快顯功能表上的 [更新功能變數]。第二種方法則是選取要更新的交互參照，然後按下下列何鍵，以完成作業？　(A)F6鍵　(B)F7鍵　(C)F8鍵　(D)F9鍵。

(　　) **29** 以8位元表示2補數的資料-14為：　(A)00001110　(B)11110010　(C)11110110　(D)11110001。

(　　) **30** $10^{-9}$ second又可稱為：　(A)microsecond　(B)nanosecond　(C)picosecond　(D)femtosecond。

(　　) **31** 有資訊領域的諾貝爾獎之稱為：　(A)Tang Prize　(B)Turing Award　(C)Wolf Prize　(D)Fields Medal。

（　　）**32** 以8位元表示2補數的資料，下列哪個運算將導致溢位（overflow）？
(A)64+88　(B)90-99　(C)-60-55　(D)110+16。

（　　）**33** 電腦進行位元運算時，會將位元向左或向右移，下列敘述何者正確？　(A)向右移2位元等於乘2　(B)向左移1位元等於乘2　(C)向左移1位元等於除2　(D)向右移1位元等於乘2。

（　　）**34** 16進位的CB.D，以十進位表示為何？　(A)202.8120　(B)203.8125 (C)203.8120　(D)202.8125。

（　　）**35** X，Y分別為4位元資料，⊕代表位元互斥運算子(XOR)，~代表否定運算子(NOT)，下列何者錯誤？　(A)X⊕X=0000　(B) X⊕~X=1111　(C)X⊕Y⊕X=Y　(D)X⊕Y⊕~X⊕~Y=1111。

（　　）**36** 在個人電腦中，浮點數（小數）的表示法若使用IEEE 754三十二位元標準格式會包含三個部分，分別為符號位元（Sign），指數部分（Exponent）以及：　(A)2的補數　(B)1的補數　(C)尾數部分（Mantissa）　(D)小數點。

（　　）**37** 若浮點數（小數）的表示法使用IEEE 754三十二位元標準格式，指數部分占多少位元？　(A)8位元　(B)16位元　(C)7位元　(D)9位元。

（　　）**38** 在資料壓縮中，下列哪一個不是無失真壓縮（Lossless Compression）的格式？　(A)MPEG-1　(B)PNG　(C)MP3　(D)MPEG-2 AAC。

（　　）**39** MATLAB程式語言是屬於下列哪一類的語言？　(A)高階語言 (B)低階語言　(C)自然語言　(D)組合語言。

（　　）**40** 下列哪一種資料型態是處理一序列中具有相同型態的資料？　(A)字元　(B)陣列　(C)浮點數　(D)布林數。

## 解答與解析

**1 (D)**。資訊安全為保護資訊之機密性、完整性與可用性；得增加諸如鑑別性、可歸責性、不可否認性與可靠性。

**2 (C)**。進階加密標準（Advanced Encryption Standard，縮寫：AES），在密碼學中又稱Rijndael加密法，是美國聯邦政府採用的一種區塊加密標準。RSA加密演算法是一種非對稱加密演算法。在公開金鑰加密和電子商業中RSA被廣泛使用。ElGamal、PlayFair都是一種加密的演算法。

**3 (B)**。公鑰跟私鑰必需是不同把，一般來說會比對稱系統的密碼執行速度慢。

**4 (C)**。將選項中的數字帶入，可得只有選項(C)，除以2餘1，除以3餘2，除以5餘3。

**5 (C)**。13除以23餘13，所以$(13)^{23}=13 \times 13 \times \cdots\cdots \times 13$，所以除以23還是餘13。

**6 (C)**。n個未排序的數字要找出中位數最多必須做n次，所以時間複雜度為n。

**7 (B)**。不可否認性是指防止存心的使用者否認其所做過的事，包括送出信件、接收文件、存取資料等，即交易的收發雙方參與安全管制並無法否認執行過的交易，例如數位簽署就具備不可否認性。

**8 (C)**。目前常見的雜湊演算法有MD家族（MD2, MD4, MD5）、RIPEMD家族（RIPEMD128/256,RIPEMD160/320）、SHA家族（SHA-0, SHA-1, SHA-2, SHA512/384）等。

**9 (A)**。在我國電腦機房異地備援機制參考指引中提到，在可滿足組織員工到達異地備援電腦機房實施DR計畫恢復時間的要求，以及異地備援電腦機房不與主機房受同一災難／失效影響的地理位置的條件下，異地備援電腦機房的地理位置與主機房的地理位置之間應該盡可能遠離，可參考2003年行政院國家資通安全會報之建議，主機房與異地備援機房之距離應距離30公里以上。

**10 (B)**。奇同位性代表有奇數個1，選項(B)中有4個1為偶數個1，為偶同位性。

**11 (D)**。當感染電腦病毒的時候，選項(A)(B)(C)的狀況都可能會發生。

**12 (A)**。選項(B)會造成使用者感染到感冒的病毒，選項(C)使用正版原版光碟是避免感染到電腦病毒的一種方法。

**13 (C)**。 OSI模型七層為：

第7層　應用層能與應用程式介面溝通，以達到展示給用戶的目的。

第6層　表現層能為不同的用戶端提供資料和資訊的語法轉換內碼，使系統能解讀成正確的資料。同時，也能提供壓縮解壓、加密解密。

第5層　會議層用於為通訊雙方制定通訊方式，並建立、登出會話（雙方通訊）。

第4層　傳輸層用於控制資料流量，並且進行偵錯及錯誤處理，以確保通訊順利。

第3層　網路層的作用是決定如何將發送方的資料傳到接收方。互聯通。

第2層　資料鏈結層的功能在於管理第一層的位元資料，並且將正確的資料傳送到沒有傳輸錯誤的路線中。

第1層　實體層定義了所有電子及物理裝置的規範。

路由器是屬於網路層第3層。

**14 (A)**。 用戶資料報協定（User Datagram Protocol，縮寫為UDP），又稱使用者資料包協定，是一個簡單的面向資料報的傳輸層協定，正式規範為RFC 768。

**15 (A)**。 在應用層中，經由公認連接埠號（well-known port numbers），通常可以辨認出這個連線使用的通訊協定，其中具代表性的是最基礎的1024個公認連接埠號（well-known port numbers)，HTTP連線預設使用80埠。

**16 (B)**。 高速網路是利用傳輸速度來做分類，與題意中利用涵蓋地理範圍不同。

**17 (C)**。 OSI模型七層為：

第7層　應用層能與應用程式介面溝通，以達到展示給用戶的目的。

第6層　表現層能為不同的用戶端提供資料和資訊的語法轉換內碼，使系統能解讀成正確的資料。同時，也能提供壓縮解壓、加密解密。

第5層　會議層用於為通訊雙方制定通訊方式，並建立、登出會話（雙方通訊）。

第4層　傳輸層用於控制資料流量，並且進行偵錯及錯誤處理，以確保通訊順利。

第3層　網路層的作用是決定如何將發送方的資料傳到接收方。互聯通。

第2層　資料鏈結層的功能在於管理第一層的位元資料，並且將正確的資料傳送到沒有傳輸錯誤的路線中。

第1層　實體層定義了所有電子及物理裝置的規範。

**18 (D)**。 選項(A)～(C)都是定義了實體層中的傳輸媒介。

**19 (D)**。沒有選項(D)中的這種瀏覽器的定義。

**20 (A)**。IPv4為32位元，IPv6為128位元。

**21 (A)**。在Microsoft Excel中，RANK函數中的；Order選用，這是指定排列數值方式的數字。如果order為0（零）或被省略，則Microsoft Excel把ref當成以遞減順序排序的數列來為number排名。

**22 (B)**。題意中的副檔名為.mdb，mdb是一種Access數據庫的文件格式，是微軟Access的文件儲存格式，用Micorsoft Access就可以打開。

**23 (C)**。(A)ESC鍵會離開播放模式；(B)Enter鍵會跳到下一頁；(D)End鍵會跳到最後一頁。

**24 (D)**。Micorsoft Access是一種資料庫的軟體，並不包含在Microsoft Office 2010 Standard版的套裝軟體中。

**25 (D)**。在Microsoft Excel中，LARGE可以傳回資料集中第K個最大值，使用此函數根據其相對位置來選取值，例如利用LARGE傳回最高、第二高或第三高的數值。

**26 (C)**。因為10出現3次且排名為5，數字11排名為5+3=8。

**27 (A)**。方程式編輯器就是用來輸入複雜的數學公式。

**28 (D)**。在Microsoft Word中，F9可以用來更新選取的功能變數，照題意中可得F9鍵才是可以建立目標的互相參照。

**29 (B)**。先寫出14的二位元00001110→（將0與1互換）11110001→（再加上1）11110010，所以11110010為2補數的-14。

**30 (B)**。常用10的冪次方代號

| 10的次方數 | 英文 | 代表符號 |
|---|---|---|
| $10^{-12}$ | 皮（pico） | p |
| $10^{-9}$ | 奈（nano） | n |
| $10^{-6}$ | 微（micro） | — |
| $10^{-3}$ | 毫（milli） | m |
| $10^{3}$ | 千（Kilo） | K |
| $10^{6}$ | 百萬（Mega） | M |
| $10^{9}$ | 十億（Giga） | G |
| $10^{12}$ | 萬億（Tera） | T |

解答與解析

**31 (B)**。 圖靈獎（Turing Award），是電腦協會（ACM）於1966年設立的獎項，專門獎勵對電腦事業作出重要貢獻的個人。其名稱取自世界電腦科學的先驅、英國科學家、英國曼徹斯特大學教授艾倫‧圖靈（A.M. Turing），這個獎設立目的之一是紀念這位現代電腦科學的奠基者。獲獎者必須是在電腦領域具有持久而重大的先進性的技術貢獻。大多數獲獎者是電腦科學家。是電腦界最負盛名的獎項，有「電腦界諾貝爾獎」之稱。

**32 (A)**。 8位元的2補數的資料範圍為$(-2^7-1)$~$+(2^7-1)$=-129~+127
所以只有選項(A)64+88=152超過範圍造成溢位。

**33 (B)**。 二位元表示法向左移位代表乘，向右移位代表除，所以向左移一位代表乘以2。

**34 (B)**。 利用$12 \times 16^1 + 11 \times 16^0 + 13 \times 16^{-1}$=192+11+0.8125=203.8125。

**35 (D)**。 利用X$\oplus$Y$\oplus$~X$\oplus$~Y=X$\oplus$X=0000。

**36 (C)**。 若使用IEEE 754，三十二位元標準格式會包含三個部分，分別為符號位元（Sign）第31個位元（最左），指數部分（Exponent）第23～30個位元（8位，超127表示），以及尾數部分（Mantissa）第0～22個位元。

**37 (A)**。 若使用IEEE 754，三十二位元標準格式會包含三個部分，分別為符號位元（Sign）第31個位元（最左），指數部分（Exponent）第23～30個位元（8位，超127表示），以及尾數部分（Mantissa）第0～22個位元。

**38 (B)**。 可攜式網路圖形（Portable Network Graphics, PNG）是一種無失真壓縮的點陣圖圖形格式，支援索引、灰度、RGB三種顏色方案以及Alpha通道等特性。其餘選項都是失真的壓縮方式。

**39 (A)**。 MATLAB是一種用於演算法開發、資料視覺化、資料分析以及數值計算的高階技術計算語言和互動式環境。

**40 (B)**。 陣列是處理一序列中具有相同型態的資料。

# 第二回

(　　) **1** 由Google DeepMind所開發的人工智慧系統AlphaGo，以四勝一負的戰績，打敗南韓圍棋職業棋士，再次引起資訊界對人工智慧的重視。請問人工智慧的英文簡稱為何？ (A)CAI (B)AI (C)IA (D)OA。

(　　) **2** 目前很多業界講師在授課時，會結合TED影片的使用，讓課程內容變得更加豐富。TED是一個跨界的智庫，一個對話的平台，更是一個要用想法改變世界的舞台，而TED這三個字母所代表的涵意為何？ (A)科技、娛樂、設計（Technology, Entertainment, Design）(B)科技、教育、設計（Technology, Education, Design） (C)電視廣播、環境、傳遞（Telecast, Environment, Delivery） (D)技術、工程、討論（Technique, Engineering, Discussion）。

(　　) **3** 民眾將車子開上國道高速公路後，若車上安裝了eTag，就可以自動感應，按車程計費並自動扣款。請問eTag與下列哪一項技術最為相關？ (A)GPS (B)WiFi (C)RFID (D)Bluetooth。

(　　) **4** 有關電腦在生活方面的應用，下列敘述何者錯誤？
(A)花卉博覽會網站的「線上花博」，利用虛擬實境（VR）的方式，便可讓民眾透過網站以互動及任意視角的方式，觀看各園區展館的展示內容 (B)地理資訊系統（GIS）主要是透過批次處理（Batch）的方式，即時觀測土石流並避免災害的發生 (C)蘋果（Apple）智慧型手機上的Siri軟體，可以透過自然語言的方式，和使用者進行互動 (D)透過Google Maps，可以進行出外旅遊的行程規劃。

(　　) **5** 下列哪一種電腦的應用沒有採用嵌入式電腦？ (A)Apple Watch (B)數位冷氣機 (C)智慧型手機 (D)隨身碟。

（　　）　**6** 消費者不必申請個人的數位憑證，便可至網址為「https://www.myecommerce.com.tw」的網路商店消費，請問該網路商店所提供的安全機制，不包含下列哪一項？　(A)消費端電腦與伺服器間的相互驗證　(B)消費端電腦需取得伺服器的公開金鑰來加密　(C)提供安全的SET信用卡支付協定　(D)網頁內容的傳輸具有加密保護的機制。

（　　）　**7** 有關電腦結構及運作的敘述，下列何者正確？　(A)快取記憶體可提昇CPU的存取速率，以SDRAM為其元件　(B)指令週期包含擷取、解碼、執行和儲存等四個主要的步驟，其中解碼由ALU負責　(C)暫存器屬於揮發性（Volatile memory）的記憶體　(D)一個標示為2GHz的CPU，代表這個CPU的時脈週期為2奈秒。

（　　）　**8** 小明自行拍攝了一部共分十集的校園電影，若每集拍攝的檔案儲存空間都在5 G到10 G之間，且每一集都不能分散儲存，則下列哪一種儲存方式無法將此十集的影片完整備份？　(A)儲存在10個16 G大小的隨身碟內　(B)燒錄在10片單面單層的DVD光碟片內　(C)燒錄在5片單面單層的藍光光碟片（BD）內　(D)儲存在一個容量為160 G的外接硬碟內。

（　　）　**9** 下列哪一項外接式傳輸介面之傳輸頻寬最高？　(A)Thunderbolt 2　(B)USB 3.1　(C)eSATA　(D)IEEE 1394b。

（　　）　**10** 下列採用無線方式來傳送資料的共有幾項？ IrDA、WiMAX、LTE、GPS、SNG、Bluetooth、RFID、FTTB、10 Base 2　(A)6項　(B)7項　(C)8項　(D)9項。

（　　）　**11** 下列哪一項硬體設備不具備類比轉數位（ADC）的功能？　(A)音效卡　(B)數據機（MODEM）　(C)數位相機　(D)IP分享器。

（　　）　**12** 下列哪一種掃描器的設定，掃描進來的影像，所需的儲存空間最大？　(A)以150 dpi、灰階模式，掃描4"×6"的照片　(B)以150 dpi、高彩模式，掃描4"×6"的照片　(C)以300 dpi、黑白模式，掃描4"×6"的照片　(D)以300 dpi、全彩模式，掃描3"×5"的照片。

(　　) **13** 有些智慧型裝置內建的數位相機，提供了可將多張曝光度不同之照片，疊加處理成一張圖像的功能，讓使用所拍攝出來的照片，無論是高光或是陰影部分的細節，都可以變得更為清晰。請問這項功能為何？　(A)PDF　(B)SOHO　(C)HDR　(D)EC。

(　　) **14** 自行組裝電腦硬體應依序完成下列哪些步驟後，應用軟體方能正常使用？　(A)格式化硬碟→分割硬碟→安裝Windows 10→安裝Office 2016　(B)安裝Windows 10→分割硬碟→格式化硬碟→安裝Office 2016　(C)安裝Windows 10→格式化硬碟→分割硬碟→安裝Office 2016　(D)分割硬碟→格式化硬碟→安裝Windows 10→安裝Office 2016。

(　　) **15** 若一部電腦可定址的最大記憶體容量為4GB，則下列敘述何者正確？　(A)有32條資料匯流排　(B)有34條資料匯流排　(C)有32條位址匯流排　(D)有34條位址匯流排。

(　　) **16** 下列何者是作業系統（Operating System）所需提供的功能？　(A)檔案管理的功能　(B)連接上網的功能　(C)防毒的功能　(D)提供圖形使用者介面（GUI）。

(　　) **17** 小華購買了一條2 G大小的DDR3記憶體，則他應該將該記憶體安裝到主機板的哪一個插槽上？　(A)DRAM插槽　(B)CPU插槽　(C)PCI-E插槽　(D)USB插槽。

(　　) **18** 網路上的怪客（Cracker）無法透過下列哪一種方式來竊取他人的資料？　(A)DoS阻斷服務　(B)網路釣魚　(C)網頁掛馬　(D)社交工程。

(　　) **19** 下列哪一種行為不違反著作權法？　(A)將自己購買的原版軟體，複製一份給朋友使用　(B)影印整本原文書籍於上課時使用　(C)考生下載公務人員招考的考古題自行閱讀　(D)蒐集他人部落格上的文章出書販售。

（　）　**20** 有關OpenOffice.org軟體的敘述，下列何者錯誤？　(A)為開放的原始碼　(B)屬於自由軟體　(C)能將檔案儲存成PDF檔　(D)只有制訂人或取得授權者才能設計存取的軟體。

（　）　**21** 下列何者是通過ISO國際認證的開放文件格式？　(A)AI　(B)FLA　(C)DOCX　(D)PPT。

（　）　**22** 下列何者屬於應用軟體？　(A)Linux　(B)Android　(C)Adobe Acrobat X Pro　(D)iOS。

（　）　**23** 有關常見軟體及其說明，下列何者正確？　(A)文書處理軟體：Word、Safari　(B)試算表軟體：Access、MySQL　(C)網頁設計軟體：FrontPage、Dreamweaver　(D)影音播放軟體：RealPlayer、ACDSee。

（　）　**24** 在Microsoft Word中，若整份文件共有8個段落，則將滑鼠游標移至第3個段落第1列的最左側，同時游標變成 的圖示，此時連按滑鼠左鍵3下，會進行下列哪一種選取的動作？　(A)選取第3個段落的第1列　(B)選取第3個段落的整段　(C)選取第1到第3個段落　(D)選取整份文件。

（　）　**25** 利用Microsoft Word編輯文件時，若只想換列而不想新增一個段落，則應按下什麼鍵？　(A)Enter　(B)Alt＋Enter　(C)Shift＋Enter　(D)Ctrl＋Enter。

（　）　**26** 下列Microsoft Excel運算式中，哪一項所顯示的結果為TRUE？
(A)=MIN(2,4,6)>COUNT(12, 24, 48)
(B)=MOD(5,3)<IF("apple"="orange",1,4)
(C)=MID("123456", 3, 3) = LEFT("123456", 3)
(D)=ROUND(6.49,0)>SUM(1,2,3)。

（　）　**27** 有關Microsoft PowerPoint的操作，下列何者錯誤？　(A)列印「備忘稿」時，每頁可以包含1、2、3、4、6、9張投影片　(B)投影片可以另存為TIF檔　(C)想從目前編輯的投影片開始播放，可以直接按Shift＋F5的組合鍵　(D)同一個物件可以設定多個自訂動畫。

（　）**28** 小英想利用Ulead PhotoImpact X3來製作學校指定的海報作業，則她在尚未完成作品前，應儲存成哪一種檔案格式，以便日後仍可以開啟檔案來進行修改？　(A)JPEG　(B)GIF　(C)PSD　(D)UFO。

（　）**29** 有關色彩原理的敘述，下列何者錯誤？　(A)RGB模式屬於色加法的混合方式，色彩愈加愈亮　(B)CMYK模式中的K，指的是黑色（black）　(C)HSB色彩模式中，S代表顏色的色相，指的是色彩的種類，如：紅、黃、藍等　(D)灰階影像由白到黑，共有256種不同明亮度的灰色。

（　）**30** 下列哪一種影像檔案，屬於破壞性的壓縮格式？　(A)TIF　(B)JPG　(C)PNG　(D)GIF。

（　）**31** 某小型企業採用1000BaseF乙太網路來進行區域網路的規畫，請問該公司將會使用下列哪一種傳輸媒體來進行布線？　(A)雙絞線　(B)光纖　(C)細同軸電纜　(D)1000BaseT為無線傳輸，所以不需要布線。

（　）**32** 有關OSI網路七層模型的敘述，下列何者錯誤？　(A)路由器的運作屬於網路層（Network）　(B)TCP、UDP協定屬於資料鏈結層（Data Link）　(C)網路卡的功能涵蓋實體層（Physical）和資料鏈結層（Data Link）　(D)電子郵件的傳輸協定SMTP屬於應用層（Application）。

（　）**33** 利用LINE或Facebook來撥打網路電話，是屬於OSI網路七層模型中哪一層的應用？　(A)網路層（Network）　(B)傳輸層（Transport）　(C)應用層（Application）　(D)表達層（Presentation）。

（　）**34** 下列哪一種網路伺服器，主要是用來分配動態IP位址及相關的網路設定？　(A)DHCP Server　(B)DNS Server　(C)Web Server　(D)Proxy Server。

( ) **35** 下列電腦語言中，哪一種不適合用來開發動態網頁？ (A)C++ (B)JSP (C)ASP (D)PHP。

( ) **36** 內容管理系統（CMS, Content Management System）可以減少網站開發的時間。下列何者不屬於CMS？ (A)XOOPS (B)Joomla! (C)Apache (D)WordPress。

( ) **37** 有關CSS（Cascading Style Sheets）的敘述，下列何者正確？ (A)CSS必須內嵌在網頁內，無法儲存成一個獨立的檔案 (B)CSS可以加快網頁查詢的速度 (C)CSS文件主要是用來負責顯示網頁的文字內容 (D)使用CSS來設計網頁，可以建立風格統一的網站。

( ) **38** 下列哪一個HTML語法，可以讓使用者在點選yahoo的文字後，將所連結的網頁於新的視窗中開啟？
(A)<a href="https://tw.yahoo.com/" target="_self">yahoo</a>
(B)<a href="https://tw.yahoo.com/" target="_top">yahoo</a>
(C)<a href="https://tw.yahoo.com/" target="_blank">yahoo</a>
(D)<a href="https://tw.yahoo.com/" target="_parent">yahoo</a>。

( ) **39** 執行下列Visual Basic的程式片段，其輸出的結果為何？
```
Dim S As Integer
S = 0
For k = 1 To 10
    S = S + (k Mod 1)
Next k
Console.Write(S)
```
(A)0 (B)5 (C)55 (D)65。

( ) **40** 執行下列Visual Basic的程式片段，其輸出的結果為何？
```
Dim i, S As Integer
i = 0 : S = 0
While i <= 10
  S = S + i
  i = i + 2
End While
Console.Write(S)
```
(A)10 (B)20 (C)30 (D)42。

## 解答與解析

**1 (B)**。 人工智慧（Artificial Intelligence，簡稱AI）亦稱機器智慧，是指由人工製造出來的系統所表現出來的智慧。

**2 (A)**。 TED是指technology, entertainment, design在英語中的縮寫，即技術、娛樂、設計。

**3 (C)**。 eTag是使用RFID的技術，利用被動RFID標籤貼紙，由收費單元判讀。一車一片且撕下即失效，以防止標籤失竊被冒用。2012年後已經開始全面使用。

**4 (B)**。 地理資訊系統（Geographic Information System，簡稱GIS）是一個綜合的學門，它並不是一個獨立的研究領域，而是資訊處理（Information processing）與其它利用到空間分析技術之各個不同領域間的共同基礎。

**5 (D)**。 嵌入式電腦是指一種「嵌入機械或電氣系統內部、具有專屬功能的電腦系統」，由於控制功能單一卻重要，通常要求及時應對的實時計算效能。選項中只有選項(D)。隨身碟是單純的記憶功能的行動裝置，不需要使用到嵌入式電腦。

**6 (C)**。 題意中提到「消費者不用申請個人的數位憑證」，所以可知沒有用到選項(C)中的提供安全的SET信用卡支付機制。

**7 (C)**。 (A)快取記憶體是存在CPU內的cache的記憶體，不是用SDRAM。
(B)ALU是算術邏輯單元，用來處理二進位的算術運算。
(D)2GHz代表週期為0.5奈秒。

**8 (B)**。 單層單面的DVD只能儲存約4.7GB的容量，所以不夠題意中所提的每一集的容量。

**9 (A)**。 (A)Thunderbolt 2可達到同步傳輸速度上升至20Gbps。
(B)USB 3.1 Gen1速度5Gbps，USB 3.1 Gen2速度為10Gbps。
(C)eSATA傳輸速度比USB 3.0還慢
(D)IEEE 1394理論上可以將64台裝置串接在同一網路上。傳輸速度有100Mbit/s、200Mbit/s、400Mbit/s和800Mbit/s，目前已經制定出1.6 Gbit/s和3.2 Gbit/s的規格。

**10 (B)**。 IrDA紅外通訊技術利用紅外線來傳遞數據，是無線通訊技術的一種；WiMAX是一項高速無線數據網路標準，主要用在都會網路；LTE是無線數據通訊技術標準；GPS是全球定位系統，也是屬於無線傳輸；SNG是利用衛星傳送新聞畫面，也是屬於無線傳輸的一種；Bluetooth是藍芽無線傳輸技術；RFID也是屬於無線識別技術的一種，FTTB是利用光纖到建築物的一種有線傳輸技術；10 base 2乙太網路是利用電纜的一種有線傳輸技術，所以總共有7項無線傳輸技術。

**11 (D)**。類比轉數位（ADC）就是將類比訊號轉換成數位訊號以方便資料處理，選項(D)IP分享器只有處理數位訊號，並沒有類比訊號的輸出或是輸入。

**12 (D)**。(A)$150\times2^8\times4\times6$。(B)$150\times2^{16}\times4\times6$。(C)$300\times2\times4\times6$。(D)$300\times2^{24}\times3\times5$，所以可知選項(D)資料量最大。

**13 (C)**。HDR是在攝影中常用到的一種技術，是英文High-Dynamic Range的縮寫，意為「高動態範圍」。HDR技術可以克服多數相機傳感器動態範圍有限的缺點，並將圖片色調控制在人眼識別範圍之內。它能將多張曝光不同的照片疊加處理成一張圖像。

**14 (D)**。電腦重灌時，必須先分割好硬碟之後再將每一個磁區格式化，然後安裝作業系統（OS）windows 10才能開始安裝應用軟體office 2016等。

**15 (C)**。$2^{32}=4294967296\fallingdotseq4\times10^9$。

**16 (A)**。作業系統的主要功能為：監控整個程式的執行過程、提供使用者簡易的操作環境、調配程式使用各種電腦資源、檔案管理、記憶體管理。

**17 (A)**。DDR3記憶體主要是插在主機板上的DRAM插槽來使用。

**18 (A)**。阻斷服務攻擊（Denial of Service Attack，簡稱：DoS）是一種網路攻擊手法，其目的在於使目標電腦的網路或系統資源耗盡，使服務暫時中斷或停止，這種攻擊方式目的不是在竊取個人資料。

**19 (C)**。只有選項(C)中為公開的試題資料供大家下載使用，其餘選項均違反著作權法。

**20 (D)**。OpenOffice,org是一套開放源代碼的辦公室軟體，可以在多種作業系統上運作。預設的檔案交換格式是已經成為ISO標準的開放檔案格式（ODF，OpenDocument Format）。

**21 (C)**。.docx為ISO／IEC 29500國際標準。

**22 (C)**。除了選項(C)是一種開啟PDF檔案所使用的應用軟體，其餘選項都是作業系統，其中android, iOS是使用在智慧型手機的作業系統。

**23 (C)**。(A)Safari為apple公司開發使用在Mac OS上的瀏覽器。(B)Access, MySQL 都是資料庫的應用軟體。(D)ACDSee為相片軟體。

**24 (D)**。連按滑鼠3下，會變成選取整份文件。

**25 (C)**。在Microsoft word編輯文件時可以利用shift+Enter來換列而不用新增一個 段落。

**26 (B)**。(A)2>3, False。(B)2<4, True。(C)345=123, False。(D)結果不一定。所以 只有選項(B)結果必定為True。

**27 (A)**。「備忘稿」會以每頁一張投影片的方式列印，每張投影片下會包含演講 者備忘稿。

**28 (D)**。PhotoImpact是一個以物件為基礎的影像編輯程式，預設的存檔格式為 UFO，此格式包含了原本的基底影像和所建立的物件，下一次再開啟 此檔時，仍然可以繼續編輯物件和基底影像，但檔案大小比JPG多好幾 倍，非常佔磁碟空間，若已確定不再編輯該影像時，應直接將影像儲存 成其它格式，如JPG、GIF、TIF，雖然無法再繼續編輯原影像中的個別 物件，但比較不佔磁碟空間。

**29 (C)**。HSB色彩模式是基於人眼的一種顏色模式，是設計軟體中常見的色彩模 式，其中H代表色相；S代表飽和度；B代表亮度。

**30 (B)**。在電腦中，JPEG是一種針對相片影像而廣泛使用的一種失真壓縮標準方 法。JPEG/JFIF是全球資訊網（World Wide Web）上最普遍的被用來儲 存和傳輸相片的格式。它並不適合於線條繪圖（drawing）和其他文字或 圖示（iconic）的圖形，因為它的壓縮方法用在這些類型的圖形上，得 到的結果並不好。

**31 (B)**。1000 base F乙太網路可以使用光纖來布線。

**32 (B)**。OSI模型七層為：
第7層　應用層能與應用程式介面溝通，以達到展示給用戶的目的。
第6層　表現層能為不同的用戶端提供資料和資訊的語法轉換內碼，使系 統能解讀成正確的資料。同時，也能提供壓縮解壓、加密解密。
第5層　會議層用於為通訊雙方制定通訊方式，並建立、登出會話（雙 方通訊）。
第4層　傳輸層用於控制資料流量，並且進行偵錯及錯誤處理，以確保 通訊順利。

第3層　網路層的作用是決定如何將發送方的資料傳到接收方。互聯通。
第2層　資料鏈結層的功能在於管理第一層的位元資料，並且將正確的資料傳送到沒有傳輸錯誤的路線中。
第1層　實體層定義了所有電子及物理裝置的規範。

**33 (C)**。OSI模型七層為：
第7層　應用層能與應用程式介面溝通，以達到展示給用戶的目的。
第6層　表現層能為不同的用戶端提供資料和資訊的語法轉換內碼，使系統能解讀成正確的資料。同時，也能提供壓縮解壓、加密解密。
第5層　會議層用於為通訊雙方制定通訊方式，並建立、登出會話（雙方通訊）。
第4層　傳輸層用於控制資料流量，並且進行偵錯及錯誤處理，以確保通訊順利。
第3層　網路層的作用是決定如何將發送方的資料傳到接收方。互聯通。
第2層　資料鏈結層的功能在於管理第一層的位元資料，並且將正確的資料傳送到沒有傳輸錯誤的路線中。
第1層　實體層定義了所有電子及物理裝置的規範。
利用LINE或是FACEBOOK打電話是屬於第3層。

**34 (A)**。DHCP是「動態主機配置協定」（Dynamic Host Configuration Protocol），是可自動將IP位址指派給登入TCP/IP網路的用戶端的一種軟體（這種IP位址稱為「動態IP位址」）。這種軟體通常是在路由器及其他網路設備上執行的。

**35 (A)**。C++不是網頁設計的語言，而是程式設計所使用的語言。

**36 (C)**。內容管理系統（Content Management System，簡稱CMS）是指在一個合作模式下，用於管理工作流程的一套制度。該系統可應用於手工操作中，也可以應用到電腦或網路裡。現在流行的開源CMS系統有WordPress、Joomla!、Drupal、XOOPS、CmsTop等。

**37 (D)**。(A)可將CSS存成獨立的檔案。(B)CSS是用來告訴瀏覽器如何將資料顯現出來並不會增加網頁查詢的速度。(C)CSS是用來告訴瀏覽器如何將資料顯現出來。

**38 (C)**。 HTML的語法中

Target="_self"：在本頁（自己）切換，與不加 Target 相同。

Target="_blank"：開啟一個新的視窗，後續開啟之新視窗會產生另一個新的視窗，不會蓋掉前面已開啟的舊視窗。

Target="_top"：將本身的分割視窗頁關閉，並在原處開啟一個單面的網頁。

Target="_parent"：父子關係，也就是你會開啟前一個視窗網頁，與"_top" 相近。

**39 (A)**。 因為所有數字除以1都沒有餘數，所以執行程式後S=0。

**40 (C)**。 執行程式後S=0+2+4+6+8+10=30。

解答與解析

# 第三回

( ) **1** 自動分配IP位址與相關網路參數之通訊協定為何？ (A)ARP (B)DHCP (C)HTTP (D)SNMP。

( ) **2** 假設每個數位畫面（Frame）大小為400×400像素（pixel），而一個像素需3個Bytes。有一5分鐘且每秒鐘播放10個畫面的影片，在沒有壓縮的條件下，所需儲存空間與下列何者最接近？ (A)1.44 Gbits (B)3.84 Gbits (C)11.52 Gbits (D)23.04 Gbits。

( ) **3** 某電腦之CPU計算速度為800 MIPS（Million Instructions Per Second），而其每執行一個指令平均需4個時脈（clock cycle），該CPU之計算頻率與下列何者最接近？ (A)1.2 GHz (B)2.0 GHz (C)3.2 GHz (D)4.8 GHz。

( ) **4** 一規格為7200 RPM之硬碟，請問其平均旋轉延遲時間約為幾秒？ (A)$8.33 \times 10^{-3}$ (B)$4.17 \times 10^{-3}$ (C)$1.39 \times 10^{-4}$ (D)$2.78 \times 10^{-4}$。

( ) **5** A、B均為長度8位元的二進位值，又"~A"表示"NOT A"，則下列數位邏輯運算式何者正確？ (A)~B⊕B⊕A=~A (B)~(A AND B)=A OR B (C)B⊕~A⊕B=A (D)~B⊕~A⊕B=11111111。

( ) **6** 有關物件導向程式設計相較於傳統程式設計之特色，下列何者非屬之？ (A)Encapsulation（封裝） (B)Inheritance（繼承） (C)Polymorphism（多樣） (D)Procedure（程序）。

( ) **7** 一顆6 TB的硬碟具備之最大儲存資料量與下列何者最接近？ (A)$6 \times 2^{50}$ Bytes (B)$6 \times 2^{20}$ Mbytes (C)$6 \times 2^{40}$ Mbytes (D)$6 \times 2^{40}$ KBytes。

( ) **8** 十六進位值58，轉換成八進位值為何？ (A)130 (B)88 (C)110 (D)72。

( ) **9** 下列何者無法通過偶同位元檢查（even parity check）？ (A)10011111 (B)11000011 (C)10101010 (D)01010100。

（　）**10** 下列何者為布林代數式A・B+B+(A+B)・(~C)的簡化式？（其中
"~C"表示"NOT C"）　(A)A・B+(~C)　(B)A+B・(~C)　(C)A・
(~C)+B・(~C)　(D)B+A・(~C)。

（　）**11** 下列何者是組合語言相較於高階程式語言之優點？　(A)程式執行
效率較高　(B)程式較容易維護　(C)程式可讀性較高　(D)程式開
發速度較快。

（　）**12** 不支援動態網頁功能之技術或工具為何？　(A)Flash　(B)HTML 1
(C)HTML 5　(D)JAVA。

（　）**13** 下列何者通常不包括在雲端計算的服務分類中？　(A)Content as a
Service（內容即服務）　(B)Infrastructure as a Service（基礎架構
即服務）　(C)Platform as a Service（平台即服務）　(D)Software
as a Service（軟體即服務）。

（　）**14** 悠遊卡（Easy Card）與讀卡機間之短距無線通訊屬於下列何者？
(A)Bluetooth　(B)WiFi　(C)RFID　(D)ZigBee。

（　）**15** 下列何者為協助決定傳送封包路徑的網路設備？　(A)Bridge（橋
接器）　(B)Hub（集線器）　(C)Repeater（中繼器）　(D)Router
（路由器）。

（　）**16** 在Visual Basic語言中，Y＝0 Mod 20×7+16 Mod6的結果為何？
(A)3　(B)4　(C)5　(D)6。

（　）**17** 小明的爺爺患有失智症，常不知自己身處何處。請問下列何種技
術可以提供定位服務，以方便找尋走失的老人？　(A)POS　(B)
VR　(C)GPS　(D)CAM。

（　）**18** 便利超商中的許多產品，為了讓消費者更加了解產品的產地訊
息，都會在產品包裝上附上一個方形圖案的條碼，讓消費者可以
藉由手機軟體掃描後，得知產品資訊，請問該條碼為下列何者？
(A)POS　(B)RFID　(C)QR Code　(D)CAM。

（　）**19** 某一樂園推出了「恐龍飛車」，號稱可以讓你隨著飛車軌道穿越時空進入侏儸紀公園，有如身歷其境一樣，請問這是下列哪一種技術的應用？　(A)虛擬實境（VR）　(B)辦公室自動化（OA）　(C)全球定位系統（GPS）　(D)地理資訊系統（GIS）。

（　）**20** 某一個4MB的網頁檔，若希望檔案能在64秒鐘可以傳完，則其傳輸速度至少要多少Kbps？　(A)64Kbps　(B)128Kbps　(C)256Kbps　(D)512Kbps。

（　）**21** 小美的隨身碟中有一個10MB的音樂檔、2GB的影片檔及2,048KB的文件檔，請問這些檔案總共多少MB？　(A)1,060MB　(B)2,060MB　(C)3,060MB　(D)4,060MB。

（　）**22** 下列何者可儲存的容量最大？　(A)2G的隨身碟　(B)2片DVD-18　(C)0.5TB的外接硬碟　(D)650MB的光碟片。

（　）**23** 下列何者非目前智慧型手機常用的作業系統？　(A)MS-DOS　(B)Android　(C)iOS　(D)Windows Phone。

（　）**24** 下列何者非資料庫軟體？　(A)Access　(B)SQL Server　(C)Dreamweaver　(D)MySQL。

（　）**25** 請問無線電對講機是屬於何者傳輸方式？　(A)全雙工　(B)半雙工　(C)單工　(D)全多工。

（　）**26** 某部電腦的位址匯流排有32條，請問可定址的最大主記憶體空間為多少GB？　(A)3GB　(B)4GB　(C)5GB　(D)6GB。

（　）**27** 珍珍家中的電腦網路傳輸速率為2 Mbps，請問傳送1 MB的檔案，大約需要花多少時間？　(A)3秒　(B)4秒　(C)5秒　(D)6秒。

（　）**28** 以ASCII碼來儲存字串「WORD」，需使用多少位元組？　(A)3　(B)4　(C)5　(D)6。

（　）**29** 將(10011101)$_2$轉換成十六進位值的結果為何？　(A)9A　(B)9B　(C)9C　(D)9D。

（　）**30** $(88.25)_{16}+(35.11)_{16}$的計算結果為何？　(A)$(AD.36)_{16}$　(B)$(BD.36)_{16}$　(C)$(CD.36)_{16}$　(D)$(DD.36)_{16}$。

（　）**31** 下列網路傳輸速率中，哪一個傳輸速度最慢？　(A)15000bps　(B)10Kbps　(C)200Mbps　(D)2Gbps。

（　）**32** 小華家裡是採用ADSL上網，當他在使用電腦上網時，仍可使用家中的電話設備，那是因為ADSL是採用下列哪一種技術？　(A)變頻　(B)基頻　(C)寬頻　(D)窄頻。

（　）**33** 有關100BaseFX網路特色之敘述，下列何者錯誤？　(A)使用細同軸電纜　(B)乙太網路的一種　(C)傳輸速度為100Mbps　(D)為星狀拓撲。

（　）**34** 某一款32G的隨身碟售價為360元，請問每MB的購買成本為多少元？　(A)0.01元／MB　(B)0.5元／MB　(C)1元／MB　(D)2元／MB。

（　）**35** 在公車上，想使用手機來查詢高鐵的時刻表及票價，最不可能採用下列哪種上網方式？　(A)4G　(B)3.5G　(C)Wi-Fi　(D)光纖。

（　）**36** 下列敘述何者錯誤？　(A)路由器可為封包選擇最佳的傳輸路徑　(B)UNIX可用來作為網路作業系統　(C)數據機可將類比訊號轉為數位訊號　(D)橋接器是用來連接使用不同通訊協定的網路。

（　）**37** 有關電子商務四流的敘述，下列何者錯誤？　(A)金流指的是因交易而產生的資金流通　(B)電子商務四流包含：金流、物流、資訊流、商流　(C)物流指的是資訊情報的流通　(D)商流指的是商品因交易活動而產生「所有權轉移」的過程。

（　）**38** 請問IPv4使用幾個位元來定址？　(A)32　(B)64　(C)128　(D)256。

（　）**39** 請問IP位址：203.73.178.203是屬於哪一種等級的IP位址？　(A)Class A　(B)Class B　(C)Class C　(D)Class D。

（　）**40** 下列哪一種網路類型涵蓋範圍最小？　(A)區域網路　(B)都會網路　(C)網際網路　(D)廣域網路。

## 解答與解析

**1 (B)**。DHCP是「動態主機配置協定」（Dynamic Host Configuration Protocol），
是可自動將IP位址指派給登入TCP/IP網路的用戶端的一種軟體（這種IP
位址稱為「動態IP位址」）。這種軟體通常是在路由器及其他網路設備
上執行的。

**2 (C)**。利用$400 \times 400 \times (3 \times 8) \times (10 \times 5 \times 60) = 11520000000 = 11.52Gbits$。

**3 (C)**。$800M \times 4 = 3200M = 3.2G$。

**4 (B)**。$\left(\frac{7200 \times 2}{60}\right)^{-1} \simeq 4.17 \times 10^{-3}$。

**5 (A)**。(B)$\sim(A \text{ and } B) = \sim A \text{ OR } \sim B$。(C)$B \oplus \sim A \oplus B = 0 \oplus \sim A = \sim A$。(D)$\sim B \oplus \sim A \oplus B = 1 \oplus \sim A = A$。

**6 (D)**。物件導向的三大特色：
(1) 資料封裝（Encapsulation），就是將資料分成私用（Private）、保護
（Protected）、公用（Public）等，實踐Information hiding概念，避
免程式各個物件互相干擾，降低程式的複雜度及維護上的困難度。
(2) 繼承（Inheritance），當資料有繼承的關係後，父類別（Super class）
中的資料（Data）或方法（Method）在次子（Subclass）就可以繼承使
用，次子類別的次子類別也可以繼承使用，最後即能達到資料重複使
用的目的。
(3) 多型（Polymorphism），代表在執行階段，物件能夠依照不同情況變
換資料型態，換句話說，多型是指一個物件參考可以在不同環境下，
扮演不同角色的特性，指向不同的物件實體，可透過實作多個繼承或
介面來實現父類別，並使用Override或Overload來達成。

**7 (B)**。$6 \times 10^{12} = 6 \times 10^3 \times 10^3 \times 10^6 = 6 \times 2^{10} \times 2^{10} Mbytes$。

**8 (A)**。$(58)_{16} = (01011000)_2 = (130)_8$。

**9 (D)**。偶同位元檢查代表是利用有偶數個1的資料來檢查，所以只有選項(D)是
奇數個1。

**10 (D)**。$AB + B + (A+B)(\sim C) = AB + B + A\sim C + B\sim C = B + A\sim C$。

**11 (A)**。組合語言的優點：
(1) 因使用助憶指令，比機器語較易學習。
(2) 低階語言程式執行效率高。

(3) 程式執行速度快。

(4) 最易表現計算機具有的功能。

組合語言的缺點：

(1) 組合語言，因機種不同，所以不同的CPU，其相容性差。

(2) 組合語言撰寫的程式比較長且繁瑣。

(3) 程式人員需備硬體的相關知識。

(4) 程式維護及修改均不易。

**12 (B)**。 HTML 1還沒有辦法支援動態網頁功能。

**13 (A)**。 美國國家標準和技術研究院的雲端運算定義中明確了三種服務模式：

(1) 軟體即服務（SaaS）：消費者使用應用程式，但並不掌控作業系統、硬體或運作的網路基礎架構。

(2) 平台即服務（PaaS）：消費者使用主機操作應用程式。消費者掌控運作應用程式的環境（也擁有主機部分掌控權），但並不掌控作業系統、硬體或運作的網路基礎架構。

(3) 基礎設施即服務（IaaS）：消費者使用「基礎運算資源」，如處理能力、儲存空間、網路元件或中介軟體。消費者能掌控作業系統、儲存空間、已部署的應用程式及網路元件（如防火牆、負載平衡器等），但並不掌控雲端基礎架構。

**14 (C)**。 悠遊卡是採用RFID技術（恩智浦的MIFARE技術），由悠遊卡股份有限公司所發行。

**15 (D)**。 路由器是一種電訊網路裝置，提供路由與轉送兩種重要機制，可以決定封包從來源端到目的端所經過的路由路徑（host到host之間的傳輸路徑），這個過程稱為路由；將路由器輸入端的封包移送至適當的路由器輸出端（在路由器內部進行），這稱為轉送。

**16 (B)**。 (0除以140的餘數)＋(16除以6的餘數)＝0＋4＝4。

**17 (C)**。 (A)POS為商品結帳系統。

(B)VR為虛擬實境。

(C)GPS為全球衛星定位系統。

(D)CAM為電腦輔助製造。

**18 (C)**。 QR code為二維條碼，可使消費者更加了解產品的產地訊息。

解答與解析

**19 (A)**。VR為虛擬實境。

**20 (D)**。$\dfrac{4 \times 1024}{64}$＝64 KBps＝512 Kbps。

**21 (B)**。10＋2×1024＋2＝2060 MB。

**22 (C)**。(A)2G
(B)DVD-18一片容量為15.8G，兩片為31.6G
(C)0.5TB＝512GB
(D)650MB
故容量最大為(C)。

**23 (A)**。MS-DOS為古老的電腦作業系統。

**24 (C)**。Dreamweaver為一網頁製作軟體。

**25 (B)**。無線對講機可由A傳至B或B傳至A，但不能同時傳遞信號，故為半雙工。

**26 (B)**。最大主記憶體空間為$2^{32}$ B＝$2^{22}$ KB＝$2^{12}$ MB＝$2^2$ GB。

**27 (B)**。$\dfrac{1\text{MB}}{\frac{2}{8}\ \text{MBps}}$＝4s。

**28 (B)**。ASCII碼一個字母、數字或符號需一個位元組來儲存，故共需4個位元組。

**29 (D)**。先將原數字分為兩堆1001及1101，$(1001)_2$＝9，$(1101)_2$＝13＝D，故換成16進位為9D。

**30 (B)**。先將小數點前換成10進位，
$8 \times 16 + 8 + 3 \times 16 + 5 = (189)_{10} = (BD)_{16}$，
小數點後$(2 \times 16^{-1}) + (5 \times 16^{-2}) + (1 \times 16^{-1}) + (1 \times 16^{-2}) = \dfrac{54}{256}$
$= (0.2109375)_{10}$
0.2109375×16=3.375
0.375×16=6
$\Rightarrow (BD \cdot 36)_{16}$。

**31 (B)**。15000bps＝14.65Kbps，故知(B)傳輸速度最慢。

**32 (C)**。ADSL是採用寬頻技術。

**33 (A)**。100BaseFX網路是採用光纖電纜。

**34 (A)**。$\dfrac{360}{32 \times 1024} = 0.01$元/MB。

**35 (D)**。在公車上需使用無線通訊。

**36 (D)**。橋接器是用來連接不同網路區段的設備。

**37 (C)**。物流指的是商品由生產者到經銷商到消費者的流通。

**38 (A)**。IP位址如203.73.178.203，共$(2^8)^4$種變化，採用32位元來定址。

**39 (C)**。Class C的範圍為192.0.0.0～223.255.255.255，故知此位址屬於Class C。

**40 (A)**。兩台以上的電腦就可形成一區域網路，故知其涵蓋範圍最小。

解答與解析

# 第四回

(　　)　**1** 當要將十進位系統（decimal system）的數字121轉換為其它進位系統的無號整數時，下列何者轉換有誤？　(A)(1111001)$_2$　(B)(1321)$_4$　(C)(181)$_8$　(D)(79)$_{16}$。

(　　)　**2** 假設要使用一簡化型8位元浮點表示法加總數字，指數部分以超4碼（excess four notation）表示，且不省略正規化後的小數位數第1位數，其欄位分配及範例如下所示。請問如依本題表示法依序相加$2\frac{1}{2}+\frac{1}{8}+\frac{1}{8}$，下列結果何者正確？

| 格式 | | | 範例 |
|---|---|---|---|
| 符號位元 | 指數 | 假數 | $3\frac{1}{2}$可表示為01101110 |
| 1bit | 3bit | 4bit | |

(A)$2\frac{1}{2}$　(B)$2\frac{5}{8}$　(C)$2\frac{3}{4}$　(D)溢位錯誤。

(　　)　**3** 假設當取得位元資料10100110，因特殊需求而需要清除最左邊5個位元但不影響其它位元，請問可使用下列何種邏輯運算和遮罩的組合來完成目標？　(A)使用OR運算子，搭配遮罩11111000　(B)使用XOR運算子，搭配遮罩00000111　(C)使用AND運算子，搭配遮罩00000111　(D)使用OR運算子，搭配遮罩00000111。

(　　)　**4** 資料壓縮（data compression）的目的在於減少資料的儲存空間，下列關於資料壓縮技術的描述，何者有誤？　(A)重複次數編碼（RLE, run length encoding）使用記錄符號出現的次數方式來進行壓縮　(B)JPEG、MP3或MPEG相關壓縮法採用無失真壓縮（lossless compression）方式　(C)霍夫曼編碼（Huffman coding）使用符號的編碼長度與出現頻率成反比方式進行壓縮　(D)Lempel Ziv（LZ）此類型編碼使用字典參照編碼（dictionary-based encoding）來進行壓縮。

(　　)　**5**　CPU使用重複的機器週期（machine cycles）來執行程式中的指令，一個簡化的週期由「擷取」、「解碼」及「執行」這三個階段組成，請問下列描述何者有誤？　(A)在擷取階段，控制單元會命令系統複製下一個指令到CPU的指令暫存器（instruction register）　(B)在擷取階段，程式計數器（program counter）會遞增，以便指到記憶體中的下一個指令　(C)在解碼階段，當指令被擷取到指令暫存器後，會由算數邏輯單元（ALU）加以解碼　(D)在執行階段，在指令解碼之後，控制單元送出工作命令到CPU中的組成元件。

(　　)　**6**　統一塑模語言（UML）中有關使用案例圖（use-case diagram）的描述，下列何者有誤？　(A)為使用者觀點（User View）中的主要工具　(B)代表使用者如何看待系統，顯示使用者如何與系統溝通　(C)有四種主要元件，分別為系統（system）、使用案例（use case）、演員（actor）及關係（relationships）　(D)關係代表演員與使用案例之間的關聯，一名演員僅能與一個使用案例有關，而一個使用案例可以給多名演員使用。

(　　)　**7**　假設計畫使用循環冗餘碼（CRC）進行錯誤檢查，並已確認使用多項式$G(X)=X^5+X+1$，當擬發送的原始位元資料為1101011111時，下列何者為加入CRC碼後的完整訊息？
(A)101111101011111　　　　(B)101011101011111
(C)110101111110111　　　　(D)110101111110101。

(　　)　**8**　有關於記憶體管理的描述，下列何者有誤？　(A)固定分割法（fixed partitioning）有內部碎片（internal fragmentation）問題　(B)需求分頁法（demand paging）已無外部碎片（external fragmentation）和內部碎片問題　(C)分頁法（paging）已改善外部碎片問題，但會有內部碎片問題　(D)動態分割（dynamic partitioning）有外部碎片問題。

（　）　**9** 當作業系統中有兩個處理程序各自擁有一個不可共享的資源，且互相要求對方擁有的資源，造成兩個程序互相等待的問題，這種現象稱為：　(A)死結（Deadlock）　(B)飢餓（Starvation）　(C)碰撞（Collision）　(D)競爭（Race Condition）。

（　）　**10** 假設一作業系統使用先來先做（first-come-first-serve，FCFS）的排程方式來選擇執行順序，若有四個行程（process）P1～P4，P1送達時間為1ms，執行時間為10ms，P2送達時間為0ms，執行時間為3ms，P3送達時間為3ms，執行時間為15ms，P4送達時間為4ms，執行時間為24ms，請問其平均等待時間為何？　(A)10ms　(B)9.5ms　(C)9ms　(D)8.5ms。

（　）　**11** 在關聯式資料庫中，若資料表內各屬性間存在部分相依性（partial dependency），則代表至少尚未完成哪一階段的正規化？　(A)1NF　(B)2NF　(C)3NF　(D)4NF。

（　）　**12** 結構化查詢語言（SQL）是標準的資料庫語言，廣泛使用於關聯式資料庫，包含了下列三個類型，請問以下「SQL語法」和「所屬類型」的配對，何者有誤？
資料定義語言（DDL）：定義資料庫、資料表、索引等資料庫物件
資料處理語言（DML）：用來處理資料庫的資料
資料控制語言（DCL）：用來控制資料庫的存取
(A)CREATE→DDL　　　　(B)SELECT→DML
(C)COMMIT→DML　　　　(D)GRANT→DCL。

（　）　**13** 假設某二元樹的中序追蹤（in-order traversal）字串為AIBHCGDFE，後序追蹤（post-order traversal）字串為ABICHDGEF，請問此二元樹的前序追蹤（pre-order traversal）所得字串為何？
(A)EFDGCHBIA　　　　(B)FGIHBACDE
(C)FGHIABCDE　　　　(D)FGHAIBDCE。

（　）　**14** 某陣列中若含有62筆資料，且已由小至大排序完成，若要由此陣列中尋找某一筆資料，則以二元搜尋法最多需比較幾次？　(A)7次　(B)6次　(C)5次　(D)4次。

（　）**15** 有關物件導向程式的主要特色，下列何者有誤？
(A)多型（polymorphism）　　(B)繼承（inheritance）
(C)封裝（encapsulation）　　(D)多執行緒（multithreading）。

（　）**16** 巨量資料（Big Data）分析目前蔚為風潮，其特性多以資料量（Volume）、資料輸出入速度（Velocity）及多樣性（Variety）等架構來觀察，請問多樣性（Variety）的主要內涵，下列何者正確？　(A)資料量大，甚至可達到TB或PB等級　(B)資料有大量偏差、偽造或異常，需分析過濾　(C)資料產生速度更快，也需要更即時　(D)結構化或非結構化等資料來源包羅萬象。

（　）**17** 一般程式語言編譯器功能之描述，下列何者有誤？
(A)詞彙分析（lexical analysis）
(B)語意分析（syntactic analysis）
(C)邏輯分析（logical analysis）
(D)產生目的碼（code generation）。

（　）**18** 假設有一顆傳統硬碟共有5000個磁柱（Cylinder），這些磁柱的編號依序由0開始至4999。目前磁碟讀寫頭正好在第500個磁柱的位置。在佇列中目前總共有8件工作要完成，這8件工作之開始磁柱位置依照抵達時間的先後順序分別是：86、100、305、4103、450、222、1080、5。如果我們使用最短尋找時間優先（Shortest-seek-time First）演算法，請問磁碟讀寫頭總共得移動多少磁柱距離？　(A)4372　(B)4593　(C)4705　(D)4883。

（　）**19** 下列何種應用最適合使用佇列（Queue）來解決？
(A)圖型（Graph）廣度優先走訪（Breadth-first Search）
(B)圖型（Graph）深度優先走訪（Depth-first Search）
(C)迷宮問題中記錄走過的路徑以便在碰到牆面時倒退回頭
(D)樹狀結構的中序走訪。

( ) **20** 有關於作業系統行程（Process）管理的敘述，下列何者有誤？
(A)為了追蹤所有行程的活動，作業系統在主記憶體內維護著行程表（Process Table） (B)若行程目前因外部事件而延遲（例如：等待I/O完成中……等），作業系統將把該行程狀態改為就緒（Ready）狀態 (C)在分時系統中，當分配時段（time slice）期滿後，作業系統將執行中斷處理常式（interrupt routine） (D)當中斷發出後，將強制執行中的行程交回控制權，作業系統將再從行程表中找出優先權最高的就緒行程來執行。

( ) **21** 下列何種元件的存取速度最快？ (A)固態硬碟（SSD） (B)動態隨機存取記憶體（DRAM） (C)暫存器（Register） (D)快取記憶體（Cache Memory）。

( ) **22** 資料庫的交易處理相關問題中，下列何項無法利用鎖定協定（Locking Protocol）來有效改善？
(A)資料加總錯誤（Incorrect summary）
(B)死結（Deadlock）
(C)更新遺失（Update lost）
(D)讀取未認可之資料（Uncommitted dependency）。

( ) **23** 有關匯流排（Bus）的敘述，下列何者有誤？ (A)CPU與記憶體通常由4組線路連接 (B)資料匯流排由數條線路組成，每一條一次傳送1位元。線路的數目取決於計算機所使用字組的大小，如果字組為32位元，則需要32條線路來傳送資料 (C)位址匯流排允許存取記憶體中特定的字組。位址匯流排線路的數目取決於記憶體位址空間，如果記憶體有$2^{32}$個字組，則位址匯流排需要32條線路來定址 (D)控制匯流排在CPU與記憶體之間傳送聯絡訊號。控制匯流排所使用的線路數目取決於計算機所需要的命令之總數量，如果一計算機有$2^5$個控制動作，則控制匯流排需要5條線路來指定不同的運算。

（　　）**24** 假設有一記憶體管理系統使用最久未使用法（Least Recently Used, LRU）來置換頁面（Page），系統內有三個空的頁框（Frame）來存放被置換進來的頁面資料，每個頁框可存放一個頁面的資料，若有一行程（Process）存取頁面的順序依次為頁面1、2、7、1、3、2、1、7、2，請問這過程中總共發生幾次頁面置換（Page replacement）？　(A)4　(B)5　(C)6　(D)7。

（　　）**25** 請問快速排序（Quick sort）屬於下列何種演算法類別？　(A)暴力法（Brute Force），對於可能的答案逐一嘗試　(B)貪婪法（Greedy Method），反覆使用資料的最大值和最小值來找出最佳解　(C)各個擊破法（Divide and Conquer），將問題分割為多個獨立小問題，解決後再合併最後解　(D)回溯法（Backtracking），逐一嘗試各種解，如不行則退回前步驟重新嘗試，直到最佳解。

（　　）**26** （10011111）$_2$與（10111101）$_2$的漢明距離（Hamming distance），下列何者正確？　(A)1　(B)2　(C)3　(D)4。

（　　）**27** 如果目的位址為201.47.34.56，子網路遮罩為255.255.240.0，下列子網路位址何者正確？　(A)201.47.31.0　(B)201.47.32.0　(C)201.47.33.0　(D)201.47.34.0。

（　　）**28** 下列何者屬OSI的實體層範圍？　(A)實體位址（Physical Address）　(B)訊框（Frame）包裝　(C)流量控制　(D)資料速率。

（　　）**29** 下列何者屬OSI的網路層範圍？　(A)訊框（Frame）包裝　(B)存取控制　(C)邏輯定址　(D)連線控制。

（　　）**30** 有關光纖（Optical Fiber）傳輸的優點，下列何者有誤？　(A)訊號衰減較低　(B)傳輸速度快　(C)布線容易　(D)不受電磁干擾。

（　　）**31** 巨量資料（Big Data）分析軟體Apache Spark本身是由下列何種語言所開發？　(A)Java　(B)C/C＋＋　(C)Python　(D)Scala。

（　　）**32** 下列何者之IP位址屬於多點傳送（Multicast）？　(A)221.0.0.1　(B)222.0.0.1　(C)223.0.0.1　(D)224.0.0.1。

（ ） **33** 有關IPV6表頭欄位，下列何者有誤？ (A)負載長度（Payload length） (B)表頭檢查總和（Checksum） (C)版本 (D)流量等級。

（ ） **34** 下列何種網路拓撲（Topology），當任何一個斷線或故障，將癱瘓所有傳輸？ (A)星狀（Star） (B)樹狀（Tree） (C)網狀（Mesh） (D)匯流排（Bus）。

（ ） **35** 下列何者為SSL（Secure Socket Layer）使用的通訊埠？ (A)440 (B)441 (C)442 (D)443。

（ ） **36** 有關乙太網路IEEE 802.3 CSMA/CD之特點，下列何者有誤？ (A)廣播式傳送 (B)平均分享頻寬使用 (C)不保證限時傳送 (D)簡單容易維護。

（ ） **37** 下列對SIP（Session Initiation Protocol）描述，何者正確？ (A)由國際電信聯盟ITU設計 (B)採用電話號碼定址 (C)與網際網路相容性高 (D)訊息格式為Binary。

（ ） **38** 下列何者為多工（Multiplexing）？ (A)一條通路和一條頻道 (B)一條通路和多條頻道 (C)多條通路和一條頻道 (D)多條通路和多條頻道。

（ ） **39** TCP建立連線需X路交握，而連線結束需Y路交握，下列XY何者正確？ (A)X＝3，Y＝3 (B)X＝4，Y＝4 (C)X＝3，Y＝4 (D)X＝4，Y＝3。

（ ） **40** 有關TCP壅塞控制之描述，下列何者有誤？ (A)緩慢啟動（Slow Start） (B)添加式增加（Additive Increase） (C)乘法式減少（Multiplicative decrease） (D)除法式減少（Divide decrease）。

## 解答與解析

**1 (C)**。$(121)_{10}=(171)_8$。

**2 (A)**。$(2.5+\frac{1}{8}+\frac{1}{8})_{10} \rightarrow (10.1+0.001+0.001)_2 \rightarrow (10.11)_2$。
省略小數第一位後的數值，$(10.1)_2 \rightarrow (2.5)_{10}$，故選(A)。

**3 (C)**。使用and運算子，0與1會顯示0，故使用and運算子，搭配遮罩00000111，會顯示00000110。

**4 (B)**。JPEG、MP3、MPEG採失真壓縮。

**5 (C)**。在解碼階段，CPU會將IR內的指令編譯成機器語言。

**6 (D)**。一個演員可與多個案例有關，一個案例可給多名演員使用。

**7 (D)**。運算後的CRC碼為10101，完整訊息為原始資料後再加上CRC碼，故為110101111110101。

**8 (B)**。需求分頁法是由軟體提出需要某頁資料時，再由虛擬記憶體載入主記憶體，但仍有內部碎裂的問題。

**9 (A)**。此現象稱為死結，常會造成當機的現象。

**10 (C)**。$\{3+(10+3)+[15+(10+3)]-(1+0+4+3)\}/4=9ms$。

**11 (B)**。2NF用來去除資料表與主鍵部分相依的欄位。

**12 (C)**。

| | 指令 |
|---|---|
| **DDL** | CREATE、ALTER、DROP |
| **DML** | INSERT、UPDATE、DELETE |
| **DCL** | GRANT、REVOKE、COMMIT、ROLLBACK |

故選項(C)錯誤。

**13 (C)**。由下列二元樹可看出使用前序追蹤法所得字串為FGHIABCDE。

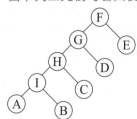

**14 (B)**。$2^6=64>62$，故知最多需搜尋6次。

**15 (D)**。物件導向程式具有封裝、繼承、多型、抽象等特性。

**16 (D)**。為資料多樣性的敘述。

**17 (C)**。編譯器功能不包含邏輯分析。

**18 (B)**。$(500-450)+(450-305)+(305-222)+(222-100)+(100-86)$
$+(86-5)+(1080-5)+(4103-1080)=4593$。

**19 (A)**。圖形廣度優先走訪適用佇列結構。

**20 (B)**。若行程因外部事件而延遲，則作業系統會中斷該行程執行。

**21 (C)**。存取速度由快到慢為：暫存器、快取記憶體、主記憶體、固態硬碟。

**22 (B)**。死結無法使用鎖定協定來分配兩個運算單元所需使用的資源。

**23 (A)**。CPU與記憶體會由使用用途來決定幾條線連結。

**24 (C)**。

| 第一次 | 1 | 1 |
|---|---|---|
| 第二次 | 2 | 12 |
| 第三次 | 7 | 127 |
| 第四次 | 3 | 327 |
| 第五次 | 1 | 317 |
| 第六次 | 2 | 312 |

故知總共需要六次頁面置換。

**25 (C)**。快速排序法是屬於各個擊破法。

**26 (B)**。10011111和10111101共有兩個位置數字不同，故知其漢明距離為2。

**27 (B)**。

|  | 換成二進位 |
|---|---|
| 目的為址201.47.34.56 | 11001001.00101111.00100010.00111000 |
| 遮罩255.255.240.0 | 11111111.11111111.11110000.00000000 |
| 取AND | 11001001.00101111.00100000.00000000 |
| 所求網路位址 | 201.47.32.0 |

**28 (D)**。資料傳輸速率為實體層的範圍。

**29 (C)**。邏輯定址為網路層的範圍。

**30 (C)**。光纖線路不容易布置。

**31 (D)**。Apache Spark由Scala所開發。

**32 (D)**。要找有最多位址的IP位址，故選224.0.0.1。

**33 (B)**。表頭檢查總合為IPV4的表頭欄位，其餘三項才為IPV6的表頭欄位。

**34 (D)**。網路拓墣的種類：

| 圖示 | 說明 |
|---|---|
| 星狀網路<br>Star Network 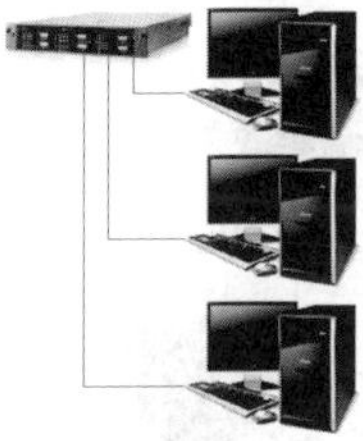<br> | 由主電腦指揮所有連接點 |
| 環狀網路<br>Ring Network <br> | 電腦連接成環狀 |
| 網狀網路<br>Mesh Network 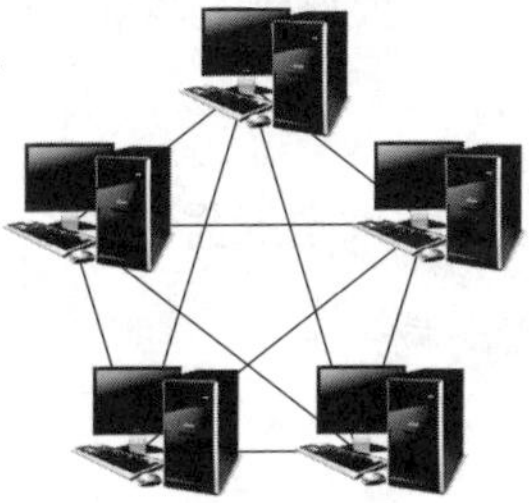<br> | 每部電腦做多對多連接 |

解答與解析

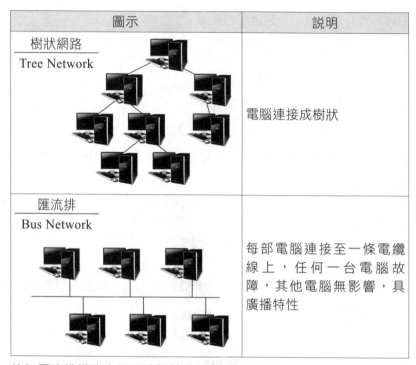

| 圖示 | 說明 |
|---|---|
| 樹狀網路<br>Tree Network | 電腦連接成樹狀 |
| 匯流排<br>Bus Network | 每部電腦連接至一條電纜線上，任何一台電腦故障，其他電腦無影響，具廣播特性 |

故知匯流排網路中間線路斷掉會影響所有網路。

**35 (D)**。SSL所使用的通訊埠為443。

**36 (B)**。IEEE 802.3網路架構不保證能分享頻寬。

**37 (C)**。SIP：會話初始化協議——是由IETF的MMUSIC工作組研發並應用於標準初始化、修改，以及終止的影片、語音、即時資訊傳送、線上遊戲以及虛擬現實等多媒體元件的互動用戶協議。故知SIP與網際網路相容性高。

**38 (B)**。多工為一條通路與多條頻道。

**39 (C)**。TCP建立連線需三路交握，結束連線需四路交握。

**40 (D)**。TCP壅塞控制不包含除法式減少。

## ▶ 107年桃園捷運新進人員（資訊類）

( 　 )　**1** 編寫程式的一般流程為何？　(A)編譯（Compile），執行（Execution），連接／載入（Link/Load）　(B)編譯，執行，連結／載入　(C)編譯，連結／載入，執行　(D)連結／載入，編譯，執行。

( 　 )　**2** 下列記憶體儲存裝置中，何者存取速度最慢？　(A)Hard Disk　(B)Cache　(C)Register　(D)Main Memory。

( 　 )　**3** 當我們把主網路網址255.255.255.2和子網路位址255.255.255.16做AND運算，其結果是　(A)255.255.255.0　(B)255.255.255.2　(C)255.255.255.8　(D)255.255.255.16。

( 　 )　**4** 下列何種機制使得Java能夠完成跨平台（Cross Platform）運作？　(A)物件導向　(B)虛擬機器　(C)多執行緒　(D)例外處理。

( 　 )　**5** 下列通訊網路相關的標準中，何者常被歸類為無線區域網路（WLAN）？　(A)RS485　(B)IEEE802.1Q　(C)IEEE802.3　(D)IEEE802.11。

( 　 )　**6** 下列何者最適合用來連接LAN（Local Area Network）與Internet，並能根據IP位址來傳送封包？　(A)路由器（Router）　(B)集線器（Hub）　(C)瀏覽器（Browser）　(D)中繼器（Repeater）。

( 　 )　**7** 下列有關電腦處理影像圖形的敘述，何者錯誤？　(A)數位影像的格式主要分為點陣影像與向量影像　(B)PhotoImpact影像處理軟體可以存檔成向量圖　(C)向量影像放大後，邊緣會出現鋸齒狀的現象　(D)向量影像是透過數學運算，來描述影像的大小、位置、方向及色彩等屬性。

( )　**8** 下列何者不是私有IP　(A)192.168.1.1　(B)172.16.15.7　(C)10.1.15.9　(D)163.13.1.159。

( )　**9** 在各種多媒體播放程式下，下列何種檔案非屬可播放的音樂檔案類型？　(A).wav　(B).mid　(C).mp3　(D).jpg。

( )　**10** 若要架設區域網路，下列何項設備最不需要？　(A)集線器　(B)終端機　(C)伺服器　(D)撥接用數據機。

( )　**11** 網際網路的IPV4位址長度係由多少位元所組成？　(A)16　(B)32　(C)64　(D)128。

( )　**12** 下列敘述何者正確？　(A)Unix是一種單人單工的作業系統　(B)Windows 8是一種多人多工的作業系統　(C)Windows Server 2008是一種專為智慧型手機設計的作業系統　(D)Linux是一種開放原始碼的作業系統。

( )　**13** 下列何者是個人電腦自伺服器發送E-mail時所採用的通訊協定？　(A)SMTP　(B)FTP　(C)POP3　(D)HTTP。

( )　**14** 下列哪一種駭客攻擊方式，是在瞬間發送大量的網路封包，癱瘓被攻擊者的網站及伺服器？　(A)無線網路盜連　(B)阻斷服務攻擊　(C)電腦蠕蟲攻擊　(D)網路釣魚。

( )　**15** RS-232C是一種非同步傳輸界面標準，試問其每一次可傳送多少位元（bit）？　(A)1　(B)2　(C)8　(D)16。

( )　**16** 下列何者為 Linux系統中所預設的管理者帳號？　(A)administrator　(B)system　(C)root　(D)superuser。

( )　**17** 下列那一種程式語言屬於物件導向語言？　(A)C　(B)PROLOG　(C)Java　(D)COBOL。

( )　**18** RS-232C界面是屬於　(A)類比信號傳輸　(B)調變設備　(C)串列傳輸　(D)並列傳輸。

( ) **19** 二進制數值1101010轉換為十六進制時，其值為？ (A)39 (B)8A (C)7A (D)6A。

( ) **20** 若已知網際網路中A電腦之IP為192.168.127.38，且子網路遮罩 （Subnet Mask）為255.255.248.0，下列哪一IP與A電腦不在同 一子網路（網段）？ (A)192.168.126.22 (B)192.168.125.33 (C)192.168.124.44 (D)192.168.128.11。

( ) **21** 在CPU執行到除零（Divided By Zero）的運算時會發生？ (A)內 部中斷 (B)直接記憶體存取 (C)外部中斷 (D)輪詢式I/O。

( ) **22** 下列那一項在磁碟機陣列中採RAID技術，其資料須經過同位元檢查 後儲存？ (A)RAID1 (B)RAID2 (C)RAID3 (D)RAID0＋1。

( ) **23** 下列何者為無線區域網路上介質存取控制層（MAC）所使用的 通訊協定？ (A)CSMA/CD (B)CSMA/CA (C)Token Passing (D)ALOHA。

( ) **24** 有關IPv4與IPv6的敘述，下列何者錯誤？ (A)IPv4的位址有32位 元 (B)IPv6的位址有128位元 (C)IPv4轉化為IPv6時，只要在前 方加入96位元的0即可 (D)IPv6的位址表示時，分成八組。

( ) **25** 電腦對於副程式的呼叫通常使用下列何種資料結構？ (A)樹（Tree） (B)堆疊（Stack） (C)佇列（Queue） (D)陣列（Array）。

---

**解答與解析** （答案標示為#者，表官方曾公告更正該題答案。）

**1 (C)**。 編寫程式一般流程為編譯，連結／載入，執行。

**2 (A)**。 各種記憶體資料存取速度比較：
Register>Cache>SRAM>DRAM>Hard Disk>CD，
故知硬碟的讀取速度最慢。

**3 (A)**。 01111111.01111111.01111111.00000010
01111111.01111111.01111111.00001000
AND後，01111111.01111111.01111111.00000000→255.255.255.0

**4 (B)**。 Java不同於一般的編譯語言或直譯語言。它首先將原始碼編譯成位元組碼，然後依賴各種不同平台上的虛擬機器來解釋執行位元組碼，從而實現了「一次編寫，到處執行」的跨平台特性。

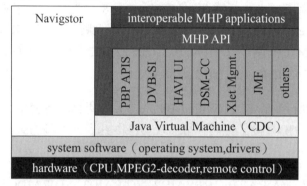

JAVA運作示意圖

**5 (D)**。 IEEE所建立的802專案，乃是於1980年2月2日所建立。目的在於因應不同區域網路需求所建立的裝置標準。以下是標準簡表：

| 標準 | 目標 |
|------|------|
| 802.1 | 擴張樹演算法，實體層網路管理標準。 |
| 802.2 | 邏輯鏈結控制LLC標準。 |
| 802.3 | 乙太網路Ethernet及CSMA標準。 |
| 802.3u | 高速乙太網路標準。 |
| 802.4 | 記號匯流排標準MAP Token-Passing Bus（Withdrawn）。 |
| 802.5 | 記號環網路標準 Token-Passing Ring。 |
| 802.6 | 都會網路DQDB標準MAN（Withdrawn）。 |
| 802.7 | 寬頻區域網路標準。 |
| 802.8 | 光纖網路標準（Draft）。 |
| 802.9 | 語音／數據整合標準（Withdrawn）。 |
| 802.10 | 網路安全標準（Withdrawn）。 |
| 802.11 | 通常以WiFi做為802.11的暱稱，為無線區域網路的標準。 |
| 802.12 | 100VG-AnyLAN標準（Withdrawn）。 |

| 標準 | 目標 |
|---|---|
| 802.13 | |
| 802.14 | 電纜數據機CATV。 |
| 802.15 | 無線個人網PAN Personal Area Network。 |
| 802.16 | WiMAX（802.16e），寬頻無線接入頻寬為75Mbps。 |
| 802.17 | 彈性分組環，可靠個人接入技術Resilient Packet Ring。 |
| 802.18 | |
| 802.19 | |
| 802.20 | Standard Air Interface for Mobile Broadband Wireless Access Systems Supporting Vehicular Mobility |
| 802.21 | Media Independent Handover Services |

**6 (A)**。路由器主要功能是選擇網路傳輸的最佳路徑，將資料傳送給接收端，但網路限制使用相同的通訊協定，例如均是使用TCP/IP協定，亦可用於阻隔廣播封包。

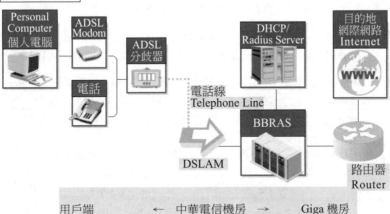

**7 (C)**。(C)向量影像放大後，邊緣不會出現鋸齒狀的現象。

**8 (D)**。現在私有IP（Private IP Address）範圍：
CLASS A：定義10.0.0.0/8；有效IP範圍10.0.0.1～10.255.255.254

CLASS B：定義172.16.0.0/12；有效IP範圍172.16.0.1～172.31.255.254
CLASS C：定義192.168.0.0/16；有效IP範圍192.168.0.1～192.168.255.254
故知163.13.1.159非私有IP。

**9 (D)**。jpg為圖形檔案格式。

**10 (D)**。區域網路不需撥接用數據機（modem）。

**11 (B)**。IPV4的格式為01111111.01111111.01111111.00000010，故知由32位元組成。

**12 (D)**。(A)UNIX是現行資訊界廣泛使用的多人多工作業系統，適用在工作站級以上的電腦。

(B)Windows 8因一次只能一個使用者登入，是一種單人多工的作業系統。

(C)Android是一種專為智慧型手機設計的作業系統。

**13 (A)**。SMTP：發信。
POP3：收信【可一次下載所有信件】。
IMAP：收信【可直接在主機上編輯郵件】。

**14 (B)**。此為阻斷服務攻擊。

**15 (A)**。一次可傳送1個位元。

**16 (C)**。Linux系統中所預設的管理者帳號為root。

**17 (C)**。物件導向程式語言包含Common Lisp、Python、C++、Objective-C、Smalltalk、Delphi、Java、Swift、C#、Perl、Ruby 與 PHP等。

**18 (C)**。RS-232標準中，字元是以一序列的位元串來一個接一個的串列（serial）方式傳輸，優點是傳輸線少，配線簡單，傳送距離可以較遠，其接腳如下圖所示：

| DE-9 Male（Pin Side） | DE-9 Female（Pin Side） |
|---|---|
| ------------- | ------------- |
| \ 1 2 3 4 5 / | \ 5 4 3 2 1 / |
| \ 6 7 8 9 / | \ 9 8 7 6 / |
| --------- | --------- |

**19 (D)**。$(1101010)_2 = (106)_{10} = (6A)_{16}$。

**20 (D)**。遮罩255.255.248.0 即為
11111111.11111111.11111000.00000000
IP 192.168.127.38中的127為01111111，但遮罩前五碼要與127的前五碼
一致（11111000），所以存在於同一子網路上，就代表IP前兩組數值必
須為192.168，第三個數值的二進制前五碼必須為01111XXX，第四組則
是任意值。

(A) 存在同子網路。192.168.126.22，前兩組數一致，第三組二進碼為
01111110，在同一子網路。
(B) 存在同子網路。192.168.125.33，前兩組數一致，第三組二進碼為
01111101，在同一子網路。
(C) 存在同子網路。192.168.124.44，前兩組數一致，第三組二進碼為
01111100，在同一子網路。
(D) 不同子網路。192.168.128.22，前兩組數一致，第三組二進碼為
10000000，不在同一子網路。

**21 (A)**。CPU執行到除零會發生內部中斷。

**22 (C)**。RAID 3：採用Bit－interleaving（數據交錯儲存）技術，它需要透過編
碼再將數據位元分割後分別存在硬碟中，而將同位元檢查後單獨存在一
個硬碟中，但由於數據內的位元分散在不同的硬碟上，因此就算要讀取
一小段數據資料都可能需要所有的硬碟進行工作，所以這種規格比較適
用於讀取大量數據時使用。

**23 (B)**。無線區域網路通訊協定是採用CSMA/CA。

**24 (C)**。(A) 正確，IPv4是2^32個位址，即32位元表示。
(B) 正確，IPv6主要是解決v4位址用罄問題，v6提供2^128個位址，即
128位元表示。
(C) 錯誤，IPv4及IPv6是完全不同的網路協定，不僅僅只是改位址就可
以使用IPv6，還必須要有設備支援IPv6通訊協定。
(D) 正確，IPv6定義為八組，每一組為16bit。

**25 (B)**。電腦對於副程式的呼叫通常使用堆疊結構（後進先出）
堆疊結構圖：（單向進出）

| ‖（資料）（資料）（資料）（資料） | ←→（資料） |

# 107年經濟部所屬事業機構新進職員（資訊類）

( ) **1** 0100和1100邏輯運算後的結果是1011，請問運算子為下列何者？
(A)AND (B)NOR (C)XOR (D)NAND。

( ) **2** 下列哪一個載入程式（Loader）是在載入階段進行繫結（Binding）工作？ (A)絕對載入程式（Absolute Loader） (B)重疊載入程式（Overlay） (C)動態連結載入程式（Dynamic Linking Loader） (D)直接連結載入程式（Direct Linking Loader）。

( ) **3** 若CPU之工作頻率為2.5GHz，則其時脈週期（Clock Cycle）應是下列何者？ (A)250ps (B)400ps (C)2.5ns (D)4ns。

( ) **4** 將配備2顆具有超執行緒（Hyper-Threading）功能CPU（每顆有6核心），記憶體128GB的實體主機虛擬化做資源共享，有關虛擬伺服器（VM）的資源配置，下列何者有誤？ (A)若可啟用超執行緒，可建立配置20顆虛擬CPU，16GB記憶體的VM1部 (B)若可啟用超執行緒，可建立配置20顆虛擬CPU，256GB記憶體的VM1部 (C)若不啟用超執行緒，可建立配置10顆虛擬CPU，16GB記憶體的VM5部 (D)若不啟用超執行緒，可建立配置4顆虛擬CPU，16GB記憶體的VM10部。

( ) **5** 戴斯卓拉（Dijkstra）提出銀行家演算法（Banker's Algorithm）是解決下列哪一項問題？ (A)Mutual Exclusion (B)Deadlock Recovery (C)Deadlock Avoidance (D)Indefinite Postponement。

( ) **6** 補習班老師要兩位同學「寫作業」，一位寫「數學作業」，另一位則寫「英文作業」，以物件導向程式設計觀點，是運用下列哪一種特性？ (A)封裝（Encapsulation） (B)繼承（Inheritance）(C)多型（Polymorphism） (D)屬性（Property）。

( ) **7** 下列哪一種螢幕用連接埠，是以類比方式來傳輸訊號？ (A)HDMI (B)D-Sub (C)DVI-D (D)Display Port。

（　） **8** 資料位元10101010，利用循環冗餘碼（CRC）技術傳送資料，若生成多項式為$X^4+X^2+X+1$，下列哪一個是產生的CRC code？　(A)1100　(B)1010　(C)0110　(D)0101。

（　） **9** 一個分頁系統（Paging System）之分頁表（Page Table）儲存在實體記憶體，實體記憶體與TLB（Translation Look-aside Buffer）的存取時間各為200ns及20ns，TLB失誤率（Miss Rate）是20%，若不考慮頁錯失（Page Fault），有效記憶體存取時間為下列哪一個？　(A)56ns　(B)220ns　(C)260ns　(D)380ns。

（　） **10** 使用雜湊函數h（key）＝1000＋key mod 11的雜湊法（Hash Method）將16、86、134、186、213、315、452、594八個數存入1000開始的11個位置，下列何者有誤？　(A)213存於位置1004　(B)16存於位置1005　(C)315存於位置1007　(D)86存於位置1010。

（　） **11** 在實體關係圖（ER Diagram）中使用下列哪一種圖形來代表屬性？　(A)橢圓形　(B)菱形　(C)矩形　(D)圓形。

（　） **12** 下列哪一種匯流排屬於並列傳輸介面？　(A)SAS　(B)SCSI　(C)SATA　(D)USB。

（　） **13** 有關虛擬記憶體之描述，下列何者有誤？　(A)經由作業系統的管理，程式可以不受主記憶體實際大小的限制　(B)不採用虛擬記憶體技術，程式無法在實際記憶體空間比程式小的狀況下執行　(C)採用頁替換法則時，頁框（Frame）個數增加，取頁失敗（Page Fault）次數不增反降，稱為畢雷帝異常現象（Belady's anormaly）　(D)最久未用的頁取代法（LRU），其策略符合局限性理論（Theory of Locality）。

（　） **14** 調低螢幕解析度，對於畫面中字型與視窗的影響，下列何者正確？　(A)字型與視窗都變大　(B)字型與視窗都變小　(C)字型變小、視窗變大　(D)視窗變小、字型變大。

( ) **15** 與迴圈（Loop）相比，下列哪一個不是使用遞迴（Recursive）的優點？ (A)程式可讀性高 (B)程式執行效率較高 (C)區域變數與暫存變數較少 (D)程式碼較短。

( ) **16** 指令之運算元欄的值，其意義在計算機指令集的各種定址模式各有不同，下列何者有誤？ (A)立即（Immediate）定址模式，是所要的資料值 (B)直接（Direct）定址模式，是資料存放於記憶體的實際位址 (C)間接（Indirect）定址模式，是有效位址（Effective Address）的位址值 (D)相對（Relative）定址模式，加上基底暫存器的值，是有效位址的位址值。

( ) **17** 下列哪一個屬於SQL的資料控制語言？ (A)SELECT (B)ALTER (C)UPDATE (D)COMMIT。

( ) **18** 下列哪一個編譯程式（Compiler）的最佳化過程與機器有關？ (A)布林表示式的最佳化（Boolean Expression Optimization） (B)刪除共同的副式子（Elimination Of Common Subexpression） (C)窺孔最佳化（Peephole Optimization） (D)不變計算移至迴圈外面（Loop Optimization）。

( ) **19** 下列以C語言呈現的語句，含有多少個單語（Token）？ If(a1>＝a2)b＝6； (A)9 (B)10 (C)11 (D)14。

( ) **20** 索引式配置（Indexed Allocation）是檔案在磁碟上使用之一種方式，下列何者有誤？ (A)每個檔案擁有自己的索引區塊（Index Block），所以不需連續區塊來儲存檔案 (B)索引區塊內含有一些指標（Pointer），藉以指向配置該檔案的區塊 (C)需要額外的空間來儲存索引區塊 (D)檔案大小不會影響索引區塊儲存空間的大小。

( ) **21** 螢幕上同一張照片，分別以解析度600dpi和300dpi的印表機輸出，前者面積是後者多少倍？ (A)1/4 (B)1/2 (C)2 (D)4。

( ) **22** 下列哪一個暫存器是用來紀錄CPU目前的執行狀態？ (A)程式計數器 (B)資料暫存器 (C)旗標暫存器 (D)指令暫存器。

( ) **23** 三個處理單元（Process）A、B、C其執行時間（Burst Time）分別為20、8、2，採先來先服務（FCFS）來排班，進入預備佇列的先後順序為A、B、C，下列何者有誤？ (A)平均等待時間（Waiting Time）＝16 (B)平均返轉時間（Turnaround Time）＝25 (C)FCFS屬於不可搶用（Non-preemptive）排班法 (D)FCFS發生護航效應（Convey Effect）時，會造成CPU與IO設備在某些時段使用率極低。

( ) **24** 在Windows 7作業系統中，下列何者可讓桌上型電腦主機繼續在省電狀態下執行？ (A)睡眠 (B)螢幕鎖定 (C)登出 (D)安全模式。

( ) **25** 有關記憶體DRAM描述，下列何者有誤？ (A)伺服器等級的DRAM具有ECC功能，可對資料做錯誤偵測與校正 (B)DDR3-1600的資料傳輸頻率是1600MHz (C)將相同標準不同速度的記憶體放在一起使用，實際速度會以最慢的那一條記憶體為準 (D)支援DDR3標準的主機板，不能插DDR4標準的記憶體，但可往前相容DDR2標準的記憶體。

---

**解答與解析**（答案標示為#者，表官方曾公告更正該題答案。）

**1 (D)**。此為先取AND，再取NOT，故選NAND。

**2 (D)**。載入時會進行外部函式的連結，故選(D)。

**3 (B)**。週期為頻率的倒數，$\dfrac{1}{2.5 \times 10^9} = 0.4(\text{ns}) = 400(\text{ps})$。

**4 (B)**。虛擬機記憶體大小不能大於實體機記憶體大小128MB，故選(B)。

**5 (C)**。銀行家演算法可避免死結的發生。

**6 (C)**。此為多型的特性，利用相同函式做不同的行為。

**7 (B)**。D-Sub以類比的方式來傳輸訊號。

**8 (A)**。101010100000除以10111，所得餘數為1100。

**9 (C)**。 $0.8 \times 220 + 0.2 \times 420 = 260(\text{ns})$ 。

**10 (D)**。(D)86應存於位置1009。

**11 (A)**。橢圓形用來代表屬性。

**12 (B)**。SCSI為並列傳輸介面；其餘為序列傳輸介面。

**13 (B)**。(B)仍可用動態載入的方式對原程式進行覆蓋。

(C)頁框（Frame）個數增加，取頁失敗（Page Fault）次數亦增加，稱為畢雷帝異常現象（Belady's anormaly）。

本題(B)(C)應皆有誤。

**14 (A)**。字體和視窗都會變大。

**15 (B)**。(B)程式使用迴圈執行效率高。

**16 (D)**。(D)基底定址模式，加上基底暫存器的值，是有效位址的位址值。

**17 (D)**。COMMIT屬於SQL的資料控制語言。

**18 (C)**。窺孔最佳化為一局部優化的方式，刪除冗餘的指令，加入CPU指令集，故與機器有關。

**19 (B)**。此題共有10個單語（token）。

**20 (D)**。(D)檔案大小會影響索引區塊儲存空間的大小。

**21 (A)**。 $\dfrac{300 \times 300}{600 \times 600} = \dfrac{1}{4}$ 。

**22 (C)**。旗標暫存器中的flag會紀錄CPU目前的執行狀態。

**23 (B)**。

| 程序名稱 | 優先權 | 所需計算時間 |
|---|---|---|
| A | 1 | 20 |
| B | 2 | 8 |
| C | 3 | 2 |

先來先服務排程法是依程序順序執行，如下圖所示。

```
|------A-----|---B----|-C-|
0           20       28
```

平均等待時間＝(0＋20＋28)/3＝16

平均返轉時間（Turnaround Time）＝26。

**24 (A)**。睡眠功能可讓桌上型電腦主機繼續在省電狀態下執行。

**25 (D)**。(D)DDR2與DDR3介面不相容。

# 107年台灣中油公司僱用人員

( ) **1** 要讓電腦能夠儲存與處理資料，必須先將資料轉換成電腦所能識別的0與1符號，請問由這兩種符號組成的程式語言稱為？ (A)組合語言 (B)程序導向語言 (C)機器語言 (D)查詢語言。

( ) **2** 某日緯澄查詢資料時，搜尋到一個合法登記機構網域名稱的類別為gov，請問該機構的性質為？ (A)教育機構 (B)軍方機構 (C)政府機構 (D)商業機構。

( ) **3** 公司要求明華寄送新產品型錄給合作廠商，請問他可以利用微軟開發Word軟體中的哪一項功能，以快速製作出大量內容相同，但抬頭、地址不同的文件？ (A)版面設定 (B)合併列印 (C)表格 (D)文繞圖。

( ) **4** 現在流行一種電子商務模式，就是透過消費者群聚的力量，要求廠商提供優惠價格，讓消費者進行「團購」，請問這是屬於何種類型的電子商務？ (A)B2B (B)B2C (C)C2C (D)C2B。

( ) **5** 下列何種印表機較適合用來列印多聯式、複寫單據，例如醫院、診所常用來複印藥單、繳費收據等文件？ (A)點矩陣印表機 (B)噴墨式印表機 (C)雷射式印表機 (D)熱昇華印表機。

( ) **6** 「iTaiwan」是行政院所推行的公共區域免費無線上網服務。請問此一服務最可能提供下列哪一種上網方式？ (A)cable modem (B)Wi-Fi (C)ADSL (D)專線。

( ) **7** 小威使用微軟所開發Word軟體，若欲將文件內的資料從2004改成$200^4$，下列哪一種操作方式最簡便？ (A)使用字型格式的上標效果 (B)修改字體大小 (C)使用特殊符號 (D)使用文字藝術師。

( ) **8** 小瑛購買一個1TB的硬碟，其容量等於下列何值？ (A)$2^{10}$ Bytes (B)$2^{20}$ Bytes (C)$2^{30}$ Bytes (D)$2^{40}$ Bytes。

（　）　**9** 曉瑩購買一款規格寫著大小是22吋的電腦螢幕，這22吋是指電腦螢幕的：　(A)垂直高度　(B)水平長度　(C)對角線長度　(D)垂直高度x水平長度。

（　）　**10** 如果想把電子郵件寄送給許多人，卻又不想讓收件者彼此之間知道你到底寄給哪些人，可以利用下列那一項功能完成？　(A)密件副本　(B)副本　(C)正本　(D)加密。

（　）　**11** 由任天堂公司、精靈寶可夢公司授權，於2016年7月起在iOS和Android平台上發布《精靈寶可夢GO》（Pokemon GO），是一款基於與現實地理地圖，並結合下列何種技術，讓玩家可以透過手機鏡頭將寶可夢與現實世界拼貼的遊戲？　(A)VR（Virtual Reality）　(B)AR（Augmented Reality）　(C)MR（Mixed Reality）　(D)CR（Cinematic Reality）。

（　）　**12** 湘婷的桌上型電腦CPU規格為AMD FX-9590 4.7GHz，請問其中4.7是表示CPU的何種規格？　(A)內部記憶體容量　(B)出廠序號　(C)電源電壓　(D)時脈頻率。

（　）　**13** 雅婷看到網路新聞報導OpenOffice軟體是採用GPL授權，根據以上報導，請問下列敘述何者有誤？　(A)OpenOffice可免費下載使用　(B)OpenOffice不具有著作權　(C)OpenOffice有開放原始碼　(D)GPL是一種自由軟體授權聲明。

（　）　**14** 鴻海企業資訊部門為避免因地震發生大樓倒塌，導致電腦內所有硬碟都一起毀壞而流失重要客戶及產品資料，所以使用下列哪一種裝置或機制對提升資訊安全最有成效？　(A)固態硬碟　(B)GPS　(C)不斷電系統　(D)異地備援。

（　）　**15** 小樺為學習「電腦輔助製造」課程，在家裡利用網際網路與學校老師進行視訊會議直接互動、討論問題。這是屬於下列哪一種型態的資訊應用？　(A)電腦輔助製造　(B)電子商務　(C)遠距教學　(D)電腦模擬訓練。

( ) **16** 孝全利用iPhone手機內建的32GB儲存容量，來儲存5部高畫質影片、460首MP3音樂、800張相片，假設每部影片平均佔用2.1GB的儲存容量、每首MP3音樂平均佔用5MB的空間大小、每張相片平均佔用1.28MB的空間大小，請問該台iPhone約剩餘多少儲存空間？ (A)18GB (B)18MB (C)20GB (D)20MB。

( ) **17** 下列哪一種軟體具有著作權，可以免費下載試用，若使用人認為適用，則應付費給原著作權人，才可取得完整版並合法使用權？
(A)免費軟體（freeware）
(B)共享軟體（shareware）
(C)公共財軟體（public domain software）
(D)自由軟體（free software）。

**解答與解析 »** » 答案標示為#者，表官方曾公告更正該題答案。

**1 (C)**。 由0與1組成的程式語言稱為機器語言。

**2 (C)**。 gov的性質為政府機構。

**3 (B)**。 利用微軟開發Word軟體中的合併列印功能，可快速製作出大量內容相同，但抬頭、地址不同的文件。

**4 (D)**。 此屬於C2B的電子商務。

**5 (A)**。 醫院、診所常用來複印藥單、繳費收據等文件使用點矩陣式列表機。

**6 (B)**。 「iTaiwan」為Wi-Fi上網方式。

**7 (A)**。 可使用字型格式的上標效果。

**8 (D)**。 $1TB = 2^{10}GB = 2^{20}MB = 2^{30}KB = 2^{40}Bytes$。

**9 (C)**。 22吋是指電腦螢幕的對角線長度。

**10 (A)**。 可使用密件副本。

**11 (B)**。 AR風景與人物使用現場拍攝的照片；VR所有風景與人物均使用3D建模。

**12 (D)**。 4.7是指CPU的時脈頻率。

**13 (B)**。 OpenOffice雖是自由軟體但仍具有著作權。

**14 (D)**。可使用異地備援，即資料備份的意思。

**15 (C)**。此為遠距教學的應用。

**16 (A)**。 $FreeSpace = 32 - 5 \times 2.1 - 460 \times 5 \times \dfrac{1}{1024} - 800 \times 1.28 \times \dfrac{1}{1024}$。

$= 32 - 10.5 - 2.246 - 1 = 18.254(GB)$。

**17 (B)**。共享軟體定義為軟體具有著作權，可以免費下載試用，若使用人認為適用，則應付費給原著作權人，才可取得完整版並合法使用權。

# ▶ 107年台灣自來水公司評價職位人員

## 壹、單選題

( )　**1** 印表機規格當中的「ppm」，指的是何種規格特性？　(A)列印速度　(B)列印解析度　(C)紙張尺寸　(D)色彩濃度。

( )　**2** 美國國家標準局制定的工業標準碼，稱為美國資訊交換標準碼，它的英文簡稱為何？　(A)EBCDIC　(B)BCD　(C)ASCII　(D)ANSI。

( )　**3** http://www.ntu.edu.tw:80/Chinese/LibResource/index.htm中，"www.ntu.edu.tw"是指定什麼？　(A)通訊埠編號　(B)通訊協定　(C)伺服器名稱　(D)伺服器類型。

( )　**4** 24（65.2）$_8$相當於十進制值為何？　(A)51.25　(B)53.25　(C)53.12　(D)52.12。

( )　**5** 下列何種記憶體的存取速度最快？　(A)RAM　(B)SSD固態硬碟　(C)轉盤式硬碟　(D)CPU內的暫存器。

( )　**6** 下列何者可以用來敘述CPU的計算速度？　(A)RPM　(B)DPI　(C)GB　(D)GHz。

( )　**7** 下列電腦編碼系統何者可以表示出最多的字元符號？　(A)Big5　(B)EBCDIC　(C)Unicode　(D)ASCII。

( )　**8** 下列通訊協定何者可用來解譯網域名稱？　(A)DNS　(B)NAT　(C)SMTP　(D)TCP。

( )　**9** 下列何者為TCP/IP架構中Internet layer之通訊協定？　(A)TCP　(B)IP　(C)UDP　(D)SNMP。

( )　**10** 下列無線通訊標準何者最適合應用於行動支付？　(A)ZigBee　(B)WiMAX　(C)NB-IoT　(D)NFC。

## 貳、多選題

( ) **1** 下列何者適合用來作為資料量龐大的大數據資料庫工具？
(A)MySQL　　　　　　　　(B)Neo4j
(C)MongoDB　　　　　　　(D)Google Cloud Bigtable。

( ) **2** 下列何者提供雲端儲存服務？
(A)Google Drive　　　　　(B)Dropbox
(C)Apple iCloud　　　　　(D)Microsoft OneDrive。

( ) **3** 關於搜尋引擎優化（SEO）和點閱計費（PPC）的敘述，下列何者正確？　(A)PPC是依照點閱次數計費　(B)PPC的關鍵字愈熱門就愈貴　(C)SEO適合臨時短期的活動　(D)SEO的目標是要提高自然排名。

( ) **4** 數位簽章可以提供哪些安全功能？　(A)訊息完整性　(B)私密性
(C)訊息來源鑑別　(D)不可否認性。

( ) **5** 下列何者具有數位簽章功能？
(A)AES（Advanced Encryption Standard）
(B)DSS（Digital Signature Standard）
(C)RSA
(D)ECDSA（Elliptic Curve Digital Signature Algorithm）。

---

**解答與解析**（答案標示為#者，表官方曾公告更正該題答案。）

## 壹、單選題

**1 (A)**。ppm指的是列印速度。

**2 (C)**。美國資訊交換標準碼簡稱為ASCII。

**3 (C)**。"www.ntu.edu.tw"指的是伺服器名稱。

**4 (B)**。$(65.2)_8 = 6 \times 8 + 5 + 2 \times 8^{-1} = (53.25)_{10}$。

**5 (D)**。存取速度：CPU內的暫存器>記憶體>SSD>轉盤式硬碟。

**6 (D)**。GHz可以用來敘述CPU的計算速度。

7 **(C)**。ASCII的局限在於只能顯示26個基本拉丁字母、阿拉伯數字和英式標點符號，因此只能用於顯示現代美國英語（且處理naïve、café、élite等外來語時，必須去除附加符號）。雖然EASCII解決了部分西歐語言的顯示問題，但對更多其他語言依然無能為力。因此，現在的軟體系統大多採用Unicode。

8 **(A)**。DNS可用來解譯網域名稱。

9 **(B)**。Internet layer（網路層）所使用的通訊協定為IP。

10 **(D)**。距離無線通訊（英語：Near-field communication，NFC），又簡稱近距離通訊或近場通訊，是一套通訊協定，讓兩個電子裝置（其中一個通常是行動裝置，例如智慧型手機）在相距幾公分之內進行通訊。NFC如同過去的電子票券智慧卡一般，將允許行動支付取代或支援這類系統。NFC應用於社群網路，分享聯絡方式、相片、影片或檔案。

## 貳、多選題

1 **(B)(C)(D)**。
Neo4j、MongoDB、Google Cloud Bigtable可作為大數據分析工具。

2 **(A)(B)(C)(D)**。
Google Drive、Dropbox、Apple iCloud、Microsoft OneDrive可將資料儲存於網路上（即雲端服務）。

3 **(A)(B)(D)**。
(C)SEO適合長期性質的活動。

4 **(A)(C)(D)**。
PKI利用交易雙方信任憑證管理中心，搭配金鑰對之產製及數位簽章等功能，即可經由憑證管理中心核發之電子憑證確認彼此的身分，提供資料隱密性、資料來源鑑定、資料完整性、交易不可否認性等四種重要的安全保障。

5 **(B)(C)(D)**。
(A)AES，Advanced Encryption Standard為高級加密標準。

# 108年桃園捷運新進人員（企劃資訊類）

( )　**1** 電腦對於副程式的呼叫通常使用下列何種資料結構？　(A)樹（Tree）
(B)堆疊（Stack）　(C)佇列（Queue）　(D)陣列（Array）。

( )　**2** 下列哪一個IP是不屬於私有IP？　(A)203.68.32.9　(B)192.168.1.1
(C)172.16.1.5　(D)10.1.15.7。

( )　**3** IPv4規格中，IP若為Class A，則HOST ID由幾個位元組所組成？
(A)1　(B)2　(C)3　(D)4。

( )　**4** 對堆疊（Stack）的敘述，下列何者為錯誤？　(A)其具有後進後
出的特性　(B)是一個有序串列（Ordered List）　(C)所有的加入
（Insertion）和刪除（Deletion）動作均在頂端（Top）進行　(D)
通常使用Push及Pop進行資料處理。

( )　**5** 設有一張Bitmap全彩影像，大小為800×600，每個像素以24位元
表示，欲透過10Mbps的網路傳輸，下列何者錯誤？　(A)網路傳
輸速度每小時為4.5G位元組（Bytes）　(B)網路傳輸速度每分鐘
為600M位元組（Bytes）　(C)傳輸時間不超過2秒　(D)整張影像
大小不超過1.44M位元組（Bytes）。

( )　**6** 下列何者不是對稱式加密方法？　(A)DES　(B)IDEA　(C)AES
(D)RSA。

( )　**7** 下列何者可正確且及時將資料庫複製於異地的資料庫復原方法？
(A)異動紀錄（Transaction Logging）　(B)電子防護（Electronic
Vaulting）　(C)遠端日誌（Remote Journaling）　(D)遠端複本
（Remote Mirroring）。

( )　**8** 下列敘述哪些為正確？　(A)UDP為連接導向協定　(B)TCP為連接
導向（Connection-oriented）協定　(C)IP為連接導向協定　(D)非
連接導向協定為可靠傳輸（Reliable Transmission）。

（　　）　**9** 下列哪個不是IPv6所具備之傳輸型態？　(A)單播（Unicast）　(B)任播（Anycast）　(C)群播（Multicast）　(D)廣播（Broadcast）。

（　　）　**10** 下列何者為ADSL所採用的錯誤控制技術？　(A)CRC（Cyclic Redundancy Check）　(B)Hamming Code　(C)FEC（Forward Error Correction）　(D)EC（Echo Cancellation）。

（　　）　**11** 下列對快取記憶體（Cache Memory）的敘述，何者有誤？　(A)是一種內容定址的記憶體（Content Addressable Memory）　(B)容量較一般主記憶體大　(C)價格較一般主記憶體高　(D)存取資料速度較主記憶體快。

（　　）　**12** 下列何者是採用半雙工的傳輸模式？　(A)電話　(B)擴音器　(C)收音機　(D)警用對講機。

（　　）　**13** 下列何種編碼具有錯誤更正的能力？　(A)同位元（Parity Bit）　(B)漢明碼（Hamming Code）　(C)EBCDIC碼　(D)BCD碼。

（　　）　**14** 下列何者為NAT（Network Address Translation）的用途　(A)組織內部私有IP位址與網際網路合法IP位址的轉換　(B)IP位址轉換為實體位址　(C)電腦主機與IP位址的轉換　(D)封包轉送路徑選擇。

（　　）　**15** LINUX系統中，目錄權限若設定為664，則其他使用者具有何種權力？　(A)列印子目錄內容　(B)新增子目錄　(C)切換子目錄　(D)沒有存取權力。

（　　）　**16** 下列何種網路應用使用UDP為傳輸層通訊協定？　(A)HTTP　(B)SMTP　(C)FTP　(D)DNS。

（　　）　**17** 用來加強兩個網路間的存取控制策略的網路安全系統，是下列哪一項？　(A)加密處理　(B)虛擬私有網路　(C)防火牆　(D)存取控制系統。

（　　）　**18** 在磁碟機陣列中採RAID技術，其資料須經過Hamming Code編碼後儲存的，為下列哪一項？　(A)RAID1　(B)RAID2　(C)RAID5　(D)RAID0＋1。

（ ） **19** 用來將名稱轉換為IP位址的是下列哪一項？ (A)Proxy (B)DNS (C)Gateway (D)Mail server。

（ ） **20** 掃描器以解析度200dpi的256灰階模式掃描一張5英吋×4英吋的文件，請問掃描後之文件影像共有多少Bytes？ (A)4,000 (B)800,000 (C)1,536,000 (D)460,800,000。

（ ） **21** 若資料有1000筆，採用二元搜尋法去搜尋所需最大次數為多少？ (A)10 (B)12 (C)20 (D)1000。

（ ） **22** 下列哪種電腦病毒是隱藏於Office軟體的各種文件檔中所夾帶的程式碼？ (A)開機型病毒 (B)電腦蠕蟲 (C)巨集型病毒 (D)特洛伊木馬。

（ ） **23** 下列對於電腦系統中所使用到的匯流排（Bus）的敘述，何者錯誤？ (A)資料匯流排（Data Bus）的訊號流向通常是雙向的 (B)一般位址匯流排（Address Bus）可以定址的空間大小就是主記憶體的最大容量 (C)控制匯流排用來讓CPU控制其他單元，訊號流向通常是單向的 (D)位址匯流排（Address Bus）的訊號流向通常是雙向的。

（ ） **24** 某網站的網址為「https://www.knuu.com.tw」，這表示該網站使用了何種網路安全機制？ (A)SET（Secure Electronic Transaction）(B)SSL（Secure Socket Layer） (C)防火牆（Firewall） (D)SATA（Serial Advanced Technology Attachment）。

（ ） **25** 下列哪一個運算式的執行結果與其它三個不同？ (A)NOT(16>15) (B)(12<=11)OR(150>100) (C)(12<=11)XOR(120>100) (D)(16>15)AND(150>100)。

（ ） **26** 編寫程式的一般流程為何？ (A)編譯（Compile），執行（Execution），連接/載入（Link/Load） (B)編譯，執行，連結/載入 (C)編譯，連結/載入，執行 (D)連結/載入，編譯，執行。

( ) **27** 在物件導向的程式設計中，子類別會具備父類別的基本特性（包括屬性和方法），此種特性稱為： (A)封裝性 (B)抽象性 (C)繼承性 (D)多態性。

( ) **28** 若某支程式必須連結使用相關的副程式，則下列何者是編譯及執行該程式的正確流程？ (A)編譯→載入→執行 (B)連結→執行→翻譯 (C)編譯→連結→載入→執行 (D)編譯→載入→連結→執行。

( ) **29** 下列何者不屬於高階程式語言？ (A)BASIC (B)C++ (C)COBOL (D)ssembly。

( ) **30** 在物件導向程式語言中，子類別（subclass）會分享父類別（superclass）所定義的結構與行為，下列何者最能描述此種特性？ (A)封裝（encapsulation） (B)繼承（inheritance） (C)多型（polymorphism） (D)委派（delegation）。

( ) **31** 關於物件導向的基本觀念，以下哪一敘述是錯誤的： (A)繼承（Inheritance）的觀念是類別與物件之間的關係，每個物件會繼承類別的屬性與操作 (B)多型（Polymorphism）的觀念是允許不同的類別去定義相同的操作，等程式執行時再根據訊息的類型來決定執行此操作的物件 (C)封裝（Encapsulation）的觀念是將物件的實作細節隱藏，外界僅能透過訊息傳遞要求該物件的操作提供服務 (D)分類（Classification）的觀念是類別之間的關係，父類別是子類別的一般化，子類別是父類別的特殊化。

( ) **32** 關於機器語言及組合語言在不同運算晶片的架構中使用時，下列敘述何者正確？ (A)需使用相同的機器語言和相同的組合語言 (B)需使用相同的機器語言和不同的組合語言 (C)需使用不同的機器語言和相同的組合語言 (D)需使用不同的機器語言和不同的組合語言。

( ) **33** 若邏輯運算子的優先順序由高而低依序為NOT，AND與OR，不論運算元X與Y邏輯值為何，運算式NOT（X AND NOT Y）的邏輯值均與下列哪個運算式的邏輯值相同？ (A)NOT X AND Y (B)NOT X AND NOT Y (C)NOT X OR NOT Y (D)NOT X OR Y。

( ) **34** 開發程式的過程中，常會用到(1)編譯程式（compiler），(2)載入程式（loader），(3)連結程式（linker），(4)編輯程式（editor）來處理所開發的程式，這些軟體使用依序為何？ (A)(1)(2)(3)(4) (B)(4)(3)(2)(1) (C)(4)(1)(2)(3) (D)(4)(1)(3)(2)。

( ) **35** 在物件導向設計中，相同性質的物件（Objects）可以集合成為： (A)屬性（Attributes） (B)群集（Aggregation） (C)類別（Classes） (D)訊息（Messages）。

( ) **36** 在Visual Basic敘述中，若a代表關係運算式，b代表邏輯運算式，c代表算術運算式，則此三種運算式執行的優先順序是 (A)cab (B)abc (C)cba (D)bca。

( ) **37** 下列哪一個程式語言具有「物件導向」的相關特性？ (A)COBOL (B)Visual Basic.NET (C)FORTRAN (D)BASIC。

( ) **38** 假設邏輯運算中，1代表真、0代表假，則邏輯式子Not 8 > 12 And 6 < 4＋5的結果為 (A)0 (B)1 (C)0＋1 (D)無法確定。

( ) **39** 若A ＝ –1：B ＝ 0：C＝1，則下列邏輯運算的結果，何者為真？ (A)A < B Or C < B (B)A > B And C > B (C)(B－C)＝(B－A) (D)(A－B)< >(B－C)。

( ) **40** 下列何者不是直譯程式（Interpreter）的優點？ (A)執行效率高 (B)可即時修正語法錯誤 (C)容易學習 (D)翻譯速度較快。

( ) **41** 在下列的選項中，何者結合副程式與資料，以作為抽象資料型態的基礎？ (A)封裝 (B)繼承 (C)指標 (D)多型。

( ) **42** 下列有關高階與低階電腦程式語言的比較，何者正確？ (A)高階語言程式撰寫比較困難 (B)低階語言程式執行速度較快 (C)高階語言程式除錯比較困難 (D)低階語言程式維護比較容易。

( ) **43** 當程式設計師以物件導向方式開發一個『校務行政課程管理系統』時，下列何者通常不會以類別（class）來表示？ (A)學生 (B)教師 (C)課程 (D)姓名。

( ) **44** 下列哪一種程式具有機器依賴的特性，意即電腦機型不同，就無法執行？ (A)程序性語言 (B)應用軟體語言 (C)物件導向語言 (D)機器語言。

( ) **45** 以下那一種程式語言不具有可攜性（portability）而且不具有機器無關性（machine independent）？ (A)BASIC (B)C++ (C)FORTRAN (D)Assembly language。

( ) **46** 在下列物件導向語言的特性中，哪一種特性是指每一個物件都包含許多不同「屬性」及眾多針對不同「事件」而回應的「方法」？ (A)抽象性 (B)多型性 (C)繼承性 (D)封裝性。

( ) **47** 在Visual Basic的哪一種工作模式下，可佈建控制物件及撰寫程式碼？ (A)中斷模式 (B)設計模式 (C)執行模式 (D)標準模式。

( ) **48** 在Visual Basic程式語言中，邏輯運算子NOT，代表何種運算？ (A)或 (B)互斥或 (C)非 (D)且。

( ) **49** 在Visual Basic中，哪一個變數會佔用較多的記憶體空間？ (A)單精度變數 (B)整數變數 (C)倍精度變數 (D)布林變數。

( ) **50** 使用直譯器（interpreter）將程式翻譯成機器語言的方式，下列敘述何者正確？ (A)直譯器與編譯器（compiler）翻譯方式一樣 (B)先將整個程式翻譯成目的碼再執行 (C)在鍵入程式的同時，立即翻譯並執行 (D)依行號順序，依序翻譯並執行。

**解答與解析**（答案標示為#者，表官方曾公告更正該題答案。）

**1 (B)**。堆疊結構圖：（單向進出）

| ‖（資料）（資料）（資料）（資料） | ←→（資料） |
|---|---|

對於副程式的呼叫通常使用堆疊。

**2 (A)**。現在私有IP（Private IP Address）範圍
CLASS A定義10.0.0.0/8 有效IP範圍10.0.0.1~10.255.255.254
CLASS B定義172.16.0.0/12有效IP範圍172.16.0.1~172.31.255.254
CLASS C定義192.168.0.0/16有效IP範圍192.168.0.1~192.168.255.254。

**3 (C)**。Class A。

| 實際位元值 | 0 | netid | hostid |
|---|---|---|---|
| 佔用位元數 | 1 | 7 | 24 |

**4 (A)**。(A)堆疊具有先進後出的特性。

**5 (B)**。(B)網路傳輸速度每分鐘為 $\dfrac{10 \times 60}{8} = 75M$ 位元組（Bytes）。

**6 (D)**。RSA是一種非對稱式加密演算法，其安全性依賴於因素分解，到目前為此只有短的RSA才可能被強力方式破解。

**7 (D)**。遠端複本（Remote Mirroring）可正確且及時將資料庫複製於異地的資料庫復原方法。

**8 (B)**。TCP/IP通訊協定是目前Internet使用最廣泛的主要通訊協定，其階層架構如下圖所示：

| APPLICATION | Telnet | FTP | Gopher | SMTP | HTTP | Finger | POP | DNS | SNMP | RIP | Ping | | |
|---|---|---|---|---|---|---|---|---|---|---|---|---|---|
| TRANSPORT | TCP | | | | | | | | UDP | | ICMP | OSPF | |
| INTERNET | IP | | | | | | | | | | | | ARP |
| NETWORK INTERFACE | Ethernet | Token Ring | FDDI | X.25 | | Frame Relay | SMDS | ISDN | ATM | SLIP | PPP | | |

**9 (D)**。廣播（Broadcast）不是IPv6所具備之傳輸型態。

**10 (C)**。FEC（Forward Error Correction）為ADSL所採用的錯誤控制技術。

**11 (B)**。快取記憶體容量較一般主記憶體小。

**12 (D)**。依通訊方向可分：

| 方向 | 特性 | 應用實例 |
|------|------|----------|
| 單工傳輸<br>Simplex | 資料只能單方向傳輸 | 廣播 |
| 半雙工傳輸<br>Half-Duplex | 資料能單方向傳輸 | 無線電對講機 |
| 全雙工傳輸<br>Full-Duplex | 資料可以同時雙方向傳輸 | 電話 |

**13 (B)**。(B)在電信領域中，漢明碼（英語：hamming code），也稱為海明碼，是（7,4）漢明碼推廣得到的一種線性錯誤更正碼。

**14 (A)**。NAT就是用在實體IP對應私有IP，透過NAT，該電腦可於網際網路上顯示為實體IP，其他電腦可透過這個IP與區網內部的私有IP電腦溝通。

**15 (A)**。其他人可列印子目錄內容。

**16 (D)**。DNS網路應用使用UDP為傳輸層通訊協定。

**17 (C)**。用來加強兩個網路間的存取控制策略的網路安全系統稱為防火牆。

**18 (B)**。RAID 2：這是RAID 0的改良版，以漢明碼（Hamming Code）的方式將數據進行編碼後分割為獨立的位元，並將數據分別寫入硬碟中。因為在數據中加入了錯誤修正碼（ECC，Error Correction Code），所以數據整體的容量會比原始數據大一些，RAID2最少要三台磁碟機方能運作。

**19 (B)**。用來將名稱轉換為IP位址稱為DNS。

**20 (B)**。$200 \times 200 \times 5 \times 4 = 800000(Bytes)$。

**21 (A)**。$\log_2 1000 \approx 10$（次）。

**22 (C)**。巨集型病毒通常隱藏於各種Office文件中。

**23 (D)**。匯流排僅有位址匯流排是單向的，主要用於CPU要指定存取哪一個記憶體資源，IO如果要跟CPU溝通，僅使用控制匯流排即可，資料匯流排因為有存取的需要，所以也是雙向的。

**24 (B)**。(B)安全通訊協定（英語：Secure Sockets Layer，縮寫：SSL）是一種安全協定，目的是為網際網路通訊提供安全及資料完整性保障。

**25 (A)**。(A)計算結果為False，故與其他三者不同。

**26 (C)**。編寫程式的一般流程為編譯，連結／載入，執行。

**27 (C)**。在物件導向的程式設計中，子類別會具備父類別的基本特性（包括屬性和方法），此種特性稱為繼承性。

**28 (C)**。副程式編譯及執行該程式的正確流程為編譯→連結→載入→執行。

**29 (D)**。(D)assembly組合語言為低階程式語言。

**30 (B)**。此特性稱為繼承。

**31 (D)**。物件導向只有三個特性，封裝、繼承、多型。沒有包含分類。

**32 (D)**。需使用不同的機器語言和不同的組合語言。

**33 (D)**。根據笛摩根定律來化簡。

$\sim$(X and $\sim$Y)括號去掉$\sim$X or Y，答案就是(D)。

**34 (D)**。編輯程式→編譯程式→連結程式→載入程式。

**35 (C)**。在物件導向設計中，相同性質的物件（Objects）可以集合成為類別。

**36 (A)**。優先順序：算術運算式>關係運算式>邏輯運算式。

**37 (B)**。Visual Basic.NET具有「物件導向」特性。

**38 (B)**。(True. and True.)＝True.＝1。

**39 (A)**。A < B Or C < B即－1 <0 Or 1 <0。

**40 (A)**。(A)直譯程式執行效率較編譯程式低。

**41 (A)**。封裝的意義，就是將成員變數（資料）與成員方法（副程式）封裝於物件內管理，並對應到現實生活的屬性資料，所以是封裝。

**42 (B)**

**43 (D)**。姓名通常不以類別來表示。

**44 (D)**。機器語言具有機器依賴的特性，意即電腦機型不同，就無法執行。

**45 (D)**。Assembly language（組合語言）不具有可攜性（portability）而且不具有機器無關性（machine independent）。

**46 (D)**。此稱為物件的封裝性。

解答與解析

**47 (B)**。 Visual Basic的設計模式下，可佈建控制物件及撰寫程式碼。

**48 (C)**。 程式語言中，邏輯運算子NOT，代表非（不是）運算。

**49 (C)**。 倍精度變數會佔用較多的記憶體空間。

**50 (D)**。 直譯器會依行號順序，依序翻譯並執行。

## 108年台北捷運新進人員（資訊類）

( ) **1** 下列有關複雜指令集（CISC）架構的描述，何者為非？ (A)指令多且複雜 (B)指令字長度不相等 (C)複雜指令集編譯器效率，較精簡指令集編譯器高 (D)指令可執行若干低階操作。

( ) **2** 下列何者，不是馮‧諾伊曼結構（von Neumann architecture）中央處理器運作的階段？ (A)Fetch (B)Encode (C)Decode (D)Execute。

( ) **3** 有關FAT檔案系統的描述，下列何者有誤？ (A)FAT可以透過磁碟重組來保持效率 (B)FAT32單一檔案大小上限為4GB (C)exFAT單一檔案大小上限為4GB (D)SDXC記憶卡規格使用exFAT。

( ) **4** 若十六進位數字ED轉成二進位表示為11101101，則十六進位數字BC轉成二進位表示，下列何者為是？ (A)10101011 (B)11011100 (C)01111000 (D)10111100。

( ) **5** 下列哪一種端子，傳輸的是類比訊號？ (A)HDMI (B)D-SUB (C)DVI (D)DisplayPort。

( ) **6** 關於佇列（queue）的描述，下列何者有誤？ (A)Last-In-First-Out (B)可用linked list來完成 (C)在佇列後端插入 (D)在佇列前端進行刪除。

( ) **7** 關於雜湊表（Hash table）的描述，下列何者有誤？ (A)根據鍵值找到存儲位置 (B)開放定址法可以用來處理衝突 (C)降低尋找速度 (D)不同關鍵字可能映射到相同的雜湊地址。

( ) **8** 關於二分搜尋演算法的描述，下列何者有誤？ (A)時間複雜度為$O(\log_2 n)$ (B)二分搜尋使用二元搜尋樹（binary search tree）結構 (C)當資料夠多時，二分搜尋快過線性搜尋 (D)資料無須事先被排序。

( ) **9** 在最壞的情況之下，二元搜尋樹的效率是為下列何者？ (A)$O(n\log_2 n)$ (B)$O(l)$ (C)$O(n)$ (D)$O(\log_2 n)$。

(　　) **10** 樹的深度優先搜尋之前序（Pre-order）遍歷，順序為何？ (A)根節點－左子樹－右子樹 (B)左子樹－根節點－右子樹 (C)左子樹－右子樹－根節點 (D)右子樹－根節點－左子樹。

(　　) **11** 下列何者不是物件導向程式語言之主要特性？ (A)繼承 (B)封裝 (C)多型 (D)同步。

(　　) **12** 下列程式語言，何者不是高階程式語言？ (A)Java (B)x86 assembly (C)Fortran (D)Perl。

(　　) **13** 下列程式語言，何者不使用直譯器？ (A)Java (B)Python (C)Ruby (D)Perl。

(　　) **14** 下列何者為C語言函式，傳回字串長度？ (A)strcpy (B)lencat (C)strlen (D)strcmp。

(　　) **15** 下列何者是與動態記憶體配置無關的C語言指令？ (A)malloc (B)calloc (C)free (D)return。

(　　) **16** 下列何者是配置記憶體空間並初始化為0的C語言指令？ (A)malloc (B)calloc (C)free (D)return。

(　　) **17** 下列何者是可以增減調整配置記憶體空間的C語言指令？ (A)malloc (B)calloc (C)realloc (D)memset。

(　　) **18** 有關C++語言的描述，下列何者有誤？ (A)一個子類別無法同時繼承多個父類別 (B)支援運算子多載 (C)支援虛擬函式 (D)支援命名空間。

(　　) **19** 下列何者，不是C++語言的繼承型式？ (A)public (B)private (C)protected (D)relative。

(　　) **20** 以下何者，不可以是C語言函式的回傳型態（return type）？ (A)void (B)int [] (C)int * (D)int **。

(　　) **21** 下列何者不是C語言的關鍵字（keywords）？ (A)void (B)switch (C)station (D)short。

（　）**22** 下列何者不是物件導向程式語言？　(A)C　(B)C++　(C)Java　(D)JavaScript。

（　）**23** 有關載波偵聽多路存取（CSMA/CD）的描述，下列何者有誤？　(A)使用於乙太網路　(B)碰撞發生時立即停止傳送　(C)傳送前偵聽媒介，確認媒介空閒時才開始傳送　(D)接收到許可（token）後能開始傳送。

（　）**24** 下列何者，負責取得目的地伺服器網址（IP address）？　(A)應用層　(B)傳輸層　(C)網路層　(D)表達層。

（　）**25** 開放式系統互連通訊模型（Open System Interconnection Model）將網路結構分為七層，不包含下列何者？　(A)Physical Layer　(B)Data Link Layer　(C)Communication Layer　(D)Transport Layer。

（　）**26** 網際網路SSH（Secure Shell）使用下列何者埠號（port number）？　(A)11　(B)22　(C)33　(D)44。

（　）**27** 下列何者不是封包在網路中的傳輸方式？　(A)Unicast　(B)Broadcast　(C)Multicast　(D)Typecast。

（　）**28** 有關開放式系統互連通訊模型（Open System Interconnection Model）資料連結層（Data Link Layer）的描述，下列何者有誤？　(A)位於OSI模型表達層（Presentation Layer）與傳輸層（Transport Layer）之間　(B)是OSI模型第二層　(C)處理傳輸媒介衝突問題　(D)加入檢查碼為本層工作。

（　）**29** 有關開放式系統互連通訊模型（Open System Interconnection Model）網路層（Network Layer）的描述，下列何者有誤？　(A)提供尋址的功能　(B)是OSI模型第三層　(C)依靠IP位址進行通訊　(D)決定最佳路徑。

（　）**30** 有關公開金鑰加密（Public-key cryptography）的描述，下列何者有誤？　(A)私有密鑰用於解密　(B)公開密鑰用於加密　(C)加密與解密使用同一密鑰　(D)也稱為非對稱加密。

（　　）**31** 有關數位簽章的描述，下列何者有誤？　(A)簽名時使用私鑰　(B)驗證簽名時使用公鑰　(C)完成數位簽章的文件，可以容易被驗證　(D)簽名者必須提供私鑰給驗證者。

（　　）**32** 下列HTML標籤，何者不是屬於區塊級（block level）元素？(A)\<li\>　(B)\<h1\>　(C)\<a\>　(D)\<div\>。

（　　）**33** 下列何者不是HTML5所推出的新標籤？　(A)\<span\>　(B)\<svg\>(C)\<canvas\>　(D)\<video\>。

（　　）**34** 全球資訊網（WWW）使用下列何者協定？　(A)POP3　(B)FTP(C)IMAP　(D)HTTP。

（　　）**35** 有關五大碼（Big5）的描述，下列何者有誤？　(A)普遍使用於繁體中文地區　(B)使用雙位元組　(C)屬於中文交換碼　(D)收錄到CNS11643國家中文標準交換碼。

（　　）**36** 有關電腦數值系統的描述，下列何者有誤？　(A)十進位數字0.1（十分之一），可以被二進位浮點數精確表示　(B)單精度浮點數通常使用4個位元組　(C)雙精度浮點數通常使用8個位元組　(D)整數的運算速度，通常比浮點數的運算速度快。

（　　）**37** 有關USB Type-C的描述，下列何者有誤？　(A)屬於序列匯流排(B)外觀上下對稱，無須區分正反面　(C)可用於電子產品充電(D)不可外接螢幕。

（　　）**38** 將位元1001與位元1100做XOR的位元計算，其結果為何？(A)0000　(B)1000　(C)0101　(D)1101。

（　　）**39** 下列何種資料儲存裝置的資料存取速度最快？　(A)SSD　(B)RAM　(C)Disk　(D)CPU Cache。

（　　）**40** 在平均情況之下，快速排序（quicksort）演算法效率為何？　(A)$O(n \log_2 n)$　(B)$O(l)$　(C)$O(n)$　(D)$O(\log_2 n)$。

( ) **41** 關於堆疊（stack）的描述，下列何者有誤？ (A)可用一維陣列來完成 (B)可用linked list來完成 (C)基本操作包含push與pop (D)First In First Out。

( ) **42** 下列C語言，何者不是宣告一個指標變數？ (A)int p; (B)int *p; (C)int **p; (D)int ***p;。

( ) **43** 下列C語言函式正規參數（formal parameter）的資料型態，何者使用傳值(call by value)方式？ (A)int (B)int [] (C)int * (D)int **。

( ) **44** 下列何者，不屬於原始碼到目的碼的編譯工作流程？ (A)直譯程式 (B)編譯程式 (C)組譯程式 (D)預處理器處理。

( ) **45** C語言的break Statement，不能使用在以下何者敘述？ (A)for (B)if (C)switch (D)while。

( ) **46** 當前的階層式樣式表第三版CSS3，無法使用下列何者方式指定色彩？ (A)color names (B)RGB (C)HEX (D)CMYK。

( ) **47** 有關JavaScript語言的描述，下列何者有誤？ (A)屬於直譯語言 (B)屬於寬鬆型態 (C)不支援物件導向 (D)包括文件物件模型DOM。

( ) **48** 下列何者不是HTML網頁使用層疊樣式表（CSS）的方式？ (A)internal (B)external (C)inline (D)citation。

( ) **49** 有關超本文標記語言（HTML），下列何者是超連結（Hyperlinks）？ (A)<a> (B)<p> (C)<li> (D)<ul>。

( ) **50** 有關數位浮水印（Digital Watermarking）的描述，下列何者有誤？ (A)可應用紀錄拍攝光圈資訊於數位影像中 (B)隱藏式浮水印可用於保護版權 (C)浮現式浮水印在檢視數位影像時可被觀察 (D)數位音訊訊號無法被加入數位浮水印。

## 解答與解析 （答案標示為#者，表官方曾公告更正該題答案。）

**1 (C)**。 CISC為Complex Instruction Set Computing的縮寫，意即複雜的指令及計算，多數出現於多工的個人電腦CPU，如為了多媒體計算所支援的MMX指令集，指令越複雜，硬體工作效率越低，但支援功能眾多。

**2 (B)**。 von Neumann architecture僅使用三個步驟Fetch、Decode及Execute，這是電腦內部最基本的三個步驟。

**3 (C)**。 exFAT單一檔案大小為2的64次方-1位元組，非4GB為2的32次方。

**4 (D)**。 4組一切，B為1011，C為1100，故答案為10111100。

**5 (B)**。 HDMI有數位及類比。
D-SUB僅類比。
DVI僅數位。
DisplayPort僅數位。

**6 (A)**。 如同生活的排隊，先排隊的先刪除，後排隊的後加入，所以是先進先出Fist-In-First-Out。

**7 (C)**。 雜湊的目的就是不需要尋訪所有資料，根據雜湊值就可對應儲存位址，進而加速搜尋資料。

**8 (D)**。 二分搜尋法需要先將資料排序好，並透過二元樹進行對半區分尋找，猜數字遊戲0～1000最差只需要10次便可找到指定的數字（2的10次方就是1024）。

**9 (C)**。 改良後的二元搜尋樹可將最差的情況就是2的次方數（1024個數字，猜了第10次才猜中，不會猜1024次），也就是$O(log_2n)$。

**10 (A)**。 深度優先前序走訪為，由上至下，由左至右，如遇到巢狀子樹，先走深，再往右走，故答案為根節點－左子樹－右子樹。

**11 (D)**。 這題只能死背，物件導向就是封裝、繼承、多型，沒有同步。

**12 (B)**。 組合語言都不是高階語言，高階語言是近似人類語言，會先轉為組合語言後再轉為機械語言。

**13 (#)**。 本題公告一律給分。

**14 (C)**。只能死記strlen是指，string length。

**15 (D)**。malloc：memory allocation跟作業系統要求一段記憶體區段，該區段沒有初始化狀態。

calloc：contiguous allocation，跟作業系統要求一段記憶體區段，該區段初始化狀態0x00。

free：釋放malloc及calloc要求的記憶體空間。

return：是函數控制的終點。

**16 (B)**。同第15題解析。

**17 (C)**。死背realloc是可以改變配置記憶體空間的指令。

**18 (A)**。如同物件導向一樣，無法繼承多個父類別，這會變成基底不明確，導致轉型沒有一個統一的依據，如果要繼承多個父類別處理邏輯，可以使用虛擬函式執行類似多型之作業。

**19 (D)**。public、private及protected都是封裝內的修飾字，依序是公開繼承、僅私有不繼承及受限的保護繼承，以致不再讓下一個繼承者繼承。

**20 (B)**。2是陣列，C語言沒辦法回傳陣列。

**21 (C)**。void是不回傳資料；switch是流程控制；short是資料型別。

**22 (A)**。C不是，C是很基礎的流程控制而已。

**23 (D)**。CSMA/CD使用於乙太網路，代表訊號碰撞偵測，一個媒介傳送訊號會因為多方同時傳送而失敗，傳輸不需要透過集中管理，所以沒有token設計。

**24 (A)**。IP為網路層，如果要取得對方的IP位址，要到應用層才可以使用查詢功能，如DNS查詢。

請參考OSI網路七層。

**25 (C)**。請參考OSI網路七層，要死背沒有(C)。

**26 (B)**。死記，就是22。

**27 (D)**。Unicast就是單播，直接對單一端點進行廣播。

Broadcast就是廣播，直接對網路的所有端點進行廣播。

Multicast就是群播，針對一定數量的端點進行群組廣播。

Typecast沒這個東西。

**28 (A)**。　第7層 應用層（Application Layer）
　　　　　第6層 表達層（Presentation Layer）
　　　　　第5層 會議層（Session Layer）
　　　　　第4層 傳輸層（Transport Layer）
　　　　　第3層 網路層（Network Layer）
　　　　　第2層 資料連結層（Data Link Layer）
　　　　　第1層 實體層（Physical Layer）

**29 (#)**。　本題公告一律給分。

**30 (C)**。　公開金鑰就是上鎖與解鎖使用不同鑰匙，目的就是解決金鑰的傳送安全。

**31 (D)**。　同上，傳送金鑰會有被攔截的風險，所以不會提供私鑰。

**32 (C)**。　根據W3的規範，區塊級元素有以下：
　　　　　<address><article><aside><blockquote><canvas><dd><div><dl><dt><fieldset><figcaption><figure><footer><form><h1>-<h6><header><hr><li><main><nav><noscript><ol><p><pre><section><table><tfoot><ul><video>
　　　　　而<a>不包含在裡面，<a>為行內元素。

**33 (A)**。　<span>很早就有了，只能死記。

| New Input Types | New Input Attributes |
| --- | --- |
| ・color | ・autocomplete |
| ・date | ・autofocus |
| ・datetime | ・form |
| ・datetime-local | ・formaction |
| ・email | ・formenctype |
| ・month | ・formmethod |
| ・number | ・formnovalidate |
| ・range | ・formtarget |
| ・search | ・height and width |
| ・tel | ・list |
| ・time | ・min and max |
| ・url | ・multiple |
| ・week | ・pattern（regexp） |
| | ・placeholder |
| | ・required |
| | ・step |

**34 (D)**。POP3是郵件使用的協定；FTP是檔案傳輸協定；IMAP也是一種郵件使用的協定，但不是POP3的方式下載，是可以直接線上讀取。HTTP HyperText Transfer Protocol就是網頁文件協定。

**35 (C)**。Big5使用兩個位元組來顯示中文（256×256＝65536個中文字），字體為正體中文，且台灣有收錄到國家字集內。

**36 (A)**。浮點數的計算，需要更多的浮點計算單元，所以整數處理會快很多，根據IEEE規定，單精度有4位元組，倍精度有8位元組，除了精度誤差以外，就像人類無法使用小數表示1/3一樣的意思，電腦用了2進位計算，總是也存在無法表達0.1的困境。

**37 (D)**。USB就是Universal Serial Bus萬用序列匯流排，C則是沒有正反之分，且支援外接螢幕。

**38 (C)**。
```
    1001
xor)1100
    0101
```
XOR就是互斥或，不允許兩個一樣的輸入。

**39 (D)**。CPU快取為register，是計算機架構中最快的儲存單元，依次是RAM、DISK，最慢則是NAND Flash SSD。

**40 (A)**。Quick Sort是使用Divide and Conquer處理方法，一半一半的去比較，最佳狀況就是第一個基準數剛好切了兩等分，時間複雜度為O(n log n)，最差狀況是資料順序就是小到大或大到小，有沒有分割都差不多，時間複雜度為O(n平方)，平均則是會比最佳慢，比最慢快，但又因為O(n log n)下一級就是O(n平方)，且由數學公式推導，所以還是歸屬於O(n log n)。

**41 (D)**。堆疊與搭乘電梯一樣，先進後出。

**42 (A)**。C語言中，*就是指標型別，一個*代表數值型別的地址資料，**代表該指標的地址，***代表又一次的該指標的地址，所以非指標變數就是int p;。

**43 (A)**。傳值就是把資料本體複製一份後，傳進函式中，int[]為指標，不會複製整個array，其他的則是*，指標型別。

**44 (A)**。題目已經露餡了，編譯工作，就是把語言轉換為機器語言重新編譯，與直譯不同，直譯是讀一行處理一行，預處理器是編譯前的掃描，包含include文件。

解答與解析

**45 (B)**。for switch while都屬於流程控制，只要是流程控制都包含break Statement，if雖然也是流程控制，但不需要考慮break Statement，因為已經有else statement。

**46 (D)**。CMYK為印刷使用之色碼，不是螢幕顯示的光色碼。

**47 (C)**。JavaScript是可以使用funciotn當作class來使用。

**48 (D)**。Internal是寫在head內的style。
External是link css檔案。
Inline是寫在tag屬性內的style。

**49 (A)**。a就是就是超連結。
p是段落。
li列表項目。
ul是無序列表。

**50 (D)**。浮水印主要是隱藏在數位內容訊息內，無法被人類察覺的資訊，版權保護可以隱藏肉眼看不到的顏色訊號，透過演算法還原，同理，也可以顯示出來，亦可以隱藏在聲音訊號內，人類耳朵聽不到這樣的細微雜訊（連喇叭都無法產生），但透過演算法將資料還原後，可以還原數位浮水資訊。

# 108年中華郵政職階人員甄試（郵儲業務丁）

一、請說明插入排序法（insertion sort）和選擇排序法（selection sort）的運作原理。並以下面陣列資料A為例，由小至大排序，將過程中每個重複性步驟完成時的陣列資料內容寫出來。

A＝{ 12, 9, 20, 2, 17 }

例如：運用氣泡排序法為陣列A排序，第一回合兩兩比較，若左邊的數值比右邊的數值大，就兩兩交換，因此第一回合排序結果是：{9, 12, 2, 17, 20 }。第二回合再重複同樣動作，……

原始資料：{12,9,20,2,17}

第一回合：{9,12,2,17,20}（比較全部資料，最大數20會被換至最右邊）

第二回合：{9,2,12,17,20}（比較前4筆資料即可，最大數17會被換至最右邊）

第三回合：{2,9,12,17,20}（比較前3筆資料即可，最大數12會被換至最右邊）

第四回合：{2,9,12,17,20}（比較前2筆資料即可，最大數9會被換至最右邊）→完成排序

答　插入排序法是隨便選一個數值，與現有的數值比較，並插入序列中。

1. { 12,9,20,2,17 } 12無從比較，直接放在第一位。
2. { 9,**12**,20,2,17 } 9比12還小，所以放在12前一位。
3. { **9,12**,20,2,17 } 20比12大，所以放在12後一位。
4. { 2,**9,12,20**,17 } 2比9還小，所以放在9的前一位。
5. { **2,9,12,**17,**20** } 17比20還小，所以放在20的前一位。

選擇排序法是尋訪所有數值，挑一個最小的，排在第一位，下一位，依此類推。

1. { 2,12,9,20,17 } 尋找所有的項目2為最小，所以排在第一個。
2. { **2,**9,12,20,17 } 尋找剩下的，9是最小，排在第二位。
3. { **2,9,**12,20,17 } 尋找剩下的，12最小，排在第三位。
4. { **2,9,12,**17,20 } 尋找剩下的，17最小，排在第四位。
5. { **2,9,12,17,20** } 最後一個不必處理，一定是順位。

二、作業系統中常使用堆疊（Stack）和佇列（Queue）作為程式運作時的資料
結構，請回答下列問題：

(一) 說明堆疊與佇列的運作原理。

(二) 現有三筆人名資料依序儲存於陣列A中，A＝{Steven, Michael, Jack}。
請說明如何利用堆疊的操作，才能依序在螢幕上輸出 Michael、Jack、
Steven。請完成下表。

| 步驟 | 操作命令 | 堆疊中資料 | 螢幕輸出內容 |
|---|---|---|---|
| 1 | push A[0] | Steven | 無 |
| 2 | | | |
| 3 | | | |
| 4 | | | |
| 5 | | | |
| 6 | | 無 | Michael Jack Steven |

答 (一) 堆疊的原理如同生活中的搭乘電梯，先進去的人如果提早要出來，得
先請靠近門口的人先出去，裡面的人才可以出去，所以要讓裡面的人
出去，得先讓最後進來的人（靠入口）的人先出去，最裡面的人才可
以出去，這就是堆疊的概念，先進後出。如果是佇列，就是排隊的意
思，買票也好，買飲料也好，買便當也好，諸如此類，這些人先到就
是先被服務，不會有最後來的第一個先被服務，那會被全部的人揍，
這就是先進先出，先來的先服務。

(二) 表如下：

| 步驟 | 操作命令 | 堆疊中資料 | 螢幕輸出內容 |
|---|---|---|---|
| 1 | push A[0] | Steven | 無 |
| 2 | push A[2] | Steven Jack | 無 |
| 3 | push A[1] | Steven Jack Michael | 無 |
| 4 | pop | Steven Jack | Michael |
| 5 | pop | Steven | Michael Jack |
| 6 | pop | 無 | Michael Jack Steven |

# 108年經濟部所屬事業機構新進職員（資訊類）

( ) **1** 機器學習之監督式學習使用資料（含特徵及標籤），透過演算法進行訓練產生模型。下列演算法中，何者非此類監督式學習常用之演算法？　(A)二元分類　(B)多元分類　(C)分群　(D)迴歸分析。

( ) **2** 若要定址32M記憶體，最少需使用幾條位址線？　(A)25　(B)26　(C)27　(D)28。

( ) **3** 記憶體系統相關資料如下：
Cache存取時間為15 ns、Cache容量為C Kbytes、記憶體存取時間為200 ns
Cache Hit Ratio值H與Cache容量值C之關係為$H = 0.5 + 0.1 \times \log_2 C$，其中$2 \leq C \leq 32$
若期望Cache存取時間≤35 ns，所需Cache容量值C最小為何？
(A)4　(B)8　(C)16　(D)32。

( ) **4** 有關雲端運算，下列何者正確？　(A)雲端運算等同邊緣運算　(B)分為SaaS、PaaS、IaaS 3種佈署模式　(C)有公有雲、私有雲、混和雲等3種服務模式　(D)具On-Demand Self-Service、Broad Network Access、Resource Pooling、Rapid Elasticity與Measured Service 5個特徵。

( ) **5** DRAM、SRAM、ROM、Flash Memory 4類記憶體，其中屬於非揮發性記憶體共有幾類？　(A)1　(B)2　(C)3　(D)4。

( ) **6** 使用何種軟體可將高階語言轉換成機器碼（Machine Code）？
(A)組譯器（Assembler）　(B)編輯器（Editor）　(C)載入程式（Loader）　(D)編譯器（Compiler）。

( ) **7** 化簡布林函數$f(x,y,z) = x'y'z' + xy'z' + xy'z + xyz + xyz'$，其最簡式為何？　(A)xy+z'　(B)x+y'z'　(C)x'y+z'　(D)x+yz'。

( ) **8** 若CPU每秒可執行10,000,000,000個指令,則執行1個指令的時間? (A)0.1奈秒(ns) (B)0.1微秒(μs) (C)1毫秒(ms) (D)1微秒(μs)。

( ) **9** 副程式傳參數採傳址方式(call by address or reference),以下程式執行完最後產出值為何?

```
begin
   A,B:integer;
   procedure P(X,Y,Z:integer);
   begin
      Y=Y+1;
      Z=Z+X+2×Z;
   begin
      A=3;
      B=3;
      P(A+B,A,A);
      print A;
   end;
end
```

(A)3 (B)6 (C)17 (D)18。

( ) **10** 下列何者可用來保護隱含在產品與技術背後之程式或設計,避免這些資訊洩漏給競爭對手? (A)專利法 (B)著作權法 (C)個人資料保護法 (D)營業秘密法。

( ) **11** 物聯網之架構大致分成3個層次,下列何者有誤? (A)應用層 (B)可視層 (C)感知層 (D)網路層。

( ) **12** Apache Spark是開放原始碼叢集運算框架,用來建置大數據平台,下列敘述何者有誤? (A)運算速度快 (B)GraphY是Spark上的分散式圖形處理框架 (C)可在雲端運算平台執行 (D)支援多種語言(Python、Java、R⋯)。

( ) **13** 將十進位678.625，轉為二進位表示，下列何者正確？
(A)1010100111.101 (B)1010100111.110
(C)1010100110.101 (D)1010100110.110。

( ) **14** 二元樹的前序順序為ACDFHBEG及中序順序為FDHCAEGB，其後序順序為何？ (A)FHDCGEBA (B)FHDCGEAB (C)FHDCEGAB (D)FHDCEGBA。

( ) **15** 下列不同類型作業系統之敘述，何者有誤？ (A)多元程式處理（Multi-Programming）系統，可同時服務多個使用者或多個程式 (B)早期批次系統，屬於單工系統，一次只能服務1位使用者 (C)多處理器系統可共用匯流排、時脈或記憶體 (D)分時系統能隨時對輸入訊號立刻回應。

( ) **16** 下列NoSQL資料庫之敘述，何者有誤？ (A)分散式資料庫 (B)資料隨時都一致 (C)支援大量運算 (D)欄位定義有彈性。

( ) **17** 電腦時脈速度為10 GHz，執行$10^{12}$個指令費時200秒，此電腦執行每個指令需要多少時脈週期（Clock Cycle）？ (A)2 (B)12 (C)20 (D)120。

( ) **18** 插入排序法平均的執行時間複雜度（Time Complexity），下列何者最接近？ (A)O(N) (B)O($N^2$) (C)O(N $\log_2$ N) (D)O(N$\log_2 N^2$)。

( ) **19** 相同的硬碟數數量，何種磁碟陣列組態可用空間最小？ (A)RAID 0 (B)RAID 1 (C)RAID 5 (D)RAID 6。

( ) **20** 何種搜尋法於搜尋過程中僅運用加減法？ (A)雜湊搜尋法 (B)二元搜尋法 (C)循序搜尋法 (D)費氏搜尋法。

( ) **21** 新軟體模組速度為原軟體模組之5倍，該模組占整體軟體系統20%，新程式碼模組上線後，可改善整體軟體系統速度約多少倍？ (A)1.2 (B)1.8 (C)2 (D)5。

(　　) **22** 分時系統CPU採用Round-Robin循環排程，時間片段為4ms，CPU
執行下列3行程，P1、P2、P3的處理所需時間如下，請問行程平
均等待時間為多少ms？

| Process | Burst Time |
| --- | --- |
| P1 | 20 ms |
| P2 | 2 ms |
| P3 | 2 ms |

(A)14/3　(B)16/3　(C)20/3　(D)24/3。

(　　) **23** 下列何種資訊系統可將財務、會計、採購等業務整合？　(A)管理
資訊系統　(B)專家系統　(C)企業資源規劃　(D)決策支援系統。

(　　) **24** SQL指令GROUP BY最常與下列何種功能指令一起使用？
(A)SET　(B)ALTER　(C)COMMIT　(D)SUM。

(　　) **25** 下列何者不是透過資料庫正規化（Normalization）進行改善？
(A)資料表新增資料後產生之異常　(B)資料表查詢效能　(C)資料
表資料重複　(D)資料表資料不一致。

(　　) **26** 下列何者可將資料於傳輸過程中，進行數位信號與類比信號轉換？
(A)數據機　(B)交換機　(C)多工器　(D)路由器。

(　　) **27** 如果目的位址為200.45.34.56，子網路遮罩為255.255.240.0，
下列子網路位址何者正確？　(A)200.45.31.0　(B)200.45.32.0
(C)200.45.33.0　(D)200.45.34.0。

(　　) **28** 資料於網路傳送時，防範機密資訊外洩的主要方法為何？　(A)安
裝防毒軟體　(B)將資料壓縮　(C)將資料加密　(D)安裝防火牆。

(　　) **29** 以公鑰加密（public-key encryption）時會使用到幾把鑰匙？
(A)1把鑰　(B)2把鑰　(C)3把鑰　(D)4把鑰。

(　　) **30** 當網路不通時若想知道網路何處不通，最應該使用下列何種指令
來進行追蹤？　(A)ipconfig　(B)ping　(C)netstat　(D)tracert。

（　）**31** 身分證號碼及銀行帳號皆設有檢查碼，其作用為何？　(A)提升資料正確性　(B)增加資料隱密性　(C)使位數對齊較為美觀　(D)加快處理速度。

（　）**32** 有關哈夫曼Huffman encoding之敘述，下列何者有誤？　(A)可以減少資料量　(B)以字元出現頻率為基礎　(C)編碼後每個字元的代碼長度相同　(D)可用tree來編碼。

（　）**33** 下列何者為網路管理之協定？　(A)SMTP　(B)OSPF　(C)RIP　(D)SNMP。

（　）**34** 下列何者非循環冗位檢查（Cyclic Redundancy Check, CRC）之特性？
(A)以二進位除法為基礎
(B)CRC有可能皆為0
(C)可偵測到所有影響到的偶數位元一連串錯誤
(D)很有機會偵測到長度大於多項式的指數次方之連串錯誤。

（　）**35** 一正弦波的頻率是10 Hz，其週期為何？　(A)0.01秒　(B)0.1秒　(C)1秒　(D)10秒。

（　）**36** 有關OSI資料連接層主要功能之敘述，下列何者有誤？　(A)實體定址　(B)邏輯定址　(C)流量控制　(D)將資料流分封成訊框。

（　）**37** 有關TCP錯誤偵測與改正之敘述，下列何者有誤？　(A)檢查和　(B)回應　(C)計時　(D)緩慢啟動。

（　）**38** 何者與CSMA/CD標準無關？　(A)最小訊框長度　(B)資料傳輸率　(C)路徑選擇　(D)碰撞區間。

（　）**39** 有關OSI傳輸層主要功能之敘述，下列何者有誤？　(A)流量控制　(B)連線控制　(C)邏輯定址　(D)錯誤控制。

（　）**40** 有關TCP壅塞控制，下列何者有誤？　(A)乘法式增加　(B)乘法式減少　(C)緩慢起動　(D)添加式增加。

( ) **41** 有關ARP網路協定之敘述，下列何者有誤？ (A)使用群播傳送 (B)使用單點位址回應 (C)使用廣播傳送 (D)目的是取得實體位址。

( ) **42** 有關UDP網路協定敘述，下列何者有誤？ (A)不可靠性傳輸 (B)適合不在乎流量與錯誤控制 (C)完全不提供錯誤偵測 (D)有的埠號UDP可以同時給UDP和TCP用。

( ) **43** 下列何者為多工？ (A)多條通路和多條頻道 (B)多條通路和1條頻道 (C)1條通路和1條頻道 (D)1條通路和多條頻道。

( ) **44** 某位址為167.199.170.82/27，其網路位址為何？
(A)167.199.170.32/27 (B)167.199.170.64/27
(C)167.199.170.128/27 (D)167.199.170.196/27。

( ) **45** 下列何者非OSPF所使用之封包？ (A)link state acknowledgement packet (B)link state request packet (C)link state update packet (D)link down packet。

( ) **46** $(10101010)_2$與$(11101010)_2$的漢明距離，下列何者正確？ (A)1 (B)2 (C)3 (D)4。

( ) **47** 有關ICMPv4的錯誤訊息報告，下列何者有誤？ (A)來源端放慢 (B)時間超過 (C)參數問題 (D)封包太大。

( ) **48** 請問IPv6網址長度為多少位元？ (A)32 (B)64 (C)128 (D)256。

( ) **49** 下列何者非數位簽名可達到之目標？ (A)隱私性 (B)認證 (C)完整性 (D)不可否認性。

( ) **50** 100Base-T網路將集線器改為交換器，理論上N台設備的整個網路容量將由100Mbps改變成多少？ (A)100Mbps (B)0.1N×100Mbps (C)0.5N×100Mbps (D)N×100Mbps。

**解答與解析**（答案標示為#者，表官方曾公告更正該題答案。）

**1 (C)**。(1)在人工智慧下的機器學習，分有三種類型，包含「監督式學習」、「非監督式學習」和「強化學習」。

(2)「監督式學習」底下又細分三種演算法：二元分類（Binary Classification）、多元分類（Multi Class Classification）及迴歸分析（Regression）。

| 「非監督式學習」 | 分群（Clustering） |
| --- | --- |
| 「強化學習」 | Q-learning |

**2 (A)**。$32M=32*2^{20}$位元組$=2^5*2^{20}=2^{25}$（需25位元來定址每一個位元組）

**3 (C)**。Cache本身是存資料在裡面，所以期望存取時間的正確算法是：

(Cache命中機率×Cache存取時間)＋Cache沒命中機率×(Cache存取時間＋記憶體存取時間)，把題目的數字代進去：$(H×15)＋(1-H)(15＋200)≦35$，會剛好得到$H≦0.9$，再把H代到關係式可以得知最小容量為C

$35=15+200*(1-H)$ ⇒$0.1=1-H$

⇒$0.1=1-(0.5+0.1*log2C)$ ⇒$4=log2C$

⇒$C=16$

**4 (D)**。(A) 邊緣運算是一種分散式運算的架構，將應用程式、數據資料與服務的運算，由網路中心節點，移往邊緣節點來處理，和雲端運算的集中式架構相反。

(B) 雲端運算有4種佈署模式：公有雲、私有雲、社群雲、混和雲。

(C) 雲端運算有3種服務模式：Saas、Paas、Iaas。

**5 (B)**。(1) 動態隨機存取記憶體（DRAM）：主要用於電腦的主記憶體；

靜態隨機存取記憶體（SRAM）：用於速度較快的快取記憶體

ROM（Read-only memory，唯讀記憶體）；

Flash memory（快閃記憶體）。

(2) ROM及Flash Memory屬於非揮發性記憶體。

**6 (D)**。(1) 組譯器（Assembler）：將組合語言轉譯成機器語言的程式；不同的處理器所使用的組合語言及機器語言皆不同。

(2) 載入程式（Loader）：載入欲執行的程式。

(3) 編輯器（Editor）：文字編輯工具。

(4) 編譯器（Compiler）：高階語言透過編譯器對程式碼進行翻譯，產生執行檔或目的檔後執行，優點是速度快，可以一次找到全部的錯誤。

**7 (B)**。卡諾圖

|        | z | z′ |
|--------|---|----|
| x′y′   |   | 1  |
| x′y    |   |    |
| xy     | 1 | 1  |
| xy′    | 1 | 1  |

最簡式為x+y′z′

**8 (A)**。一個指令為$10^{-10}$，$10^{-9}$=1奈秒(ns)，所以一個指令是0.1奈秒(ns)。

**9 (D)**。P(X,Y,Z)= P(A+B,A,A)=P(6,3,3)，Z=4+6+2*4=18。

**10 (D)**。營業秘密法是指保護，方法、技術、製程、配方、程式、設計或其他可用於生產、銷售或經營的資訊。

**11 (B)**。物聯網架構分為感知層（各種感測器所得到之訊號）、網路層（將得到的訊號或資訊送往雲端做處理）及應用層（與一般人生活所相關的一切應用事務）。

**12 (B)**。Apache Spark是開放原始碼叢集運算框架具有運算速度快、在雲端運算平台執行、支援多種語言等功能，而GraphY是Spark上的分散式圖形處理框架與原始碼叢集運算框架是不一樣的框架。

**13 (C)**。須將整數及小數點後的數，分開計算，整數部分用2進行短除法，整

除為0，不整除為1，
```
2 | 678
2 | 339 — 0
2 | 169 — 1
2 |  84 — 1
2 |  42 — 0
2 |  21 — 0
2 |  10 — 1
2 |   5 — 0
2 |   2 — 1
2 |   1 — 0
    0 — 1
```
⇒得到整數為1010100110，小數的

部分乘2之後取整數位，0.625×2=1.25⇒取1；0.25×2=0.5⇒取0；0.5×2=1⇒取1，因此完整2進位為1010100110.101

**14 (A)**。根據前序及中序可得這樣的樹圖，
因此後序為FHDCGEBA

**15 (D)**。分時系統是對資源的一種共享方式，利用多道程式與多工處理使多個用戶可以同時使用一台電腦；電腦處理多個用戶傳送出的指令時，處理的方案即為分時，即電腦把它的執行時間分為多個時間段，並將這些時間段平均分配給用戶們指定的任務。輪流為每一個任務執行一定的時間，如此反覆，直至完成所有任務。

**16 (B)**。NoSQL資料庫的宗旨是最終資料會相同，但是因為分散式的設計，將資料複製在不同的地方，各地方也會進行資料異動，最後進行同步，過程中會有時間差的狀況產生，因此不是隨時都相同。

**17 (A)**。時脈週期為$1/(10 \times 10^9)$，指令為$200/10^{12}$，每個指令需要的時脈週期$200/10^{12} \times (10 \times 10^9) \Rightarrow 2$。

**18 (B)**。因為此排序法將一個新資料放入原資料做排序時，需要原資料為已排序好之狀態，如果為混亂狀態則需要先進行排序，排序時間總共需要比較$N(N-1)$次，因此時間複雜度為$O(N^2)$。

**19 (B)**。RAID 0為假設兩個相同大小的硬碟當作一整個硬碟在儲存資料，RAID 1為假設兩個相同大小的硬碟，一份資料在A硬碟儲存後，將同份資料再儲存到B硬碟一次，等於只用到一個硬碟的空間，空間使用效率最低。

**20 (D)**。雜湊搜尋法為將資料中的某一欄位值代入設計好的雜湊函數；二元搜尋法是將已排序好的資料分成兩部分，再進行中間值比較；循序搜尋法直接將資料逐一對比；費氏搜尋法（Fibonacci Search），利用費氏數列作為間隔來搜尋下一個數值，因此會運用到加減法。

**21 (A)**。全部執行新軟體需要X時間，全部執行舊軟體需要5X時間，$5X \times 0.8 + X \times 0.2 = 4.2X$，新舊比較5X：4.2X，$X = 5/4.2 = 1.1904761$，約等於改善1.2倍。

**22 (A)**。 P1執行四秒，P2等P1四秒後執行兩秒，P3等P1+P2共六秒後執行兩秒，P1等P2+P3執行共四秒，(4+6+4)/3。

**23 (C)**。 其他三個系統，屬於單一業務系統，並沒有財務、會計、採購等業務整合之能力。

**24 (D)**。 SUM為加總指令，GROUP BY為群組，在群組內進行加總為常用之行為。

**25 (B)**。 正規化為改善資料庫內的資料儲存狀況，如：資料是否重複、同資料位置內的資料是否不一致等問題，而資料表查詢的效能無法用正規化來改善。

**26 (A)**。 交換機及路由器皆為網路傳輸與封包有關，多工器為共享設備或資源的使用。

**27 (B)**。 200.45.34.56=11001000.00101101.00100010.00111000，255.255.240.0=11111111.11111111.11110000.00000000，AND後，11001000.00101101.00100000.00000000=200.45.32.0。

**28 (C)**。 防毒軟體及防火牆基本上是對各個終端有防護效果，傳送過程的機密外洩則與是否加密有關。

**29 (B)**。 公開金鑰演算法也稱作非對稱金鑰演算法，透過兩把金鑰進行運作，使用公鑰加密，另一方持有私鑰進行解密。

**30 (D)**。 (A) ipconfig為了解IP資訊及更新IP使用。
　　　　 (B) Ping是指發送ICMP ECHO_REQUEST的封包，檢查連線暢通與否並偵測連線時的延遲時間（round-trip delay time）。
　　　　 (C) netstat為查看TCP/IP的網路連線及通訊協定的統計資料。
　　　　 (D) tracert此公用程式可用來追蹤「網際網路通訊協定」（IP） 封包傳遞到目的地所經的路徑。

**31 (A)**。 主要是為了檢查資料的真偽性，因此檢查碼不得隨意流出。

**32 (C)**。 為一種用於無失真資料壓縮的編碼，使用變長編碼表的對源符號進行編碼，評估對源符號的出現頻率得出，出現機率高的字母使用較短的編碼，而出現機率低的則使用較長的編碼。

**33 (D)**。 (A) SMTP（Simple Mail Transfer Protocol）：在網路上傳輸電子郵件的標準。
　　　　 (B) OSPF（Open Shortest Path First）：開放式最短路徑優先是一種基於IP協定的路由協定。

(C) RIP（Routing Information Protocol）：基於距離向量的路由協議，以路由跳數作為計數單位的路由協議，適用於比較小型的網絡環境。

(D) SNMP（Simple Network Management Protocol）：用以管理網路設備之通訊協定。

主要由3個元件所組成：網路管理系統（Network Management System）；被管理裝置（Managed Device）是指網路中被監控的設備節點；代理者（Agent）為安裝於被管理裝置的軟體。

**34 (C)**。循環冗位檢查是根據網路資料封包或電腦檔案等資料產生簡短固定位數驗證碼的雜湊函式，用來檢測及校驗資料傳輸或者儲存後可能出現的錯誤，生成的數字在傳輸或儲存之前計算出來並且附加到資料後面，之後接收方進行檢驗確定資料是否一樣。因此奇數位也是可以被檢查出錯誤。

**35 (B)**。一秒內能振動一次我們稱為1 Hz，週期=1/10=0.1。

**36 (B)**。邏輯定址在網路層運作，實體定址、流量控制及將資料流分封成訊框都是在資料連接層運作。

**37 (D)**。緩慢啟動（Slow Start）與網路壅塞有關，檢查和、回應及計時都與TCP的錯誤偵測改正有關。

**38 (C)**。CSMA/CD（全名：Carrier Sense Multiple Access with Collision Detection），與之相關的要素為碰撞區間、資料傳輸率及訊框長度，而路徑選擇與路由器有關。

**39 (C)**。邏輯定址在網路層運作，流量控制、連線控制及錯誤控制都在傳輸層（OSI網路七層中的第四層）運作。

**40 (A)**。TCP壅塞控制有加法增大沒有乘法式增加，乘法增加會造成壅塞問題更加嚴重。

**41 (A)**。ARP網路協定全名為位址解析通訊協定，功能為使用單點位址回應、要求使用廣播傳送及取得實體位址，ATM網路協定才會使用群播傳送。

**42 (C)**。UDP會進行簡單的錯誤偵測，不是完全不做錯誤偵測。

**43 (D)**。多路複用（Multiplexing，又稱「多工」）表示在一個通道上傳輸多路訊號或數據流的過程和技術。

**44 (B)**。位址數為$2^5$=32，82的二進位是01010010，起始位址為01000000=64，結尾位址為01011111=95。

**45 (D)**。OSPF有五種封包，分別是HELLO、Database description packet、link state acknowledgement packet、link state request packet、link state update packet。

**46 (A)**。漢明距離指兩個字中的不同位元值數目，進行XOR，結果只有左邊數來第二個字元不同。

**47 (D)**。封包大小不影響ICMPv4的錯誤訊息報告。

**48 (C)**。IPv4網址長度為32位元，IPv6網址長度為128位元，位址數量為2的128次方。

**49 (A)**。數位簽章用於資料傳輸的加密，因此須符合資料的完整性及不可否認性，並確保解密方的正確性。

**50 (D)**。集線器為群體共用100 Mbps，交換器則會確保每一終端都保有100 Mbps的傳輸量。

# 109年 臺北自來水事業處及所屬工程總隊 新進員工甄試

( 　 ) **1** Chrome、Edge、Firefox、iOS、Opera、Safari，上述軟體中，有
幾種屬瀏覽器？　(A)3種　(B)4種　(C)5種　(D)6種。

( 　 ) **2** CPU可以下列何者表示執行速度？　(A)CPS　(B)LPM　(C)MHz
(D)DPI。

( 　 ) **3** Basic、C、Java、C#、R、Fortran、Python，上述項目中，有幾種
屬於高階程式語言？　(A)7項　(B)6項　(C)5項　(D)4項。

( 　 ) **4** 下列何種伺服器其功能為提供網域名稱的IP位址？　(A)DDNS
Server　(B)IPS Server　(C)DMZ Server　(D)IDS Server。

( 　 ) **5** 八進位值（123.456）轉換成十六進位值後應為何？　(A)47.47
(B)53.97　(C)3D.A6　(D)4B.B9。

( 　 ) **6** Bluetooth、NBIot、RFID、ZigBee，上述技術中，有幾種提供無
線通訊相關功能？　(A)1項　(B)2項　(C)3項　(D)4項。

( 　 ) **7** 一份電子郵件要同時寄給許多不同人，且不要讓收件者知道有
哪些其他人收到相同郵件，可以運用下列何種功能？　(A)加密
(B)副本　(C)密件副本　(D)沒有電子郵件軟體具此功能。

( 　 ) **8** 下列何者不包含在ETSI定義的物聯網架構中？　(A)應用層　(B)
硬體層　(C)網路層　(D)感知層。

( 　 ) **9** 目前行動條碼QR Code其編碼的維度為何？　(A)一維　(B)二維
(C)三維　(D)四維。

( 　 ) **10** WWW是採取何種架構？　(A)Client-Server　(B)File Sharing　(C)
Master-Slave　(D)Peer-to-Peer。

( ) **11** 下列何種駭客攻擊模式，有時只是讓系統癱瘓無法正常提供服務一段時間，當攻擊結束系統又恢復正常，並未實質竊取資訊、竄改資料或破壞系統使其無法運作？　(A)APT　(B)DDoS　(C)N days attack　(D)Zero day attack。

( ) **12** 下列何種伺服器負責分配動態IP位址及相關網路設定給用戶端？(A)DNS Server　(B)DHCP Server　(C)FTP Server　(D)Web Server。

( ) **13** 下列何種協定與我們在進行電子郵件的收信或發信時關聯性最低？　(A)PPP　(B)IMAP　(C)POP3　(D)SMTP。

( ) **14** 下列何種技術可以提供網路上兩節點在已存在多節點共用的實體網路上，建立兩節點間安全連線通道，使得在同樣實體網路上的其他節點無法了解該兩節點通訊內容，宛如建立兩節點私有專線相連？　(A)SNMP　(B)NAT　(C)VPN　(D)PGP。

( ) **15** 下列網路拓樸中，何者連通的穩定性最高（指部分連線斷線時還能維持局部的連通率）？　(A)Bus　(B)Mesh　(C)Star　(D)Tree。

---

**解答與解析**（答案標示為#者，表官方曾公告更正該題答案。）

**1 (C)**。Chrome是Google的瀏覽器、Edge是微軟的瀏覽器、Firefox是開放原始碼的瀏覽器、Opera是挪威的軟體公司創建的瀏覽器，之後被中國公司收購、Safari是蘋果電腦的瀏覽器、iOS是蘋果手機的作業系統。

**2 (C)**。CPS是滑鼠點擊速度、LPM是流量單位、DPI是每英寸的點數量，也可以表示滑鼠的移動距離、MHz是赫茲為CPU的執行速度。

**3 (A)**。Fortram是世界上第一個高階語言、Basic在Fortran語言基礎上創造同屬高階語言、C廣泛用於系統軟體及應用軟體的開發、Java具有跨平台及分散式的處理能力，可使用瀏覽器執行、C#由微軟開發的高階語言、R主要用於統計分析及資料探勘的高階語言、Python是直譯式高階語言。

**4 (A)**。DDNS Server全名為Dynamic Domain Name System動態網域名稱系統、IPS是Intrusion Prevention Service入侵預防系統、DMZ Server 是Demilitarized zone邊界網路、IDS Server是Intrusion-detection system入侵檢測系統。

**5 (B)**。先將八進位值(123.456)轉成十進位 $=1\times8^2+2\times8^1+3\times8^0+4\times8^{-1}$ $+5\times8^{-2}+6\times8^{-3}=83.58984375$，將十進位再轉成十六進位$=83$除$16=5$餘$3$，16進位的個位數是$3$，$5$除$16=0$餘$5$，16進位的十位數是$5$，$0.58984375\times\times16=9.4375$，16進位小數點後第一位為$9$，$0.4375\times16=7$，整個十六進位就是$53.97$。

**6 (D)**。Bluetooth是藍芽無線傳輸標準、NBIot是物聯網無線標準、RFID是無線射頻辨識技術、ZigBee採用IEEE 802.15.4標準的無線網路。

**7 (C)**。加密只是對於信件本身加密，不會隔絕接收方資訊、單純副本會讓所有接收方都知道彼此、密件副本會讓接收方以為只有自己收到這封信。

**8 (B)**。ETSI全名European Telecommunications Standards Institute（歐洲電信標準協會），物聯網架構分為三層，分別是應用層、網路層、感知層。

**9 (B)**。QR Code全名為快速響應矩陣圖碼，是二維條碼的一種。

**10 (A)**。WWW是使用主從式架構（Client-Server），File Sharing及Peer-to-Peer都是類似的檔案分享。

**11 (B)**。APT是進階持續性攻擊、DDoS阻斷服務攻擊，使用大量次數攻擊使服務被癱瘓、Zero day attack及N days attack都是指零時差攻擊。

**12 (B)**。DNS Server是網域名稱系統，負責IP跟網址之間的對應、FTP Server是檔案傳輸、Web Server是網頁的伺服器，儲存網頁資料、DHCP Server全名為Dynamic Host Configuration Protocol（動態主機設定協定），負責分配IP。

**13 (A)**。IMAP是Internet Message Access Protocol（互動郵件存取協定）、POP3是Post Office Protocol（郵件協議）、SMTP是Simple Mail Transfer Protocol（簡單郵件傳輸協定）、PPP是Point-to-Point Protocol（對等協定），主要負責網路撥號連接。

**14 (C)**。SNMP是Simple Network Management Protocol（簡單網路管理協定）、NAT是Network Address Translation（網路位址轉換）、PGP是Pretty Good Privacy（優良保密協定）只是遵守加解密標準、VPN是Virtual Private Network（虛擬私人網路）利用通道協定達到傳送認證、訊息加密等功能。

**15 (B)**。Bus是匯流排拓樸使用一條主線串接所有電腦、Star是星型拓樸透過一個網路集中設備連接在一起、Tree是樹狀拓樸結構使用分層結構但任一節點故障，則會影響整條支線的連線、Mesh是網狀網路，能夠保持每個節點的連線完整，有連線故障時此架構允許使用跳躍的方式串接新連線。

## ▶ 109年關務特考（四等）

( )　**1** 下列有關處理器運作之時脈週期（clock period）敘述，何者錯誤？　(A)時脈週期之長度可用時脈週期的時間或時脈速度（clock rate）來表示　(B)時脈週期的時間與時脈速度，兩者互為倒數　(C)處理器的時脈週期時間越大，代表處理器的處理速度越快　(D)時脈速度通常使用赫茲（hertz）為單位來表示。

( )　**2** 下列有關處理器之指令流與資料流分類的敘述，何者錯誤？

(A)SIMD（Single Instruction stream,Multiple Data streams）處理器可在一個時脈週期中，利用單一指令來處理多筆不同的資料，因此相對於SISD（Single Instruction stream,Single Data stream）處理器，在處理結構性資料時較有效率

(B)SIMD（Single Instruction stream,Multiple Data streams）處理器可充分利用資料層級平行性（data-level parallelism），因此當程式中有很多case或是switch敘述時，此類型處理器表現最好

(C)單一程式多資料（Single Program Multiple Data,SPMD）的程式結構為MIMD（Multiple Instruction streams,Multiple Data streams）處理器上編程的一種方法

(D)MIMD（Multiple Instruction streams,Multiple Data streams）處理器可在一個時脈週期中處理屬於多個程式之多筆資料，多核心處理器（如Intel Core i7系列處理器）即為此類別的處理器。

( )　**3** 硬體多緒處理（hardware multithreading）允許多個執行緒（threads）有效率地共用一個處理器。要允許上述的共用，處理器必須要支援可以迅速切換執行緒的能力。下列何者為處理器在進行執行緒切換時，所需要保存的個別執行緒的狀態？　(A)快取記憶體的資料　(B)記憶體的資料　(C)暫存器與程式計數器（program counter）的資料　(D)算數運算器的資料。

（　） **4** 有關嵌入式系統（embedded system）的敘述，下列何者正確？
(A)嵌入式系統通常不具有記憶體　(B)嵌入式系統通常具有即時（real-time）效能的需求　(C)嵌入式系統一定需要安裝作業系統（operating system）　(D)嵌入式系統一定不具有使用者介面（user interface）。

（　） **5** 假設單一磁碟的故障前平均時間（Mean Time to Failure, MTTF）為120,000小時，若系統中有12顆這樣的硬碟，且這些硬碟發生故障的機率是彼此獨立的，則此系統中有某顆硬碟發生故障的故障前平均時間為多少小時？　(A)10,000　(B)120,000　(C)132,000　(D)1,440,000。

（　） **6** 當程式被載入記憶體執行時，該程式的全域變數（global variables）會被存放在那個記憶體區塊？　(A)文字部分（text segment）　(B)靜態數據（static data）　(C)檔案表頭（file header）　(D)堆疊部分（stack segment）。

（　） **7** 有一個管道化（Pipelining）處理器，執行一個指令時需要5個步驟：從記憶體中擷取指令、指令解碼並讀取暫存器的值、算術邏輯單元運作、存取記憶體中的資料與將結果寫回暫存器，而每個步驟所需之執行時間分別為200 ps、100 ps、200 ps、200 ps與100 ps，此處理器的工作時脈最接近下列何者？　(A)1 GHz　(B)5 GHz　(C)10 GHz　(D)50 GHz。

（　） **8** 下列計算機儲存容量的數值中，何者與其它三者不同？　(A)2 TB　(B)$2^{41}$ B　(C)2,048 GB　(D)2,048×1,024×1,024 MB。

（　） **9** 多數的電腦具有硬體的時鐘（clock）與計時器（timer），而電腦中的時鐘與計時器所提供的三項基本功能，不包含下列何者？　(A)提供現在的時間（current time）　(B)提供經過的時間（elapsed time）　(C)透過網路與其他電腦的時間同步（synchronization）　(D)設定計時器讓一個操作（operation）在特定時間點被觸發。

(　　) **10** 若將計算機中的主記憶體（main memory）、快閃記憶體（flash memory）、快取記憶體（cache memory）的存取速度由快到慢依序排列，下列何者的順序正確？　(A)主記憶體、快閃記憶體、快取記憶體　(B)快閃記憶體、快取記憶體、主記憶體　(C)快取記憶體、主記憶體、快閃記憶體　(D)快取記憶體、快閃記憶體、主記憶體。

(　　) **11** 有關轉譯側查緩衝器（translation-lookaside buffer, TLB）的定義，下列何者正確？　(A)用來檢驗欲存取的資料是否快取命中（cache hit）的硬體機制　(B)用來檢驗是否發生分頁錯失（page fault）的硬體機制　(C)當快取命中（cache hit）發生時，用來記錄資料的緩衝器　(D)處理器中用來記錄最近用過的一些位址轉換資料的特殊緩衝器。

(　　) **12** 下列數字系統轉換時，何者無法精確地以有限位數表示？　(A)轉換十進制數0.4成八進制數　(B)轉換十進制數0.375成二進制數　(C)轉換十進制數0.375成十六進制數　(D)轉換十進制數0.4成五進制數。

(　　) **13** IEEE 754的單精確度浮點數表示法（single precision floating-point format）共使用幾個位元？　(A)8　(B)16　(C)32　(D)64。

(　　) **14** 下列敘述何者錯誤？　(A)任何有限位數的十進位整數都可用有限位數的十六進位形式正確表示　(B)任何有限位數的十進位小數都可用有限位數的十六進位形式正確表示　(C)任何有限位數的十六進位整數都可用有限位數的十進位形式正確表示　(D)任何有限位數的十六進位小數都可用有限位數的十進位形式正確表示。

(　　) **15** 在計算機常用的二的補數加法中，下列何種情況代表一定發生了滿溢（overflow）？　(A)一個正數加上一個負數，最左邊的位元相加有進位　(B)兩個負數相加，最左邊的位元相加有進位　(C)兩個負數相加，最左邊的符號位元相加結果變成1　(D)兩個正數相加，最左邊的符號位元相加結果變成1。

( ) **16** 布林函數A+BC等於： (A)(A+B)C (B)AB+AC (C)AB+AB+BC (D)(A+B)(A+C)。

( ) **17** 若僅允許使用2對1多工器（multiplexer）這種邏輯元件，來實現一個4對1多工器，則至少需要使用幾個2對1多工器？ (A)2 (B)3 (C)4 (D)5。

( ) **18** 一個1位元比較器輸入為布林變數X與Y，輸出有$F_{X<Y}$（X小於Y，表示X = 0且Y = 1）、$F_{X>Y}$（X大於Y，表示X = 1且Y = 0）與 $F_{X=Y}$（X等於Y），下列敘述何者錯誤？

(A)$F_{X<Y}$ = X'Y

(B)$F_{X>Y}$ = XY'

(C)$F_{X=Y}$ + $F_{X>Y}$ = X+Y'

(D)$F_{X=Y}$ + $F_{X<Y}$ = X'+Y'。

( ) **19** 如圖所示之邏輯電路，其功能相當於：

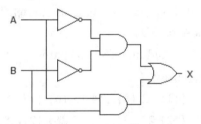

(A)NAND閘 (B)NOR閘 (C)XOR閘 (D)XNOR閘。

( ) **20** 數字$185_{10}$用BCD（Binary-Coded Decimal）碼表示共需幾個位元？ (A)7 (B)8 (C)12 (D)16。

( ) **21** 那一種軟體測試（software testing）方式中，測試者需要知道軟體的內部架構，藉以設計測試內容？

(A)Alpha testing

(B)Beta testing

(C)Black-box testing（黑盒測試）

(D)Glass-box testing（透明盒測試）。

( 　 ) **22** 下列C程式執行後的輸出為何？

```
#include<stdio.h>
int main(void)
{
   int n=0;
   for(int i=0; i<100; i++)
      for(int j=0; j<=i; j++)
         n++;
   printf("%d",n);
   return 0;
}
```

(A)4851　(B)4950　(C)5050　(D)5151。

( 　 ) **23** 若執行以下的Java程式碼，則螢幕上的輸出數字依序為何？

```
public class Array3D{
   public static void main(String[] args){
      int[][][] array={
            {{11,12,13},{14,15,16},{17,18,19}},
            {{21,22,23},{24,25,26},{27,28,29}},
            {{31,32,33},{34,35,36},{37,38,39}},
            };
      for(int i=0; i<array.length;i++){
         System.out.println(array[i][1][2]);
      }
   }
}
```

(A)16，26，36　　　　　　　(B)18，28，38
(C)23，26，29　　　　　　　(D)32，35，38。

（　　）**24** 若一個二元樹（Binary Tree）中序走訪（Inorder Traversal）結果為BCAEDGHF，前序走訪（Preorder Traversal）結果為ABCDE-FGH，則節點F的父節點（Parent）為何？　(A)D　(B)E　(C)G　(D)H。

（　　）**25** 將中序運算式（Infix Expression）1+(2−3/4)*5轉換為後序運算式（Postfix Expression）的結果為何？　(A)12+34/5*−　(B)12+345*/−　(C)123−4/5*+　(D)1234/−5*+。

（　　）**26** 關於一個圖的最小生成樹（minimum spanning tree），下列敘述何者錯誤？　(A)具有唯一的最小生成樹　(B)最小生成樹的邊個數是節點個數減1　(C)最小生成樹是一個連通圖（connected graph）　(D)在最小生成樹中的任兩點之間加入一個邊之後會產生一個迴路（cycle）。

（　　）**27** 有適當保護機制的作業系統核心所管理的程序，通常可以分成核心空間（kernel space）下的程序，和使用者空間（user space）下的程序兩大類。下列敘述何者錯誤？　(A)核心空間的程序比使用者空間的程序具有較高的權限　(B)驅動程式（device driver）一定是要從頭到尾在核心空間下執行　(C)應用程式一般是在使用者空間下執行，只有在使用到作業系統核心提供的服務時，才可能切換到核心空間執行　(D)中斷處理必須在核心空間下進行。

（　　）**28** 作業系統核心會用分頁（paging）的技術來使用硬碟做為實體記憶體空間的延伸。不過，當所有執行中的程序所需要的工作空間（active working set）遠大於實體記憶體的容量時，作業系統會不斷產生頁錯失（page faults）把暫存在硬碟中的虛擬記憶體中的內容搬進搬出實體記憶體中，這現象是稱做什麼？　(A)換進（swap-in）　(B)猛移（thrashing）　(C)乒乓緩衝（ping-pong buffering）　(D)遞迴（recursion）。

( 　 ) **29** 在可移植性作業系統介面（Portable Operating System Interface），也就是POSIX的國際標準規範下，關於程序（process）和執行緒（thread）的特性，下列何者錯誤？ 　(A)每個程序有自己獨立的位址空間（address space） 　(B)由同一個程序所產生的不同執行緒之間共享記憶體內的資料（shared memory）會比由同一個程序所產生的不同子程序之間共享記憶體內的資料容易 　(C)一個程序可以產生多個執行緒，但是一個執行緒不能產生多個程序 　(D)要產生一個新的程序可以使用fork( )和exec( )函式。

( 　 ) **30** 在UNIX或Linux作業系統中，若有一檔案的權限為-rwxr-xr-x，下列敘述何者錯誤？ 　(A)檔案擁有者可以刪除此檔案 　(B)檔案擁有者所在的群組的其他使用者可以讀取此檔案 　(C)所有帳號都可以執行此檔案 　(D)所有帳號都可以刪除此檔案。

( 　 ) **31** 磁碟陣列（redundant array of inexpensive disks, RAID）中若有一個硬碟故障，下列何種RAID在更換故障硬碟後，能以最簡單且最快的速度重建？ 　(A)RAID 0 　(B)RAID 1 　(C)RAID 5 　(D)RAID 6。

( 　 ) **32** 臺灣目前的電視廣播是使用下列何種訊號格式？ 　(A)NTSC（National Television Systems Committee） 　(B)SECAM（Sequential Couleuravec Memoire） 　(C)PAL（Phase Alternation Line） 　(D)HDTV（High Definition Television）。

( 　 ) **33** 在多工作業系統中，有些輸出裝置（例如印表機）一次只能處理一個輸出的工作，為了讓多個程序（processes）能同時使用這個裝置，不用等待其它先佔有這個裝置的程序使用完畢，應該使用下列那一個技術？ 　(A)記憶體映射的輸入輸出（memory mapped I/O） 　(B)分時多工（time sharing） 　(C)排存（spooling） 　(D)佔先式多工處理（preemptive multitasking）。

（ ） **34** 區塊鏈（block chain）是加密虛擬貨幣的關鍵技術之一。關於區塊鏈（block chain）技術的敘述，下列何者錯誤？ (A)它相當於一個大家都可以參與修改的分散式資料庫 (B)要製造一筆虛擬貨幣交易，必須使用大量的電腦運算來解微分方程式 (C)區塊鏈用來保護資料不被竄改的方法是基於修改已經驗證過的交易紀錄所需要的數學計算複雜度極高，目前在實務上不容易辦到 (D)區塊鏈核心技術是要解一個很難求解，但很容易驗證答案的數學問題。

（ ） **35** 一張長3英吋、寬2英吋的圖片，若其解析度為200dpi(dots per inch)，則此圖片內含多少像素（pixel）？ (A)1,200 (B)2,400 (C)120,000 (D)240,000。

（ ） **36** 對於下圖的單位元（1-bit）像素排列而言，虛線顯示的是那種像素鄰接（adjacency）方式？
(A)2-adjacency（2-鄰接）
(B)4-adjacency（4-鄰接）
(C)8-adjacency（8-鄰接）
(D)m-adjacency（m-鄰接）。

```
0    1----1
0    1    0
0    0    1
```

（ ） **37** 一段錄音長度為20秒鐘，取樣頻率是44.1 KHz，取樣大小為16 bits，其資料量總共為： (A) 14112 Kbytes (B) 1764 Kbytes (C) 14112 bytes (D) 1764 Kbits。

（ ） **38** 下列關於JPEG壓縮的敘述，何者錯誤？ (A)是一種針對影像的壓縮標準 (B)壓縮過程中影像的品質不變 (C)在壓縮前會透過色彩轉換將RGB轉為YUV的色彩空間 (D)壓縮過程會經過縮減取樣（Downsampling）來降低檔案大小。

（ ） **39** 下列那一個標準或格式不包含對音訊處理的規範？ (A)H.264 (B)MP3 (C)MPEG-4 (D)μ-law (mu-law) PCM。

（ ） **40** 使用霍夫曼編碼法壓縮資料，若已知只有100種可能出現的符號，意即字典（alphabet）大小為100，最長的碼（codeword）長度為何？ (A)10 (B)99 (C)100 (D)101。

## 解答與解析 （答案標示為#者，表官方曾公告更正該題答案。）

**1 (C)。** 因為時脈週期的時間是時脈速度的頻率，所以週期跟速度互為倒數，因此時脈週期時間越大處理速度會越慢。

**2 (B)。** SIMD是指一個控制器來控制多個處理器，使用同一個指令對不同資料及相對的處理器做個別執行，達成並列性的技術、SISD處理器每次只處理一項指令，且執行時也只提供一份數據資料、MIMD是使用多個控制器不同步控制多個處理器，多筆資料做分別執行，達成空間上的並行性的技術。

**3 (C)。** 要達成多執行緒的運作目標，必須複製程式能辨認的暫存器及處理器暫存器；如程式計數器，執行緒的切換就如同從一個暫存器複製到另一個。

**4 (B)。** 嵌入式系統通常在生活中與一般家電結合，例如：洗衣機、冷氣機等，因此在機器執行時需要記憶體支援且需要使用者介面做操作，但作業系統是在出廠前就必須安裝好。

**5 (A)。** (12個磁碟×X小時故障)/120000小時=100%

$\Rightarrow$12X=120000$\Rightarrow$X=10000（小時）。

**6 (B)。** 有些變數在執行的開始就有固定位置，例如全域變數、靜態變數，這些變數在程式碼中有被使用者手動初始化，就會被配置於此區塊。

**7 (B)。** 管道化（Pipelining）處理器是指令處理過程拆分為多個步驟，將多個指令的執行動作重疊，以達到加速程式執行之目的。

使用最長時間為200ps，GHz=$10^9$、ps=$10^{-12}$，

$1/(200\times10^{-12})=10^{12}/200=10^{10}/2=5\times10^9$。

**8 (D)。** 2 TB≒2,048 GB≒2000000MB≒2000000000KB

≒2000000000000B=$2\times10^{12}$，2048×1024×1024MB

=2147483648MB=2147TB。

**9 (C)。** 電腦的時間基本上與標準時間同步，方便在運作時不會造成時間錯亂，且會有延遲發生，因此不可能與其他電腦時間同步。

**10 (C)。** 快取記憶體大部分跟處理器結合，因為要跟上處理器的速度，因此最快，主記憶體插在主機板上所以比快取記憶體慢，快閃記憶體大都接於主機外，因此速度最慢。

**11 (D)**。轉譯側查緩衝器是CPU的一種快取，由記憶體管理單元用於改善虛擬位址到實體位址的轉譯速度，使用的是分頁表的方式進行虛實位址轉換。快取命中是指可由快取記憶體滿足對記憶體讀取資料的請求，而不需用到主記憶體，與轉譯側查緩衝器無關。

**12 (A)**。0.375的二進位是0.011、0.375的十六進位是0.6、0.4的五進位是0.2、0.4的八進位是0.314631463146無限循環。

**13 (C)**。IEEE 754規定了四種表示浮點數值的方式：單精確度（32位元）、雙精確度（64位元）、延伸單精確度（43位元以上，很少使用）與延伸雙精確度（79位元以上，通常以80位元實做）。

**14 (B)**。十進位的小數需要符合十六進位的倍數，否則會無限循環。

**15 (D)**。溢位的判斷：兩數以二進位相加，取其最左邊位元的進位做XOR，若運算結果為0表示無溢位，為1則產生溢位，例如：正＋正＝負、負＋負＝正。

**16 (D)**。根據布林函數的分配律 $X + YZ = (X+Y)(X+Z)$。

**17 (B)**。一般4對1多工器需要四個資料輸入及兩個變數，因此先將兩個2對1多工器並排運作後再接一個2對1多工器，即可達到一般4對1多工器的功能。

**18 (D)**。1位元比較器的圖

(1) X → [圖] —$f_1$ ( X > Y )
            —$f_2$ ( X = Y )
     Y → [圖] —$f_3$ ( X < Y )

(2)
| X Y | $f_1$ $f_2$ $f_3$ |
| --- | --- |
| 0 0 | 0 1 0 |
| 0 1 | 0 0 1 |
| 1 0 | 1 0 0 |
| 1 1 | 0 1 0 |

$f_1 = XY'$
$f_2 = X'Y' + XY = X \odot Y$
$f_3 = X'Y$

**19 (D)**。⊳○反向器（入0出1，入1出0），⊐D及閘（入兩個1才會輸出1），⊐○或閘（入兩個0才會輸出0），因此將A、B分別輸入0及1得出下表

| A | B | X |
| --- | --- | --- |
| 0 | 0 | 1 |
| 0 | 1 | 0 |
| 1 | 0 | 0 |
| 1 | 1 | 1 |

**20 (C)**。1=0001，8=1000，5=0101，$185_{10}$=00110000101BCD碼，需要12個位元。

**21 (D)**。Alpha testing是指軟體開發公司組織內部人員模擬用戶對軟體產品進行測試、Beta testing是一種驗收測試；所謂驗收測試是軟體開發完成後經過Alpha testing修改後，在發佈之前所進行的測試活動；Black-box testing是軟體測試的方式之一，測試者不了解程式的內部情況，不需具備應用程式的程式碼、內部結構和程式語言的專門知識；Glass-box testing也是軟體測試的方法之一，也稱結構測試、邏輯驅動測試；測試應用程式的內部結構或運作，而不是單純測試程式的功能。

**22 (C)**。此為C語言的迴圈範例，執行從1加到100的過程，並輸出結果為5050。

**23 (A)**。顯示陣列[i][1][2]的值，即可得16、26、36。

**24 (A)**。根據中序及前序的走訪可以畫出以下圖

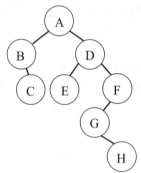

所以F的父節點是D。

**25 (D)**。運算式中序轉後序的方法有三種，二元樹法、括號法及堆疊法，這邊使用括號法轉後序，先對乘除運算加括號，再將加減補上括號，就會得到(1+((2-(3/4))*5))，再來由右往左依序將運算子取代（離運算子最近的）右括號，(1+((2-(3/4))5*))、(1+((2-(34/)5*))、(1+((2(34/-5*))、(1((2(34/-5*+，最後刪掉所有左括號會得到1234/-5*+。

**26 (A)**。最小生成樹是一個有n個結點的連通圖的生成樹是原圖的最小路徑，並且有保持連通圖最少的邊，而最小生成樹在一些情況下可能會有多個。例如，當圖的每一條邊的值都相同時，該圖的所有生成樹都是最小生成樹。

**27 (B)**。 驅動程式必須配合著硬體與軟體上相當明確的平台技術支援；大多數的驅動程式執行在核心空間，軟體的錯誤會造成系統的不穩定，例如：藍屏。

**28 (B)**。 (1) 換進是指當某程序向OS請求主記憶體發現不足時，OS會把主記憶體中暫時不用的數據交換出去，放在SWAP分區中，這個過程稱為SWAP OUT；而當某程序又需要這些數據且OS發現還有主記憶體空間時，又會把SWAP分區中的數據交換回主記憶體中，這個過程稱為swap in（換進）。

(2) 乒乓緩衝是指定義兩個buffer，當有資料進來的時候，負責寫入buffer的指令就尋找第一個沒有被佔用的buffer，進行寫入，寫好後，將佔用flag釋放，同時設置一個flag提示此buffer已經可讀，然後再接下去找另外一個可寫的buffer，寫入新的資料。

(3) 遞迴是在函式中呼叫自身，呼叫者會先置入記憶體堆疊，被呼叫者執行完後，再從堆疊取出被置入的函式繼續執行。

(4) 猛移是指當處理器採用虛擬記憶體，可能發生頁面缺失的次數增加，導致I/O時間增加，為了降低I/O時間而又會需要處理更多程序，造成頁面缺失更嚴重。

**29 (C)**。 可移植性作業系統介面標準是由IEEE發布的文檔；只要開發人員編寫符合此描述的程序，他們的程式便是符合POSIX標準。這個標準並沒有限制執行緒不能使用fork( )和exec( )。

**30 (D)**。 -rwxr-xr-x需要分成三個部分，第一部分-rwx代表檔案擁有者可讀可寫可執行，第二部分r-x為所屬群組為可讀可執行，第三部分r-x為其他人可讀可執行，因此不是所有帳號都可以刪除此檔案。

**31 (B)**。 RAID 0是將磁碟並聯起來成一個大容量的磁碟、RAID 5不是將資料備份，而是將資料的奇偶校驗存到每個磁碟中、RAID 6是比RAID 5再多一個奇偶系統的演算法、RAID 1是將磁碟做鏡像處理，因此重建後等於是將原本就是好的磁碟裡的資料直接複製到新的磁碟。

**32 (A)**。 SECAM由法國開發，採用國家為俄羅斯、法國、埃及等、PAL由西德開發，採用國家有東歐、中東等、HDTV是高解析度電視，以每秒60個畫面更新頻率、NTSC由美國開發，採用國家有臺灣、日本、韓國及美洲大部分國家。

解答與解析

**33 (C)**。記憶體映射的輸入輸出是指處理器（CPU）和外部裝置之間執行輸入輸出操作的兩種方法，因為I/O位址空間和記憶體位址空間相互獨立，所以有時候稱為獨立I/O、分時多工是兩個以上的訊號或資料流可以同時在一條通訊線路上傳輸、佔先式多工處理是作業系統完全決定執行調度方案，作業系統可以剝奪耗時長的執行時間，提供給其它執行、排存是指周邊同時作業：在高速的輸入及輸出裝置上加裝一個暫存區，讓眾多的工作存入暫存區，在暫存區內，工作將會依序的執行。

**34 (B)**。區塊鏈是藉由密碼學（雜湊函數）串接及保護串聯在一起的資料紀錄，每一個區塊皆包含前一個區塊的加密函數、交易訊息及時間，因此紀錄在區塊中的資料具有難以篡改的特性且紀錄永久皆可查驗，此技術目前主要運用於虛擬貨幣。

**35 (D)**。DPI是每英吋的點數量，所以公式為(3英吋×200dpi)×(2英吋×200dpi)=240000。

**36 (D)**。4-鄰接為左右或是上下鄰接、8-鄰接為左右上下還包括斜對角，但不能同時存在、m-鄰接則包含4-鄰接與8-鄰接（可同時存在左右上下及斜對角）。

**37 (B)**。1 Byte = 8 Bits，因此公式為20秒×44.1KHz×2bytes=1764 Kbytes。

**38 (B)**。JPEG是針對影像的失真壓縮標準，壓縮過程會將RGB轉換為另一種YUV的不同色彩空間，在壓縮取樣時會減少U及V的成分，來達成壓縮的效果。

**39 (A)**。MP3是一種數位音訊編碼和失真壓縮格式、MPEG-4是一套用於音訊的壓縮編碼標準、μ-law (mu-law) PCM是聲音訊號編碼的訊號壓縮法、H.264又稱為MPEG-4第10部分為視訊壓縮標準。

**40 (B)**。霍夫曼壓縮是一種無損失的壓縮演算法，使用符號出現頻率進行編碼壓縮，因此如果出現頻率都相同，最長的編碼為n-1。

# 109年合作金庫新進人員甄試（資安防護管理人員）

請回答下列問題：

(一) 使用5個位元二補數表示正負整數時，請問10進位數值-5的表示字串為何？

(二) 使用5個位元二補數表示正負整數時，請問能夠表示的最小10進位整數值及其表示字串為何？

(三) 請說明何謂驅動程式(driver)。

(四) 請說明快取記憶體(cache)的作用。

(五) 請問何謂熱插拔(hot swapping)？

答 (一) 由於二補數的負值是由一補數加1而得，五個位元的$5=00101_2$，一補數的負數是正數表示法的0變1，1變0，所以先求一補數的$-5=11010_2$，二補數的負值則是一補數的負值加1，所以二補數的$-5=11011_2$。

(二) 五個位元的二補數，最大正值表示十進位的數是$31=11111_2$，二補數負值為$-31=00001_2$，所以二補數的最小數值為$-32=00000_2$。

(三) 驅動程式是指電腦的周邊硬體設備，將自身的功能與作業系統進行交流，主要功能就是將硬體設備的訊號與作業系統或軟體的指令互相轉譯，使硬體到作業系統之間有一個接口，協調兩者之間的運作。

(四) 快取記憶體是指在CPU與主記憶體之間做為讀取資料的緩衝，由於處理器的運算速度極快，導致主記憶體的速度無法跟上，因此需要快取記憶體將資料暫存，處理器在運算時，如果快取記憶體中有需要的資料就會直接使用，反之如果沒有，就需要等待主記憶體的提供，那回傳資料就會需要比較多的時間。

(五) 熱插拔就是指帶電插拔，意思就是在不斷電的狀態下進行硬體的置換（接口），其中需要驅動程式及軟體的配合，讓硬體能夠在置換後直接可以使用，有支援熱插拔的硬體都需要對電源及接地線有支援，否則在熱插拔的過程中會導致主機或是周邊硬體的燒毀，因此沒有支援熱插拔的設備，強行熱插拔的話，很大的機率會導致硬體發生故障。

# ▶ 110年初等考試

( )　**1** 下列那個程式語言相對選項中其他語言是較為低階（最接近機器碼）的程式語言？　(A)組合語言（Assembly Language）　(B)C程式語言（C Language）　(C)Python 語言（Python Language）　(D)結構化查詢語言（Structured Query Language）。

( )　**2** 當電腦的電源關閉之後，請問下列設備何者所儲存的資料也會跟著消失？　(A)基本輸入輸出系統（BIOS）　(B)隨機存取記憶體（RAM）　(C)固態硬碟（SSD）　(D)隨身硬碟（USB Flash Drive）。

( )　**3** 右圖為包含兩個邏輯閘（A以及B）的電路圖，若是A為XOR邏輯閘，B為NAND邏輯閘，而且此電路輸入值由左至右分別為100，則X以及Y的輸出值為何？
(A)X = 0, Y = 0　(B)X = 0, Y = 1
(C)X = 1, Y = 0　(D)X = 1, Y = 1。

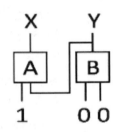

( )　**4** 下列幾種常見儲存裝置，根據其存取速度，由快而慢依序為何？
(A)快取記憶體> 隨機存取記憶體> 暫存器> 硬式磁碟記憶體
(B)快取記憶體> 暫存器> 隨機存取記憶體> 硬式磁碟記憶體
(C)隨機存取記憶體> 暫存器> 快取記憶體> 硬式磁碟記憶體
(D)暫存器> 快取記憶體> 隨機存取記憶體> 硬式磁碟記憶體。

( )　**5** 假設x以及y為兩個二進位之四位元2補數格式之整數，其值分別為：
x = 0010以及y = 1100
x-y的十進位數值為何？
(A)2　(B)-2　(C)6　(D)-6。

（　）　**6** 一般電腦的浮點數表示方法是以IEEE 754標準為主，下列是單倍精準數（single precision; Excess 127）的浮點數二進位表示式，請問其對應的十進位數值為何？
01000000101110000000000000000000
(A)5.75　(B)-5.75　(C)2.875　(D)-2.875。

（　）　**7** 請問十進位數字-165其所對應的2補數的十六進位格式為何？
(A)FEEB　(B)FF5B　(C)FF5A　(D)FEEA。

（　）　**8** 如果我們要使用HTML的語法在網頁上顯示下列的文字：
***I like HTML***
請問那一個語法是正確的？
(A)<b></i>I like HTML<i></b>　(B)<i></b>I like HTML<i></b>
(C)</b><i>I like HTML</i><b>　(D)<i><b>I like HTML</i></b>。

（　）　**9** 下列那一個是合法的IPv4網路位址？　(A)192.168.256.1　(B)140.113.358.76　(C)192.168.0.0　(D)140.113.168.35.28。

（　）　**10** 依據一般常見的通用程式語言，下列的算術運算式所計算出來的值為何？
3 * 4 % 6 + 4 *5
(A)20　(B)22　(C)12　(D)30。

（　）　**11** 演算法常會使用流程圖（flowchart）來呈現問題的解法，在標準流程圖中，那一個形狀表示決策符號（decision symbol）？　(A)圓形　(B)矩形　(C)菱形　(D)三角形。

（　）　**12** 依據下列C語言的程式片段，那一行程式碼可能永遠不會被執行到？
while (a < 10)
　　　a = a + 5;
if (a < 12)
　　　a = a + 2;
if (a <= 11)
　　　a = 5;
(A)a = a + 5;　(B)a = a + 2;　(C)a = 5;　(D)每一行都可能會執行。

( ) **13** 大部分程式語言都是以列為主（row major）的方式儲存陣列。在一個8×4的二維陣列（array）A裡面（A為以列為主的方式儲存陣列），若每個陣列元素需要兩個單位的記憶體大小，且若A[0][0]的記憶體位址為108（十進制表示），則A[1][2]的記憶體位址為何？　(A)120　(B)124　(C)126　(D)128。

( ) **14** 下列的R()為一個C語言的遞迴函式片段，若R(3, 7)執行後，其回傳值為何？

```
int R (int a, int x){
        if (x == 0)
                return 1;
        else
                return (a * R(a, x – 1));
}
```

(A)128　(B)2187　(C)6561　(D)1024。

( ) **15** 在一個關聯式資料模式中，假設π是投影運算（projection operator），σ是選擇運算（selection operator），R是關聯（relation），那一個關聯式運算可能產生下列的結果？

| a | b |
|---|---|
| 1 | 2 |
| 2 | 3 |

(A)$\sigma_{a<b}(\pi_{a,b} \ R)$　(B)$\pi_{a<b}(\pi_{a,b} \ R)$　(C)$\pi_{a<2} \ R$　(D)$\pi_{a,b}(\sigma_{a=b} \ R)$。

( ) **16** 如果一個關聯表格已經完成正規化，使得關聯模式中每一個功能相依（functional dependencies）決定因素都包含候選鍵（candidate keys），則此表格最高已經達到下列那個正規化形式？
(A)第一正規化（1NF）
(B)第二正規化（2NF）
(C)第三正規化（3NF）
(D)Boyce-Codd 正規化（BCNF）。

（　）**17** 假設有一個資料關聯表（relation）Books，其關聯表綱要（schema）定義如下：

Books（ISBN, Title, CopyrightYear, Author, Publisher, PublisherURL, AuthorEmail）

請問那一個資料屬性（attribute）可以做為該關聯的主鍵（primary key）？

(A)ISBN　　　　　　　　(B)Title

(C)Author　　　　　　　(D)PublisherURL。

（　）**18** 根據網路OSI模型，下列何者是屬於網路層（network layer）的功能？　(A)路由（routing）　(B)錯誤更正（error recovery）　(C)IP對媒體位址的轉換（IP-to-MAC address translation）　(D)流量控制（flow control）。

（　）**19** 根據金鑰密碼學（public-key cryptography）的理論，下列敘述何者正確？　(A)被公鑰加密的訊息可以被公鑰解密　(B)被私鑰加密的訊息可以被公鑰解密　(C)被私鑰加密的訊息可以被私鑰解密　(D)被公鑰加密的訊息可以作為數位簽章認證（authentication）。

（　）**20** 下列針對HTTP以及HTTPS之間的差別，何者敘述正確？　(A)HTTP使用IPv4，HTTPS使用IPv6　(B)HTTP使用UDP，HTTPS使用TCP　(C)HTTP使用TCP，HTTPS使用UDP　(D)HTTP沒有加密，HTTPS有加密。

（　）**21** 電腦駭客利用合法網站上的漏洞，在某些網頁上插入惡意的HTML與Script 語法，藉此散布惡意程式或是引發惡意攻擊，此種攻擊手法稱之為：　(A)殭屍網路攻擊（Zombie Network attack）　(B)分散式阻斷服務攻擊（Distributed Denial of service, DDoS）　(C)零時差攻擊（Zero-day attack）　(D)跨站腳本攻擊（Cross-Site Scripting, XSS）。

（　）**22** 下列何者不適合使用在物聯網（IoT）上作為連網的無線傳輸技術？　(A)LoRa　(B)IEEE 802.14　(C)NB-IoT　(D)SigFox。

( ) **23** TCP依靠來源連接埠與目的連接埠的幫助,讓資料可以傳遞正確的應用程式,屬於比UDP較為可靠的傳輸方式,下列何者不屬於TCP的特性? (A)連線導向 (B)流量控制 (C)適合用在廣播與多點傳播 (D)資料確認與重送。

( ) **24** 根據下列按字母順序(alphabetical order)排列的字元數列,若使用二元搜尋法進行搜尋,至少需要幾次的資料比對才可以找到字元L(包含L本身)?

L, M, N, O, P, Q, R, S, T, U, V, W, X, Y, Z

(A)1 (B)2 (C)3 (D)4。

( ) **25** 現在許多軟體公司會採用UML來協助進行物件導向系統的開發,下列何者不是UML所提供的圖形化工具?

(A)類別圖(class diagram)

(B)使用案例圖(use case diagram)

(C)活動圖(activity diagram)

(D)流程圖(data flow diagram)。

( ) **26** 物件導向開發理論中,類別中的成員(即屬性與方法)都可設定其存取權限,對於存取權限的描述,下列那一項錯誤?

(A)public的成員所有的類別都可以存取

(B)private的成員只有該類別可以存取

(C)protected的成員只有該物件可以存取

(D)protected的成員子類別可以存取。

( ) **27** 給定下列一個C語言程式片段,其中s被宣告為全域變數(global variable),此程式執行後的輸出結果為何?

```
int s = 1; //全域變數
void add (int a){
        int s = 6;
        for( ; a>=0; a=a-1){
                printf("%d,", s);
                s++;
```

```
        printf("%d,", s);
    }
}
int main(){
    printf("%d,", s);
    add(s);
    printf("%d,", s);
    s = 9;
    printf("%d", s);
    return 0;
}
```
(A)1,6,7,7,8,8,9　(B)1,6,7,7,8,1,9　(C)1,6,7,8,9,9,9
(D)1,6,7,7,8,9,9。

( ) **28** 軟體測試中的白箱測試（white-box testing）一般會在那一個軟體開發階段開始進行？ (A)軟體安裝上線維護之後 (B)軟體需求規格文件建立之後 (C)軟體程式碼撰寫之後 (D)軟體設計文件完成之後。

( ) **29** 軟體測試中的單元測試（unit testing）一般主要會由那個角色執行測試？ (A)軟體使用者（user） (B)軟體開發人員（developer） (C)軟體測試人員（QA tester） (D)軟體專案管理者（project manager）。

( ) **30** 下列為對同一個問題的四個不同演算法的時間複雜度（time complexity），若N趨近於無限大，何者執行的速度最快？ (A)$(\log N)^4$ (B)$N(\log N)^3$ (C)$N^2(\log N)^2$ (D)$N^3\log N$。

( ) **31** 由於科技的進步，穿戴式裝置已逐漸出現在我們生活的周遭。下列何種技術比較不會出現在穿戴式裝置上？ (A)RFID (B)LiDAR (C)NFC (D)Bluetooth。

( ) **32** 下列何種影像格式是屬於失真（破壞性）壓縮（lossy compression）？ (A)TIFF (B)JPEG (C)GIF (D)BMP。

（　）**33** 若輸入整數依序為0, 1, 2, 3, 4, 5, 6, 7, 8, 9，下列C語言程式片段的 x[]陣列的元素值依順序為何？

```
int x[10] = {0};
  for (int i=0; i<10; i++){
      scanf("%d", &x[(i+2)%10]);
}
```

(A)0, 1, 2, 3, 4, 5, 6, 7, 8, 9　(B)2, 0, 2, 0, 2, 0, 2, 0, 2, 0
(C)9, 0, 1, 2, 3, 4, 5, 6, 7, 8　(D)8, 9, 0, 1, 2, 3, 4, 5, 6, 7。

（　）**34** 以霍夫曼（Huffman）演算法，假設有4個外部節點（external nodes）的加權值分別是1、3、6、8，則其加權外部路徑長度（External Path Length, EPL）為何？　(A)32　(B)31　(C)30　(D)29。

（　）**35** 求下列C語言遞迴函數值ds(5)=？ int ds(int n){if(n<=2)return 1;else return (ds(n-3)+ds(n-2)+ds(n-1)+2);}　(A)5　(B)8　(C)16　(D)17。

（　）**36** 若字串aaaaaabbbbbccccdddeef依霍夫曼法編碼（Huffman code），則’e’最少需要幾個位元（bits）？　(A)1　(B)2　(C)3　(D)4。

（　）**37** 一個二元樹（binary tree）中有14個節點（nodes），若其分支度（degree）為1的節點共有5個，則此二元樹（binary tree）的樹葉（leaf）節點個數為何？　(A)4　(B)5　(C)7　(D)9。

（　）**38** 假設CPU的工作頻率為4GHz，平均執行一個指令約需花費2個時脈週期（clock cycle），則該CPU平均執行一個指令約需花用多少時間？　(A)0.25ns　(B)0.5ns　(C)1ns　(D)2ns。

（　）**39** 下列常用的網際網路通訊協定何者錯誤？　(A)FTP的預設通訊埠是21　(B)SMTP的預設通訊埠是25　(C)TELNET的預設通訊埠是80　(D)HTTPS的預設通訊埠是443。

（　）　**40** 如果168.48.62.80、168.48.64.81、168.48.66.82這三個IP位址是在同一個子網路，此時使用的子網路遮罩為下列那一個？
(A)255.0.0.0　　(B)255.255.0.0
(C)255.255.255.0　　　　　　(D)255.255.255.255。

（　）　**41** 下列何者是計算機所謂的虛擬記憶體（virtual memory）？　(A)暫存器（register）　(B)快取記憶體（cache memory）　(C)主記憶體（main memory）　(D)次記憶體（second memory）。

（　）　**42** 下列何者是NoSQL（Not Only SQL）非關聯式資料庫系統？　(A)MariaDB　(B)MongoDB　(C)Oracle　(D)SQL Server。

（　）　**43** 大數據數字Exabyte（EB）為：　(A)$10^{12}$ byte　(B)$10^{15}$ byte　(C)$10^{18}$ byte　(D)$10^{21}$ byte。

（　）　**44** 假設一具有n個位元的電腦系統採用2的補數法來表示負整數，所能表示的最小整數為：　(A)$-2^{n-1}$　(B)$-2^{n-1}+1$　(C)$-2^n$　(D)$-2^n+1$。

（　）　**45** TCP/IP中那個協定負責將實體位址映射成相對應的IP位址？　(A)ARP　(B)ICMP　(C)IGMP　(D)RARP。

（　）　**46** 「可以將物件使用介面的程式實作部分隱藏起來，不讓使用者看到，同時確保使用者無法任意更改物件內部的重要資料」。以上這段敘述，是在描述物件導向程式設計的那一種特性？　(A)繼承　(B)多型　(C)抽象　(D)封裝。

（　）　**47** 針對無類別域間路由（Classless Inter-Domain Routing, CIDR）而言，某組織被分配位址區塊168.32.48.64/26，如想要分為四個子網路，且每個子網路有相同數量主機，下列子網路遮罩設定何者正確？　(A)27　(B)28　(C)29　(D)30。

（　）　**48** 針對兩個不同類型的網路，為使不同通訊協定的網路能夠相互傳送與接收訊息需要下列那種設備？　(A)集線器　(B)橋接器　(C)閘道器　(D)路由器。

( ) **49** 計算機負責CPU與其他低速周邊裝置溝通的是下列何者？ (A)南橋晶片 (B)北橋晶片 (C)BIOS (D)PCI Express。

( ) **50** 如右圖有一位老師從學校A出發要對3名學生進行家庭訪問，而一條路只能經過一次，請問老師最少需多少時間，才能訪問完3位學生並回到學校？ (A)13 (B)14 (C)15 (D)16。

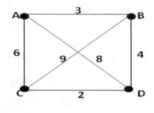

## 解答與解析 (答案標示為#者，表官方曾公告更正該題答案。)

**1 (A)**。機器語言之後就是組合語言，組合各種機器語言。

**2 (B)**。隨機記憶體就是要靠充電維持記憶。

**3 (B)**。B端) 0 AND 0 ⇒ 0 取not ⇒ Y=1
A端) 1 XOR 1 ⇒ X= 0

**4 (D)**。暫存器是CPU內部最快的，其他就是死記。

**5 (C)**。2的補數減法需要將【減數】取2的補數（也就是將-1乘入減數的概念），再與被減數相加。
1100 ⇒ 0011+1 ⇒ 0100
0010+0100=0110 ⇒ 6

**6 (A)**。01000000101110000000000000000000
0 ⇒ 正數
Exp ⇒ 0～126是-127～-1，127是0，128～255是1～128。
128+1=129 ⇒ exp 2，
$1+(2^{-2}+2^{-3}+2^{-4})=1+0.25+0.125+0.0625=1.4375$
$1.4375 \times 2^2 = 5.75$

**7 (B)**。165 ⇒ 0000 0000 1010 0101取1的補數
⇒ 1111 1111 0101 1010
⇒ 取2的補數要+1
⇒ 1111 1111 0101 1011
⇒ FF5B

**8 (D)**。結束tag符號【/】一定是在最後面。

**9 (C)**。要符合4組都是0～255

**10 (A)**。%的優先與*/是一樣的，所以由左至右，最後是+-
((3*4)%6)+(4*5)=(12%6)+20=0+20=20

**11 (C)**。菱形（死記）。

**12 (C)**。無論while區段的a初值為多少，a勢必大於等於10，所以進入if(a<12)
時，a就至少是12或更大，那麼if(a<11)一定不會被執行。

**13 (A)**。row major就是指有8個row的意思，所以每一row有4個cell，A[1][2]則代
表第二列的第三個，所以108+4×2+2×2 = 108+8+4=120

**14 (B)**。

| R(a,0) | 1 |
|--------|---|
| R(a,1) | a* 1 |
| R(a,2) | a* a*1 |
| R(a,3) | a* a*a*1 |
| R(a,4) | a* a*a*a*1 |
| R(a,5) | a* a*a*a*a*1 |
| R(a,6) | a* a*a*a*a*a*1 |
| R(a,7) | a* a*a*a*a*a*a*1 |

所以R(3,7)⇒3×3×3×3×3×3×3×1=2187
可以看答案是否為3的倍數來刪去，會剩下(B)跟(C)選項。

**15 (A)**。有ab欄位，代表π要有ab，這時候剩下(A)(B)(D)；接下來看σ，(A)的條
件是a<b正確；(B)沒有條件則刪除；(D)的條件是a=b不相符也刪除，所
以一定是(A)。

**16 (D)**。如果相依欄位都包含候選鍵，那就代表已經做到最高的Boyce-Codd正規
化，這只能死記；同理，如果相依欄位沒有候選鍵，那只會是第三正規化。

**17 (A)**。主鍵就是最小規模的超鍵，ISBN是全球唯一碼，最適合當主鍵。

**18 (A)**。路由（routing）屬於網路層，決定封包走哪個IP。

**19 (B)**。上鎖與解鎖使用不同鑰匙是正確的。

**20 (D)**。S就是Secure，所以包含加密。

**21 (D)**。跨站腳本就是在別人的網頁上安插攻擊，攻擊目標電腦的腳本。

**22 (B)**。IEEE 802.14（這個是撥接數據機，每一個物件都要數據機就完蛋了）。

**23 (C)**。多播使用UDP才不會造成ACK風暴。

**24 (D)**。15個有序字符，至少需要2的4次方（可包含16個字符），也就是至少4次可以找完。

**25 (D)**。流程圖是有別於UML表達方式；UML比較是資料、角色、使用情境的表達。

**26 (C)**。protected是用在衍伸類別中可以存取，其他不是衍伸類別都不能存取，衍伸類別代表子類別的意思。

**27 (B)**。

| s | add(s); | | | print |
|---|---|---|---|---|
| 1 | s | a | print | ,1,6,7,7,8 |
| | 6 | 1 | ,6 | |
| | 7 | - | ,7 | |
| | 7 | 0 | ,7 | |
| | 8 | - | ,8 | |
| 1 | - | | | ,1,6,7,7,8,1 |
| 9 | - | | | ,1,6,7,7,8,1,9 |

答案是(B)，但(B)的第一個字符沒有，。

**28 (C)**。就是要真正的打入帳密測試看看所有已知結構，死記。

**29 (B)**。一定是開發人員，只有開發人員才知道所有內部細節，QA只能以客戶觀點操作測試，死記。

**30 (A)**。直接代數字最快，假設N=4，(A) $\Rightarrow (2)^4=16$，(B) $\Rightarrow 4\times 2^3=32$，(C) $\Rightarrow 4^2\times 2^2=64$，(D) $\Rightarrow 4^3\times 2=24$

**31 (B)**。這是車用的距離感測器，功率太強了，不可能會有穿戴電池能驅動。

**32 (B)**。JPEG（傅立葉轉換壓縮）。

**33 (D)**。

| i | input | (i+2)%10 | x[10] | | | |
|---|-------|----------|-------|---|---|---|
| - | - | - | {0,0,0,0,0,0,0,0,0,0} | | | |
| 0 | 0 | 2 | {0,0,0,0,0,0,0,0,0,0} | | | |
| 1 | 1 | 3 | {0,0,0,1,0,0,0,0,0,0} | | | |
| 2 | 2 | 4 | {0,0,0,1,2,0,0,0,0,0} | | | |
| 3 | 3 | 5 | {0,0,0,1,2,3,0,0,0,0} | | | |
| 4 | 4 | 6 | {0,0,0,1,2,3,4,0,0,0} | | | |
| 5 | 5 | 7 | {0,0,0,1,2,3,4,5,0,0} | | | |
| 6 | 6 | 8 | {0,0,0,1,2,3,4,5,6,0} | | | |
| 7 | 7 | 9 | {0,0,0,1,2,3,4,5,6,7} | | | |
| 8 | 8 | 0 | {8,0,0,1,2,3,4,5,6,7} | | | |
| 9 | 9 | 1 | {8,9,0,1,2,3,4,5,6,7} | | | |

**34 (A)**。

**35 (D)**。

| n | ds(n) |
|---|-------|
| 0 | 1 |
| 1 | 1 |
| 2 | 1 |
| 3 | ds(0)+ds(1)+ds(2)+2=1+1+1+2=5 |
| 4 | ds(1)+ds(2)+ds(3)+2=1+1+5+2=9 |
| 5 | ds(2)+ds(3)+ds(4)+2=1+5+9+2=17 |

**36 (D)**。 a=6

b=5

c=4

d=3

e=2，左為0右為1，走訪為0001

f=1

**37 (B)**。

**38 (B)**。 $4 \times 10^{\frac{9}{2}} = 2 \times 10^9$

$1/2 \times 10^9 = 1/2 \times ns = 0.5ns$

TGMK對應munp

**39 (C)**。 TELNET的預設通訊埠是80（80是http）

**40 (B)**。 $62 \Rightarrow 0011\ 1110$

$64 \Rightarrow 0100\ 0000$

$66 \Rightarrow 0100\ 0010$

遮罩都要一致的bit，所以是255.255.1000 0000.0 $\Rightarrow$ 255.255.128.0

但如果以更大的遮罩也是正確的255.255.0.0

**41 (D)**。 用刪去法，其他都是屬於硬體的部分，這個很有可能就是虛擬的。

**42 (B)**。 MongoDB（這只能死記，芒果DB是常拿來放檔案用）。

**43 (C)**。 死記K3 $\Rightarrow$ M6 $\Rightarrow$ G9 $\Rightarrow$ T12 $\Rightarrow$ P15 $\Rightarrow$ E18

**44 (A)**。 用256來記，正數有127個、0一個與負數128個，所以最小是-2的N-1次方。

**45 (D)**。 這裡有陷阱，實體位址換成IP是要跟DHCP伺服器索取，用的是RARP（逆向的ARP），一般情況都是用廣播，用IP換實體位置（ARP）。

**46 (D)**。 死記，封起來就看不到了。

**47 (B)**。 不用計算，只要知道目前26bit還要切4個區段，代表增加2個bit，26+2=28

**48 (C)**。 不同通訊協定的網路一定要有閘道，就像家用的ADSL小烏龜。

**49 (A)**。 北橋很快、用於顯示卡及高速PCIE，南橋很慢、用於硬碟及其他介面卡及USB。

**50 (C)**。 無須計算，只需要使用貪婪選擇即可，A出發6與3、選最少的路徑3，B出發4與8、選4，D出發8與2、選2，C出發9與6、選6即可。

# 110年台中捷運技術員（電子電機類）

( )　**1** 目前RFID（無線射頻識別）的使用十分普及，請問下列哪一種應用不是使用RFID技術？　(A)台北捷運悠遊卡　(B)高速公路電子收費的eTag　(C)高雄捷運一卡通　(D)郵政晶片金融卡。

( )　**2** 有關乙太網路規格100BaseFX的敘述，下列何者有誤？　(A)Base代表寬頻　(B)使用線材為光纖　(C)傳輸速率為100Mbps　(D)適用於星狀拓樸。

( )　**3** 請問下列哪一項技術可以用來提高網站上刷卡交易的安全性？
(A)LTE（Long Term Evolution）
(B)WiMax（Worldwide Interoperability for Microwave Access）
(C)SET（Secure Electronic Transaction）
(D)SRAM（Static RAM）。

( )　**4** 流程圖用來描述軟體程序，請問流程圖中方塊、菱形、箭號各代表何種工作？　(A)邏輯狀況、處理步驟、控制流程　(B)控制流程、邏輯狀況、處理步驟　(C)處理步驟、邏輯狀況、控制流程　(D)處理步驟、控制流程、邏輯狀況。

( )　**5** 小美要將20張照片上傳至LINE群相簿，假設每張照片約500KB，若她花用了200秒上傳檔案，請問網路傳輸速率約為多少？
(A)400Kbps　(B)512Kbps　(C)2Mbps　(D)20Mbps。

( )　**6** 有關IP位址的敘述，下列何者錯誤？　(A)IPv6位址的各組數值，是以":"來隔開　(B)192.266.102.10是正確的IPv4位址　(C)ipconfig指令可用來查詢電腦的IP位址　(D)DNS伺服器可將URL轉換成IP位址。

( )　**7** 小新收到一封自稱是公司資訊安全部的Email，宣稱要幫新進員工舉辦安全講習，請他提供過去一個月新進員工的姓名和電話。小新最有可能碰到哪一類型的資安問題？　(A)電腦病毒　(B)阻斷服務　(C)社交工程　(D)網路釣魚。

( ) **8** 哪一種軟體類型有試用期，試用期一過，就必須付費才能繼續使用？
(A)免費軟體　(B)自由軟體　(C)公共財軟體　(D)共享軟體。

( ) **9** 若將一個Class C的網路分為16個子網路，則子網路遮罩應設為？
(A)255.255.255.192　　　　　(B)255.255.0.0
(C)255.255.255.128　　　　　(D)255.255.255.240。

( ) **10** 下列哪一種檔案系統最適合Linux作業系統使用？　(A)FAT16
(B)NTFS　(C)FAT32　(D)ext4。

( ) **11** 下列哪一個網路協定使用的預設連接埠（Port）是錯誤的？
(A)HTTP：80　(B)SSH：22　(C)DNS：53　(D)POP3：25。

( ) **12** 下列哪一個網路IP，屬於Class B等級？　(A)100.10.26.50
(B)190.21.3.91　(C)203.64.111.19　(D)192.64.204.38。

( ) **13** 在非對稱式金鑰加解密系統中，甲要將機密資料傳給乙，則乙應
該使用哪一個金鑰來對該機密資料解密？
(A)甲的公開金鑰　(B)乙的公開金鑰　(C)甲的私密金鑰　(D)乙
的私密金鑰。

( ) **14** 要讓區域網路內的所有3C設備，透過IP分享器使用同一個真實IP
連上網際網路，則該IP分享器需具備哪一種技術？　(A)QoS　(B)
NAT　(C)DoS Protection　(D)WPA2-PSK。

( ) **15** 有四支程式的時間複雜度如下，請問哪一支程式的執行速度最
快？　(A)$O(\log_2 n)$　(B)$O(n\log_2 n)$　(C)$O(n)$　(D)$O(n^2)$。

( ) **16** 在ASCII中使用「41H」表示字元「A」，則字元「K」的ASCII值
為何？　(A)4AH　(B)4BH　(C)4CH　(D)4DH。

( ) **17** 開啟一個大小為800×600像素（Pixel）的全彩影像（每個像素使
用24bits來表示）檔案，其所佔用的記憶體大小最接近何者？
(A)703KB　(B)948KB　(C)1406KB　(D)2108KB。

( ) **18** 下列哪一種介面，使用數位訊號傳輸，且可以同時傳輸影像和聲音？ (A)DVI (B)D-SUB (C)HDMI (D)RS-232。

( ) **19** 執行下列程式片段後，螢幕會顯示何值？

```
int w[5] = {21, 65, 7, 87, 47};
int t;
for (int i=1; i<5; i++){
    if (w[0]<w[i]){
        t=w[i];
        w[0] = w[i];
        w[i] = t;
    }
}
printf("%d",w[0]);
```
(A)7 (B)65 (C)21 (D)87。

( ) **20** 執行下列程式片段後，螢幕會顯示何值？

```
int data[]={9,51,41,87,46};
int i,p,t;
t=41;
for(i=0;i<5;i++){
    if (data[i]==t){
        p=i;
    }
}
printf("%d,%d", i, p);
```
(A)5,2 (B)4,2 (C)5,41 (D)4,41。

---

**解答與解析** （答案標示為#者，表官方曾公告更正該題答案。）

**1 (D)**。晶片卡不是無線射頻技術，需要接觸讀取晶片。

**2 (A)**。base代表基頻，是沒有經過調變的數位訊號。

**3 (C)**。SET（Secure Electronic Transaction）（死記）。

**4 (C)**。菱形一定是YES/NO區塊。

**5 (A)**。 500KB×20=500K×20×8bits=80,000kbps
80,000kbps/200=400kbps

**6 (B)**。 每一數組都是0～255的區間。

**7 (C)**。 只要是人性詐騙，都屬於社交攻擊。

**8 (D)**。 所有付費客戶共同使用這套軟體，所以稱共享軟體。

**9 (D)**。 16是2的4次方，所以11110000⇒240

**10 (D)**。 死記,前三項都是WINDOWS常用的,ext4可以記為第四代延伸檔案系統。

**11 (D)**。 POP3：25（110才對，這只能死記）。

**12 (B)**。 190.21.3.91（10111110=>符合10開頭）

**13 (D)**。 私鑰不會傳送出去，所以解密一定是用自己的密鑰；加密一定是用對方的公鑰。

**14 (B)**。 死記Network Address Translation。

**15 (A)**。 死記,可以實際代數字進去,同樣的N代入後誰的值最小,執行速度就最快。

**16 (B)**。 41+A=4B，H代表HEX

**17 (C)**。 800*600*24/8=1,440,000B，1,440,000B/1024=1406.25KB

**18 (C)**。 就像你家電視看DVD或MOD只要一條HDMI就有影像與聲音,所以影像與聲音訊號可並存。

**19 (D)**。

| i | w[0]<w[i] | t | w[5] |
|---|---|---|---|
| - | - | - | {21, 65, 7, 87, 47} |
| 1 | 21<65,True | 65 | {65, 65, 7, 87, 47} |
| 2 | 65<7,False | 65 | {65, 65, 7, 87, 47} |
| 3 | 65<87,True | 87 | {87, 65, 7, 87, 47} |
| 4 | 87<47,False | 87 | {87, 65, 7, 87, 47} |
| 5 | - | 87 | {87, 65, 7, 87, 47} |

**20 (A)**。

| i | p | t | data[i]==t | data[] |
|---|---|---|---|---|
| - | - | 41 | - | {9,51,41,87,46} |
| 0 | - | 41 | 9==41,F | {9,51,41,87,46} |
| 1 | - | 41 | 51==41,F | {9,51,41,87,46} |
| 2 | 2 | 41 | 41==41,T | {9,51,41,87,46} |
| 3 | 2 | 41 | 87==41,F | {9,51,41,87,46} |
| 4 | 2 | 41 | 46==41,F | {9,51,41,87,46} |
| 5 | 2 | 41 | - | {9,51,41,87,46} |

# 110年全國各級農會第六次聘任職員

## 壹、是非題

( ) **1** WiFi屬於一種廣域的網路連接技術。

( ) **2** AI影像處理技術是一個電腦作業系統（Operating System）的基本功能。

( ) **3** 一部連網的電腦，移動到不同的地方，都必須用同一個IP位址。

( ) **4** 以2的補數法來表示整數，一個位元組（Byte）可以表示的最大整數為256。

( ) **5** 佇列（Queue）是一種先進先出（FIFO）的資料結構。

( ) **6** 電腦的記憶體大小，一般指的是其隨機記憶體（RAM）的空間。

( ) **7** OSI七層的網路通訊標準，是目前最為廣泛使用的電腦網路架構。

( ) **8** 程式語言中，越高階的程式語言越容易解讀，程式碼也越簡短。

( ) **9** Unicode是一個大型的文字庫，每個字都是以兩個位元組所組成的。

( ) **10** 直接記憶體存取（DMA）處理I/O的動作可以不必經過CPU執行。

## 貳、單選題

( ) **1** IEEE 802.11規範哪種網路標準？ (A)乙太網路 (B)都會網路 (C)無線網路 (D)光纖網路。

( ) **2** 網路通訊協定中，檢視並填充MAC位址的是屬於哪一層的功能？ (A)實體層 (B)鏈結層 (C)網路層 (D)傳輸層。

( ) **3** 資料儲存單位中1TB表示 (A)$2^{15}$bytes (B)$2^{12}$bytes (C)$2^{10}$bytes (D)$2^{9}$bytes。

（　）　**4** 下列何種資料儲存設備不具直接存取的功能　(A)硬碟　(B)軟式磁碟　(C)RAM　(D)磁帶。

（　）　**5** 磁碟的基本儲存單位為　(A)磁區（sector）　(B)讀寫頭（r/w head）　(C)磁軌（track）　(D)磁柱（cluster）。

（　）　**6** 下列何者不屬於CPU的基本工作　(A)擷取　(B)執行　(C)列印　(D)解碼。

（　）　**7** OSI網路模式中，鏈結層（data link layer）屬於第幾層的通訊協定？　(A)5　(B)4　(C)3　(D)2。

（　）　**8** 某電腦具有500MHz規格，若Shift指令需使用10週期（clock cycle），則執行此一指令的時間為　(A)2ns　(B)2μs　(C)20ns　(D)20μs。

（　）　**9** f(n+1)=f(n)+f(n-1)，若f(0)=0, f(1)=1, 則f(5)的值為　(A)5　(B)6　(C)7　(D)8。

（　）　**10** 真值表中，5個輸入變數，最多有幾種不同的變化？　(A)5　(B)32　(C)50　(D)64。

（　）　**11** 在有N個節點的二元樹中作搜尋的運算其執行時間跟何者成正比？　(A)N　(B)log N　(C)$N^2$　(D)N log N。

（　）　**12** 有三個節點的樹，組成二元樹的個數最多為何？　(A)3　(B)4　(C)5　(D)6。

（　）　**13** 一個沒方向性的連接圖，節點為N，則其邊的個數不可能為　(A)N-2　(B)N-1　(C)N　(D)N+1。

（　）　**14** 執行遞迴函數時，使用到的資料結構為　(A)stack　(B)tree　(C)queue　(D)array。

（　）　**15** 下列何種技術讓電腦能執行比RAM更大的空間？　(A)multitasking　(B)multiprogramming　(C)time sharing　(D)virtual memory。

（　）　**16** 2跟8這兩個整數的幾何平均為何？　(A)3　(B)4　(C)5　(D)6。

( ) **17** 一個集合A={1,2,3}，請問A有多少個子集合？ (A)3 (B)6 (C)8 (D)12。

( ) **18** 下列哪個集合是不可以數的（uncountable）？ (A)N (B)Z (C)Q (D)R。

( ) **19** 二進位的計算中，110跟010作EX-OR的運算，其結果為何？ (A)100 (B)101 (C)010 (D)110。

( ) **20** 一個以1開頭但不以1結束的位元組（註：8個位元為一位元組），有多少種可能的組合？ (A)32 (B)64 (C)66 (D)128。

## 參、複選題

( ) **1** 有四個節點的二元樹連接圖（connected binary tree）結構中，樹的高度有可能為 (A)1 (B)2 (C)3 (D)4 (E)5。

( ) **2** 下列何者是一種資料結構？ (A)樹 (B)佇列 (C)堆疊 (D)連接串列 (E)資料庫。

( ) **3** 下列何者可作為電腦網路的拓樸圖？ (A)樹狀 (B)環狀 (C)星狀 (D)直條狀 (E)網狀。

( ) **4** 下列何者屬於電腦網路的通訊協定？ (A)SMTP (B)HTTP (C)WiFi (D)IP (E)TCP。

( ) **5** 以二進位表示非負整數的系統中，下列何者正確？ (A)一個byte可以表示127個整數 (B)一個byte可以表示的最大整數為127 (C)0可以有兩種表示法 (D)位元串"000111"跟"111"表示的數值是一樣的 (E)位元串"000111"跟"00111"表示的數值是一樣的。

( ) **6** 下列何者是常用的資料量的單位？ (A)ms (B)ns (C)MB (D)TB (E)HPC。

( ) **7** 下列何者為人工智慧（AI）相關的技術？ (A)VLAN (B)CNN (C)ISDN (D)RNN (E)ANN。

( ) **8** 下列何種屬於第三代的電腦程式語言？ (A)Machine Language (B)Assembly (C)C (D)Java (E)Fortran。

(　　) **9** 適合線上即時處理作業的資料檔為？　(A)隨機存取檔　(B)循序存取檔　(C)批次存取檔　(D)索引存取檔　(E)直接存取檔。

(　　) **10** 下列哪個英文字母不是合法的十六進位表示的符號？　(A)X　(B)C　(C)Y　(D)F　(E)Z。

(　　) **11** 下列何者不是二進位系統的邏輯運算？　(A)XOR　(B)AND　(C)DIV　(D)OR　(E)MOD。

(　　) **12** 下列何者為全加法器（full adder）的輸出？　(A)和（sum）　(B)差（difference）　(C)積（product）　(D)前一位元進位（p-carry）　(E)進位（carry）。

(　　) **13** 下列何者屬於TCP/IP網路中，傳輸層的通訊協定？　(A)TCP　(B)ICMP　(C)IP　(D)UDP　(E)CMIP。

(　　) **14** 下列何者屬於CPU指令的執行過程？　(A)擷取　(B)解碼　(C)提取運算元內容　(D)執行　(E)儲存。

(　　) **15** 下列何者為記憶體定址的模式？　(A)隨機定址　(B)暫存器定址　(C)相對定址　(D)直接定址　(E)間接定址。

(　　) **16** 下列何者不屬TCP/IP網路架構中之層次定義的名稱？　(A)應用層　(B)展示層　(C)會議層　(D)傳輸層　(E)實體層。

(　　) **17** 下列何者技術可以解決IPv4位址不足的問題？　(A)SNMP　(B)NAT　(C)DHCP　(D)IPv6　(E)HTTP。

(　　) **18** SQL資料庫語言中，下列何者屬於保留的關鍵字？　(A)SELECT　(B)FROM　(C)WHERE　(D)ORDER BY　(E)GROUP BY。

(　　) **19** 在整數的同餘計算中，假若A與B除以M有相同的餘數，即$A \equiv B \bmod M$。若C跟D對M也是同餘的關係，則下列的等式，何者正確？
(A)A mod M + B mod M = (A+B) mod M
(B)A*B mod M = (A mod M) * (B mod M)
(C)A mod M-B mod M = (A-B) mod M
(D)$(A + C) \equiv (B+D) \bmod M$
(E)$(A*C) \equiv (B*D) \bmod M$。

( ) **20** 在命題的邏輯中，P→Q跟下列何者命題為等價的關係？

(A)¬Q→¬P　　　　　　　　　(B)¬(Q→P)

(C)¬P∨Q　　　　　　　　　　(D)P∧¬Q

(E)P∨¬Q。

---

**解答與解析 》 》 答案標示為#者，表官方曾公告更正該題答案。**

## 壹、是非題

**1 (F)**。 是區域的，廣域是3G LTE 5G…。

**2 (F)**。 作業系統基本功能僅有硬體與操作整合，運算排程等基本工作。

**3 (F)**。 不需要，即便同一條連線socket亦可重新連接。

**4 (F)**。 -128～0～127。

**5 (T)　　6 (T)**

**7 (F)**。 還有DoD四層或TCP/IP五層。

**8 (T)**

**9 (T)**。 UTF系列會到4位元組。

**10 (T)**。 DMA就是這樣運作，由代理人方式運作，才不會因為過慢的IO讀取導致電腦當機。

## 貳、單選題

**1 (C)**。 802.11b g n ax ac就是這個規範。

**2 (B)**。 七層要熟記。

### 7 Layers of the OSI Model

| Application | · End User layer<br>· HTTP, FTP, IRC, SSH, DNS |
|---|---|
| Presentation | · Syntax layer<br>· SSL, SSH, IMAP, FTP, MPEG, JPEG |
| Session | · Synch & send to port<br>· API's, Sockets, WinSock |
| Transport | · End-to end connections<br>· TCP, UDP |
| Network | · Packets<br>· IP, ICMP, IPSec, IGMP |

| Data Link | · Frames |
| | · Ethernet, PPP, Switch, Bridge |
| Physical | · Physical structure |
| | · Coax, Fiber, Wireless, Hubs, Repeaters |

**3 (B)**。3,6,9,12次方分別為K,M,G,T要熟記。

**4 (D)**。早期win 98的軟碟機也是PIO,後期才支援DMA。

**5 A**。

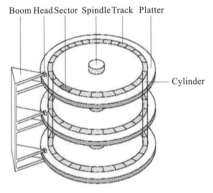

Boom Head Sector Spindle Track Platter

Cylinder

**6 (C)**。列印是IO的工作。

**7 (D)**。熟記七層。

7 Layers of the OSI Model

| Application | · End User layer |
| | · HTTP, FTP, IRC, SSH, DNS |
| Presentation | · Syntax layer |
| | · SSL, SSH, IMAP, FTP, MPEG, JPEG |
| Session | · Synch & send to port |
| | · API's, Sockets, WinSock |
| Transport | · End-to end connections |
| | · TCP, UDP |
| Network | · Packets |
| | · IP, ICMP, IPSec, IGMP |
| Data Link | · Frames |
| | · Ethernet, PPP, Switch, Bridge |
| Physical | · Physical structure |
| | · Coax, Fiber, Wireless, Hubs, Repeaters |

解答與解析

**8 (C)。** 先換算成一個指令耗時（K,M,G,T：3,6,9,12）（mung：-3,-6,-9, -12），
$1/(500 \times 10^6)=0.002 \times 10^{-6}=2 \times 10^{-9}$=2ns，10個週期就是2ns×10=20ns

**9 (A)。**

| n | f(n) |
|---|------|
| 0 | 0 |
| 1 | 1 |
| 2 | 1 |
| 3 | 2 |
| 4 | 3 |
| 5 | 5 |

**10 (B)。** $2^5$=32

**11 (B)。** 二元搜尋的速度是$N^2$（對半切搜尋），其效率就是logN。但這個題目沒
限定是否為完滿二元樹，若是歪斜二元樹，應為N，而且問法也不對，
成正比的應該為N，是時間複雜度為何才對。

**12 (C)。** 首先，2元樹的定義是每個節點最多有兩個子節點。對於三個節點的情
況，以下是所有可能的2元樹結構：
樹的結構：
只有一種結構，這是一個有根節點，根節點有兩個子節點，這兩個子節
點中任意一個子節點又可以有一個子節點。

計算可能性：
根節點有左子樹和右子樹，根節點的左右子樹可以是以下幾種組合：
左子樹有1個節點，右子樹有1個節點。
左子樹有0個節點，右子樹有2個節點（不可能，因為3個節點只有根節
點和2個子節點，所以不能有一個子樹有2個節點）

我們來詳細列舉所有可能的情形：
根節點有一個左子節點，該左子節點又有一個右子節點。
根節點有一個右子節點，該右子節點又有一個左子節點。
根節點有一個左子節點和一個右子節點（且這兩個子節點都沒有子節點）。
每種結構都代表不同的樹。

因此，有3個節點的2元樹的所有可能結構數量為5，故選(C)。

**13 (A)。** 定義連接圖，代表一定要有連接全部的點。

**14 (A)**。執行過程要將前一個呼叫狀態放入堆疊內，直到計算出第一個值後才一個一個拿出來加總，其拿出特性就是先進後出。

**15 (D)**。虛擬空間就是利用硬碟空間當作主記憶體來供程序當作主記憶體使用，或是將休息中的程序資料推至硬碟，讓其他程序使用RAM。

**16 (C)**。答案有誤，$(2 \times 8)^{0.5}=4$，5是算術平均數，應選(B)。

$$G = \sqrt[n]{x_1 \cdot x_2 \cdot x_3 \cdot \cdots \cdot x_{n-1} \cdot x_n}$$

**17 (C)**。$G = \sqrt[n]{x_1 \cdot x_2 \cdot x_3 \cdot \cdots \cdot x_{n-1} \cdot x_n}$

**18 (D)**。R為實數，實數不可數。

**19 (A)**。XOR互斥或，兩者不同輸出為1，110 XOR 010=100。

**20 (B)**。一個位元組有8個位元，前後位元扣掉剩下6個，每個位元有兩種狀態，所以是$2^6=64$

## 參、複選題

**1 (B)(C)**。
答案有誤，二元樹只能有左右各一個節點，應選(C)(D)。

**2 (A)(B)(C)(D)**。
資料庫是系統。

**3 (A)(B)(C)(D)(E)**。

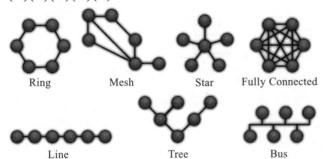

解答與解析

**4** (A)(B)(C)(D)(E)。

**5** (B)(D)(E)。
題目問法有誤，非負整數系統包含一般、1補數、2補數，最大整數可為255或127，0有一種或兩種（1補數時），按照答案來看，題目應該限定在2補數系統中，答案應選(D)(E)。

**6** (C)(D)。
容量單位為Byte，所以不是B結尾的都不是。

**7** (B)(D)(E)。
用Neural Network來記，NN結尾的ANN、CNN、DNN、RNN都是。

**8** (C)(D)(E)。
第一代為機器語言，第二為組合語言，第三是目前常用的語言，第四是SQL MATLAB。

**9** (A)(D)(E)。
隨機、直接都是即時處理，索引也是直接存取，但用了更高效的查找方式。

**10** (A)(C)(E)。
0~9，A~F。

**11** (C)(E)。
DIV跟MOD是組合語言指令。

**12** (A)(E)。

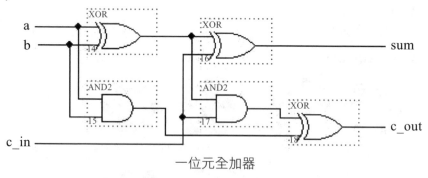

一位元全加器

**13** (A)(D)。
傳輸方法有TCP跟UDP。

**14 (A)(B)(C)(D)(E)。**
提取是包含擷取與解碼。

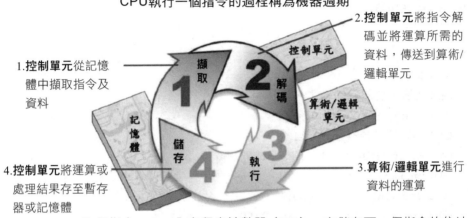

中央處理單元─CPU
CPU執行一個指令的過程稱為機器週期

1.**控制單元**從記憶體中擷取指令及資料

2.**控制單元**將指令解碼並將運算所需的資料，傳送到算術/邏輯單元

4.**控制單元**將運算或處理結果存至暫存器或記憶體

3.**算術/邏輯單元**進行資料的運算

・取得指令：CPU內有程序計數器（PC），它儲存下一個指令的位址
・解碼指令：將指令暫存器（IR）內的指令譯成機器語言
・執行指令
・儲存結果
一共是4步，前兩步稱為提取週期，後兩步為執行週期。

**15 (B)(C)(D)(E)。**
隨機定址是病毒嗎……？不會有隨機定址。

**16 (B)(C)。**
答案有誤，TCP/IP網路架構沒有實體層，是網路存取層，應選(B)(C)(E)。

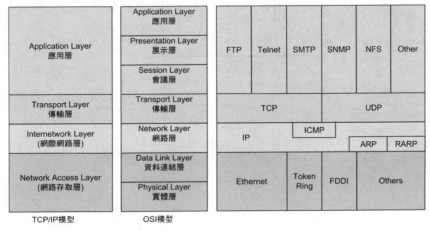

TCP/IP模型　　OSI模型

解答與解析

**17 (B)(C)(D)。**

IPv6不要忘記，有陷阱的味道，另外DHCP嚴格來說不能當成可解決IP不足的技術，它僅有動態配IP，若要使用虛擬IP對應，還是要依賴NAT。

**18 (A)(B)(C)(D)(E)。**

要熟記語法。

**19 (D)(E)。**

答案有誤

直接帶數字看看就知道了，

A=11、B=5、M=3，mod = 2

C=4、D=7、M=3，mod = 1

(A)2+2=16 Mod 3 $\Rightarrow$ 4 = 1 (×)

(B)55 mod 3=2×2$\Rightarrow$ 1 = 4 (×)

(C)2-2=6 mod 3 $\Rightarrow$ 0 = 0 (O)

(D)15 mod 3 = 12 mod 3 $\Rightarrow$ 0 = 0 (O)

(E)44 mod 3 = 35 mod 3 $\Rightarrow$ 2 = 2 (O)

應選(C)(D)(E)。

**20 (A)(C)。**

經典邏輯問題

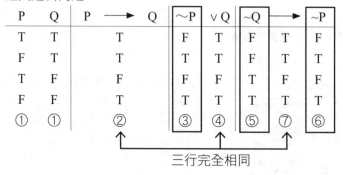

| P | Q | P $\longrightarrow$ Q | ~P ∨ Q | ~Q $\longrightarrow$ ~P |
|---|---|---|---|---|
| T | T | T | F T | F T F |
| F | T | T | T T | F T T |
| T | F | F | F F | T F F |
| F | F | T | T T | T T T |
| ① | ① | ② | ③ ④ | ⑤ ⑦ ⑥ |

三行完全相同

# 110年經濟部所屬事業機構新進職員（資訊類）

( ) **1** 二進位數A取其1's補數後，於左側添加其「奇同位元檢查碼」成為9個位元的B；二進位數C取其2's補數後，於左側添加其「偶同位元檢查碼」成為9個位元的D。最後B與D計算其漢明距離（Hamming Distance）為E。假設A=$(01100111)_2$，C=$(10110110)_2$，則E為多少？　(A)4　(B)5　(C)6　(D)7。

( ) **2** 下列有關CPU的敘述，何者有誤？　(A)CPU的執行動作含擷取、解碼、執行與儲存　(B)CPU指令週期動作含擷取週期與執行週期　(C)CPU指令週期=時脈頻率的倒數　(D)CPU內頻=外頻×倍頻係數。

( ) **3** 下列有關CPU匯流排的敘述，何者有誤？　(A)一般所謂N位元微處理機（Microprocessor），指其控制匯流排有N條排線　(B)位址匯流排有N條排線時，則最大可定址到$2^N$個記憶體位址　(C)位址、控制與資料匯流排的傳輸方向，分別為單向、單向與雙向　(D)匯流排頻寬=頻率×匯流排寬度。

( ) **4** 下列有關IEEE 1394連接埠的敘述，何者有誤？　(A)又稱為火線埠　(B)為高速並列匯流排介面　(C)具備熱插拔功能　(D)適用於消費性電子產品。

( ) **5** 下列記憶體中何者的pin腳數最少？　(A)DDR SDRAM　(B)DDR2 SDRAM　(C)DRDRAM　(D)SDRAM。

( ) **6** 下列硬碟陣列中，何者之「至少所需的硬碟數」為最多？　(A)RAID 0　(B)RAID 1　(C)RAID 0+1　(D)RAID 5。

( ) **7** 下列何者為VCD影音光碟格式之光碟片標準規格書？　(A)紅皮書　(B)黃皮書　(C)白皮書　(D)綠皮書。

( ) **8** 下列何者屬「搶奪式」（Preemptive）工作排程？　(A)FCFS　(B)PS　(C)SJF　(D)SRTF。

( )　**9** 代數函數 $X = \overline{A}\,\overline{B} + AB$ 為下列何種邏輯閘(Gate)？　(A)NAND　(B)NOR　(C)XNOR　(D)XOR。

( )　**10** 介面AGP、IDE、IEEE 1394、PCI、PS/2、SATA、SCSI中，有幾種為一般的硬碟傳輸介面？　(A)2　(B)3　(C)4　(D)5。

( )　**11** 下列何者為布林函數 $ABC + \overline{A}BC + AB\overline{C} + \overline{A}B\overline{C} + \overline{B}$ 簡化之結果？　(A)1　(B)$\overline{AC} + B$　(C)B　(D)C。

( )　**12** 下列有關色彩模式的敘述，何者有誤？　(A)灰階模式為不同層次深淺的灰色變化　(B)CMYK模式係指4種印刷油墨的顏色，分別為青色、洋紅色、黃色與藍色　(C)HSB模式係指色相、飽和度與亮度　(D)RGB模式係指光的三原色，分別為紅色、綠色與藍色。

( )　**13** 圖檔格式BMP、JPEG、PCX、PNG與TIF中，有幾種為「非破壞性壓縮模式」？　(A)1　(B)2　(C)3　(D)4。

( )　**14** 有關作業系統之硬體保護，下列敘述何者有誤？　(A)I/O保護為將所有I/O指令均納入使用者模式　(B)記憶體保護以基底暫存器與限制暫存器來鎖定記憶體之使用範圍　(C)CPU保護採限制CPU之使用時間　(D)保護的對象為I/O系統、記憶體與CPU。

( )　**15** 下列何種儲存架構採用光纖傳輸並建立專用區域網路做資料存取？　(A)DAS　(B)Host Attached Storage　(C)NAS　(D)SAN。

( )　**16** 下列行程狀態（Process State）的轉換中，何者非屬直接轉換？　(A)Running轉為Ready　(B)Running轉為Waiting　(C)Waiting轉為Running　(D)Waiting轉為Ready。

( )　**17** 下列何者非避免輾轉混亂現象（Thrashing）的方法？　(A)Global Replacement　(B)Local Replacement　(C)Page Fault Frequency　(D)Working Set Model。

( )　**18** 下列何種匯流排架構屬於高速匯流排連接高速傳輸裝置，低速匯流排連接低速傳輸裝置？　(A)Daisy Chaining　(B)Independent Requesting　(C)Pulling　(D)Separating。

(　) **19** 某Hamming Code編碼方式之最小漢明距離為5，則其最大可偵錯與最大自動更正的位元數分別為多少？　(A)4與3　(B)3與3　(C)4與2　(D)3與2。

(　) **20** 下列何種磁碟排程可能造成餓死（Starvation）的問題？　(A)C-Look Scheduling　(B)C-Scan Scheduling　(C)Scan Scheduling　(D)SSTF Scheduling。

(　) **21** 下列何種硬碟陣列採用漢明偵錯碼（Hamming Codes）並在可能的範圍內自動修補錯誤？　(A)RAID 2　(B)RAID 3　(C)RAID 4　(D)RAID 5。

(　) **22** 有關分散式系統事件執行之先後關係式的偏序（Partial Order）中，下列何者非其需滿足的條件？　(A)反對稱律（Anti-Symmetric）　(B)反身律（Reflexive）　(C)遞移律（Transitive）　(D)單一律（Unity）。

(　) **23** 分散式系統之時間戳記優先演算法（Timestamp Priority Algorithm）為下列何種死結處理？　(A)Deadlock Detection　(B)Deadlock Distribution　(C)Deadlock Prevention　(D)Recovery From Deadlock。

(　) **24** 下列何者不是雲端運算產業的類層？　(A)CaaS　(B)IaaS　(C)PaaS　(D)SaaS。

(　) **25** 下列何者不是系統呼叫（System Call）之參數傳遞方式？　(A)By Address　(B)By Queue　(C)By Register　(D)By Stack。

(　) **26** 下列有關IPv4及IPv6的差異敘述，何者有誤？　(A)IP位址的長度，IPv4是32位元，IPv6是128位元　(B)和IPv4相同，IPv6的IP表頭（Header）中亦有Checksum欄位　(C)不同於IPv4，IPv6內建加密機制，具有更好的安全與保密性　(D)兩者IP表頭（Header）中，IPv4之欄位Time to Live與IPv6之欄位Hop Limit意義相同。

( ) **27** 下列有關IPv6位址表示法，何者有誤？ (A)2004:1:25A4:886F::1 (B)8293:5:9A:918::586D:99BA (C)21DA:00D3:0000:2F3B:02AA :00FF:FE28:9C5A (D)2001:0000:130F::099A::12A

( ) **28** 下列何種傳輸協定在傳輸過程中會將傳輸資料加密保護？ (A) HTTP (B)FTP (C)SSH (D)SMTP。

( ) **29** 外寄郵件伺服器採用下列何種通訊協定？ (A)SNMP (B)SMTP (C)POP3 (D)IMAP。

( ) **30** 下列有關路由器（router）的敘述，何者有誤？ (A)負責轉寄不 同網段之間的封包 (B)routing路徑可手動建立或採動態方式決定 (C)屬於TCP/IP協定的網路層 (D)不可連接內部網路（LAN）和 外部網路（WAN）。

( ) **31** 路由器透過「動態路由設定」建立路由表，下列何者並非路由 （routing）協定？ (A)PPTP（Point to Point Tunneling Protocol） (B)BGP（Border Gateway Protocol） (C)OSPF（Open Shortest Path First） (D)RIP（Routing Information Protocol）。

( ) **32** 下列有關TCP通訊協定之敘述，何者有誤？ (A)在傳送資料前須 先建立連線 (B)當發送端未收到確認（ACK）封包將重送封包 (C)使用滑動窗口（Sliding Window）進行流量管控 (D)採用三次 交握（Three Way Handshake）機制中斷連線。

( ) **33** 下列何種通訊協定為可動態設定IP組態（含IP位址、子網路遮罩、 預設閘道及DNS等）？ (A)SNMP (B)DHCP (C)ARP (D) SMTP。

( ) **34** IPv4的網路中，有一主機之IP位址為149.84.63.17，子網路遮罩為 255.255.224.0，下列何者之IP位址與該主機不在同一子網路中？ (A)149.84.55.49 (B)149.84.39.59 (C)149.84.30.62 (D)149.84. 42.66。

( ) **35** IPsec網路協定運作於DoD（TCP/IP）網路四層模型中的哪一層？
(A)網路層（Network Layer） (B)應用層（Application Layer）
(C)實體層（Physical Layer） (D)傳輸層（Transport Layer）。

( ) **36** ICMP網路協定運作於DoD（TCP/IP）網路四層模型中的網路層，
其功能為何？ (A)通知路由器有關路徑改變的訊息 (B)將IP位
址轉換成MAC位址 (C)確認IP封包成功遞送 (D)提供IP封包傳
送的過程資訊。

( ) **37** Wifi無線網路需採用傳輸加密技術來確保資料傳輸安全，下列何
者非屬無線網路加密技術？ (A)WPA2 (B)WPA (C)WEP (D)
WPS。

( ) **38** 下列何者為利用尚未被發現或公開的軟體安全漏洞，進行植入惡
意程式的攻擊手法？ (A)網路釣魚 (B)零時差攻擊 (C)入侵網
路 (D)殭屍網路。

( ) **39** 有關TCP/IP常用的應用服務所對應之傳輸協定及其預設連接埠
號，下列何者有誤？ (A)SMTP使用TCP連接埠25 (B)SNMP使
用UDP連接埠161 (C)Telnet使用UDP連接埠23 (D)POP3使用
TCP連接埠110。

( ) **40** 企業建置防火牆主要是防護下列何者之安全措施？ (A)網路 (B)
實體 (C)原始碼 (D)人員。

( ) **41** 下列有關行動裝置安全的敘述，何者非屬保護之面向？ (A)機密
性 (B)擴充性 (C)完整性 (D)可用性。

( ) **42** 下列有關VLAN的特點敘述，何者有誤？ (A)隔離廣播封包 (B)
不受實體限制 (C)提高安全性 (D)提升傳輸速率。

( ) **43** 因應新型冠狀病毒肺炎疫情，有關採取遠距辦公的網路安全，下
列敘述何者有誤？ (A)避免使用公用Wifi連接公司網路 (B)電
子郵件之附件加密 (C)可使用公用電腦登入公司系統 (D)離開
電腦立刻鎖定電腦或切斷連線。

（　）**44** 下列有關加密技術之敘述，何者有誤？　(A)數位簽章是收件者使用寄件者的公鑰解密　(B)數位簽章是用寄件者的公鑰加密　(C)對稱式加密是雙方都使用同一把金鑰　(D)不可否認性是使用寄件者的私鑰加密。

（　）**45** 下列有關物聯網層級架構由下而上的順序，何者正確？　(A)感知層→網路層→應用層　(B)網路層→感知層→應用層　(C)應用層→網路層→感知層　(D)網路層→應用層→感知層。

（　）**46** 下列有關使用HTTP Cookie的敘述，何者正確？　(A)防禦XSS攻擊　(B)作為瀏覽器的組態設定檔　(C)在瀏覽器中儲存資訊（如使用者帳密）　(D)防禦SQL Injection攻擊。

（　）**47** 下列何種指令可用來測試主機是否回應？　(A)ipconfig　(B)netstat　(C)telnet　(D)ping。

（　）**48** 下列有關1000 Base TX的特性敘述，何者有誤？　(A)傳輸速率為1 Gbps　(B)每對絞線皆可傳送及接收資料　(C)同時使用4對絞線傳輸資料　(D)使用2對絞線專門傳輸資料。

（　）**49** 下列有關TCP與UDP通訊協定的敘述，何者正確？　(A)UDP為可靠式傳輸　(B)TCP為安全式傳輸　(C)TCP為可靠式傳輸　(D)UDP為安全式傳輸。

（　）**50** 下列有關Syn Flooding網路阻斷服務攻擊的敘述，何者有誤？　(A)伺服器端回傳ACK到用戶端　(B)用戶端不發送ACK到伺服器端　(C)伺服器端回傳SYN-ACK到用戶端　(D)用戶端發送SYN到伺服器端。

**解答與解析**（答案標示為#者，表官方曾公告更正該題答案。）

**1 (B)**。首先要搞懂漢明距離，相同大小的資料寬度，有多少不同的位元數量，就是距離。

01100111 ⇒ 1's ⇒ 10011000 ⇒ 加奇同位 ⇒ 010011000

10110110 ⇒ 2's ⇒ 01001010 ⇒ 加偶同位 ⇒ 101001010

010011000
101001010
距離為5。

**2 (C)**。(C)指令週期就是時脈頻率，倒數為耗時。

**3 (A)**。(A)應為運算及資料皆N位。

**4 (B)**。(B)應為高速序列埠，只要連接針腳越少，基本上都是序列傳輸。

**5 (D)**。用推出年代來記，越後期推出，腳位一定越多，因為頻寬與資料量的需求。
　SD>DDR=DRD>DDR2
　DRD要記PS2及DC主機時代為了高效能而推出的特殊記憶體。
　所以是(D)。

**6 (C)**。0跟1都是2顆才可運作。
　0+1則是2+2顆。
　5則是至少3顆。
　所以是(C)。

**7 (C)**。標準規格書算正式發表的文件，正式文件常以白封面樣式存在，進而習慣以白皮書稱之正式發布的文件。

**8 (D)**。FCFS是先來先做。
　PS是權重優先。
　SJF是短任務優先。
　SRTF是SJF的改良版，是允許新來的任務評估剩餘的時間進行插隊搶奪。
　所以是(D)。

**9 (C)**。直接代數字去看，不要計算浪費時間

| A | B | ~A~B | AB | ~A~B+AB |
|---|---|------|----|---------|
| 0 | 0 | 1×1=1 | 0 | 1 |
| 0 | 1 | 1×0=0 | 0 | 0 |
| 1 | 0 | 0×1=0 | 0 | 0 |
| 1 | 1 | 0×0=0 | 1 | 1 |

互斥閘為01與10則輸出1
結果完全數相反那就是一定是not XOR也就是(C)。

**10 (B)**。AGP是顯示卡、PCI是IO卡、PS/2是早期鍵盤滑鼠輸入設備、IEEE 1394也是外部傳輸埠，硬碟若要使用得使用轉接盒（把這個想像成早期的USB3）。所以是(B)。

**11 (A)**。$ABC + \overline{A}BC + AB\overline{C} + \overline{A}B\overline{C} + \overline{B}$

$\Rightarrow$ 整理一下$(ABC + AB\overline{C}) + (\overline{A}BC + \overline{A}B\overline{C}) + \overline{B}$

$\Rightarrow$ 提出來$AB(C + \overline{C}) + \overline{A}B(C + \overline{C}) + \overline{B}$

$\Rightarrow$ 化簡$AB \times 1 + \overline{A}B \times 1 + \overline{B}$

$\Rightarrow$ 再提$B(A + \overline{A}) + \overline{B}$

$\Rightarrow$ 化簡$B + \overline{B}$

$\Rightarrow$ 化簡$1$

**12 (B)**。C青、M洋、Y黃、K黑（屬記憶題）。

**13 (C)**。BMP無壓縮（陷阱）、JPEG傅立葉破壞、PCX有點類似描述指令無損壓縮、PNG無損壓縮、TIF有點類似經典的zip壓縮一樣無損。

**14 (A)**。IO的管控都是在作業系統上，使用者不能隨意直接操作，就像列印到一半使用者去搶佔，那印表機一定會亂印。

**15 (D)**。SAN架構就是用光纖交換器的架構，規模才夠大、夠快。

**16 (C)**。只有ready的狀態才可以進入到running，其他都不行。

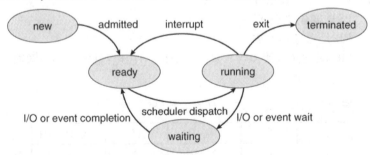

**17 (A)**。(A)Global Replacement會因為自己的程式忙碌，造成其他程式高機率的發生分頁錯誤，無法改善Thrashing的問題。

(B)Local Replacement侷限在自己的私有Frame內，但這樣會進一步造成記憶體使用效率低落，但會大大降低Thrashing問題。

(C)Page Fault Frequency是當快接近Thrashing狀態時，就把Frame提高，Frame一旦不足就會產生Thrashing；反之當減少錯誤發生的次數時，又會降低Frame分配。

(D)Working Set Model就是避免Thrashing而評估該程式需要多少Frame，
Frame一旦不足就會產生Thrashing。

**18 (D)**。屬記憶題Separating。

**19 (C)**。d(C)≤k+1
最大偵錯就是5-1=4
d(C)≥2k+1
最大錯誤更正就是(5-1)/2=2

**20 (D)**。SSTF（short-seek time first），用電梯去想，如果電梯先服務距離電梯
很近的乘客，結果大多數的乘客都只移動一個樓層，那距離較遠的乘
客，就會等到天荒地老。

**21 (A)**。屬記憶題就是2。

**22 (D)**。

**23 (C)**。打破Deadlock prevention的Hold and wait，Timestamp Priority Algorithm
可由高優先的程式向低優先的程式請求資源。

**24 (A)**。刪去法Infrastructure、Platform、Software，沒有C。

**25 (B)**。Queue是演算法抽象化結構，在作業系統中沒有對應的處理設備。

**26 (B)**。IPV6沒有Checksum。

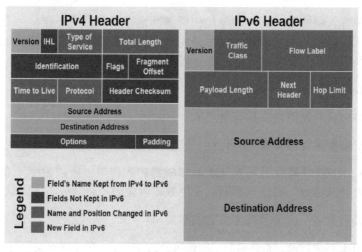

**27 (D)**。「 :: 」只能使用一次，不能出現兩次，這是規定。

**28 (C)**。通常是S開頭的，SMTP是郵件協定。

**29 (B)**。SMTP是外寄，POP3就是早期的outlook使用的協定，郵件popout後就會刪除伺服器資料，IMAP就是現在的網頁郵件，永遠不會遺失。

**30 (D)**。router就是根據IP定址連接不同網路的對應走法，所以(D)錯。

**31 (A)**。PPTP是VPN協定，跟路由協定不同。

**32 (D)**。Three Way Handshake是保證送達的演算法，UDP則沒有這項演算法。

**33 (B)**。DHCP就是家用的虛IP分配的功能，所以會自動設定IP位址、子網路遮罩、預設閘道及DNS等上網必備資料。

**34 (C)**。224=<u>1110</u> 0000
63=<u>0011</u> 1111，大於32的都算同一網域內，所以(C)錯。

**35 (A)**。IPsec的作用是將目的地IP加密，避免有心人士找到目的地IP來在中間進行攻擊，既然IP被加密，那這件事必須在網路層作業，網路層就是IP位址定義的一層。

**36 (D)**。ICMP全名為Internet Control Message Protocol，一般用在解析網路路徑的報告產生協定，用來偵錯或排除網路傳遞問題的輔助功能。

**37 (#)**。WPS是指安全的快速連線設定，一般是家用產品上的快速連接Wifi用途，跟加密無關。本題官方送分。

**38 (B)**。沒有入侵網路一詞。釣魚是仿冒畫面進行竊取信用卡資料。零時差就是速度極快的漏洞攻擊，利用使用者來不及更新的弱點。殭屍就是透過眾多不知名的電腦進行目的電腦癱瘓連線或請求。

**39 (C)**。Telnet是TCP23，屬記憶題。

**40 (A)**。防火牆就是用在網路安全上。

**41 (B)**。不需要保護額外擴充的資料，只要確保機密、完整。並可使用即可。

**42 (D)**。VLAN就是模擬公司或住家區域網路內的作業，所以會經一系列的加密與特殊連線，如此一來網路使用效率就會因為資源成本而降低。

**43 (C)**。公用電腦不應使用高度機密的作業。

**44 (B)**。(B)資料傳遞時，寄件者就已經使用公鑰加密了，再加密一次沒有任何意義。

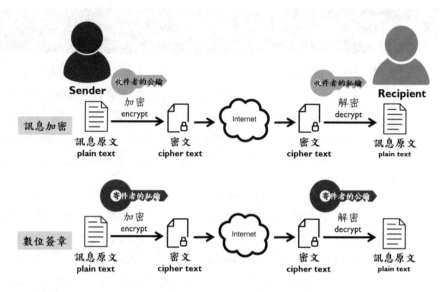

**45 (A)**。感知層就是眾多sensor裝置，透過網路蒐集後，變成報表來應用，所以是(A)。

**46 (C)**。儲存帳密是非常非常早期的作法，因太不安全，所以現在是留下一組具有時效性的hash code提供給server識別是誰，以便可重新登入。

**47 (D)**。屬記憶題，工具人必備指令。

**48 (B)**。每對絞線只能接收或傳送資料，不能同時，如TXRX。

**49 (C)**。TCP為可靠傳輸，會使用Three Way Handshake保證傳遞以及Sliding Window流量控制。

**50 (A)**。ACK是雙掛號概念，收到資料後要告訴發送者接收端已收到，如果不發ACK，伺服器會一直等、一直重送，不停地反覆，如此一來眾多電腦都來這招，伺服器就會耗盡資源，直接當機。

解答與解析

# 110年關務特考（四等）

（　　）**1** 下列何種輸入輸出（Input/Output）機制，可藉由一個額外的控制器，協助處理器進行大量資料搬移的動作，進而提升處理速度或降低處理器的工作量？　(A)記憶體映射輸入輸出（Memory-mapped I/O）　(B)檔案輸入輸出（File I/O）　(C)輪詢式輸入輸出（Polling I/O）　(D)直接記憶體存取（Direct Memory Access）。

（　　）**2** 定址模式（addressing modes）是利用特定的規則解譯指令，並決定指令所包含之運算元的內容。下列何種定址模式，可最快取得運算元之值？　(A)立即定址方法（immediate addressing）　(B)虛擬直接定址法（pseudodirect addressing）　(C)基底定址法（base addressing）　(D)PC相對定址法（program counter-relative addressing）。

（　　）**3** 常見用來敘述一個處理器的時脈速率規格為GHz（Gigahertz），如：某個特定處理器最高運作時脈為1GHz，假設一個時脈週期可以執行一個指令，則此1GHz所代表的意義為何？　(A)一個小時最高可處理$10^6$個指令　(B)一分鐘最高可處理$10^6$個指令　(C)一分鐘最高可處理$10^9$個指令　(D)一秒鐘最高可處理$10^9$個指令。

（　　）**4** 下列何者不屬於虛擬機器管理者（virtual machine manager）所提供之功能？　(A)在實體機器上建立虛擬機器　(B)管理每個虛擬機器能夠使用之計算資源與記憶體資源　(C)提供虛擬實境（virtual reality）應用所必要的功能　(D)支援訪客作業系統（guest operating system）執行。

（　　）**5** 下列何種應用類別以圖形處理器（graphics processing unit, GPU）運算會比中央處理器（central processing unit, CPU）執行時，更有效率？　(A)有大量輸入輸出（input/output operations）的資料庫應用　(B)每一筆資料都可以獨立處理的串流（stream）資料運算　(C)程式編譯（compilation）　(D)具備許多分支控制指令的程式。

（　）　**6**　某個中央處理單元（Central Processing Unit, CPU）的時脈週期
（Clock Period）是50皮秒（Picoseconds, ps），則其時脈速度為
多少GHz？　(A)20GHz　(B)50GHz　(C)200GHz　(D)500GHz。

（　）　**7**　有關反及閘快閃記憶體（NAND flash memory）敘述，下列何者錯
誤？　(A)區塊（block）是比頁面（page）小的管理單位　(B)如
果重複更新某個位址的內容，則該位址的材質容易永久損壞　(C)
一般隨機讀取的時間比硬碟快　(D)移除電源後，資料仍可保留。

（　）　**8**　下列有關編譯器（compiler）的敘述，何者正確？　(A)可將高階語
言的程式轉換成組合語言的程式　(B)可將組合語言的指令轉換成二
進形式的機器碼　(C)可將某個指令集架構的機器碼轉換成另一個指
令集架構的機器碼　(D)可管控計算機上各種程式所使用的資源。

（　）　**9**　一部計算機中的各主要功能單元的運作時間如下：記憶體存取需
300ps、算術邏輯單元運作需100ps、以及暫存器讀寫需250ps。在
管道化處理（Pipelining）機制中，執行指令時需要有5個步驟：
從記憶體中擷取指令、讀取暫存器的值（同時解碼指令）、算術
邏輯單元運作（可能是計算位址）、存取記憶體中的資料、將結
果寫回暫存器，此管道化實作計算機的一個時脈週期，應該設定
成多少最合適？　(A)100ps　(B)250ps　(C)300ps　(D)1200ps。

（　）　**10**　下列何種時間單位，最適合用來敘述硬式磁碟機（hard disk
drive）讀取隨機資料所需花費的時間？　(A)奈秒（ns）　(B)微
秒（μs）　(C)毫秒（ms）　(D)秒（s）。

（　）　**11**　有關冗餘廉價磁碟陣列（redundant arrays of inexpensive disks,
RAID）的敘述，下列何者正確？　(A)使用RAID時必須使用特
殊的RAID硬體控制器，不能用軟體來實作　(B)RAID可大幅提升
儲存裝置的讀寫效能，但都會些微降低儲存裝置的可靠度　(C)
RAID 0將資料做條帶化（striping）來提升存取時的平行度，以達
到較好的效能　(D)RAID 5將資料做鏡像（mirroring），以達到
較高的可靠度。

（ ） **12** 下列真值表（Truth Table）對應的布林函式（Boolean function）為何？

| X | Y | Z | F |
|---|---|---|---|
| 0 | 0 | 0 | 0 |
| 0 | 0 | 1 | 1 |
| 0 | 1 | 0 | 0 |
| 0 | 1 | 1 | 0 |
| 1 | 0 | 0 | 1 |
| 1 | 0 | 1 | 1 |
| 1 | 1 | 0 | 1 |
| 1 | 1 | 1 | 1 |

(A)F=XY+Z　(B)F=X$\overline{Y}$ + Z　(C)F=X+$\overline{Y}$Z　(D)F=(X+Y)(Y+Z)。

（ ） **13** 2的補數表示法中，有號二進制數字1111111111111100所代表的十進制數字為何？　(A)-32763　(B)-32764　(C)-3　(D)-4。

（ ） **14** 在IEEE 754單精確度浮點數格式中，使用8個位元來儲存浮點數的指數部分，且指數偏移值（exponent bias）為127，若以此表示法來儲存浮點數，則下列那一項是(59.25)$_{10}$指數部分的儲存結果？
(A)10000100　(B)10001000　(C)10000010　(D)10000001。

（ ） **15** 若(83)$_x$+(1111)$_2$=(3A)$_{16}$，請問x的值為何？　(A)5　(B)6　(C)7　(D)8。

（ ） **16** 二進制數字10101.01轉換為十進制表示的數字為：　(A)21.01　(B)21.25　(C)85.00　(D)10101.01。

（ ） **17** 由A、B、C、D四個變數構成之函數，若由卡諾圖（Karnaugh Map）中可得到F＝B'D'+B'C'+A'C'D、F'＝AB+CD+BD'。則下列何者代表函數F之和項積（product of sums）？　(A)B'D'+B'C'+A'C'D　(B)AB+CD+BD'　(C)(B+D)(B+C)(A+C+D')　(D)(A'+B')(C'+D')(B'+D)。

（　）**18** 布林函數(B+C)(A+B+C)可化簡為：　(A)B+C　(B)A+B+C　(C) A(B+C)　(D)A+BC。

（　）**19** 以SR正反器（SR flip-flops）設計移位器（Shifter）時，每一級的 SR正反器的輸出Q與Q'要連接到下一級正反器的那個輸入？　(A) Q連接到下一級正反器的S，Q'連接到下一級正反器的R　(B)Q連接到下一級正反器的R，Q'連接到下一級正反器的S　(C)Q連接到下一級正反器的S與R　(D)Q'連接到下一級正反器的S與R。

（　）**20** 最小漢明距離（minimum Hamming distance）為$11_{10}$的一組編碼，最多能校正幾個位元（bit）的錯誤？　(A)2　(B)3　(C)4　(D)5。

（　）**21** 在Java程式語言中，下列資料型態轉換何者可能造成資訊的遺失（Information Loss）？　(A)由char資料型態轉換為float資料型態　(B)由double資料型態轉換為long資料型態　(C)由float資料型態轉換為double資料型態　(D)由int資料型態轉換為long資料型態。

（　）**22** 假設有一個空的堆疊（stack），依序執行下列動作：push(3)、push(10)、push(25)、push(5)、pop()、push(10)、pop()、pop()、pop()，堆疊最上面的一個數字為何？　(A)3　(B)5　(C)10　(D)25。

（　）**23** 關於Dijkstra演算法，下列敘述何者錯誤？　(A)可以用來尋找一個圖中由某一個節點到其他任一節點的最短路徑　(B)若圖中存在權值為負數的邊，此演算法仍可正常運作　(C)若圖中存在權值為無限大的邊，此演算法仍可正常運作　(D)若圖中存在權值為0的邊，此演算法仍可正常運作。

（　）**24** 給予一個加權有向圖（weighted directed graph）G=(V, E)，其中V代表頂點集合，E代表邊集合。若以|V|代表頂點的數量、|E|代表邊的數量且假設邊的權值皆大於0，在最差狀況下使用Bellman-Ford演算法尋找某一個頂點到其他頂點的最短路徑的時間複雜度，則下列何者正確？　(A)O(|E|)　(B)O(|V||E|)　(C)O($|V|^2$)　(D)O($|E|^2$)。

（　）**25** 若一個二元樹（binary tree）有n個節點，使用中序走訪（inorder traversal）的時間複雜度，下列何者正確？
(A)$\theta(\log n)$　　　　　　　(B)$\theta(n)$
(C)$\theta(n \log n)$　　　　　(D)$\theta(n^2)$。

（　）**26** 鍵盤側錄程式（keystroke logger或key logger）會損害下列何者？
(A)可用性（availability）　　(B)機密性（confidentiality）
(C)完整性（integrity）　　　(D)正確性（correctness）。

（　）**27** 下列關於實作一個即時作業系統須考慮的條件，何者錯誤？
(A)將事件潛伏期（event latency，亦即事件的等待時間）最小化
(B)以優先權繼承（Priority Inheritance）解決優先權倒置（Priority Inversion）的問題
(C)對於週期性即時工作，採用頻率單調式排班法（Rate Monotonic Scheduling）是最佳的靜態優先權（Static Priority）排班演算法
(D)若無法以期限最先到達者優先（Earliest Deadline First, EDF）排班法將一組即時工作均排入其期限內完成，則使用頻率單調式排班法仍有機會來將這組即時工作排入其期限內完成。

（　）**28** 為改善fork()效能，許多UNIX版本提出一種虛擬記憶體fork（virtualmemory fork, vfork），它是fork()系統呼叫的一種變形。下列有關fork()以及vfork()的敘述，何者錯誤？
(A)由於UNIX使用fork()來複製程序，可能耗費大量系統資源，因此UNIX的程序又被稱為重量級程序（Heavyweight Process）
(B)在vfork()中使用了寫入時複製（Copy on Write）機制來減少無用的程序內容複製，並提高程序產生（Process Creation）的效率
(C)通常vfork()是應用在子程序（Child Process）產生後立即執行exec()的場合，是一種高效率的程序產生方法
(D)vfork()子程序產生之後的執行順序是子程序先執行，然後才是父程序（Parent Process）。

( ) **29** UNIX的輸出入裝置一般分為二大類：區塊裝置（Block Device）與
字元裝置（Character Device）。下列何者屬於UNIX的區塊裝置？
(A)藍芽（Bluetooth）無線裝置
(B)根檔案系統（root file system）
(C)觸控螢幕（Touchscreen）
(D)音樂數位介面（Music Instrument Digital Interface, MIDI）裝置。

( ) **30** UNIX語意（UNIX Semantics）是一種檔案共享（File Sharing）的
一致性語意（Consistency Semantics）。對於UNIX語意，下列敘
述何者錯誤？
(A)使用者對一個已開啟的檔案進行寫入時，可被其他也開啟該檔
案的使用者立即看見內容的更動
(B)共用檔案的使用者各自擁有一份檔案映像（File Image），並
由系統維持各檔案映像間的一致
(C)使用者改變一個檔案指標所指的位址時，會影響所有共用此檔
案的使用者
(D)UNIX Semantics適用於專案團隊成員間的即時檔案分享。

( ) **31** 針對C++程式語言，下列敘述何者錯誤？
(A)是一種高階程式語言
(B)是一種物件導向語言
(C)具有可攜性，使用C++編譯器得到的執行檔可以直接拿到其
他不同作業系統的機器上執行
(D)沒有內建垃圾收集（garbage collection）機制，程式設計者必
須自行負責釋放已配置但已不再需要的記憶體空間。

( ) **32** 下列那一項技術是在多核心電腦的作業系統的排程機制中，負責
平均分配工作給所有核心的方法？
(A)循環分時多工機制（Round-robin time-sharing）
(B)推拉轉移機制（push and pull migration）
(C)優先權排程機制（Priority-based scheduling）
(D)本文切換機制（Context switching）。

( )　**33** 若執行下列的Java程式碼，則螢幕上輸出的結果依序為何？

```
public class EqualTest{
    public static void main(String[] args){
        Integer a = new Integer(10);
        String b = "Java";
        String c = new String("Language");
        System.out.println(a = = 10);
        System.out.println(b = = "Java");
        System.out.println(c = = "Language");
    }
}
```

(A)false，false，false　　(B)false，true，false
(C)true，true，false　　　(D)true，true，true。

( )　**34** Amazon Elastic Compute Cloud（Amazon EC2）是一種服務，可在雲端提供使用者建立並控制安全、可調整大小的運算能力與容量。依照美國國家標準暨科技研究院（National Institute of Standards and Technology）定義，Amazon EC2屬於下列何種服務提供模型？
(A)資料即服務（Data as a Service）
(B)基礎建設即服務（Infrastructure as a Service）
(C)平台即服務（Platform as a Service）
(D)軟體即服務（Software as a Service）。

( )　**35** 在類比與數位訊號轉換中的Aliasing（失真）問題，與下列何者最為相關？
(A)取樣頻率不足　　　　(B)過度取樣
(C)原訊號雜訊太高　　　(D)原訊號無雜訊。

( )　**36** 在3位元灰階影像中，每個像素值僅可為0, 1, 2, 3, 4, 5, 6, 7，其中0代表白色，7代表黑色。若兩像素的灰階值分別為x與y，在64種(x, y)灰階值組合裡，有多少組其x與y的差異小於等於2？　(A)24 (B)32　(C)34　(D)40。

( ) **37** 在數位影像處理中，色彩取樣（Chrominance subsampling）是指在表示圖像時使用較低的解析度來表示色彩資訊。下列何者不是常見的取樣方式？

(A)

| Y<br>Cb, Cr | Y | Y | Y |
|---|---|---|---|
| Y<br>Cb, Cr | Y | Y | Y |
| Y<br>Cb, Cr | Y | Y | Y |
| Y<br>Cb, Cr | Y | Y | Y |

(B)

| Y<br>Cb, Cr | Y | Y<br>Cb, Cr | Y |
|---|---|---|---|
| Y | Y | Y | Y |
| Y<br>Cb, Cr | Y | Y<br>Cb, Cr | Y |
| Y | Y | Y | Y |

(C)

| Y<br>Cb, Cr | Y | Y<br>Cb, Cr | Y |
|---|---|---|---|
| Y<br>Cb, Cr | Y | Y<br>Cb, Cr | Y |
| Y<br>Cb, Cr | Y | Y<br>Cb, Cr | Y |
| Y<br>Cb, Cr | Y | Y<br>Cb, Cr | Y |

(D)

| Y | Y | Y | Y |
|---|---|---|---|
| Y | Y<br>Cb, Cr | Y<br>Cb, Cr | Y |
| Y | Y<br>Cb, Cr | Y<br>Cb, Cr | Y |
| Y | Y | Y | Y |

( ) **38** 根據視訊壓縮標準H.263，圖示裡的方格代表一個巨集區塊（Macroblock），中間方格的移動向量MV（motion vector）是根據由鄰近三個巨集區塊的移動向量進行預測編碼。下列那一個移動向量是上述的三個之一？

| MV1 | MV2 | MV3 |
|---|---|---|
| MV4 | MV | MV5 |
| MV6 | MV7 | MV8 |

(A)MV1　(B)MV3　(C)MV6　(D)MV8。

( ) **39** 視訊壓縮標準H.263使用下列那一個轉換方式將像素資料轉換成DC與AC的係數？　(A)離散餘弦轉換（Discrete cosine transform）　(B)傅立葉轉換（Fourier transform）　(C)類比到數位轉換　(D)小波轉換（Wavelet transform）。

( ) **40** 離散餘弦轉換（Discrete Cosine Transform, DCT）常應用於影像壓縮。若我們將一張8×8且像素值皆為128的灰階影像進行二維離散餘弦轉換（2-D DCT），轉換後的64個係數會有下列何種結果？
(A)全部為零 (B)不變（全部為128） (C)只有一個係數有非零的值，其餘為零 (D)各係數值的平均為128。

## 解答與解析 （答案標示為#者，表官方曾公告更正該題答案。）

**1 (D)**。IO速度過慢，所以會透過IO處理器進行代理處理，其中PIO為輪流慢速處理，DMA為高速存取。

**2 (A)**。立即定址是最快的，直接以位址進行實體存取，不需要額外轉換或是offset推算。

**3 (D)**。Hz定義就是1秒發生的次數。

**4 (C)**。跟虛擬實境完全無關，就是在系統中虛擬一台額外的系統，稱之虛擬主機。

**5 (B)**。GPU的pipeline是分散在不同的基礎核心內，如CUDA，所以大量的平行資料運算效率最高。

**6 (A)**。$1/50 \times 10^{-12} = 1/50\text{THz} = 0.02\text{THz} = 20\text{GHz}$。

**7 (A)**。反了。

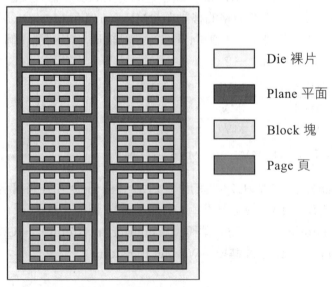

Die 裸片

Plane 平面

Block 塊

Page 頁

**8 (A)**。 應該是直接轉成機器語言。

**9 (C)**。 CPU速度太快，要以最慢的單位下去設定。

**10 (C)**。 屬記憶題，通常約1ms。

**11 (C)**。 0可以將磁碟儲存空間平均分散striping規劃，所以當檔案讀寫時，每一顆磁碟都會同時作動，具有更好的存取頻寬與效能。

**12 (C)**。 直接一個一個代值就可以驗證了。

**13 (D)**。 第一位為1則為負數，剩餘的作1的補數後+1=000000000000011+1=000000000000100=4，答案為-4。

**14 (A)**。 $59.25=59+0.25=0011\ 1011 + 0.01 = 111011.01 = 1.1101101\times 2^5$
所以127+5 = 0111 1111 + 101 = 10000100。

**15 (#)**。 該題有錯。

**16 (B)**。 用速算法，整數部分為1+4+16=21，小數部分為$(\frac{1}{2})^2$=0.25，答案為21.25。

**17 (A)**。 由上述F與F'可產生下表，在使用圈選化簡

|      | C'D' | C'D | CD | CD' |
|------|------|-----|----|-----|
| A'B' | 1    | 1   | 0  | 1   |
| A'B  | 0    | 1   | 0  | 0   |
| AB   | 0    | 0   | 0  | 0   |
| AB'  | 1    | 1   | 0  | 1   |

紅色=B'+D'
黃色=B'+C'
綠色=A'+C'+D。

**18 (A)**。 (B+C)(A+B+C)=(B+C)(1+A)=(B+C)1=(B+C)。

**19 (A)**。 屬記憶題。

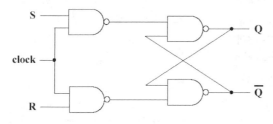

**20 (D)**。d(C)≥2n+1，11≥2n+1，10≥2n，5≥n。

**21 (B)**。倍精度資料較大，放到較小的單精度資料型別，會導致資料遺失。

**22 (A)**。{5、25、10、3}，pop後{25、10、3}，{10、25、10、3}，pop3次{3}。

**23 (B)**。屬記憶題，如果存在負權重路徑，代表找不到最短路徑。

**24 (B)**。V個頂點，E個邊，最差為O(|V||E|)，死記。

**25 (B)**。陷阱，不管用什麼方式走，都要走完全部的節點。

**26 (B)**。可以側錄密碼就屬於機密。

**27 (D)**。不一定，如果這個工作週期長，則會排入低優先權。

**28 (B)**。Copy on Write是使用在fork()上。

**29 (B)**。屬記憶題。

**30 (B)**。不會各自擁有，而是共有。

**31 (C)**。跨平台必須要有類似JVM或CLR中間碼的運作框架。

**32 (B)**。單顆核心是切來切去Context switching，多核心則是要把整批工作推送或拉回各種核心去運作，避免長時間運作溫度過高，或是有長時間閒置的核心。

**33 (C)**。在Java內有一個string pool的特性，如果只是字串比較，會進入string pool中尋找文字本身的資料比對，但如果是以string物件比對，則不會經過string pool的比對，應該要使用equals(String s)。

**34 (B)**。屬記憶題，EC2就是一台虛擬機。

**35 (A)**。取樣率太少，就會無法還原，如同馬賽克的照片，像素太低。

**36 (C)**。

<u>0, 1, 2</u>, 3, 4, 5, 6, 7→3種
<u>0, 1, 2, 3</u>, 4, 5, 6, 7→4種
<u>0, 1, 2, 3, 4</u>, 5, 6, 7→5種
0, <u>1, 2, 3, 4, 5</u>, 6, 7→5種
0, 1, <u>2, 3, 4, 5, 6</u>, 7→5種
0, 1, 2, <u>3, 4, 5, 6, 7</u>→5種
0, 1, 2, 3, <u>4, 5, 6, 7</u>→4種

        0, 1, 2, 3, 4, <u>5, 6, 7</u>→3種

        3+4+5×4+4+3=14+20=34。

**37 (D)**。 A=4:1:1、B=4:2:0、C=4:2:2。

**38 (A)**。 預測塊在右下角，所以1、2、4為鄰近三個區塊。

**39 (A)**。 壓縮方式使用DCT減少多餘資料，屬記憶題。

**40 (C)**。 由於預測框在右下角，所以左上必須要有資料，其餘皆為0。

解答與解析

# ▶ 111年地方特考（四等）（資訊處理）

( 　 ) **1** 下列何者為典型中央處理器（processor）必須具備的部分？　(A)輸入單元　(B)輸出單元　(C)儲存單元　(D)控制單元。

( 　 ) **2** 建構於國家高速網路與計算中心的臺灣杉三號，擁有900個計算節點，共50,400個計算核心（Cores）。依照電腦的分類，臺灣杉三號屬於：　(A)嵌入式電腦系統　(B)超級電腦系統　(C)超純量電腦系統　(D)工業電腦系統。

( 　 ) **3** 有關計算機結構之敘述，下列何者正確？　(A)SCSI是一種計算機體系結構，可利用多個指令流對多個數據流進行操作　(B)RISC代表遞迴指令集計算機（recursive instruction set computer）　(C)CISC代表完整指令集計算機（complete instruction set computer），它具有大量指令集　(D)SIMD代表單指令流、多數據流。

( 　 ) **4** 處理器執行時，除了分支與跳躍外，能改變正常指令執行路徑的事件為例外（exceptions）和插斷（interrupts），下列何者並非由處理器內部所產生的插斷情況？　(A)I/O裝置發出請求　(B)使用者程式呼叫作業系統　(C)算術滿溢　(D)使用未定義的指令。

( 　 ) **5** 具有名稱的方法函式，若決定其實際執行的程式碼，在程式運行（run time）時才決定，而不是在編譯（compile time）時決定，這種方式稱為：　(A)dynamic binding　(B)early binding　(C)static binding　(D)casting。

( 　 ) **6** 假如計算機使用記憶體對映輸出入（memory-mapped I/O）定址模式，其中位址匯流排使用8個位元，且此計算機有7個能存取8個暫存器的輸出入（I/O）控制器，記憶體內儲存多少個字（word）？(A)100　(B)200　(C)300　(D)400。

( 　 )　**7**　若影像每像素以24位元儲存，下列何者最接近以64GB的儲存空間，能存放解析度為1600×1200之影像的最多張數？　(A)1000張　(B)5000張　(C)10000張　(D)15000張。

( 　 )　**8**　微處理器具有64條資料排線（data bus）和32條位址排線（address bus），給定一個字元（word）長度為32bits，使用字元定址（word addressable），其記憶體最大能儲存多少個位元？(A)$32×2^{32}$　(B)$32×2^{64}$　(C)$64×2^{32}$　(D)$64×2^{64}$。

( 　 )　**9**　關於快閃記憶體（Flash Memory）與動態隨機存取記憶體（DRAM）的比較，下列何者正確？
(A)快閃記憶體的讀寫速度比動態隨機存取記憶體快
(B)動態隨機存取記憶體必須要每隔一段時間重新充電一次，以保存其內部資料
(C)快閃記憶體的運作原理與傳統硬碟（Hard Disk）相同，都是用磁性材料記錄資料
(D)以每一位元的售價相比，動態隨機存取記憶體較快閃記憶體價格便宜。

( 　 )　**10**　若一處理器的時脈速度為200MHz，且CPI（指令平均時脈週期數）為4，則此處理器的MIPS為多少？　(A)50　(B)200　(C)800　(D)80000。

( 　 )　**11**　將四進制數$(32021)_4$以16進位表示後，再加總各個位數的總和為何？　(A)$(18)_{10}$　(B)$(19)_{10}$　(C)$(20)_{10}$　(D)$(21)_{10}$。

( 　 )　**12**　下列那一組位元資料不符合奇同位元檢查（odd-parity check）？(A)00011111　(B)01010101　(C)01100111　(D)11000010。

( 　 )　**13**　最大的16 bit有號整數為何？　(A)32767　(B)32768　(C)65535　(D)65536。

(　) **14** 下列那一項不是同時執行多項活動的方法？ （A）管線化（pipelining） (B)多程式（multiprogramming） (C)動態記憶體重新整理（DRAM refresh） (D)多處理器（multiple processors）。

(　) **15** 用1補數表示的兩個整數01101011與11100011，相加後結果為何？（仍用1補數表示法）
(A)01001101　　　　　　　　(B)01001110
(C)01001111　　　　　　　　(D)11001110。

(　) **16** 一組邏輯運算單元可稱作基底（base）的條件，為其中每一種運算單元，都可以無數目限制的使用情形下，可以組合出所有可能的邏輯運算結果。下列何者是一組基底？
(A)NAND, NOR　　　　　　(B)AND, OR
(C)Implication($\rightarrow$), NOT　　(D)XOR, biconditional($\leftrightarrow$)。

(　) **17** 給定x=144和x XOR y=65，則y是： (A)56 (B)102 (C)168 (D)209。

(　) **18** 如圖所示之組合邏輯電路，其功能相當於：
(A)XNOR閘
(B)XOR閘
(C)NAND閘
(D)NOR閘。

（4×1多工器，輸入：0、1、1、0，選擇線 $S_1$、$S_0$ 由 A、B 控制，輸出 F）

(　) **19** 一個布林變數（Boolean variable），可以表示多少種不同的值？
(A)0 (B)1 (C)2 (D)任意整數。

(　) **20** 關於UTF-8（Unicode Transformation Format 8-bit）編碼標準，下列敘述何者錯誤？
(A)UTF-8編碼標準可以表現簡體中文
(B)UTF-8編碼標準使用8位元空間儲存所有編碼
(C)UTF-8編碼標準支援ASCII編碼
(D)UTF-8編碼標準保留未來延伸之空間。

（　）**21** 若執行以下的Python程式碼，則func()方法會被呼叫幾次？

```
number = 5
def func(var):
    if var>=0:
        return var * func(var-1)
    else:
        return 1
func(number)
```

(A)6　　　　　(B)7　　　　　(C)8　　　　　(D)9。

（　）**22** 若執行以下的Java程式碼，則螢幕上輸出的數字依序為何？

```
public class SwitchTest{
    public static void main（String[] args）{
        int i = 1;
        while(i<5){
            switch(i){
                case 1:
                    System.out.println("1");
                case 2:
                case 3:
                    System.out.println("3"); break;
                case 4:
                    System.out.println("4");
                default:
                    System.out.println("5");
            }
            i++;
        }
    }
}
```

(A)1，3，4　　　　　　　　(B)1，5，3，4
(C)1，3，3，4，5　　　　　　(D)1，3，3，3，4，5。

（　） **23** 在電腦記憶體中主記憶體、暫存器、快取記憶體在速度比較上，從高至低的順序為何？
(A)主記憶體、快取記憶體、暫存器
(B)暫存器、快取記憶體、主記憶體
(C)快取記憶體、暫存器、主記憶體
(D)暫存器、主記憶體、快取記憶體。

（　） **24** 若一作業系統之CPU排程採用依序循環方法（round-robin scheduling），每次程序使用CPU的時間配額（time quantum）為t毫秒。今有某一排程，共有三個程序P1、P2及P3，所需CPU使用時間分別為6毫秒、9毫秒、7毫秒；且開始的執行順序為P1、P2、P3。若內容轉換（context switch）時間不計，根據下列不同的時間配額設定，那個設定產生的平均執行時間（turn-around time）最短？
(A)t=1　　　　(B)t=3　　　　(C)t=5　　　　(D)t=7。

（　） **25** 下列那一項非作業系統的四大資源管理項目？
(A)記憶體管理（Memory Management）
(B)程序管理（Process Management）
(C)函式庫管理（Library Management）
(D)設備管理（Device Management）。

（　） **26** 使用UNIX系統時，若欲傳送一個信號(Signal)"28"給代碼（PID）為101的程序，應使用下列那一項命令？
(A)kill -28 101　(B)signal -28 101
(C)kill -101 28　　　　　　　(D)signal -101 28。

（　） **27** 在UNIX或Linux作業系統中，若有一目錄的權限為drwx--x--x，下列敘述何者錯誤？
(A)目錄擁有者可以更改此目錄的名稱
(B)所有帳號都可以改變工作目錄至此目錄
(C)所有帳號都可以列出此目錄下的檔案與目錄清單
(D)除了目錄擁有者之外，其他帳號無法更改此目錄的名稱。

（　）**28** setuid是UNIX的檔案權限管理其中一種旗標（flag），一個可執行檔被加入setuid權限後，就可以允許此可執行檔的執行者暫時性的轉換身分為檔案所有者，來存取該使用者所屬檔案，以便順利執行此可執行檔。下列指令何者可以用來設定可執行檔test的setuid？

(A)chmod g+s test　　　　　　(B)chmod 4777 test

(C)chmod u-s test　　　　　　(D)chmod 2777 test。

（　）**29** 若執行以下的Java程式碼，則螢幕上輸出的數字依序為何？

```
public class ArrayReference {
    public static void main（String[] arg）{
        int[] array1 = {1, 2, 3, 4};
        int[] array2 = {5, 6, 7, 8};
        int[] array3 = {9, 10, 11, 12};
        array3 = array1;
        array2 = array3;
        for(int counter=0; counter<array1.length; counter++){
            array1[counter]=array1[counter]+array2[counter]+array3[counter];
        }
        for(int counter=0; counter<array2.length; counter++){
            System.out.println(array2[counter]);
        }
    }
}
```

(A)1，2，3，4　(B)3，6，9，12

(C)5，6，7，8　(D)15，18，21，24。

( ) **30** 使用阿姆達爾定律（Amdahl's Law）來考慮下列問題：一個應用
程式中，有百分之四十的部分只能循序（serial）執行，另外百分
之六十的部分可以完全平行（parallel）執行，如果透過增加核心
的數量來達到應用程式的速度提升（speedup），若以單核心的環
境做為比較的基準，此應用程式在多核心系統上速度提升的上限
是多少？ (A)1.4倍 (B)1.6倍 (C)1.7倍 (D)2.5倍。

( ) **31** 下列何者不是360度視訊常用之投影模型？
(A)立方體投影（Cubemap projection）
(B)EAC（Equi-Angular Cubemap）
(C)等距長方投影（Equirectangular projection）
(D)正交投影（Orthographic projection）。

( ) **32** 若使用(R, G, B)來表示顏色，下列何者為黃色？
(A)(255, 0, 0) (B)(255, 255, 0)
(C)(255, 0, 255) (D)(255, 255, 255)。

( ) **33** 下列四種影像類型，通常何者顏色變化最多？
(A)灰階影像（gray-level images）
(B)全彩影像（full-color images）
(C)256色影像
(D)高彩影像（high-color images）。

( ) **34** 若以取樣率44.1KHz，取樣解析度16位元錄製一分鐘的音樂，原始
資料大約是多少個位元組（Byte）？
(A)5.3KB (B)42KB
(C)5.3MB (D)42MB。

( ) **35** 中值濾波器（Median Filter）原理為利用取中位數之方式，將像素點替換為濾鏡範圍內之中位數值，此種濾波器對下列那一影像效果最好？

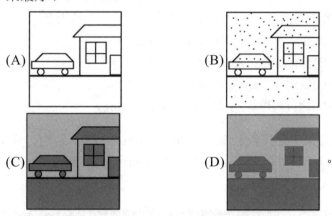

( ) **36** 為讓使用者可以用很有效率的、透明的、可相容操作的方法來交換、擷取、消費、交易和處理數位品項（digital item），下列何國際標準定義一個可以支援多媒體傳輸與消費的開放式標準架構？　(A)MPEG-2　(B)MPEG-21　(C)MPEG-4　(D)MPEG-7。

( ) **37** 下列影像，何者所占空間最小？
(A)寬256像素、高256像素之全彩影像
(B)寬512像素、高512像素之256色影像
(C)寬1024像素、高1024像素之16色影像
(D)寬2048像素、高2048像素之單色影像。

( ) **38** 在將聲波類比資料數位化的過程中，會每間隔一小段時間取一個樣本值，而每秒鐘的取樣次數稱為取樣率（sampling rate），而取樣解析度（sampling resolution）則為每個樣本值的資料長度。下列何者為CD音樂的取樣率與取樣解析度？
(A)44.1KHz，16位元　　　　(B)48KHz，24位元
(C)32KHz，8位元　　　　　(D)96KHz，32位元。

( ) **39** 失真性壓縮通常應用在影像與聲音等感官性媒體,因為這些媒體的品質好壞由人的主觀感受判斷,而非取決於資料本身的絕對正確,因此可以容許在位元率(bitrate)與品質之間做適當的取捨以提高壓縮率。下列何者不是無失真的影音壓縮技術?
(A)霍夫曼編碼(Huffman Coding)
(B)算術編碼(Arithmetic Coding)
(C)量化(Quantization)
(D)運行長度編碼(Run-Length Coding)。

( ) **40** 如果一張灰階影像之直方圖(histogram)為均勻分布(uniform distribution),該影像之熵(entropy)為何? (A)1/256 (B)1 (C)8 (D)256。

---

**解答與解析**(答案標示為#者,表官方曾公告更正該題答案。)

**1 (D)**。中央處理器需包含控制單元。

**2 (B)**。從全堆疊創新的角度來看,超級電腦系統頂尖高效能運算、人工智慧及機器學習應用程式的效能成長了16倍。

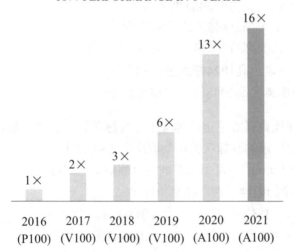

16× PERFORMANCE IN 6 YEARS

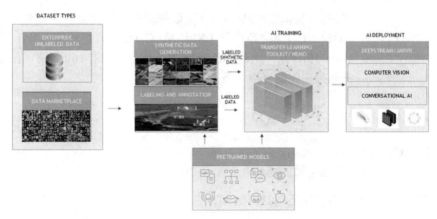

**3 (D)**。SCSI是硬體傳輸介面，RISC是精簡指令集，CISC是複雜指令集，SIMD就是單一指令對應多資料體（常用在CUDA或GPU架構中，平行的運算結構）。

**4 (A)**。題幹都已經説非處理器（CPU）內部了，那一定是IO裝置的。

**5 (A)**。early binding是編譯期間，static也是在編譯期間綁定在程式檔案上，casting是資料型別轉換。

**6 (B)**。記憶體定址8位元代表有256個暫存空間，其中有7組、每一組有8個暫存器的控制器，且使用MMIO，這代表IO的控制需要占用記憶體的暫存空間，故：$2^8 = 256$，$256 - 7 \times 8 = 200$

**7 (C)**。$64 \times 1024 \times 1024 \times 1024 \times \dfrac{1}{3} \times \dfrac{1}{1600} \times \dfrac{1}{1200} = 11930 \approx 10000(張)$

**8 (A)**。字元長度定義為32就不會管資料線64了，所以是32bits×（$2^{32}$定址空間）。

**9 (B)**。(A)錯誤，Flash屬於非揮發性記憶體，在資料存入時，使用類似燒錄的方式進行儲存（破壞性儲存，有壽命），由於燒錄需要經過物理反應在氧化膜上，故比起反覆充電的揮發性記憶體DRAM還來得慢得多。

(B)正確，DRAM設計上使用了MOS電容，這種電容會因為先天物理因素而漏電、無法正確的保證電荷多寡（保存資訊不正確），故需要有一定週期的充電，會這樣設計是因為元件成本考量。

(C)錯誤，Flash使用MOSFET由電子穿隧氧化膜進行電荷儲存，得到儲存資訊。

解答與解析

(D)錯誤，Flash使用MOSFET可以透過不同電荷量決定電位，可使一個MOSFET儲存更多位元（SLC MLC TLC QLC PLC，1bit 2bits 3bits 4bits 5bits），比起DRAM一個元件只能儲存1bit而言，flash帶來更多儲存空間的密度，反而更便宜。

**10 (A)**。 $MIPS = \dfrac{200MHz}{4} = 50$

**11 (C)**。 $(32021)_4 = (389)_{16}$
加總各個位數的總和為3+8+9=20

**12 (B)**。 (B)選項應修正為01010100。

**13 (A)**。 16位元整數可以儲存216（或65536）的不同的數值。使用無正負號的表示方法，這些數值是介於0到65535的整數；使用二的補數表示，可能的數值範圍是由-32768到32767。

**14 (C)**。 動態記憶體重新整理（DRAM refresh）是電路特性，必須反覆充電才可以維持資料存放；其他的選項都是平行處理的架構。

**15 (C)**。 01101011=>10010100(1')
+ )11100011=>00011100(1')
=>10110000=>01001111(1')

**16 (A)**。 只使用NADN或只使用NOR，除了晶片設計零件單純並節省成本外，還有效能也比單純的AND來得快。

**17 (D)**。 XOR特性就是，把結果再做一次就會恢復原本的位元狀態，所以：
144=> 1001 0000
65=> 0100 0001
1001 0000
XOR 0100 0001
1101 0001 => 1+16+64+128=209

**18 (B)**。 根據下表可知，與XOR真值表一致。

| A | B | F |
|---|---|---|
| 0 | 0 | 0 |
| 0 | 1 | 1 |

| 1 | 0 | 1 |
|---|---|---|
| 1 | 1 | 0 |

**19 (C)**。最簡單的布林代數只有兩個元素0和1，並透過如下規則定義：

| ∧ | 0 | 1 |
|---|---|---|
| 0 | 0 | 0 |
| 1 | 0 | 1 |

| ∨ | 0 | 1 |
|---|---|---|
| 0 | 0 | 1 |
| 1 | 1 | 1 |

| a | 0 | 1 |
|---|---|---|
| ¬a | 1 | 0 |

**20 (B)**。UTF-8使用一至六個位元組為每個字元編碼。

**21 (B)**。

| 次數 | func(number) | return |
|---|---|---|
| 1 | func(5) | func(4) |
| 2 | func(4) | func(3) |
| 3 | func(3) | func(2) |
| 4 | func(2) | func(1) |
| 5 | func(1) | func(0) |
| 6 | func(0) | func(-1) |
| 7 | func(-1) | 1 |

**22 (D)**。這裡含有不完整的break，所以要注意。

| i | i<5 | println |
|---|---|---|
| 1 | T | 1<br>3 |
| 2 | T | 1<br>3<br>3 |

| 3 | T | 1<br>3<br>3<br>3 |
|---|---|---|
| 4 | T | 1<br>3<br>3<br>3<br>4<br>5 |
| 5 | F | |

**23 (B)**。由高至低的順序：暫存器＞快取記憶體＞主記憶體。

**24 (D)**。T=1，AVG=37*1ms/3=12.3ms

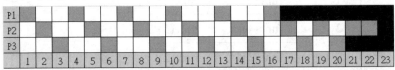

T=3，AVG=33*1ms/3=11ms

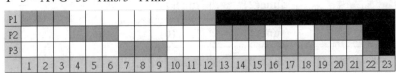

T=5，AVG=36*1ms/3=12ms

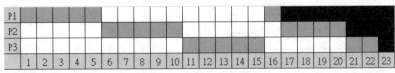

T=7，AVG=26*1ms/3=8.6ms

**25 (C)**。作業系統的四大基本功能是使用者管理、主機管理、程式管理和裝置管理。

**26 (A)**。https://www.tutorialspoint.com/unix/unix-signals-traps.htm
有幾種向程序或腳本傳遞信號的方法。最常見的一種是用戶在執行腳本時鍵入CONTROL-C或INTERRUPT鍵。
當您按下Ctrl+C鍵時，一個SIGINT被發送到腳本，並且按照定義默認操作腳本終止。
另一種常用的傳遞信號的方法是使用kill命令，其語法如下：
$ kill -signal pid

**27 (C)**。Ex 1: drwx------：只有「目錄擁有者」有讀取、寫入、執行等權限，其他人對此檔案沒有任何權限。
Ex 2: drwx--x--x：「目錄擁有者」有讀取、寫入、執行等權限，而「群組使用者」、「其他使用者」只有執行的權限，但「沒辦法讀取」該目錄下的檔案列表。

**28 (B)**。設定權限就是4777後面接檔名。

**29 (B)**。

|  | array1 | array2 | array3 |
|---|---|---|---|
|  | {1, 2, 3, 4} | {5, 6, 7, 8} | {9, 10, 11, 12} |
| array3 = array1 | {1, 2, 3, 4} | {5, 6, 7, 8} | {1, 2, 3, 4} |
| array2 = array3 | {1, 2, 3, 4} | {1, 2, 3, 4} | {1, 2, 3, 4} |

到這裡，三個變數存的陣列都是同一個instance，所以不用考慮是哪一個array123。

| counter | array{1, 2, 3, 4} |
|---|---|
| 0 | 1+1+1=3，{3, 2, 3, 4} |
| 1 | 2+2+2=6，{3, 6, 3, 4} |
| 2 | 3+3+3=9，{3, 6, 9, 4} |
| 3 | 4+4+4=12，{3, 6, 9, 12} |

**30 (D)**。如果平行接近無限大，代表平行運算實際使用的時間只有40%，那麼速度提升為(1/40)/(1/100)=2.5倍

**31 (D)**。(1) 使用更接近球的立體模型。例如用正八面體或正二十面體代替立方體作為投影中間模型（OHP和ISP）。這種方法能夠直接提升每個面

內的放射投影後圖元分佈的均勻性，隨之而來的是呈指數增加的計算複雜度。

(2) 使用異型投影模型。這種方式的目的更多的是減輕頻寬壓力，在頻寬受限的情況下往往表現良好，例如使用棱臺模型的TSP和將球面分割成條帶的SSP等。

(3) 使用球面重分佈策略調整圖元座標。這種方法被證明十分有效，在引入極小計算開銷的情況下明顯提升了投影後圖像品質，這方面的代表有Unicube、Scube和EAC等。

**32 (B)**。黃色之RDB值為(255, 255, 0)

**33 (B)**。以下為色彩示意圖

24-bit全彩

8-bit256色

4-bit16色

**34 (C)**。44.1K×16×60÷8=5292KB=5.16MB，最接近(C)，故選(C)。

**35 (B)**。中值濾波是圖像處理中的一個常用步驟，中值濾波是一種非線性數位濾波器技術，經常用於去除圖像或者其它信號中的雜訊。它對於斑點噪聲和椒鹽噪聲來說尤其有用。保存邊緣的特性使它在不希望出現邊緣模糊的場合也很有用。

**36 (B)**。(A)MPG-2是廣播傳遞壓縮技術。
(B)MPG-21才有版權聲明。
(C)MPG-4是網路傳遞壓縮技術。
(D)MPG-7是內容搜尋多媒體技術。

**37 (A)**。(A)256×256×24=1572864bits
(B)512×512×8=2097152bits
(C)1024×1024×4=4194304bits
(D)2048×2048×1=4194304bits
故知(A)所占空間最小。

**38 (A)**。高解析度音訊通常表示擁有比音樂CD（44.1 kHz/16bit）擁有更高取樣率和（或）位深的音樂檔案。

**39 (C)**。量化就是將類比聲音的波形轉換為數位，表示採樣值的位元數決定了量化的精度。

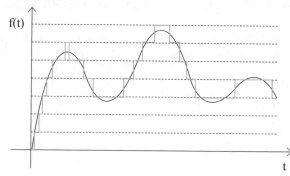

**40 (C)**。因為灰階為0~255，計算熵的公式如下

$$H = -\sum_{i=0}^{255} p_i \log_2 p_i$$

其中pi的機率為均勻分布，代表所有機率都一樣也就是1/256。

$$H = -\sum_{i=0}^{255} \frac{1}{256} \log_2 (\frac{1}{256}) = -\log_2 (\frac{1}{256}) = 8$$

# 111年地方特考（四等）（電子工程、電信工程）

（　　）**1** 各項訂定CPU指令集架構的策略，下列何者屬於CISC（Complex Instruction Set Computer）處理器的設計方針？
(A)透過指令編碼並允許不同指令，可擁有不同的指令長度，以減少程式碼占用的記憶體空間
(B)維持所有指令皆有相同長度的編碼，以便於設計pipeline架構的處理器
(C)僅有指定的load/store指令可讀寫記憶體內容，其他指令皆僅能使用暫存器作為運算元，以便編譯器進行最佳化
(D)配置較多的一般用途暫存器，並透過編譯器進行暫存器配置，以提升運算效能。

（　　）**2** 有一個4-bit加法器，包含二個4-bit的輸入訊號A與B，一個1 bit的進位輸入訊號（carry-in）Cin，要利用此加法器進行減法運算5-3，其輸入的訊號為何？
(A)A=$(0101)_2$B=$(1011)_2$$C_{in}$=0　　(B)A=$(0101)_2$B=$(1100)_2$$C_{in}$=0
(C)A=$(0101)_2$B=$(1100)_2$$C_{in}$=1　　(D)A=$(1101)_2$B=$(0011)_2$$C_{in}$=1。

（　　）**3** 在資料庫中同時執行多筆交易（Transactions），系統保證每一筆交易皆不知其他同步執行之交易，此特性為何？
(A)不可分割性（Atomicity）
(B)一致性（Consistency）
(C)隔離性（Isolation）
(D)持久性（Durability）。

( ) **4** 下圖是一個除頻電路，輸入一頻率較高的時脈（Clock）訊號 ICLK，以轉換成頻率較低的時脈訊號OCLK做為輸出。當輸入時脈ICLK的頻率為100MHz時，輸出OCLK的頻率為何？

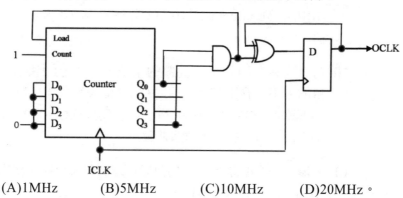

(A)1MHz　　　(B)5MHz　　　(C)10MHz　　　(D)20MHz。

( ) **5** 假設X為二進制數字1011，Y為二進制數字0110，則X和Y做bit-wise-XOR的結果為：　(A)0010　(B)1011　(C)1101　(D)1111。

( ) **6** 8-bit的二補數（2's complement）1010_1100等同那一個十進制數字？　(A)-84　(B)-47　(C)176　(D)250。

( ) **7** 假設X和Y為布林變數，符號「*」、「+」、「~」、「⊕」分別代表AND、OR、NOT、XOR（exclusive-OR）四種運算子。下列何者與函數X⊕Y等價？

(A)X*Y+(~X)*(~Y)　　　　　(B)X*(~Y)+(~X)*Y

(C)(X+Y)*((~X)+(~Y))　　　(D)(X+(~Y))*((~X)+Y)。

( ) **8** 下列各選項中均包含一個十進制數字以及一個1的補數（1,s complement）二進制數字，何者錯誤？

(A)0之表示法為$(0000)_2$　　　(B)0之表示法為$(1111)_2$

(C)-8之表示法為$(1000)_2$　　　(D)7之表示法為$(0111)_2$。

（　） **9** 作業系統的工作項目之一是對程序（process）使用I/O裝置做排程（scheduling），藉由下列那一種資料結構的幫助，作業系統可讓等待時間越久的程序越先使用I/O裝置？　(A)I/O堆疊（stack）(B)I/O佇列（queue）　(C)I/O雜湊表（hash table）　(D)I/O二元樹（binary tree）。

（　） **10** 將原來只有L1快取記憶體的系統，再加上L2快取記憶體的主要目的，不包含下列何者？　(A)降低失誤代價（Miss penalty）(B)降低L1失誤率（Miss rate）　(C)降低程式執行時間　(D)降低平均每個指令執行所須週期數。

（　） **11** 有關Unix的ls命令，下列何者可以將隱藏檔顯示出來？　(A)ls–a(B)ls–l　(C)ls–h　(D)ls。

（　） **12** 在IP、TCP、UDP三種協定中，共有多少種屬於傳輸層之常用協定？　(A)0　(B)1　(C)2　(D)3。

（　） **13** 下列何種程式語言是宣告式語言（declarative language），並最常運用在關聯式資料庫（relational database）？
(A)Fortran　(B)SQL　(C)Python　(D)Java。

（　） **14** 用C語言宣告一個名稱為FOX的二維陣列（Two-dimensional array），下列何者為正確的寫法？
(A)array FOX[20][20];　　　　　(B)int FOX[20][20];
(C)(C)int FOX[20, 20];　　　　　(D)char FOX[20];。

（　） **15** 有甲、乙、丙三顆實心球，由左向右依序滾動跌入垂直管，如圖所示，有一機械手臂可從垂直管頂部一次取出一球，球取出的順序，下列何者是不可能的？
(A)丙、乙、甲
(B)甲、丙、乙
(C)丙、甲、乙
(D)乙、丙、甲。

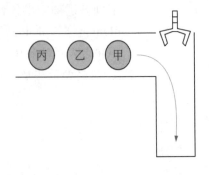

( 　 ) **16** 若要將運算式樹（Expression tree）轉換為後置式（Postfix）、前置式（Prefix）和中置式（Infix）等數學式表示法，下列敘述何者錯誤？　(A)若要產生後置式表示法，應該以後序拜訪（Postorder traversal）走訪該樹　(B)若要產生前置式表示法，應該以前序拜訪（Preorder traversal）走訪該樹　(C)若要產生中置式表示法，應該以中序拜訪（Inorder traversal）走訪該樹　(D)上述三種表示法皆需要括號以確保數學式解讀的單一性。

( 　 ) **17** 如圖所示之網路，其Minimal Cost Spanning Tree的總成本，為下列何者？

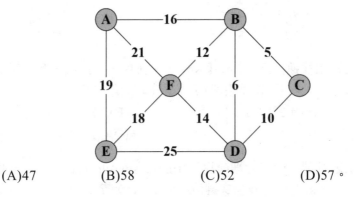

(A)47　　　　(B)58　　　　(C)52　　　　(D)57。

( 　 ) **18** 樹（Tree）的定義為一個不包含簡單迴路（Simple circuit）的無向連結圖（undirected connected graph），而葉子（Leaves）的定義為次數（Degrees）為1的節點（Nodes）。一棵樹若有2個以上的節點，最少會有幾個節點是葉子？

(A)0　　　　(B)1　　　　(C)2　　　　(D)3。

( 　 ) **19** 若以霍夫曼編碼（Huffman coding）將A、B、C和D等四個字元進行編碼，下列何者是可能的編碼結果？

(A)A：001，B：01，C：1，D：00

(B)A：00，B：11，C：1，D：0

(C)A：000，B：1，C：00，D：01

(D)A：000，B：01，C：001，D：1。

（　） **20** 下列何者是強連通圖（Strongly connected graph）？

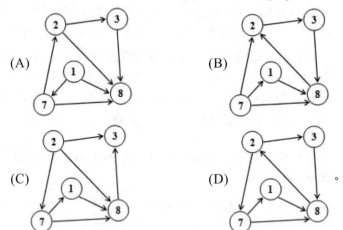

(A)　　　　　　　　　　　　　　　　(B)

(C)　　　　　　　　　　　　　　　　(D)　　　　　　　　。

（　） **21** 用快速排序（Quick sort）來排序，並以第一個元素為基準（Pivot），下列那個數列所需排序時間最長？

(A)5 4 3 2 1 6　　　　　　　　　(B)5 6 1 2 3 4

(C)6 5 4 3 2 1　　　　　　　　　(D)6 1 2 3 4 5。

（　） **22** 搜尋一棵二元搜尋樹（Binary search tree）在最佳情況（In best case）要做多少次鍵值（Key）比較？

(A)1　　　　　(B)n+1　　　　(C)n–1　　　　(D)(n+1)／2。

（　） **23** 下列輸出何者正確？

int p = 1, *q = &p;

p = ++*q;

*q = ++p;

Printf("%d %d", p, *q++);

(A)2　1　　　(B)2　2　　　(C)2　3　　　(D)3　3。

( ) **24** 假設已經宣告變數"x"和變數"next"為整數型態，然後執行下列的C
程式。若輸入的內容為"2 1 0"，則程式的執行結果為何？

```
for(int x = 3; x !=0; x = next){
        scanf("%d", &next);
        printf("%d:", x);
}
```

(A)2:         (B)3:         (C)3:2:1:         (D)3:2:1:0: 。

( ) **25** 執行以下C程式，則螢幕輸出為何？

```
#include <stdio.h>
int main(){
        char degree='u';
        int salary=40000;
        switch(degree){
                case 'g': if(salary > 100000)
                                        printf("Excellent");
                        else
                                        printf("Good");
                        break;
                default: if(salary > 50000)
                                        pprintf("Satisfactory");
                        else
                                        pprintf("Normal");
        }
}
```

(A)Excellent                 (B)Good
(C)Satisfactory            (D)Normal 。

( ) **26** 執行下列Java 程式後，產生的輸出為何？

```
public class BoolTest{
    public static void main（String [] args）{
        int result = 0;
```

```
Boolean b1 = new Boolean("True");
Boolean b2 = new Boolean("TRUE");
Boolean b3 = new Boolean("False");
if(b1 == b2)
    result = 1;
if(b1.equals(b2))
    result += 1;
if(b2 != b3)
    result += 1;
if(!b2.equals(b3))
    result += 1;
System.out.println(result);
    }
}
```
(A)0　　　　　(B)1　　　　　(C)2　　　　　(D)3。

( 　 ) **27** 下列C語言程式的輸出，結果為何？
```
#include <stdio.h>
int main(void){
char member[ ][5] = {"Bill", "John", "Matt", "Alex", "Joe", "Jack"};
    printf("%c", member[3][2]);
return 0;}
```
(A)a　　　　　(B)A　　　　　(C)e　　　　　(D)J。

( 　 ) **28** C指令定義一個名稱為EGA_colors的列舉型態，下列何者正確？
```
enum EGA_colors {BLACK, LT_GRAY = 7, DK_GRAY, WHITE = 15};
```
(A)printf("%d", BLACK); 會輸出1
(B)printf("%d", BLACK); 會輸出6
(C)printf("%d", DK_GRAY); 會輸出8
(D)printf("%d", DK_GRAY); 會輸出14。

( ) **29** 下列那個C函式執行f(5)的呼叫結果，與其他3者不同？
(A)int f(int n){ if(n==0) return 0; else return n+f(n-1); }
(B)int f(int n){ if(n==1) return 1; else return n+f(n-1); }
(C)int f(int n){ if(n>=1) return n+f(n-1); else return 0; }
(D)int f(int n){ int a=0; while(n>1) a+=n--; return a; }。

( ) **30** 考慮下列的C 語言程式：
```
#include <stdio.h>
int main(void){
    int a;
    printf("%d", a=strcmp("XYZ", "abc"));
    return 0; }
```
下列何者是這個程式的輸出結果？
(A)編譯錯誤 (B)-1
(C)0 (D)1。

( ) **31** 執行下列C++程式碼後，螢幕印出的數字為何？
```
int f(int* m, int n){
    int tmp;
    tmp=*m; *m=n; n=tmp;
}
int main(){
    int a=1, b=2, c=3, d=4, e=5, g=6;
    f(&a,b); f(&c,d); f(&e,g);
    f(&a,c); f(&a,d);
    cout<<a<<endl;
    return 0;
}
```
(A)3 (B)4 (C)5 (D)6。

( ) **32** 下列何者不是C++定義繼承關係的關鍵字？ (A)private (B)protected (C)virtual (D)public。

( ) **33** 有關IPv4的位址，下列敘述何者錯誤？ (A)含有32個位元 (B)可區分為兩部分，第一部分為前置（Prefix）用來定義網路，第二部分為後置（Suffix）定義節點（Node） (C)由於IPv4有位址耗盡問題，因此才有後來的IPv6 協定的發展 (D)其位址定義在網路架構之傳輸層（Transport Layer）。

( ) **34** 有關網路協定的敘述，下列何者錯誤？ (A)SMTP為應用層（Application Layer）的協定 (B)UDP為傳輸層（Transport Layer）的協定 (C)SNMP為網路層（Network Layer）的協定 (D)PPP為資料鏈結層（Data Link Layer）的協定。

( ) **35** 關於使用者資料協定（UDP）的敘述，下列何者正確？ (A)保證資料傳送正確性 (B)保證連線雙方資料完整送達與接收 (C)採用三向交握確認機制（Three way handshake） (D)不保證連線雙方資料送達與接收。

( ) **36** 有關電子郵件（E-mail），下列敘述何者正確？ (A)使用瀏覽器開啟Gmail接收信件，採用的是POP3協定 (B)E-mail寄信不具備附帶檔案（Attachment）的功能 (C)E-mail的帳號格式必須以https://開頭 (D)SMTP（Simple Mail Transfer Protocol）為寄送電子郵件使用之協定。

( ) **37** 關於網頁的製作，下列敘述何者錯誤？ (A)網頁使用的語言，主要是超文件標記語言（Hyper Text Markup Language, HTML）(B)網頁製作的語言是一種標記語言，使用的標籤成對，開始的標籤會對應到一個結束的標籤 (C)腳本語言如JavaScript可以用來製作網頁 (D)HTTPS也是一種製作網頁的工具。

( ) **38** 當網域名稱系統（Domain Name System, DNS）欲查詢某網域名稱的IP位址時，送出的查詢訊息，將指定為下列何種查詢類型？(A)A (B)NS (C)PTR (D)HINFO。

（　）**39** 攻擊者透過製造大量的網路流量，傳給某些固定的攻擊目標，這樣的攻擊方式稱為：　(A)網路監聽（Sniffing）　(B)阻斷服務攻擊（Denial of Service）　(C)跨網站指令碼攻擊（Cross-Site Scripting, XSS）　(D)特洛伊木馬病毒攻擊（Trojan Horse Virus）。

（　）**40** 對使用者的個人資料，下列何者非歐盟一般資料保護規範（General Data Protection Regulation, GDPR）保障的範圍？　(A)使用者有修正權（Right to rectification）　(B)使用者有取用權（Right to access）　(C)使用者有刪除權（Right to erasure）　(D)大眾有知的權利（The public's right to know）。

## 解答與解析 （答案標示為#者，表官方曾公告更正該題答案。）

**1 (A)。** CISC設計的目標是提供較高的指令集功能，可以執行複雜的操作，並且允許在單個指令中執行多個操作，以減少程式碼的長度和記憶體使用；CISC設計還允許不同的指令具有不同的長度，這些指令可以讀寫記憶體，提供更高的靈活性，故選(A)。

**2 (C)。**
(1) 3的2's complement為$(1101)_2$，因為2's complement的求法為：先將原數取反，再將結果加1。
(2) 輸入訊號A為5，其二進位表示法為$(0101)_2$。
(3) 輸入訊號B為$(1100)_2$。
(4) 將A和$(1101)_2$相加，得到$(0010)_2$，其中1為進位。
(5) 將B和第4步的結果相加，得到$(1110)_2$，其中1為進位。
(6) 因為加法器輸出的是4-bit結果，所以需要忽略最高位的進位，得到2，其二進位表示法為$(0010)_2$；因此，輸入訊號為A=$(0101)_2$ B=$(1100)_2$ $C_{in}$=1，故選(C)。

**3 (C)。** 是ACID（原子性、一致性、隔離性、持久性）的四個特性之一。隔離性確保交易的執行在相互獨立的環境中進行，因此每筆交易不會影響其他交易的執行結果，確保資料庫的完整性。其他特性包括原子性確保交易是不可分割的單位，一致性確保交易將資料庫從一個一致狀態轉變為另一個一致狀態，持久性確保交易一旦提交後，對資料庫所做的更改將永久保存，故選(C)。

**4 (B)**。 由ICLK產生的每一個脈衝都會經過2個D觸發器，因此輸出的頻率將是ICLK頻率的1/4。因此，當輸入時脈ICLK的頻率為100 MHz時，輸出OCLK的頻率將是5 MHz，故選(B)。

**5 (C)**。 X=1011
Y=0110
對於第一個位元進行比較：X的第一個位元是1，Y的第一個位元是0，因此結果為1。
對於第二個位元進行比較：X的第二個位元是0，Y的第二個位元是1，因此結果為1。
對於第三個位元進行比較：X的第三個位元是1，Y的第三個位元是1，因此結果為0。
對於第四個位元進行比較：X的第四個位元是1，Y的第四個位元是0，因此結果為1，故選(C)。

**6 (A)**。 (2's)10101100⇒(1's)10101011

十進位
沒補數⇒01010100⇒-84，故選(A)。

**7 #**。 設x⇒False,y⇒False,*=And,+=OR,~=NOT,⊕=XOR
x⊕y⇒x XOR y⇒F XOR F⇒F
(A)x*y+(~x)*(~y)
⇒F and F OR (not F) and (not F)
⇒F OR T and T⇒F OR T⇒T
(B)x*(~y)+(~x)*y
⇒F and (not F) or (not F) and F
⇒(F and T) OR (T and F)⇒F OR F⇒F
(C)(x+y)*(~x)+(~y)
⇒(F OR F) and (not F) OR (not F)
⇒F and (T OR T)⇒F and T⇒F
(D)(x+(~y))*((~x)+y)
⇒(F OR(not F)) and ((not F) OR F)
⇒(F OR T) and (T OR F)⇒T and T⇒T
故考選部公告，本題答(B)或(C)或(B)(C)均給分。

**8 (C)**。8的二進位是1000，用1補數表示負數應為0111，故選(C)。

**9 (B)**。I/O佇列是一種FIFO（先進先出）的資料結構，可以用來存放所有正在等待使用I/O裝置的程序。當一個I/O裝置可用時，作業系統會從佇列的前端取出下一個程序，並使用I/O裝置。因為佇列是按照等待時間的先後順序來排列，所以等待時間越久的程序會排在佇列的前面，優先獲得使用I/O裝置的機會，故選(B)。

**10 (B)**。L2快取記憶體的容量比L1更大，但速度比L1慢，可以作為L1快取的後備存儲區，當L1快取中沒有需要的數據時，CPU可以從L2快取中查找該數據，以減少到較慢的存儲設備（如主記憶體）中查找數據，即可以降低CPU等待數據的時間，加快系統的執行速度，進而減少失誤代價的發生，故選(B)。

**11 (A)**。ls是Unix/Linux操作系統中的常用命令，用於列出目錄中的文件和子目錄。ls命令只會顯示目錄中的普通文件和子目錄，而隱藏文件（以"."開頭的文件）則不會顯示。
如果要顯示隱藏文件，需要使用ls命令的-a選項，即"ls-a"。這樣，ls命令就會顯示目錄中的所有文件，包括隱藏文件，故選(A)。

**12 (C)**。TCP、UDP屬於傳輸層之常用協定，IP屬於網路層協定，故選(C)。

**13 (B)**。SQL是宣告式語言，用於處理關聯式資料庫中的數據，提供了對資料庫進行查詢、修改和刪除等操作的功能。SQL的核心思想是基於關聯代數和元組關係演算，讓使用者可以透過指定要求的結果來描述需要完成的操作，而不需要關心實現的細節，故選(B)。

**14 (B)**。C語言中，宣告一個二維陣列需要指定該陣列的型別、名稱以及陣列的大小，題目說明我們需要宣告一個名稱為FOX的二維陣列，因此選項(A)、(C)和(D)都有語法上的錯誤，故選(B)。

**15 (C)**。三個球順序不變，要一開始夾出丙球只有是丙乙甲的順序夾出；甲丙乙的情況為，甲滾落後就先被夾出之後丙乙相繼落入後再夾出丙跟乙；乙丙甲的狀況是甲乙落入後先將乙夾出而後落入丙，之後再夾出丙跟乙，故選(C)。

**16 (D)**。後置式和前置式表示法不需要括號，因為運算順序已經明確的定義好，而中置式表示法則需要括號來確保運算優先順序的正確性，故選(D)。

解答與解析

**17 (D)**。為放射狀走法，AB，EF，FB，BD，BC，因此16+18+12+6+5=57，故選(D)。

**18 (C)**。由樹的定義可知，任何一個樹都必須至少有一個葉節點，否則就無法滿足不包含簡單迴路的條件。假如樹只有一個葉節點，那麼其他的節點就必須相互連結，否則就無法滿足無向連結圖的條件，但這樣就會形成一個簡單迴路。因此，若樹有2個以上的節點，最少必須有2個葉節點，故選(C)。

**19 (D)**。霍夫曼編碼的建樹規則是從節點開始，逐步合併，所有的樹被當作葉節點開始，由下而上合併。合併的方式是先找出權重最小的兩棵樹，將它們合併成一棵新樹，新節點的權重為兩個樹的權重和，因此葉節點會從A開始，根節點為最後的字母，故選(D)。

**20 (D)**。強連通圖是指在有向圖中，對於任意兩個節點u和v，存在從u到v的有向路徑和從v到u的有向路徑，就是任一節點都必須至少要有一個進跟一個出的路徑，故選(D)。

**21 (C)**。第一個元素為基準進行快速排序的情況下，當數列已經有順序時，排序的效率最差，需要的時間最長，故選(C)。

**22 (A)**。在最佳情況下，搜尋一棵二元搜尋樹只需要做一次鍵值比較即可找到目標節點。因為在最佳情況下，二元搜尋樹是完美平衡的，每個節點的左右子樹大小相差最多為1，所以在搜尋時可以透過比較節點的鍵值和目標鍵值的大小關係，來判斷搜尋的方向，最終可以在樹的中間找到目標節點，只需要做一次比較，故選(A)。

**23 (D)**。第一步：p=++*q;先取出指標q指向的記憶體位置的值，即p的值1，對其進行前置遞增++，因此*q變成2，然後將*q的值指派給p，所以p的值為2，*q的值也為2。

第二步：*q=++p;先對p進行前置遞增++，p的值變成3，然後將p的值指派給*q，即*q的值也變成了3。

第三步：printf("%d %d", p, *q++);先輸出p的值3，然後將指標q指向下一個記憶體位置，但這個操作不會影響到目前輸出*q的值，因為這個指標還沒被使用，故選(D)。

**24 (C)**。輸入"2 1 0"的情況，程式的執行過程如下：
迴圈開始時，x=3

讀取輸入，next=2
輸出 "3:"
迴圈結束，x=2
讀取輸入，next=1
輸出 "2:"
迴圈結束，x=1
讀取輸入，next=0
輸出 "1:"
迴圈結束，x=0
迴圈條件不滿足，程式結束，故選(C)。

**25 (D)**。根據程式碼，degree的值為'u'，不符合switch中的任何一個case條件，因此會執行default區塊的程式碼。在default區塊中，若salary大於50000則輸出"Satisfactory"，否則輸出"Normal"。由於salary的值為40000小於50000，故選(D)。

**26 (D)**。第一步：第一個if條件比較b1和b2是否為同一個物件，因為b1和b2並非同一個物件，所以不成立，result維持0分。
第二步：第二個if條件比較b1和b2的值是否相等，因為b1和b2的值都是true，所以成立，result加1分，目前為1分。
第三步：第三個if條件比較b2和b3是否為同一個物件，因為b2和b3並非同一個物件，所以成立，result加1分，目前為2分。
第四步：第四個if條件比較b2和b3的值是否相等，因為b2和b3的值不相等（b2為true，b3為false），所以成立，result加1分，故選(D)。

**27 (C)**。member是一個二維字符陣列，其中member[3]代表第四個字符串"Alex"，member[3][2]代表"Alex"的第三個字符"e"，故選(C)。

**28 (C)**。定義列舉型態時，每個成員預設都會被指派一個整數值，第一個成員預設值為0，接著每個成員值依序增加1。所以，在此例中，BLACK的預設值為0，LT_GRAY的預設值為7，DK_GRAY的預設值為8，WHITE的預設值為15，故選(C)。

**29 (D)**。前三個函式都是用遞迴的方式計算n的和，只有(D)是用while迴圈的方式，其計算方式為1+2+3+...+(n-1)，故選(D)。

**30 (B)**。strcmp()函式會比較兩個字串的字元，並回傳它們的差值。如果第一個字串比第二個字串小，則差值為負數；如果第一個字串比第二個字串

大，則差值為正數；如果兩個字串相等，則差值為零，XYZ的ASCII總
和是267，abc的ASCII總和是294，"XYZ"<"abc"，故選(B)。

**31 (B)**。a的值經歷了如下交換過程：
f(&a, b);交換a和b的值，此時a的值為2。
f(&c, d);交換c和d的值，此時a的值仍為2。
f(&e, g);交換e和g的值，此時a的值仍為2。
f(&a, c);交換a和c的值，此時a的值為3。
f(&a, d);交換a和d的值，此時a的值為4，故選(B)。

**32 (C)**。virtual是用於定義虛函數的關鍵字，並非定義繼承關係的關鍵字。而(A)
(B)(D)三個都是用於定義基礎類別與派生類別之間的繼承關係，故選(C)。

**33 (D)**。IPv4位址定義在網路架構之網路層（Network Layer），而非傳輸層
（Transport Layer），故選(D)。

**34 (C)**。SMTP（Simple Mail Transfer Protocol）為應用層（Application Layer）的協
定，用來傳送和接收電子郵件。
UDP（User Datagram Protocol）為傳輸層（Transport Layer）的協定，
提供了不可靠的、無連接的資料傳輸，常被用於需要即時性的應用程
式，如音訊或影片串流。
SNMP（Simple Network Management Protocol）為應用層（Application
Layer）的協定，用來管理網路設備，例如路由器、交換機等等。
PPP（Point-to-Point Protocol）為資料鏈結層（Data Link Layer）的協
定，用於建立點對點的通訊連接，例如數據機和互聯網服務提供商之間
的連接，故選(C)。

**35 (D)**。UDP是無連接的協定，沒有建立可靠的連接，也沒有任何錯誤檢測和
恢復機制。通常用於需要快速傳輸的應用，由於沒有錯誤檢測和恢復機
制，數據容易丟失或重複，因此不適用要求高可靠性和完整性的傳輸，
故選(D)。

**36 (D)**。(A)POP3（Post Office Protocol version 3）是一種接收郵件的協定，而非
使用瀏覽器開啟Gmail接收信件。
(B)E-mail寄信是具備附帶檔案（Attachment）的功能。
(C)E-mail的帳號格式通常是由使用者名稱和電子郵件伺服器的網址組成，
並不是以https:// 開頭。
故選(D)。

**37 (D)**。HTTPS（Hypertext Transfer Protocol Secure）是在網際網路上安全傳輸資料的協定。在HTTP協定上加入安全性機制，使用SSL（Secure Sockets Layer）或TLS（Transport Layer Security）協定來保護資料的傳輸過程，故選(D)。

**38 (D)**。A（Address）查詢是最常見的一種查詢類型，用於查詢主機名稱對應的IPv4地址，回應部分（Answer Section）會返回該主機名稱對應的IPv4地址，故選(A)。

**39 (B)**。網路監聽（Sniffing）：指攻擊者截取網路上的資訊，例如使用者名稱、密碼、信用卡號等敏感資料，以便做進一步的網路攻擊行為。
跨網站指令碼攻擊（Cross-Site Scripting，XSS）：指攻擊者透過植入惡意的指令碼，使其他使用者在瀏覽網站時執行這些指令碼，進而竊取使用者的敏感資料或對網站進行其他攻擊。
特洛伊木馬病毒攻擊（Trojan Horse Virus）：指攻擊者透過植入惡意軟體，使其看起來是一個正常的應用程式，但實際上會在使用者不知情的情況下執行惡意行為，例如竊取使用者的密碼或者將系統變成僵屍網路的一部分，讓攻擊者進一步進行其他攻擊。
故選(B)。

**40 (D)**。歐盟一般資料保護規範（GDPR）是為了保障個人資料的隱私和安全而制定，主要保護的是個人資料擁有者的權益，例如修正、取用、刪除等權利，故選(D)。

解答與解析

# 111年經濟部所屬事業機構新進職員（資訊類）

( )　**1** 若將CPU匯流排依傳遞內容進行區分，不包含下列哪一項？　(A)流程匯流排（Process Bus）：傳送資料流程訊號　(B)控制匯流排（Control Bus）：傳送控制資料流程訊號　(C)位址匯流排（Address Bus）：傳送資料在記憶體中的位置　(D)資料匯流排（Data Bus）：傳送資料流程訊號。

( )　**2** 將2個八進位數$(502)_8$與$(325)_8$轉換為二進位數，並逐位元執行OR運算後，所得結果如何以十六進位數表示？　$(A)(157)_{16}$　$(B)(197)_{16}$　$(C)(1D7)_{16}$　$(D)(1F7)_{16}$。

( )　**3** 下列何者非屬作業系統（Operation System）所管理的對象？　(A)裝置（Device）　(B)快取記憶體（Cash Memory）　(C)檔案（File）　(D)程序（Process）。

( )　**4** 下列有關雜湊搜尋法（Hashing Search）之敘述，何者有誤？　(A)資料須先進行排序　(B)搜尋速度與資料量大小無關　(C)程式設計比較複雜　(D)保密性較高。

( )　**5** 使用二分搜尋法（Binary Search）自216個資料中尋找特定的一個資料時，最多要進行多少次比對？　(A)7　(B)8　(C)16　(D)108。

( )　**6** 作業系統使用最短作業優先（Shortest Job First）的排程方式來選擇執行順序，假設有4個排程P1~P4，P1送達時間為0ms，執行時間為8ms，P2送達時間為1ms，執行時間為3ms，P3送達時間為2ms，執行時間為9ms，P4送達時間為3ms，執行時間為5ms，請問平均等待時間為何？　(A)7ms　(B)7.25ms　(C)7.5ms　(D)8ms。

( )　**7** 依磁碟陣列（RAID）的資料存放安全性，由高到低排列，下列何者正確？　(A)RAID 1→ RAID 5 → RAID 0　(B)RAID 0→ RAID 5 → RAID 1　(C)RAID 1→ RAID 0 → RAID 5　(D)RAID 0→ RAID 1 → RAID 5。

( )　**8** 某一邏輯電路有2個輸入，分別為data和control，當control為0時，輸出data的值；當control為1時，輸出data的補數，請問此電路為下列何者？　(A)AND　(B)NAND　(C)OR　(D)XOR。

( )　**9** $(101100)_2$的2補數（2's complement）為下列哪一項？
(A)010001　　　　　　　　(B)010011
(C)010101　　　　　　　　(D)010100。

( )　**10** 下列哪一種排序演算法，在最差的情況下排序n筆資料，其時間複雜度為O（n log n）？
(A)氣泡排序法（Bubble Sort）　(B)合併排序法（Merge Sort）
(C)快速排序法（Quick Sort）　(D)基數排序法（Radix Sort）。

( )　**11** 下列Java片段程式碼中的2個add方法是運用了物件導向程式設計中的何種概念？
Class Sub {
　　int add(){…..}
　　int add(int x,int y){…..}
}
(A)繼承（Inheritance）　　(B)抽象化（Abstraction）
(C)覆寫（Override）　　　(D)重載（Overload）。

( )　**12** 將一組陣列（Array）的值由主程式傳遞給副程式，使用哪一種呼叫方式會使資料的傳遞速度較快？
(A)傳名呼叫（Call by Name）
(B)傳值呼叫（Call by Value）
(C)傳址呼叫（Call by Reference）
(D)一樣快。

( )　**13** 下列C語言片段程式碼之執行結果為何？
int i=0 printf("%d",i++);
printf("%d",++i);
printf("%d",++i);
(A)0 1 2　　　(B)0 2 2　　　(C)0 2 3　　　(D)1 2 3。

( ) **14** 下列Java程式語言中共有8種基本資料型態，依位元長度大到小排
列，何者正確？
(A)double → short → int → byte
(B)long → int → char → byte
(C)double → float → byte → char
(D)long → char → int → Boolean。

( ) **15** 下列Java片段程式碼，何者正確？
byte a=100; byte b=200;
byte c=(byte)(a+b); system.out.print(c);
(A)執行時顯示300　　　　　　　(B)執行時顯示127
(C)執行時出現錯誤　　　　　　　(D)編譯失敗。

( ) **16** 在堆疊（Stack）結構上，依序存取資料如下： push('A')→ush('B')
→op()→op()→ush('C')→ush('D')→op()→op()請問最後1次pop()所
得之內容為何？
(A)'A'　　　　　(B)'B'　　　　　(C)'C'　　　　　(D)'D'。

( ) **17** 將十進位數528.75，轉換為二進位數表示，下列何者正確？
(A)1000011000.101　　　　　　(B)1000010000.101
(C)1000011000.11　　　　　　　(D)1000010000.11。

( ) **18** 請問Amazon EC2是屬於哪一種雲端運算的服務？
(A)IaaS　　　　(B)PaaS　　　　(C)SaaS　　　　(D)AssS。

( ) **19** 下列在Java語言中，當陣列（Array）的索引值（Index）超過宣告
範圍時，何者正確？
(A)編譯器會編譯程式，但程式執行時會產生例外（Exception）
(B)編譯器會編譯程式，但程式執行時結果可能錯誤
(C)編譯器在編譯程式時產生錯誤並停止編譯程式
(D)編譯器在編譯程式時產生警告訊息，但仍會編譯程式。

（　）**20** 在C語言中宣告陣列int arrary[4][2][2]={1,2,3,4,5,6,7,8,9,10,11,12,13,14,15,16}，請問array[2][1][1]的值為何？　(A)8　(B)10　(C)12 (D)14。

（　）**21** 下列Python程式碼執行完成後，產生之值為何？
```
def calnum(n)
  return 1 if(n==1 or n==0)else n * calnum(n-1);
print(calnum(5))
```
(A)24　(B)25　(C)120　(D)125。

（　）**22** 關聯式資料庫中之檢視表（View），下列何者有誤？　(A)使用 View可以隱藏過濾敏感資料，提高安全性　(B)View是唯讀的，外部使用者無法直接透過View去修改內部資料　(C)View之資料來源可以是其他資料的運算結果　(D)View本身有儲存資料。

（　）**23** 下列C語言程式片段中，若a=36，b=45，執行結果為何？
```
main()
{
  int a,b,r;
  while(b!=0)
  {
  r=a%b;
  a=b;
  b=r;
  }
  Printf("result=%d\n",a);
}
```
(A)6　(B)7　(C)8　(D)9。

（　）**24** 下列有關編譯式語言與直譯式語言，何者有誤？　(A)直譯式語言在執行時會逐行將程式碼讀取並執行　(B)相同程式邏輯條件下，直譯式語言在執行期的執行速度，比編譯式語言來得快 (C)Python屬於直譯式語言　(D)C++屬於編譯式語言。

（　） **25** 下列何者非屬精簡指令（RISC）架構？　(A)MIPS　(B)ARM　(C)x86　(D)RISC-V。

（　） **26** 下列哪一種網際網路通訊協定，是以廣播（Broadcast）方式來進行？　(A)ARP　(B)IPv6　(C)DNS　(D)BGP。

（　） **27** 下列有關IPv6之敘述，何者有誤？　(A)支援自動組態設定　(B)表頭設計不支援QoS機制　(C)內建加密機制　(D)書寫時各組數字之間以冒號「：」隔開。

（　） **28** 下列有關乙太網路與光纖網路之敘述，何者有誤？
(A)光纖類型的乙太網路可分為長距離傳輸的多模光纖與短距離傳輸的單模光纖
(B)100Gbps乙太網路目前使用附加標準IEEE 802.3ba
(C)光纖網路主要用於連接網路儲存設備
(D)光纖網路協定大部分邏輯運行於獨立的硬體晶片而不是在作業系統中。

（　） **29** CIDR（Classless Inter-Domain Routing）是一種用來合併數個C級位址的規劃方式。如分配到的網路是192.168.240.0到192.168.247.0共8個連續的C級位址，則其子網路遮罩為何？　(A)255.255.192.0　(B)255.255.224.0　(C)255.255.240.0　(D)255.255.248.0。

（　） **30** 依開放網路基金會（Open Networking Foundation）有關軟體定義網路（Software Define Network）的架構說明，不包含下列哪一層？
(A)應用層（Application Layer）
(B)控制層（Control Layer）
(C)基礎設備層（Infrastructure Layer）
(D)網路層（Network Layer）。

（　） **31** 無線通訊技術中，個人化的短距離無線網路（Wireless Personal Area Network）使用下列哪一種通訊標準？　(A)IEEE 802.11　(B)IEEE 802.13　(C)IEEE 802.15　(D)IEEE 802.16。

(　　) **32** 下列哪一種設備，可以處理不同格式的資料封包，並進行通訊協定轉換、錯誤偵測及網路路徑控制與位址轉換等？　(A)交換器　(B)橋接器　(C)閘道器　(D)路由器。

(　　) **33** 傳輸層安全性協定（TLS）中，下列哪一種金鑰交換方法因易受中間人攻擊，已很少使用？　(A)TLS_DH_ANON　(B)TLS_DHE　(C)TLS_ECDHE　(D)TLS_RSA。

(　　) **34** OSI參考模型中，哪一層提供資料壓縮、加密及解密服務？　(A)應用層（Application Layer）　(B)呈現層（Presentation Layer）　(C)會談層（Session Layer）　(D)傳輸層（Transport Layer）。

(　　) **35** 下列哪一個動態路由協定，屬於鏈路狀態（Link-State）路由協定？　(A)邊界閘道通訊協定（BGP）　(B)開放式最短路徑優先（OSPF）協定　(C)路由資訊協定（RIP）　(D)Enhanced 企業網路閘道路由協定（EIGRP）。

(　　) **36** 下列哪一種虛擬私人網路（VPN）通信協定，所使用的演算法未採用256-bit加密？　(A)L2TP/IPsec　(B)Openvpn　(C)PPTP　(D)SSTP。

(　　) **37** IPv4位址在設計時區分為5個等級，其中198.x.y.z屬於哪一個等級？　(A)B級　(B)C級　(C)D級　(D)E級。

(　　) **38** 下列有關路由器之敘述，何者有誤？　(A)具備路由表　(B)通常具有兩個以上網路介面　(C)具有解讀IP封包的能力　(D)運作於TCP/IP模型的傳輸層以上。

(　　) **39** IP封包之協定欄，主要是記載該封包資料所使用的協定。例如TCP、UDP、IGMP、ICMP，下列哪一項屬於傳輸層的通訊協定？　(A)TCP與UDP　(B)IGMP與UDP　(C)IGMP與TCP　(D)IGMP與ICMP。

( ) **40** 物聯網的發展，使低功耗廣域網路（Low Power Wide Area Network）應用需求大增，下列哪一項技術不屬於長距離通訊？ (A)LoRa (B)NB-IoT (C)Sigfox (D)Zigbee。

( ) **41** 下列有關防火牆（Firewall）之敘述，何者有誤？ (A)無法過濾內部網路封包 (B)可以阻擋病毒攻擊 (C)可以阻擋外界對內部網路所發動的攻擊 (D)主要分為網路層及應用層防火牆。

( ) **42** 下列何者非使用TCP/IP協定中的UDP做為通訊服務的基礎？ (A)簡單網路管理協定（SNMP） (B)網路時間協定（NTP） (C)網際網路控制訊息協定（ICMP） (D)動態主機組態協定（DHCP）。

( ) **43** STRIDE是一種識別弱點與威脅的簡單作法，其名稱來自6個威脅類型的英文字首縮寫，下列何者有誤？
(A)偽冒（Spoofing）
(B)否認（Repudiation）
(C)拒絕存取服務（Denial of Service）
(D)入侵（Intrusion）。

( ) **44** ISO27001：2013版，計有幾個領域與幾個控制目標？ (A)11與35 (B)11與39 (C)14與35 (D)14與39。

( ) **45** 下列有關傳統入侵偵測防禦系統（IDPS）之敘述，何者有誤？ (A)可以防止蠕蟲由外部入侵至組織網路內部 (B)可以使用packet-based做為檢查流量內容 (C)可以破解駭客閃躲（Evasion）手法 (D)可以將防火牆存取控制清單（ACL）之功能包含在內。

( ) **46** 下列常見的電子郵件存取協定，哪一種是送出協定（Push Protocol）？ (A)SMTP (B)HTTP (C)POP (D)IMAP。

( ) **47** 無線區域網路的標準為IEEE 802.11系列，請問俗稱第五代Wi-Fi是哪一個標準？ (A)802.11ac (B)802.11ax (C)802.11g (D)802.11n。

( ) **48** 現行3個主要的無線區域網路安全性機制是：WEP、WPA及 WPA2，下列哪一項非其所使用之安全防護技術？ (A)TKIP (B)AES (C)CCMP (D)DES。

( ) **49** 下列哪一項非屬ISO制定7498-4號標準文件中所提到之網路管理功能？ (A)故障管理 (B)組態管理 (C)安全管理 (D)事件管理。

( ) **50** 下列有關加密系統與數位簽章之敘述，何者正確？
(1)對稱性加密法加密速度快，適合長度較長與大量的資料
(2)目前普遍使用的非對稱性加密法為IDEA
(3)非對稱性加密公開金鑰必須由憑證管理中心簽發
(4)數位簽章的運作方式是以公開金鑰與雜湊函數互相搭配使用
(A)(1)(2)(3)　　　　　　　　(B)(1)(2)(4)
(C)(1)(3)(4)　　　　　　　　(D)(2)(3)(4)。

### 解答與解析 （答案標示為#者，表官方曾公告更正該題答案。）

**1 (A)**。流程匯流排主要傳輸的是資料的傳輸流程，與資料本身沒有關聯，不會影響到資料的內容，故選(A)。

**2 (C)**。$(502)_8$的2進位＝101000010，$(325)_8$的2進位＝011010101，OR運算後為111010111，轉換16進位=$(1D7)_{16}$，故選(C)。

**3 (B)**。快取記憶體在電腦運作時，會自動進行運作，調節CPU和主記憶體之間的速度支援，作業系統不會管理到這部分的韌體運作，故選(B)。

**4 (A)**。雜湊搜尋法是一種非排序搜尋方法，不需要事先將資料進行排序，故選(A)。

**5 (B)**。二分搜尋法的最多次數為$\log_2(n)$，因此$\log_2(216)$約等於7.8，故選(B)。

**6 (B)**。各排成的等待時間P1＝0 ms；P2＝7 ms；P3＝14 ms；P4＝8 ms；平均為上述等待時間相加/4＝7.25，故選(B)。

**7 (A)**。RAID 0：將資料分割成多個區塊，並存放在兩個以上的硬碟上，透過並行存取的方式提高存取速度。但RAID 0 沒有資料備份功能，若其中一個硬碟發生問題，所有資料都會遺失。

RAID 1：將資料複製到兩個以上的硬碟上，若其中一個硬碟發生問題，另一個硬碟仍能夠提供資料存取。RAID 1的安全性較高，但需要使用兩倍的硬碟空間儲存相同的資料。

RAID 5：將資料分割成多個區塊，並分別儲存在多個硬碟上，同時儲存一份檢查碼（Parity），可用於檢測資料是否有錯誤或恢復資料。RAID 5的容錯能力較高，且不需要像RAID 1一樣使用兩倍的硬碟空間，但當一個硬碟發生問題時，硬碟效能會下降，故選(A)。

**8 (D)。** 因為XOR的輸出值會隨著控制信號的改變而改變，當控制信號為0時，輸出為data的值，當控制信號為1時，輸出為data的補數。而其他選項如AND、NAND、OR的輸出值不會受到控制信號的影響，故選(D)。

**9 (D)。** 1補數是0及1互換=010011；2補數是1補數的結果再加1=010100，故選(D)。

**10 (B)。** 氣泡排序法：最好情況為$O_n$，最壞情況和平均情況都是$O(n^2)$；合併排序法：最壞情況、平均情況和最好情況都是$O(n^{logn})$；快速排序法（Quick Sort）：最壞情況為$O(n^2)$，平均情況為$O(n^{logn})$，最好情況為$O(n)$；基數排序法（Radix Sort）：最壞情況、平均情況和最好情況都是$O(dn)$，故選(B)。

**11 (D)。** 定義了兩個方法都是名稱為add，但是參數數量不同，這樣當使用這個方法時，可以依據傳入的參數數量和型別來自動判斷要呼叫哪一個add方法，故選(D)。

**12 (C)。** 傳址呼叫通常比傳值呼叫快，因為傳址呼叫只傳遞參數的記憶體位址，而不是整個參數的值。因此傳址呼叫不需要在記憶體中複製整個參數，而節省時間和空間，故選(C)。

**13 (C)。** 第一行，i的值為0，因此會印出0。接著使用後置遞增運算i++，此時i的值會加1，但i++的結果仍是原來的值0；第二行中，使用前置遞增運算++i，此時i的值會再加1變成2，並印出2；第三行中，再使用前置遞增運算++i，此時i的值會再加1變成3，並印出3，故選(C)。

**14 (B)。** Java程式語言中共有八種基本資料型態：

(1) byte (1 byte)　　　　(2) short (2 bytes)

(3) int (4 bytes)　　　　(4) long (8 bytes)

(5) float (4 bytes)　　　(6) double (8 bytes)

(7) char (2 bytes)　　　(8) boolean (1 byte)

按照位元長度從大到小排列如下：

long>double>float>int>char>short>byte>boolean，故選(B)。

**15 (D)**。 在執行時，c的值會被強制轉換為byte類型，會出現溢出問題，導致編譯出現問題，故選(D)。

**16 (C)**。 堆疊（Stack）的操作如下：
push('A')：堆疊中的元素為 ['A']
push('B')：堆疊中的元素為 ['A', 'B']
pop()：從堆疊中刪除元素 'B'，堆疊中的元素為 ['A']
pop()：從堆疊中刪除元素 'A'，堆疊中的元素為 []
push('C')：堆疊中的元素為 ['C']
push('D')：堆疊中的元素為 ['C', 'D']
pop()：從堆疊中刪除元素 'D'，堆疊中的元素為 ['C']，最後一次會將C，pop()出，故選(C)。

**17 (D)**。

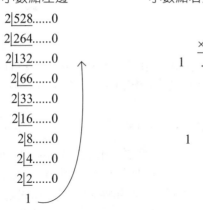

⇒1000010000.11
故選(D)。

**18 (A)**。 (1) 軟體即服務（Software as a service, SaaS）：指提供應用軟體的服務內容，透過網路提供軟體的使用，讓使用者隨時都可以執行工作，只要向軟體服務供應商訂購或租賃即可，亦或是由供應商免費提供，例如：Yahoo及Google所提供的電子信箱服務、線上的企劃軟體、YouTube及Facebook等都算是SaaS。
(2) 平台即服務（Platform as a Service, PaaS）：指提供平台為主的服務，讓公司的開發人員，可以在平台上直接進行開發與執行，這樣的好處是提供服務的平台供應商，可以對平台的環境做管控，維持基本該有的品質，例如：Apple Store、Microsoft Azure及Google APP Engine等。

解答與解析

(3) 基礎架構即服務（Infrastructure as a Service, IaaS）：指提供基礎運算資源的服務，將儲存空間、資訊安全、實體資料中心等設備資源整合，提供給一般企業進行軟體開發，例如：中華電信的Hicloud、Amazon的AWS等，Amazon EC2是由Amazon Web Services（AWS）提供雲端的Web服務，故選(A)。

**19 (A)。** 會出現例外，主要是ArrayIndexOutOfBoundsException，會在執行時跳出，指出當陣列索引超出範圍時出現問題。如果程式中未處理這個例外，程式執行時會中斷並顯示錯誤訊息，故選(A)。

**20 (C)。** 陣列樣式如下，array[2][1][1]表示第三組二維陣列中的第二列第二行，也就是 12，故選(C)。

[(1,2),(3,4)]

[(5,6),(7,8)]

[(9,10),(11,12)]

[(13,14),(15,16)]

**21 (C)。** 程式碼中定義名為calnum的函式，用來計算n!，當n的值為1或0時，函式會返回1；否則，會遞迴用自身來計算(n-1)!，並乘上n得到n!的值。最後，就是計算calnum(5)的值。

根據上面的函式定義，可以得知calnum(5)的值為 5!＝120，故選(C)。

**22 (D)。** View 本身不儲存任何資料，只是一個對其他表（View）的運算結果查詢。因此，View的資料來源可以是其他表，並且使用View可以提高資料安全性和方便使用者對資料進行查詢、運算等操作，故選(D)。

**23 (D)。** 程式碼的內容，主要是在求取A及B的最大公因數，因此36與45的最大公因數就是9，故選(D)。

**24 (B)。** 相同程式邏輯下，編譯式語言在執行期的執行速度比直譯式語言快。因為編譯式語言需要先進行編譯，將程式碼轉換成機器碼，再執行機器碼。而直譯式語言則是在執行時將程式碼解釋成機器碼並直接執行。由於編譯後的機器碼不需要再次轉換，因此執行速度較快，故選(B)。

**25 (C)。** x86是複雜指令集架構（Complex Instruction Set Computer, CISC）。在CISC架構中，每個指令可以執行多個操作，因此可以用較少的指令來完成複雜的任務，故選(C)。

**26 (A)**。當一個主機需要知道某個IP位址對應的MAC位址時，如直接向網路上的所有主機傳送封包，可以節省查找時間，因此ARP使用廣播的方式來進行；將要查詢的IP位址封包廣播到網路上的所有主機，網路上所有主機都會收到這個封包，但只有符合要求的主機會回應該封包，將其對應的MAC位址回傳給發出封包的主機，其他主機則會忽略該封包。這樣可以大幅減少尋找對應MAC位址的時間，提高通訊效率，故選(A)。

**27 (B)**。IPv6具有支援QoS機制，用於確保網路服務供應商的網路頻寬、延遲、丟包率等網路參數，以確保該網路的可靠性和品質，故選(B)。

**28 (A)**。多模光纖的光纖芯直徑較大，可以容納多條光線，而單模光纖的光纖芯直徑較小，僅能容納單條光線。因此，多模光纖的光線傳播路徑較短，且光線之間互相干擾的情況較為嚴重，故不適合長距離傳輸。而單模光纖的光線傳播路徑較長，互相干擾的情況較少，因此適合長距離傳輸，故選(A)。

**29 (D)**。IP地址範圍為192.168.240.0～192.168.247.0，總共8個C級位址，因此需要使用3個二進位來標記，子網路遮罩的前24位是1，剩下的8位是0。將前24位轉換為十進位表示，得到255.255.255.0，再將後8位轉換為十進位表示，得到248，因此子網路遮罩為255.255.248.0，故選(D)。

**30 (D)**。SDN的標準架構，為以下三層：
(1) 應用層：用於支援應用程序的接口和應用程序，包括網路管理應用、安全應用、負載平衡器和防火牆等。
(2) 控制層：負責網路的路由和流量控制，包括控制器和控制平台。
(3) 基礎設施層：實際的網路基礎設施，包括交換機、路由器、防火牆等。
故選(D)。

**31 (C)**。IEEE 802.11：是無線區域網路，也就是Wi-Fi，主要用於在建築物、校園、城市等小範圍內提供無線網路連接服務。
IEEE 802.13：該標準並不存在。
IEEE 802.15：是個人化的短距離無線網路的標準，主要用於設備之間的互連通訊，例如藍牙（Bluetooth）就是以此為通訊標準。
IEEE 802.16：是廣域無線網路，也就是WiMAX，主要用於提供行動式的網際網路連接，覆蓋範圍可達到數十公里，可視為長距離無線區域網路。
故選(C)。

**32 (C)**。(A) 交換器：用於連接網路中的多個裝置，讓裝置之間傳輸數據。能夠識別並記住在其端口上的設備MAC地址，並根據MAC地址將數據發到對應的端口，用以快速轉發數據的目的。

(B) 橋接器：主要用於連接位於同一個網段的兩個子網，將兩個子網段之間的數據流量隔離開來。

(C) 閘道器：是一個連接不同網絡之間的樞紐，可以處理不同網絡之間的數據轉發，實現協議轉換和路由控制等功能。能夠將來自一個網絡的數據封包轉發到另一個網絡，並根據網絡地址和路由表進行路由轉發。

(D) 路由器：是連接多個網絡的設備，用於在不同網絡之間轉發數據，並實現網絡地址轉換和路由控制等功能。

故選(C)。

**33 (A)**。TLS_DH_ANON因易受中間人攻擊，已經被廢棄；TLS_DHE：使用Diffie-Hellman密鑰交換；TLS_ECDHE：使用橢圓曲線Diffie-Hellman密鑰交換，提供較高的安全性；TLS_RSA：使用RSA加密，密鑰交換過程中需要使用憑證進行身份驗證，故選(A)。

**34 (B)**。呈現層的功能是將應用層的資料轉換為網路上能夠傳輸的格式，同時負責資料的加密和解密、壓縮和解壓縮等工作，故選(B)。

**35 (B)**。鏈路狀態路由協定有開放式最短路徑優先協定（OSPF）和IS-IS協定。這些協定在大型網路中被廣泛使用，因為能夠提供更好的路徑選擇、更高的容錯性和更快的傳輸時間，故選(B)。

**36 (C)**。PPTP是較早期的VPN通訊協定，其加密演算法採用的是MPPE，最大加密強度為128-bit，而L2TP/IPsec、OpenVPN、SSTP等VPN通訊協定都提供256-bit加密演算法，故選(C)。

**37 (B)**。以二進位表示時，第一個位元為1、第二個位元也為1，所以屬於C級位址範圍，故選(B)。

**38 (D)**。路由器運作於TCP/IP模型的網路層，負責IP封包的轉發和路由選擇。不是運作於傳輸層以上，故選(D)。

**39 (A)**。IGMP是網路層的通訊協定，而ICMP則是用於網際網路控制的協定，常用於檢查網路連通性、傳輸錯誤，故選(A)。

**40 (D)**。LoRa：是低功耗、長距離通訊技術。使用次GHz無線電頻段，提供廣域網路連接，具有低功耗、長距離和大容量等特點。

NB-IoT：是指Narrowband IoT，是一種專門為物聯網設計的通訊技術，使用現有的行動通訊網路基礎設施，提供低功耗、低速率、廣域覆蓋的物聯網連接，目標是實現物聯網設備的長期低成本連接。

Sigfox：是專門為物聯網設計的低速率、低功耗、長距離無線通訊技術，能夠提供全球性的物聯網連接，並具有安全、可靠、低成本等特點，常被用於遠距離傳感器和控制器的應用中。

Zigbee：是低功耗、短距離無線通訊技術，主要用於自動化控制和感測網絡等應用中。基於IEEE 802.15.4標準的無線協議，提供低速率、低功耗、低成本和網絡穩定等特點，故選(D)。

**41 (B)**。如果是已經存在電腦中的病毒，或人為操作所發生的病毒攻擊，例如使用帶有病毒的隨身碟，則無法透過防火牆進行阻擋，故選(B)。

**42 (C)**。網際網路控制消息協定（ICMP）不是基於UDP協定，而是基於IP協定，用於在IP網路上傳輸控制訊息；簡單網路管理協議（SNMP）、網路時間協議（NTP）和動態主機組態協議（DHCP）都是基於UDP協定的通訊服務，故選(C)。

**43 (D)**。STRIDE是由6種威脅類型所組成，分別為：
(1) 偽冒（Spoofing）。
(2) 資料竊聽（Tampering）。
(3) 否認（Repudiation）。
(4) 拒絕服務（Denial of Service）。
(5) 欺騙（Information Disclosure）。
(6) 特權提升（Elevation of Privilege）。
故選(D)。

**44 (C)**。14個領域：組織的安全政策、組織的資產管理、人員安全管理、存取控制、密碼學、實體和環境安全、通訊和作業管理、系統發展與維護、持續的業務運作、合規性、風險評估、風險治理、監視和審核、安全改進；35個控制目標：資產擁有者的責任、資產分類、資產管理、資產記錄、就業前的背景審查、就業時的條件、資訊安全的知識、意識和訓練、對於工作職責和應變的資訊安全意識、通訊的管理、第三方服務提供者的管理、資源的安全性、存取控制政策、使用者存取權限的分配、系統和應用程式存取控制、存取控制的身份驗證、存取控制的安全性、加密的政策、加密的管理、物理安全的安全性、環境的安全性、物理設施的安全性、作業程序和責任的安全性、程序和設施的管理、通訊的安

全性、雜項工具的安全性、安全性的需求、安全性的設計和實施、評價
和測試的安全性、系統更新的安全性、資訊系統的安全性、業務持續性
的計劃、預防和恢復的措施、業務持續性的安全性、復原力的測試、確
認法律和合約要求的合規性，故選(C)。

**45 (B)**。駭客閃躲（Evasion）手法的攻擊方式就是用來針對繞過傳統入侵偵測防
禦系統（IDPS），因此IDPS能否完全防禦駭客閃躲（Evasion）手法，
具有存疑性；但就字面上的選項而言，packet-based只可以檢查封包的
源頭IP地址、目標IP地址、端口號等資料，但不能檢查封包（流量）的
內容，故選(B)。

**46 (A)**。SMTP是使用在網際網路上用來傳送電子郵件的標準協定，是Push
Protocol，意思是郵件伺服器會主動推送郵件到收件者的郵件伺服器，
再由收件者主動去郵件伺服器上取回郵件；相較於POP和IMAP這兩種
存取協定，都是Pull Protocol，需要使用者主動向郵件伺服器發出請
求，才能夠取得郵件；而HTTP則是傳輸網頁資料的協定，與電子郵件
無關，故選(A)。

**47 (A)**。802.11ax：是第六代Wi-Fi標準，於2019年發佈。
802.11g：是第三代Wi-Fi標準，於2003年發佈。
802.11n：是第四代Wi-Fi標準，於2009年發佈。
故選(A)。

**48 (D)**。TKIP：用於WPA的加密協定；AES：對應的是WPA2的加密協定；
CCMP：用於WPA2的加密協定，基於AES加密，提供機密性、完整性和
訊息認證的保護；DES是對稱式加密系統，但已被認為加密強度不足，
易受到破解，已經被AES所取代，故選(D)。

**49 (D)**。ISO 7498-4號標準文件中所提到之網路管理功能包括故障管理、配置管
理、安全管理、流量管理、計費管理和性能管理，並沒有事件管理，故
選(D)。

**50 (C)**。目前普遍使用的非對稱性加密法是 RSA、DSA，而非IDEA，故選(C)。

# 112年初等考試

( )　**1** 對於關聯式資料庫的闡述，下列何者正確？
(A)資料會被儲存成類似JSON的文件
(B)是最早出現的資料庫結構
(C)資料表間可透過主鍵與外鍵建立關係
(D)是以物件導向的方式來設計資料庫。

( )　**2** 某顆CPU其系統匯流排傳輸頻率為1333 MHz，資料寬度為64位元，因此其資料頻寬應為：　(A)10.664 GigaBytes/Sec　(B)1333 Mega-Bits/Sec　(C)85312 MegaBytes/Sec　(D)10664 MegaBits/Sec。

( )　**3** 下列何者為可直接在電腦內直接重寫，不須特別設備才能寫入資料的非揮發性記憶體？　(A)RAM　(B)EPROM　(C)PROM　(D)EEPROM。

( )　**4** 若將10進位數字90.375轉為8進位數字，其結果應該為下列何者？
(A)$(132.3)_8$　(B)$(721.3)_8$　(C)$(273.1)_8$　(D)$(731.2)_8$。

( )　**5** 在物件導向程式設計中，有關抽象類別的描述下列何者錯誤？
(A)抽象類別可定義抽象方法　(B)抽象類別可被一般類別直接繼承　(C)可生成抽象類別的物件　(D)抽象類別可實作一般方法。

( )　**6** 下列SQL指令何者只能傳回不同值的結果？
(A)SELECT DIFFERENCE　　　(B)SELECT UNIQUE
(C)SELECT FIRST　　　(D)SELECT DISTINCT。

( )　**7** 下列何者是正確的HTML超連結寫法？
(A)<a url=http://www.google.com>Google</a>
(B)<a name=Google>http://www.google.com></a
(C)<a href=http://www.google.com>Google</a>
(D)<a address=http://www.google.com>Google</a>。

(　　) **8** 將員工資料表中，部門欄位為"財會"的所有員工"姓名"搜尋出來，其正確的SQL指令為：　(A)SELECT姓名FROM員工WHERE部門='財會';　(B)SELECT員工.姓名WHERE部門='財會';　(C)FROM員工WHERE部門='財會'EXTRACT姓名;　(D)EXTRACT姓名FROM員工WHERE部門='財會';。

(　　) **9** 下列指令何者屬於SQL指令中的資料操作語言（Data Manipulation Language, DML）？　(A)ALTER　(B)ADD　(C)MODIFY　(D)UPDATE。

(　　) **10** 下列那個SQL的關鍵詞是用來對查詢的結果進行排序？　(A)SORT BY　(B)SORT　(C)HAVING　(D)ORDER BY。

(　　) **11** MVC是軟體工程中的一種軟體架構模式，用來簡化應用程式開發並增加程式的可維護性。請問MVC指的是：　(A)Module, Verification, Consistent　(B)Model, View, Controller　(C)Module, View, Container　(D)Model, View, Container。

(　　) **12** 有關資料編碼的說明下列何者正確？　(A)ASCII原始編碼一開始就是用8個位元來編碼　(B)BCDIC編碼是由ASCII編碼擴充而來　(C)EBCDIC編碼利用6個位元來編碼，且前2個位元為區域位元　(D)BCD編碼以4個位元為一組，僅能用於表達數字。

(　　) **13** 一般電腦主機板中負責CPU、RAM與顯示卡等主要高速裝置溝通的晶片為：　(A)北橋晶片　(B)南橋晶片　(C)顯示晶片　(D)數位類比轉換器。

(　　) **14** 比特幣是一種被廣泛使用的電子貨幣，請問下列對比特幣的特性描述何者錯誤？　(A)沒有類似銀行的發行單位　(B)比特幣交易中，交易送出被確認後交易就算完成，而完成後的交易仍可被取消　(C)比特幣的數量不會無限制成長　(D)不具匿名性。

（　　）　**15** 二元搜尋樹是建立在樹節點鍵值的大小上。左子樹的所有鍵值均小於樹根的鍵值，右子樹所有鍵值均大於樹根的鍵值。而高度平衡二元搜尋樹則又定義某一個節點右子樹跟左子樹的高度，高度差的絕對值要小於等於1，否則需要做調整，但調整的方法，最後必須維持二元搜尋樹的特質。在建立二元搜尋樹時，如果鍵值分別是50、40、60、30、45。此時若再加入20，此二元搜尋樹的高度平衡原則就會被破壞。請問根據高度平衡的原則去調整後，最後的二元搜尋樹的前序走訪的結果為何？
(A)20 30 40 50 45 60　　　　　　　(B)40 30 20 45 50 60
(C)50 40 30 60 20 45　　　　　　　(D)40 30 20 50 45 60。

（　　）　**16** 下列Java程式執行後的輸出為何？

```java
public class Test
{
        public static void main（String[] args）
        {
                int a= 0;
                int b= 0;
                for(int c = 0; c < 4; c++)
                {
                    if((++a > 2))
                    {
                        a++;
                    }
                }
                System.out.println(a);
        }
}
```

(A)4　　　　　　(B)5　　　　　　(C)6　　　　　　(D)7。

（　　）　**17** 下列圖形檔案格式何者屬於向量圖型？　(A)SVG　(B)PNG　(C)GIF　(D)JPEG。

(　　) **18** 於HTML中,那個標籤可直接在網頁中產生一個獨立區域用來嵌入來自另一個網站的內容?　(A)<script>　(B)<style>　(C)<span>　(D)<iframe>。

(　　) **19** 下列對於常見的數位聲音格式說明何者錯誤?　(A)WMA是微軟公司所推出的聲音格式　(B)MP3會將聲音用MPEG壓縮法壓縮　(C)RealAudio是一種不壓縮的音樂格式　(D)WAV檔會因為取樣頻率愈高,所產生的資料量愈大。

(　　) **20** 下列有關TCP與UDP協定的說明何者正確?　(A)TCP與UDP都具有建立連線的功能　(B)TCP與UDP都具有控制流量的功能　(C)TCP與UDP都具有確認與傳送的功能　(D)UDP的傳輸方式是送出後不理。

(　　) **21** 有一個關聯表,它的所有非主鍵欄位值都必須由整個主鍵才能決定,則這個關聯表至少達到第幾正規化?　(A)第一正規化　(B)第二正規化　(C)第三正規化　(D)第五正規化。

(　　) **22** 有關虛擬記憶體的描述下列何者錯誤?　(A)可使得程式在實體記憶體不足的狀況下也可執行　(B)作法是讓作業系統將目前正使用的程式頁放在主記憶體中,其他的則存放在磁碟中　(C)分段(Segmentation)模式是常用的一種設計方式　(D)分頁(Paging)模式中邏輯記憶體會被分割成大小不等的分段。

(　　) **23** 下列有關程式語言的描述何者正確?　(A)C語言可對記憶體直接處理,UNIX作業系統就是利用C語言開發完成　(B)C++語言是一種結構化程式設計語言　(C)ADA是一種早期的標記語言　(D)JAVA是由微軟公司開發的物件導向程式語言。

(　　) **24** 橋接器可用於連接兩個相同類型但通訊協定不同的子網路,並可藉由MAC位址表判斷與過濾是否要傳送到另一子網路。請問橋接器是屬於OSI參考模型中那一層運作的裝置?　(A)應用層　(B)傳輸層　(C)資料連結層　(D)網路層。

（　）**25** 下列資料加密系統何者屬於非對稱加密法？　(A)DES　(B)AES　(C)MD5　(D)RSA。

（　）**26** 藍牙（Bluetooth）網路是屬於下列那一種無線網路類型？　(A)無線區域網路WLAN　(B)無線個人網路WPAN　(C)無線都會網路WMAN　(D)無線廣域網路WWAN。

（　）**27** 下列有關軟體使用授權的描述何者正確？　(A)Freeware可任意使用不須付費，因為開發者已放棄對產品的所有權利　(B)對於Shareware使用者可無限期免費使用　(C)不須版權擁有者的授權，我們可對Open source軟體進行使用、修改及再分發　(D)Freeware都是屬於Open source的軟體。

（　）**28** 在一個網頁上有一個按鈕，當使用者按了這個按鈕後會執行某段程式，使得頁面文字動態逐漸變大且顏色也隨著改變。請問這段程式最可能使用的技術為何？　(A)CSS　(B)Javascript　(C)HTML　(D)XML。

（　）**29** 一首4分鐘的音樂，若以取樣頻率為44.1 KHz，取樣樣本為2個8 bits（立體聲）的數字儲存，則所需的儲存空間大小約略等於：(A)21.17 Mbytes　(B)169.34 Mbytes　(C)13.2 Mbytes　(D)132 Kbytes。

（　）**30** 下列有關網際網路的描述何者正確？　(A)相同網路區段內的電腦，不可以直接傳遞IP封包，需要路由器協助　(B)要判斷兩台網路上電腦是否在相同網路區段，可分別將其IP位址與子網路遮罩做XOR運算，看結果是否相同　(C)DNS伺服器主要功能為正向名稱解析（Forward Name Resolution），也就是將輸入網址轉為對應的IP位址　(D)網址的格式為"主機名稱.網域名稱"，其中的主機名稱使用長度沒有任何限制。

(  ) **31** 由多個遠端主機在同一時段傳送許多訊息給目標主機，使目標主機在短時間內因接收過多訊息而癱瘓，這種網路攻擊稱為： (A)分散式阻斷攻擊（Distributed DoS） (B)回覆氾濫攻擊（Smurf Flooding Attack） (C)死亡偵測攻擊（Ping-of-Death Attack） (D)分割重組攻擊（Teardrop Attack）。

(  ) **32** 自駕車是傳統汽車運輸能力加上整合感知器、電腦視覺、高速運算及全球定位系統等技術而有的現代高科技產物。請問根據美國國家公路交通安全管理局（NHTSA）所定義的自駕車等級（Level），其中「駕駛人可以在某些有限服務區域內讓車輛自動駕駛，車內所有人僅充當乘客無需參與駕駛工作」，是屬於下列那一個等級？ (A)等級2 (B)等級3 (C)等級4 (D)等級5。

(  ) **33** 所謂智慧物聯網AIoT（Artificial Intelligence of Things）是指人工智慧（AI）結合物聯網（IoT）的科技。這項技術採用了一種特殊的分散式網路計算，將運算資源直接嵌入端點設備，能夠有效降低網路寬頻的使用量，同時加速及時運算。請問這項特殊的計算方式，稱為： (A)邊緣運算Edge Computing (B)高效能運算High Performance Computing (C)雲端運算Cloud Computing (D)數位計算Digital Computing。

(  ) **34** 電子商務交易機制的安全是電子商務可以推動很主要的原因。以前當信用卡遺失，陌生人就有可能拿到信用卡卡號、到期年限及信用卡背面末三碼，也就可以在電子商務上進行消費。為了改善這個問題，有一個新的安全機制產生。當消費者在網路上進行刷卡消費時，系統會自動跳出驗證視窗，消費者須輸入認證密碼才能進行刷卡付款，而驗證碼通常是由系統發簡訊送到持卡者的手機上。請問這樣的安全機制，是下列那一種： (A)3D認證機制（3D Secure） (B)網路銀行憑證 (C)金融XML憑證（Financial eXtensible Markup Language） (D)代理人伺服器（Proxy Server）。

( ) **35** 電腦中的2進位系統對整數的表示法,有帶符號大小(Signed-magnitude),1's補數(1's Complement),2's補數(2's Complement)。假設使用8位元來儲存整數,請問下列何者正確? (A)96的帶符號大小表示法為11000000 (B)-96的1's補數表示法為10011111 (C)96的2's補數表示法為01110000 (D)-96的2's補數表示法為10011111。

( ) **36** 電腦常見的一些數碼系統可以用來表示10進位數字,請問下列何者正確? (A)9的BCD碼為1001 (B)3的2421碼為0100 (C)8的84-2-1碼為1001 (D)4的超三碼為0100。

( ) **37** 電腦的數字系統用來儲存浮點數可以根據IEEE 754的規範,IEEE 754定義了Single、Double、Extended及Quadruple等四種浮點數格式。若要表示10進位的-22.5,根據IEEE 754的single格式,請問$b_{31}b_{30}b_{29}\cdots b_{23}$(第31~23位元)的值為何? (A)010000011 (B)110010011 (C)011000011 (D)110000011。

( ) **38** 視訊(Video)指的是同步播放的畫面與聲音,最常見的就是電視的影像。由於面板製作技術的進步,市場上除了有LED的電視,現在也已經有大尺寸的OLED或Mini LED面板的數位電視。我國在2012年進入數位電視時代,電視畫面的播出、傳送與接收均使用數位系統。請問下列何者不是數位視訊標準? (A)HDTV (B)NTSC (C)SDTV (D)UHDTV。

( ) **39** 邏輯閘(Logic Gate)是用來進行二元邏輯運算與布林函數的數位邏輯電路(通常以兩個輸入訊號,一個結果訊號為輸出)。請問有關XNOR閘,下列何者正確? (A)運算符號是 (B)只有兩個輸入訊號均為0的情況,輸出訊號才會是1,其他不同的輸入情況,輸出訊號都是0 (C)運算符號是 (D)只有兩個輸入訊號其中一個是1的情況,輸出訊號才會是0,其他不同的輸入情況,其輸出訊號都是1。

( ) **40** 利用一把會議金鑰（Session Key）使用對稱式密碼機制對所要傳遞的訊息進行加密。另外再利用接收方的公開金鑰，使用公開金鑰加密演算法將會議金鑰作加密與密文同時傳給接收方。這種機制稱之為：

(A)數位簽章        (B)數位金鑰

(C)數位信封        (D)數位稽核。

( ) **41** 由於手機、平板電腦的普及，網路的頻寬也大幅的改善。電子商務也進步到所謂的行動商務。消費者可以由行動終端設備透過無線通訊的方式，進行線上購物、訂票、金融付款或行動銀行等商業行為。而相關的國際行動支付也非常的普及（如Apple Pay、Google Pay）。這些國際行動支付裝在手機上，手機若有提供一項特別功能，就可以讓裝置進行非接觸式點對點資料傳輸。例如將手機靠近相關感應裝置，不需要實際的接觸，即可完成刷卡付款的動作。請問這項功能是什麼？

(A)藍芽（Bluetooth）

(B)近場通訊（NFC Near Field Communication）

(C)紅外線傳輸（infrared communication）

(D)無線網路（Wi-Fi）。

( ) **42** 電子商務/行動商務越來越普及，許多銀行實體的交易，如轉帳或匯款，很多也可以在網路上進行。線上銀行為了防止詐騙橫行，也提出許多的方法來防止。其中有一種是由臺灣網路認證公司（TWCA）所簽發，使用於銀行、證券、保險等金融領域之電子憑證。通常適用於大量、大筆金額的金融交易，一般企業往來的金融交易或員工薪資匯款，都會使用這種憑證來進行交易，這樣的方法也可使用於查詢下載所得資料及進行網路報稅作業。請問這種方法是什麼？

(A)電子安全交易SET（Secure Electronic Transactions）

(B)電子晶片卡交易

(C)自然人憑證

(D)金融XML憑證（Financial eXtensible Markup Language）。

（　）**43** 因為陣列的資料在記憶體存放的位置是連續的，所以若是知道陣列第一個元素的位址及該陣列每一個元素資料儲存位址的大小（占幾個byte），就可以根據排放的方式，算出某一個特定元素在記憶體中的位址。假設有一個三維陣列A[-3:5, -4:2, 1:5]，且其起始位置為A[-3, -4, 1]=100，陣列每一元素占記憶體大小2 bytes，以列為主排列（Row Major），請計算A[1, 1, 3]所在的位置？　(A)1345　(B)2826　(C)267　(D)434。

（　）**44** 有一種矩陣（Matrix）稱為上三角或是下三角矩陣，裡面每一個元素可用ai,j（i=1..n, j=1..n）表示。因為這種2維的矩陣，在對角線以上或以下的元素都是零（考題沒有暗示上三角或下三角到底是對角線以上或以下是零）。若有一個下三角矩陣，如果零的元素不想浪費記憶體的位置來儲存，我們可以用一個一維的陣列來儲存這些非零的元素，也就是D[1: n（n+1）/2]=[$a_{1,1}$, …, $a_{n,n}$]。若n=6，且是以列為主（Row Major）的排列方式，請問D[14]=？
(A)$a_{5,4}$　(B)$a_{6,2}$　(C)$a_{4,2}$　(D)$a_{6,5}$。

（　）**45** 資料結構的表示法中，運算元及運算子的位置會形成所謂前序或後序的表示法。若有兩個後序表示法，第一個是10 8 + 6 5 * - 而第二個後序表示法是6 3 5 * - 2 4 - + 2 -。請問這兩個後序表示法若用堆疊法運算後，將個別的答案加起來，結果是多少？
(A)-30　(B)-25　(C)27　(D)-8。

（　）**46** 二元樹的走訪有前序追蹤（Pre-order）、中序追蹤（In-order）及後序追蹤（Post-order）三種。下列的二元樹，請問若用前序追蹤結果其第三個輸出的節點，中序追蹤結果其第五個輸出的節點，及後序追蹤結果其第八個輸出的節點，各分別是什麼？　(A)(B, E, G)　(B)(D, A, C)　(C)(H, F, G)　(D)(H, E, G)。

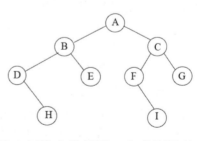

( )　**47** 一個有n個節點的二元樹，共有2n個Link，但實際上有很多鏈結（Link）是浪費掉。為了改善這個問題，就有引線二元樹（Thread Binary Tree）的出現。每一個節點都會有左引線跟右引線分別指到其他合適的節點，並且有額外的欄位來辨識是引線還是正常的指標。若把下圖二元樹的引線畫出來，請問節點I的右引線及節點G的左引線分別指到那個節點？
(A)節點E跟節點F
(B)節點B跟節點F
(C)節點B跟節點C
(D)節點E跟節點C。

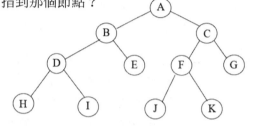

( )　**48** 在圖形理論（Graph Theory）中，有一個理論叫做尤拉循環（Eulerian Cycle）。該理論表示，每一個圖（Graph）的頂點（Vertex）有邊（Edge）來連接頂點，若從其中某一個頂點出發，經過所有的邊，然後又回到原先出發的頂點，請問需要具備什麼條件？　(A)連接到每一個頂點的邊數必須是奇數　(B)該圖中所有的邊數總和必須可以讓頂點數總和整除　(C)該圖中所有的邊數總和必須是頂點數總和的偶數倍數　(D)連接到每一個頂點的邊數必須是偶數。

( )　**49** 擴展樹（Spanning Tree）是圖形理論（Graph Theory）中的一種運用。擴展樹是以最少的邊數來連接圖形中所有的頂點，若圖形中的每一個邊加上一些數值當作權重（Weight），這樣的權重可以是成本（Cost）或距離（Distance）。雖然一個圖形可能會有許多的擴張樹，但若考慮每個邊上的權重（或成本），我們可以找到一個最小成本的

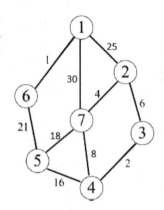

擴張樹（Minimum Cost Spanning Tree）。以下的圖形，G=（V,E），V是頂點，V={1, 2, 3, ..., n}，E 是連接兩個頂點的邊，邊上的數值代表權重（或成本）。請問下圖中，關於這個圖形的最小成本擴張樹（從頂點1開始出發），下列何者正確？　(A)頂點4跟頂點7的邊包含在這個最小成本擴張樹中　(B)最小成本擴張樹所有權重總和為50　(C)頂點5跟頂點7的邊包含在這個最小成本擴張樹中　(D)最小成本擴張樹所有權重總和為48。

(　　) **50** 最小成本的擴張樹（Minimum Cost Spanning Tree）上的權重若是距離，就可以求從某一個起始節點到終止節點的最小路徑。這可以運用到現今的物流運輸。兩個節點間的箭頭表示行進的方向。如下圖，請問從起始節點1到終止節點7，最短的路徑，下列何者正確？

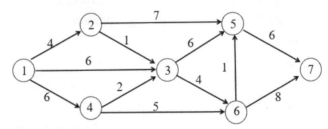

(A)最短路徑距離總和19

(B)節點4到節點3是路徑的一部分

(C)節點3到節點5是路徑的一部分

(D)包含起始節點跟終止節點，共經過6個節點。

---

**解答與解析**（答案標示為#者，表官方曾公告更正該題答案。）

**1 (C)**。JSON文件是由鍵值成對組成，關聯式資料庫是表格形式；最早出現的資料庫結構是樹狀的層次結構；物件導向式的資料庫才是使用物件導向設計，故選(C)。

**2 (A)**。資料頻寬的計算=系統匯流排傳輸頻率×資料寬度/8，因此為1333MHz×64位元/8=10664MB/S=10.664 GB/S，故選(A)。

**3 (D)**。RAM屬於揮發性記憶體

| 可程式化唯讀記憶體（Programmable ROM／PROM） | 出廠時為空白，由使用者將資料寫入，寫入之後便只能讀取資料，無法再次寫入及更改。 |
|---|---|
| 可清除式程式化唯讀記憶體（Erasable PROM／EPROM） | 可重複寫入，但舊有資料需照射紫外線進行清除，之後才能再進行寫入資料。 |
| 電子清除式可程式化唯讀記憶體（Electrically EPROM／EEPROM） | 使用電力即可清除舊有資料，之後即可重複進行寫入，相較EPROM較省時。 |

故選(D)。

**4 (A)**。小數點左邊用短除法，餘數的順序用反向表示就是答案，小數點右邊直接乘8就可以得到結果，如下圖，故選(A)。

左邊

```
8|90...2
8|11...3
8|8
   1
```

右邊

```
   0.375
×      8
   3.000
```

⇒132.3

**5 (C)**。物件導向程式設計中，抽象類別是一個不能實例化的類別（無法生成物件），可以被繼承和實現。抽象類別包含抽象方法和非抽象方法，在抽象方法中是沒有實現的方法，需要在子類中實現，而非抽象方法則有實現的方法，可以在抽象類別中直接使用，故選(C)。

**6 (D)**。DIFFERENCE及UNIQUE不是正確的SQL指令，FIRST用於得到集中資料的第一行，DISTINCT用於刪除重複的行，保留不同的值，故選(D)。

**7 (C)**。HTML語法中，使用超連結的語法，是a href；a name是用來定義元素的名稱，a url及a address都不是正確的語法，故選(C)。

**8 (A)**。SELECT用來指定要返回哪些欄位的資料，這裡只需要"姓名"欄位；FROM用來指定從哪個資料表中查詢資料，這裡是"員工"的資料表；WHERE用來設定搜尋的條件，這裡是要"部門"欄位的值＝"財會"，故選(A)。

**9 (D)**。ALTER、ADD、MODIFY都是資料定義語言的指令，ALTER用來修改
表格結構，ADD用來增加欄位，MODIFY可以用來修改現有欄位的資料
型態或大小，故選(D)。

**10 (D)**。ORDER BY指令可以用來對查詢結果進行排序，SORT BY指令不是
SQL中的指令，SORT指令有排序功能但不是使用在關聯式資料庫，而
HAVING指令則用於過濾聚合資料，故選(D)。

**11 (B)**。MVC代表模型–視圖–控制器（Model-View-Controller），Model負責處
理資料和邏輯，View負責處理介面和資料呈現，Controller負責接收使
用者輸入的訊息來選擇適當的模型和視圖，故選(B)。

**12 (D)**。ASCII 原始編碼是使用7個位元來編碼；BCDIC編碼是二進制及十進制互
換碼；EBCDIC 編碼由BCDIC擴展而來，採用8個位元來編碼，故選(D)。

**13 (A)**。北橋晶片的功能主要控制和協調CPU和RAM之間的數據傳輸、提供高速
傳送溝通，管理PCI和AGP插槽，以及控制顯示卡等外設裝置的操作，
故選(A)。

**14 (B)**。比特幣在區塊鏈中，交易被確認並被寫入區塊後，就不能被取消或修
改。因為比特幣的區塊鏈是一個去中心化、不可篡改的公共平台，所有
交易都會被記錄在區塊鏈上，故選(B)。

**15 (D)**。如下圖原始的二元搜尋樹及加入20後並加以平衡的二元搜尋樹的樣子，
故選(D)。

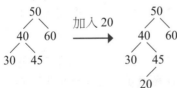

**16 (C)**。(1) 程式定義了兩個整數變數a及b，在for迴圈定義了一個計數器c。在
for迴圈中，先進行c的遞增操作，然後進行判斷：如果a的值加1後大
於2，則將a再加1，否則不做操作。

(2) 執行的狀況是，a的初始值為0。第一次執行時，c的值為0，此時a加
1後的值為1，小於2，因此a的值不變。第二次執行時，c的值為1，
此時a加 1後的值為2，不大於2，因此a的值依然不變。第三次執行
時，c的值為2，此時a加1後的值為3，大於2，因此a還要再加1，變
成4。最後一次執行時，c的值為3，此時a加1後的值為5，大於2，因
此a的值還要再加1，最終a的值成為6，故選(C)。

**17 (A)**。向量圖一般常見的格式有SVG、AI及EPS；PNG、GIF及JPEG都是點陣圖格式，故選(A)。

**18 (D)**。<script>：用於執行JavaScript代碼的標籤。可以將JavaScript的代碼直接嵌入HTML頁面中；<style>：用於定義網頁樣式的標籤。可以將CSS代碼直接嵌入HTML頁面中；<span>：用於定義行內元素的標籤；<iframe>可以在網頁中嵌入一個獨立的框架，並且可以將其他網站的內容顯示在該框架中，而不會影響到主頁面的內容，故選(D)。

**19 (C)**。RealAudio可以被壓縮，壓縮的方式與MP3等格式不同，是使用一種名為「專用音訊編碼器」（RealAudio Codec）的專有壓縮技術，故選(C)。

**20 (D)**。TCP可以確保在傳輸兩端建立可靠的連接，讓數據能順利在兩端傳輸。具有可靠的傳輸、錯誤檢測和恢復機制，確保資料在傳輸過程中不會丟失或重複；UDP是無連接的協定，沒有建立可靠的連接，也沒有任何錯誤檢測和恢復機制。通常用於需要快速傳輸的應用，由於沒有錯誤檢測和恢復機制，數據容易丟失或重複，因此不適用要求高可靠性和完整性的傳輸，故選(D)。

**21 (B)**。第二正規化中，非主鍵欄位必須完全依賴於主鍵，而不是只依賴於主鍵的一部分，故選(B)。

**22 (D)**。在虛擬記憶體中，分頁的管理技術，是將主記憶體和硬碟空間分為固定大小的區塊，稱為頁框（Page Frame）和頁（Page），故選(D)。

**23 (A)**。C++是物件導向程式語言；ADA 是結構化程式設計語言；JAVA是由Sun Microsystems公司開發，故選(A)。

**24 (C)**。橋接器是OSI模型中的第二層裝置，主要負責在網路中傳送和接收數據。OSI參考模型中，第二層是在實體層之上；應用層、傳輸層及網路層，屬於軟體及協定的規範，故選(C)。

**25 (D)**。DES是對稱加密演算法；AES也是對稱加密演算法；MD5是散列函數（Hash Function），故選(D)。

**26 (B)**。區域網路、都會網路及廣域網路，都是屬於多台機器可以共同使用的範圍性網路，故選(B)。

**27 (C)**。Freeware可免費使用但使用權會受到部分限制，如不得轉售、不得進行商業使用等，且不是每個Freeware軟體都是Open source的軟體；

Shareware的軟體，免費的使用時間是有一定限制，可在時間到期後購買完整的軟體進行使用，故選(C)。

**28 (B)**。JavaScript可以用來實現按鈕點擊後觸發的事件，並控制頁面中的元素，如改變文字大小和顏色等，CSS比較偏向非按鍵觸發的固有設定動畫，故選(B)。

**29 (A)**。44.1 KHz等於每秒取樣44100次，每秒的資料量就是$44100 \times 2 \times 8$ bits=705600 bits，4分鐘的音樂就會是240*705600 bits=169344000 bits，169344000 bits/8＝21168000bytes=21168KB=21.168MB，故選(A)。

**30 (C)**。相同網路區段內的電腦，可以直接傳遞IP封包，不需要路由器協助；判斷兩台網路上電腦是否在相同網路區段，需要將其IP位址與子網路遮罩做AND運算；主機名稱使用的長度具有限制，最長不能超過63個字元，故選(C)。

**31 (A)**。分散式阻斷攻擊：攻擊者透過多台被感染的電腦，對一個或多個目標網站或伺服器發起大量的請求，導致網站或伺服器過載無法正常運作，而造成服務中斷的情況；回覆氾濫攻擊：攻擊者偽造自己的IP位址為受害者的IP位址，而向網路上所有的廣播位址發送大量的ICMP回應訊息，回應訊息將會被轉發到網路上的所有電腦，進而導致網路擁擠，無法正常運作；死亡偵測攻擊：攻擊者發送異常大小的ICMP封包到目標網路上的電腦，異常大小的封包會造成接收端的緩衝區溢出，讓目標網路上的電腦或伺服器當機；分割重組攻擊：攻擊者發送分割的IP封包到目標網路上的電腦或伺服器，這些分割的IP封包被設計成無法正確重組，導致接收端的緩衝區溢出，而造成目標網路上的電腦或伺服器當機，故選(A)。

**32 (C)**。Level 0（無自動化）：傳統的人駕駛汽車，車輛不具備自動化功能。
Level 1（司機輔助）：自駕車可在特定情況下進行部分自動化操作，例如巡航控制和車道保持等，駕駛員仍需負責監控和控制車輛。
Level 2（部分自動化）：這類自駕車可以在特定情況，實現車輛的自主控制，包括加速、減速、轉向和車道保持等，但駕駛員仍需在車輛行駛期間保持對駕駛的監控，並準備隨時接管駕駛。
Level 3（有條件自動化）：這類自駕車可以在特定情況下實現車輛的自主控制，駕駛員可以將駕駛任務交由系統處理，但需要能夠在需要時接管駕駛，因此駕駛員需要保持對駕駛環境的監控。

Level 4（高度自動化）：這類自駕車可以在特定情況下實現車輛的自主控制，且在特定的使用情境中不需要駕駛員介入，駕駛員只需在需要時接管駕駛。

Level 5（完全自動化）：這類自駕車可以在任何情況下實現車輛的自主控制，駕駛員不需要參與駕駛任務，車輛可以完全自主操作，無需人類干預，故選(C)。

**33 (A)**。(A)邊緣運算：指在靠近數據源頭的地方，將資料處理和分析的能力下放到靠近數據源頭的設備中，減少數據在傳輸過程中的延遲和時間，提高資料處理和分析的效率及速度；(B)高效能運算：指使用高速計算機、網路和軟體等技術，解決需要大量計算、存儲和分析的複雜問題；(C)雲端運算：指透過網路將資料、應用和服務存儲、管理和處理的一種計算模式；(D)數位計算：指利用電子設備進行數學運算的過程，主要利用數字電路和邏輯閘，實現對數學運算的高速處理和大量運算，故選(A)。

**34 (A)**。(A)3D認證機制：是用於信用卡網路交易的安全驗證機制，由Visa和Mastercard所制定；(B)網路銀行憑證：是由銀行發行的數位證書，用於網路銀行交易的安全認證；(C)金融XML憑證：用於金融機構之間進行電子商務交易的安全憑證；(D)代理人伺服器：用於代理網路上的其他伺服器或用戶端的伺服器，故選(A)。

**35 (B)**。96的2進位=01100000；正整數基本不需要做補數，-96的2進位1's補數=10011111，-96的2進位2's補數=10100000；1's補數為正數的0及1轉換，2's補數則為1's補數加1，故選(B)。

**36 (A)**。3的2421碼是0011；8 的84-2-1 碼是1000；4的超三碼是0111，故選(A)。

**37 (D)**。(1) 先將-22.5的絕對值轉換為二進制。-22的二進制表示為-10110，0.5的二進制表示為0.1，0.25的二進制表示為0.01，因此-22.5的二進制表示為-10110.1。

(2) 正規化二進制表示法，將小數點左移或右移，直到只有一個非零數字位。因此將小數點左移4位，得到-1.01101 × 2^4。

(3) 確定符號位元，因為-22.5是負數，所以符號位元為1。

(4) 將指數值進行偏移，對於IEEE 754 Single精度浮點數，指數位元有8個位元。IEEE 754定義的偏移值為127，即將指數值加上127。指數值為4，因此加上127得到131，即為10000011。

(5) 將指數位元和尾數位元組合成一個32位元的二進制數字。指數位元是
10000011，尾數位元是01101000000000000000000，因此32位元的二進
制數字表示為1 10000011 01101000000000000000000。而b31b30b29…b23
的值為110000011，故選(D)。

**38 (B)。** HDTV目前主要有兩種解析度，分別是1920×1080（1080p）和1280×720
（720p）；SDTV畫質是指影像的解析度為720×480（480i）；UHDTV
主要有兩種解析度，分別是3840×2160（4K UHD）和7680×4320（8K
UHD）；NTSC是類比視訊標準，不屬於數位視訊標準，故選(B)。

**39 (D)。** 只有兩個輸入訊號其中一個是1的情況，輸出訊號才會是0，其他不同的
輸入情況，其輸出訊號都是1。XNOR閘是一種「相等比較閘」，當兩個
輸入相等時，輸出為1；否則，輸出為0。其符號通常為⊙或者⊕上方加
一個小圈表示"not"，故選(D)。

**40 (C)。** 數位簽章是用來驗證數位檔案真實性和完整性的技術。利用公開密鑰加
密，將檔案的摘要與私密金鑰進行加密，生成數位簽章。當接收方收到
檔案時，可以使用發送方的公開金鑰進行解密，並與檔案的摘要進行比
對，來確認檔案的完整性和真實性；數位金鑰是指用於數位簽章、加
密、解密等用途的金鑰，分為公開金鑰和私密金鑰；數位信封是用於將
數位檔案進行加密的技術；數位稽核是用於確認數位檔案是否被篡改的
技術。它利用對稱式密鑰加密技術，將檔案的摘要進行加密，生成數位
稽核碼。當檔案被讀取時，會重新計算摘要，再與之前生成的數位稽核
碼進行比對，如果不一致，則表示檔案已經被篡改，故選(C)。

**41 (B)。** 由於信用卡在使用方面需要具有安全及保密性，因此如果提供長距離的
無線通訊對信用卡的使用方面會具有資訊安全的疑慮，因此近場通訊是
較為穩妥的技術應用，故選(B)。

**42 (D)。** 電子安全交易使用於信用卡交易；電子晶片卡交易使用實體的晶片卡；
自然人憑證用於身分的證明；金融XML憑證用於企業之間的金融交易，
故選(D)。

**43 (D)。** 依據Row Major的排列，陣列A中的每個元素所佔的空間都是2 bytes，因
此A[1, 1, 3] 的位置可以計算為：
起始位置+[1 - (-3)]×(2×7×5)+[1 - (-4)]×(2×5) + (3 - 1)×2，其中，
起始位置是A[-3, -4, 1] = 100。
將上式代入可得：100 +（4×70）+（5×10）+4 = 434，故選(D)。

解答與解析

**44 (A)**。在以列為主的排列方式下，D[14]代表第14個非零元素，也就是下三角
矩陣中第5列、第4行的元素a5,4，故選(A)。

**45 (B)**。10 8 + 6 5 * -=(10+8)-(6*5)=-12；6 3 5 * - 2 4 - + 2 -=6-(3*5)+(2-4)-2=-
13；-12+(-13)=-25，故選(B)。

**46 (B)**。前序為ABDHECFIG，中序為DBHEAFCIG，後序為HDEBIFGCA，故選
(B)。

**47 (C)**。二元樹的引線需要以中序走法進行劃記，即為DHIBEJFKACG，I的右引
線及節點G的左引線，即為B、C，故選(C)。

**48 (D)**。尤拉循環需要兩個條件取其中一個成立，分別為圖必須是連通的，即從
任意一個頂點出發都可以到達其他所有頂點，以及每個頂點的邊數都必
須是偶數，故選(D)。

**49 (B)**。此圖最小成本擴張樹的走法為1654327，權重總和為50，故選(B)。

**50 (D)**。此圖最小路徑走法為123657，最短路徑距離總和為16，故選(D)。

# 112年中央存款保險公司進用正式職員

( )　**1** 一般個人電腦未開機前，Window 10相關的執行檔，儲存在何處？
(A)cache　(B)hard disk　(C)RAM　(D)ROM。

( )　**2** 何者為UPS的主要功能？　(A)消除靜電　(B)防止雷擊　(C)備份資料　(D)防止電源突然中斷。

( )　**3** 下列編碼何者具錯誤更正的能力？　(A)ASCII　(B)EBCDIC　(C)Hamming code　(D)parity bit。

( )　**4** 下列運算式執行結果，何者與其他不同？　(A)8<7 XOR 9>6
(B)88 <= 86 OR 98 >78　(C)NOT (88 <=66)　(D)99>66 AND
77<55。

( )　**5** 下列何種程式語言採Interpreter？　(A)C/C++　(B)C#　(C)Java
(D)Python。

( )　**6** 下列何者在電腦中扮演資源分配者角色？　(A)compiler　(B)
linker　(C)loader　(D)window 10。

( )　**7** 某機構有150位員工、120部個人電腦、12部網路雷射印表機，若
均使用window 10，則應購買幾套window 10授權既合法又為最低
成本？　(A)12　(B)120　(C)132　(D)150。

( )　**8** 無線網路WiFi支援的協定何者安全性最佳？　(A)TKIP　(B)WEP
(C)WPA　(D)WPA2。

( )　**9** 下列IP何者可代表電腦本機（local host）？　(A)0.0.0.1
(B)127.0.0.1　(C)127.1.1.1　(D)255.0.0.1。

( )　**10** 下列何者在Internet提供跨平台、跨程式的資料交換格式，並作為
描述WSDL的基礎語言？　(A)DHTML　(B)HTML　(C)VRML
(D)XML。

（　）**11** 程式在電腦中執行，處理呼叫副程式時需暫存當時的一些參數與狀態值，通常會採何種資料結構較有效率？　(A)Queue　(B)Graph　(C)Stack　(D)Tree。

（　）**12** 對一已建構完成的binary search tree，執行何種程序可以將tree中節點的值由小到大排列出來？　(A)level order traversal　(B)inorder traversal　(C)preorder traversal　(D)postorder traversal。

（　）**13** 有關演算法時間複雜度的關係，下列何者正確？　(A)O(nlog n) < O(n$^2$) < O(log n)　(B)O(log n) < O(n) < O(nlog n)　(C)O(n$^2$) < O(n) < O(log n)　(D)O(n$^2$) < O(n) < O(nlog n)。

（　）**14** 程式語言採Static Storage Allocation是指記憶體配置時機為：(A)程式編譯前　(B)程式執行前　(C)程式執行中　(D)程式執行後。

（　）**15** 程式在電腦中執行過程，程式的變數值存放在何處？　(A)匯流排　(B)硬碟　(C)輸出入裝置　(D)記憶體。

（　）**16** 程式的編譯程式可以檢視出哪種錯誤？　(A)邏輯錯誤　(B)語意錯誤　(C)語法錯誤　(D)僅編譯成執行碼，無解析錯誤能力。

（　）**17** 下列何種檔案系統有較好的檔案存取權限管理機制，在電腦有連接網路時，為微軟建議採取的較佳做法？　(A)ACL　(B)FAT　(C)LDAP　(D)NTFS。

（　）**18** 下列何者非屬作業系統採行的動態記憶體配置策略？　(A)best fit　(B)first fit　(C)last fit　(D)worst fit。

（　）**19** 下列何者防範與IP相關攻擊類型的能力最弱？　(A)WAF　(B)Packet filter firewall　(C)Stateful inspection firewall　(D)三者均無防範與IP相關之攻擊類型的能力。

（　）**20** 機構對外開放存取的網頁伺服器，兼顧其功能與安全考量最適合放在哪一區？　(A)收保護的內網　(B)邊界路由器之外　(C)內部DMZ　(D)外部DMZ。

（　）**21** 下列何者適合用來監控內網是否有未授權的活動？　(A)Firewall
(B)Host-based IDS　(C)Network-based IDS　(D)VPN。

（　）**22** 下列何者用來動態分配機構內連結網路的電腦IP位址？　(A)ARC
(B)DHCP　(C)TCP　(D)SMTP。

（　）**23** 機構購買電腦機房火災意外險屬於下列何種風險處置方法？　(A)
accept　(B)avoid　(C)reduce　(D)transfer。

（　）**24** 下列何者在居家遠端上班時不宜開啟或運作？　(A)網路芳鄰　(B)
SSH　(C)TLS　(D)VPN。

（　）**25** 程式在電腦執行過程，何者為發生變數值溢位的因素？　(A)程式
宣告太多變數且電腦之主記憶體容量太小　(B)執行的程式與電腦
作業系統不相容　(C)電腦作業系統有漏洞　(D)儲存變數值的位
元數都是有限。

（　）**26** 下列何者不屬於網路攻擊的工具或手法？　(A)Honeypot　(B)
Botnet　(C)APT　(D)Injection。

（　）**27** 雜湊函數（hash function）是網路資訊安全中不可少的應用工具。
請問下列何者不是資訊安全中使用雜湊函數所需具備的特性？
(A)有加解密功能以保障資訊機密性　(B)有抗碰撞的功能使雜湊
輸出具有唯一性　(C)具單向性，也就是無法透過逆向演算找回原
本的輸入資訊　(D)具壓縮性，也就是無論輸入資料的大小為何，
其輸出的資料量大小皆固定的，不受輸入值與大小的影響。

（　）**28** 下列何者非數位簽章（digital signature）的特性？　(A)真實性：
確認簽章者確實為簽章者本人　(B)完整性：內容在經過數位簽章
之後，沒有經過變更或遭到竄改　(C)不可否認性：向各方證明所
簽署內容的來源。否認性是指簽章者否認與簽署的內容有任何關
聯　(D)對稱性：簽章鑰匙與驗證鑰匙必須完全相同，以確認簽章
者確實擁有簽章鑰匙。

( ) **29** 下列何者屬於釣魚攻擊（phishing）？ (A)破解密碼 (B)假冒網站 (C)發送垃圾郵件 (D)安裝防毒軟體。

( ) **30** 何謂雙因素認證？ (A)使用兩種不同的身份驗證方式來確認使用者身份 (B)將資料備份到兩個不同的位置，以防止資料丟失 (C)使用兩種不同的網路連接方式來確保網路可用性 (D)將資料加密並保存在兩個不同的伺服器上。

( ) **31** 下列哪種攻擊方式可以通過在網路傳輸過程中竊聽數據來實現？ (A)社交工程 (B)雞尾酒攻擊 (C)中間人攻擊 (D)暴力攻擊。

( ) **32** 依據資安事件報告數據統計顯示，資安事件的發生通常和下列何者的關聯性最高？ (A)人員疏失 (B)系統漏洞 (C)病毒感染 (D)駭客攻擊。

( ) **33** 下列何種技術可用來確保通訊雙方能獲得對方正確的公鑰？ (A)Kerberous認證系統 (B)SET安全電子交易協定 (C)PKI公開金鑰基礎架構 (D)Diffie-Hellman金鑰交換協定。

( ) **34** 對稱式密碼系統如AES等無法確保下列何種功能？ (A)資料完整性 (B)不可否認性 (C)影音多媒體資訊的機密性 (D)身分鑑別性。

( ) **35** 一種用於保護網路安全的硬體或軟體，它可以監控和控制進出網路的流量，以防止未經授權的訪問。請問下列何者符合上述的說明？ (A)無線分享器 (B)防火牆 (C)防毒軟體 (D)硬體加密器。

( ) **36** 建立資訊系統資料備份機制與下列何者的關連性最高？ (A)不可否認性 (B)完整性 (C)可用性 (D)可規責性。

( ) **37** 下列附檔名的檔案類型，何者最有可能攜帶巨集型病毒？ (A).exe (B).xlsx (C).txt (D).pdf。

（　）**38** 下列哪一種方法可以防止網路釣魚攻擊？　(A)不點擊不明來源的連接或附件　(B)安裝防毒軟體　(C)安裝防火牆　(D)定期更新作業系統。

（　）**39** 關於零信任的敘述，下列何者正確？　(A)它不是一種網路協定，而是一種網路安全模型或定義　(B)它除了用戶設備是可以信任的之外，其他包含應用程式，網路環境等等都是不可以信任的　(C)它的目標是希望能在最高限度提高網路的效能　(D)它是一種去中心化與分散式的架構。

（　）**40** 關於資訊安全中常用的密碼學演算法之敘述，下列何者錯誤？　(A)AES是目前主流的對稱式加解密系統　(B)RSA是著名的非對稱式密碼系統　(C)訊息鑑別碼（Message Authentication Code）可用來保證資料的完整性，同時可以用來確認某個訊息的來源端，也就是可以進行來源端的身分驗證　(D)SHA1雜湊函數是一種具有不可否認性的數位簽章演算法。

（　）**41** 區域網路中的封包竊聽技術有很多種，此種攻擊可讓攻擊者取得區域網路上的資料封包甚至可篡改封包，且可讓網路上特定電腦或所有電腦無法正常連線。下列何種攻擊可以達到封包竊聽的目的？　(A)Heartbleed attack（心臟出血攻擊）　(B)ARP spoofing（ARP欺騙）　(C)DDoS Attack（分散式阻斷服務攻擊）　(D)Logic Bomb（邏輯炸彈）。

（　）**42** 下列何者不是資訊安全管理系統（ISMS）的目標？　(A)確保資訊安全　(B)確保資訊完整性　(C)確保資訊可用性　(D)確保資訊可追蹤性。

（　）**43** 下列何者是透過自動化掃描軟體工具偵測作業系統與軟體系統的弱點？　(A)滲透測試　(B)白箱測試　(C)黑箱測試　(D)弱點掃描。

( ) **44** 下列何者不是防火牆的功能？ (A)封鎖未經授權的網路連線 (B)防止入侵 (C)確保訊息的機密性 (D)可以自訂規則來封鎖或允許某些特定連線。

( ) **45** 近期某集團旗下子公司發生個資外洩事件。經過調查是資料庫沒有密碼保護，任何人只要知道IP位址都可以查看客戶的資料。根據ISO/IEC 27002定義，此為下列何者出現問題？ (A)安全政策 (B)資產管理 (C)存取控制 (D)事業營運計畫。

( ) **46** 依據行政院國家資通安全技服中心會報資料，資訊資產風險管理程序包含九大程序。請問下列哪一項非屬風險管理程序？ (A)弱點及威脅分析 (B)決定異地備援的方式 (C)評估風險處理計畫執行成效 (D)決定可接受風險等級。

( ) **47** intitle：index of指令常出現在何種攻擊當中？ (A)OpenSSL漏洞分析 (B)social engineering社交工程 (C)google hacking搜尋引擎攻擊 (D)APT進階持續性攻擊。

( ) **48** IPsec提供哪些安全服務？ A.認證 B.加密 C.授權 (A)僅AB (B)僅AC (C)僅BC (D)ABC。

( ) **49** 某企業的資訊安全小組發現系統遭受入侵，攻擊者正嘗試利用漏洞入侵更多系統。根據事故管理（Incident Management）系統，請問該小組接下來最應該進行哪個流程？ (A)準備（preparation） (B)遏制（containment） (C)恢復（recovery） (D)從錯誤中學習（lessons learned）。

( ) **50** TLS是一種安全傳輸協定，它建立在TCP協定之上，提供了數據傳輸的安全保障。在TLS的架構中，會執行以下四個步驟： A.客戶端向服務器端發送Client Hello消息 B.客戶端和服務器端通過密碼學方法確定對稱加密算法和密鑰 C.客戶端和服務器端交換數據，使用對稱加密算法進行加密傳輸 D.客戶端和服務器端互相驗證身份，確定通信的安全性。請問此四個步驟由先到後的執行順序依序為下列何者？ (A)ABCD (B)DABC (C)DBCA (D)ADBC。

## 解答與解析 （答案標示為#者，表官方曾公告更正該題答案。）

**1 (B)**。(A)Cache（快取）：高速、臨時性的存儲工具，位於CPU和主記憶體之間；目的是存儲即將被使用的數據，提供更快的訪問反應。(B)Hard Disk（硬碟）：用於永久性數據存儲的設備；使用磁性材料將數據存儲在旋轉的磁盤上，硬碟具有較大的存儲容量，用於保存操作系統、應用程式和用戶數據，故選(B)。(C)RAM（隨機存取記憶體）：用於臨時存儲數據的隨機存取記憶體；運行應用程式和操作系統，以及暫存處理器當前需要的數據；RAM是一種揮發性儲存設備，也就是說在關閉電源後數據會遺失。(D)ROM：ROM常被用來存儲引導程序（BIOS）、嵌入式系統的固件以及其他需要在電源關閉後保持不變的數據和程式碼。

**2 (D)**。UPS用於提供臨時電源，當主要電源失效或不穩定時，防止設備因電源中斷而關機或遺失數據；UPS包含一個內建的電池，當檢測到主要電源故障時，會自動切換到電池供電，確保連續電力供應，以便用戶有足夠的時間保存資料並關閉設備，有助於避免數據損失，並保護設備免受突然斷電的傷害，故選(D)。

**3 (C)**。(A)ASCII：一種字符編碼標準，用於表示文字字符，使用7位元或8位元的二進位數字來表示128個不同的字符，包括字母、數字、標點符號和控制字符。(B)EBCDIC：字符編碼標準，主要用於IBM的大型主機和大型計算機系統，與ASCII不同，EBCDIC使用8位元二進位數字，並以十進制碼表示字符。(C)Hamming Code（漢明碼）：一種錯誤檢測和更正的二進位數據編碼方式，能夠檢測並更正在傳輸過程中可能出現的位元錯誤，故選(C)。(D)Parity Bit（奇偶校驗）：奇偶校驗是在二進位數據中添加的一個額外位元，用於檢測錯誤，奇偶校驗使得數據位的總和（包括校驗位）為奇數或偶數；當數據在傳輸過程中改變時，可以透過檢查奇偶校驗位的變化來檢測錯誤，但奇偶校驗位無法更正錯誤。

**4 (D)**。8<7⊕9>6：8<7為False，9>6為True，XOR的結果為True。
88≤86 OR 98>78：88≤86為False，98>78為True，OR的結果為True。
NOT(88≤66)：88≤66為False，NOT的結果為True。
99>66 AND 77<55：99>66為True，77<55為False，AND的結果為False。
只有99>66 AND 77<55與其他不同，結果是False，故選(D)。

**5 (D)**。(A)C/C++：被歸類為編譯型語言，需要在執行之前經過編譯器的編譯過程，並生成機器碼。(B)C#：需要經過編譯的語言，在.NET平台上運行，並且C#代碼首先被編譯為中間語言（IL），然後在執行時由Common Language Runtime（CLR）進行解釋和執行。(C)Java：Java使用Java虛擬機（JVM）來解釋和執行Java代碼。(D)Python：一種解釋型語言，使用Python解釋器來直接執行源代碼；Python的特點之一就是其解釋型的性質，使得程式可以直接執行而無需先編譯為機器碼，故選(D)。

**6 (D)**。(A)Compiler（編譯器）：編譯器將高級語言的程式碼轉換為目標語言，通常是機器碼或中間碼；編譯器檢查並編譯整個程式碼，生成可執行的文件。(B)Linker（連結器）：用於將不同的目標文件結合成一個單獨可執行的文件。(C)Loader（載入器）：載入器是操作系統的一部分，負責將可執行文件載入到主記憶體中並執行。故選(D)。

**7 (B)**。Windows 10的授權是按照每台個人電腦來計算，而不是按照員工人數，每台個人電腦皆需要安裝Windows 10授權，故選(B)。

**8 (D)**。(A)TKIP（Temporal Key Integrity Protocol）：用於保護Wi-Fi無線網路的加密協定，被設計為WEP（Wired Equivalent Privacy）的改進版本，提高無線網路的安全性。(B)WEP（Wired Equivalent Privacy）：最早用於保護Wi-Fi無線網路的加密協定之一，然而，由於漏洞和安全性問題，現在已經被視為不安全，不建議使用。(C)WPA（Wi-Fi Protected Access）：WEP的改進版本，用於提高Wi-Fi網路的安全性；WPA使用更強大的加密標準和更複雜的密鑰管理，使其比WEP更難破解，是在WPA2推出之前提供的較好安全性加密工具。(D)WPA2（Wi-Fi Protected Access 2）：WPA2是目前Wi-Fi網路的標準加密協定，使用強大的AES（Advanced Encryption Standard）加密演算法，提供更高的安全性；WPA2是推薦使用的協定，特別是需要更高安全性的狀況下，故選(D)。

**9 (B)**。在IPv4中，127.0.0.1被保留作為loopback位址，用於本機測試，在此位址的通信只在本地機器上發生，不會在外網上進行，故選(B)。

**10 (D)**。XML是可擴展標記語言，用於結構化數據的描述和交換，被廣泛應用在網際網路應用程式中，作為跨平台和跨程式的標準數據交換格式，同時XML也作為WSDL的基礎語言，用於描述Web服務的介面，故選(D)。

**11 (C)**。Stack是後進先出（Last In, First Out, LIFO）的資料結構，也就是最後一個放入的元素會最先被取出；在執行函數或副程式時，局部變數、函數返回和其他相關的狀態值會被壓入堆疊，當函數執行結束後，這些值會被彈出，恢復調用的狀態；Stack的特性使其非常適合用於追蹤函數的呼叫和返回，以及處理遞迴，故選(C)。

**12 (B)**。Inorder Traversal是深度優先搜索（DFS）的方法，其順序為「左子樹－當前節點－右子樹」；在二元搜尋樹中，進行Inorder Traversal可以確保得到的結果是按升序排列的節點值，故選(B)。

**13 (B)**。這表示演算法的時間複雜度；O(log n)表示對數時間複雜度，O(n)表示線性時間複雜度，O(nlog n)表示線性對數時間複雜度，基本上$O(n^2)$為指數時間複雜度，是選項中最大的時間複雜度，故選(B)。

**14 (B)**。Static Storage Allocation（靜態記憶體配置）是指在程式執行之前，在編譯階段就已確定變數的記憶體空間分配，故選(B)。

**15 (D)**。記憶體是電腦中用於存儲程式運行時所需資料的地方；當程式運作時，變數、物件和其他數據都存儲在記憶體中，以便CPU能夠快速訪問和處理這些資料；硬碟通常用於長期存儲，而輸出入裝置則用於與外部設備進行數據交換，因此記憶體是程式執行時暫存資料的主要場所，故選(D)。

**16 (C)**。語法錯誤表示程式碼不符合程式語言的語法規則，因此編譯器無法正確解析和轉換成機器碼；編譯器也可能檢測到一些語義錯誤，但通常需要更高層次的分析，並不是編譯過程的主要目的；邏輯錯誤通常在執行時才會表現出來，編譯器無法在編譯階段檢測這種類型的錯誤，故選(C)。

**17 (D)**。NTFS是檔案系統，而ACL是一種權限控制的機制；NTFS提供更強大的檔案存取權限管理機制，其中包含ACL，使管理和控制檔案和目錄的存取權限變得更靈活，這種權限控制機制可以細緻的設定對檔案和目錄的存取權限，確保只有授權的用戶或群組能夠進行相應的操作，故選(D)。

**18 (C)**。"Last Fit"通常不被單獨提及，而是視為是"Worst Fit"策略的一種特例，故選(C)。

**19 (A)**。相較於Packet filter firewall和Stateful inspection firewall，WAF的設計只專注在應用層的安全性，特別是針對網站應用程式的攻擊，例如SQL注入、跨站腳本攻擊等，而Packet filter firewall是在網路層進行流量過濾，Stateful inspection firewall則在網路層和傳輸層進行過濾，故選(A)。

**20 (D)**。DMZ是一個處於內部網路和外部網路之間的中立區域，用於放置需要對外提供服務但同時需要保護的伺服器，在此區域，安全性配置可以更嚴格，同時也能提供必要的功能；將對外提供服務的伺服器放置在外部DMZ中，可以隔離內部網路，以減少潛在的安全風險，這樣配置可以保護內部網路免受直接攻擊，同時允許對外提供服務運作順暢，故選(D)。

**21 (C)**。Network-based IDS通常部署在內部網路上，監控流向網路的數據流量，並檢測可能的入侵行為，藉由分析網路上的流量，識別異常模式或攻擊特徵，以提前發現可能的安全風險。
相比之下，Host-based IDS（基於主機的入侵檢測系統）通常部署在個別主機上，監控主機的活動；而Firewall用於控制網路流量，並根據設定的規則允許或阻止特定類型的封包；VPN（虛擬私人網路）則是用於安全遠程訪問的技術，不直接用於監控內網是否有未授權的活動，故選(C)。

**22 (B)**。DHCP是動態網路協定，使在網路上的電腦或其他設備動態地獲取IP位址和其他網路配置資訊，使用DHCP可以簡化管理，並使得在網路上新增或更改設備更加容易；ARC、TCP和SMTP均不是用於動態分配IP位址的協定，故選(B)。

**23 (D)**。購買保險是將風險轉移給保險公司的一種方式，機構支付一定的保費，以換取在發生火災等意外事件時，由保險公司承擔相應的損失，此種方式有效的將機構面臨的財務風險轉移給了保險公司，故選(D)。

**24 (A)**。網路芳鄰是指在Windows環境中的網路上鄰近資源和設備的檢視，包括其他電腦、共用資料夾等，在居家遠端上班時，出於資安考量，不建議開啟或分享網路芳鄰，以防止未經授權的查詢；SSH、TLS、VPN則是一些安全的遠端連接方式，通常在居家遠端上班時是安全可行的，故選(A)。

**25 (D)**。變數值溢位指的是當變數的值超過其能夠存儲的範圍時發生的情況，如果變數的儲存空間是有限的狀況，當值超出這個範圍時，可能導致溢位，這可能發生在整數或浮點數變數上，具體取決於變數的型態和儲存的位元數，故選(D)。

**26 (A)**。(A)Honeypot（蜜罐）：是一種安全機制，被設計成看起來像一個弱點或價值很高的系統，用以吸引攻擊者，其目的是收集攻擊者的資訊、模擬攻擊行為，以便提高對抗攻擊的能力，故選(A)。(B)Botnet（殭屍網絡）：由多個受感染的主機（稱為殭屍）組成的網絡，這些主機被遠程控制，通常被用來執行惡意活動，例如分散式阻斷服務攻擊（DDoS

攻擊）或垃圾郵件發送，攻擊者通常使用惡意軟體來感染並控制這些主機，形成一個大規模的網絡殭屍群。(C)APT（Advanced Persistent Threat，高度持續性威脅）：指由高度資源的攻擊者使用複雜和精心策劃的方法來持續入侵和控制目標系統的攻擊，這類攻擊通常具有目的性，且攻擊者有長期的計畫；APT攻擊可能包括多個階段，如：入侵、權限提升、持久性建立和敏感資訊竊取等。(D)Injection（注碼）：Injection通常指的是程式碼注入攻擊，例如：SQL Injection或Code Injection，攻擊者透過在應用程式中注入惡意程式碼，試圖取得或修改應用程式的數據，這是常見的攻擊方式，特別針對沒有適當防護的應用程式。

**27 (A)**。雜湊函數是一種單向函數，沒有加解密功能，主要目的是將輸入資料轉換為固定長度的雜湊值，這使雜湊函數不可逆，無法透過逆向演算找回原本的輸入資料；其他選項中的特性(B)(C)(D)都是雜湊函數需要具備的特性，故選(A)。

**28 (D)**。數位簽章使用非對稱性加密演算法，有一對密鑰：一個是私鑰（用於簽署），另一個是公鑰（用於驗證），而對稱性則是指使用相同的金鑰進行加密和解密，而非對稱性使用不同的金鑰進行簽署和驗證；因此，對稱性不是數位簽章的特性，故選(D)。

**29 (B)**。釣魚攻擊是指攻擊者嘗試透過偽裝成合法實體（信任的實體）以欺騙受害者提供私人資訊，例如：身分證號、密碼、信用卡號等，其中，假冒網站是常見的釣魚手法，攻擊者會創建看起來很像合法網站的偽裝網站，引誘使用者輸入機密資訊；其他選項中的破解密碼、發送垃圾郵件、安裝防毒軟體與釣魚攻擊的概念無直接相關，故選(B)。

**30 (A)**。雙因素認證（2FA）包含兩個獨立的身份驗證元素，一般是：
(1) 知識因素（Something you know）：如密碼、PIN碼等只有使用者知道的資訊。
(2) 擁有因素（Something you have）：如智能卡、手機等使用者實際擁有的物件。
透過結合這兩種元素，雙因素認證提高身份驗證的安全性，因為攻擊者需要同時取得兩種不同的資訊或裝置來冒充使用者身份較為困難，故選(A)。

**31 (C)**。中間人攻擊是指攻擊者介入通訊流量，竊聽或修改傳輸的數據，攻擊者通常位於通信雙方之間，將其位置視為通信的「中間人」，並能夠攔截、查看或修改在通信過程中傳輸的資訊,這種攻擊威脅資料的機密性和完整性;社交工程、雞尾酒攻擊和暴力攻擊屬於其他類型的攻擊,與在網路傳輸中竊聽數據沒有關聯,故選(C)。

**32 (A)**。人員疏失(Human Error)通常被認為是導致資安事件的主要原因之一,這包括員工的不小心或操作不慎,違反安全政策,或是對安全風險缺乏警覺,雖然系統漏洞、病毒感染和駭客攻擊也是導致資安事件的原因,但人員疏失常常是第一個關鍵因素,因為即使有完善的技術措施,人為的錯誤操作仍然可能成為潛在的風險,故選(A)。

**33 (C)**。PKI(Public Key Infrastructure)是密碼學的框架,用於確保通訊雙方能夠獲得對方正確的公鑰,PKI包含標準、協定和技術,用於在數字通訊中確保身份驗證、數據的保密性和完整性。
Kerberos認證系統主要用於網路身份驗證;SET(Secure Electronic Transaction)是用於保護電子支付交易的協定;Diffie-Hellman金鑰交換協定是密碼學協定,但主要用於雙方協商共享密鑰,而不是確保通訊雙方能夠獲得對方正確的公鑰,故選(C)。

**34 (B)**。對稱式密碼系統強調的是機密性,就是確保資料的保密性,不可否認性通常與數位簽章等機制有關,能夠確保一方在進行某個動作(例如:發送訊息)後無法否認進行過該動作,但對稱式密碼系統本身不提供不可否認性,因此需要額外的機制來做到此功能;資料完整性:對稱式密碼系統可以確保資料在傳輸過程中的完整性,通常透過使用訊息摘要(Message Digest)或HMAC(Hash-based Message Authentication Code)等機制;影音多媒體資訊的機密性:對稱式密碼系統可以應用在多媒體資訊的機密性,例如:使用加密演算法對音訊或影片進行加密;身分鑑別性:對稱式密碼系統通常不涉及直接的身分鑑別性,通常由其他功能(例如:使用者名稱與密碼的組合)負責,故選(B)。

**35 (B)**。防火牆是用於保護網路安全的硬體,也可以是軟體,可以監控和控制進出網路的流量,防止未經授權的訪查,防火牆可以根據預先定義的規則或策略過濾或封鎖特定的網路流量,從而提高網路的安全性;無線分享器:提供無線網路連接,但不是專門用於監控和控制進出網路流量的安全裝置;防毒軟體:用於檢測和防止電腦病毒、惡意軟體等,不同於防火牆是用過濾的方式;硬體加密器:用於加密儲存或傳輸的硬體裝置,透過主動加密作為防護的功用,故選(B)。

**36 (C)**。資料備份主要為了在必要的時機，所需要用的資料是可以完善被使用，所以跟可用性的關聯性最高，雖然跟完整性也有些關係，但如果完整的檔案是不可被使用的狀況，那這份資料也視同於無用，故選(C)。

**37 (B)**。.xlsx是Microsoft Excel的檔案格式，支援巨集（Macro）功能，巨集是包含一連串指令的自動化腳本，可以在應用程式中執行，巨集的檔案類型容易成為攜帶巨集型病毒的目標，因為攻擊者可以將惡意巨集嵌入文件，並透過用戶開啟文件時觸發該巨集，導致病毒感染；.exe：可執行檔，不能攜帶巨集型病毒；.txt：純文字檔，不支援巨集，一般不攜帶巨集型病毒；pdf：Adobe PDF檔案，不支援巨集，但也可能包含其他類型的安全風險，故選(B)。

**38 (A)**。防止網路釣魚攻擊的最有效方法，就是教育使用者避免點擊來路不明的連結或附件，網路釣魚通常以欺詐性的電子郵件或網站為手段，要求使用者提供機密訊息，因此，警惕並避免點擊不明來源的連結或附件是降低釣魚攻擊風險的最佳解方；安裝防毒軟體：雖然防毒軟體可以檢測和防止某些攻擊，但不能完全避免所有釣魚攻擊；安裝防火牆：防火牆主要用於監控和控制網路流量，不直接針對釣魚攻擊，只有助於整體網路安全；定期更新作業系統：雖然定期更新作業系統是重要的安全措施，但沒辦法直接防止網路釣魚攻擊的手法，故選(A)。

**39 (A)**。零信任（Zero Trust）是一種網路安全模型，其核心概念是不信任任何內部或外部網路中的實體，無論是在組織的內部或外部，傳統的網路安全模型通常是信任內部網路，一旦內部網路被入侵，攻擊者就能夠自由地移動並存取內部資源，而零信任模型的目標是最大程度地減少或消除內部和外部的信任，故選(A)。

**40 (D)**。SHA-1（Secure Hash Algorithm 1）是雜湊函數，而非數位簽章演算法；雜湊函數是將輸入資料轉換成固定長度的雜湊值，用於確保資料的完整性。不可否認性通常是與數位簽章相關的目的，而SHA-1本身不具有數位簽章的功能，故選(D)。

**41 (B)**。ARP（Address Resolution Protocol）欺騙攻擊是區域網路攻擊方式，攻擊者試圖將其MAC位址偽裝成網路中其他裝置的MAC地址，從而將流量引導到攻擊者控制的位置，這會導致封包被竊聽、資料篡改或中斷正常的網路連線，攻擊者可能使用ARP欺騙攻擊來試探區域網路上的封包，並取得機密資訊。

Heartbleed attack（心臟出血攻擊）：是一種OpenSSL出現漏洞的情況，而非封包竊聽攻擊。

DDoS Attack（分散式阻斷服務攻擊）：用意在使網站或服務無法正常運作，算是用封包杜塞的攻擊。

Logic Bomb（邏輯炸彈）：邏輯炸彈通常是一種惡意軟體，在特定條件下執行惡意操作，但與封包竊聽無直接關聯，故選(B)。

**42 (D)**。 資訊安全管理系統主要確保資訊的機密性、完整性和可用性，以及相關的風險管理，可追蹤性通常是指能夠追蹤和識別資訊的使用者、存取、修改等操作，雖是資訊安全中的重要概念，但不是ISMS的核心動點，ISMS更著重在建立一個系統性的框架，以確保整體資訊安全的體系和流程。(A)確保資訊安全：確保資訊受到適當的保護，防止未經授權的存取、損壞或洩漏。(B)確保資訊完整性：確保資訊未受到非法的篡改，以維護資訊的正確性和完整性。(C)確保資訊可用性：確保資訊在需要時可用，防止服務中斷或資訊不可用的情況。故選(D)。

**43 (#)**。 (A)滲透測試（Penetration Testing）：一種模擬真實攻擊情境的測試方法，目的是評估系統的安全性，測試者會利用各種攻擊手法，包括漏洞利用、社交工程、惡意軟體等，以確定系統的漏洞和弱點。(B)白箱測試（White Box Testing）：測試的方法，測試人員有關於被測試系統的詳細資訊，測試者通常具有對程式碼、系統結構和內部運作的完整資料，這種測試方法通常用於驗證系統的內部邏輯、程式碼完整性和結構。(C)黑箱測試（Black Box Testing）：一種測試方法，測試人員對被測試系統的內部結構或運作一無所知，測試者只透過輸入和觀察輸出來測試系統的功能，這種測試方法等於模擬外部攻擊者的角色，以確保系統對於未經授權的訪問具有適當的防禦機制。(D)弱點掃描（Vulnerability Scanning）：一種自動化的測試方法，用於檢測網路、系統或應用程式中的已知弱點和漏洞，弱點掃描工具會掃描目標系統，檢查是否存在已知的安全漏洞，並生成檢測報告，這種方法通常用於定期檢查系統的安全狀態，以確保及時修補漏洞，本題官方公告選(D)。

**44 (C)**。 防火牆的功能主要封鎖未經授權的網路連線、防止入侵以及可以自訂規則來封鎖或允許某些特定連線；傳送出去的資訊，防火牆沒辦法確保，對方所接收到的訊息，在傳輸過程中是否有被篡改過的狀況，因此防火牆無法確保訊息的機密性，故選(C)。

**45 (C)**。存取控制是指確保只有授權的個體（使用者、程序、系統等）才能存取資訊系統或其中的特定資訊，並確保未經授權的實體無法存查機密資訊；在此案例中，因為資料庫沒有密碼保護，任何人只要知道IP位址就能夠查看客戶的資料，這顯示存取控制的缺失，故選(C)。

**46 (B)**。從選項可知跟風險管理有關的是(A)(C)(D)，決定異地備援的方式不屬於風險管理的程序，故選(B)。

**47 (C)**。這個指令用在搜索引擎上查找未經授權公開的目錄列表，使攻擊者能夠獲取未經保護的文件和資料，攻擊者可以使用這種方法來查找暴露在網路上的機密資訊，如：配置文件、敏感文件、日誌等，從而進行資料的竊取，故選(C)。

**48 (A)**。IP協定是透過對封包進行加密和認證來保護IP協定的網路傳輸協定，故選(A)。

**49 (B)**。在資訊安全事故管理中，當發現系統遭受入侵時，接下來的步驟通常是採取措斷，阻止攻擊的擴散，這個流程稱為「遏制」（containment），故選(B)。

**50 (D)**。TLS的運作原理是，當客戶端與伺服器端進行TLS協議交涉時，客戶端會多送出目前想要存取的伺服器網域資訊，當伺服器收到這個訊息後，可以選擇重新送出相對應的SSL憑證，確認雙方憑證後，就會將傳送的資料進行加密及密鑰確定，完成後將資料進行加密傳送，故選(D)。

解答與解析

# 112年桃園機場新進從業人員（行政管理）

## 壹、選擇題

( )　**1** 下列哪個選項正確描述關於TCP和UDP協議？　(A)TCP是一種連接導向的協議，而UDP是一種無連接的協議　(B)TCP比UDP更快速　(C)UDP比TCP更可靠　(D)TCP和UDP都是無連接的協議。

( )　**2** 下列哪個選項正確描述關於IP位址？　(A)IPv6位址長度比IPv4長　(B)IPv4位址長度比IPv6長　(C)IPv4位址由64個位元組組成　(D)IPv6位址由32個位元組組成。

( )　**3** OSI七層中，那一層的主要功能是資料加密、資料壓縮和編碼轉換？　(A)展現層　(B)應用層　(C)網路層　(D)資料鏈路控制層。

( )　**4** FEC編碼主要的功能為何？　(A)錯誤偵測與更正　(B)資料安全保護　(C)自動重複請求　(D)資料壓縮。

( )　**5** 以下哪一種加密方式屬於對稱式加密？　(A)RSA　(B)AES　(C)SSL　(D)HTTPS。

( )　**6** 下列何者為類比訊號轉換為數位訊號的步驟？　(A)編碼、量化、取樣　(B)取樣、量化、編碼　(C)量化、取樣、編碼　(D)取樣、編碼、量化。

( )　**7** 網際網路的路由器和交換機的主要區別在於：　(A)路由器能夠決定最佳路徑，交換機不能　(B)交換機能夠決定最佳路徑，路由器不能　(C)路由器只能用於區域網路，交換機用於廣域網路　(D)交換機只能用於區域網路，路由器用於廣域網路。

( )　**8** 在行動通訊系統中可同時改變載波的幅度及相角的調變技術是以下哪一種？　(A)PAM　(B)FSK　(C)PSK　(D)QAM。

(　　) 　9 下列哪一種網路拓撲可以提供最好的容錯能力？　(A)環狀網路　(B)星型網路　(C)樹型網路　(D)網狀網路。

(　　) 10 數據機的傳輸速率單位為何？　(A)bps　(B)baud　(C)bit　(D)rpm。

(　　) 11 5G技術中，針對低功耗IoT設備設計的通訊協議是什麼？　(A)NB-IoT　(B)LoRa　(C)Sigfox　(D)Z-Wave。

(　　) 12 下列設備何者於OSI參考模型的層次最低？　(A)DNS server　(B)路由器　(C)橋接器　(D)中繼器。

(　　) 13 行動通訊中的「VoLTE」是什麼意思？　(A)Voice over Long-Term Evolution　(B)Video over Long-Term Evolution　(C)Voice over Local Terminal Equipment　(D)Video over Local Terminal Equipment。

(　　) 14 無線網路的網路卡都會有一個實體位址，這個實體位址包含多少個位元組？　(A)4　(B)6　(C)8　(D)10。

(　　) 15 將(1)可見光　(2)AM無線電　(3)紅外線　(4)微波　(5)X光　(6)FM無線電依照頻率由低至高排列？　(A)624315　(B)264315　(C)263415　(D)462315。

(　　) 16 下列哪種安全漏洞可能會讓駭客執行惡意程式碼？　(A)暴力破解密碼　(B)SQL注入攻擊　(C)跨站腳本攻擊　(D)MAC spoofing。

(　　) 17 下列哪個通訊協定負責傳送電子郵件？　(A)SMTP　(B)SNMP　(C)POP　(D)FTP。

(　　) 18 下列何者不是雲端計算的主要技術分層？　(A)SaaS（Software as a Service）　(B)PaaS（Platform as a Service）　(C)IaaS（Infrastructure as a Service）　(D)DaaS（Data as a Service）。

(　　) 19 下列對於ARP（Address Resolution Protocol）的描述，何者正確？　(A)它是將實體位址對應到一個邏輯位址　(B)它是在TCP/IP協定中屬於傳輸層的協定　(C)ARP協定的要求是以單點的方式來傳送詢問封包　(D)它是將一個IP位址關聯到它的實體位址。

( ) **20** TTL（Time To Live）是IP協定中標頭欄位內用來表示該封包可以存活多久的欄位，一般它是8個位元，當一個封包經過一個路由器時，這個值會被減1，當它的值為何時，表示該封包應該要被丟棄？ (A)0 (B)32 (C)64 (D)128。

## 解答與解析 （答案標示為#者，表官方曾公告更正該題答案。）

**1 (A)**。TCP比UDP是更穩定跟保障資料的正確性，因此不會更快速；UDP比TCP更快速，但沒有保證資料的可靠性；TCP是有連接的協定，故選(A)。

**2 (A)**。IPv4（Internet Protocol version 4）和IPv6（Internet Protocol version 6）是標識和定位網路上裝置的協議，IPv4使用32位元組（32 bits）的位址，而IPv6則使用128位元組（128 bits）的位址；因此，IPv6的位址長度比IPv4長，IPv6的位址長度提供更大的位址空間，IPv6的位址由冒號分隔的8組16進位數字組成，相較於IPv4的點分別的十進位數字，使其更為有擴展性，故選(A)。

**3 (A)**。(A)展現層（Presentation Layer）：負責資料的格式轉換、編碼和解碼，以確保資料在不同系統之間的正確傳輸，並且提供資料的加密和解密，以確保資料的安全性，故選(A)。(B)應用層（Application Layer）：提供應用程式和網路服務之間的通信，包含各種應用程式，如：電子郵件、檔案傳輸和網頁瀏覽。(C)網路層（Network Layer）：負責處理在不同網路上的路由和轉發，提供資料的分段和重新組裝，以確保能在網路上準確傳輸。(D)資料鏈路控制層（Data Link Layer）：提供對物理媒介的存取和管理，負責將資料轉換為資料框架，以便在實體層上進行傳輸。

**4 (A)**。FEC（Forward Error Correction）編碼的主要功能是在傳輸過程中檢測和更正資料傳輸中的錯誤，這種編碼技術允許接收方在接收到一些損壞或丟失的資料時，仍能夠正確還原原始資料，而無需重新發送請求；FEC通常用於提高通信系統的可靠性，特別是在無線通信和不穩定的環境中，故選(A)。

**5 (B)**。(A)RSA：非對稱式加密演算法，由三位密碼學家（Rivest、Shamir、Adleman）於1977年提出；在RSA中，有一對公開金鑰和私有金鑰，公開金鑰用於加密，私有金鑰用於解密，常用於數位簽章、金融交易等場景，並被廣泛應用在網路安全中。(B)AES：Advanced Encryption Standard是對稱式加密演算法，用於保護私密資料的機密性；AES支援不同的金鑰長度，包括128位、192位和256位，被視為目前最安全且廣泛使用的對稱式加密演算法，故選(B)。(C)SSL（Secure Sockets Layer）：是網路安全協定，用於在網路上保護數據傳輸的安全性；SSL使用對稱式和非對稱式加密，確保資訊在網路上的傳輸過程中是加密的形式。(D)HTTPS：Hypertext Transfer Protocol Secure是透過SSL或TLS加密的HTTP通信協定；在網站和瀏覽器之間提供安全的數據傳輸，當使用者訪查一個使用HTTPS的網站時，瀏覽器與網站之間的數據傳輸是加密的形式，這有助於保護用戶的隱私和資料安全。

6 **(B)**。取樣（Sampling）：類比訊號是連續的形式，取樣是將連續的類比信號在時間上離散化，就是在固定的時間間隔內，對連續的信號進行取樣，獲得一串離散的數位值。
量化（Quantization）：取樣後的數位值是連續的狀態，而計算機需要使用有限的位元數來表示這些值，因此量化是將這些連續的數位值映射到有限的離散值的過程，使用二進位表示。
編碼（Encoding）：編碼是將經過取樣和量化後的離散數位值轉換為數位信號的二進位表示形式，就是將量化後的數位值映射到二進位碼的過程，通常使用不同的編碼方式，例如二進位、格雷碼等。
整體來說，這三個步驟通常按照「取樣、量化、編碼」的順序進行，將連續的類比信號轉換為數位信號，故選(B)。

7 **(A)**。路由器（Router）：用於在不同的網路之間轉發數據包，通常根據目的地IP位址來決定最佳路徑，將數據從源頭網路轉發到目的地網路。
交換機（Switch）：用於在相同網路中連接多個設備，通常使用MAC位址來學習和轉發數據封包，從而直接將數據封包從源頭設備轉發到目的地設備；因此路由器是直接定位終點找出最佳路徑，交換機是在傳輸過程中找尋最佳路徑，而此二設備皆可用於區域及廣域網路，故選(A)。

8 **(D)**。(A)PAM（Pulse Amplitude Modulation）：PAM是脈衝振幅調變技術，用於數位通信，在PAM中，數位訊號會被轉換為不同振幅的脈衝信號。(B)FSK（Frequency Shift Keying）：一種頻率鍵控技術，其中數位訊號被轉換為不同頻率的載波信號，一般應用包括調製調變解調器和數據調變解調器。(C)PSK（Phase Shift Keying）：PSK是相位鍵控技術，其中數位訊號被轉換為不同相位的載波信號，PSK在無線通信和數據調變中廣泛應用。(D)QAM（Quadrature Amplitude Modulation）：QAM是一種正交振幅調變技術，結合PAM和PSK的元素，同時調變信號的振幅和相角，提供更高的數據傳輸效率，故選(D)。

**9 (D)**。(A)環狀網路（Ring Network）：環狀網路的其中每個節點都與其兩側的節點相連，形成一個閉環；數據在環狀網路上以固定的方向傳遞，每個節點都需要轉發數據。(B)星型網路（Star Network）：星型網路的所有節點都連接到一個中央節點，中央節點通常是一個集線器、交換機或路由器，如果節點失效，會導致整個網路中斷。(C)樹型網路（Tree Network）：樹型網路是層次結構的網路，其中節點通常以樹的形式連接，樹型網路包括一個根節點，其他節點分層次連接，這種結構有助於提供更好的組織和管理。(D)網狀網路（Mesh Network）：網狀網路是分散式網路拓撲，其中每個節點都與其他節點直接相連，形成一個網狀結構，這樣的結構雖然使得網路具有重複性，但即使某些節點失效，數據仍然可以在其他路徑上傳輸，故選(D)。

**10 (A)**。(A)bps：每秒位元數（bits per second），是指在一秒內傳輸的位元數量，一般用於描述數據傳輸速率，故選(A)。(B)baud：每秒傳輸的信號變換數，用來描述調製解調器的速率，一個baud代表多個位元的狀態變換。(C)bit：位元，是二進位制中的最小數據單位，表示數字0或1。(D)rpm：每分鐘轉數（revolutions per minute），用於描述旋轉物體每分鐘的轉動次數。

**11 (A)**。(A)NB-IoT（Narrowband Internet of Things）：一種低功耗、窄頻的物聯網通信技術，通常使用在行業和城市的物聯網應用中，故選(A)。(B)LoRa（Long Range）：低功耗、長距離的無線通信技術，具有遠距離通信和低功耗的特點。(C)Sigfox：一種窄頻、低功耗的無線通信技術，適用於物聯網設備的簡單、低成本應用。(D)Z-Wave：針對家庭自動化應用的低功耗無線通信技術，用於連接和控制家庭中的各種智能設備。

**12 (D)**。(A)DNS伺服器（DNS Server）：一般屬於應用層（Layer 7）。(B)路由器（Router）：位於網路層（Layer 3）。(C)橋接器（Bridge）：位於數據鏈結層（Layer 2）。(D)中繼器（Repeater）：位於實體層（Layer 1）。故選(D)。

**13 (A)**。一種通訊技術，將語音通話傳輸在LTE（Long-Term Evolution）行動通訊網路之上；在傳統行動通訊網路中，語音通話是透過2G或3G網路進行，而LTE則提供更快數據速率的網路技術，故選(A)。

**14 (B)**。無線網路卡的實體位址是由6個位元組（共48個位元）組成，故選(B)。

**15 (B)**。 (1) 可見光：約$4.3×10^{14}$Hz～$7.5×10^{14}$Hz。

(2) AM無線電：535kHz～1605 kHz（頻率最低）。

(3) 紅外線：約$3×10^{11}$Hz～$4×10^{14}$Hz。

(4) 微波：約$3×10^{9}$Hz～$3×10^{12}$Hz。

(5) X光：約$3×10^{16}$Hz～$3×10^{19}$Hz（頻率最高）。

(6) FM無線電：88MHz~108MHz（$8.8×10^{7}$Hz～$10.8×10^{7}$Hz）。

故選(B)。

**16 (C)**。 (A)暴力破解密碼：攻擊者試圖透過嘗試所有可能的密碼組合，嘗試找到正確的密碼為止，這種攻擊方式通常針對帳戶、伺服器或應用程式的登錄頁面，透過使用不同的用戶名和密碼進行破解。(B)SQL注入攻擊：是利用應用程式對使用者輸入的SQL語法進行不當防禦的攻擊漏洞，攻擊者透過在輸入語法中插入惡意的SQL編碼，從而干擾或竄改應用程式的SQL查詢邏輯，導致數據庫外泄、資料破壞或未授權的訪問。(C)跨站腳本攻擊：Cross-Site Scripting，簡稱XSS，一種攻擊手法，攻擊者將惡意腳本嵌入到網站中，當用戶訪問包含這些腳本的網頁時，攻擊者可以竊取用戶敏感信息、修改頁面內容或執行其他惡意操作，故選(C)。(D)MAC spoofing：指攻擊者修改或偽裝裝置的網路介面卡（MAC）位址，以假冒其他裝置的身份，這種攻擊用於網路欺騙，使攻擊者的裝置看起來像合法的網路，從而繞過某些網路安全措施。

**17 (A)**。 (A)SMTP（Simple Mail Transfer Protocol）：用於在網路上傳送電子郵件的標準協定，主要用於發送郵件，故選(A)。(B)SNMP（Simple Network Management Protocol）：用於管理和監視網路設備的協定，例如：路由器、交換機、伺服器等。(C)POP（Post Office Protocol）：是用於檢索電子郵件的協定，通常用於電子郵件客戶端連接到郵件伺服器以下載郵件。(D)FTP（File Transfer Protocol）：在網路上傳輸文件的標準協定，允許客戶端和伺服器之間進行文件傳輸，支援上傳和下載文件。

**18 (D)**。 雲端計算技術分層有以下三項，SaaS（Software as a Service）：提供軟體應用程式作為服務，只需透過網路即可存取。

PaaS（Platform as a Service）：提供應用程式開發和執行的平台，包括開發工具、執行環境等，使開發者可以專注於應用程式的開發。

IaaS（Infrastructure as a Service）：提供基礎設施的虛擬化，包括虛擬機器、儲存、網路等，用戶可以根據需要配置和管理這些基礎設施。

故選(D)。

解答與解析

**19 (D)**。ARP是將邏輯位址（IP位址）對應到一個實體位址（MAC位址）的協定。
ARP協定實際上是在網路層（不是在傳輸層），用來解析邏輯位址（IP地址）到實體位址（MAC地址）。
ARP封包是以廣播形式發送，不是單點的方式；ARP尋找機器的方法是向本地網路上的所有主機廣播ARP請求，故選(D)。

**20 (A)**。當TTL（Time To Live）欄位的值減為0時，表示封包已經在路由器中被轉發過多的次數，應該被丟棄，故選(A)。

## 貳、非選擇題

一、解釋下列名詞：
(一)Block chain
(二)Software Defined Network
(三)Digital Convergence
(四)Deep learning

答 (一) 區塊鏈（Block chain）：區塊鏈是一種分散式資料庫技術，用於記錄交易資料或其他形式的資訊。
基本概念是將資料以塊狀（Block）的形式連結在一起，形成一個鏈，每個塊包含了前一個塊的資訊、時間戳記和交易資料。
區塊鏈技術的主要特點是去中心化、安全、透明，且不可篡改；最初是為了比特幣而設計，但現在已廣泛應用於多種領域，如：金融、供應鏈管理、醫療等。

(二) 軟體定義網路（Software Defined Network，SDN）：SDN是一種網路架構，其核心思想是將網路控制平面（Control Plane）和資料轉發平面（Data Plane）分離，通過中央控制器來集中管理和配置網路設備。
SDN的目標是提高網路靈活性、可程式設計性和自動化程度，使網路更容易適應不斷變化的需求。
SDN技術被廣泛用於雲計算環境和大規模資料中心，以提高網路管理效率。

(三) 數位融合（Digital Convergence）：數位融合是指不同媒體、技術和平臺之間的融合，使其能夠共同工作，創造出新的更全面體驗。

在數位融合中，資訊、通信、媒體等領域的邊界逐漸消失，不同的數位技術相互交流和融合，為使用者提供更一體化的服務和體驗。

數位融合包括多個方面，如：數位化媒體、物聯網、雲端應用等，旨在為用戶創造更便捷、智慧、個性化的生活和工作環境。

(四) 深度學習（Deep Learning）：深度學習是機器學習的一種方式，模仿人類大腦的神經網路結構，透過多層次的神經網路學習來表示學習結果及特徵。

深度學習在處理大規模資料集和複雜任務方面表現傑出，特別在圖像識別、語音辨識、自然語言處理等領域取得顯著成果。

深度學習的主要特點是層次化的特徵學習，透過多層神經網路來逐級提取資料的抽象特徵，從而實現對複雜問題的學習和理解。

---

二、(一) 物聯網的通訊技術有哪些？它們各有什麼優缺點？

(二) 請說明MQTT（Message Queuing Telemetry Transport）是什麼？它的特點有哪些？

答 (一) 1. Wi-Fi（無線網路）：

優點：高頻寬，適用於數據傳輸較大的場景，常用於家庭和辦公環境。

缺點：相對較高的功耗，不適合一些電池供電或功耗較強的物聯網設備。

2. 藍牙（Bluetooth）：

優點：低功耗，適用於短距離通信，常用於連接耳機、鍵盤等。

缺點：頻寬相對較小，不適合大規模數據傳輸。

3. Zigbee：

優點：低功耗，適用於大規模設備連接的場景，如：智能家居。

缺點：較低的頻寬，適用於較少頻寬使用的產品。

4. LoRa（Long Range）：

優點：遠距離通信，適用於低功耗、低數據率的物聯網設備，如：農業領域。

缺點：頻寬相對較小，不適合需要高頻寬產品的使用。

(二) MQTT（Message Queuing Telemetry Transport）

MQTT是一種輕量級、開放標準的通信協議，專門設計用於受限環境中的設備之間的通信。其特點包括：

輕量級和簡單：MQTT協議設計簡單，通信開銷小，適用於低頻寬、高延遲或不穩定網絡環境。

發布／訂閱模式：採用發布／訂閱的通信模式，使得設備之間能夠鬆散地耦合，提高了靈活性和可擴展性。

支持持久會話：允許設備在斷線後重新連接，並保持之前的會話狀態。

# 112年桃園機場新進從業人員（身心障礙）

( ) **1** 電腦中儲存二進位資料的0與1單位稱為： (A)字組（word）位 (B)位元組（byte） (C)位元（bit） (D)像素（pixel）。

( ) **2** 下列何者不是瀏覽器軟體？ (A)IE (B)Firefox (C)iTunes (D)Chrome。

( ) **3** 下列何種設備兼具輸入及輸出功能？ (A)滑鼠 (B)磁碟機 (C)鍵盤 (D)光學閱讀機。

( ) **4** 超大型積體電路（VLSI）是指？ (A)運算特別快 (B)晶片特別大 (C)單位面積所含電子元件數目特別多 (D)電路板金屬特別導電。

( ) **5** 網際網路可以使用的資源有那些？ (A)WWW (B)FTP (C)E-MAIL (D)以上皆是。

( ) **6** 使電腦能模擬人類的思考行為，這是屬於下列哪一項？ (A)人工智慧 (B)影像處理 (D)語音辨識 (D)電腦駭客。

( ) **7** 在電腦的世界裡，是採用何種數字系統？ (A)二進位數字系統 (B)八進位數字系統 (C)十進位數字系統 (D)十六進位數字系統。

( ) **8** 目前國內最大的學術性Internet服務機構是： (A)SeedNet (B)HiNet (C)TANet (D)BitNet。

( ) **9** 一部電腦內有多種不同記憶功能的硬體，何者速度最快？ (A)快取記憶體 (B)光碟 (C)主記憶體 (D)硬碟。

( ) **10** 十進位數值19可轉換成下列何者？ (A)二進位數值10001 (B)十六進位數值13 (C)二進位數值1011 (D)十六進位數值111。

( ) **11** 檔案的副檔名經常用來作為檔案型態的區別，下列何者錯誤？
(A).gif是圖形檔　(B).exe是執行檔　(C).zip是壓縮檔　(D).mp3是
影片檔。

( ) **12** 二進位1001101的十進位值為何？　(A)76　(B)77　(C)78
(D)79。

( ) **13** Windows 10是屬於下列哪一類型的作業系統？　(A)單人多工
(B)多人多工　(C)多人單工　(D)單人單工。

( ) **14** 下列何者為資料庫軟體？　(A)SQL Server　(B)Base　(C)MySQL
(D)以上皆是。

( ) **15** 下面何者技術是利用電腦模擬真實或幻想的環境，然後用三度空間
（3D）的方式呈現？　(A)Bitcoin　(B)POP　(C)VR　(D)TCP/IP。

( ) **16** 電腦中哪種元件負責解讀和執行電腦運作的基本指令？　(A)控制
單元　(B)二元裝置　(C)CPU　(D)I/O設備。

( ) **17** 下列哪一個伺服器的功能可將網域名稱（如：www.mcu.edu.tw）
轉換成IP位址（例如：211.75.157.173）？　(A)DNS　(B)POS
(C)FTP　(D)http。

( ) **18** 在OSI模型的七層架構中，哪一層決定封包傳送的路徑？　(A)實
體層　(B)資料連結層　(C)網路層　(D)傳輸層。

( ) **19** 下列何者不是影像的副檔名：　(A)BMP　(B)WAV　(C)JPG　(D)
TIF。

( ) **20** 用來監督管理一部電腦中所有軟、硬體資源的系統稱為？　(A)資
料庫系統　(B)作業系統　(C)檔案系統　(D)I/O系統。

( ) **21** 在RGB色彩模式中，下列何者是白色？　(A)R=255，G=255，
B=255　(B)R=0，G=0，B=0　(C)R=128，G=128，B=128　(D)
R=255，G=0，B=255。

（　） **22** 堆疊（Stack）資料型態的基本特性是：　(A)只進不出　(B)先進先出　(C)只出不進　(D)先進後出。

（　） **23** 下列數值何者最大？　(A)二進位11100111　(B)十六進位23　(C)八進位231　(D)十進位143。

（　） **24** 每種伺服器都會各自對應一個通訊埠，請問下列配對何者不正確？　(A)http：83　(B)SMTP：25　(C)Telnet：23　(D)FTP：21。

（　） **25** 以二的補數表示法，4個位元來表示十進位數-5，其值為多少？　(A)1010　(B)1101　(C)1100　(D)1011。

（　） **26** 處理器內建有小型且高速的儲存空間，用來暫時存放資料和指令，稱為：　(A)索引　(B)交換器　(C)電容器　(D)暫存器。

（　） **27** 下面何者是最常見的一種揮發性記憶體？　(A)RAM　(B)快閃記憶體　(C)CMOS　(D)ROM。

（　） **28** 資訊安全中最重要的三項目標為CIA，其中C是隱密性（Confidentiality）、I是完整性（Integrity），請問A代表什麼？
(A)單元性（Atomicity）　　　(B)匿名性（Anonymity）
(C)可用性（Availability）　　(D)可完成性（Achievability）。

（　） **29** IP位址通常是由四組數字所組成的，每組數字範圍是：
(A)0~999　(B)0~127　(C)0~512　(D)0~255。

（　） **30** 下列何者不屬於「三方交握」協定的一部分？　(A)SYN　(B)SYN+ACK　(C)ACK　(D)RST。

（　） **31** 若要驗證資料是由指定對象送出，我們應要求指定對象進行何種操作？　(A)對稱式加密　(B)非對稱式加密　(C)數位簽章　(D)雜湊。

（　） **32** 下面哪一項資料型態，是處理一序列具有相同型態的資料：　(A)字元　(B)陣列　(C)結構　(D)浮點數。

( ) **33** 將一串數列逐一搜尋直到找到想要的元素，通常使用在資料量較小的情況下，這是下列那一種搜尋法： (A)循序搜尋法 (B)合併搜尋法 (C)快速搜尋法 (D)二分搜尋法。

( ) **34** 就CPU存取資料而言，下列那種儲存的速度最快？ (A)硬式磁碟 (B)主記憶體 (C)快取記憶體 (D)暫存器。

( ) **35** 張三收到某網站寄來的電子郵件，上面跟張三說他的帳號疑似遭受到駭客破解，要求張三點擊郵件中所提供的連結至該網站變更密碼，張三至該網站變更密碼後，不久發現自己的帳號遭人盜用，請問張三是遭受到以下哪一種攻擊？
(A)網路釣魚攻擊　　　　　(B)阻斷服務攻擊
(C)殭屍病毒攻擊　　　　　(D)零時差攻擊。

( ) **36** 悠遊卡是應用哪一種通訊技術？ (A)RFID (B)GPS (C)WiMAX (D)Wi-Fi。

( ) **37** 下列四個暫存器中，哪一個用來負責記錄CPU下一個所要執行之指令在主記憶體中的位址？
(A)堆疊指標（Stack Pointer）
(B)指令暫存器（Instruction Register）
(C)累加器（Accumulator）
(D)程式計數器（Program Counter）。

( ) **38** N個資料作氣泡排序時，須經過幾次比較？ (A)N(N-1)/2 (B)N/2 (C)N (D)N(N+1)/2。

( ) **39** 下列哪種電腦病毒是隱藏於Office軟體的各種文件檔中所夾帶的程式碼？ (A)電腦蠕蟲 (B)開機型病毒 (C)巨集型病毒 (D)特洛伊木馬。

( ) **40** 下列哪種加解密演算法不屬於「非對稱式演算法」？ (A)RSA (B)DSA (C)ElGamal (D)AES。

**解答與解析** （答案標示為#者，表官方曾公告更正該題答案。）

**1 (C)**。 (A)字組（word）：指一次處理的基本單位，通常包含多個位元。可以為16位元、32位元或其他值，視資料處理系統而定。(B)位元組（byte）：資料儲存的基本單位，由8個連續的二進位位元組成；每個位元組可儲存一個字符或8個二進位位元。(C)位元（bit）：二進位制的基本單位，只會是0或1；是數字的最小單位，用來表示數據的最基本狀態，故選(C)。(D)像素（pixel）：圖像的最小單位，圖片中可以獨立控制的最小元素；一個像素可以包含不同的顏色資訊，並在顯示器上組成圖片。

**2 (C)**。 (A)IE（Internet Explorer）：Microsoft開發的網頁瀏覽器，曾經是Windows作業系統的預設瀏覽器；而目前已停止支援，推薦使用Microsoft Edge作為之後的瀏覽器。(B)Firefox：由Mozilla基金會及其子公司Mozilla公司開發，免費的網頁瀏覽器，能安裝各種附加元件，提供多樣化的個人功能。(C)iTunes：蘋果公司開發的多媒體應用程式，起初應用在管理播放音樂，隨時間推移，iTunes的功能不斷擴展，也用於購買下載音樂、電影、電視節目、應用程式，以及同步資料到蘋果設備等；不過目前蘋果已放棄iTunes，將其拆分為不同的應用程式，如：Apple Music、Apple TV及Apple Podcastsx，故選(C)。(D)Chrome：由Google開發的快速、簡單且功能強大的網頁瀏覽器，被廣泛使用並支援多種作業系統，如：Windows、macOS和Linux。

**3 (B)**。 (A)滑鼠：手持輸入裝置，用於操控電腦中的游標；通常有左右按鈕和中間滾輪，如是電競類滑鼠還會有左側的拇指雙側鍵。(B)磁碟機：一種數據存儲裝置，使用磁性方式記錄和讀取資料；既可寫入資料，也可將資料輸出，故選(B)。(C)鍵盤：一種輸入裝置，以按鍵的形式提供使用者輸入文字和指令的功能。(D)光學閱讀機：使用光學技術來讀取並轉換數據的設備，可將印刷品或圖像轉換為數位資料。

**4 (C)**。 超大型積體電路（VLSI）是指在一個芯片上集成大量的電子元件；VLSI技術允許在一個微小的芯片上放入數百萬、甚至數十億電子元件的複雜電路，故選(C)。

**5 (D)**。 (A)WWW（World Wide Web）：在互聯網上檢索和檢視文檔的系統；透過超文本標記語言（HTML）創建的文檔，可以包含指向其他文檔的超連結，從而形成一個連接的全球資訊網。(B)FTP（File Transfer

Protocol）：檔案傳輸協定，用於在電腦之間傳輸檔案的標準網絡協定；透過FTP，用戶可以從一台電腦上傳資料到另一台電腦，也可以從伺服器下載檔案到本機端。(C)E-MAIL：透過電子方式在電腦網絡上使用文字進行通訊的方式；電子郵件需要用戶擁有一個電子郵箱地址才可發送和接收電子郵件，故選(D)。

**6 (A)**。人工智慧涵蓋多個領域的學科，目標是開發機器能夠執行需要思考的任務；AI的目標之一是模仿人類的思考過程，使機器能夠自主學習和做出良好的決策，故選(A)。

**7 (A)**。電腦是以二進位表示，就是0和1兩個數字組成；這種表示即為電子元件在電腦中的兩種狀態（通電和斷電），因此使用二進位數字系統最為妥適；其他進位數字系統（八進位、十進位、十六進位）也會在電腦中使用，但基本的運算和儲存依然是以二進位為主，故選(A)。

**8 (C)**。(A)SeedNet：由中華電信提供的企業級網路服務，主要用於企業、政府機構等機關，提供穩定且高效的網路連線服務。(B)HiNet：也是中華電信所提供的互聯網服務，主要使用於一般消費者和小型企業提供寬頻上網、固定電話、數位電視等通訊服務。(C)TANet：臺灣的學術研究機構所擁有的網路基礎設施，提供高教學研機構、學術機構及研究單位使用，故選(C)。(D)BitNet：一個早期的學術網路，但已經在1990年代初期逐漸被更先進的網路基礎設施所取代。

**9 (A)**。(A)快取記憶體（Cache Memory）：高速且容量較小的記憶體，位於處理器和主記憶體之間；目的是為了臨時存儲處理器頻繁使用的數據和指令，提高處理器對這些資料的存取速度；通常分為多個層次（如L1、L2、L3快取），每一層次的快取容量和處理器的距離都有所不同，故選(A)。(B)光碟：光碟是一種光學儲存媒體，包括CD、DVD、藍光光碟等；讀取光碟的速度相對較慢，且需要轉動碟片。(C)主記憶體（RAM，Random Access Memory）：用於臨時存儲正在運行的程式和數據的隨機存取記憶體；讀寫速度比硬碟快，但距離處理器較遠所以傳輸效率有所折損，另外需通電才具備資料記憶性，即在斷電時資料會清除。(D)硬碟（Hard Disk）：硬碟是一種機械式的儲存裝置，使用磁性碟片來讀寫數據；相對於主記憶體和快取記憶體，硬碟的讀寫速度最慢。

**10 (B)**。19(10)

$$
\begin{array}{r}
2\underline{|19}......1 \\
2\underline{|9}......1 \\
\Rightarrow \quad 2\underline{|4}......0 \Rightarrow 10011_{(2)} \\
2\underline{|2}......0 \\
1
\end{array}
$$

$$
\Rightarrow \frac{16\underline{|19}......3}{1} \Rightarrow 13_{(16)}
$$

故選(B)。

**11 (D)**。.mp3（MPEG Audio Layer III）是一種流行的音訊檔格式，一般用於儲存音樂和其他聲音訊號；MP3使用壓縮演算法以縮減檔案大小，同時保持相對高的音質，因此.mp3是音訊檔，而非影片檔，故選(D)。

**12 (B)**。1001101 $(1\times2^6)+(0\times2^5)+(0\times2^4)+(1\times2^3)+(1\times2^2)+(0\times2^1)+(1\times2^0)=$ 64+0+0+8+4+0+1=77，故選(B)。

**13 (A)**。(A)單人多工（Single User Multitasking）：表示單一作業系統同時可讓單一使用者執行多個應用程式；雖然只有一個使用者在系統上操作，但他們可以在同一時間內切換不同的應用程式。Windows 10是支援單人多工的作業系統，故選(A)。(B)多人多工（Multiuser Multitasking）：多人多工表示一個作業系統同時允許多個使用者在同時間使用系統，並且每個使用者都可同時執行多個應用程式；通常出現在伺服器和主機系統上，多個使用者可透過網絡遠端登入並使用系統。(C)多人單工（Multiuser Single Tasking）：多人單工表示作業系統允許多個使用者同時使用系統，但每個使用者同一時間僅能執行單一程式；這種情況在特殊的環境中可能存在，但較為少見。(D)單人單工（Single User Single Tasking）：單人單工表示單一作業系統同時間只允許單一使用者執行單一應用程式；在這種情況下，使用者無法同時執行多個應用程式。

**14 (D)**。(A)SQL Server：由Microsoft提供的關聯式資料庫管理系統（RDBMS）；支援Transact-SQL（T-SQL），用於管理和查詢資料的SQL語言。(B) Base：Apache OpenOffice（以前稱為OpenOffice.org）和LibreOffice的資料庫管理應用程式；用於創建、管理和操作資料庫的工具，支援多種資料庫引擎，包括HSQLDB、Firebird和MySQL。(C)MySQL：開源的關聯式資料庫管理系統（RDBMS），由Oracle Corporation開發及營運；支援多用戶、多行程，並具有高性能及可靠性；常用於網頁應用程式的後端資料庫，故選(D)。

解答與解析

**15 (C)**。(A)Bitcoin：一種加密貨幣，也是去中心化的數位支付系統；使用區塊鏈技術來記錄和驗證所有交易，並透過挖礦（使用計算資源解決數學問題）來發行新的比特幣。(B)POP（Post Office Protocol）：用於電子郵件服務的通信協定，通常用於下載郵件到本地客戶端。(C)VR（Virtual Reality）：模擬環境的技術，通常是透過戴上虛擬現實頭戴式顯示器和感應器，讓使用者感覺彷彿身處於一個虛擬的三維環境中，故選(C)。(D)TCP/IP（Transmission Control Protocol/Internet Protocol）：TCP/IP是通信協定，用於連接網際網路上的設備和網路，其中TCP負責確保數據的可靠傳輸，而IP則負責定位和路由數據包。

**16 (C)**。(A)控制單元：是中央處理器（CPU）的一部分，負責協調和控制整個處理器的操作。(C)CPU（Central Processing Unit）：電腦系統中的中央處理器，通常被視為電腦的大腦；負責執行基本機器語言指令，處理和操作資料，並控制其他硬體，故選(C)。(D)I/O設備（Input/Output Devices）：指用於將資訊輸入到電腦系統或將電腦處理結果輸出的裝置。

**17 (A)**。(A)DNS（Domain Name System）：用於將人類可讀的網域名稱轉換為電腦可理解的IP位址的分散式系統，故選(A)。(B)POS（Point of Sale）：指銷售系統，用於在商業環境中處理銷售事務的功能；POS系統通常包括電子收銀機、條碼掃描器及銷售資料庫。(C)FTP（File Transfer Protocol）：網路傳輸協定，用在電腦之間進行檔案傳輸；允許用戶上傳或下載檔案到遠端伺服器。(D)HTTP（Hypertext Transfer Protocol）：用於在網路上傳輸超文本的協定；網站的基本通信協定，在客戶端和伺服器之間傳輸HTML頁面和相關資源。

**18 (C)**。(A)實體層（Physical Layer）：OSI模型的最底層，負責處理與物理傳輸媒介（例如電纜、光纖、無線信道）有關的事務。(B)資料連結層（Data Link Layer）：OSI模型的第二層，主要處理端點之間的直接通信，確保可靠的點對點傳輸。(C)網路層（Network Layer）：OSI模型的第三層，負責處理不同網路之間的路由和轉發；定義數據在不同網路上的路徑選擇，並用IP協定來完成傳輸，故選(C)。(D)傳輸層（Transport Layer）：OSI模型的第四層，提供兩端的通信和數據流；傳輸層負責分割、重組、流量控制、錯誤檢測和錯誤修復。

**19 (B)**。(A)BMP（Bitmap）：無壓縮的點陣圖像檔案格式，以點陣圖的形式儲存圖像資料；BMP的數據量通常較大，因為沒有任何壓縮，保留每個像素的資料。(B)WAV（Waveform Audio File Format）：用於存放音檔文件的標準；無損壓縮的音訊格式，支援多種音訊編碼格式，故選(B)。
(C)JPG（Joint Photographic Experts Group）：也稱為JPEG，用於儲存
壓縮圖像的標準；使用有損壓縮，以減小文件大小，但會導致一些細節
的失真。(D)TIF（Tagged Image File Format）：常用的圖像檔案格式，
支援無損壓縮；TIF文件可以儲存高畫質的圖像，由於其無損特性，TIF
文件通常用於需要大圖像輸出品質的需求，如印刷和圖形設計。

**20 (B)**。(A)資料庫系統：用於組織、存儲和管理大量結構化和非結構化數據的系
統。(B)作業系統：電腦的工作系統，負責管理硬體和提供基本的系統服
務；處理資源分配、任務調度、檔案系統、記憶體管理等，以確保計算
機的順利運作，故選(B)。(C)檔案系統：用於組織和存儲檔案的系統，通
常由作業系統提供。(D)I/O系統：管理輸入和輸出（I/O）操作的系統組
件；負責處理與外部設備的通信，例如硬碟、網絡卡、顯示器等。

**21 (A)**。在RGB模式中，每個原色（紅、綠、藍）的數值範圍是從0到255，255
表示最大亮度或飽和度，而白色則是所有原色均設定為最大值的組合，
故選(A)。

**22 (D)**。「先進後出」的特性表示最後進入資料結構的元素會最先被移除，而最早
進入的元素則會最後被移除；常用於堆疊（Stack）資料結構，類似於將
物品堆疊在一起，後放上去的物品先被取出，故選(D)。

**23 (A)**。(A)$11100111_{(2)}=(1\times2^7)+(1\times2^6)+(1\times2^5)+(0\times2^4)+(0\times2^3)+(1\times2^2)+(1\times2^1)+$
$(1\times2^0)=128+64+32+0+0+4+2+1=231_{(10)}$
(B)$23_{(16)}=16+16+3=35_{(10)}$
(C)$231_{(8)}=(2\times8^2)+(3\times8^1)+(1\times8^0)=128+24+1=153$
故選(A)。

**24 (A)**。http使用通訊埠是80，故選(A)。

**25 (D)**。$5_{(10)}=0101_{(2)}\Rightarrow1010_{(1's)}\Rightarrow1011(2's)$。二補數需要從一補數來計算，一補
數表示負數是正數取負號，所以二進位表示正數後，取負數就是0跟1相
反，而二補數的表示就是一補數的結果加一，故選(D)。

**26 (D)**。(A)索引（Index）：在不同的上下文中，「索引」可以表示用於快速查
找或定位資料的數值、標籤或指標。(B)交換器（Switch）：用於建立
或斷開電路中的連接裝置；在網路領域，交換器用於轉發數據封包，
根據目的位址將數據封包從一個端轉發到另一端，用以實現傳輸。(C)

電容器（Capacitor）：一種電子元件，能夠儲存和釋放電荷。(D)暫存器（Register）：用於在電腦中儲存數據的元件，通常是位元組或字的大小；暫存器用於臨時存儲運算過程中的中間數據，是處理器中高速存儲的一部分，用於執行指令和數據的快速存取，故選(D)。

**27 (A)**。揮發性記憶體是指當電源關閉時，儲存在其中的資料會被刪除；RAM主要用於暫存資料和運行程式，因此提供了快速的讀寫速度，但缺點是斷電後資料會消失；其他選項，快閃記憶體、CMOS及ROM都是非揮發性記憶體，可以保留資料，故選(A)。

**28 (C)**。資訊安全中，CIA是三個重要的安全目標，C（Confidentiality）：隱密性，確保資訊只能被授權的人或系統訪查，防止未經授權的存取。
I（Integrity）：完整性，確保資訊在傳輸或處理過程中不被意外或隨意改變，保持原始和正確的資料。
A（Availability）：可用性，確保資訊和資源在需要時正確並及時提供給授權的使用者，防止服務中斷或無法使用，故選(C)。

**29 (D)**。每個數字都被稱為一個「位元組」（byte），提取範圍從0到255；IPv4位址的格式是以四個數字為一組，用點分別十進制表示，如：192.168.1.1；每組數字使用8個位元表示，因此範圍是0到255，故選(D)。

**30 (D)**。「三方交握」是在建立TCP連接時的過程，包含三個步驟：發送SYN（同步），接收SYN+ACK（同步＋確認），發送ACK（確認）；而RST（重置）不屬於「三方交握」的過程，故選(D)。

**31 (C)**。(A)對稱式加密（Symmetric Encryption）：使用相同的密鑰來加密和解密資料；就是發送方和接收方都擁有相同的密鑰。(B)非對稱式加密（Asymmetric Encryption）：使用一對密鑰，一個公鑰，一個私鑰；公鑰用於加密，私鑰用於解密。(C)數位簽章（Digital Signature）：使用私鑰對資料進行加密的過程，確保資料來源和完整性；收件人使用對應的公鑰來驗證數位簽章，用於確保資料的發送驗證及防止資料被竄改，故選(C)。(D)雜湊（Hash）：將數據轉換為固定長度數字串的過程；雜湊通常是單向性功能，所以無法從雜湊值恢復成原始數據，通常用於驗證數據的完整性，但不適用在加密上。

**32 (B)**。(A)字元（Character）：最基本的資料型態之一，用來表示單個字母、數字、標點符號或其他可輸出的符號。(B)陣列（Array）：資料結構的一種，可以容納一系列相同型態的元素；這些元素透過索引或位置來探查，並且以連續儲存的狀態呈現在記憶體中，故選(B)。(C)結構（Structure）：複合資料型態，允許將不同型態的數據整合在一起，形成一個結構體。(D)浮點數（Floating-Point）：浮點數是用來表示實數（包括小數）的資料型態；浮點數通常使用IEEE754的標準進行表示，故選(B)。

**33 (A)**。(A)循序搜尋法（Sequential Search）：一種簡單的搜尋方法，從數列的起點開始，逐一檢查所有元素，一直找到目標元素或搜尋完整數列；這是線性搜尋方式，時間複雜度為O(n)，其中n是數列的元素個數，故選(A)。(B)合併搜尋法（Merge Sort）：一種分治法排序演算法，將一個未排序的數列分成兩個子類，分別排序後再合併成一個有序的數列；合併搜尋法的時間複雜度為O(n log n)。(C)快速搜尋法（Quick Sort）：一種分治法排序演算法，透過選擇一個基準元素，將數列分為比基準元素小和比基準元素大的兩部分，再對這兩類分別進行排序；快速搜尋法的平均時間複雜度為O(n log n)。(D)二分搜尋法（Binary Search）：用於已排序數列的搜尋方法，透過比較目標值與數列中間元素的大小，可以將搜尋範圍縮小一半，逐漸逼近目標值；二分搜尋法的時間複雜度為O(log n)，其中n是數列的元素個數。

**34 (D)**。暫存器是位於中央處理器（CPU）內部的一種高速記憶體，用於暫時存儲和處理數據，存取速度遠快於其他儲存設備，例如主記憶體、快取記憶體和硬式磁碟；因此，暫存器是CPU內部用於執行指令和操作的最快速度的儲存裝置，故選(D)。

**35 (A)**。(A)網路釣魚攻擊（Phishing Attack）：一種欺騙手法，攻擊者偽裝成可信任的單位，例如：銀行、政府機構或其他知名企業，以試圖誘導用戶提供私密資訊，如：密碼、信用卡帳號等；通常這類攻擊透過偽造的網站或詐騙郵件進行，故選(A)。(B)阻斷服務攻擊（Denial-of-Service Attack，DoS Attack）：旨在使目標系統或網路無法提供正常的服務，通常是透過洪水攻擊，指向目標系統發送大量封包，使其超出正常處理能力而導致服務中斷，而分散式阻斷服務攻擊（DDoS Attack）則涉及多個來源，更難防範。(C)殭屍病毒攻擊（Zombie Attack）：指攻擊者透過將大量受感染的電腦（殭屍）組成網路，並使用這些受感染的電腦進行共同攻擊，攻擊者可以透過殭屍網路發起大規模的阻斷服務攻擊或其他攻擊。(D)零時差攻擊（Zero-Day Attack）：零時差攻擊是指利用軟體漏洞，攻擊者在廠商發現漏洞之前,或是已發現漏洞而在準備進行修復漏洞之前的這段時間,就已經進行攻擊,攻擊者利用這個漏洞進行入侵,而防禦方在漏洞被廠商修補前可能無法提前偵測或阻止。

**36 (A)。** (A)RFID(Radio-Frequency Identification):一種透過無線電波識別和追蹤物體的技術;包含一個標籤(或晶片)和一個讀取器,標籤上儲存進數據,而讀取器使用無線電波與標籤通信,用以讀取或寫入數據,故選(A)。(B)GPS(Global Positioning System):GPS是衛星導航系統,通過一組全球定位衛星發射信號,允許接收器確定其精確的地理位置。(C)WiMAX(Worldwide Interoperability for Microwave Access):無線寬頻通信技術,能夠提供長距離的高速無線網路連接;特點包括高傳輸速率、大覆蓋範圍,被用於提供固定和移動的無線寬頻接入服務。(D)Wi-Fi(Wireless Fidelity):Wi-Fi局域網路無線通信技術,基於IEEE 802.11標準;Wi-Fi設備透過無線方式連接到區域網絡(LAN)和網際網路,常用於家庭、辦公室、公共區域等場所。

**37 (D)。** (A)堆疊指標(Stack Pointer):用來指示堆疊中特定位置的指標,堆疊後進先出(Last In, First Out, LIFO)的資料結構,用於處理子程序呼叫、暫存資料等。(B)指令暫存器(Instruction Register):用來儲存當前執行的機器指令的暫存器,在CPU中執行程序時,會從記憶體中讀取指令,並將該指令存儲在指令暫存器中,以進行執行。(C)累加器(Accumulator):累加器是用來存儲算術和邏輯運算結果的特殊暫存器,特別用於累加運算,如加法和減法;累加器通常是一個通用暫存器,可以用於不同的算術操作。(D)程式計數器(Program Counter):用來指示CPU當前執行的指令位置的暫存器,包含程序內存位置的地址,指導CPU的下一步應該執行哪條指令,故選(D)。

**38 (A)。** 氣泡排序是簡單的排序演算法,其比較次數與資料的排列順序有關;最壞情況下,當資料是降序排列時,需要進行最多的比較次數,氣泡排序的比較次數可以表示為N(N-1)/2,故選(A)。

**39 (C)。** (A)電腦蠕蟲(Computer Worm):一種能夠自主複製並在網路中傳播的惡意程式;蠕蟲通常不需要依附在其他程式上,並且可以自動傳播到其他系統,可能造成網路擁塞和資源消耗。(B)開機型病毒(Boot Sector Virus):感染電腦開機區域(啟動區或引導區)的病毒;意味著當受感染的系統啟動時,病毒會被載入並執行,並可能損壞啟動區域,影響系統的正常啟動。(C)巨集型病毒（Macro Virus）：感染應用程式的巨集（通常是文書處理軟體中的巨集）的病毒；這種病毒透過應用程式的巨集語言來感染文檔，並在打開感染文件時執行惡意操作，故選(C)。(D)特洛伊木馬（Trojan Horse）：一種偽裝成有用或合法軟體的惡意軟體；使用者會被欺騙將特洛伊木馬下載或執行，實際操作上包含惡意功能，例如：竊取敏感資料、開啟系統後門等。

**40 (D)**。(A)RSA（Rivest–Shamir–Adleman）：公開金鑰加密演算法，使用一對密鑰，包含一個公開金鑰和一個私密金鑰；RSA廣泛用於數位簽章、金融交易、安全通信等應用。(B)DSA（Digital Signature Algorithm）：數位簽章演算法，用於確保消息的完整性和認證發送者的身份；主要用於數位簽名的應用，需要一對公私密鑰，並使用特殊的數學離散對數函數。(C)ElGamal：公開金鑰加密演算法，用於數據加密和密鑰交換，與RSA相似，ElGamal同樣使用一對公私密鑰，常用於安全通信、數據隱私保護等場景。(D)AES（Advanced Encryption Standard）：對稱金鑰加密演算法，被廣泛應用於數位加密；支持不同的密鑰長度，包括128位、192位和256位元，被認為是高效且安全的加密演算法，用於數據的加密和解密，故選(D)。

解答與解析

# 112年經濟部所屬事業機構新進職員（資訊類）

( ) **1** 將八進制數值(2345.67)$_8$轉換成十六進制數值，請問其結果為何？
(A)(95.13)$_{16}$ (B)(59.13)$_{16}$ (C)(4E5.DC)$_{16}$ (D)(45E.DC)$_{16}$。

( ) **2** 下列何種定址模式（Addressing Modes）無須記憶體的存取動作，運算元擷取速度最快？ (A)立即定址 (B)直接定址 (C)相對定址 (D)間接定址。

( ) **3** 當快取記憶體（Cache）已滿，需要刪除一些元素（Element）為新元素釋放空間時，下列何種策略在性能上表現較佳？ (A)刪除在Cache內停留次數最少的元素 (B)刪除自進入Cache以來未被使用時間最長的元素 (C)刪除在Cache內停留時間最長的元素 (D)替換在Cache內停留時間最短的元素。

( ) **4** 下列分數何者無法以二進制精確表示（或存入電腦會有誤差）？
(A)3/24 (B)7/16 (C)5/12 (D)13/32。

( ) **5** 有關BCD編碼，下列何者有誤？
(A)100110000111 (B)000110000000
(C)01110100 (D)010100101100。

( ) **6** USB 3.2 Gen 2×1的傳輸速度最高每秒可達多少？ (A)5 GB (B)10 GB (C)20 GB (D)40 GB。

( ) **7** 有關匯流排（Bus）之敘述，下列何者有誤？ (A)CPU主要是靠匯流排傳輸資料、位址及控制訊號 (B)資料匯流排（Data Bus）的排線數，決定每次能同時傳送資料的位元數 (C)位址匯流排（Address Bus）的排線數，決定可定址的最大記憶體空間 (D)資料匯流排（Data Bus）與控制匯流排（Control Bus）的傳輸方向，同為雙向。

( 　 )　**8** 有關資料儲存單位的大小排列，下列何者正確？　(A)ZB＞EB＞PB＞TB　(B)ZB＞TB＞PB＞EB　(C)TB＞EB＞PB＞ZB　(D)PB＞EB＞ZB＞TB。

( 　 )　**9** 有關邏輯運算式，下列何者有誤？　(A)X•X=X　(B)Y+1=Y　(C)Y•0=0　(D)X+XY=X。

( 　 )　**10** 有關最小成本擴張樹演算法，下列何者可以任意挑選起始節點？(A)Prim　(B)Bellman-Ford　(C)Dijkstra　(D)Kruskal。

( 　 )　**11** 在單一處理器中執行一個程式，其執行時間25%是循序的，75%可用多核心平行處理，若欲以多個同樣的處理器加速執行，將總執行時間減至原本的一半，依據阿姆達爾定律（Amdahl's Law）至少需要使用多少個處理器？　(A)2　(B)3　(C)4　(D)5。

( 　 )　**12** 有關作業系統對於記憶體管理之方式，包括7種分頁替換演算法（Page Replacement Algorithm），分別為FIFO（First In First Out）、OPT（Optimal）、LRU（Least Recently Used）、LFU（Least Frequently Used）、MFU（Most Frequently Used）、Second Chance及Enhanced Second Chance，請問前述有幾種會遭遇布雷第異常現象（Belady's Anomaly）？　(A)3　(B)4　(C)5　(D)6。

( 　 )　**13** 有關排序演算法，下列何者在最差情況下的時間複雜度相對最佳？(A)選擇排序　(B)快速排序　(C)合併排序　(D)插入排序。

( 　 )　**14** 下列7項中有幾項非屬程式控制區塊PCB（Process Control Block）組成內容？
(1)CPU Register
(2)Memory Management Information
(3)Programming Counter
(4)Bit Map
(5)Process State
(6)CPU Scheduling Information
(7)I/O Device Queue
(A)1　(B)2　(C)3　(D)4。

( ) **15** 下列何種程式語言有垃圾收集（Garbage Collection）之機制？
(A)Java (B)Pascal (C)C (D)C++。

( ) **16** 有關雜湊（Hash）函數之敘述，下列何者有誤？ (A)固定長度
(B)正常情況下雜湊結果為唯一值 (C)常用於驗證資料的完整性
(D)可以解密。

( ) **17** 有關人工智慧之敘述，下列何者有誤？ (A)主成分分析是一種降
維手段，需要標籤資訊進行運算 (B)在訓練樣本不足時，增加模
型的複雜度仍舊可能得到更高的訓練準確度 (C)循環神經網路常
會出現梯度消失或梯度爆炸的現象，是因為參數與層數較多 (D)
LISP為早期人工智慧專案常使用的程式語言。

( ) **18** 有關資料庫正規化（Normalization）之敘述，下列何者正確？
(1)正規化的程度越高，資料的重複性會降低
(2)正規化的程度越高，資料存取效能亦會越高
(3)正規化的程度越高，資料表格的數量亦會增多
(4)正規化程式可避免更新異常
(A)(1)(2)(3) (B)(1)(2)(4) (C)(1)(3)(4) (D)(2)(3)(4)。

( ) **19** 有關虛擬記憶體的設計，下列何者屬於用來儲存尚未執行完之程
式碼的磁碟空間？ (A)Page Table (B)Task Looking Forward
Table (C)Swap Space (D)Virtual Cache。

( ) **20** 阿華在設計一個程式，需要一種資料結構，可以一邊新增資料，
一邊取出資料，且每次取出的資料都是現有資料中的最大值。您
建議阿華使用下列何種資料結構？ (A)Array (B)Linked List
(C)Queue (D)Heap。

( ) **21** 下列何種磁碟陣列不具有容錯能力？ (A)RAID 1 (B)RAID 3
(C)RAID 5 (D)RAID 1+0。

( ) **22** 將一組陣列的值由主程式傳遞給副程式時，使用下列何種呼叫方
法使資料傳遞速度最快？ (A)傳址呼叫 (B)傳名呼叫 (C)傳值
呼叫 (D)傳結果呼叫。

（　）**23** 現有資料碼1010111及0011001，若採用奇同位元（Odd Parity）檢查，其同位元值分別為何？　(A)0及0　(B)0及1　(C)1及0　(D)1及1。

（　）**24** 有關自然語言處理之敘述，下列何者有誤？　(A)自然語言處理中越來越多使用機器自動學習的方法來獲取語言知識　(B)自然語言處理可以將英文文章翻譯成中文文章　(C)自然語言處理以單詞出現的次數來衡量單詞重要性　(D)自然語言處理需要將文字轉化成向量以進行後續處理及篩選。

（　）**25** 下列何種影像格式可將顏色儲存為透明？　(A)BMP　(B)TIFF　(C)JPG　(D)GIF。

（　）**26** 有關OSI模型（Open System Interconnection Model）中傳輸層之協議數據單元（Protocol Data Unit, PDU），下列何者正確？　(A)Frame　(B)Packet　(C)Segment　(D)Bit。

（　）**27** 如果您採取手動設定方式想讓個人電腦能經由區域網路正確連上網際網路，除了IP位址外，下列何者非屬必要設定？　(A)子網路遮罩　(B)預設閘道器　(C)名稱伺服器　(D)防火牆。

（　）**28** 針對IPv4位址不足的問題，下列何者非屬解決之技術？　(A)SNMP　(B)DHCP　(C)IPv6　(D)NAT。

（　）**29** 依據OWASP（Open Web Application Security Project）提出之10大安全漏洞（最新版本為2021版），下列何者非屬前3名？　(A)Injection　(B)Broken Authentication　(C)Cryptographic Failures　(D)Broken Access Control。

（　）**30** 下列何者為員工居家上班時可以透過Internet安全連線到公司內網的技術？　(A)VLAN　(B)NAT　(C)PPP　(D)VPN。

（　）**31** 有關IPv4的表頭欄位值，下列何者會隨著路由器的轉送而變動？　(A)封包總長（TL）　(B)存活時間（TTL）　(C)標頭檢驗值（HC）　(D)標頭長度（IHL）。

( ) **32** 有關網路設備之敘述，下列何者正確？ (A)路由器可分割碰撞網域 (B)集線器可用來加強纜線上的訊號 (C)橋接器可分割廣播網域 (D)交換器可將數位轉換為類比訊號。

( ) **33** 有關物聯網（Internet of Things）網路層主要功能之敘述，下列何者正確？ (A)負責監控感測器的網路狀態 (B)負責上傳感知層收集到的資料至應用層 (C)負責感測與辨識感測器的信號 (D)負責將感測及辨識後的資料進行分類。

( ) **34** 有關OSI模型（Open System Interconnection Model）中各層之敘述，下列何者有誤？ (A)網路層：ARP及FTP均屬於網路層的協定 (B)實體層：負責將資料轉成電子訊號後再傳送出去 (C)應用層：負責規範各項網路服務的使用者介面 (D)傳輸層：UDP屬於傳輸層的協定。

( ) **35** 有關對稱式加密與非對稱式加密之敘述，下列何者有誤？ (A)對稱式代表加密與解密均為相同密鑰，非對稱式則需公、私鑰各一把 (B)對稱式使用上解密較快速，非對稱式使用上則較為安全 (C)DES、3DES及AES均為對稱式加密演算法 (D)DSA、IDEA及RSA均為非對稱式加密演算法。

( ) **36** 為預防遭受勒索軟體（Ransomware）之攻擊，定期備份重要檔案並採用「3-2-1原則」備份方案是防護措施之一，有關「3-2-1原則」之敘述，下列何者正確？ (A)3：以3種不同形式媒體儲存備份 (B)2：重要資料至少備份2份 (C)1：其中1份備份要存放異地 (D)3：每月至少進行3次備份。

( ) **37** 有關網際網路通訊協定第4版（IPv4）和第6版（IPv6）之比較敘述，下列何者有誤？ (A)IPv6位址格式設有省略規則，IPv4則無 (B)IPv6位址數量比IPv4多 (C)IPv6表頭長度可以變動，IPv4則為固定 (D)IPv6表頭欄位比IPv4少。

( ) **38** 下列哪一個IP位址與172.16.28.252／20非屬同一個子網路中？ (A)172.16.33.18 (B)172.16.29.166 (C)172.16.27.39 (D)172.16.17.122。

( ) **39** SSL和TLS都是基於加密的網路安全協定，下列何者有誤？ (A)SSL交握程式的步驟比TLS程式多 (B)SSL使用雜湊訊息驗證碼（HMAC） (C)TLS是SSL的升級版本 (D)TLS提醒訊息已加密。

( ) **40** 有關入侵偵測系統（Intrusion-Detection System, IDS）之敘述，下列何者有誤？ (A)可監控網絡或系統中的異常或可疑行為 (B)異常行為偵測需先定義正常行為 (C)具有主動防禦的能力 (D)網路型IDS可安裝於任何地方，屬獨立系統。

( ) **41** 有關TCP協定之流量控制（Flow Control）功能之敘述，下列何者正確？ (A)避免流量超過發送端傳送的能力 (B)避免流量超過接收端接收的能力 (C)避免流量超過路由器轉送的能力 (D)避免流量超過交換器轉址的能力。

( ) **42** 下列何者非針對OSI模型（Open System Interconnection Model）中應用層的攻擊手法？ (A)DNS Cache Poisoning (B)HTTP Flood (C)SYN Flood (D)SQL Injection。

( ) **43** 有關FTP傳輸時使用2個連接埠來建立連線通道之敘述，下列何者正確？ (A)控制連線用TCP連接埠20 (B)控制連線用UDP連接埠20 (C)資料連線用TCP連接埠20 (D)資料連線用UDP連接埠20。

( ) **44** 檢測系統安全與否一般會採用弱點掃描（簡稱弱掃）和滲透測試（簡稱滲透），有關兩者差異比較之敘述，下列何者有誤？ (A)弱掃較滲透更能發現未知漏洞 (B)弱掃採自動化工具，滲透採人工檢測 (C)執行弱掃之成本通常較滲透低 (D)執行弱掃之時機通常較滲透頻繁。

（　）**45** 有關Distance Vector（簡稱DV）與Link State（簡稱LS）路由演算
法兩者差異之敘述，下列何者有誤？
(A)DV定期更新路由資訊，但LS則否
(B)RIPv2路由協定採取DV，OSPF則採取LS
(C)LS之路由資訊收斂較DV快
(D)DV運行較LS需更大頻寬。

（　）**46** 有關路由器和第3層交換器（簡稱L3SW）之差異敘述，下列何者
有誤？
(A)路由器的路由表規模較L3SW大
(B)兩者都支援NAT and Tunneling
(C)路由器支援VPN，L3 Switch則不支援
(D)路由器由軟體執行路由，L3SW則由硬體執行。

（　）**47** CIDR（Classless Inter-Domain Routing）是一種IP位址分配方法，
下列敘述何者有誤？
(A)CIDR標記172.16.0.0 / 12是IPv4 Class B的私有IP範圍
(B)CIDR可提高網際網路上的資料路由效率
(C)CIDR標記192.168.1.1 / 25的子網路遮罩是255.255.255.192
(D)CIDR可減少IP位址浪費。

（　）**48** 下列何者為輕量型目錄存取通訊協定（LDAP）預設使用之連接
埠？　(A)290　(B)289　(C)390　(D)389。

（　）**49** tracert或traceroute指令常利用於網路診斷，下列何者為前述指令採
用之協定？　(A)ICMP　(B)SNMP　(C)SMTP　(D)DHCP。

（　）**50** ZigBee與Bluetooth皆屬近距離的無線網路技術，下列敘述何者
正確？
(A)兩者都是基於IEEE 802.15.4標準
(B)ZigBee的傳輸速率較Bluetooth快
(C)ZigBee的成本較Bluetooth高
(D)ZigBee的功耗較Bluetooth低。

## 解答與解析 （答案標示為#者，表官方曾公告更正該題答案。）

**1 (C)**。8進位轉10進位

$2345 \Rightarrow (2 \times 8^3) + (3 \times 8^2) + (4 \times 8^1) + (5 \times 8^0) = 1024 + 192 + 32 + 5 = 1253$

$0.67 \Rightarrow (6 \times 8^{-1}) + (7 \times 8^{-2}) = (6 \times \frac{1}{8}) + (7 \times \frac{1}{64}) = \frac{48}{64} + \frac{7}{64} = \frac{55}{64} = 0.859375$

$\Rightarrow (1253.859375)_{10}$

10進位轉16進位

$$\begin{array}{l} 16\underline{|1253}......5 \\ \quad 16\underline{|78}......14 = E \\ \qquad 4 \end{array} \qquad \begin{array}{r} 0.859375 \\ \times \quad 16 \\ \hline 13.75 \Rightarrow D \end{array} \qquad \begin{array}{r} 0.75 \\ \times \quad 16 \\ \hline 12 \Rightarrow C \end{array}$$

$\Rightarrow 4E5.DC$，故選(C)。

**2 (A)**。由於立即定址模式無須記憶體的存取動作，運算元直接嵌入指令中，因此運算元擷取速度最快，故選(A)。

**3 (B)**。Least Recently Used（LRU），此策略的目標是保留最近被使用的元素，以確保之後可能再次使用到的命中率，意思是越長時間未被使用的元素，未來會再次被使用的機率越低，故選(B)。

**4 (C)**。因為5除12得出的答案是0.4166666的無限循環，使用二進位表示會出現錯誤跟誤差，故選(C)。

**5 (D)**。由於BCD編碼在十進位中表示不能超過9，而010100101100當中的1100以十進位表示為10，因此錯誤，故選(D)。

**6 (B)**。(A)5 Gbps：USB 3.0 / USB 3.1 Gen 1。(B)10 Gbps：USB 3. Gen 2x1。(C)20 Gbps：USB 3.2 Gen 2x2。(D)40 Gbps：USB4，故選(B)。

**7 (D)**。資料匯流排和控制匯流排在傳輸方向上是不同的，資料匯流排是雙向的，而控制匯流排通常是單向的，故選(D)。

**8 (A)**。TB（Terabyte）：1 TB為1,024 GB。
PB（Petabyte）：1 PB為1,024 TB。
EB（Exabyte）：1 EB為1,024 PB。
ZB（Zettabyte）：1 ZB為1,024 EB，故選(A)。

**9 (B)**。在邏輯運算中，Y+1不等於Y；在布林代數中，Y+1的結果為1，表示邏輯"OR"運算中，只要Y或1有一個為真，結果即為真，故選(B)。

**10 (D)**。(A)Prim：用於解決最小生成樹問題的演算法，從一個初始節點開始，逐步擴展生成樹，每次選擇與當前生成樹相連的邊中權重最小的邊，直到生成樹包含所有的節點。(B)Bellman-Ford：用於計算單元最短路徑，處理帶有權重的有向圖，並能處理有負向邊的情況。(C)Dijkstra：用於計算單元最短路徑，與Bellman-Ford不同，Dijkstra不能處理有負向邊的圖，但在正向多的情況下，通常比Bellman-Ford更有效率。(D)Kruskal：此演算法不需要指定起始節點，是一種基於邊的演算法，透過按權重昇冪排列邊，然後逐步選擇最小權重的邊，只要該邊不成環，就加入生成樹；因此，Kruskal演算法可以從任意節點開始擴展生成樹，故選(D)。

**11 (B)**。根據阿姆達爾定律，公式為 $x = \dfrac{1}{(1-f) + \dfrac{f}{n}}$，

帶入後為1/[(1-0.75)+(0.75/n)]=0.5，因此n>2，所以至少需要三個處理器，故選(B)。

**12 (C)**。LRU及OPT（Optimal）都是stack algorithms，因此不會出現Belady's Anomaly，故選(C)。

**13 (C)**。四個選項的最差情況時間複雜度，選擇排序：$O(n^2)$、快速排序：$O(n^2)$、合併排序：(C)。$O(n \log n)$、插入排序：$O(n^2)$，相對來說，合併排序是四個當中比較好的時間複雜度，故選(C)。

**14 (B)**。其中Bit Map及I/O Device Queue不屬於程式控制區塊，故選(B)。

**15 (A)**。Java是具有垃圾收集機制的程式語言，在Java中，工程師不需要轉寫程式做手動釋放記憶體，而是由垃圾收集器負責定期檢測不再使用的物件並將其回收，故選(A)。

**16 (D)**。雜湊（Hash）函數的基本特性，具有資料校驗與完整性檢查、密碼儲存、數據結構、數據分區、一致性（輸入相同資料結果相同）、不可逆性（無法解密）、抗碰撞（輸入資料不同結果不可能重複），故選(D)。

**17 (A)**。主成分分析（Principal Component Analysis，PCA）是無監督的降維方法，將原始數據投影到新的坐標系統中，以保留最大方差的方式來減少數據的維度，因為不需要標籤資訊進行運算，所以PCA不要求標籤資訊，故選(A)。

**18 (C)**。正規化的主要目的是減少資料的重複性，可以提高資料的一致性和減少存儲需求；正規化通常將一個大的、包含多值屬性的表格拆分成多個表格，每個表格包含特定的屬性，這樣可以減少冗餘數據，因此程度越高，存取時所需的效能越低，故選(C)。

**19 (C)**。(A)Page Table：用來管理虛擬記憶體的資料結構，記錄每個虛擬頁面與實體記憶體之間的對應關係。(C)Swap Space：用來暫時存放被置換出來的頁面或程式區段的磁碟區域，當系統需要更多實體記憶體空間時，可以將目前不活動的資料或程式碼儲存到Swap Space中，用以釋放實體記憶體，故選(C)。(D)Virtual Cache：虛擬快取通常是在虛擬記憶體中的暫存區，用來存放最近或頻繁存取的資料，幫助提高系統的效能，可以允許快速地檢索常用的資料，而不必每次都從較慢的主記憶體或儲存裝置中讀取。

**20 (D)**。(A)Array：是固定大小的資料結構，不適合在動態新增或移除元素的情況。(B)Linked List：雖然支援動態新增和移除元素，但尋找最大值可能需要訪問整個資料鏈表，效能較差。(C)Queue：是先進先出（FIFO）的資料結構，不太適合每次都取得最大值的狀況。(D)Heap：是二元樹結構，有最大堆和最小堆兩種形式，最大堆的根節點的值大於或等於其子節點的值，因此能夠方便快速地尋找最大值，故選(D)。

**21 (B)**。(A)RAID 1：鏡像備份，RAID 1透過將數據完全複製到兩個磁碟來提供容錯能力，如果其中一個磁碟故障，另一個磁碟仍有完整的資料。(B)RAID 3：使用奇偶校驗盤來提供容錯能力，RAID 3將數據分成字節並將其分別寫入不同的磁碟，其中一個磁碟用於存儲奇偶校驗，以便在任一個磁碟失效時重建數據，但如果儲存奇偶校驗的硬碟失效，則整個數據陣列就無法正確運作，故選(B)。(C)RAID 5：也是使用奇偶校驗，但是將奇偶校驗數據分佈在所有磁碟上，這提供相對應的容錯能力，因為如果單個磁碟失效，可以透過其他磁碟的數據和奇偶校驗數據來重建。(D)RAID 1+0 (RAID 10)：這是RAID 1和RAID 0的組合，RAID 10將磁碟分為兩個鏡像的子集，然後將這些鏡像的數據進行帶狀分佈，使之發揮RAID 1的容錯能力和RAID 0的效能優勢。

**22 (A)**。傳址呼叫（pass by reference）被認為是資料傳遞速度最快的方式之一，在這方法中，實際上傳遞的是記憶體位置或指標，而不是數據的副本，當資料量大時，可以節省時間和內存空間，因為不需要複製整個數據。

解答與解析

傳值呼叫（pass by value）需要將數據的副本傳遞給副程式，這需要額外的時間與空間。

其他呼叫方法，例如：傳名呼叫及傳結果呼叫相對較少使用，在一些特定情況下可能會有特殊需求，故選(A)。

**23 (A)**。以奇同位元來說，如果給定一組資料位中1的個數是奇數，需補一個bit為0，使得總個1的個數是奇數，因此兩個資料碼都是基數個1，所以都要補一個0，故選(A)。

**24 (C)**。在自然語言處理中，單純以單詞出現的次數來衡量單詞的重要性可能忽略了上下文和語境的影響，故選(C)。

**25 (D)**。GIF（Graphics Interchange Format）是支援透明度的影像格式，允許其中的某個顏色被指定為透明色，當圖片中某個圖元的顏色與設定的透明色相符時，該圖元會變為透明，讓背景顯示出來，其他格式如BMP、TIFF、JPG不直接支援透明度，但某些變種格式或透過其他方式，則可以達成透明的成效，故選(D)。

**26 (C)**。在傳輸層，資料被分割成段以進行傳輸，並且傳輸層的協議主要負責管理這些片段的傳輸，在其他層中，資料單元的術語可能不同，例如：在網路層是Packet，在資料連結層是Frame，故選(C)。

**27 (D)**。使用網路所需的必要設定：(A)子網路遮罩：用來劃分IP地址，確定網路範圍。(B)預設閘道器（Default Gateway）：指定要將資料發送到預設路由器的IP地址。(C)名稱伺服器（Name Server）：也就是DNS（Domain Name System），用於解析主機名稱到IP地址。(D)防火牆（Firewall）：雖然防火牆是網絡的一部分，但對於基本的Internet連接，不是手動設定的必需項目，故選(D)。

**28 (A)**。(A)SNMP（Simple Network Management Protocol）是管理網路設備的協議，用於監控和管理網路中的各種設備，並非針對IPv4位址不足的問題的解決技術，故選(A)。(B)DHCP（Dynamic Host Configuration Protocol）：可動態主機配置協議，用於自動分配IP位址和其他網路配置資訊，用以解決位元址不足的問題。(C)IPv6：是IPv4的後繼版本，擁有更大的地址空間，解決了IPv4位址不足的問題。(D)NAT（Network Address Translation）：網路位址轉換，用於將私有網路中多個設備映射到單一的公共IP位址，解決了IPv4位址不足的問題。

**29 (B)**

**30 (D)**。(A)VLAN（Virtual Local Area Network）：用於在物理網路邏輯上將設備分組的技術，不涉及遠端訪問。(B)NAT（Network Address Translation）：用於將私有網路中的內部IP地址轉換為公共IP地址，通常用於路由器上，不提供遠端訪問的功能。(C)PPP（Point-to-Point Protocol）：是用於在點對點連接上進行數據傳輸的通信協議，通常不用於遠端訪問公司內部網路。(D)VPN是允許個人聯網裝置，透過網路安全連接到公司的內部網路的解決方案；VPN提供加密和安全的通道，透過這個通道，員工可以在網上傳輸敏感資料，同時保持通信的機密性和完整性，故選(D)。

**31 (B)**。TTL（Time To Live）是IPv4標頭中的一個欄位，表示該封包在網路上能夠傳輸存在的時間，每當封包經過一個路由器時，TTL的值會減少，如果TTL的值減少到0，封包就會被丟掉；這個機制幫助防止封包在網路上無限循環，也用於檢測路由循環或封包遲滯的問題。
封包總長（Total Length）：標示整個IP封包的長度。
標頭檢驗值（Header Checksum）：用於檢查IP標頭的完整性。
標頭長度（IHL - Internet Header Length）：標示IP標頭的長度，但這通常在封包發送過程中保持不變，故選(B)。

**32 (A)**。(A)路由器（Router）：路由器工作在OSI模型的第三層（網路層），可以分割碰撞網域，因為能夠隔離不同的子網，將不同子網之間的通信透過路由器進行，從而減少碰撞網域的範圍，故選(A)。(B)集線器（Hub）：集線器是一種物理層的設備，將收到的訊號放大後傳送給所有連接的裝置，無法分割碰撞網域。(C)橋接器（Bridge）：橋接器工作在OSI模型的第二層（數據鏈結層），透過橋接器可以將網路區分為多個碰撞網域。(D)交換器（Switch）：交換器工作在OSI模型的第二層或第三層，能夠根據MAC地址學習和轉發數據，但無法將數位訊號轉換為類比訊號。

**33 (B)**。負責監控感測器的網路狀態：通常是屬於感知層的功能，而不是網路層。
負責感測與辨識感測器的信號：這涉及到感知層的工作，網路層通常不直接處理感測器的信號辨識。
負責將感測及辨識後的資料進行分類：這是應用層的功能，網路層通常不涉及對資料的具體分類。
故選(B)。

**34 (A)**。ARP（Address Resolution Protocol）是工作在資料連結層的協議，用於將IP位址解析為MAC地址，而FTP（File Transfer Protocol）是工作在應用層的協定，用於在網路上傳輸檔；因此，這兩者不屬於同一個OSI模型的層次，ARP屬於資料連結層，而FTP屬於應用層，故選(A)。

**35 (D)**。DSA（Digital Signature Algorithm）是非對稱式的數位簽章演算法，主要用於數位簽章的生成和驗證。
RSA是非對稱式的加密和數位簽章演算法，可用於數據的加密和數位簽章。
IDEA（International Data Encryption Algorithm）則是對稱式的區塊加密演算法，不屬於非對稱式加密，故選(D)。

**36 (C)**。「3-2-1原則」是常見的備份策略，其說明如下：
3：至少要有3個備份，以增加備份的多樣性和穩定性。
2：至少有2個不同的媒體類型用來儲存備份，例如：硬碟和磁帶、雲端和外部硬碟等；即使某一種媒體失效，仍然有另一種可以使用。
1：至少要有1份備份存儲在不同的地理位置，以防止因地區性災害（例如：火災、水災等）導致的資料損失，故選(C)。

**37 (C)**。IPv6和IPv4在這方向是相同，都有固定的表頭長度，IPv6表頭的長度是40個字元，而IPv4表頭的長度是20個字元，故選(C)。

**38 (A)**。IP位址172.16.28.252／20表示該IP位址屬於一個以172.16.16.0作為網路地址、子網路遮罩為255.255.240.0（/20的CIDR標記法）的子網。
172.16.33.18則不屬於同一個子網，故選(A)。

**39 (B)**。SSL中使用的是MAC（Message Authentication Code）而非HMAC（Hash-based Message Authentication Code）。
HMAC是基於雜湊函數和密鑰的一種驗證碼，而SSL在一些版本中使用的是MAC，但並非HMAC；TLS則引入對HMAC的支援，以增加安全性，故選(B)。

**40 (C)**。入侵偵測系統（IDS）通常是被動的監控系統，其主要功能是檢測網絡或系統中的異常行為或潛在的入侵，並發出警報，但並不直接採取主動防禦措施，故選(C)。

**41 (B)**。避免流量超過發送端傳送的能力：這是擁塞控制，而不是流量控制；擁塞控制是為了防止網路擁塞而調整發送端的速率。
避免流量超過路由器轉送的能力：路由器的能力與TCP流量控制不直接相關。

避免流量超過交換器轉址的能力：與TCP流量控制不直接相關，描述更接近於網路設備的處理能力。
故選(B)。

**42 (C)**。(A)DNS Cache Poisoning（DNS快取污染）：是一種攻擊手法，攻擊者試圖將惡意的DNS記錄注入到DNS快取中，使得解析特定網功能變數名稱的請求被導向惡意的IP位址。(B)HTTP Flood（HTTP洪水）：是一種DoS（Denial of Service）攻擊，攻擊者透過發送大量的HTTP請求，用意在超出目標網站或網路的處理能力，從而使其無法正常提供服務。(C)SYN Flood（SYN洪水）：SYN Flood也是一種DoS攻擊，但是利用TCP三向握手過程中的SYN階段，攻擊者發送大量的偽造的TCP SYN請求給目標伺服器，使其耗盡資源以處理這些未完成的握手請求，從而阻礙合法的連線；TCP是運作在傳輸層，故選(C)。(D)SQL Injection（SQL注入）：一種攻擊手法，通常針對應用程式的資料庫，攻擊者透過在應用程式的輸入欄位中插入惡意的SQL語句，從而繞過應用程式的驗證機制，並可能獲取、修改或刪除資料庫中的數據。

**43 (C)**。FTP（File Transfer Protocol）在傳輸檔時，通常使用兩個連接埠，分為控制連線和資料連線；控制連線使用TCP連接埠21，而資料連線使用TCP連接埠20，故選(C)。

**44 (A)**。滲透測試（Penetration Testing）是模擬攻擊的測試方法，其目的是模擬攻擊者的行為以發現和利用系統的弱點，滲透測試涉及模擬攻擊場景，使用各種手法尋找漏洞，並評估對系統的影響。
弱點掃描（Vulnerability Scanning）則是以自動化的方式，用來檢測已知漏洞，通常是被動執行，僅僅掃描系統中已知的漏洞，雖然弱點掃描可以有效地檢測已知漏洞，但對於未知漏洞的發現能力相對有限，故選(A)。

**45 (D)**。通常是Link State（LS）協定需要更多的頻寬，Distance Vector（DV）和Link State（LS）是兩種主要的路由演算法，而其特性不僅只與頻寬有關，還受到其他因素的影響，不過一般來說LS運行可能需要更多的頻寬，故選(D)。

**46 (B)**。路由器（Router）通常支援NAT（Network Address Translation）和Tunneling（隧道技術），而第3層交換機（Layer 3 Switch）通常只支援路由功能，但對於NAT和Tunneling的支援有限，故選(B)。

**47 (C)。** 在CIDR中，子網路遮罩的標記法是使用斜線符號後接的數字，這個數字表示該網段中用於主機的位元數，這種標記法中，/25表示有25位被用於網路遮罩，因此剩餘的7位可用於主機，也就是說子網路遮罩是由左邊起的前25位為1，其餘為0，因此對應的子網路遮罩是255.255.255.128，故選(C)。

**48 (D)。** 290：此埠並非LDAP的埠；在網路中，埠290通常用於"Jasmine"遠端建模工具。
289：此埠也不是LDAP的埠；在網路中，埠289通常用於HTTP網頁瀏覽器。
390：此埠也不是LDAP的埠；在網路中，埠390通常用於UIS（使用者介面服務）或Unisys UIS庫，故選(D)。

**49 (A)。** (A)ICMP（Internet Control Message Protocol）：網路層協定，用於在IP網路上傳遞錯誤消息和操作狀態。tracert和ping等網路診斷工具通常使用ICMP來測試主機的可用性和測量往返時間，故選(A)。(B) SNMP（Simple Network Management Protocol）：用於網路設備（如路由器、交換機）監控和管理的應用層協定；允許管理者透過網路從設備中檢索資訊，或者向設備發送控制命令。(C)SMTP（Simple Mail Transfer Protocol）：用於電子郵件傳輸的協定，屬於應用層協定；負責將郵件從發送者的郵件伺服器傳遞到接收者的郵件伺服器。(D)DHCP（Dynamic Host Configuration Protocol）：DHCP是網路通訊協定，用於動態分配IP位址和其他網路配置資訊給連線主機；DHCP允許電腦在連接到網路時自動獲取所需的網路設置。

**50 (D)。** ZigBee是基於IEEE 802.15.4標準，但藍芽是IEEE 802.15.1。
ZigBee的傳輸速率較Bluetooth快：一般情況下並不正確，雖然傳輸速率的取決於實際的運用狀況，但一般來說，Bluetooth提供更高的傳輸速率
ZigBee的成本較Bluetooth高：ZigBee是一種近距離、低複雜度、低功耗、低數據速率、低成本的雙向無線通信技術，整體建置成本比藍芽低。
ZigBee的功耗較Bluetooth低：一般情況下是正確，ZigBee被設計用於低功耗的感測器和控制設備，因此通常功耗較低；Bluetooth則不強求於低功號的使用，故選(D)。

# 112年彰化銀行第二次新進人員

( )　**1** 下列何種記憶體的存取速度最快？ 　(A)暫存器　(B)光碟機　(C)快取記憶體　(D)動態隨機存取記憶體。

( )　**2** 有關Linux，下列敘述何者正確？ 　(A)是個單人單工的系統　(B)是個單人多工的系統　(C)是個多人單工的系統　(D)是個多人多工的系統。

( )　**3** 有關MS-DOS的命令，下列何組指令代表兩個截然不同的動作？ (A)ren或rename　(B)cd或chdir　(C)del或erase　(D)cls或copy。

( )　**4** 銀行每半年計息一次，下列何種作業系統的處理方式最適合？ (A)即時系統（real time system）處理　(B)分時處理（time-sharing）作業　(C)批次處理（batch processing）作業　(D)平行處理（parallel processing）作業。

( )　**5** 已知大寫英文字母E的ASCII code為01000101，大寫英文字母G的ASCII code為何？ 　(A)01000111　(B)01001100　(C)01001111 (D)01000110。

( )　**6** 透過DNS（Domain Name System）就可以將網域名稱和IP位址互相對應，所以網域名稱有命名的規範。以「6000.gov.tw」為例，下列何者代表國家或區域之網域？ 　(A)6000　(B)gov　(C)tw (D)gov.tw。

( )　**7** 下列何者是Internet採用的通訊協定？ 　(A)X.25　(B)802.1x　(C)TCP/IP　(D)ISO的OSI。

( )　**8** IP位址通常是由四個十進位數字所組成，例如：140.112.30.22，每個數字的範圍為何？ 　(A)0～255　(B)1～255　(C)0～999　(D)1～999。

(　　) **9** 根據美國國家標準與技術研究院(NIST)的定義，雲端運算有三種服務模式。根據使用者需求付費的概念，使用者可挑選使用到的網路、儲存容量、伺服器進行付費，不須支出維護與購買硬體的費用，例如：Amazon EC2，這是屬於下列何項服務？　(A)IaaS, Infrastructure as a Service　(B)MaaS, Machine as a Service　(C)PaaS, Platform as a Service　(D)SaaS, Software as a Service。

(　　) **10** 網路傳輸媒介中的無導向媒介(undirected media)不需要實體媒介，而是透過開放空間以電磁波的形式傳送訊號。其中，下列何種媒介適合群播（一對多通訊），其優點是收訊端無須對準發訊端、能夠穿透障礙物，缺點則是容易洩密及受到干擾？　(A)紅外線　(B)無線電　(C)地面微波　(D)衛星微波。

(　　) **11** 下列何者不是Linux的關機命令？　(A)halt　(B)quit　(C)poweroff　(D)shutdown。

(　　) **12** 有關布林代數定理，下列何者是所謂的狄摩根定理(De Morgan's Law)？　(A)X+X'Y=X+Y　(B)(X*Y)'=X'+Y'　(C)X*(X'+Y)=X*Y　(D)X+(Y*Z)=(X+Y)*(X+Z)。

(　　) **13** 布林函數F(X,Y)=X'Y+XY'，可以下列哪一個邏輯閘表示？　(A)XOR　(B)NOR　(C)NAND　(D)XNOR。

(　　) **14** 如果CPU中的位址匯流排(Address Bus)有32位元，在一個記憶體位址佔據一個位元組的前提下，可定址出之實體記憶體空間為何？　(A)2GB　(B)4GB　(C)8GB　(D)16GB。

(　　) **15** IP位址「11000011110100110111100101110011」可以表示為下列何者？　(A)195.211.120.116　(B)195.211.121.115　(C)195.210.120.113　(D)195.209.120.114。

(　　) **16** 將01001100和10001111進行XOR運算，下列何者為其運算後的結果？　(A)11000011　(B)11001111　(C)11110011　(D)00001100。

（　）**17** 如欲將一個Class B網路劃分為六個子網路，下列何者為其子網路遮罩設定？　(A)255.255.0.0　(B)255.255.7.0　(C)255.255.224.0　(D)255.255.248.0。

（　）**18** 下列何者不是網路通訊協定？　(A)HTTP　(B)FTP　(C)SMTP　(D)HTML。

（　）**19** SQL查詢語法最主要由三部分構成，不包含下列何者？　(A)SELECT　(B)FIND　(C)FROM　(D)WHERE。

（　）**20** 在物件導向（object-orientation）程式設計中，將程式碼切割成許多模組（Module），使各模組之間的關連性降到最低，並將資料和函式（物件行為）放在一起，直接定義在物件上的特性稱為何？
(A)繼承（inheritance）　　　(B)多行（polymorphism）
(C)封裝（encapsulation）　　(D)類別（class）。

（　）**21** IPv6使用多少位元作為定址的空間？　(A)32位元　(B)64位元　(C)128位元　(D)256位元。

（　）**22** 下列哪一項資料型態，是用來處理一序列具有相同型態的資料？
(A)字元（char）　(B)陣列（array）　(C)結構（structure）　(D)指標（pointer）。

（　）**23** 當你透過網頁瀏覽器如Chrome或Edge造訪網站如yahoo.com或google.com時，通常背後會觸發一些網路通訊協定以協助你能順利連上該網站。觸發的通訊協定通常不會包含下列何者？　(A)SMTP　(B)ARP　(C)DNS　(D)SSL/TLS。

（　）**24** 連結導向服務的TCP與非連結導向的UDP兩種通訊協定是位於OSI網路架構標準中的哪一層？
(A)應用層（Application Layer）
(B)會議層（Session Layer）
(C)傳輸層（Transport Layer）
(D)網路層（Network Layer）。

( ) **25** 悠遊卡利用下列哪一種通訊技術進行資料傳輸？
(A)Bluetooth (B)Wi-Fi
(C)LTE (D)RFID。

( ) **26** 考慮一個空的stack，執行指令如附表，最終Stack的內容為何？ (A)10,7,16,12,3 (B)10,7,12 (C)10,12 (D)10,3。

```
push 10
push 7
push 16
pop
pop
push 12
push 3
pop
```

( ) **27** 宣告一個2D陣列X[1…10][1…100]。如果X[1][1]在記憶體中的位址(address)是1200，並且每個陣列的元素大小都是4。X[3][2]的位址是多少（使用row-major storage）？ (A)1232 (B)1248 (C)1401 (D)2004。

( ) **28** 在堆疊（stack）、佇列（queue）兩種資料結構下，兩者的資料存取特性各為何？（FIFO：先進先出；LIFO：後進先出） (A)堆疊FIFO、佇列FIFO (B)堆疊FIFO、佇列LIFO (C)堆疊LIFO、佇列FIFO (D)堆疊LIFO、佇列LIFO。

( ) **29** 假設每張照片其像素值為100*100像素，也就是每行、每列皆為100像素。如果你有一台容量為256MB硬碟，此硬碟最多可存多少張灰階模式的照片？ (A)8,800張 (B)9,076張 (C)12,800張 (D)25,600張。

( ) **30** 在OSI模型下，下列四個傳輸協定中，何者所處的層與其他不同？
(A)FTP (B)SMTP (C)UDP (D)SSH。

---

**解答與解析** （答案標示為#者，表官方曾公告更正該題答案。）

**1 (A)**。(A)暫存器（Register）：位於中央處理器（CPU）內部的最快速的儲存裝置；暫存器用於臨時存儲和處理指令、數據等，由於接近CPU，暫存器的存取速度最快，但容量有限，僅能容納少量的資料，故選(A)。(B)光碟機（Optical Drive）：用於讀取和寫入光學媒體的裝置，例如：CD、DVD、藍光DVD等，光碟機通常用於儲存和讀取大量數據，如：音樂、影片、軟體等。(C)快取記憶體（Cache Memory）：

位於CPU和主記憶體之間高速緩存，用於臨時存儲CPU常用的指令和
數據。(D)動態隨機存取記憶體（Dynamic Random Access Memory，
DRAM）：一種用於主記憶體的半導體記憶體類型；DRAM需要定期刷
新保持存儲的數據，並且存取速度相對較慢，但提供較大的儲存容量。

**2 (D)**。Linux是一種多人多工的作業系統，可以同時支援多個使用者進行不同
的任務；多工能力允許多個程序同時運行，每個使用者可以在同一時間
內執行多個任務，而不會互相影響；這使Linux成為適用於伺服器和桌
面系統的多任務作業系統，故選(D)。

**3 (D)**。"cls"用於清空頁面上的內容，就是清除有顯示出的內容；"copy"用於複
製文件，故選(D)。

**4 (C)**。(A)即時系統（Real-Time System）處理：需要在特定時間內完成任務的系
統；系統要求對外界的狀況作出即時反應，無法接受長時間的延遲，例
如：飛行控制系統、醫療設備等都需要使用即時系統，確保在特定時間內
完成關鍵的任務。(B)分時處理（Time-Sharing）作業：一種多工操作的方
式，允許多個用戶共同使用計算機系統；每個用戶被分配一小段時間，在
這時間內可以執行他們的任務；這使多個用戶能夠在同一台計算機上交替
進行作業，呈現上好像同時在運行。(C)批次處理（Batch Processing）作
業：將一組相似的任務一次性收集起來，然後共同處理的方式；這種方式
適合需要週期性執行的大量工作，例如：數位資料處理、批量報表生成
等；一般狀況下，在批次處理中，用戶不需要即時作互動，故選(C)。(D)
平行處理（Parallel Processing）作業：指同一個任務被切分多個子任務，
這些子任務可以同時執行，用以提高系統的整體效能；平行處理通常用於
處理需要大量計算的任務，例如：科學計算、圖形處理等。

**5 (A)**。

| 0100 0001 | A | 0100 0010 | B | 0100 0011 | C | 0100 0100 | D | 0100 0101 | E | 0100 0110 | F | 0100 0111 | G |
|---|---|---|---|---|---|---|---|---|---|---|---|---|---|
| 0100 1000 | H | 0100 1001 | I | 0100 1010 | J | 0100 1011 | K | 0100 1100 | L | 0100 1101 | M | 0100 1110 | N |
| 0100 1111 | O | 0101 0000 | P | 0101 0001 | Q | 0101 0010 | R | 0101 0011 | S | 0101 0100 | T | 0101 0101 | U |
| 0101 0110 | V | 0101 0111 | W | 0101 1000 | X | 0101 1001 | Y | 0101 1010 | Z | | | | |

故選(A)。

**6 (C)**。一般DNS的對應方式，代表國家或區域的部分，通常是網域名稱的最右
側；這題的情況是，「tw」代表台灣，表明這是一個台灣的網域，故選(C)。

解答與解析

**7 (C)**。(A)X.25：由國際電信聯盟（ITU）定義的網路協定；在廣域網路（WAN）中用於連接分散式終端的協定，X.25定義了在數據網路上進行連接、設置、維護和拆除連接的程序，並提供錯誤檢測和重發功能。(B)802.1x：一個IEEE標準，用於網路訪問控制，定義一個用於提供網路設備驗證身份的框架；一般用於Wi-Fi網絡，802.1x提供一種標準的方法，使設備需要通過身份驗證才能連接到受保護的網路。(C)TCP/IP：網際網路協定套件，包括傳輸控制協定（TCP）和網際網路協定（IP）；目前Internet網路上使用的主要協定，負責在不同網路之間傳輸數據，故選(C)。(D)ISO的OSI：由國際標準組織（ISO）定義的網路協定模型；OSI模型將網路通信分為七個不同的層次，每一層都有特定的功能；OSI模型提供一個框架，描述網路通信中每個階段的功能。

**8 (A)**。每個數字都被稱為一個「位元組」（byte），提取範圍從0到255；IPv4位址的格式是以四個數字為一組，用點分別十進制表示，如：192.168.1.1；每組數字使用8個位元表示，因此範圍是0到255，故選(A)。

**9 (A)**。IaaS（基礎設施即服務）模式中，使用者可以根據需要選擇並支付使用的基礎設施元件，如：網路、儲存容量及伺服器，而不需要擔心硬體的維護和購買；Amazon EC2是提供虛擬伺服器IaaS服務的供應功能，讓使用者能夠按配置和管理虛擬伺服器，故選(A)。

**10 (B)**。無線電最適合群播（一對多通訊），優點是不需要明確的直線視線，因此接收端無需對準發射端，使得群播通信更方便；相對於紅外線等波段，能夠較好穿透障礙物，如：牆壁或建築物，使得在複雜環境中的通信更具可行性；缺點是容易洩密，由於無線電波可在開放空間傳播，信號容易受到竊聽；無線電波容易受到其他無線設備、電磁干擾，可能導致通信品質下降，故選(B)。

**11 (B)**。quit不是Linux在使用的命令；正確的Linux關機命令包括：halt、poweroff和shutdown，故選(B)。

**12 (B)**。根據狄摩根定理有兩項$(X+Y)'=X'\ Y'$及$(X\ Y)'=X'+Y'$，故選(B)。

**13 (A)**。布林函數$F(X,Y)=X'Y+XY'$，我們可以進行化簡：
$F(X,Y)=X'Y+XY'$使用狄摩根定理$XY+X'Y'=X+Y=>$
$F(X,Y)=X'Y+XY'=(X'+Y)(X+Y')$
因此，該布林函數等於$F(X,Y)=(X'+Y)(X+Y')$；
這與XOR邏輯閘的定義相同。
XOR的輸出為$FXOR(X,Y)=(X'\cdot Y)+(X\cdot Y')$，故選(A)。

**14 (B)**。位址匯流排有32位元＝$2^{32}$，就是$2^{32}$bytes＝4294967296bytes＝約4294967KB＝約4294MB＝約4GB，故選(B)。

**15 (B)**。將二進位IP位址「11000011110100110111100101110011」轉換為十進位，按照每八位元一組進行分組：195.211.121.115，故選(B)。

**16 (A)**。XOR運算的規則是相對應的兩個位元相同則結果為0，不同則結果為1。
01001100
10001111
進行XOR運算：11000011，故選(A)。

**17 (C)**。六個子網路需要3個位元（因為$2*3=8$，可以表示8個不同的數字，其中0到7），所以需要在子網路遮罩中保留3個位元。
因此以下選項：(A)255.255.0.0：這是Class B的預設遮罩，不夠劃分六個子網路。(B)255.255.7.0：不正確的表示，因為並不是有效的子網路遮罩；有效的子網路遮罩應是由連續的1組成，而不是在中間有插入0。(C)255.255.224.0：正確的表示；在二進位中，表示為11111111.11111111.11100000.00000000，其中有3個位元被保留，足夠表示6個子網路，故選(C)。(D)255.255.248.0：不正確的表示；在二進制中，這表示為11111111.11111111.11111000.00000000，變成有5個位元被保留。

**18 (D)**。HTML（超文本標記語言）不是網路通訊協定，HTML是網路標記語言，用於描述網頁的結構和內容，而不是用在網路上進行通訊的協定；HTTP（超文本傳輸協定）、FTP（檔案傳輸協定）和SMTP（簡單郵件傳輸協定）都是網路通訊協定，用於在計算機網路上進行數據傳輸和通訊，這些協定用來定義數據的格式、傳輸方式和相對應的規則，確保不同電腦之間的正確通訊，故選(D)。

**19 (B)**。在SQL查詢語法中，SELECT：用於選擇要檢索的欄位；FROM：指定要檢索資料的表格；WHERE：用於指定條件，過濾檢索的資料；"FIND"不是SQL查詢語法的一部分，故選(B)。

**20 (C)**。(A)繼承（Inheritance）：允許一個類別（子類別）使用另一個類別（父類別）的屬性和方法，子類別繼承父類別的特性，並且可以擴展或修改這些特性。(B)多型（Polymorphism）：表示一個實體（例如：一個物件、方法或運算子）可以在不同的上下文中具有多種形式；在物件導向程式設計中，多型主要有兩種類型：編譯時期多型（靜態多型）和運行時期多型（動態多型）。(C)封裝（Encapsulation）：將資料和相關方法

（函式）包裝在單一的單元中的概念，可以隱藏內部實現，僅公開必要的介面，封裝提供了控制外部代碼訪問內部的方式，同時提高了代碼的可維護性和安全性，故選(C)。(D)類別（Class）：用於定義物件的特性和行為，一個類別可以看作是一個對象的藍圖或模板，描述對象的屬性（資料成員）和方法（函式成員），在物件導向程式中，通常透過實例化類別來創建對象。

**21 (C)。** IPv6（Internet Protocol version 6）是IPv4的後續版本，設計用來擴展IPv4位址空間，因為IPv4僅用32位元，而IPv6則使用更大的128位元（8組16位元，共128位元），提供了更廣泛的位址空間，解決了IPv4位址不夠的問題，故選(C)。

**22 (B)。** (A)字元（char）：一種基本的資料型別，用來表示單一的字符，例如：字母、數字、符號等；大多數程式語言中，char通常占據一個位元組的記憶體空間；字元用於存儲和處理文本數據。(B)陣列（array）：一種資料結構，可以存儲相同數據型態的元素，這些元素被存儲在相鄰的記憶體位置中；陣列通常使用索引（或下標）來訪問元素，索引從0開始，故選(B)。(C)結構（structure）：一種自定義的資料型別，允許將不同數據型別的元素組合在一起，形成一個單一的實體。(D)指標（pointer）：一種特殊的變數，存儲的是記憶體地址，可以指向其他變數的地址，使得可以透過指標直接訪問和修改該變數的內容。

**23 (A)。** (A)SMTP是用於電子郵件的協定，用於發送和傳輸電子郵件；在瀏覽網站的過程中，SMTP不直接參與，因為主要是與電子郵件的發送相關，故選(A)。(B)ARP（地址解析協定）：用於將網路層的IP地址解析為物理層的MAC地址。(C)DNS（域名系統）：將網址轉換為IP地址，使瀏覽器能夠找到目標網站的伺服器。(D)SSL/TLS：用於加密瀏覽器和伺服器之間的通信，以確保敏感信息的安全性。

**24 (C)。** TCP（傳輸控制協定）是提供連結導向和可靠的通信，而UDP（用戶資料報協定）則是一個非連結導向的協定，提供更輕量級但不可靠的通信方式；這兩個協定都運行於傳輸層中，負責在通信實體之間建立、維護和終止通信連接，故選(C)。

**25 (D)。** (A)Bluetooth（藍牙）：短距離通信技術，用於在各種設備之間進行數據和音頻傳輸，通常用於連接手機、耳機、音箱、鍵盤等設備，用以達成無線通信；藍牙的範圍通常在幾米到數十米之間。(B)Wi-Fi（無線網絡）：Wi-Fi是一種用於在設備之間建立無線區域網絡（WLAN）的技術，允許設備透過無線信號在一定範圍內連接到區網及外網。(C)LTE：LTE是第四代（4G）行動通信技術的一種標準，提供高速數據傳輸，主要用於行動通信，允許用戶透過手機或其他行動設備訪問網路。(D)RFID（無線射頻偵測）：無線通信技術，用於識別和追蹤物體，通常包括一個包含訊息的晶片或卡片，以及用於讀取信息的讀取器；RFID常被用於物流、供應鏈管理、門禁卡系統等領域，故選(D)。

**26 (C)**。堆疊（Stack）遵循後進先出（Last In, First Out，LIFO）的原則，一開始是推進依序是10、7、16，然後依序彈出16、7，再依序推進12、3，再彈出3，最終剩下10,12，故選(C)。

**27 (D)**。使用row-major storage的方式中，2D陣列的元素在記憶體中按照行來存儲，對於二維陣列X[1…10][1…100]，每行有100個元素，每個元素大小為4。
為了計算X[3][2]的位址，需要考慮前兩行的元素數；每行100個元素，前兩行共有2×100=200個元素。
因此，位址可以計算為：
位址=基址+(列數-1)×每行元素數×元素大小＋(行數-1)×元素大小
根據提供的資訊，基址是1200，列數是3，每行元素數是100，元素大小是4。
位址=1200+(3-1)×100×4+(2-1)×4
=>位址=1200+2×100×4+4
=1200+800+4=2004，故選(D)。

**28 (C)**。堆疊（Stack）：存取特性是後進先出（Last In, First Out，LIFO），最後進入堆疊的元素首先被取出，類似於將物品堆疊在一起，取出時從最上面開始取出物品。
佇列（Queue）：存取特性是先進先出（First In, First Out，FIFO），最早進入佇列的元素首先被取出，類似於排隊等候，先到先服務，故選(C)。

**29 (D)**。因為灰階模式中1 pixel相當於1 byte的大小，因此100*100像素=10000 bytes=10KB/每張照片，256MB＝256000KB，所以256000/10=25600張，故選(D)。

**30 (C)**。(A)FTP（檔案傳輸協定）運行在OSI模型的應用層，用於在客戶端和伺服器之間傳輸檔案。(B)SMTP（簡單郵件傳輸協定）運行在OSI模型的應用層，用於在電子郵件伺服器之間傳送郵件。(C)UDP（用戶資料報協定）位於OSI模型的傳輸層，是一種無連接、不可靠的傳輸協定，用於快速傳送數據，但不保證可靠性或順序性，故選(C)。(D)SSH（安全外殼協定）通常運行在OSI模型的應用層，用於安全遠程連接到伺服器。

# ▶ 113年桃園捷運新進人員

( 　 )　**1** 關於以下的程式碼，何者正確？

```
void add(int *a, int *b) {
    *a=*a + *b;
}
int main() {
    int a=5;
    int b=6;
    add(&a, &b);
    print("a=%d", a);
    return 0;
}
```

(A)a最後印出的值為5
(B)此程式呼叫add函式的方式為call by value
(C)a最後印出的值為11
(D)此程式呼叫add函式的方式為call by point。

( 　 )　**2** 媒體存取控制位址（MAC address）是用來區別什麼？　(A)區域網路中各主機的網路卡號　(B)網際網路上的伺服器　(C)同一主機上的不同連線　(D)檔案在硬碟上的儲存位置。

( 　 )　**3** 關於對稱式密碼學（Symmetric cryptography）的敘述，下列何者錯誤？　(A)加密（Encryption）與解密（Decryption）使用相同金鑰　(B)通常加密速度相較於非對稱密碼學更快　(C)通常運算成本相較於非對稱密碼學更高　(D)缺點為金鑰交換須另外建立保護機制。

( 　 )　**4** 下列哪個不適合使用樹（Tree）的資料結構來表示？　(A)Facebook上的朋友關係　(B)杜鵑花科植物分類　(C)校際排球比賽賽程　(D)學校行政架構組織圖。

(　　) **5** 下列何者符合後進先出（Last In First Out）的生活實例？　(A)便利商店等待結帳的人潮　(B)影印機的列印等候佇列　(C)電影院買票的排隊人潮　(D)河內塔遊戲。

(　　) **6** 布林代數Y=AB'C+A'B'C+BC化簡後為？　(A)A　(B)B　(C)C　(D)AB。

(　　) **7** 下列何者屬於TCP/IP參考模型？　(A)對話（session）層　(B)網路（network）層　(C)殼層（shell）　(D)表現（presentation）層。

(　　) **8** 哪種迴圈在條件為假時仍會執行一次循環？　(A)for　(B)while　(C)do-while　(D)foreach。

(　　) **9** 下列何項網路的連接拓樸（topology），可能會有隱藏節點（hidden node）的狀況發生？　(A)Star network　(B)Ring network　(C)Bus network　(D)Ad hoc network。

(　　) **10** 程式被電腦執行前須轉換成下列何種語言？　(A)自然語言　(B)組合語言　(C)機器語言　(D)高階語言。

(　　) **11** 以下的C語言程式將印出什麼結果？
```
int b=36;
printf("%d \n", (b&(-b)) + 2);
```
(A)6　(B)8　(C)36　(D)38。

(　　) **12** 下列哪一個不是TCP/IP傳送層的通訊協定？　(A)TCP　(B)UDP　(C)FTP　(D)SCTP。

(　　) **13** 關於物件導向程式設計，何者錯誤？　(A)繼承（Inheritance）一個或多個已有物件的屬性和方法能使新物件可以重複使用已有物件的程式碼，以擴展或修改已有物件的功能　(B)物件導向式設計可允許多個函數使用相同函數名稱，但各自使用不同參數（不同的參數順序、個數或資料型態），是屬於虛擬（Virtual）的特性　(C)在C++中，「Private」用於定義類的私有成員　(D)封裝（Encapsulation）隱藏物件的內部狀態和功能，只允許透過一組公用函式進行存取。

( ) **14** 關於程式的編譯（compilation）與直譯（interpretation）的描述何者錯誤？ (A)直譯是逐行執行 (B)編譯的執行速度較快 (C)直譯的方式較為彈性 (D)程式編譯一次便可在不同平台上執行。

( ) **15** HTTP協議主要在哪一層工作？ (A)應用層 (B)傳輸層 (C)網路層 (D)資料鏈結層。

( ) **16** 關於物件導向程式設計，何者正確？ (A)物件導向程式設計中，類別的繼承層級可以無限制地延伸 (B)介面（interface）可以包含屬性和方法的實現 (C)抽象類別（abstract class）可以被實體化為物件 (D)在物件導向程式設計中，組合（composition）是指一個類別包含另一個類別的物件作為其成員。

( ) **17** 下列關於指令管線化（instruction pipelining）的敘述何者錯誤？
(A)管線化可以減少單一程式的處理時間
(B)管線化的處理器執行程式的效率較高
(C)讓處理器不同部分的電路可同時運作
(D)管線化的處理器設計較為複雜。

( ) **18** TCP（Transmission Control Protocol）與UDP（User Datagram Protocol, UDP）相比，其資料段標頭多了下列何者？ (A)目的埠（Destination Port） (B)確認號碼（Acknowledgement number） (C)檢查碼（Checksum） (D)來源埠（Source port）。

( ) **19** 下列何者不是演算法的三個基本結構？
(A)擷取（fetch） (B)重複（repetition）
(C)順序（sequence） (D)條件（condition）。

( ) **20** 在多核心處理器中，核心（core）是什麼？ (A)CPU的運算單元 (B)CPU的快取記憶體 (C)CPU的輸入輸出單元 (D)CPU的控制單元。

(　　) **21** 如下圖，描繪了一個鐵路調度軌道，每一節車廂都編號1, 2, 3, …, n，並按順序從左到右停放在軌道上，車廂可以從任何一條橫向軌道一次一台的移進垂直軌道，而移進垂直軌道的車廂也可以一次一台的移到任何一條橫向軌道，則垂直軌道就像一個堆疊，新移進車廂都在最上層，能移出的車廂也是最上層的那一個。假設n=3時，我們可以先移車廂1進垂直軌道，再來是車廂2，最後是車廂3，然後我們就得到一個新的順序3, 2, 1；當n=4時，下列哪一種為不可能的排列？

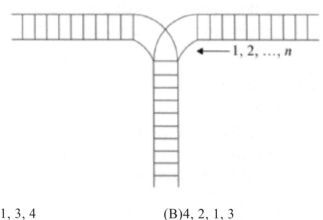

(A)2, 1, 3, 4　　　　　　　　(B)4, 2, 1, 3
(C)3, 2, 1, 4　　　　　　　　(D)1, 3, 2, 4。

(　　) **22** 關於虛擬記憶體（virtual memory）的描述何者正確？　(A)存取速度跟實體記憶體一樣快　(B)實際存在於硬碟中　(C)實際存在於處理器中　(D)由應用程式來進行分配與管理。

(　　) **23** 關於對稱編碼（symmetric cipher）的描述何者錯誤？　(A)出現晚於非對稱加密　(B)在傳輸時，需先透過安全通道傳送解密金鑰　(C)加解密使用相同的金鑰　(D)凱撒加密（Caesar cipher）屬於此種方法。

(　　) **24** 下列何者不是一種有線接取技術？　(A)光纖到府FTTH　(B)撥接dial-up　(C)數位用戶迴路DSL　(D)5G行動通訊。

( ) **25** 雲端運算（Cloud Computing）是一種基於網際網路的運算方式，可按需求提供電腦運算所需的軟硬體資源，而Amazon EC2（Amazon Elastic Compute Cloud）屬於雲端中的哪種服務？ (A)SaaS (B)PaaS (C)IaaS (D)GaaS。

( ) **26** 下列何者不是馮諾曼模型（Von Neumann model）計算機的組成部分？ (A)顯示器 (B)輸入輸出（I/O） (C)控制單元 (D)運算邏輯單元（ALU）。

( ) **27** 下列何者是TCP/IP應用（application）層的通訊協定？ (A)CSMA/CA (B)IP (C)TCP (D)SMTP。

( ) **28** 下列敘述何者正確？ (A)RSA算法是一種對稱加密算法 (B)使用HTTP協議可以確保網絡通訊的隱私和安全 (C)只要數據庫是安全的，使用明文儲存用戶密碼就是安全的 (D)SSL/TLS協議使用非對稱加密算法來協商對稱加密金鑰，並使用該金鑰來加密通訊。

( ) **29** 有一張256個灰階之灰階影像，長寬為200×200，直接儲存此一未壓縮影像需要占用多少位元（bit）儲存空間？ (A)40,000 (B)320,000 (C)1,280,000 (D)10,240,000。

( ) **30** 下列何者是儲存型的外接裝置？ (A)網路卡 (B)USB隨身碟 (C)攝影機 (D)滑鼠。

( ) **31** 哪一個是深度優先搜索（depth first search）演算法中訪問的第一個節點？ (A)根節點 (B)最左子節點 (C)最右子節點 (D)最深子節點。

( ) **32** [(1111)AND(1010)]OR(0101)的結果為何？ (A)1111 (B)0001 (C)0011 (D)0010。

( ) **33** 以下哪種設備主要用於在不同子網路間轉發封包？ (A)集線器（Hub） (B)交換機（Switch） (C)中繼器（repeater） (D)路由器（router）。

( ) **34** 下列敘述何者錯誤？ (A)在Python中，函數可以返回多個值 (B)在C++中，new運算子用於動態分配記憶體，而delete運算子用於釋放動態分配的記憶體 (C)在PHP中，變量名必須以$符號開頭 (D)在Python中，列表（list）和元組（tuple）都是可變的。

( ) **35** 下列哪一個是磁碟的主要功能？ (A)資料儲存 (B)資料加密 (C)數據分析 (D)網絡傳輸。

( ) **36** 下列何者為布林函式(NOT(A or B)) OR A的化簡結果？
```
int f(int n){
    if (n==1) return 1;
    if (n==0) return 0;
    return f(n-1)+2*f(n-2);
}
```
(A)A (B)B (C)True (D)False。

( ) **37** 下列何者不屬於作業系統的元件？ (A)使用者介面 (B)行程管理程式 (C)瀏覽器 (D)記憶體管理程式。

( ) **38** 哪種資料結構適合用於實現"先進先出"（FIFO）的資料存取策略？ (A)陣列（array） (B)堆疊（stack） (C)隊列（queue） (D)樹（tree）。

( ) **39** 在Python中，哪個模組提供了用於多執行緒（multithreading）的支援？ (A)threading (B)multiprocessing (C)concurrent (D)async。

( ) **40** 下列何者不是CPU指令執行週期中的步驟？ (A)執行 (B)解碼 (C)抓取 (D)直譯。

( ) **41** 在一台電腦上要執行一個程式指令的三個步驟依序為何？
(A)Fetch, Execute, and Decode (B)Fetch, Decode, and Execute
(C)Decode, Fetch, and Execute (D)Decode, Execute, and Fetch。

（　）**42** 下列對於Redundant Array of Independent Disks（RAID）的敘述何者錯誤？　(A)RAID 0至少需要2個硬碟組成，將資料分散並同時寫入不同硬碟裡　(B)RAID 1至少需要2個硬碟組成，一個硬碟存放主資料，另一硬碟以鏡像原理，備份一個一模一樣的資料　(C)以4顆硬碟組成RAID 10為例，可以容許壞同一組的兩顆硬碟，還能正常運作　(D)RAID 5至少需要3顆硬碟組成，將資料和相對應的奇偶校驗資訊平均儲存到每塊硬碟上。

（　）**43** 下列何者是一元邏輯運算？　(A)OR　(B)XOR　(C)NOT　(D)AND。

（　）**44** 下列何者是無損壓縮（lossless compression）？　(A)GIF　(B)MP3　(C)JPG　(D)RAR。

（　）**45** 作業系統中何者的工作是管理執行程式的在記憶體中的配置？　(A)記憶體管理程式　(B)檔案管理程式　(C)行程管理程式　(D)裝置管理程式。

（　）**46** 下列何者為一種有線網路技術？　(A)Wi-Fi　(B)WiMAX　(C)Ethernet　(D)Bluetooth。

（　）**47** 下列何者不屬於作業系統的主要功能？　(A)作為使用者與電腦硬體之間的介面　(B)管理應用程式的運行　(C)壓縮檔案取得更大的資料空間　(D)監督電腦記憶體、檔案等不同部分。

（　）**48** 2進位數值11000101的16進位表示為何？　(A)0xC5　(B)0xB4　(C)0xA6　(D)0xD3。

（　）**49** 運算式（Expression）有前序式（Prefix）、中序式（Infix）、後序式（Postfix），請問中序式A+B*(C+D)+E/F的後序式為何？
(A)++A*B+CD/EF　　　　　　　(B)+A+*BC+DE/F
(C)ABCD*++EF+/　　　　　　　(D)ABCD+*+EF/+。

（　）**50** 對一個長度為N的陣列進行氣泡排序（bubble sort），其計算複雜度為何？　(A)O(N)　(B)O(N$^2$)　(C)O(logN)　(D)O(NlogN)。

**解答與解析** （答案標示為#者，表官方曾公告更正該題答案。）

**1 (C)**。(1)add函數接收兩個整數指標，並將*a的值設為*a+*b；在這範例中，*a 將會變成5+6=11。
(2)在main函數中，a最終的值為11，故選(C)。

**2 (A)**。MAC地址是唯一的標識，用於標識網路介面卡（NIC）；每個網路設備 都有一個唯一的MAC地址，用於在區域網路（LAN）中進行通訊，故選 (A)。

**3 (C)**。對稱式密碼學的運算成本通常比非對稱密碼學低，因為對稱式加密演算 法相對簡單且效率更高，故選(C)。

**4 (A)**。Facebook上的朋友關係是一種網狀結構，其中每個人可以有多個朋友， 且這些朋友之間也可以相互連結；因此是一個圖（Graph）結構而不是樹 （Tree）結構，因為樹不允許有循環（例如兩個節點之間的雙向關係）； 其他三個項目皆屬於層級式架構，可以使用樹來表示，故選(A)。

**5 (D)**。在河內塔遊戲中，當你要移動圓盤時，必須先移走上面最新放置的圓 盤，這是後進先出的操作模式，故選(D)。

**6 (C)**。 Y=AB'C+A'B'C+BC
Y=(AB'+A'B')C+BC
AB'+A'B'=(A+A')B'=1×B'=B'
Y=B'C+BC
Y=(B'+B)C
B'+B=1
Y=C
故選(C)。

**7 (B)**。(A)對話（session）層及(D)表現（presentation）層：都是屬於OSI 參考模型，而不是TCP/IP參考模型；(C)殼層（shell）：不屬於任何 網路模型中的層；Shell通常是指操作系統中的命令解釋器；(B)網路 （network）層：網路層是TCP/IP參考模型的四個層之一；在TCP/IP模 型中，網路層主要負責路由和轉發數據包，故選(B)。

**8 (C)**。(C)do-while迴圈會先執行迴圈內的代碼，然後才檢查條件是否為真；因 此，即使條件為假，迴圈內的代碼也會至少執行一次；(A)for迴圈及(B) while迴圈都是檢查條件後再執行迴圈內的代碼，因此如果條件一開始為假，這些迴圈就不會執行；(D)foreach迴圈是用於遍歷集合中的元素，沒有明確的條件判斷，是依據集合中的元素進行迴圈執行，與條件為假時是否執行無關，故選(C)。

9 **(D)**。(D)Ad hoc network：是一種無線網路拓樸，節點之間直接相連，沒有固定基礎設施，在這網路中，一個節點A能夠與節點B通訊，且節點B也能與節點C通訊，但節點A與節點C之間卻不能直接通訊時，就可能會有隱藏節點問題，會導致節點A和C同時向節點B發送封包，進而產生衝突；(A)Star network：所有節點都通過一個中央節點進行通訊，不會有隱藏節點問題；(B)Ring network：節點間彼此相連成環狀結構，數據在環內順序傳遞，不太會出現隱藏節點問題；(C)Bus network：所有節點共享一條公共傳輸線，節點間可以監聽到其他節點的傳輸，因此隱藏節點問題也較少發生，故選(D)。

10 **(C)**。(A)自然語言：是人類日常使用的語言，如英文、中文等，不是電腦能直接理解和執行的語言；(B)組合語言：是一種低階語言，與機器語言密切相關，但必須通過組譯器轉換為機器語言後，才能被執行；(D)高階語言：是C、Python、Java等，這些語言需要先被編譯或解釋成機器語言，電腦才可執行；(C)機器語言：是電腦硬體可以直接理解和執行的二進位代碼；所有程式都須轉換成機器語言，才能在電腦中執行，故選(C)。

11 **(A)**。b=36
-b=$(36)_{10}$
$(00100100)_2$轉負
11011011再加1
11011100//(-36)
b&(-b)//"&"指保留同一位置上都是"1"的位元
b=00100100,-b=11011100
運算後$(00000100)_2=(4)_{10}$
4+2=6
故選(A)。

12 **(C)**。(A)TCP及(B)UDP都是屬於TCP/IP協議套件中傳送層的通訊協定；TCP提供可靠的數據傳輸，而UDP提供無連接、不可靠（較快速）的數據傳輸；(D)SCTP（Stream Control Transmission Protocol）是傳送層的通訊協定，提供多重傳輸及更強大的錯誤檢測機制；(C)FTP（File Transfer Protocol）是應用層的協定，用於在網絡上傳輸文件，雖使用TCP作該傳輸協定，但本身不是在傳送層的協定，故選(C)。

**13 (B)**。(B)多個函數使用相同函數名稱但不同參數（順序、個數、資料型態）是「多載（Overloading）」的特性，不是虛擬（Virtual）的特性；虛擬是與「多型（Polymorphism）」相關，通常指的是虛擬函數在繼承中允許子類別提供具體實作，故選(B)。

**14 (D)**。(D)程式編譯一次便可在不同平台上執行：編譯過程通常會生成針對特定平台（操作系統和處理器架構）的機器碼；因此，編譯後的程式通常需要在每個終端平台上進行重新編譯，除非使用的是虛擬機（如Java的bytecode或.NET的中間語言），這些可以在多個平台上通過相應的虛擬機執行，故選(D)。

**15 (A)**。(A)應用層：HTTP（超文本傳輸協議）是應用層協議，用於在網路上傳輸資料，如：網頁圖文內容；應用層協議直接與用戶的應用程式相關；(B)傳輸層：傳輸層協議如TCP和UDP負責數據的可靠傳輸（TCP）或不可靠傳輸（UDP），且不直接涉及具體應用的協議細節；(C)網路層：網路層協議，如：IP負責數據包的路由和轉發，但不處理應用層的具體協議；(D)資料鏈結層：資料鏈結層處理物理鏈路上的數據傳輸，如：以太網或Wi-Fi，並不涉及應用層協議，故選(A)。

**16 (D)**。(A)類別的繼承層級可以無限制地延伸：在理論上是有可能，但實際應用中，過深的繼承層級會增加系統的複雜性和維護難度，因此不建議繼承層級過多；(B)介面（interface）可以包含屬性和方法的實現：介面僅聲明方法和屬性，不提供具體的實現，具體的實現由實作該介面的類別提供；(C)抽象類別（abstract class）可以被實體化為物件：抽象類別不能被直接實體化，只是用來作為其他類別的基類，並且包含至少一個純虛擬函數（抽象方法），故選(D)。

**17 (A)**。管線化可以減少單一程式的處理時間：管線化的主要目標是提高處理器的執行效率，而不是減少單一指令或單一程式的處理時間；對於單一指令來說，管線化不會減少其執行時間，甚至可能因為某些等待而稍微增加單一指令的執行時間，故選(A)。

**18 (B)**。(A)(C)及(D)在原本的TCP及UDP的標頭中就已經存在，只是功用不同；(B)確認號碼（Acknowledgement number）是TCP協議中比UDP多出的片段，用於提供可靠的數據傳輸，故選(B)。

**19 (A)**。演算法的三個基本結構是：(B)重複（repetition）：也稱為迴圈，用於重複執行一段程式碼；(C)順序（sequence）：按照特定的順序執行一系列指令；(D)條件（condition）：根據條件來決定程式的執行路徑；(A)擷取（fetch）通常是指從記憶體中取得指令或數據，這是處理器執行指令的一部分，而不是演算法的基本結構，故選(A)。

**20 (A)**。　電腦一開始發明的主要功用就是運算數學問題（破解密碼），因此運算單元便是CPU的關鍵設備，也可以稱為核心單元，故選(A)。

**21 (B)**。　這個問題中，在垂直軌道的動作類似於一個堆疊（LIFO：後進先出）；因此要判斷當n=4時，哪一種車廂排列是不可能的情況。(A)2, 1, 3, 4：車廂1先進入堆疊，然後車廂2進入，接著2、1可以依次出堆疊，然後3、4依次進出堆疊，存在可能性；(B)4, 2, 1, 3：若要出現4在首位，則4必須是最後一個進堆疊的車廂，在這之前1、2、3應該已經出堆疊，但根據選項順序，這無法實現；(C)3, 2, 1, 4：1、2、3依次進入堆疊，然後依次出堆疊為3、2、1，最後車廂4進出堆疊，存在可能性；(D)1, 3, 2, 4：1進入堆疊並出堆疊，然後3進入並出堆疊，最後2進入並出堆疊，然後4進入並出堆疊，存在可能性，故選(B)。

**22 (B)**。　(A)存取速度跟實體記憶體一樣快：虛擬記憶體的一部分實際存在硬碟上，存取速度遠慢於實體記憶體；(C)實際存在於處理器中：虛擬記憶體主要依賴於硬碟空間，並由操作系統管理，處理器中使用的虛擬記憶體是管理機制和位址轉換功能，而不是虛擬記憶體本身；(D)由應用程式來進行分配與管理：虛擬記憶體的分配與管理是由操作系統負責，而非應用程式，故選(B)。

**23 (A)**。　出現晚於非對稱加密：對稱加密技術比非對稱加密技術出現早很多；對稱加密，如凱撒加密，是最早的加密形式，而非對稱加密（如RSA）是之後才發明，通常用於解決對稱加密中密鑰分配的問題，故選(A)。

**24 (D)**。　5G行動通訊是無線網路技術，既然是無線網路必然不會有有線的接取技術，故選(D)。

**25 (C)**。　(A)SaaS（Software as a Service）：是一種提供軟體應用的服務，使用者透過網路連線應用程式，而不需要管理底層的基礎設施。如：Google Docs、Microsoft Office 365等；(B)PaaS（Platform as a Service）：一種提供開發、測試和部署應用程式的平台服務，開發者可以使用這些平台進行應用開發，而不需要管理底層的硬體；如：Google App Engine、Heroku等；(C)IaaS（Infrastructure as a Service）：是提供虛擬化計算資源的服務，例如：虛擬機器、存儲、網絡等，使用者可以根據需求動態調整計算資源，如：Amazon EC2就是IaaS的一個典型例子，用戶可以在EC2上啟動虛擬伺服器，並完全控制這些伺服器的配置和管理；(D)GaaS（Gaming as a Service）：這是一種提供遊戲運算能力的服務，通常與雲端遊戲相關聯，並不常用作雲端運算的主要服務類型，故選(C)。

**26 (A)**。顯示器歸屬於輸出單元，因此不會特別單獨成立顯示器的組成單元，故選(A)。

**27 (D)**。(A)CSMA/CA：資料鏈結層協議，用於避免網路中數據傳輸的碰撞，常用於無線網路（如：Wi-Fi）；(B)IP：網路層的協議，用於進行封包的路由和傳輸；(C)TCP：傳輸層的協議，用於提供可靠、穩定的數據傳輸；(D)SMTP（Simple Mail Transfer Protocol）：應用層的協議，用於傳輸電子郵件，故選(D)。

**28 (D)**。(A)RSA算法是一種對稱加密算法：RSA是一種非對稱加密算法，使用一對公鑰和私鑰來加密和解密數據；(B)使用HTTP協議可以確保網絡通訊的隱私和安全：HTTP協議本身不提供隱私和安全性，因為是明文傳輸，除非使用HTTPS（HTTP Secure，HTTP + SSL/TLS）才可以確保隱私和安全；(C)只要數據庫是安全的，使用明文儲存用戶密碼就是安全的：即使數據庫本身安全，也不應該使用明文來存儲密碼，組織內部如果有人為機會看到密碼，就有外洩風險，故選(D)。

**29 (B)**。$200 \times 200 = 40,000$（pixel）
$40,000 \times 8 = 320,000$（位元）
每個像素佔8位元。
故選(B)。

**30 (B)**。(A)網路卡：用來連接網路的設備，用於連接有線或無線網絡，並不具備儲存數據的功能；(B)USB隨身碟：一種儲存型的外接裝置，可以用來存儲和傳輸資料；(C)攝影機：用來拍攝影像的設備，儲存數據不是其主要功能；(D)滑鼠：電腦的輸入設備，用來控制電腦的游標，不具備儲存數據的功能，故選(B)。

**31 (A)**。(A)根節點：在DFS中，首先從根節點開始搜索，然後深入到其子節點，這是訪問的第一個節點；(B)最左子節點：DFS的一種變項（前序走訪）處理二元樹時會首先訪問最左邊的子節點，但這是從根節點開始之後的操作；(C)最右子節點：DFS中不會首先訪問最右邊的子節點，除非是特別配置的走訪順序；(D)最深子節點：DFS會繼續深入到最深的子節點，但這是從根節點開始之後的操作，故選(A)。

**32 (A)**。 1111 AND 1010
1 AND 1=1
1 AND 0=0
1 AND 1=1
1 AND 0=0
1010

1010 OR 0101
1 OR 0=1
0 OR 1=1
1 OR 0=1
0 OR 1=1
1111
故選(A)。

**33 (D)**。 (A)集線器（Hub）：用於將多個設備連接在同一個網路中，將收到的訊號傳送到所有連接的設備，不具備在不同子網路間轉發封包的功能；(B)交換機（Switch）：用於在同一個子網路內根據MAC地址轉發封包，提升網路效率，所以不會跨子網路轉發封包；(C)中繼器（Repeater）：中繼器主要是擴展網路的物理距離，透過重新發送或放大訊號來增加傳輸距離，並無法在不同子網路間轉發封包；(D)路由器（Router）：路由器是用來在不同子網路或網路之間轉發封包的設備，根據IP位址來決定封包的路徑，因此是可以用於跨子網路的關鍵設備，故選(D)。

**34 (D)**。 在Python中，列表（list）和元組（tuple）都是可變的：Python中列表（list）是可變的，但是元組（tuple）是不可變的；一旦創建了元組，其內容無法被修改，故選(D)。

**35 (A)**。 磁碟的主要功能就是儲存資料；無論是傳統硬碟（HDD）還是固態硬碟（SSD），其主要用途都是用來儲存系統、應用程式、文件、媒體資料等數據，故選(A)。

**36 (B)**

解答與解析

**37 (C)**。瀏覽器是用於網路連線資料呈現的工具，作業系統的基本元件，功用主要是處理單機作業事務，故選(C)。

**38 (C)**。(A)陣列（array）：是線性資料結構，支援隨機存取，不一定適合用於實現FIFO策略；(B)堆疊（stack）：堆疊使用「後進先出」（LIFO, Last In First Out）策略，與FIFO相反；(C)隊列（queue）：隊列是實現FIFO策略的資料結構，支援在尾端插入元素，並在頭端移除元素，符合先進先出的規則；(D)樹（tree）：樹是層次化資料結構，不適用於實現FIFO策略，故選(C)。

**39 (A)**。(A)threading：這個模組提供支援多執行緒的功能，可以用來創建和管理執行緒，適合需要在同一進程內部並行執行任務的情況；(B)multiprocessing：這個模組支援多進程（multiprocessing），透過創建獨立的進程來並行執行任務；(C)concurrent：這個模組提供一些並行處理的抽象，如：concurrent.futures，可以使用線程池和進程池，主要是透過threading和multiprocessing模組來實現；(D)async：這個模組提供異步I/O的支援，主要用於協程而不是多執行緒，故選(A)。

**40 (D)**。CPU指令執行週期中，以下是常見的步驟：
(1) 抓取（Fetch）：從記憶體中讀取指令。
(2) 解碼（Decode）：解釋指令的內容，確定需要執行的操作和次數。
(3) 執行（Execute）：根據解碼的結果執行指令。
直譯不屬於CPU指令執行週期的步驟，直譯是一種程式執行模式，故選(D)。

**41 (B)**。CPU指令執行週期中，以下是常見的步驟：
(1) 抓取（Fetch）：從記憶體中讀取指令。
(2) 解碼（Decode）：解釋指令的內容，確定需要執行的操作和次數。
(3) 執行（Execute）：根據解碼的結果執行指令。
故選(B)。

**42 (C)**。以4顆硬碟組成RAID 10為例，可以容許壞同一組的兩顆硬碟，還能正常運作：RAID 10（也是RAID 1+0）需要至少4顆硬碟，主要結合RAID1和RAID 0的特性，將資料在兩對硬碟中進行鏡像，並且將這些鏡像進行條帶化；RAID 10可以接受每對鏡像硬碟中的一顆硬碟損壞，但如果同一對鏡像中的兩顆硬碟都損壞，則無法正常運作，故選(C)。

**43 (C)**。NOT：是唯一的一元邏輯運算；只需要一個輸入值，並將其反轉（輸入為真，則結果為假；輸入為假，則結果為真），故選(C)。

**44 (D)**。(A)GIF：是一種圖像格式（無損），用於簡單的圖像和圖形檔案；(B)MP3：是音頻格式（有損），可壓縮音樂或其他音頻檔案；(C)JPG：是圖像格式（有損），主要用於壓縮照片或複雜圖像；(D)RAR：是無損壓縮的檔案壓縮格式，用於壓縮文件和資料夾；雖然GIF也是無損檔案，但RAR是專門壓縮檔案的工具，故選(D)。

**45 (A)**。(A)記憶體管理程式：負責分配和管理記憶體資源，包含執行中的程式分配記憶體、追蹤記憶體的使用情況、處理記憶體保護和虛擬記憶體等；(B)檔案管理程式：負責檔案的儲存、搜尋及管理，如：檔案系統的操作；(C)行程管理程式：負責管理系統中的進程，包含進程的創建、終止、切換和進程調度等；(D)裝置管理程式：管理和控制硬體裝置，如：磁碟機、印表機等，包含設備驅動程式及裝置控制，故選(A)。

**46 (C)**。(A)Wi-Fi：無線網路技術，使用無線電波進行資料傳輸；(B)WiMAX：無線網路技術，提供較長距離的無線網路連接；(C)Ethernet：有線網路技術，常用於區域網路（LAN），通過以太網線（如：Cat5或6）進行資料傳輸；(D)Bluetooth：短距離無線傳輸技術，主要用於設備之間的無線連接，如：手機與耳機的連線，故選(C)。

**47 (C)**。壓縮檔案取得更大的資料空間：這是檔案壓縮工具的功能，如：ZIP及RAR，這並不是作業系統的核心功能，故選(C)。

**48 (A)**。將11000101從右到左四個區分開，分別得到1100及0101；轉換成十進位，1100等於12，0101等於5，再轉換到十六進位，12＝C，5還是5，故選(A)。

**49 (D)**。中：A+B*(C+D)+E/F（轉後序）
A+B*CD++E/F（先去括號）
A+BCD+*+E/F（B後面的*位移）
A+BCD+*+EF/（E/F的/位移）
ABCD+*+EF/+（A後面的+位移）
故選(D)。

**50 (B)**。Bubble Sort的時間複雜度為$O(n^2)$，平均情況及最糟狀況的時候都是$O(n^2)$，因為在做相鄰元素對比時，會需要執行到最大次數的比對交換，除非是已經排序完成的陣列，時間複雜度才會降為$O(n)$，故選(B)。

# 113年台北捷運新進人員（資訊類）

一、完成以下進制轉換。

    (一) 二進制$(1011)_2$轉十進制。

    (二) 二進制$(1001)_2$轉八進制。

    (三) 十六進制$(AC)_{16}$轉十進制。

    (四) 十進制$(255)_{10}$轉二進制。

    (五) 十六進制$(AC)_{16}$轉二進制。

答 (一) $(1011)_2$轉十進制

    $1 \times 2^3 + 0 \times 2^2 + 1 \times 2^1 + 1 \times 2^0$

    $= 8 + 0 + 2 + 1 = (11)_{10}$

(二) $(1001)_2$轉八進制

    從右到左分組二進位數字，缺位則補0

    001 001

    001

    $(11)_8$

(三) $(AC)_{16}$轉十進制

    $A \times 16^1 + C \times 16^0$

    $10 \times 16^1 + 12 \times 16^0$

    $10 \times 16 + 12 \times 1 = 172$

(四) $(255)_{10}$轉二進制=11111111

(五) $(AC)_{16}$轉二進制

    A=十進位的"10"=1010

    C=十進位的"12"=1100

    10101100

二、 寫出以下排序演算法最糟情況（worst case）之時間複雜度。

(一) Selection Sort　　　　　　(二) Insertion Sort

(三) Bubble Sort　　　　　　　(四) Merge Sort

(五) Heap Sort

答 (一) 最糟情況下，Selection Sort的時間複雜度為$O(n^2)$，因為一個包含n個元素的陣列，演算法需要進行（n-1）次迴圈操作以確定每個位置的元素，因此對於某i元素而言，都需要比較n-i次來找到最小的元素；不會因為陣列是否已經排序過而變快，所以是$O(n^2)$。

(二) 最糟情況下，Insertion Sort的時間複雜度是$O(n^2)$，主要是會發生在陣列的元素是逆序排列的時候，因為每個新插入的元素都需要與已排序的所有元素進行比對及移動。

(三) 最糟情況下，Bubble Sort的時間複雜度為$O(n^2)$，主要也是發生在陣列的元素是逆序排列的時候，因為在做相鄰元素對比時，會需要執行到最大次數的比對交換。

(四) 最糟情況下，Merge Sort的時間複雜度為$O(n \log n)$，其中n是陣列的元素數量；Merge Sort的運作方式分兩部分，第一部分是分割，將陣列分割為兩個子陣列，而每次分割都會將陣列規模減半，最後直到規模為1，此過程時間複雜度為$O(\log n)$；第二部分是合併，此步驟是將元素從兩個子陣列中取出並放入一個新的有序陣列中，而每次合併兩個子陣列的時間複雜度為$O(n)$，因此最糟情況是$O(nlogn)$。

(五) 最糟情況下，Heap Sort的時間複雜度為$O(nlog n)$，其中n是陣列的元素數量；Heap Sort排序主要有兩個步驟，第一是將陣列轉換建立成二元樹，並確保父節點必定大於子節點，第二步驟是將最大值與樹的最後一個元素做交換，這時最大值就在最後面的位置，而樹的大小就會減1，並將剩餘的元素持續調整成二元樹的狀態，以上步驟重複直到所有元素都排序完成；兩個步驟的時間複雜度分別是$O(n)$及$O(logn)$，因此整體在最糟情況下時間複雜度為$O(nlog n)$。

三、 回答以下資訊安全問題。

(一) 非對稱式加密，是用公鑰還是私鑰加密明文？

(二) 非對稱式加密，是用公鑰還是私鑰解密密文？

(三) 數位簽章加密，是用公鑰還是私鑰？

(四) 數位簽章解密，是用公鑰還是私鑰？

(五) 非對稱式加密，是指加密、解密用的是同把鑰匙，還是不同把鑰匙？

**答** (一) 非對稱式加密是使用一對密鑰：公鑰和私鑰；這對密鑰有以下特點：

公鑰（Public Key）：可以公開給任何人，用於加密資料。

私鑰（Private Key）：由擁有者保管，用於解密資料。

因此，加密明文是使用公鑰。

(二) 承上題回答，解密密文是使用私鑰。

(三) 數位簽章的流程：

1. 簽章：發送者使用自己的私鑰對訊息進行加密，生成數位簽章；這過程確保只有擁有私鑰的發送方能夠生成這個簽章。

2. 驗證：接收者使用發送方的公鑰來解密數位簽章，從而驗證該簽章是否確實由發送方生成，且訊息的內容是否在傳輸過程中被篡改也可以得到驗證。

因此數位簽章加密通常是使用私鑰來進行

(四) 承上題回答，數位簽章解密是用公鑰來執行。

(五) 非對稱式加密指的是加密和解密使用不同的鑰匙；這種加密方式，是使用一對密鑰：公鑰及私鑰。

公鑰：公開給所有人，用於加密資料。

私鑰：只有擁有者保管持有，用於解密資料。

四、 回答以下網路相關問題。

(一) 乙太網路Ethernet採用哪種網路拓撲？

(二) SSH、TCP、IP、UDP、HTTP、MAC，上述協定中，哪些協定屬於TCP/IP中的應用層？

(三) SSH、TCP、IP、UDP、HTTP、MAC，上述協定中，哪些協定屬於TCP/IP中的傳輸層？

(四) SSH、TCP、IP、UDP、HTTP、MAC，上述協定中，哪些協定屬於TCP/IP中的網路層？

(五) SSH、TCP、IP、UDP、HTTP、MAC，上述協定中，哪些協定屬於TCP/IP中的連結？

答 (一) 通常採用的是星狀拓撲；在星狀拓撲中，所有設備都透過單獨的網路連接到一個集中式的設備，如：交換器或集線器；這樣的設計能使每個設備之間的通訊透過這個集中設備進行，進而提高網路的穩定和性能。

(二) 在應用層的是SSH及HTTP；這些協定在TCP/IP模型中處理特定的應用需求，如：安全的遠端登入（SSH）及網頁傳輸（HTTP）。

(三) 屬於TCP/IP模型中傳輸層的協定是：

TCP（Transmission Control Protocol）

UDP（User Datagram Protocol）

這些協定負責在網路上提供點到點的通訊，確保封包的正確傳輸和接收。

(四) IP協定負責在不同的網路之間進行封包的路由和轉發，確保數據能夠從源頭主機傳輸到目標主機，故是在網路層中運作。

(五) MAC協定負責控制數據在網路介質上的傳輸，並管理物理網路設備之間的通訊；主要涉及網路的硬體層面，如：網路卡及交換機等設備，因此是在連結層（資料鏈路層）運作。

五、 在以下HTML5網頁底線空格處完成填空。

```
<!DOCTYPE__(一)__ >
<html>
<body>
<head>
__(二)__ Title </title>
</head>
<p>
<a href="http://abc.com"> 超連結
__(三)__
__(四)__
__(五)__
</html>
```

**答** (一) html;宣告文件類型為HTML。
(二) <title>;此為標題。
(三) </a>;標示<a>標籤的結尾。
(四) </p>;標示<p>標籤的結尾。
(五) </body>;標示<body>標籤的結尾。

六、 以下程式碼以C++撰寫，回答下列問題。

```
1     #include <iostream>
2     using namespace std;
3
4     int i = 4;
```

```
5     void f1(){  i = 5; }
6     void f2(int i){  i = 6; }
7     void f3(int &i){  i = 7; }
8     void f4(int *i){  *i = 8; }
9
10    int main(){
11      f1();        cout << i << endl; // 題目 (一)
12      f2(i);       cout << i << endl; // 題目 (二)
13      f3(i);       cout << i << endl; // 題目 (三)
14      f4(&i);      cout << i << endl; // 題目 (四)
15      int i = 9;   cout << i << endl; // 題目 (五)
16    }
```

(一) 寫出第11行執行後的輸出。　　　(二) 寫出第12行執行後的輸出。
(三) 寫出第13行執行後的輸出。　　　(四) 寫出第14行執行後的輸出。
(五) 寫出第15行執行後的輸出。

答 (一) f1()函數將全域變數i設為5，因此輸出5。

(二) f2(i)函數中的i是一個局部變數，修改不影響全域變數，所以輸出仍為5。

(三) f3(i)函數通過引用修改了全域變數i，所以輸出7。

(四) f4(&i)函數通過指標修改了全域變數i，所以輸出8。

(五) 這邊的i是main函數內的局部變數與全域變數同名但不相關，輸出9。

七、 以下程式碼以C++撰寫，回答下列問題。

```
1    #include <iostream>
2    using namespace std;
3
4    int i = 6;
5    void f1(){ if (i) i++; }
6    void f2(){ switch(i){case 7: i++; case 8: i++;} }
7    void f3(){ while(i) i--; }
8    void f4(){ for (i=0; i<5; i++); }
9    void f5(){ while(i){ i--; break; } }
10
11   int main(){
12     f1();  cout << i << endl; // 題目(一)
13     f2();  cout << i << endl; // 題目(二)
14     f3();  cout << i << endl; // 題目(三)
15     f4();  cout << i << endl; // 題目(四)
16     f5();  cout << i << endl; // 題目(五)
     }
```

(一) 寫出第12行執行後的輸出。　　(二) 寫出第13行執行後的輸出。

(三) 寫出第14行執行後的輸出。　　(四) 寫出第15行執行後的輸出。

(五) 寫出第16行執行後的輸出。

**答** (一) 宣告了一個全域整數變數i，初始值為6，f1()中，i原本是6，加1變為7，所以輸出7。

(二) f2()中，i是7，命中了case 7，再加1變為8，所以輸出8。

(三) f3()中，i是8，while迴圈將其逐步減至0，所以輸出0。

(四) f4()中，for迴圈執行5次，i變為5，所以輸出5。

(五) f5()中，i是5，減1後跳出迴圈，因此輸出4。

、完成以下進制轉換。

(一) 二進制(1010 1001)2轉十六進制。

(二) 十進制(256)10轉十六進制。

(一) 從右到左分四個數字一組，不夠的在左邊補0

1010

$1 \times 2^3 + 0 \times 2^2 + 1 \times 2^1 + 0 \times 2^0$

$8+0+2+0=(10)_{10}$

$(A)_{16}$

1001

$1 \times 2^3 + 0 \times 2^2 + 0 \times 2^1 + 1 \times 2^0$

$8+0+0+1=(9)_{10}$

$(9)_{16}$

$(A9)_{16}$

(二) $(100)_{16}$

---

九、國際電工委員會將位元組的單位符號指定為大寫字母B，並引入「kibi」、「mebi」、「gibi」、「tebi」等二進位前置詞及其縮寫符號「Ki」、「Mi」、「Gi」、「Ti」來明確說明二進位乘數計數。一個KiB的記憶體空間等於1024 B，回答下列問題。

(一) 一個GiB的記憶體空間，等於幾個KiB？

(二) 一個TiB的記憶體空間，等於幾個GiB？

答 (一) 1GiB=1024MiB，1MiB=1024KiB；因此，1GiB=1024×1024 KiB=1,048,576 KiB

(二) 1TiB=1024GiB

十、 常見的個人電腦介面包含USB 1.0、SATA1.0、Serial Attached SCS〔
(SAS)、PS/2 port、NVMe，回答上述介面相關問題。

(一) 何者為傳輸速度最快的介面。

(二) 何者為傳輸速度最慢的介面。

(三) 何者在USB普及之前，常用來連結鍵盤？

(四) 何者通過PCIe匯流排存取非揮發性記憶體？

(五) 何者中文名稱為通用序列匯流排？

答 (一) NVMe是利用PCIe線路的高速性而設計用於儲存介面的協定，專為
SSD（固態硬碟）設計，具有極高的數據傳輸速度；NVMe的傳輸速
度可以達到數個GB/s，因此是NVMe最快。

以下列舉其他介面的傳輸數率：

USB 1.0：最大傳輸速度為 12 Mbps（1.5 MB/s）。

SATA 1.0：最大傳輸速度為1.5Gbps（約187.5MB/s）。

Serial Attached SCSI (SAS)：傳輸速度可以達到6Gbps或12Gbps。

PS/2 port：這是一個舊式介面，用於連接鍵盤和滑鼠，傳輸速度非
常低，無法與其他高速介面相比。

(二) 承上題，PS/2 port是一個舊式介面，用於連接鍵盤和滑鼠，傳輸速度
非常低，通常在10-16 Kbps（約1.25-2 KB/s）之間。

(三) 承上題，PS/2 port。

(四) 承上題，NVMe專為利用PCIe的高帶寬和低延遲特性設計。

(五) USB（Universal Serial Bus）的中文名稱是通用序列匯流排。

一試就中，升任各大
民營企業機構
必備，推薦用書

| 3811121 | 國文 | 高朋・尚榜 | 590元 |
| 2B821131 | 英文 | 劉似蓉 | 650元 |
| 2B331141 | 國文(論文寫作) | 黃淑真・陳麗玲 | 470元 |

## 專業科目

| 2B031131 | 經濟學 | 王志成 | 620元 |
|---|---|---|---|
| 2B041121 | 大眾捷運概論（含捷運系統概論、大眾運輸規劃及管理、大眾捷運法<br>👑榮登博客來、金石堂暢銷榜 | 陳金城 | 560元 |
| 2B061131 | 機械力學(含應用力學及材料力學)重點統整＋高分題庫 | 林柏超 | 430元 |
| 2B071111 | 國際貿易實務重點整理+試題演練二合一奪分寶典<br>👑榮登金石堂暢銷榜 | 吳怡萱 | 560元 |
| 2B081141 | 絕對高分! 企業管理(含企業概論、管理學) | 高芬 | 690元 |
| 2B111082 | 台電新進雇員配電線路類超強4合1 | 千華名師群 | 750元 |
| 2B121081 | 財務管理 | 周良、卓凡 | 390元 |
| 2B131121 | 機械常識 | 林柏超 | 630元 |
| 2B141141 | 企業管理(含企業概論、管理學)22堂觀念課 | 夏威 | 780元 |
| 2B161141 | 計算機概論(含網路概論)<br>👑榮登博客來、金石堂暢銷榜 | 蔡穎、茆政吉 | 660元 |
| 2B171121 | 主題式電工原理精選題庫 👑榮登博客來暢銷榜 | 陸冠奇 | 530元 |
| 2B181141 | 電腦常識(含概論) 👑榮登金石堂暢銷榜 | 蔡穎 | 590元 |
| 2B191141 | 電子學 | 陳震 | 近期出版 |
| 2B201121 | 數理邏輯(邏輯推理) | 千華編委會 | 530元 |

| 編號 | 書名 | 作者 | 定價 |
|---|---|---|---|
| 2B251121 | 捷運法規及常識(含捷運系統概述)<br>👑 榮登博客來暢銷榜 | 白崑成 | 560元 |
| 2B321141 | 人力資源管理(含概要) 👑 榮登博客來、金石堂暢銷榜 | 陳月娥、周毓敏 | 近期出 |
| 2B351131 | 行銷學(適用行銷管理、行銷管理學)<br>👑 榮登金石堂暢銷榜 | 陳金城 | |
| 2B421121 | 流體力學（機械）‧工程力學（材料）精要解析<br>👑 榮登金石堂暢銷榜 | 邱寬厚 | |
| 2B491131 | 基本電學致勝攻略 👑 榮登金石堂暢銷榜 | 陳新 | |
| 2B501131 | 工程力學(含應用力學、材料力學)<br>👑 榮登金石堂暢銷榜 | 祝裕 | |
| 2B581112 | 機械設計(含概要) 👑 榮登金石堂暢銷榜 | 祝裕 | |
| 2B661121 | 機械原理(含概要與大意)奪分寶典 | 祝裕 | |
| 2B671101 | 機械製造學(含概要、大意) | 張千易、陳正棋 | |
| 2B691131 | 電工機械(電機機械)致勝攻略 | 鄭祥瑞 | 5 |
| 2B701112 | 一書搞定機械力學概要 | 祝裕 | 63 |
| 2B741091 | 機械原理(含概要、大意)實力養成 | 周家輔 | 570 |
| 2B751131 | 會計學(包含國際會計準則IFRS)<br>👑 榮登金石堂暢銷榜 | 歐欣亞、陳智音 | 590元 |
| 2B831081 | 企業管理(適用管理概論) | 陳金城 | 610元 |
| 2B841131 | 政府採購法10日速成👑 榮登博客來、金石堂暢銷榜 | 王俊英 | 630元 |
| 2B851141 | 8堂政府採購法必修課：法規+實務一本go！<br>👑 榮登博客來、金石堂暢銷榜 | 李昀 | 530元 |
| 2B871091 | 企業概論與管理學 | 陳金城 | 610元 |
| 2B881141 | 法學緒論大全(包括法律常識) | 成宜 | 近期出 |
| 2B911131 | 普通物理實力養成 👑 榮登金石堂暢銷榜 | 曾禹童 | 650元 |
| 2B921141 | 普通化學實力養成 👑 榮登金石堂暢銷榜 | 陳名 | 550元 |
| 2B951131 | 企業管理(適用管理概論)滿分必殺絕技<br>👑 榮登金石堂暢銷榜 | 楊均 | 630元 |

以上定價，以正式出版書籍封底之標價為準

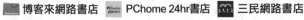

國家圖書館出版品預行編目(CIP)資料

計算機概論(含網路概論) / 蔡穎, 茆政吉編著. -- 第十六

版. -- 新北市 : 千華數位文化股份有限公司, 2024.09
面 ; 公分

升科大四技

ISBN 978-626-380-620-7(平裝)

1.CST: 電腦

312                                                           113011683

[國民營事業] **計算機概論(含網路概論)**

編 著 者：蔡穎、茆政吉

發 行 人：廖雪鳳
登 記 證：行政院新聞局局版台業字第 3388 號
出 版 者：千華數位文化股份有限公司
　　　　　　地址：新北市中和區中山路三段 136 巷 10 弄 17 號
　　　　　　電話：(02)2228-9070　　傳真：(02)2228-9076
　　　　　　客服信箱：chienhua@chienhua.com.tw

法律顧問：永然聯合法律事務所
編輯經理：甯開遠
主　　編：甯開遠
執行編輯：陳資穎
校　　對：千華資深編輯群
設計主任：陳春花
編排設計：翁以倢

千華官網
／購書　　　　千華蝦皮

**出版日期：2024 年 9 月 25 日　　　第十六版／第一刷**

本書如有勘誤或其他補充資料，
將刊於千華官網，歡迎前往下載。